Thomas Luhmann
Nahbereichsphotogrammetrie
Grundlagen, Methoden und Anwendungen

Thomas Luhmann

Nahbereichs-photogrammetrie

Grundlagen, Methoden und Anwendungen

Herbert Wichmann Verlag · Heidelberg

Alle in diesem Buch enthaltenen Angaben, Daten, Ergebnisse usw. wurden vom Autor nach bestem Wissen erstellt und von ihm und dem Verlag mit größtmöglicher Sorgfalt überprüft. Dennoch sind inhaltliche Fehler nicht völlig auszuschließen. Daher erfolgen die Angaben usw. ohne jegliche Verpflichtung oder Garantie des Verlags oder des Autors. Sie übernehmen deshalb keinerlei Verantwortung und Haftung für etwa vorhandene inhaltliche Unrichtigkeiten.

Die Deutsche Bibliothek – CIP-Einheitsaufnahme

Luhmann, Thomas:
Nahbereichsphotogrammetrie : Grundlagen, Methoden und Anwendungen / Thomas Luhmann. – Heidelberg : Wichmann, 2000
ISBN 3-87907-321-X

Druck: Greiserdruck, Rastatt

ISBN 3-87907-321-X
Printed in Germany

Vorwort

Was ist Nahbereichsphotogrammetrie? Das vorliegende Buch versucht Antworten auf diese Frage zu geben, nur ist die Frage richtig? Ist nicht schon die Wortwahl *Nahbereich* eine ungenaue, wenig faßbare Einschränkung und dabei gleichzeitig so vielfältig, daß eine exakte Definition gar nicht möglich ist?

Die Photogrammetrie hat sich immer als Teil des Vermessungswesens betrachtet, und so ist es verständlich, daß die existierenden Lehrbücher die Photogrammetrie vor allem aus Sicht der geodätischen, topographischen und geo-informationstechnischen Anwendungen beschreiben.

Diese Betrachtungsweise sollte für eine Abhandlung über Nahbereichsphotogrammetrie nicht zugrunde gelegt werden. Nahbereich bedeutet hier, daß die Aufnahmedistanz zum Meßobjekt deutlich kleiner als bei Anwendungen der Luft- und Satellitenbildauswertung ist. Tatsächlich gibt es kaum eine untere Grenze und so reichen die Aufnahmekonfigurationen von Luftaufnahmen aus Kleinflugzeugen bis hin zu Elektronenrastermikroskopen. Die Anwendungen umfassen dabei praktisch sämtliche ingenieurtechnischen und naturwissenschaftlichen Bereiche, von der Architektur bis zur Medizin und von der Industriemeßtechnik bis zu Virtual-Reality-Applikationen. Damit ist die Nahbereichsphotogrammetrie sowohl ein Teilgebiet der optischen 3D-Meßtechnik als auch der 3D-Bildverarbeitung und berührt viele Randgebiete wesentlich intensiver als die traditionelle Photogrammetrie. Neben den spezifischen, anwendungsbezogenen Kenntnissen (was passiert anschließend mit den photogrammetrisch gewonnenen Daten?) geht daher der erfolgreiche Einsatz der Nahbereichsphotogrammetrie einher mit einem fundierten Wissen über Optik und Aufnahmetechnik, Ausgleichungsrechnung und analytische Berechnungsverfahren, digitale Bildverarbeitung und Computergrafik, Computer Aided Design und elektronische Datenverarbeitung.

Viele dieser Bereiche werden in diesem Buch angesprochen. Es soll den Leser in die Lage versetzen, aus einer Hand die wichtigsten Grundlagen, aber auch in die Tiefe gehende Informationen zur Nahbereichsphotogrammetrie zu geben. Gleichwohl können nicht alle Randgebiete erschöpfend behandelt werden.

Der Zeitpunkt des Erscheinens fällt dabei in eine Periode, in der die analogen Aufnahme- und Auswertetechniken gerade von rein digitalen Methoden abgelöst werden. Dennoch hielt es der Autor für sinnvoll, die in Vergangenheit und Gegenwart entwickelten und eingesetzten analogen Verfahren noch hinreichend zu erläutern, weil sie wertvollen Aufschluß über die Leistungsfähigkeit der neuen Techniken vermitteln können. So ist beispielsweise eine fundierte Kenntnis der Fotografie auch für die sinnvolle Anwendung digitaler Aufnahmesysteme von Nutzen.

Das Buch wendet sich an Studierende, Anwender und Wissenschaftler verschiedener Fachrichtungen. Studierende finden hoffentlich verständliche Darstellungen und Ableitungen, die Interesse an diesem sich schnell entwickelnden Fachgebiet wecken. Anwender sollen eine kompakte Darstellung relevanter Grundlagen, aber auch von Arbeitsabläufen und Prozeduren finden, welche die tägliche Arbeit erleichtern. Wissenschaftler können mit diesem Buch vielleicht auch einmal auf Randgebiete aufmerksam gemacht werden, die sonst nur über spezielles Literaturstudium erreichbar sind. Auf jeden Fall soll diese Abhandlung nicht vom Photogrammeter für Photogrammeter geschrieben sein und dazu beitragen, daß die Möglichkeiten der Nahbereichsphotogrammetrie auch in vielen anderen Bereichen besser verstanden und genutzt werden.

Die im Buch aufgeführten Literaturverweise sind bewußt knapp gehalten und beschränken sich im wesentlichen auf grundlegende Fachbücher und Zeitschriftenartikel, vorzugsweise leicht verfügbare Publikationen aus dem deutschen Sprachraum. Viele der dargelegten Grundlagen (z.B. Analytische Photogrammetrie, Digitale Bildverarbeitung) können auch anderen Fachbüchern entnommen werden und sind daher in der Regel nicht mit weiteren Literaturstellen gekennzeichnet.

Der Autor lehrt die Fachgebiete Photogrammetrie, Fernerkundung, Bildverarbeitung und Grafik an der Fachhochschule Oldenburg. Erfahrungen mit Vorlesungsskripten, aber vor allem praktische Erkenntnisse mit anwendungsorientierten Projekten fließen in dieses Buch ein. Sämtliche Schreib- und Grafikarbeiten sind vom Verfasser eigenhändig vorgenommen worden. Trotzdem (oder gerade deswegen) sind bei dem entstandenen Umfang einzelne Fehler wohl nicht ausgeschlossen. Korrekturen, Verbesserungsvorschläge und sonstige Anregungen nimmt der Verfasser gerne auf und wird versuchen, sie bei der nächsten Gelegenheit zu berücksichtigen.

Ein Buch zu schreiben gelingt nur, wenn hilfreiche Kräfte zur Seite stehen. Ich danke allen, die in irgendeiner Weise zum Gelingen dieses Werkes beigetragen haben, entweder mit fachlichen Hinweisen, Abbildungen, Korrekturarbeiten oder sonstigen Hilfestellungen. Für ihre besondere Mühe danke ich folgenden Personen: Dr. Horst Beyer, Dr. Jürgen Dold, Dr. Clive Fraser, Robert Godding, Dr. Thomas Hau, Jürgen Heckes, Dr. Erwin Kruck, Dr. Stephen Kyle, Dr. Hans-Gerd Maas, Jürgen Peipe, Dr. Bernd Pollak, Dr. Jörg Reinking, Dr. Carl-Thomas Schneider, Dr. Hero Weber, Dr. Manfred Weisensee, Albert Wiedemann und Detlef Woytowicz sowie allen Mitarbeitern des Instituts für Angewandte Photogrammetrie und Geoinformatik, insbesondere Holger Broers, Holger Hemken, Werner Tecklenburg, Wilfried Voigt und Carsten Zaehle. Der Fachbereich Vermessungswesen der Fachhochschule Oldenburg gewährte mir ein Forschungsfreisemester, ohne das dieses Buch bei allen beruflichen Verpflichtungen wohl nicht in vertretbarer Zeit fertiggeworden wäre. Ich danke dem Wichmann Verlag für das Vertrauen, das er in mich gesetzt hat und für die gute Zusammenarbeit. Gedankt sei auch den zahlreichen Firmen, die Bildmaterial und Informationen beigesteuert haben.

Aber alles wäre nicht möglich gewesen ohne meine geduldige Familie: meine Kinder Maike, Birger und Nico, die so oft auf mich verzichten mußten und lernen mußten, was es heißt, eine angefangene Arbeit auch zu beenden; und meine Frau Ute, die nicht nur Liebe und Geduld aufgebracht hat, sondern sich der mühevollen Lektoratsarbeit unterworfen hat und viele meiner Textpassagen mit großem Einfühlungsvermögen korrigiert hat.

Oldenburg, im Juli 1999 Thomas Luhmann

1 Einführung

1.1 Übersicht

1.1.1 Inhalt

Kapitel 1 gibt zunächst einen Überblick über grundlegende Fragen der Photogrammetrie unter Berücksichtigung besonderer Aspekte des Nahbereichs. Nach einer Erläuterung prinzipieller Methoden und Systembetrachtungen werden Anwendungsschwerpunkte vorgestellt. Ein kurzer geschichtlicher Rückblick auf die Entstehung der Nahbereichsphotogrammetrie beschließt diesen Abschnitt.

In Kapitel 2 werden mathematische Grundlagen vermittelt. Hierzu gehört die Definition wichtiger Koordinatensysteme ebenso wie die Ableitung grundlegender geometrischer Transformationen, die für das Verständnis der folgenden Kapitel unerläßlich sind. Weiterhin wird eine Zusammenfassung ausgewählter Fragen der Ausgleichungsrechnung gegeben. Schließlich folgt eine Abhandlung wichtiger geometrischer Elemente zur Objektrepräsentation.

Kapitel 3 befaßt sich mit Fragen der photogrammetrischen Aufnahmetechnik im Nahbereich. Dieser Komplex ist aufgrund der vielfältigen Anwendungsmöglichkeiten und instrumentellen Lösungen sehr umfangreich. Nach einer Einführung über Aufnahmeprinzipien und geometrische Grundlagen folgen Abschnitte über analoge und digitale Aufnahmesysteme sowie Sonderbereiche der Aufnahmetechnik. Schließlich folgt eine Zusammenstellung einiger Signalisierungs- und Beleuchtungstechniken.

In Kapitel 4 werden analytische Verfahren zur Bildorientierung und Objektrekonstruktion vorgestellt. Bei den üblichen photogrammetrischen Orientierungsverfahren liegt das Schwergewicht auf der Bündeltriangulation. Daneben werden Verfahren zur Auswertung von Einzelbildern, Stereobildern und Mehrbildanordnungen auf der Basis gemessener Bildkoordinaten vorgestellt.

Kapitel 5 faßt wichtige Methoden der digitalen photogrammetrischen Bildauswertung zusammen. Aufgrund der vielfältigen Einsatzmöglichkeiten der digitalen Bildverarbeitung werden hier vor allem solche Verfahren diskutiert, die der meßtechnischen Auswertung und der 3D-Objektrekonstruktion dienen.

Photogrammetrische Meßsysteme für den Nahbereich werden im Kapitel 6 vorgestellt. Sie gliedern sich in Systeme zur Auswertung von Einzelbildern, Stereobildern und Mehrbildverbänden. Interaktive und automatische, mobile und stationäre Systeme werden ebenso dargestellt wie Oberflächenmeßsysteme mit Musterprojektion.

In Kapitel 7 werden Aufnahmeanordnungen und Lösungskonzepte für spezielle Aufgaben der Nahbereichsphotogrammetrie besprochen. Nach einer Einführung in die Aufnahmeplanung und Netzoptimierung widmet sich der Abschnitt geeigneten Konzepten für

Kamerakalibrierungen, dynamische Anwendungen und Luftbildaufnahmen aus geringer Flughöhe.

Kapitel 8 schließlich zeigt anhand einiger exemplarischer Projekte die Einsatzmöglichkeiten in wichtigen Anwendungsgebieten der Nahbereichsphotogrammetrie, wie Architektur und Denkmalpflege, Ingenieur- und Bauwesen, Industrie und Medizin.

1.1.2 Literatur

Im Text wird auf verwendete oder ergänzende Publikationen direkt verwiesen, wenn es für das Verständnis einzelner Abschnitte erforderlich ist. Kapitel 9 enthält eine strukturierte Liste weiterführender Literatur. Im allgemeinen wurde dabei leicht verfügbaren, deutschsprachigen Publikationen der Vorzug gegeben.

An dieser Stelle sei bereits auf eine Auswahl grundlegender Fachliteratur hingewiesen:

- Photogrammetrie allgemein:
  KRAUS (1994/1996), REGENSBURGER (1990), ALBERTZ & KREILING (1989), RÜGER et al. (1987), KONECNY & LEHMANN (1984), THOMPSON (1980)
- Nahbereichsphotogrammetrie:
  ATKINSON (1996), GRUEN & KAHMEN (1989-95), KARARA (1989), LACMANN (1950)
- Optik, Kamera- und Aufnahmetechnik:
  HOLST (1996), INGLIS & LUTHER (1996), SCHRÖDER (1990), SCHRÖDER (1981)
- Digitale Bildverarbeitung, Computer Vision und Mustererkennung:
  JÄHNE et al. (1999), BÄSSMANN & KREYSS (1998), JÄHNE (1997), KLETTE et al. (1996), HARALICK & SHAPIRO (1992), BÄHR & VÖGTLE (1991/98), HABERÄCKER (1991), MARR (1982)
- 3D-Computergrafik:
  JANSER et al. (1996), TÖNNIES & LEMKE (1994), GRIEGER (1992), PAVLIDIS (1990), PLASTOCK & KALLEY (1989)
- Ausgleichungsrechnung und Statistik:
  HÖPCKE (1980), KOCH (1980), WOLF (1975)
- Anwendungen der Nahbereichsphotogrammetrie:
  ALBERTZ & WIEDEMANN (1997), DOLD (1995), REGENSBURGER (1990), KEUNE (1989), WEIMANN (1988)
- Industriemeßtechnik, Optische 3D-Meßtechnik, Qualitätssicherung:
  PFEIFER (1998), DEMANT et al. (1998), SCHLEMMER (1996), SCHWARZ (1994), BREUCKMANN (1993), WELSCH et.al (1992), NEUMANN (1990), WARNECKE & DUTSCHKE (1984)
- Normen und Richtlinien:
  DIN 1319 (Grundlagen der Meßtechnik), DIN 18716 (Photogrammetrie und

Fernerkundung), DIN 18709 (Vermessungswesen), VDI 2617 (Genauigkeit von Koordinatenmeßgeräten), VDI 2634 (Optische 3D-Meßtechnik)

Daneben geben die Tagungsbände folgender Gesellschaften, Konferenzen und Arbeitskreise aktuelle Informationen zu den oben genannten Themengebieten:

- ISPRS (International Society for Photogrammetry and Remote Sensing):
  Commission III: Theory and Algorithms
  Commission V: Close-Range Techniques and Machine Vision
  Publikationen: International Archives of Photogrammetry and Remote Sensing
- DGPF (Deutsche Gesellschaft für Photogrammetrie und Fernerkundung):
  Publikationen: Bildmessung und Luftbildwesen (bis 1989), Zeitschrift für Photogrammetrie und Fernerkundung (bis 1997), Photogrammetrie-Fernerkundung-Geoinformation (seit1997); Publikationen der DGPF (Tagungsbände der jährlichen Arbeitstagung)
- CIPA (Comité International de Photogrammétrie Architecturale):
  Publikationen und Tagungsberichte
- DAGM (Deutsche Arbeitsgemeinschaft für Mustererkennung):
  Publikationen: Mustererkennung, Springer Verlag (Tagungsbände der jährlichen Fachtagung)
- SPIE (The International Society for Optical Engineering):
  Publikationen und Tagungsberichte
- DGZfP (Deutsche Gesellschaft für zerstörungsfreie Prüfung)
  Publikationen: Technische Richtlinien, Tagungsberichte
- VDI/VDE-GMA (VDI/VDE-Gesellschaft für Meß- und Automatisierungstechnik):
  Publikationen: Technische Richtlinien, Tagungsberichte

1.2 Prinzipielle Methoden

1.2.1 Der photogrammetrische Prozeß

Unter *Photogrammetrie* versteht man allgemein Methoden, aus einem oder mehreren Bildern eines beliebigen Objektes indirekt dessen Form und Lage durch Bildmessungen sowie dessen inhaltliche Beschreibung durch Bildinterpretation zu gewinnen. Photogrammetrische Verfahren können also grundsätzlich in allen Anwendungsbereichen eingesetzt werden, in denen ein Meßobjekt fotografisch abgebildet und ausgewertet werden kann. Primäres Ziel einer photogrammetrischen Messung ist die exakte dreidimensionale geometrische Rekonstruktion des Objektes, wobei das Objekt in digitaler (Koordinaten, abgeleitete geometrische Elemente) oder grafischer Form (Bilder, Pläne, Karten) modelliert wird. Daneben stellt das Bild einen Informationsspeicher dar, auf den zu jedem Zeitpunkt, auch für eine inhaltliche Interpretation, zurückgegriffen werden kann.

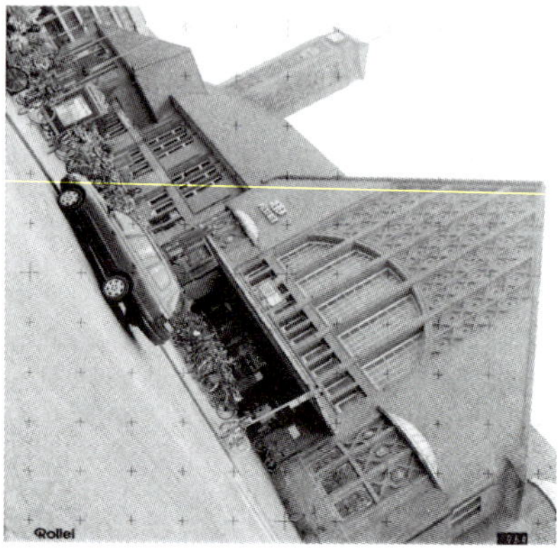

Abb. 1.1: Photogrammetrische Meßbilder

Abb. 1.1 zeigt beispielhaft eine photogrammetrische *Bildaufnahme*. Die Abbildung eines dreidimensionalen Gegenstandes in ein zweidimensionales Bild unterliegt in mehrerer Hinsicht einem Informationsverlust. Zunächst können Objektbereiche, die nicht im Bild sichtbar sind, aus diesem Bild heraus nicht rekonstruiert werden. Dazu zählen ebenso verdeckte Teile des Objektes (z.B. Rückseite des Gebäudes) wie solche Stellen, die aufgrund mangelnden Kontrastes oder zu geringer Größe nicht mehr erkannt werden können (z.B. einzelne Steine der Fassade). Weiterhin werden geometrische Veränderungen durch die dreidimensionale Gestalt des Objektes, die räumliche Anordnung von Kamera und Gegenstand, die perspektive Abbildung sowie mögliche optische Abbildungsfehler verursacht. Schließlich treten auch noch radiometrische (farbliche) Veränderungen auf, da die Aufzeichnung der vom Objekt reflektierten elektromagnetischen Strahlung durch Eigenschaften der vorhandenen Medien (Luft, Glas) und des lichtempfindlichen Sensors (Film, Detektor) beeinflußt wird.

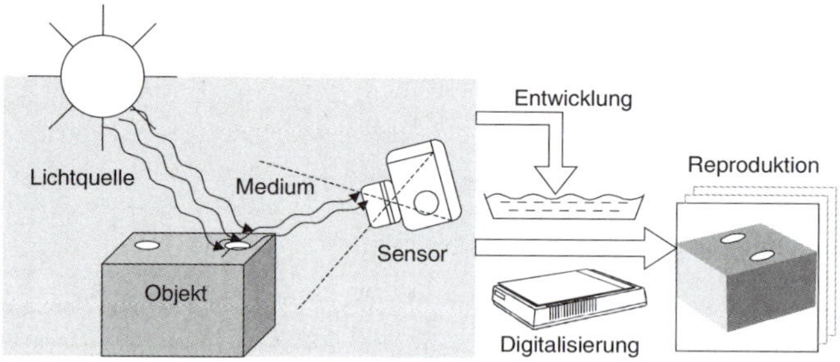

Abb. 1.2: Vom Objekt zum Bild

Zur exakten Rekonstruktion eines Objektes aus Bildern ist es daher notwendig, zunächst den physikalischen (optischen) Entstehungsprozeß einer Bildaufnahme zu beschreiben. Dazu gehören alle an diesem Prozeß beteiligten Komponenten wie Lichtquellen, Eigenschaften der Objektoberfläche und vom Licht durchlaufene Medien ebenso wie Sensor- und Kameratechnik, Bildsignalverarbeitung, Filmentwicklung und Weiterverarbeitung (Abb. 1.2).

Für die Bildinterpretation und Bildmessung werden Methoden benötigt, die eine Identifizierung eines abgebildeten Objektpunktes aus der Helligkeits- oder Farbverteilung im Bild gestatten. Zu jedem Bildpunkt können dann Meßwerte in Form radiometrischer Informationen (Intensität, Grauwert, Farbwert) und geometrischer Informationen (Lage im Bild) gewonnen werden. Dazu sind Bildmeßsysteme mit geeigneter geometrischer und optischer Qualität erforderlich.

Aus den vorgenommenen Bildmessungen kann schließlich das Objekt rekonstruiert und modelliert werden, indem basierend auf mathematischen Modellen eine Transformation zwischen Bild- und Objektraum bestimmt wird. Diese Transformation beschreibt die oben genannten Vorgänge von Bildaufnahme und Bildmessung.

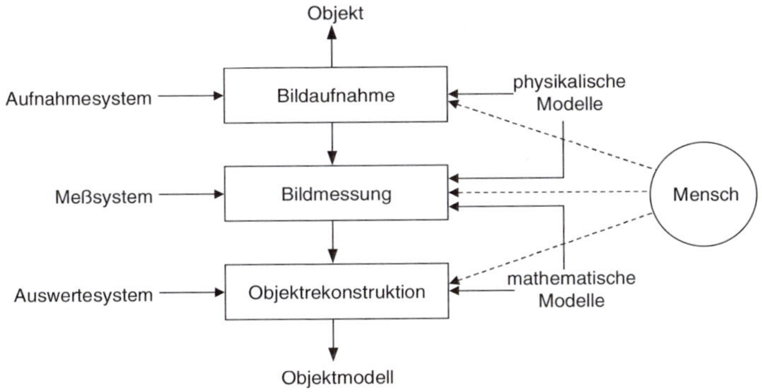

Abb. 1.3: Der photogrammetrische Prozeß: vom Objekt zum Modell

Abb. 1.3 faßt diesen Vorgang vereinfacht zusammen. Während auf der linken Seite die wesentlichen instrumentellen Komponenten dargestellt werden, beschreibt die rechte Seite die methodischen Aspekte dieses Prozesses. Wissen, Erfahrung und Handeln des Menschen spielen neben den physikalischen und mathematischen Modellen eine wesentliche Rolle. Sie bestimmen, inwieweit das rekonstruierte Modell dem aufgenommenen Objekt entspricht bzw. der praktischen Aufgabenstellung genügt.

1.2.2 Einteilungen der Photogrammetrie

Die *Nahbereichsphotogrammetrie* ist ein Teilgebiet der Photogrammetrie, hat aber aufgrund der vielfältigen Einsatzmöglichkeiten einen starken interdisziplinären Charakter, so daß enge Berührungspunkte sowohl mit anderen Meßverfahren als auch mit methodischen Disziplinen bestehen.

Neben den Grundlagen aus Mathematik, Physik und Informatik ist die Nahbereichsphotogrammetrie eng verknüpft mit Fachgebieten aus Grafik und Bildverarbeitung, z.B. mit Computergrafik, Computer Vision, Digitaler Bildverarbeitung, Computer Aided Design (CAD), Geoinformationssystemen (GIS) und Kartographie.

Traditionell besitzt die Nahbereichsphotogrammetrie enge Verbindungen zur geodätischen Meßtechnik, insbesondere der Ausgleichungsrechnung und Ingenieurvermessung. Daneben bringt der zunehmende industrielle Einsatz der Photogrammetrie zahlreiche Verknüpfungen zur Fertigungsmeßtechnik und Qualitätssicherung mit sich.

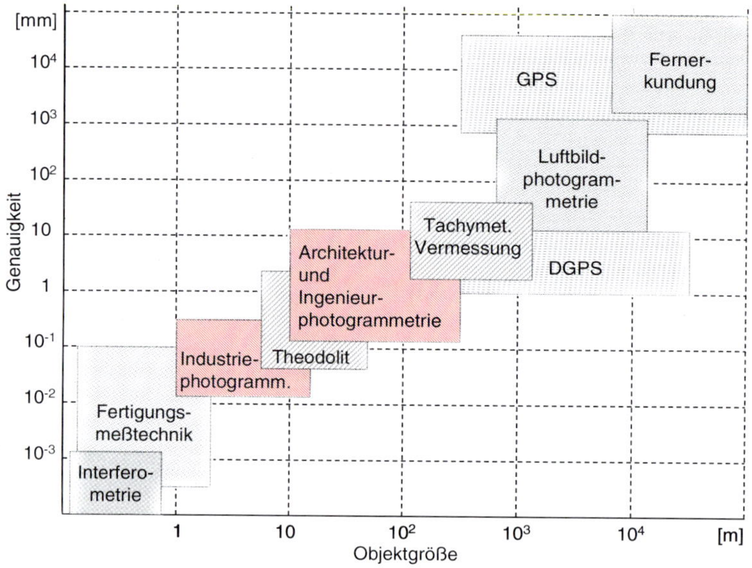

Abb. 1.4: Meßverfahren in Abhängigkeit von Objektgröße und Genauigkeit[1]

Betrachtet man nach Abb. 1.4 den Zusammenhang zwischen aufzunehmender Objektgröße und geforderter geometrischer Genauigkeit (Auflösung), liegt der Einsatzschwerpunkt der Nahbereichsphotogrammetrie zwischen Objektgrößen von etwa 1m bei Genauigkeiten bis unter 0.1mm (Industrieanwendungen) und Objektgrößen von ca. 200m bei Genauigkeiten im cm-Bereich (Architektur- und Ingenieuranwendungen).

Bei den berührungslos arbeitenden 3D-Meßverfahren haben optische Verfahren mit Licht als Informationsträger die größte Bedeutung. Nach Abb. 1.5 unterscheidet man vor allem folgende Meßprinzipien auf der Basis von Lichtwellen (SCHWARTE 1997):

- Triangulationsverfahren:

  Photogrammetrie (Einbild, Stereo- und Mehrbildauswertung), Winkelmeßsysteme (Theodolitmeßsysteme), Strukturierte Beleuchtung (Lichtschnittverfahren, Streifenprojektion, Phasenmessung, Moiré-Verfahren), Fokusverfahren, Schattierungsverfahren u.a.

- Interferometrie:

  Optisch kohärente Laufzeitmessung, Holografie, Speckle-Interferometrie, Kohärenz-Radar

[1] Die Grenzen sind fließend, gemeint sind typische Anwendungsgebiete einzelner Meßverfahren.

- Laufzeitmessung:

  Entfernungmessung mit optischer Modulationslaufzeitbestimmung, Puls-Modulation u.a.

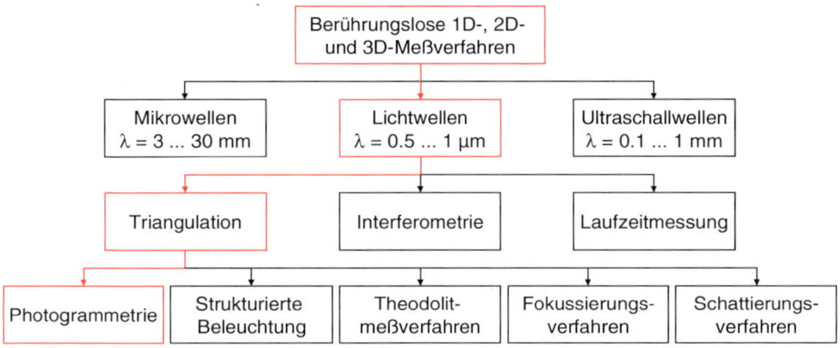

Abb. 1.5: Berührungslose Meßverfahren (nach SCHWARTE 1997)

Die Einteilung nach Abb. 1.5 zerfließt in der Praxis zunehmend, da Multisensorsysteme und hybride Meßsysteme verschiedene Prinzipien nutzen und die spezifischen Vorteile kombinieren.

Photogrammetrie, insbesondere die Nahbereichsphotogrammetrie, wird in vielfältiger Weise begrifflich eingeteilt:

- Nach Aufnahmeort und -entfernung *h*:
  - Weltraumphotogrammetrie: Auswertung von Fernerkundungs- und Satellitenbildern, *h* > ca. 200km
  - Luftbildphotogrammetrie: Auswertung von Luftbildern, *h* > ca. 300m
  - Terrestrische Photogrammetrie: Aufnahme von erdfesten Standorten
  - Nahbereichsphotogrammetrie: Aufnahmeentfernung *h* < ca. 300m
  - Makrophotogrammetrie: Bildmaßstäbe > 1 (Mikroskopaufnahmen)

- Nach Anzahl der auszuwertenden Bilder:
  - Einbild-Photogrammetrie: Einzelbildauswertungen, ebene Entzerrungen, Orthobilder
  - Stereo-Photogrammetrie: Zweibildauswertungen, stereoskopische Messungen
  - Mehrbild-Photogrammetrie: beliebige Anzahl, Bündeltriangulation

- Nach Aufnahme- und Auswertemethode:
  - Meßtischphotogrammetrie: grafisch-zeichnerische Auswertung (bis ca. 1930)
  - Analogphotogrammetrie: analoge Kameras, optisch-mechanische Auswertesysteme (bis ca. 1980)
  - Analytische Photogrammetrie: analoge Bilder, rechnergesteuerte Auswertung
  - Digitale Photogrammetrie: digitale Bilder, rechnergesteuerte Auswertung
  - Videogrammetrie: digitale Bilderfassung und Auswertung
  - Linienphotogrammetrie: Auswerteverfahren mit Geraden

- Nach Verfügbarkeit der Meßergebnisse:

- Realtime-Photogrammetrie:	Aufnahme und Auswertung in Echtzeit (variabel) innerhalb eines gegebenen Prozesses
- Offline-Photogrammetrie:	sequentielle digitale Bildaufnahme, zeitlich oder räumlich getrennte Auswertung
- Online-Photogrammetrie:	simultane digitale Mehrbildaufnahme, unmittelbare Auswertung

- Nach Anwendungsgebieten und Sonstigem:

- Architekturphotogrammetrie:	Architektur, Denkmalpflege, Archäologie
- Ingenieurphotogrammetrie:	allgemeine ingenieurtechnische Anwendungen
- Industriephotogrammetrie:	industrielle Anwendungen
- Forensische Photogrammetrie:	Unfall- und Tatortvermessung
- Biostereometrics:	medizinische Anwendungen
- Motografie:	Aufnahme von dynamischen Bewegungsspuren
- Mehrmedien-Photogrammetrie:	Aufnahme durch Medien verschiedener Brechkraft
- Shape from Stereo:	Stereobildverarbeitung (Computer Vision)

1.2.3 Abbildungsmodell

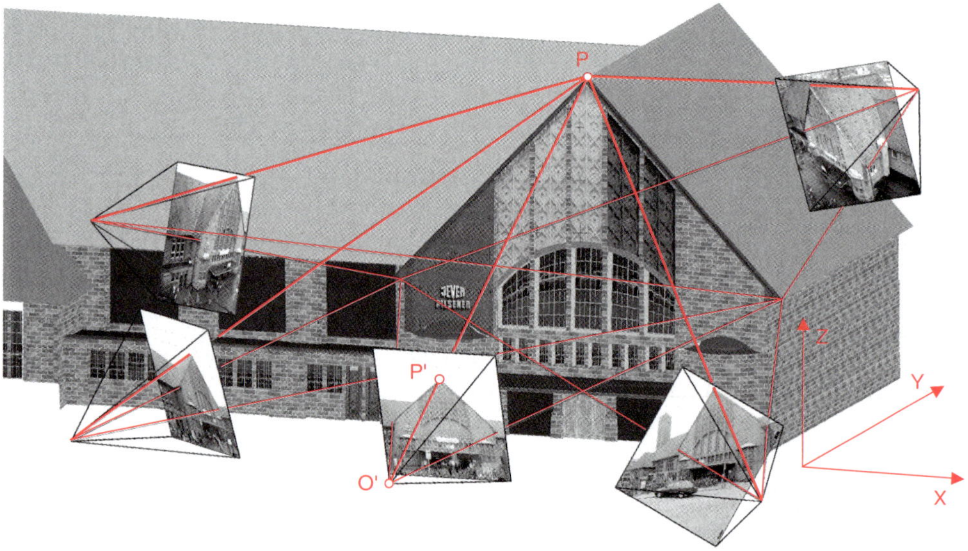

Abb. 1.6: Photogrammetrisches Meßprinzip

Die Photogrammetrie ist ein dreidimensionales Meßverfahren, dem die *zentralperspektive Abbildung* als mathematisches Modell zugrundeliegt (Abb. 1.6). Form und Lage des Objektes werden über die Rekonstruktion von Strahlenbündeln ermittelt, wobei jeder Bildpunkt *P'* zusammen mit dem *Projektionszentrum O'* eine Raumrichtung des entsprechenden Strahls zum Objektpunkt *P* festlegt. Sind die reale Abbildungsgeometrie in der Kamera (innere Orientierung) und die Lage des Aufnahmesystems im Raum (äußere Orientierung) bekannt, kann jeder Bildstrahl absolut im 3D-Raum beschrieben werden.

Aus dem Schnitt von mindestens zwei korrespondierenden (homologen), räumlich verschiedenen Bildstrahlen läßt sich ein Objektpunkt dreidimensional bestimmen. In der Stereophotogrammetrie werden dazu zwei Aufnahmen verwendet, in der Mehrbildphotogrammetrie ist die Anzahl der dabei beteiligten Bilder grundsätzlich nicht begrenzt.

Die Parameter der *inneren Orientierung* einer Aufnahmekamera beschreiben das geometrische Kameramodell. Ausgehend vom Modell der Lochkamera (Abb. 1.7) ist dabei das Projektionszentrum O der wichtigste Bezugspunkt, durch den alle Bildstrahlen geradlinig verlaufen. Die räumliche Lage des Projektionszentrums in einem kamerafesten Bezugssystem (Bildkoordinatensystem) sowie Abweichungen von der idealen zentralperspektiven Abbildung (Abbildungsfehler) werden durch die innere Orientierung beschrieben. Wichtigste Kenngröße der inneren Orientierung ist die Kamerakonstante c, die den Abstand zwischen Bildebene und Projektionszentum definiert (siehe Kap. 3.2.3).

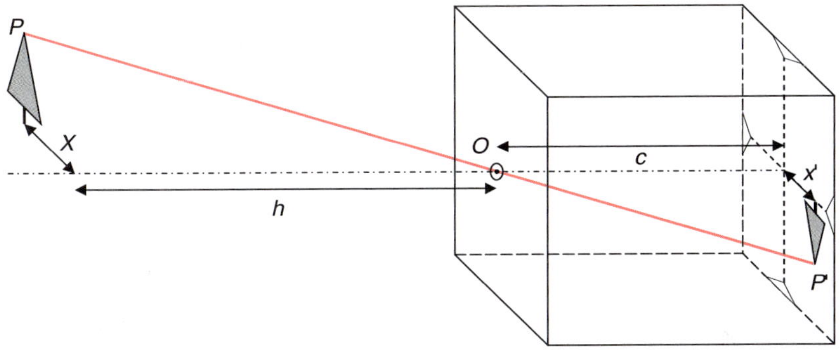

Abb. 1.7: Modell der Lochkamera

Eine reale, für die Photogrammetrie nutzbare Kamera weicht in vielerlei Hinsicht vom Modell der Lochkamera ab. Die notwendige Verwendung eines Objektivs, ein mehr oder weniger stabiles Kameragehäuse, eine nicht-ebene und senkrecht auf der optischen Achse stehende Bild- oder Filmfläche usw. führen zu Abweichungen von der idealen Abbildungsgeometrie. Die Parameter der inneren Orientierung müssen daher durch Kalibrierung für jedes Aufnahmesystem individuell ermittelt werden.

Die wesentliche Kenngröße einer photogrammetrischen Abbildung ist der *Abbildungsmaßstab* (Bildmaßstab). Die Bildmaßstabszahl m_b beschreibt das Verhältnis von Aufnahmeentfernung h zur Kamerakonstanten (Bildweite) c bzw. das Verhältnis einer Objektstrecke X zur entsprechenden Strecke im Bildraum x':

$$m_b = \frac{h}{c} = \frac{X}{x'} \tag{1.1}$$

Der Bildmaßstab ist in jedem Fall die entscheidende Größe zur Bestimmung der Detailerkennbarkeit und der bei einer photogrammetrischen Messung erreichbaren Genauigkeit, da ein Meßfehler im Bild mit der Maßstabszahl in den Objektraum übertragen wird (siehe Kap. 3.2.1).

Die Parameter der *äußeren Orientierung* legen die absolute räumliche Lage der Kamera in einem übergeordneten Koordinatensystem fest. Über drei räumliche Rotationen und drei Translationen wird der Bezug zwischen dem Bildkoordinatensystem und dem übergeordneten System mit dem Projektionszentrum als gemeinsamen Bezugspunkt hergestellt (siehe Kap. 4.2.1). Die Parameter der äußeren Orientierung eines Bildes werden indirekt durch Bildmessungen bekannter Objektpunkte bestimmt.

Jeder gemessene Bildpunkt entspricht einer räumlichen Richtungsmessung vom Projektionszentrum zum Objektpunkt. Die Länge des Richtungsstrahls ist jedoch zunächst unbekannt, d.h. jeder auf dem Strahl liegende Objektpunkt führt zu demselben Bildpunkt. Während bei bekannten Orientierungsdaten jeder 3D-Objektpunkt eindeutig in einen Bildpunkt abgebildet wird, ist eine eindeutige Umkehrung der Abbildung nicht möglich. Erst wenn der Bildstrahl mit einem bekannten weiteren geometrischen Element zum Schnitt gebracht werden kann, z.B. einer weiteren Raumgeraden oder einer Objektebene, läßt sich der Objektpunkt auf dem Strahl und damit absolut im Raum festlegen.

Jedes beteiligte Bild spannt über die in ihm gemessenen Bildpunkte zusammen mit dem zugehörigen Projektionszentrum ein räumliches *Strahlenbündel* auf, das zu ein und demselben Zeitpunkt aufgenommen wurde. Verknüpft man sämtliche durch mehrere Bilder entstandenen Strahlenbündel über die oben genannte Strahlenschnittbedingung, so entsteht ein dichtes Netz von Raumstrahlen, das bei geeigneter Aufnahmekonfiguration eine hohe geometrische Stabilität aufweist. Mit Hilfe der Methode der *Bündeltriangulation* lassen sich simultan beliebig viele Bilder (Strahlenbündel) rechnerisch orientieren sowie die zugehörigen Objektpunkte räumlich bestimmen (Abb. 1.6, vgl. Kap. 4.3).

1.2.4 Photogrammetrische Systeme

1.2.4.1 Analoges System

Das klassische (analoge) photogrammetrische System (Abb. 1.8) zeichnet sich sowohl durch klar getrennte instrumentelle Komponenten als auch durch eine örtliche, zeitliche und personelle Trennung zwischen Objektaufnahme vor Ort (Feld) und Auswertung im Labor aus. Präparierung und Signalisierung, zusätzliche (geodätische) Messungen und Bildaufnahme mit hochwertigen analogen (fotografischen) Kameras werden am Objekt vorgenommen. Der übliche fotografische Entwicklungsprozeß erfolgt im Labor, so daß eine direkte örtliche Kontrolle der Bildqualität nicht möglich ist. Anschließend werden die aufgenommenen Bilder an speziellen Meßinstrumenten ausgewertet, wobei im ersten Schritt die Orientierungsbestimmung und daraufhin die eigentliche Bildauswertung durchgeführt wird.

Die photogrammetrisch gewonnenen Daten werden häufig von Nutzern weiterverarbeitet, die aufgrund von Aufwand und Komplexität des Aufnahme- und Auswerteprozesses nicht mit der eigentlichen Messung befaßt waren. Der gesamte Prozeß von Aufnahme, Auswertung und Weiterverarbeitung ist mit einem analogen System somit zeitaufwendig und in wesentlichen Schritten nicht vor Ort durchführbar. Eine unmittelbare Integration in externe Abläufe (z.B. Produktionsprozesse) ist nicht möglich.

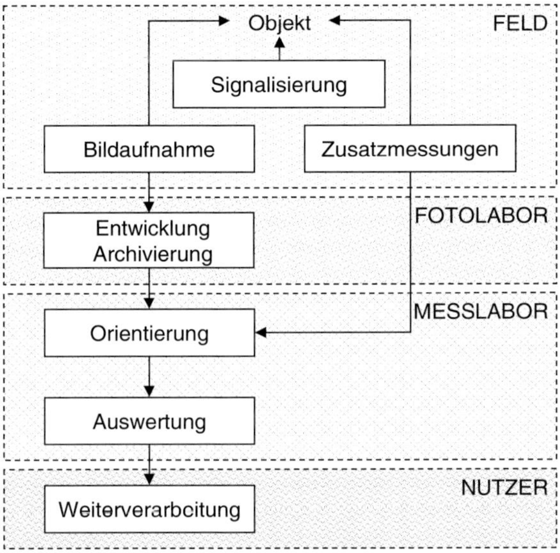

Abb. 1.8: Analoges photogrammetrisches System

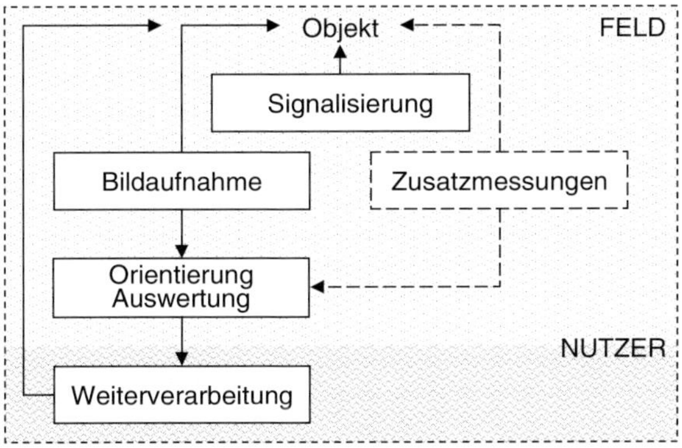

Abb. 1.9: Digitales photogrammetrisches System

1.2.4.2 Digitales System

Mit der Entwicklung digitaler Bildaufnahmesysteme und Bildverarbeitungstechniken hat sich der photogrammetrische Prozeß grundlegend gewandelt (Abb. 1.9). Durch die Verwendung geeignet signalisierter Objektpunkte und digitaler Online-Bildaufnahme lassen sich komplexe photogrammetrische Aufgabenstellungen in wenigen Minuten vor Ort durchführen. Dabei entstehen Bilder des Objektes, die eine vollautomatische Auswertung der signalisierten Punkte erlauben und somit die manuellen Tätigkeiten der Orientierung und Bildauswertung ersetzen. Spezielle photogrammetrische Auswerteinstrumente entfallen und werden durch handelsübliche Rechner ersetzt. Durch den hohen Automationsgrad ist es möglich, daß auch nicht-spezialisierte Nutzer die photogrammetrische Aufnahme und Auswertung durchführen.

Automation und geringer zeitlicher Aufwand erlauben eine direkte Kopplung oder Integration von externen Prozessen, in denen unmittelbare Entscheidungen aufgrund der photogrammetrisch gewonnenen Daten gefordert werden. Das digitale System ist daher von grundlegender Bedeutung für den Einsatz der Photogrammetrie in komplexen Echtzeitanwendungen, insbesondere der industriellen Fertigungsmeßtechnik oder der Robotik, in denen eine Rückkopplung mit dem Meßobjekt oder der Umgebung erfolgt.

1.2.4.3 Aufnahme- und Auswerteprozeß

In Abb. 1.10 wird der in der Nahbereichsphotogrammetrie übliche Arbeitsablauf dargestellt und im folgenden stichwortartig zusammengefaßt.

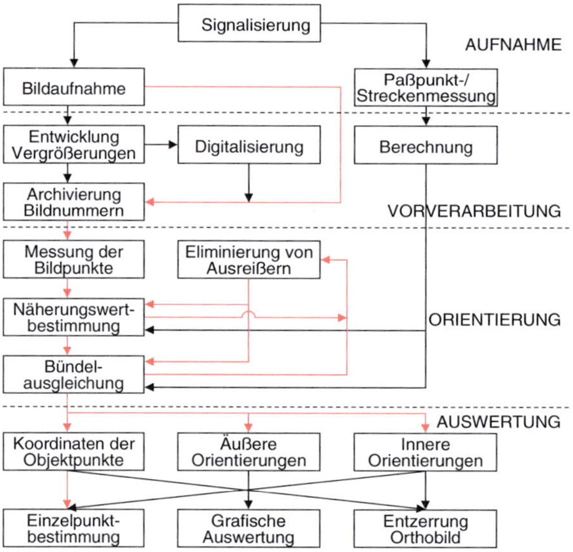

Abb. 1.10: Aufnahme- und Auswerteprozeß (rot: automatisierbar im digitalen System)

1. AUFNAHME

   a) Signalisierung:
   Definition und künstliche Markierung von Objektpunkten zur Automatisierung und Steigerung der Genauigkeit der Bildpunktmessung

   b) Paßpunkt- oder Streckenbestimmung:
   Realisierung eines übergeordneten Objektkoordinatensystems durch Festlegung von Referenzpunkten und/oder Strecken (Maßstäbe)

c) Bildaufnahme:
Fotografische oder digitale Bilderfassung des Objektes mit photogrammetrischen Aufnahmesystemen

2. VORVERARBEITUNG

a) Entwicklung / Vergrößerungen:
Fotografische Laborarbeiten (Filmentwicklung, Papiervergrößerungen)

b) Digitalisierung:
Umwandlung analoger Bilder in digitale Bildinformationen (Scannen)

c) Bildnummern / Archivierung:
Festlegung von Bildnummern zur Identifizierung einzelner Aufnahmen und Archivierung / Speicherung der Bilder

d) Berechnung:
Berechnung von Paßpunktkoordinaten und/oder Strecken aus geodätischen Beobachtungen (z.B. Netzausgleichung)

3. ORIENTIERUNG

a) Messung der Bildpunkte:
Identifizierung und Messung der Paßpunkte/Maßstabspunkte
Identifizierung und Messung der Verknüpfungspunkte

b) Näherungswertbestimmung:
Berechnung von Näherungswerten für die in der Bündelausgleichung zu bestimmenden Unbekannten

c) Bündelausgleichung:
Ausgleichungsprogramm zur simultanen Berechnung von Orientierungsparametern, Objektpunktkoordinaten und Kameraparametern, die für die anschließende Auswertung benötigt werden

d) Eliminierung von Ausreißern:
Aufdeckung und Eliminierung von groben Fehlern, die überwiegend bei der (manuellen) Messung von Bildpunkten entstehen können

4. AUSWERTUNG

a) Einzelpunktbestimmung:
Ziel: Bestimmung dreidimensionaler Objektpunktkoordinaten zur numerischen Weiterverarbeitung

b) Grafische Auswertung:
Ziel: Herstellung von maßstäblichen Plänen oder Karten in analoger (auf Zeichenträger) oder digitaler Form (z.B. als CAD-Modell)

c) Entzerrung / Orthobild:
Ziel: Herstellung von Umbildungen und Montagen der auf ein Bezugssystem entzerrten Originalbilder

Dieser Arbeitsablauf kann weitgehend automatisiert werden (rote Markierung in Abb. 1.10), wenn das Objekt geeignet signalisiert wird, die Identifizierung der Punktnummern mittels codierter Marken erfolgt und Näherungswertberechnung sowie Eliminierung grober Fehler (Ausreißer) durch robuste Schätzverfahren vorgenommen werden.

Mit den Möglichkeiten der digitalen Bildaufnahme und -verarbeitung kann ein geschlossener, schneller Datenfluß von der Aufnahme bis zur Ergebnispräsentation realisiert werden, so daß Meßergebnisse über das Objekt direkt vor Ort gewonnen werden können. Man unterscheidet zwischen Offline-Photogrammetriesystemen (eine Kamera, Meßergebnis nach Auswertung aller aufgenommenen Bilder) und Online-Photogrammetriesystemen (mindestens zwei Kameras simultan, Meßergebnis sofort). Liegt das Ergebnis innerhalb einer durch einen externen Prozeß begrenzten Zeitspanne vor, spricht man auch von Echtzeit- oder Realtime-Photogrammetrie.

1.2.5 Photogrammetrische Produkte

Photogrammetrische Systeme liefern in der Regel dreidimensionale Objektkoordinaten, die auf Bildmessungen basieren. Daraus können weitere Größen wie Linien, Abstände, Flächen, Oberflächenbeschreibungen und weitere Qualitätsmaße (z.B. Soll-Ist-Vergleiche, Maschinensteuerungsdaten) abgeleitet werden. Auch die direkte Bestimmung geometrischer Elemente (Geraden, Ebenen, Zylinder etc.) ist möglich. Daneben ist das aufgenommene Bild ein objektiver Datenträger und dokumentiert den Zustand des Objektes zum Zeitpunkt der Bildaufnahme. Die bildhafte Information kann zum Beispiel in Form von Entzerrungen, Orthobildern oder Grafiküberlagerungen ausgegeben werden (Abb. 1.11). Beispiele für grafische Ergebnisdarstellungen zeigen Abb. 1.12 und Abb. 1.13.

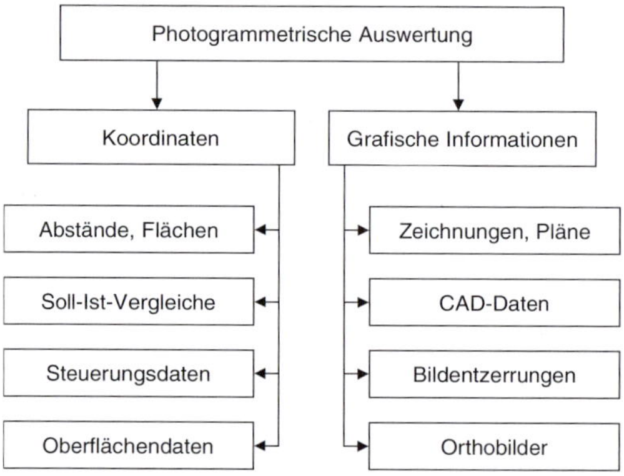

Abb. 1.11: Typische photogrammetrische Produkte

Abb. 1.12: Meßbild überlagert mit einem Teil der photogrammetrisch gewonnenen CAD-Daten

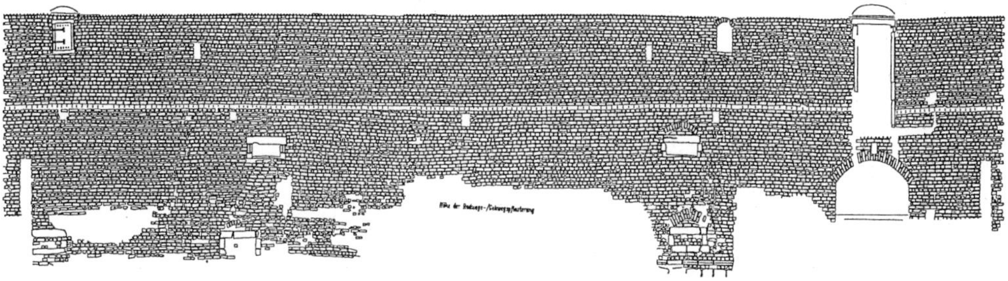

Abb. 1.13: Zylindrische Abwicklung der CAD-Daten

1.3 Anwendungsbereiche

Die Nahbereichsphotogrammetrie unterscheidet sich von Luft- und Satellitenbildanwendungen durch wesentlich geringere Aufnahmeentfernungen und andersartige Aufnahmekonzepte. In der Nahbereichsphotogrammetrie dominieren Aufnahmeentfernungen zwischen wenigen Zentimetern und einigen hundert Metern.

Zu den wichtigen Anwendungsgebieten der Nahbereichsphotogrammetrie gehören (mit Beispielen):

- Automobil-, Maschinen- und Schiffbau:
  - Überprüfung von Fertigungsvorrichtungen
  - Aufnahme und CAD-Darstellung von Design-Modellen
  - Fertigungsmeßtechnik
  - Optische Formkontrolle
  - Aufnahme und Auswertung von Crash-Versuchen
  - Robotorkalibrierung
  - Vermessung von Schiffssektionen

Abb. 1.14: Automobilbau

- Luft- und Raumfahrtindustrie:
  - Vermessung von Parabolantennen
  - Montageüberwachung
  - Überprüfung von Fertigungslehren
  - Weltraumsimulationen

Abb. 1.15: Flugzeugbau

- Architektur, Denkmalpflege, Archäologie:
  - Fassadenaufmaße
  - Baugeschichtliche Dokumentationen
  - Deformationsmessungen
  - Rekonstruktion zerstörter Gebäude
  - Kartierung von Ausgrabungsstätten
  - 3D-Stadtmodelle

Abb. 1.16: Bauaufnahme

- Ingenieurbau:
  - As-Built-Erfassung von Industrieanlagen
  - Erfassung von Großbauwerken
  - Deformationsmessungen
  - Rohrleitungs- und Tunnelaufnahmen
  - Bergbau
  - Beweissicherungsmaßnahmen

Abb. 1.17: Brückenaufnahme

- Medizin:
  - Zahnvermessungen
  - Wirbelsäulendeformationen
  - Plastische Chirurgie
  - Bewegungsstudien und Ergonomie
  - Mikroskopische Auswertungen
  - Bildgestützte Operationen

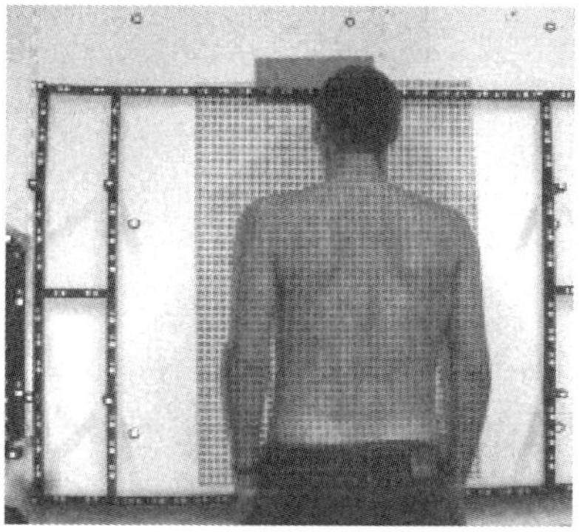

Abb. 1.18: Rückenvermessung

- Polizei:
  - Aufnahme von Verkehrsunfällen
  - Tatortvermessung
  - Beweissicherung
  - Tätervermessung

Abb. 1.19: Unfallaufnahme

- Informationssysteme:
  - Gebäudeinformationssysteme
  - Facility Management
  - Produktionsplanung
  - Bilddatenbanken

Abb. 1.20: Rohrleitungsaufnahme

- Naturwissenschaften:
  - Strömungsmeßtechnik
  - Wellentopographie
  - Wachstum von Kristallen
  - usw.

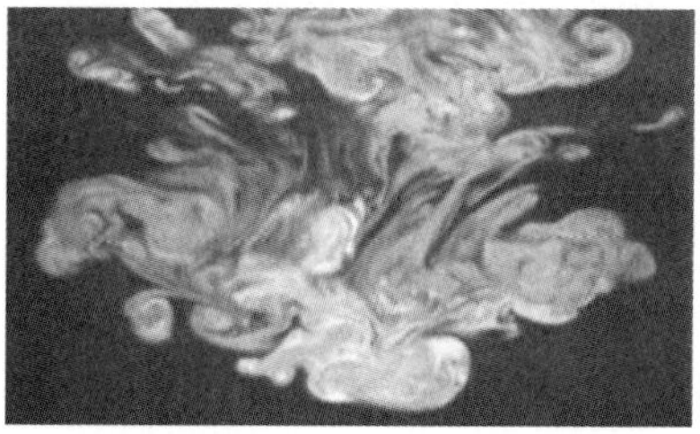

Abb. 1.21: Strömungsmessung

Grundsätzlich werden für alle Anwendungsgebiete der Nahbereichsphotogrammetrie ähnliche Aufnahme- und Auswertemethoden eingesetzt:

- leistungsfähige analoge oder digitale Aufnahmesysteme
- beliebige Aufnahmeanordnungen mit nahezu unbegrenzter Anzahl von Bildern
- Orientierung der Bilder mit Hilfe des Verfahrens der Bündeltriangulation
- visuelle und digitale Auswertung der Meßbilder
- Ergebnisdarstellung als 3D-Koordinaten-Dateien, CAD-Daten, Bilder oder Zeichnungen

Besondere Anforderungen werden in industriellen und ingenieurtechnischen Anwendungen an die photogrammetrische Erfassung gestellt:

- kurze Aufnahmezeiten vor Ort (keine wesentliche Störung industrieller Prozesse)
- kurze Auswertezeiten bis zur Übergabe der Ergebnisse
- hohe Genauigkeitsforderungen
- Nachweis der erreichten Genauigkeit

1.4 Geschichtliche Entwicklung

Die Geschichte der Photogrammetrie wird entscheidend durch Anwendungen im Nahbereich geprägt. Bereits wenige Jahre nach Erfindung der Fotografie durch NIEPCE und DAGUERRE (1839) wird der meßtechnische Einsatz unabhängig voneinander durch den französischen Offizier LAUSSEDAT (1851, „Métrophotographie") und den deutschen Architekten MEYDENBAUER (1858, „Meßbildverfahren", „Photogrammetrie") vorgenommen. Abb. 1.22 zeigt einen der ersten photogrammetrischen Aufnahmeapparate.

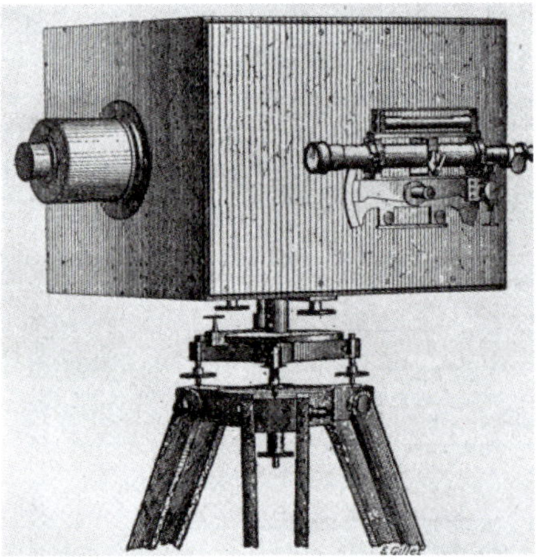

Abb. 1.22: Aufnahmekammer von BRUNNER aus dem Jahr 1859 (aus VON GRUBER 1930)

MEYDENBAUER nutzt die Möglichkeiten der Fotografie, um das häufig riskante klassische Handaufmaß zur Fassadenvermessung zu umgehen. Er entwickelt dazu eigene Aufnahmekameras mit Bildformaten bis zu 40cm × 40cm (vgl. Abb. 1.23), wobei Glasplatten als Emulsionsträger benutzt werden. Im Auftrag des Staates Preußen legt MEYDENBAUER von 1885 bis 1909 ein Archiv von ca. 16000 Meßbildern bedeutender architektonischer Baudenkmäler an, das bis heute in Teilen erhalten ist. MEYDENBAUER entwickelt gleichzeitig grafische Methoden zur photogrammetrischen Auswertung der Bilder, um damit Pläne der Gebäudefassaden herstellen zu können.

Abb. 1.23: Meßkammern von MEYDENBAUER (ca. 1890)
links: 30 × 30 cm², rechts: 20 × 20 cm² (aus ALBERTZ & WIEDEMANN 1997)

PORRO (Italien, 1865) und KOPPE (Deutschland, 1896) entwickeln unabhängig voneinander den Bildmeßtheodoliten (Phototheodolit, Abb. 1.24). Er erlaubt die direkte Messung von Bildwinkeln zur einfachen Lösung der photogrammetrischen Orientierungsaufgabe.

Abb. 1.24: Bildmeßtheodolite von FINSTERWALDER (1895) und Zeiss Jena 19/1318 (ca. 1904)

In den letzten drei Jahrzehnten des 19. Jahrhunderts beginnt die praktische Erprobung und Weiterentwicklung der photogrammetrischen Verfahren, u.a. 1873 durch JORDAN (Oase von Dachel), 1884 durch PAGANINI (Alpenkartierung) und FINSTERWALDER (analytische Lösungen). Neben der Bauaufnahme wird die Photogrammetrie vor allem auch für topografische Anwendungen eingesetzt, wenn schwer zugängliche Objektbereiche zu erfassen sind – ein wesentlicher Vorteil der photogrammetrischen Meßtechnik. Diese Entwicklungsphase wird mit *Meßtischphotogrammetrie* bezeichnet.

Um die Jahrhundertwende herum werden Vorschläge und erste Konstruktionen stereoskopischer Auswertegeräte realisiert, insbesondere durch STOLZE (1893, Prinzip der räumlichen Meßmarke), HAUCK (1894, Entwurf eines Stereokartiergerätes) und wesentlich durch PULFRICH (1901, Zeiss Jena, Abb. 1.25), der den ersten Stereokomparator baut. Mit diesem können erstmals Bildkoordinaten unter stereoskopischer Betrachtung gemessen werden, so daß das Problem der Zuordnung identischer Bildpunkte erheblich vereinfacht werden kann.

Abb. 1.25: Stereokomparator nach PULFRICH (Zeiss, 1901)

1909–1911 entsteht der Stereoautograph von OREL-ZEISS, ein stereoskopisches Auswertegerät, mit dem erstmals kontinuierliche Höhenschichtlinien erfaßbar sind. Auch dieses Gerät wird für topografische Nahbereichsanwendungen eingesetzt.

Zwischen den Weltkriegen wird die Entwicklung photogrammetrischer Stereoauswertegeräte vorangetrieben. Dabei entstehen instrumentell aufwendige Systeme mit optischer Projektion (Doppelprojektor, Multiplex), optisch-mechanischem Prinzip (Zeiss Stereoplanigraph C1 bis C8) und mechanischen Raumlenkern (Wild A5), die vor allem für Luftbildauswertungen genutzt werden. Daneben werden Geräte zur Bildentzerrung entwickelt (SCHEIMPFLUG 1911, Zeiss SEG, Wild E1), mit denen Bildkarten hergestellt werden können. Diese Entwicklungsperiode wird mit *Analogphotogrammetrie* bezeichnet. Im Jahre 1950 gibt LACMANN das erste deutschsprachige Lehrbuch über nicht-topographische Anwendungen heraus.

Bis Ende der siebziger Jahre dominieren sogenannte Meßkammern die Aufnahmetechnik für die Nahbereichsphotogrammetrie. Zunächst werden darin ausschließlich Glasplatten als

Emulsionsträger verwendet, so daß ohne großen mechanischen Aufwand eine ebene Bildfläche realisiert wird (Beispiel in Abb. 1.26). Erst seit den fünfziger Jahren wird vermehrt Film als Emulsionsträger verwendet, wobei entsprechende Meßkammern über eine mechanische Filmverebnung verfügen.

Abb. 1.26: Meßkammer Zeiss TMK 6

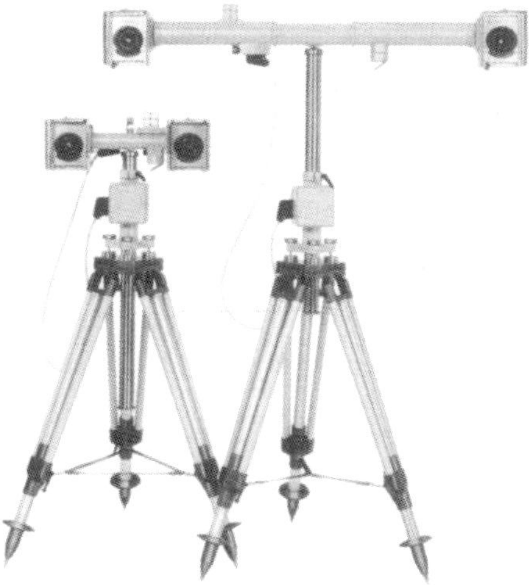

Abb. 1.27: Stereomeßkammern Zeiss SMK 40 und SMK 120

Abb. 1.28: Stereoauswertegerät Zeiss Terragraph

Daneben existieren Stereomeßkammern, die aus zwei baugleichen Meßkammern bestehen und nach dem Prinzip des Stereonormalfalls (Abb. 3.2a, vgl. Kap. 4.4.2) auf einer festen Basis angeordnet sind (Abb. 1.27). Einfache, ebenfalls auf den Normalfall beschränkte Stereoauswertegeräte werden vor allem für die Architekturphotogrammetrie und die Unfallaufnahme eingesetzt (Abb. 1.28).

Mit dem Aufkommen elektronischer Rechner in den fünfziger Jahren beginnt die Phase der *Analytischen Photogrammetrie*. Aufbauend auf den Arbeiten von GAST (Hannover 1930, Kollinearitätsgleichungen), SCHMID und SCHUT (USA 1953–1958, Ausgleichung analytischer Grundaufgaben) werden zum einen Mono- und Stereokomparatoren (z.B. Zeiss PSK, Kern MK1) zur hochgenauen Messung von Bildkoordinaten entwickelt, die als Beobachtungen für Triangulationsprogramme dienen. Zum anderen entstehen analytische Stereoauswertegeräte (Analytische Plotter) nach dem Prinzip von HELAVA (1957) vor allem durch Bendix/OMI (AP/C, 1964), später durch Zeiss (Planicomp C100, 1976), Kern (DSR-1, 1980) und Wild (Aviolyt AC-1, 1980). Analytische Plotter werden aufgrund der universellen Einsatzmöglichkeiten auch in der Nahbereichsphotogrammetrie eingesetzt.

Seit den sechziger Jahren werden zunehmend Modell- und Bündelausgleichungsprogramme entwickelt (z.B. ACKERMANN 1964, BROWN 1967), die später in weitverbreiteten kommerziellen Produkten verfügbar sind (PAT-M Stuttgart, BLUH Hannover). Die besonderen Anforderungen an die Orientierung in Nahbereichsanwendungen werden seit den achtziger Jahren in Bündelausgleichungsprogrammen z.B. von BROWN und FRASER (STARS), KRUCK (BINGO), WESTER-EBBINGHAUS (MOR) oder HINSKEN (CAP) realisiert.

Der Einsatz der Bündelausgleichung erlaubt nicht nur die Aufnahme beliebig angeordneter Bildverbände, sondern auch die simultane Berechnung der Kalibrierungsdaten (innere Orientierung) der beteiligten Aufnahmekameras. Seit Beginn der achtziger Jahre geht man daher vom bis dahin unumgänglichen Prinzip der Meßkammer (bekannte und konstante innere Orientierung) mit entsprechend schwer zu handhabenden Aufnahmesystemen zu modifizierten professionellen Fotosystemkameras über, die durch Einbau eines Réseaus (Glasgitterplatte) für photogrammetrische Aufgaben einsetzbar werden (WESTER-EBBINGHAUS 1981, Abb. 1.29). Das Anwendungsspektrum der Nahbereichsphotogrammetrie wird dadurch beträchtlich erhöht.

Abb. 1.29: Teilmeßkamera Rolleiflex SLX (ca. 1980)

Gleichzeitig verliert die traditionelle Stereophotogrammetrie im Nahbereich an Bedeutung. Mehrbildauswertesysteme mit einem Grafiktablett (Digitizer) als Meßsystem für vergrößerte Papierabzüge (z.B. Rollei MR2, 1986) kommen vor allem in der Architektur- und Unfallaufnahme zum Einsatz.

Seit Mitte der achtziger Jahre nimmt die Nutzung opto-elektronischer Bildsensoren erheblich zu. Die fortgeschrittene Rechnertechnologie erlaubt die Verarbeitung digitalisierter Bilder, insbesondere die automatische Erkennung und Messung von Bildpunkten und die Korrelation von Objektmustern für die Oberflächenmessung (*Digitale Photogrammetrie*). Zunächst werden Standard-Videokameras eingesetzt, deren analoge Bildsignale mit einer Auflösung bis zu 780 × 580 Bildelementen (Pixel) in Echtzeit digitalisiert und ausgewertet werden können (*Realtime-Photogrammetrie, Videogrammetrie*). Erste operationelle Online-Mehrbildsysteme stehen zur Verfügung (z.B. HAGGRÉN 1987, Abb. 1.30). Automatisierte Präzisions-Monokomparatoren werden in Kombination mit großformatigen Réseaukameras vor allem für industrielle Anwendungen eingesetzt (FRASER/BROWN, WESTER-EBBINGHAUS 1986). Analytische Plotter werden mit Videokameras zu Korrelatorsystemen erweitert, die z.B. für die Karosserievermessung im Automobilbau eingesetzt werden (Zeiss Indusurf 1987). Es entstehen geschlossene Verfahren zur simultanen Mehrbildverarbeitung von Grauwert- und Objektinformationen durch Kleinste-Quadrate-Lösungen (FÖRSTNER 1984, GRUEN 1985 u.a.).

Abb. 1.30: Online-Mehrbildsystem Mapvision (1987)

Die Einschränkungen von Videokameras hinsichtlich des kleinen Bildformates und der geringen Auflösung führen zur Entwicklung von Scanning-Kameras, die die hochauflösende Erfassung statischer Objekte erlauben (bis zu ca. 6000 × 4500 Pixel). Gleichzeitig werden elektronische Theodolite mit Videokameras entwickelt, die die automatisierte Erfassung von Richtungen zu signalisierten Punkten gestatten (Kern SPACE).

Seit Beginn der neunziger Jahre existieren Digitalkameras mit höherer Auflösung, die ohne analoge Signalverarbeitung direkt ein digitales Bild liefern. Die Entwicklung reicht von ca.

1000 × 1000 Pixel (z.B. Kodak Megaplus) bis über 4000 × 4000 Pixel. Handliche Still-Video-Kameras erlauben die Speicherung hochauflösender Bilder direkt in der Kamera (z.B. Kodak DCS 460, Abb. 1.31). Sie haben besonders im industriellen Umfeld zu einer erheblichen Ausweitung der photogrammetrischen Meßtechnik geführt. Neben klassischen *Offline-Photogrammetriesystemen* werden vermehrt *Online-Systeme* (Abb. 1.32) eingesetzt, letztere sowohl als mobile Systeme als auch in Form stationärer Meßanlagen. Codierte Punktmarken erlauben die vollautomatische Identifizierung und Zuordnung von Objektpunkten und Orientierung der Bildverbände. Mit der Entwicklung von Musterprojektionsverfahren und der Kombination mit photogrammetrischen Methoden wird die flächenhafte Objekterfassung auch größerer Objekte ermöglicht.

Abb. 1.31: Still-Video-Kamera Kodak DCS 460 (1996)

Abb. 1.32: Online-Industriemeßsystem GSI/Leica VSTARS

Interaktive digitale Stereoauswertesysteme (z.B. Leica/Helava DSP, Zeiss PHODIS) existieren seit ca. 1988 (Kern DSP-1) und ersetzen heute zunehmend Analytische Plotter, werden aber im Nahbereich nur wenig eingesetzt. Größere Bedeutung haben grafisch-interaktive Mehrbildauswertesysteme gewonnen, die eine Auswertung beliebiger digitaler Bildverbände in einer CAD-Umgebung gestatten (Abb. 1.33).

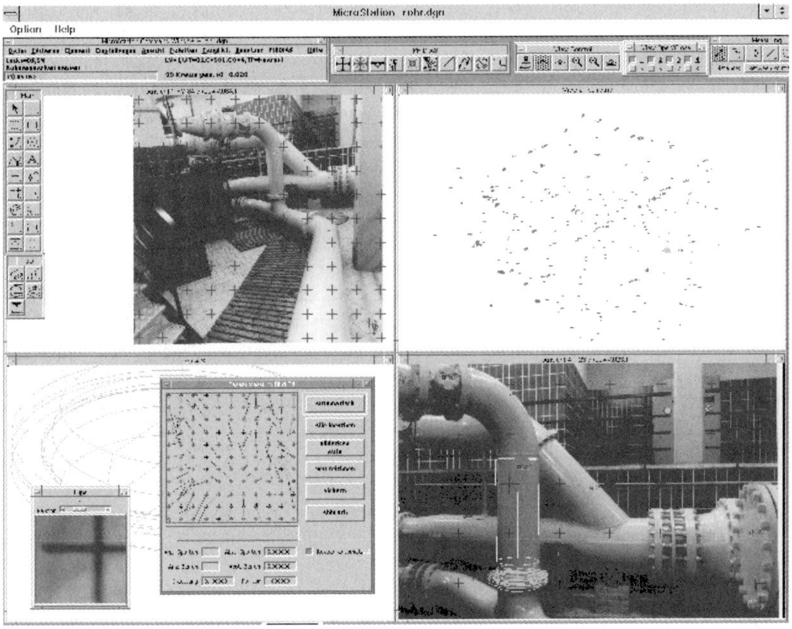

Abb. 1.33: Mehrbildauswertesystem PHIDIAS-MS (1998)

Neben dem grundsätzlichen Technologiewandel von der analogen/analytischen Aufnahme- und Auswertetechnik hin zur rein digitalen Bildverarbeitung ist in der Nahbereichsphotogrammetrie der Trend zur Integration photogrammetrischer Komponenten in anwendungsspezifische, hybride Systeme zu beobachten. Dazu gehört die Kopplung zu 3D-CAD-Systemen, Datenbanken und Informationssystemen, Qualitätsanalyse- und Steuerungssystemen für die Produktion, Navigationssystemen autonomer Roboter und Fahrzeuge, 3D-Visualisierungssystemen, Internet-Anwendungen, 3D-Animationen, Virtual Reality usw.. Die Nahbereichsphotogrammetrie stellt sich somit heute und in Zukunft als universelles 3D-Meßverfahren im interdisziplinären Anwendungsspektrum dar.

Weitere Übersichten zur Geschichte der Nahbereichsphotogrammetrie geben u.a. ALBERTZ & WIEDEMANN (1997), GRUEN (1994), KARARA (1989), BRUNNER (1988) und VON GRUBER (1930).

2 Mathematische Grundlagen

In diesem Kapitel werden mathematische Grundlagen besprochen, die für das Verständnis der Nahbereichsphotogrammetrie unerläßlich sind. Nach der Definition von gebräuchlichen Koordinatensystemen folgt eine Zusammenstellung der wichtigsten ebenen und räumlichen Koordinatentransformationen. Nach einem Abschnitt über Grundlagen der Ausgleichungsrechnung werden schließlich homogene Koordinaten und grafische Abbildungen eingeführt.

2.1 Koordinatensysteme

2.1.1 Bildkoordinatensystem

Das Bildkoordinatensystem dient der Festlegung eines kamerafesten Bezugssystems. Es wird zunächst als ebenes, kartesisches Koordinatensystem x'y' definiert. Der Bezug zur Aufnahmekamera erfolgt über Referenzpunkte (Rahmenmarken, Réseau), die im aufgenommenen Bild mit abgebildet werden (siehe Kap. 3.2.3.3). Der Ursprung dieses Bild- oder Rahmenkoordinatensystems liegt normalerweise in der Bildmitte.

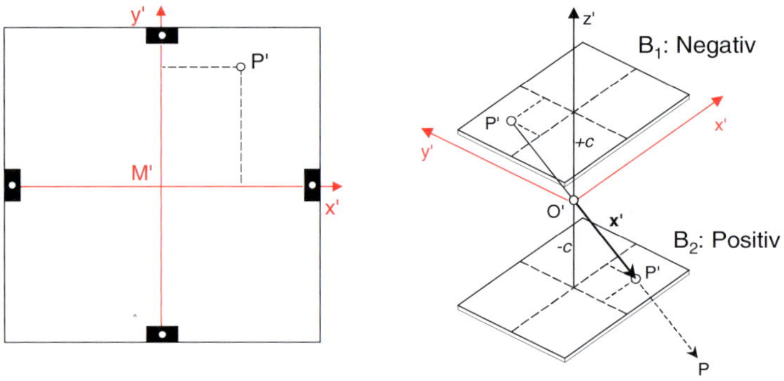

Abb. 2.1: Ebenes und räumliches Bildkoordinatensystem

Der Bezug zwischen dem ebenen Bild und der Kamera als räumlichem Objekt kann hergestellt werden, indem das Bildkoordinatensystem um eine senkrecht auf der x'y'-Ebene stehende z'-Achse erweitert wird, die näherungsweise in Richtung der optischen Achse zeigt. Der Ursprung dieses Systems[1] liegt dann im Projektionszentrum *O'*. Die Bildlage B_1 entspricht der Lage der physikalischen Bildaufnahme (Negativlage). Für viele mathematische Berechnungen ist es jedoch einfacher, die Bildlage B_2 (Positivlage) zu verwenden, bei der der Bildkoordinatenvektor **x'** in dieselbe Richtung zeigt wie der Vektor zum Objektpunkt *P*. Die Kamerakonstante für den Bildpunkt *P'* ist dann negativ anzusetzen und der Bildvektor **x'** lautet:

---

[1] Hier wäre der Begriff *Kamerakoordinatensystem* angebracht, der in der Praxis aber wenig verwendet wird.

$$\mathbf{x}' = \begin{bmatrix} x' \\ y' \\ -c \end{bmatrix} \tag{2.1}$$

Der Bildvektor **x'** beschreibt somit (im Bildkoordinatensystem) den Abbildungsstrahl, der vom Bildpunkt (belichteter Punkt) zum Objektpunkt zeigt. Die räumliche Lage des Projektionszentrums im Rahmenkoordinatensystem wird durch die Parameter der *inneren Orientierung* festgelegt (siehe Kap. 3.2.3).

Auf die in der Nahbereichsphotogrammetrie auch gebräuchliche Definition der Bildebene durch die Koordinatenachsen x' und z' (y' in Richtung der optischen Achse) wird im Sinne einer einheitlichen Darstellung verzichtet.

2.1.2 Komparatorkoordinatensystem

Mit dem Komparatorkoordinatensystem x^*y^* wird das instrumentelle ebene Koordinatensystem eines Bildmeßsystems (z.B. Komparator, Bildspeicher) bezeichnet, in dem maschinenbezogene Längenmessungen angegeben werden. Die Übertragung der Komparatorkoordinaten in Bildkoordinaten erfolgt in der Regel mit einer ebenen Affintransformation, wobei Rahmenmarken oder Réseaupunkte als identische Punkte verwendet werden (siehe Kap. 2.2.1.2).

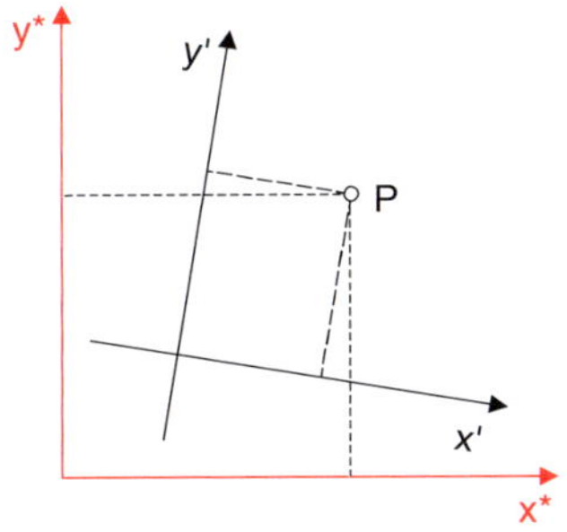

Abb. 2.2: Komparatorkoordinatensystem

2.1.3 Modellkoordinatensystem

Das Modellkoordinatensystem xyz ist ein räumliches kartesisches Koordinatensystem, in dem die relative Lage und Ausrichtung zweier oder mehrerer Bilder (Bildkoordinatensysteme) festgelegt wird. Üblicherweise liegt der Ursprung des Systems im Projektionszentrum eines Bildes. Weiterhin kann das Modellkoordinatensystem parallel zum entsprechenden Bildkoordinatensystem gelegt werden (siehe Kap. 4.2.4.3).

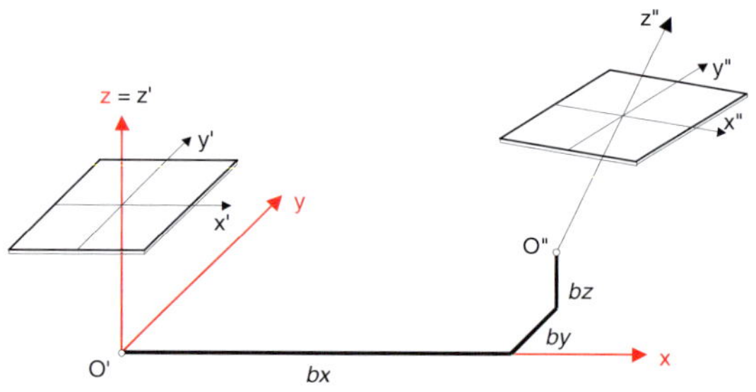

Abb. 2.3: Modellkoordinatensystem

2.1.4 Objektkoordinatensystem

Mit Objektkoordinatensystem (häufig auch: Weltkoordinatensystem) wird im folgenden jedes übergeordnete räumliche, kartesische Koordinatensystem XYZ bezeichnet, das durch Bezugspunkte des Objektes festgelegt ist. Ein Beispiel dafür ist ein übergeordnetes Landeskoordinatensystem (X=Rechtswert, Y=Hochwert, Z=Höhe, Ursprung am Äquator)[1], das durch geodätisch bestimmte Referenzpunkte verkörpert wird. Für das Beispiel eines Fahrzeuges im Automobilbau ist das Objektkoordinatensystem lokal durch die Definition im Konstruktionssystem definiert (X= Fahrzeuglängsachse, Y=Richtung der Vorderachse, Z=Höhe, Ursprung in Mitte der Vorderachse).

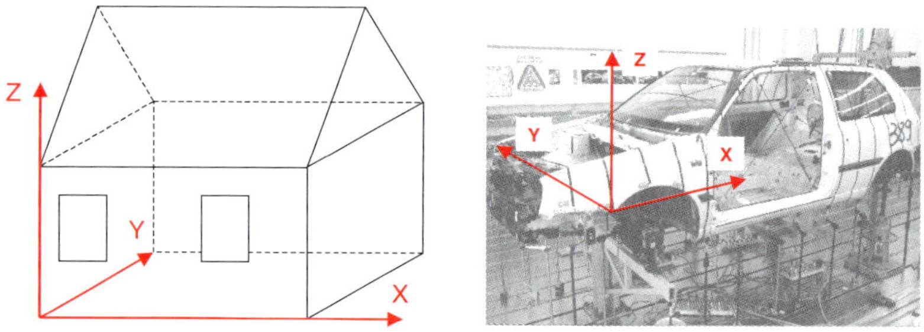

Abb. 2.4: Objektkoordinatensysteme

Ein spezielles dreidimensionales Koordinatensystem liegt vor, wenn innerhalb eines Meßsystems ein 3D-Gerätekoordinatensystem definiert ist, das zunächst keinen direkten Bezug zu einem übergeordneten System hat. Auch ohne Bezug zum Koordinatensystem des Meßobjektes können räumliche Koordinaten in einem praktisch beliebig gelagerten System, in dem zum Beispiel nur eine Referenzstrecke bekannt ist, erfaßt werden (Abb. 2.5).

Die Festlegung des Koordinatenursprungs, der Koordinatenrichtungen und gegebenenfalls des Maßstabes bezeichnet man auch als (geodätisches) *Datum*.

---

[1] Das Landessystem (Gauß-Krüger-System) und das Höhensystem (Bezugsfläche Geoid) bilden nur bei kleinen Gebietsausdehnungen näherungsweise ein kartesisches Koordinatensystem.

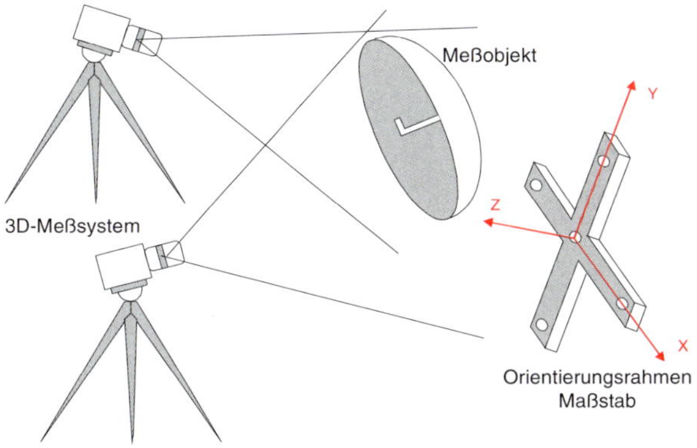

Abb. 2.5: 3D-Gerätekoordinatensystem

2.2 Koordinatentransformationen

2.2.1 Ebene Transformationen

2.2.1.1 Ähnlichkeitstransformation

Die ebene Ähnlichkeitstransformation dient der Abbildung zweier ebener kartesischer Koordinatensysteme. Die allgemein übliche 4-Parameter-Transformation erfaßt zwei Verschiebungen, eine Drehung und einen Maßstabsfaktor zwischen den beiden Systemen. Winkel und Streckenverhältnisse bleiben erhalten.

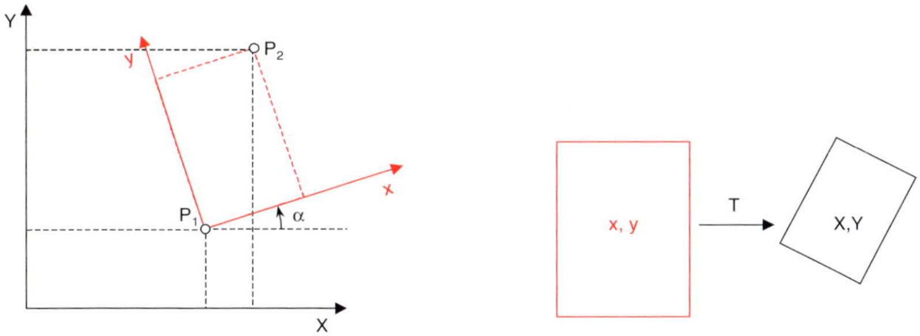

Abb. 2.6: Ebene Ähnlichkeitstransformation

Für einen im xy-System (Ausgangssystem) gegebenen Punkt P lauten die XY-Koordinaten im übergeordneten System (Zielsystem):

$$\begin{aligned} X &= a_0 + a_1 \cdot x - b_1 \cdot y \\ Y &= b_0 + b_1 \cdot x + a_1 \cdot y \end{aligned} \tag{2.2}$$

oder

$$
\begin{aligned}
X &= a_0 + m \cdot (x \cdot \cos\alpha - y \cdot \sin\alpha) \\
Y &= b_0 + m \cdot (x \cdot \sin\alpha + y \cdot \cos\alpha)
\end{aligned}
\tag{2.3}
$$

Dabei beschreiben a_0 und b_0 die Translation des Ursprungs, α den Drehwinkel und m den einheitlichen Maßstabsfaktor. Zur Berechnung der vier Koeffizienten sind mindestens zwei identische Punkte in beiden Systemen erforderlich. Bei mehr als zwei identischen Punkten erfolgt die Bestimmung der Transformationsparameter durch Ausgleichung des überbestimmten Gleichungssystems.

In Matrixschreibweise kann (2.2) wie folgt geschrieben werden:

$$
\begin{aligned}
&\mathbf{X} = \mathbf{A} \cdot \mathbf{x} + \mathbf{a} \\
&\begin{bmatrix} X \\ Y \end{bmatrix} = \begin{bmatrix} a_1 & -b_1 \\ b_1 & a_1 \end{bmatrix} \cdot \begin{bmatrix} x \\ y \end{bmatrix} + \begin{bmatrix} a_0 \\ b_0 \end{bmatrix}
\end{aligned}
$$

oder in nicht-linearer Form mit $a_0=X_0$ und $b_0=Y_0$

$$
\begin{aligned}
&\mathbf{X} = m \cdot \mathbf{R} \cdot \mathbf{x} + \mathbf{X}_0 \\
&\begin{bmatrix} X \\ Y \end{bmatrix} = m \cdot \begin{bmatrix} \cos\alpha & -\sin\alpha \\ \sin\alpha & \cos\alpha \end{bmatrix} \cdot \begin{bmatrix} x \\ y \end{bmatrix} + \begin{bmatrix} X_0 \\ Y_0 \end{bmatrix}
\end{aligned}
\tag{2.4}
$$

R ist die Drehmatrix des Drehwinkels α mit den orthonormalen Eigenschaften

$$
\mathbf{R}^{-1} = \mathbf{R}^T \qquad \text{und} \qquad \mathbf{R}^T \cdot \mathbf{R} = \mathbf{E}
$$

Die Rücktransformation von Koordinaten des Zielsystems in das Ausgangssystem erfolgt durch Umstellung der Abbildungsgleichungen (2.4):

$$
\begin{aligned}
&\mathbf{x} = \frac{1}{m} \cdot \mathbf{R}^{-1} \cdot (\mathbf{X} - \mathbf{X}_0) \\
&\begin{bmatrix} x \\ y \end{bmatrix} = \frac{1}{m} \cdot \begin{bmatrix} \cos\alpha & \sin\alpha \\ -\sin\alpha & \cos\alpha \end{bmatrix} \cdot \begin{bmatrix} X - X_0 \\ Y - Y_0 \end{bmatrix}
\end{aligned}
\tag{2.5}
$$

2.2.1.2 Affintransformation

Die ebene Affintransformation dient der Transformation zweier ebener Koordinatensysteme mit zwei Verschiebungen, einem Drehwinkel, einem Scherungswinkel zwischen den Achsen und zwei getrennten Maßstabsfaktoren (6-Parameter-Transformation).

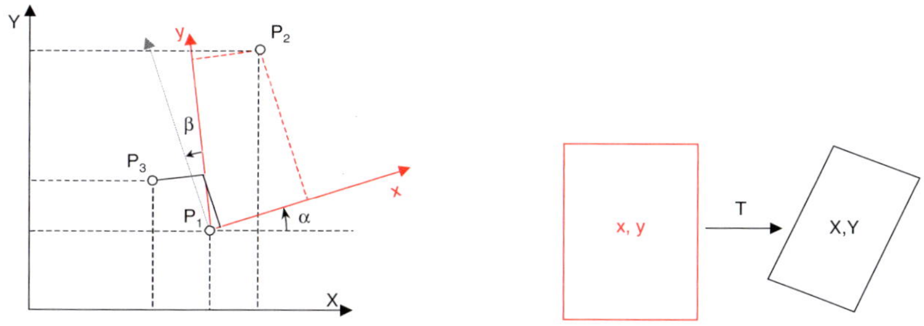

Abb. 2.7: Ebene Affintransformation

Die XY-Koordinaten im übergeordneten System (Zielsystem) lauten für einen im Ausgangssystem xy gegebenen Punkt P

$$\begin{aligned} X &= a_0 + a_1 \cdot x + a_2 \cdot y \\ Y &= b_0 + b_1 \cdot x + b_2 \cdot y \end{aligned} \qquad (2.6)$$

oder in nicht-linearer Form mit $a_0 = X_0$ und $b_0 = Y_0$

$$\begin{aligned} X &= X_0 + m_X \cdot x \cdot \cos\alpha - m_Y \cdot y \cdot \sin(\alpha + \beta) \\ Y &= Y_0 + m_X \cdot x \cdot \sin\alpha + m_Y \cdot y \cdot \cos(\alpha + \beta) \end{aligned} \qquad (2.7)$$

Die Parameter a_0 und b_0 (bzw. X_0 und Y_0) beschreiben die Translation des Ursprungs, α den Drehwinkel, β den Scherungswinkel der Koordinatenachsen und m_X, m_Y die Maßstabsfaktoren für x und y. Zur Berechnung der sechs Koeffizienten sind mindestens drei identische Punkte erforderlich. Bei mehr als drei identischen Punkten erfolgt die Berechnung durch Ausgleichung des überbestimmten Gleichungssystems.

In Matrixschreibweise kann die Affintransformation wie folgt geschrieben werden:

$$\mathbf{X} = \mathbf{A} \cdot \mathbf{x} + \mathbf{a}$$

$$\begin{bmatrix} X \\ Y \end{bmatrix} = \begin{bmatrix} a_1 & a_2 \\ b_1 & b_2 \end{bmatrix} \cdot \begin{bmatrix} x \\ y \end{bmatrix} + \begin{bmatrix} a_0 \\ b_0 \end{bmatrix}$$

oder (2.8)

$$\begin{bmatrix} X \\ Y \end{bmatrix} = \begin{bmatrix} m_X \cdot \cos\alpha & -m_Y \cdot \sin(\alpha + \beta) \\ m_X \cdot \sin\alpha & m_Y \cdot \cos(\alpha + \beta) \end{bmatrix} \cdot \begin{bmatrix} x \\ y \end{bmatrix} + \begin{bmatrix} X_0 \\ Y_0 \end{bmatrix}$$

A ist die Transformationsmatrix der Affintransformation. Bei wenig gedrehten und gescherten Systemen entspricht der Parameter a_1 dem Maßstabsfaktor m_X und der Parameter b_2 dem Maßstabsfaktor m_Y.

2.2.1.3 Polynomtransformation

Mit Polynomen vom Grad n lassen sich nicht-lineare Verformungen beschreiben.

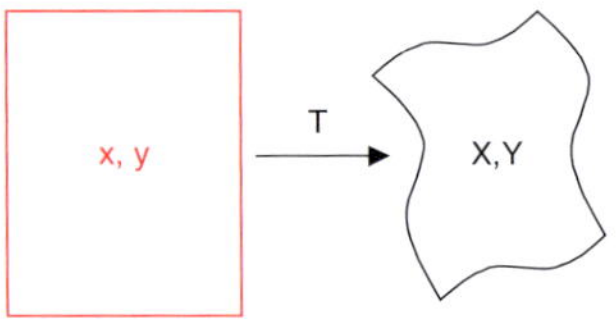

Abb. 2.8: Ebene Polynomtransformation

Allgemein kann die Transformationsvorschrift geschrieben werden als

$$X = \sum_{j=0}^{n} \sum_{i=0}^{j} a_{ji} \cdot x^{j-i} \cdot y^{i}$$
$$Y = \sum_{j=0}^{n} \sum_{i=0}^{j} b_{ji} \cdot x^{j-i} \cdot y^{i} \qquad (2.9)$$

mit n: Grad des Polynoms

Für ein Polynom mit n=2 ergibt sich demnach:

$$X = a_{00} + a_{10} \cdot x + a_{11} \cdot y + a_{20} \cdot x^2 + a_{21} \cdot x \cdot y + a_{22} \cdot y^2$$
$$Y = b_{00} + b_{10} \cdot x + b_{11} \cdot y + b_{20} \cdot x^2 + b_{21} \cdot x \cdot y + b_{22} \cdot y^2$$

Das Polynom mit n=1 ist identisch mit der Affintransformation (2.6). Die Anzahl der zu bestimmenden Koeffizienten beträgt

$$u = (n+1) \cdot (n+2)$$

Zur Bestimmung der u Koeffizienten sind mindestens $u/2$ identische Punkte erforderlich.

2.2.1.4 Bilineare Transformation

Die bilineare Transformation ist eine Erweiterung der Affintransformation um ein gemischtes Glied:

$$X = a_0 + a_1 \cdot x + a_2 \cdot y + a_3 \cdot x \cdot y$$
$$Y = b_0 + b_1 \cdot x + b_2 \cdot y + b_3 \cdot x \cdot y \qquad (2.10)$$

Zur Bestimmung der acht Koeffizienten werden mindestens vier identische Punkte benötigt.

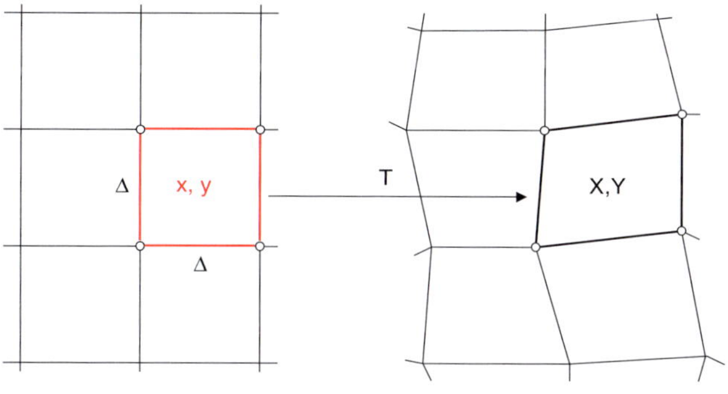

Abb. 2.9: Bilineare Transformation

Die bilineare Transformation wird zum Beispiel bei der zwangsfreien Transformation und Interpolation von Viereckmaschen (Abb. 2.9) verwendet, wie sie bei der Abbildung von Réseaugittern oder auch bei digitalen Oberflächenmodellen entstehen.

Für die Transformation eines Quadrates mit der Seitenlänge Δ erhält man die Koeffizienten wie folgt:

$$\begin{bmatrix} a_0 \\ a_1 \\ a_2 \\ a_3 \end{bmatrix} = \mathbf{A} \cdot \begin{bmatrix} x_1 \\ x_2 \\ x_3 \\ x_4 \end{bmatrix} \quad \text{und} \quad \begin{bmatrix} b_0 \\ b_1 \\ b_2 \\ b_3 \end{bmatrix} = \mathbf{A} \cdot \begin{bmatrix} y_1 \\ y_2 \\ y_3 \\ y_4 \end{bmatrix} \tag{2.11}$$

$$\text{mit} \quad \mathbf{A} = \begin{bmatrix} 1 & 0 & 0 & 0 \\ -1/\Delta & 1/\Delta & 0 & 0 \\ -1/\Delta & 0 & 1/\Delta & 0 \\ 1/\Delta^2 & -1/\Delta^2 & -1/\Delta^2 & 1/\Delta^2 \end{bmatrix}$$

2.2.1.5 Projektivtransformation

Die Projektivtransformation beschreibt die zentralprojektive Abbildung zweier ebener Koordinatensysteme aufeinander. Sämtliche Abbildungsstrahlen durchlaufen geradlinig das Projektionszentrum.

Die Transformationsvorschrift lautet:

$$X = \frac{a_0 + a_1 \cdot x + a_2 \cdot y}{1 + c_1 \cdot x + c_2 \cdot y}$$
$$Y = \frac{b_0 + b_1 \cdot x + b_2 \cdot y}{1 + c_1 \cdot x + c_2 \cdot y} \tag{2.12}$$

Das System (2.12) ist nicht linear. Durch Multiplikation mit dem Nenner und Umstellung kann jedoch folgende lineare Form abgeleitet werden, die sich als Beobachtungsgleichung für ein Ausgleichungssystem eignet:

$$
\begin{aligned}
a_0 + a_1 x + a_2 y - X - c_1 xX - c_2 yX &= 0 \\
b_0 + b_1 x + b_2 y - Y - c_1 xY - c_2 yY &= 0
\end{aligned}
\qquad (2.13)
$$

Zur Bestimmung der acht Koeffizienten müssen vier identische Punkte vorliegen, von denen nicht drei auf einer Geraden liegen dürfen. Bei mehr als vier Punkten erfolgt die Lösung durch Ausgleichung (Rechenschema in Kap. 4.4.1.1). Die Herleitung von (2.12) kann mit Hilfe der räumlichen Ähnlichkeitstransformation erfolgen (siehe Kap. 2.2.2.2).

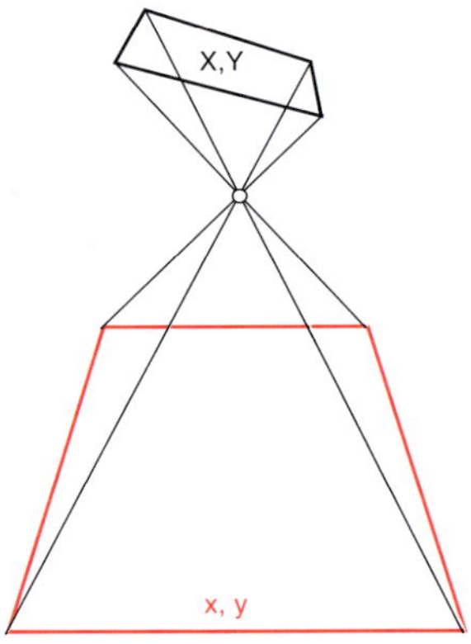

Abb. 2.10: Ebene Projektivtransformation

Die ebene Projektivtransformation behält Geradlinigkeit und Schnittpunkte von Geraden bei. Winkel, Strecken- und Flächenproportionen bleiben jedoch nicht erhalten. Eine weitere Invariante der Projektivtransformation ist das Doppelverhältnis der Streckenabschnitte von Punkten, die auf einer Geraden liegen.

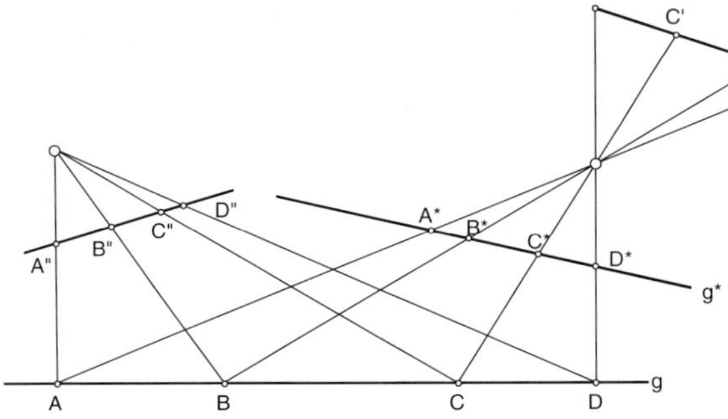

Abb. 2.11: Doppelverhältnis

Dabei bleiben folgende Proportionen erhalten:

$$\lambda = \frac{AD}{BD} \div \frac{AC}{BC} = \frac{A^*D^*}{B^*D^*} \div \frac{A^*C^*}{B^*C^*} = \frac{A'D'}{B'D'} \div \frac{A'C'}{B'C'} = \frac{A''D''}{B''D''} \div \frac{A''C''}{B''C''} \tag{2.14}$$

Das Doppelverhältnis gilt für alle Geraden, die ein Strahlenbündel an beliebiger Stelle schneiden (Abb. 2.11).

Die ebene Projektivtransformation findet Anwendung bei Einzelbildauswertungen, z.B. für die ebene projektive Entzerrung oder bei der Koordinatenbestimmung aus Einzelbildern (siehe Kap. 4.4.1).

2.2.2 Räumliche Transformationen

2.2.2.1 Räumliche Drehungen

2.2.2.1.1 Drehmatrix mit trigonometrischen Funktionen

Während in ebenen Transformationen die Rotationen um einen Drehpunkt definiert sind, werden räumliche Rotationen nacheinander um die drei Achsen des räumlichen Koordinatensystems ausgeführt. Gegeben sei ein Punkt P im Ausgangssystem xyz, das gegenüber dem übergeordneten Zielsystem XYZ verdreht ist. Bei Verwendung trigonometrischer Funktionen lauten die Einzeldrehungen um die drei Achsen des Zielsystems wie folgt:

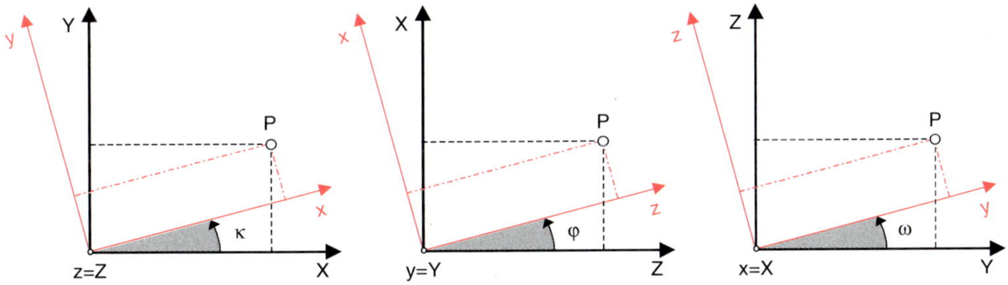

Abb. 2.12: Definition der räumlichen Drehwinkel

1. Drehung um Z-Achse

Die Drehung um die Z-Achse erfolgt gegen den Uhrzeigersinn mit dem Winkel κ, wenn man von der Spitze der positiven Z-Achse zum Ursprung blickt. Für die Koordinaten eines Punktes im übergeordneten Zielsystem XYZ folgt damit analog zu Gleichung (2.4):

$$X = x \cdot \cos\kappa - y \cdot \sin\kappa \qquad \text{oder} \qquad \mathbf{X} = \mathbf{R}_\kappa \cdot \mathbf{x} \tag{2.15}$$

$$Y = x \cdot \sin\kappa + y \cdot \cos\kappa \qquad \begin{bmatrix} X \\ Y \\ Z \end{bmatrix} = \begin{bmatrix} \cos\kappa & -\sin\kappa & 0 \\ \sin\kappa & \cos\kappa & 0 \\ 0 & 0 & 1 \end{bmatrix} \cdot \begin{bmatrix} x \\ y \\ z \end{bmatrix}$$

$$Z = z$$

2. Drehung um Y-Achse

Entsprechend erfolgt die Drehung um die Y-Achse mit dem Winkel φ. Die Koordinaten eines Punktes im übergeordneten Zielsystem XYZ lauten damit:

$$X = x \cdot \cos\varphi + z \cdot \sin\varphi \qquad \text{oder} \qquad \mathbf{X} = \mathbf{R}_\varphi \cdot \mathbf{x} \tag{2.16}$$

$$Y = y \qquad \begin{bmatrix} X \\ Y \\ Z \end{bmatrix} = \begin{bmatrix} \cos\varphi & 0 & \sin\varphi \\ 0 & 1 & 0 \\ -\sin\varphi & 0 & \cos\varphi \end{bmatrix} \cdot \begin{bmatrix} x \\ y \\ z \end{bmatrix}$$

$$Z = -x \cdot \sin\varphi + z \cdot \cos\varphi$$

3. Drehung um X-Achse

In gleicher Weise erfolgt die Drehung um die X-Achse mit dem Winkel ω, und für die Koordinaten eines Punktes im übergeordneten Zielsystem XYZ folgt:

$$X = x \qquad \text{oder} \qquad \mathbf{X} = \mathbf{R}_\omega \cdot \mathbf{x} \tag{2.17}$$

$$Y = y \cdot \cos\omega - z \cdot \sin\omega \qquad \begin{bmatrix} X \\ Y \\ Z \end{bmatrix} = \begin{bmatrix} 1 & 0 & 0 \\ 0 & \cos\omega & -\sin\omega \\ 0 & \sin\omega & \cos\omega \end{bmatrix} \cdot \begin{bmatrix} x \\ y \\ z \end{bmatrix}$$

$$Z = y \cdot \sin\omega + z \cdot \cos\omega$$

Die angegebenen Rotationsmatrizen sind orthonormal, d.h.

$$\mathbf{R}^{-1} = \mathbf{R}^T \qquad \text{und} \qquad \mathbf{R} \cdot \mathbf{R}^T = \mathbf{E}$$

Die Gesamtdrehung **R** einer räumlichen Koordinatentransformation setzt sich aus den hintereinander ausgeführten Einzeldrehungen zusammen, wobei die Reihenfolge der Drehungen nicht beliebig ist. Häufig wird die Gesamtdrehung um *mitgedrehte* Achsen in der Reihenfolge ω φ κ formuliert. Für die Darstellung der Koordinaten des Punktes P im *gedrehten* System xyz werden die einzelnen Rotationsmatrizen in umgekehrter Reihenfolge miteinander multipliziert:

$$\mathbf{R}^T = \mathbf{R}_\kappa^T \cdot \mathbf{R}_\varphi^T \cdot \mathbf{R}_\omega^T \tag{2.18}$$

Die Koordinatentransformation lautet entsprechend:

$$\mathbf{x} = \mathbf{R}^T \cdot \mathbf{X} \tag{2.19}$$

Umgekehrt erfolgt die Transformation in das Zielsystem XYZ mit der Rotationsmatrix der Gesamtdrehung:

$$\mathbf{R} = \mathbf{R}_\omega \cdot \mathbf{R}_\varphi \cdot \mathbf{R}_\kappa \tag{2.20}$$

mit

$$\mathbf{R} = \begin{bmatrix} r_{11} & r_{12} & r_{13} \\ r_{21} & r_{22} & r_{23} \\ r_{31} & r_{32} & r_{33} \end{bmatrix}$$
$$= \begin{bmatrix} \cos\varphi\cos\kappa & -\cos\varphi\sin\kappa & \sin\varphi \\ \cos\omega\sin\kappa + \sin\omega\sin\varphi\cos\kappa & \cos\omega\cos\kappa - \sin\omega\sin\varphi\sin\kappa & -\sin\omega\cos\varphi \\ \sin\omega\sin\kappa - \cos\omega\sin\varphi\cos\kappa & \sin\omega\cos\kappa + \cos\omega\sin\varphi\sin\kappa & \cos\omega\cos\varphi \end{bmatrix}$$

Die Koordinatentransformation ergibt sich entsprechend zu:

$$\mathbf{X} = \mathbf{R} \cdot \mathbf{x} \tag{2.21}$$

Alternativ können die Drehungen auch um *feste* Koordinatenachsen ausgeführt werden. Mathematisch ist die Drehung um feste Achsen identisch mit der vertauschten Drehreihenfolge:

$$\mathbf{R}^* = \mathbf{R}_\kappa \cdot \mathbf{R}_\varphi \cdot \mathbf{R}_\omega \tag{2.22}$$

Aus den Koeffizienten $r_{11} \ldots r_{33}$ der Drehmatrix (2.20) lassen sich die Drehwinkel wie folgt bestimmen:

$$\begin{aligned} \sin\varphi &= r_{13} \\ \tan\omega &= -\frac{r_{23}}{r_{33}} \\ \tan\kappa &= -\frac{r_{12}}{r_{11}} \end{aligned} \tag{2.23}$$

Aus Gl. (2.23) folgt zunächst, daß die Bestimmung von φ mehrdeutig ist (Lösungen für $\sin\varphi$ in jeweils zwei Quadranten). Weiterhin können die Drehwinkel nicht eindeutig bestimmt werden, wenn die mittlere Drehung (in diesem Fall φ) um 90° oder 270° erfolgt (Kosinus verschwindet in r_{11} und r_{33}).

Eine einfache Lösung dieses Mehrdeutigkeitsproblems ist die Vertauschung der Drehreihenfolge. Liegt die Sekundärdrehung bei 90°, vertauscht man Primär- und Sekundärdrehung zur neuen Reihenfolge φ ω κ. Diese Vorgehensweise kann in der Nahbereichsphotogrammetrie dann angewandt werden, wenn die Aufnahmerichtung einer

Kamera ungefähr horizontal verläuft (Abb. 2.13, vgl. Kap. 4.2.1.2). Die neue Drehmatrix lautet dann:

$$\mathbf{R}_{\varphi\omega\kappa} = \mathbf{R}_{\varphi} \cdot \mathbf{R}_{\omega} \cdot \mathbf{R}_{\kappa} \tag{2.24}$$

mit

$$\mathbf{R}_{\varphi\omega\kappa} = \begin{bmatrix} r_{11} & r_{12} & r_{13} \\ r_{21} & r_{22} & r_{23} \\ r_{31} & r_{32} & r_{33} \end{bmatrix}$$

$$= \begin{bmatrix} \cos\varphi\cos\kappa + \sin\varphi\sin\omega\sin\kappa & -\cos\varphi\sin\kappa + \sin\varphi\sin\omega\cos\kappa & \sin\varphi\cos\omega \\ \cos\omega\sin\kappa & \cos\omega\cos\kappa & -\sin\omega \\ -\sin\varphi\cos\kappa + \cos\varphi\sin\omega\sin\kappa & \sin\varphi\sin\kappa + \cos\varphi\sin\omega\cos\kappa & \cos\varphi\cos\omega \end{bmatrix}$$

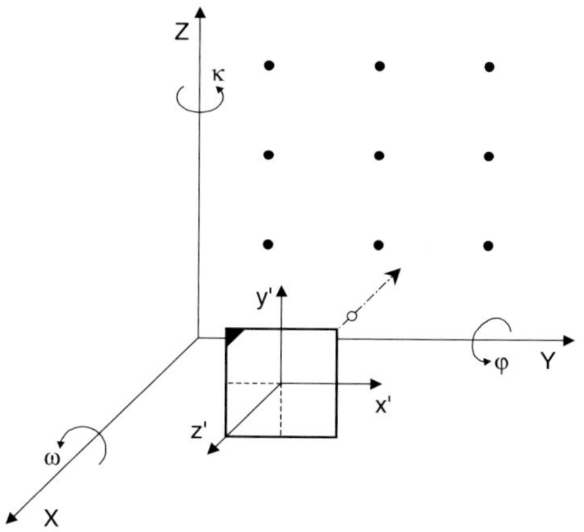

Abb. 2.13: Aufnahmeanordnung mit ω=0°, φ=90° und κ=90°

Beispiel 2.1:

In Abb. 2.13 ist eine Aufnahmekonfiguration dargestellt, bei der die Primärdrehung ω=0° beträgt, die Sekundärdrehung φ=90° und die Tertiärdrehung (Kantung) κ=90°. Die Drehmatrix $\mathbf{R}_{\varphi\omega\kappa}$ vereinfacht sich dann für dieses Beispiel zu

$$\mathbf{R}_{\varphi\omega\kappa} = \begin{bmatrix} 0 & 0 & 1 \\ 1 & 0 & 0 \\ 0 & 1 & 0 \end{bmatrix}$$

Mit dieser Drehmatrix wird eine Vertauschung der Achsen durchgeführt. Die erste Zeile stellt die Transformation für X dar und enthält in der dritten Spalte (für z) eine 1, d.h. die Achse X wird in die Richtung z gedreht. Entsprechend wird Y zu x und Z zu y.

Die Vertauschung der Drehreihenfolge ist für beliebig angeordnete Bilder (siehe Abb. 3.3, Abb. 4.24) keine geeignete Lösung mehr. Zum einen sind die Bilddrehungen frei im Raum gelagerter Aufnahmen nicht mehr anschaulich nachvollziehbar, zum anderen sind

Mehrdeutigkeiten nicht zu vermeiden, die zu singulären Gleichungssystemen bei der Orientierungsrechnung führen.

2.2.2.1.2 Drehmatrix mit algebraischen Funktionen

Die oben genannten Mehrdeutigkeiten bei trigonometrischen Funktionen werden durch eine alternative Parametrisierung der Drehmatrix mit algebraischen Funktionen vermieden, bei der die drei unabhängigen Drehungen durch Funktionen von vier algebraischen Parametern (Quaternione) $a \ldots d$ beschrieben werden (HINSKEN 1987).

$$\mathbf{R}^T = \begin{bmatrix} d^2+a^2-b^2-c^2 & 2(ab-cd) & 2(ac+bd) \\ 2(ab+cd) & d^2-a^2+b^2-c^2 & 2(bc-ad) \\ 2(ac-bd) & 2(bc+ad) & d^2-a^2-b^2+c^2 \end{bmatrix} \tag{2.25}$$

Mit den angegebenen vier Parametern enthält diese orthogonale Drehmatrix implizit auch einen gemeinsamen Maßstabsfaktor:

$$m = a^2+b^2+c^2+d^2 \tag{2.26}$$

Mit der Bedingung m=1 erhält man eine orthonormale Drehmatrix mit drei unabhängigen Parametern.

Eine anschaulich geometrische Deutung dieser Drehmatrix gelingt nur schwer. Die Umrechnung der Koeffizienten in die üblichen Drehwinkel kann aber mit der Drehmatrix aus (2.20) wie folgt vorgenommen werden:

$$\begin{aligned} \cos\varphi\cdot\sin\kappa &= 2(dc-ab) \\ \cos\varphi\cdot\cos\kappa &= d^2+a^2-b^2-c^2 \\ \cos\varphi\cdot\sin\omega &= 2(da-bc) \\ \cos\varphi\cdot\cos\omega &= d^2-a^2-b^2+c^2 \\ \sin\varphi &= 2(ac+bd) \end{aligned} \tag{2.27}$$

Zusammenfassend bietet die Drehmatrix mit algebraischen Funktionen folgende Vorteile:

- keine Verwendung trigonometrischer Funktionen
- vereinfachte Aufstellung der Koeffizientenmatrix und schnelleres Konvergenzverhalten in Ausgleichungssystemen
- keine singulären Stellen
- schnellere Berechnung, da keine Potenzreihen für die trigonometrischen Funktionen zugrunde liegen

2.2.2.1.3 Drehmatrix mit Richtungskosinus

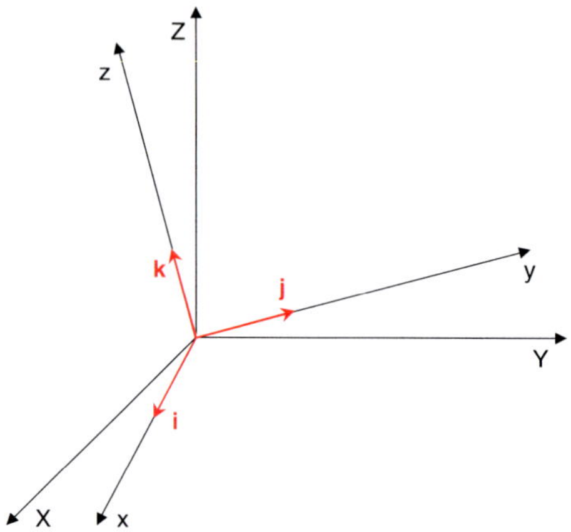

Abb. 2.14: Richtungsvektoren

Die räumliche Drehmatrix kann auch als Matrix der Richtungskosinus der Winkel zwischen den ursprünglichen und den gedrehten Koordinatenachsen aufgefaßt werden, in der die Einheitsvektoren **i**,**j**,**k** in Richtung der gedrehten Achsen zeigen (Abb. 2.14).

$$\mathbf{R} = \begin{bmatrix} \cos(xX) & \cos(yX) & \cos(zX) \\ \cos(xY) & \cos(yY) & \cos(zY) \\ \cos(xZ) & \cos(yZ) & \cos(zZ) \end{bmatrix} = \begin{bmatrix} \mathbf{i} & \mathbf{j} & \mathbf{k} \end{bmatrix} \tag{2.28}$$

2.2.2.1.4 Drehmatrix für kleine Drehwinkel

Für differentiell kleine Drehungen geht die Drehmatrix (2.20) über in

$$\mathbf{dR} = \begin{bmatrix} 1 & -d\kappa & d\varphi \\ d\kappa & 1 & -d\omega \\ -d\varphi & d\omega & 1 \end{bmatrix} \tag{2.29}$$

2.2.2.1.5 Koeffizientenvergleich

Die in der Koordinatentransformation

$$\mathbf{X} = \mathbf{R} \cdot \mathbf{x}$$

durchgeführte räumliche Drehung hängt von den neun Koeffizienten $r_{11} \ldots r_{33}$ von **R** ab, z.B. mit der in Gleichung (2.23) zugrunde gelegten Rotationsmatrix **R** in der Drehreihenfolge $\omega\ \varphi\ \kappa$ um mitgedrehte Achsen. Soll dasselbe Transformationsergebnis mit der

Rotationsmatrix **R'** einer anderen Drehreihenfolge erzielt werden, müssen deren Koeffizienten folglich identisch mit **R** sein:

$$\mathbf{R} = \mathbf{R'}$$

Sollen aus explizit gegebenen Drehwinkeln ω,φ,κ von **R** die zugehörigen Winkel ω',φ',κ' der Rotationsmatrix **R'** einer anderen Drehreihenfolge berechnet werden, kann dies über einen Koeffizientenvergleich der beiden Rotationsmatrizen und anschließende Rückrechnung der trigonometrischen Winkelfunktionen erfolgen.

Beispiel 2.2:

Aus den in (2.20) und (2.24) abgeleiteten Rotationsmatrizen sollen mit den Winkeln ω=35gon, φ=60gon, κ=30gon die zu **R'** gehörenden Drehwinkel ω',φ',κ' bestimmt werden:

1. Formulierung der Koeffizienten $r_{11}...r_{33}$ von **R** durch Ausmultiplizieren der Einzeldrehmatrizen in der gewünschten Reihenfolge: $\mathbf{R} = \mathbf{R}_\omega \cdot \mathbf{R}_\varphi \cdot \mathbf{R}_\kappa$ und Einsetzen der Drehwinkel ω φ κ in **R**:

$$\mathbf{R} = \begin{bmatrix} 0.523720 & -0.266849 & 0.809017 \\ 0.763728 & 0.567802 & -0.307117 \\ -0.377407 & 0.778712 & 0.501169 \end{bmatrix}$$

2. Formulierung der Koeffizienten $r'_{11}...r'_{33}$ von **R'** durch Ausmultiplizieren der Einzeldrehmatrizen in der gewünschten Reihenfolge: $\mathbf{R'} = \mathbf{R}_\varphi \cdot \mathbf{R}_\omega \cdot \mathbf{R}_\kappa$ und Übernahme der Koeffizienten in **R'** mit $r'_{11} = r_{11}$, $r'_{12} = r_{12}$, usw.

3. Berechnung der Drehwinkel ω',φ',κ' aus **R'**:
   ω'=19,873gon φ'=64,692gon κ'=59,301gon

2.2.2.2 Räumliche Ähnlichkeitstransformation

2.2.2.2.1 Mathematisches Modell

Die räumliche Ähnlichkeitstransformation dient der formtreuen Transformation eines dreidimensionalen kartesischen Koordinatensystems xyz in ein entsprechendes Zielsystem XYZ. Beide Systeme können beliebig im Raum gegeneinander gedreht und verschoben sein und sich durch einen Maßstabsfaktor unterscheiden. Insbesondere bleibt die Rechtwinkligkeit der Achsen nach der Transformation erhalten. Sie ist somit ein Spezialfall der allgemeinen räumlichen Affintransformation (3 Maßstabsfaktoren und 3 zusätzliche Scherungsparameter für die drei Koordinatenachsen, insgesamt 12 Parameter).

Die räumliche Ähnlichkeitstransformation (auch 3D-Helmerttransformation) wird durch insgesamt 7 Parameter beschrieben, und zwar 3 Translationen (X_0,Y_0,Z_0) zum Ursprung des xyz-Systems (Vektor $\mathbf{X_0}$), 3 Drehwinkel ω,φ,κ um die Achsen XYZ (orthonormale Drehmatrix **R**) sowie 1 Maßstabsfaktor *m*. Die 6 Parameter für Translation und Rotation entsprechen den Parametern der äußeren Orientierung (vgl. Kap. 4.2.1). Damit lautet die Transformationsvorschrift für einen Punkt *P(xyz)* (Vektor **x**):

$$\mathbf{X} = \mathbf{X}_0 + m \cdot \mathbf{R} \cdot \mathbf{x} \tag{2.30}$$

oder

$$\begin{bmatrix} X \\ Y \\ Z \end{bmatrix} = \begin{bmatrix} X_0 \\ Y_0 \\ Z_0 \end{bmatrix} + m \cdot \begin{bmatrix} r_{11} & r_{12} & r_{13} \\ r_{21} & r_{22} & r_{23} \\ r_{31} & r_{32} & r_{33} \end{bmatrix} \cdot \begin{bmatrix} x \\ y \\ z \end{bmatrix}$$

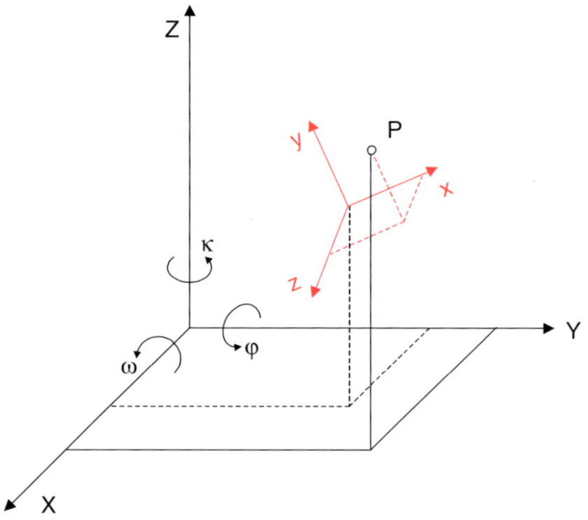

Abb. 2.15: Räumliche Ähnlichkeitstransformation

Zur Bestimmung der sieben Parameter sind mindestens sieben Beobachtungen nötig. Diese werden aus Koordinatenkomponenten von mindestens drei räumlich verteilten Paßpunkten entnommen. Die sieben Beobachtungen müssen mindestens 2 X-, 2 Y- und 3 Z-Komponenten[1] enthalten und dürfen nicht zu Punkten gehören, die auf einer Raumgeraden liegen.

Die räumliche Ähnlichkeitstransformation hat für die Photogrammetrie in zweierlei Hinsicht fundamentale Bedeutung. Zum einen ist sie funktional identisch mit der Zentralprojektion des Raumes, aus der die Kollinearitätsgleichungen (Grundgleichungen der analytischen Photogrammetrie) abgeleitet werden (siehe Kap. 4.2.2). Zum anderen dient sie der Transformation lokal bestimmter 3D-Koordinaten (z.B. Modellkoordinaten, 3D-Meßkoordinaten) in ein beliebiges neues (übergeordnetes) Koordinatensystem (z.B. Objektkoordinatensystem, Weltkoordinatensystem), beispielsweise im Rahmen der absoluten Orientierung (siehe Kap. 4.2.4.4).

Für Transformationsaufgaben, bei denen beide Systeme näherungsweise parallel zueinander ausgerichtet sind, existieren vereinfachte Lösungswege (z.B. KRAUS 1996, ALBERTZ & KREILING 1989). Im allgemeinen liegen aber Ausgangs- und Zielsystem in beliebiger Lage zueinander, d.h. es können beliebige Translations- und Rotationsparameter auftreten. Die

[1] Hier wird angenommen, daß die Aufnahmerichtung ungefähr in Z-Richtung verläuft. Bei anderen Bildorientierungen werden entsprechend gelagerte minimale Paßpunktinformationen benötigt.

Berechnung der Transformationsparameter basiert dann auf einer Linearisierung des Gleichungssystems für die Ähnlichkeitstransformation (2.30). Dazu sind hinreichend gute Näherungswerte der unbekannten Parameter zu bestimmen (siehe Kap. 2.2.2.2.2).

Die Auflösung des (überbestimmten) Gleichungsystems erfolgt durch Ausgleichung nach kleinsten Quadraten (siehe Kap. 2.3). Dabei erfolgt eine bestmögliche Einpassung der beiden Koordinatensysteme aufeinander. Jeder in beiden Systemen gegebene Paßpunkt liefert nach (2.30) bis zu drei Gleichungen

$$\begin{aligned} X &= X_0 + m \cdot (r_{11} \cdot x + r_{12} \cdot y + r_{13} \cdot z) \\ Y &= Y_0 + m \cdot (r_{21} \cdot x + r_{22} \cdot y + r_{23} \cdot z) \\ Z &= Z_0 + m \cdot (r_{31} \cdot x + r_{32} \cdot y + r_{33} \cdot z) \end{aligned} \tag{2.31}$$

aus denen durch Linearisierung an Näherungswerten entsprechende Verbesserungsgleichungen aufgestellt werden. Ein Paßpunkt mit XYZ-Koordinaten ergibt 3 Beobachtungsgleichungen (Vollpaßpunkt). Paßpunkte mit weniger gegebenen Koordinatenkomponenten (z.B. nur Z oder X,Y) liefern entsprechend weniger Beobachtungsgleichungen, können aber genauso zur Parameterbestimmung mit herangezogen werden. Eine Transformation mit 3 Vollpaßpunkten ergibt also bereits 2 überschüssige Beobachtungen, eine Transformation nach der in der Koordinatenmeßtechnik bekannten 3-2-1-Methode (siehe Kap. 4.3.3.2.3) basiert auf 6 Beobachtungen, wobei der Transformationsmaßstab nicht mitbestimmt wird, und liefert keine Überbestimmung.

2.2.2.2.2 Näherungswerte

Näherungswerte für die drei Translationsparameter der Ähnlichkeitstransformation können mit den Schwerpunkten

$$\mathbf{X}_S = \begin{bmatrix} X_S \\ Y_S \\ Z_S \end{bmatrix} \quad \text{: Schwerpunkt im XYZ-System}$$

$$\mathbf{x}_S = \begin{bmatrix} x_S \\ y_S \\ z_S \end{bmatrix} \quad \text{: Schwerpunkt im xyz-System} \tag{2.32}$$

der beiden abzubildenden Punkthaufen berechnet werden:

$$\mathbf{X}_0^0 = \mathbf{X}_S - \mathbf{x}_S \tag{2.33}$$

Wesentlich aufwendiger ist die Bestimmung der genäherten Rotationsparameter, die wie folgt vorgenommen werden kann (Abb. 2.16): Ausgehend von drei gegebenen XYZ-Paßpunkten P_1,P_2,P_3 wird ein örtliches uvw-Hilfssystem gebildet. Die u-Achse wird durch P_1 und P_2 und die uv-Ebene durch P_3 gelegt (entspricht der 3-2-1-Methode). Gesucht werden im folgenden die beiden Rotationsmatrizen $\mathbf{R}_{XYZ}$ und $\mathbf{R}_{xyz}$, welche jeweils die Drehungen der beiden gegebenen Koordinatensysteme zum Hilfssystem uvw beschreiben.

Mit den Ortsvektoren der Paßpunkte $\mathbf{P}_i(X_i,Y_i,Z_i)$, i=1…3, werden normierte Richtungsvektoren berechnet:

$$\mathbf{u} = \frac{\mathbf{P}_2 - \mathbf{P}_1}{|\mathbf{P}_2 - \mathbf{P}_1|}$$
$$\mathbf{w} = \frac{\mathbf{u} \times (\mathbf{P}_3 - \mathbf{P}_1)}{|\mathbf{u} \times (\mathbf{P}_3 - \mathbf{P}_1)|} \tag{2.34}$$
$$\mathbf{v} = \mathbf{w} \times \mathbf{u}$$

Der Vektor **u** ist ein Einheitsvektor auf der u-Achse, **w** steht senkrecht zur uv-Ebene und **v** steht wiederum senkrecht auf **u** und **w**. Die drei Richtungsvektoren definieren direkt die Rotationsmatrix vom XYZ- in das uvw-System (siehe Gl. 2.28):

$$\mathbf{R}_{XYZ} = [\mathbf{u} \quad \mathbf{v} \quad \mathbf{w}] \tag{2.35}$$

Auf dieselbe Weise wird die Rotationsmatrix $\mathbf{R}_{xyz}$ mit den im xyz-System gegebenen Koordinaten berechnet. Die genäherte Rotationsmatrix vom xyz-System in das XYZ-System folgt durch nacheinander ausgeführte Drehungen:

$$\mathbf{R}^0_{x \to X} = \mathbf{R}^T_{XYZ} \cdot \mathbf{R}_{xyz} \tag{2.36}$$

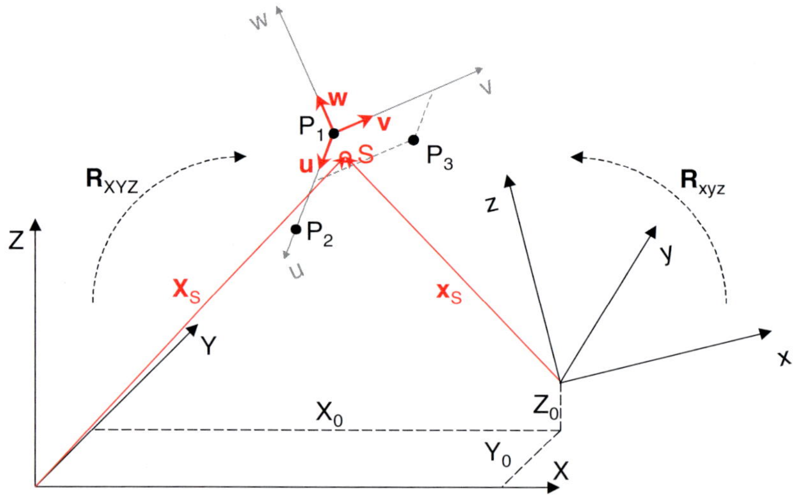

Abb. 2.16: Zur Berechnung von Näherungswerten für die 3D-Ähnlichkeitstransformation

2.2.2.3 Grafische Transformationen

2.2.2.3.1 Homogene Koordinaten

Unter grafischen Transformationen versteht man Koordinatentransformationen und Projektionen in der Computergrafik. Üblicherweise erfolgt hier die Darstellung in homogenen Koordinaten:

$$\mathbf{x}_h = \begin{bmatrix} x_h \\ y_h \\ z_h \\ w \end{bmatrix} \tag{2.37}$$

mit dem wichtigen Sonderfall w=1 für kartesische Koordinaten x,y,z:

$$\mathbf{x} = \begin{bmatrix} x_h/w \\ y_h/w \\ z_h/w \\ w/w \end{bmatrix} = \begin{bmatrix} x \\ y \\ z \\ 1 \end{bmatrix} \tag{2.38}$$

Mit homogenen Koordinaten lassen sich alle Koordinatentransformationen (auch Translation) und Projektionen (Axonometrien, Zentralprojektion) einheitlich formulieren und in beliebiger Weise kombinieren. Sie sind daher für die rechentechnische Umsetzung in der Computergrafik und im CAD besonders geeignet (z.B. GRIEGER 1992).

2.2.2.3.2 Allgemeine Transformationen

Die allgemeine lineare Transformation homogener Koordinaten lautet:

$$\mathbf{X} = \mathbf{T} \cdot \mathbf{x} \tag{2.39}$$

wobei **T** eine Transformations- oder Abbildungsmatrix der Form

$$\mathbf{T} = \left[\begin{array}{ccc:c} a_{11} & a_{12} & a_{13} & a_{14} \\ a_{21} & a_{22} & a_{23} & a_{24} \\ a_{31} & a_{32} & a_{33} & a_{34} \\ \hdashline a_{41} & a_{42} & a_{43} & a_{44} \end{array}\right] = \left[\begin{array}{c:c} \underset{3,3}{\mathbf{T}_{11}} & \underset{1,3}{\mathbf{T}_{12}} \\ \hdashline \underset{3,1}{\mathbf{T}_{21}} & \underset{1,1}{\mathbf{T}_{22}} \end{array}\right] \tag{2.40}$$

ist. Das Ergebnis der Transformation ist immer ein homogener Koordinatenvektor. Die einzelnen Submatrizen enthalten

$\mathbf{T}_{11}$: Skalierung, Spiegelung, Rotation
$\mathbf{T}_{12}$: Translation
$\mathbf{T}_{21}$: Perspektive
$\mathbf{T}_{22}$: homogene Skalierung (Faktor w)

Eine Skalierung oder Spiegelung der Koordinaten mit den Faktoren s_X, s_Y, s_Z erfolgt mit

$$\mathbf{T}_S = \left[\begin{array}{ccc|c} s_X & 0 & 0 & 0 \\ 0 & s_Y & 0 & 0 \\ 0 & 0 & s_Z & 0 \\ \hline 0 & 0 & 0 & 1 \end{array}\right] \quad \text{: Skalierung, Spiegelung} \qquad (2.41)$$

Die räumliche Drehung erfolgt durch Einsetzen der in Kap. 2.2.2.1 hergeleiteten Rotationsmatrix in $\mathbf{T}_{12}$:

$$\mathbf{T}_R = \left[\begin{array}{ccc|c} r_{11} & r_{12} & r_{13} & 0 \\ r_{21} & r_{22} & r_{23} & 0 \\ r_{31} & r_{32} & r_{33} & 0 \\ \hline 0 & 0 & 0 & 1 \end{array}\right] \quad \text{: räumliche Drehung} \qquad (2.42)$$

Eine Translation um die Koordinatenwerte x_T, y_T, z_T erfolgt mit der Abbildungsmatrix

$$\mathbf{T}_T = \left[\begin{array}{ccc|c} 1 & 0 & 0 & x_T \\ 0 & 1 & 0 & y_T \\ 0 & 0 & 1 & z_T \\ \hline 0 & 0 & 0 & 1 \end{array}\right] \quad \text{: Translation} \qquad (2.43)$$

Mehrere Transformationen werden durch linksseitiges Multiplizieren mit den einzelnen Abbildungsmatrizen verkettet:

$$\mathbf{X} = \mathbf{T} \cdot \mathbf{x} = \mathbf{T}_n \cdot \ldots \cdot \mathbf{T}_2 \cdot \mathbf{T}_1 \cdot \mathbf{x} \qquad (2.44)$$

wobei die Reihenfolge eingehalten werden muß, da die Abbildungen im allgemeinen nicht kommutativ sind.

Die Rücktransformation lautet:

$$\mathbf{x} = \mathbf{T}^{-1} \cdot \mathbf{x} = \mathbf{T}_1^{-1} \cdot \mathbf{T}_2^{-1} \cdot \ldots \cdot \mathbf{T}_n^{-1} \cdot \mathbf{X} \qquad (2.45)$$

Sie setzt voraus, daß die Abbildungsmatrix nicht singulär ist, wie es beim Übergang von einem 3D-System in ein anderes 3D-System normalerweise der Fall ist. Bildet man jedoch den Vektor $\mathbf{x}$ in eine Ebene ab, wird die Abbildungsmatrix singulär, und aus den transformierten ebenen Koordinaten **X** lassen sich die Ausgangskoordinaten nicht wieder herstellen.

Die räumliche Ähnlichkeitstransformation aus Gleichung (2.30) lautet mit den homogenen Abbildungsmatrizen:

$$\mathbf{X} = \mathbf{T}_T \cdot \mathbf{T}_S \cdot \mathbf{T}_R \cdot \mathbf{x}$$

$$\begin{bmatrix} X \\ Y \\ Z \\ 1 \end{bmatrix} = \left[\begin{array}{ccc:c} 1 & 0 & 0 & X_0 \\ 0 & 1 & 0 & Y_0 \\ 0 & 0 & 1 & Z_0 \\ \hdashline 0 & 0 & 0 & 1 \end{array}\right] \cdot \left[\begin{array}{ccc:c} m & 0 & 0 & 0 \\ 0 & m & 0 & 0 \\ 0 & 0 & m & 0 \\ \hdashline 0 & 0 & 0 & 1 \end{array}\right] \cdot \left[\begin{array}{ccc:c} r_{11} & r_{12} & r_{13} & 0 \\ r_{21} & r_{22} & r_{23} & 0 \\ r_{31} & r_{32} & r_{33} & 0 \\ \hdashline 0 & 0 & 0 & 1 \end{array}\right] \cdot \begin{bmatrix} x \\ y \\ z \\ 1 \end{bmatrix} \tag{2.46}$$

$$= \left[\begin{array}{ccc:c} mr_{11} & mr_{12} & mr_{13} & X_0 \\ mr_{21} & mr_{22} & mr_{23} & Y_0 \\ mr_{31} & mr_{32} & mr_{33} & Z_0 \\ \hdashline 0 & 0 & 0 & 1 \end{array}\right] \cdot \begin{bmatrix} x \\ y \\ z \\ 1 \end{bmatrix}$$

2.2.2.3.3 Projektionen

Bei der Abbildung eines räumlichen Objektes in eine Bild- oder Zeichenebene unterscheidet man im wesentlichen zwischen axonometrischen und perspektiven Transformationen.

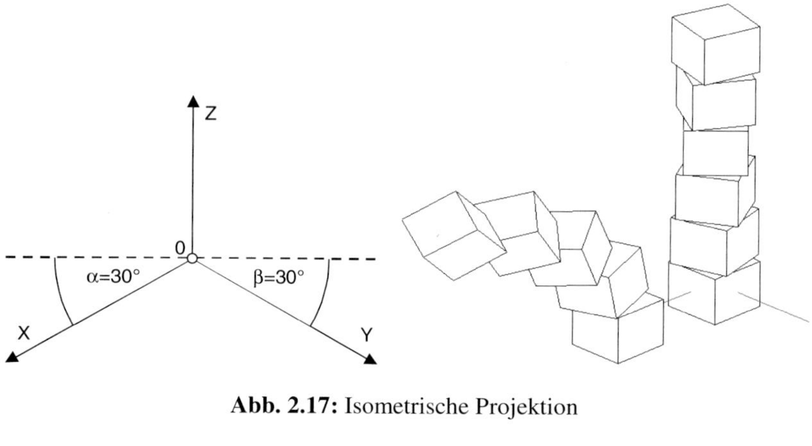

Abb. 2.17: Isometrische Projektion

Bei axonometrischen Projektionen wird das Objekt durch Parallelprojektion in eine ausgewählte Ebene abgebildet. Beispiele dafür sind Kavalier- und Militärprojektion sowie die im CAD-Bereich häufig verwendete isometrische Projektion. Die Abbildungsmatrix für die isometrische Projektion lautet (siehe Abb. 2.17):

$$\mathbf{T}_I = \left[\begin{array}{ccc|c} -\cos(30°) & \cos(30°) & 0 & 0 \\ -\sin(30°) & -\sin(30°) & 1 & 0 \\ 0 & 0 & 0 & 0 \\ \hline 0 & 0 & 0 & 1 \end{array}\right] \quad : \text{Isometrie} \tag{2.47}$$

wobei die transformierte *Z*-Koordinate bei der Darstellung vernachlässigt wird.

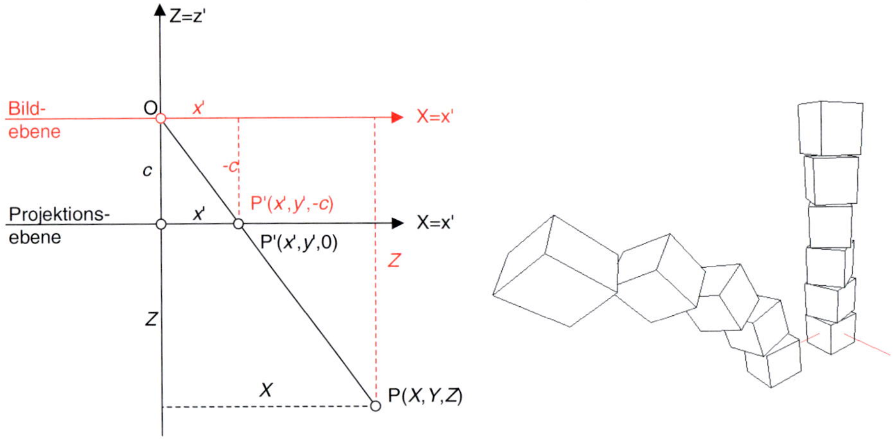

Abb. 2.18: Zentralprojektion

Die zentralprojektive Abbildung wird zunächst für folgenden Sonderfall formuliert: Die Projektionsebene liege senkrecht zur Aufnahmerichtung Z und habe vom Projektionszentrum den Abstand c. Aus Abb. 2.18 ergibt sich die Proportion (entsprechend für y')[1]

$$\frac{x'}{X} = \frac{y'}{Y} = \frac{c}{Z+c} \tag{2.48}$$

und aufgelöst nach x' bzw. y':

$$x' = \frac{X}{\frac{Z}{c}+1} \qquad y' = \frac{Y}{\frac{Z}{c}+1} \tag{2.49}$$

Wandert das Projektionszentrum (Brennweite c) ins Unendliche, wird der Nenner zu 1 und die Zentralprojektion geht in eine Parallelprojektion über. Verlegt man das Bildkoordinatensystem ohne Einschränkung der Allgemeingültigkeit in das Projektionszentrum (rote Lage in Abb. 2.18), ergeben sich die üblichen Abbildungsverhältnisse mit

[1] Hier werden die üblichen Bezeichnungen für Bildkoordinaten x',y' und c verwendet.

$$x' = \frac{-c}{Z} \cdot X = \frac{1}{m} \cdot X \qquad y' = \frac{-c}{Z} \cdot Y = \frac{1}{m} \cdot Y \tag{2.50}$$

In Matrixschreibweise lautet die Transformation für (2.50) nunmehr

$$\bar{\mathbf{x}} = \mathbf{T}_Z \cdot \mathbf{X}$$
$$\begin{bmatrix} \bar{x} \\ \bar{y} \\ \bar{z} \\ w \end{bmatrix} = \begin{bmatrix} 1 & 0 & 0 & 0 \\ 0 & 1 & 0 & 0 \\ 0 & 0 & 1 & 0 \\ 0 & 0 & -1/c & 0 \end{bmatrix} \cdot \begin{bmatrix} X \\ Y \\ Z \\ 1 \end{bmatrix} = \begin{bmatrix} X \\ Y \\ Z \\ -Z/c \end{bmatrix} \tag{2.51}$$

bzw. für die resultierenden homogenen Koordinaten nach Division durch $m=-Z/c$:

$$\mathbf{x}' = \mathbf{T}_S^{-1} \cdot \bar{\mathbf{x}}$$
$$\begin{bmatrix} x' \\ y' \\ z' \\ 1 \end{bmatrix} = \begin{bmatrix} -c/Z & 0 & 0 & 0 \\ 0 & -c/Z & 0 & 0 \\ 0 & 0 & -c/Z & 0 \\ 0 & 0 & 0 & -c/Z \end{bmatrix} \cdot \begin{bmatrix} \bar{x} \\ \bar{y} \\ \bar{z} \\ w \end{bmatrix} = \begin{bmatrix} -c \cdot X/Z \\ -c \cdot Y/Z \\ -c \\ 1 \end{bmatrix} = \begin{bmatrix} X/m \\ Y/m \\ -c \\ 1 \end{bmatrix} \tag{2.52}$$

Man erkennt, daß die Zeilen 3 und 4 der Transformationsmatrix $\mathbf{T}_S$ linear abhängig sind, eine Inversion der Matrix ist also nicht möglich. Aus den Bildkoordinaten lassen sich somit keine Objektkoordinaten bestimmen.

Erweitert man den genannten Sonderfall auf eine beliebige äußere Orientierung der Bildebene (Lage und Drehung im Raum), wird die Transformation von Objektkoordinaten in Bildkoordinaten unter Beachtung von (2.46) durch folgende Matrizenmultiplikation in einem Schritt ausgeführt:

$$\mathbf{x}' = \mathbf{T}_S^{-1} \cdot \mathbf{T}_Z \cdot \mathbf{T}_R^{-1} \cdot \mathbf{T}_T^{-1} \cdot \mathbf{X}$$
$$\begin{bmatrix} x' \\ y' \\ z' \\ 1 \end{bmatrix} = \begin{bmatrix} \frac{r_{11}}{m} & \frac{r_{21}}{m} & \frac{r_{31}}{m} & \frac{-(r_{11}X_0 + r_{21}Y_0 + r_{31}Z_0)}{m} \\ \frac{r_{12}}{m} & \frac{r_{22}}{m} & \frac{r_{32}}{m} & \frac{-(r_{12}X_0 + r_{22}Y_0 + r_{32}Z_0)}{m} \\ \frac{r_{13}}{m} & \frac{r_{23}}{m} & \frac{r_{33}}{m} & \frac{-(r_{13}X_0 + r_{23}Y_0 + r_{33}Z_0)}{m} \\ \frac{-r_{13}}{c \cdot m} & \frac{-r_{23}}{c \cdot m} & \frac{-r_{33}}{c \cdot m} & \frac{r_{11}X_0 + r_{21}Y_0 + r_{31}Z_0}{c \cdot m} \end{bmatrix} \cdot \begin{bmatrix} X \\ Y \\ Z \\ 1 \end{bmatrix} \tag{2.53}$$

2.3 Ausgleichungsverfahren

2.3.1 Problemstellung

Es folgt eine Zusammenstellung einiger Verfahren zur Lösung überbestimmter, nichtlinearer Gleichungssysteme durch Methoden der Ausgleichungsrechnung, die bedeutsam für das Verständnis vieler photogrammetrischer Rechenverfahren sind. Im allgemeinen besteht die Aufgabe darin, aus einer Anzahl beobachteter (z.B. gemessener) Größen eine Anzahl unbekannter Parameter zu bestimmen, die in einem funktionalen Zusammenhang mit den Beobachtungen stehen. Liegen mehr Beobachtungen vor als zur Bestimmung der Unbekannten notwendig sind, kann keine eindeutige Lösung mehr bestimmt werden und es erfolgt eine Schätzung der Parameter in funktionalen und stochastischen Modellen. Für eine ausführliche Darstellung von Ausgleichungsverfahren und Anwendungen sei auf die einschlägige Literatur verwiesen (CAROSIO 1996, HÖPCKE 1980, KOCH 1980, WOLF 1975, WOLF 1968).

2.3.1.1 Funktionales Modell

Gegeben seien n Beobachtungen (z.B. Meßwerte), die in einem Beobachtungsvektor **L** zusammengefaßt werden:

$$\mathbf{L} = (L_1, L_2, ..., L_n)^{\mathrm{T}} \qquad \text{: Beobachtungsvektor} \qquad (2.54)$$

Die Komponenten des Beobachtungsvektors sind gemessene Größen und sollten als zufällige Werte (Zufallsvektor **L**) ohne systematische Verfälschung angesehen werden.

Gesucht werden u unbekannte Parameter, die im Unbekanntenvektor (Parametervektor) **X** zusammengefaßt werden:

$$\mathbf{X} = (X_1, X_2, ..., X_u)^{\mathrm{T}} \qquad \text{: Unbekanntenvektor} \qquad (2.55)$$

Die Anzahl der Beobachtungen sei größer als die der Unbekannten:

$$n > u$$

Das *funktionale Modell* beschreibt den Zusammenhang zwischen den „wahren" Werten der Beobachtungen $\tilde{\mathbf{L}}$ und den „wahren" Werten der Unbekannten $\tilde{\mathbf{X}}$. Dabei werden die Beobachtungen durch den Funktionenvektor $\boldsymbol{\varphi}$ der Unbekannten ausgedrückt:

$$\tilde{\mathbf{L}} = \boldsymbol{\varphi}(\tilde{\mathbf{X}}) = \begin{bmatrix} \varphi_1(\tilde{\mathbf{X}}) \\ \varphi_2(\tilde{\mathbf{X}}) \\ \vdots \\ \varphi_n(\tilde{\mathbf{X}}) \end{bmatrix} \qquad \text{: funktionales Modell} \qquad (2.56)$$

Da die wahren Werte in der Regel nicht bekannt sind, wird der Beobachtungsvektor durch die tatsächlichen Beobachtungen $\mathbf{L}$ und kleine Verbesserungen $\mathbf{v}$ und der Unbekanntenvektor durch die geschätzten (ausgeglichenen) Unbekannten $\hat{\mathbf{X}}$ ersetzt. Daraus ergeben sich die (nichtlinearen) Verbesserungsgleichungen:

$$\hat{\mathbf{L}} = \mathbf{L} + \mathbf{v} = \varphi(\hat{\mathbf{X}}) \tag{2.57}$$

Liegen Näherungswerte $\mathbf{X}^0$ der Unbekannten vor, kann der Unbekanntenvektor zerlegt werden in

$$\hat{\mathbf{X}} = \mathbf{X}^0 + \hat{\mathbf{x}}, \tag{2.58}$$

d.h. es sind nur noch kleine Beträge $\hat{\mathbf{x}}$ zu bestimmen.

Aus $\mathbf{X}^0$ lassen sich Näherungswerte für die Beobachtungen mit Hilfe des funktionalen Modells berechnen:

$$\mathbf{L}^0 = \varphi(\mathbf{X}^0) \tag{2.59}$$

Es ergeben sich die gekürzten Beobachtungen:

$$\mathbf{l} = \mathbf{L} - \mathbf{L}^0 \tag{2.60}$$

Bei hinreichend kleinen $\hat{\mathbf{x}}$ können die Verbesserungsgleichungen durch eine Reihenentwicklung nach TAYLOR an den Näherungswerten $\mathbf{X}^0$ beschrieben werden, die nach dem ersten Glied abgebrochen wird:

$$\begin{aligned} \mathbf{L} + \mathbf{v} &= \varphi(\mathbf{X}^0) + \left(\frac{\partial \varphi(\mathbf{X})}{\partial \mathbf{X}}\right)_0 \cdot (\hat{\mathbf{X}} - \mathbf{X}^0) \\ &= \mathbf{L}^0 + \left(\frac{\partial \varphi(\mathbf{X})}{\partial \mathbf{X}}\right)_0 \cdot \hat{\mathbf{x}} \end{aligned} \tag{2.61}$$

Mit der Einführung der Modell-, Koeffizienten- oder Designmatrix $\mathbf{A}$

$$\underset{n,u}{\mathbf{A}} = \left(\frac{\partial \varphi(\mathbf{X})}{\partial \mathbf{X}}\right)_0 = \begin{bmatrix} \left(\frac{\partial \varphi_1(\mathbf{X})}{\partial \mathrm{X}_1}\right)_0 & \left(\frac{\partial \varphi_1(\mathbf{X})}{\partial \mathrm{X}_2}\right)_0 & \cdots & \left(\frac{\partial \varphi_1(\mathbf{X})}{\partial \mathrm{X}_u}\right)_0 \\ \left(\frac{\partial \varphi_2(\mathbf{X})}{\partial \mathrm{X}_1}\right)_0 & \left(\frac{\partial \varphi_2(\mathbf{X})}{\partial \mathrm{X}_2}\right)_0 & \cdots & \left(\frac{\partial \varphi_2(\mathbf{X})}{\partial \mathrm{X}_u}\right)_0 \\ \vdots & \vdots & \ddots & \vdots \\ \left(\frac{\partial \varphi_n(\mathbf{X})}{\partial \mathrm{X}_1}\right)_0 & \left(\frac{\partial \varphi_n(\mathbf{X})}{\partial \mathrm{X}_2}\right)_0 & \cdots & \left(\frac{\partial \varphi_n(\mathbf{X})}{\partial \mathrm{X}_u}\right)_0 \end{bmatrix} \tag{2.62}$$

ergeben sich die linearisierten Verbesserungsgleichungen:

$$\underset{n,1}{\hat{\mathbf{l}}} = \underset{n,1}{\mathbf{l}} + \underset{n,1}{\mathbf{v}} = \underset{n,u}{\mathbf{A}} \cdot \underset{u,1}{\hat{\mathbf{x}}} \tag{2.63}$$

Die in der Matrix **A** enthaltenen, mit Näherungswerten berechneten Differentialquotienten beschreiben den funktionalen Zusammenhang zwischen den Parametern. Der Unbekanntenvektor $\hat{\mathbf{x}}$ enthält die zu schätzenden Parameter; **l** ist der Vektor der gekürzten Beobachtungen. Ein Schema zur Berechnung dieses Gleichungssystems folgt in Kapitel 2.3.2.2.1.

2.3.1.2 Stochastisches Modell

Die stochastischen Eigenschaften der Beobachtungen **L** werden in der *Kovarianzmatrix* $\mathbf{K}_{ll}$ beschrieben[1]:

$$\underset{n,n}{\mathbf{K}_{ll}} = \begin{bmatrix} \sigma_1^2 & \rho_{12}\sigma_1\sigma_2 & \cdots & \rho_{1n}\sigma_1\sigma_n \\ \rho_{21}\sigma_2\sigma_1 & \sigma_2^2 & \cdots & \rho_{2n}\sigma_2\sigma_n \\ \vdots & \vdots & \ddots & \vdots \\ \rho_{n1}\sigma_n\sigma_1 & & \cdots & \sigma_n^2 \end{bmatrix} \tag{2.64}$$

mit σ_i : Standardabweichung der Beobachtung L_i, $i=1..n$
ρ_{ij}: Korrelationskoeffizient zwischen L_i und L_j, $i \neq j$

Durch Einführung einer Multiplikationskonstanten σ_0^2 erhält man die *Kofaktormatrix* $\mathbf{Q}_{ll}$ der Beobachtungen:

$$\mathbf{Q}_{ll} = \frac{1}{\sigma_0^2}\mathbf{K}_{ll} = \mathbf{P}^{-1} \tag{2.65}$$

mit $\mathbf{P}_{ll}$: Gewichtsmatrix

Die Kovarianzmatrix ist der alleinige Träger der Genauigkeitsinformation des vorliegenden funktionalen Modells im Ausgleichungsprozeß. Sie wird daher als *stochastisches Modell* bezeichnet. Für den Fall, daß die Beobachtungen unabhängig voneinander sind, werden die Korrelationskoeffizienten zu Null, und die Kovarianzmatrix wird zur Diagonalmatrix. Dies ist der Standardfall für zahlreiche Ausgleichungsprobleme, in denen entweder unabhängige Beobachtungen oder keine gesicherten Erkenntnisse über Korrelationen zwischen den Beobachtungen vorliegen.

Die Gewichtsmatrix **P** lautet dann:

---

[1] Nach DIN 18 709 wird die Kovarianzmatrix mit $\mathbf{\Sigma}_{ll}$ bezeichnet.

$$\underset{n,n}{\mathbf{P}} = \begin{bmatrix} \frac{\sigma_0^2}{\sigma_1^2} & & & \\ & \frac{\sigma_0^2}{\sigma_2^2} & & \\ & & \ddots & \\ & & & \frac{\sigma_0^2}{\sigma_n^2} \end{bmatrix} = \begin{bmatrix} p_1 & & & \\ & p_2 & & \\ & & \ddots & \\ & & & p_n \end{bmatrix} \tag{2.66}$$

Eine Beobachtung L_i mit der Standardabweichung $\sigma_i=\sigma_0$ hat in diesem Fall das Gewicht

$$p_i = \frac{\sigma_0^2}{\sigma_i^2} = 1$$

und **P** wird zur Einheitsmatrix **E**. σ_0 ist der wahre Wert der *Standardabweichung* der Gewichtseinheit (Standardabweichung einer Beobachtung mit dem Gewicht 1). Zur Festlegung der auch als Multiplikationskonstante zu interpretierenden Größe siehe Kap. 2.3.2.2 und Kap. 2.3.3.1.

Für praktische Ausgleichungsprobleme ist die wahre Standardabweichung σ in der Regel nicht bekannt und wird durch die empirische Standardabweichung s ersetzt. Dabei bezeichnet s die Standardabweichung a priori, $\hat{s}$ die Standardabweichung a posteriori (ausgeglichene Standardabweichung). Die empirische Standardabweichung ist nur aussagekräftig bei genügender Überbestimmung.

2.3.2 Methode der kleinsten Quadrate (Gauß-Markov-Modell)

Das Ausgleichungsmodell nach GAUSS-MARKOV basiert auf dem Gedanken, daß die auszugleichende Größe (Unbekannte) mit maximaler Wahrscheinlichkeit bestimmt wird. Unter der Voraussetzung einer unendlich großen Stichprobe mit normalverteilten Abweichungen (Nichtzentralitätsparameter $\Delta=0$, d.h. keine systematischen Fehler) folgt daraus die Forderung für die Verbesserungen (Residuen):

$$\mathbf{v}^T \cdot \mathbf{P} \cdot \mathbf{v} \rightarrow \min! \tag{2.67}$$

Sie geht für den Fall unabhängiger Beobachtungen über in

$$\sum_{i=1}^{n} p_i \cdot v_i^2 = [pvv] \rightarrow \min! \tag{2.68}$$

und wird daher mit *Methode der kleinsten Quadrate* oder auch *Minimierung nach der L2-Norm* bezeichnet. Das Gauß-Markov-Modell stellt sicher, daß die Parameter erwartungstreu mit minimaler Varianz geschätzt werden.

2.3.2.1 Ausgleichung direkter Beobachtungen

Liegen mehrere direkte Beobachtungen einer unbekannten Meßgröße vor, zum Beispiel aus Wiederholungsmessungen, vereinfacht sich das funktionale Modell so, daß sich die gesuchte Größe direkt als Mittelwert der Beobachtungen angeben läßt.

Für Beobachtungen unterschiedlicher Genauigkeit werden die Gewichte aus den a priori Standardabweichungen der Gewichtseinheit s_0 und der ursprünglichen Beobachtung s_i abgeschätzt mit:

$$p_i = \frac{s_0^2}{s_i^2} \qquad \text{Gewicht der Beobachtung } i \tag{2.69}$$

Als Gewicht p_i kann auch der Wiederholungsfaktor einer einzelnen Beobachtung genutzt werden, z.B. wenn bestimmte Beobachtungen mehrfach vorliegen (Wiederholungsmessungen). Für den Sonderfall gleichgenauer Beobachtungen wird p_i=1 gesetzt.

Die zu schätzende Unbekannte ergibt sich als geometrisches (gewogenes) Mittel:

$$\hat{x} = \frac{p_1 l_1 + p_2 l_2 + \ldots + p_n l_n}{p_1 + p_2 + \ldots + p_n} = \frac{\sum_{i=1}^{n} p_i l_i}{\sum_{i=1}^{n} p_i} \tag{2.70}$$

Die Verbesserung der Beobachtung i lautet:

$$v_i = \hat{x} - l_i \tag{2.71}$$

Nach der Ausgleichung liegt die a posteriori Standardabweichung der Gewichtseinheit

$$\hat{s}_0 = \sqrt{\frac{[pvv]}{n-1}} = \sqrt{\frac{\sum p \cdot v^2}{n-1}} \tag{2.72}$$

die a posteriori Standardabweichung der ursprünglichen Beobachtung i

$$\hat{s}_i = \frac{\hat{s}_0}{\sqrt{p_i}} \tag{2.73}$$

sowie die Standardabweichung des Mittelwertes vor, die in diesem Fall gleich der Standardabweichung der ausgeglichenen Beobachtungen ist:

$$\hat{s}_{\hat{x}} = \frac{\hat{s}_0}{\sqrt{[p]}} \tag{2.74}$$

2.3.2.2 Ausgleichung nach vermittelnden Beobachtungen

2.3.2.2.1 Rechenschema

Gegeben seien für eine Ausgleichungsaufgabe die linearisierten Ausgangsbeziehungen

$$\underset{n,1}{\hat{\mathbf{l}}} = \underset{n,1}{\mathbf{l}} + \underset{n,1}{\mathbf{v}} = \underset{n,u}{\mathbf{A}} \cdot \underset{u,1}{\hat{\mathbf{x}}} \qquad \text{: funktionales Modell}$$

$$\mathbf{Q}_{ll} = \frac{1}{s_0^2}\mathbf{K}_{ll} = \mathbf{P}^{-1} \qquad \text{: stochastisches Modell}$$

mit n Beobachtungen und u Unbekannten, $n>u$. Zur Aufstellung der Gewichtsmatrix **P** werden die a priori Standardabweichungen der Beobachtungen s_i und die a priori Standardabweichung der Gewichtseinheit s_0 benötigt, die zum Beispiel aus der bekannten Genauigkeit eines Meßgerätes abgeleitet werden können:

$$p_i = \frac{s_0^2}{s_i^2} \qquad \text{: Gewicht einer Beobachtung } i$$

Nach Bereitstellung von Näherungswerten, Aufstellung der Designmatrix **A** und Berechnung der gekürzten Beobachtungen **l** läßt sich zur Bestimmung des Unbekanntenvektors $\hat{\mathbf{x}}$ folgendes Rechenschema einsetzen (PELZER 1985):

(1) $$\underset{n,n}{\mathbf{P}} = \underset{n,n}{\mathbf{Q}_{ll}^{-1}} \qquad \text{: Gewichtsmatrix}$$

(2) $$\underset{u,u}{\mathbf{N}} \cdot \underset{u,1}{\hat{\mathbf{x}}} - \underset{u,1}{\mathbf{n}} = \underset{u,1}{\mathbf{0}} \qquad \text{: Normalgleichungen} \qquad (2.75)$$

mit

$$\underset{u,u}{\mathbf{N}} = \underset{u,n}{\mathbf{A}^T} \cdot \underset{n,n}{\mathbf{P}} \cdot \underset{n,u}{\mathbf{A}} \qquad \text{: Normalgleichungsmatrix}$$

$$\underset{u,1}{\mathbf{n}} = \underset{u,n}{\mathbf{A}^T} \cdot \underset{n,n}{\mathbf{P}} \cdot \underset{n,1}{\mathbf{l}} \qquad \text{: Absolutglied}$$

(3) $$\underset{u,u}{\mathbf{Q}} = \underset{u,u}{\mathbf{N}^{-1}} \qquad \text{: Auflösungen der Normalgleichungen} \qquad (2.76)$$

$$\underset{u,1}{\hat{\mathbf{x}}} = \underset{u,u}{\mathbf{Q}} \cdot \underset{u,1}{\mathbf{n}} = (\underset{u,n}{\mathbf{A}^T} \cdot \underset{n,n}{\mathbf{P}} \cdot \underset{n,u}{\mathbf{A}})^{-1} \cdot \underset{u,n}{\mathbf{A}^T} \cdot \underset{n,n}{\mathbf{P}} \cdot \underset{n,1}{\mathbf{l}} \qquad \text{: mit } \mathbf{Q}\text{: Kofaktormatrix der Unbekannten}$$

(4) $$\underset{n,1}{\mathbf{v}} = \underset{n,u}{\mathbf{A}} \cdot \underset{u,1}{\hat{\mathbf{x}}} - \underset{n,1}{\mathbf{l}} \qquad \text{: Verbesserungen} \qquad (2.77)$$

(5) $\underset{n,1}{\hat{\mathbf{l}}} = \underset{n,1}{\mathbf{l}} + \underset{n,1}{\mathbf{v}}$: ausgeglichene Beobachtungen

$\underset{n,1}{\hat{\mathbf{L}}} = \underset{n,1}{\mathbf{L}} + \underset{n,1}{\mathbf{v}}$

(6) $\underset{u,1}{\hat{\mathbf{X}}} = \underset{u,1}{\mathbf{X}^0} + \underset{u,1}{\hat{\mathbf{x}}}$: Unbekanntenvektor

(7) $\hat{s}_0 = \sqrt{\dfrac{\mathbf{v}^T \cdot \mathbf{P} \cdot \mathbf{v}}{n-u}}$: Standardabweichung a posteriori

(8) $\underset{u,u}{\mathbf{K}} = \hat{s}_0^2 \cdot \underset{u,u}{\mathbf{Q}}$: Varianz-Kovarianz-Matrix

(9) $\underset{n,1}{\hat{\mathbf{L}}} \overset{!}{=} \varphi\,(\underset{n,1}{\hat{\mathbf{X}}})$: Schlußprobe

Liegen für nicht-lineare Problemstellungen (z.B. Bündelausgleichung, siehe Kap. 4.3) lediglich grobe Näherungswerte der Unbekannten vor, läßt sich das Ausgleichungssystem nur iterativ lösen. Dabei werden die in Schritt (6) einer Iteration k verbesserten Näherungswerte solange wiederum als Startwerte für das linearisierte funktionale Modell der nächsten Iteration k+1 eingesetzt, bis die Summe der Unbekanntenzuschläge einen Grenzwert unterschreitet:

$$\mathbf{X}_{k+1}^0 = \mathbf{X}_k^0 + \hat{\mathbf{x}}_k$$

Die in Schritt (3) durchgeführte Auflösung des unter (2) aufgestellten Normalgleichungssystems setzt eine spaltenreguläre Designmatrix **A** voraus, d.h.

$$r = rang(\underset{n,u}{\mathbf{A}}) = u$$

Dies bedeutet, daß die eingehenden Beobachtungen eine eindeutige Lösung des Unbekanntenvektors zulassen und die Inverse der Normalgleichungsmatrix **N** existiert. Ausgleichungsprobleme, in denen einige Beobachtungen zur eindeutigen Bestimmung der Unbekannten fehlen, besitzen einen Rangdefekt d mit

$$d = u - r \qquad \text{: Rangdefekt} \qquad (2.78)$$

Dieses Problem tritt zum Beispiel bei der Ausgleichung von Koordinaten in Koordinatensystemen auf, die nicht eindeutig durch übergeordnete Referenzpunkte (Paßpunkte) oder andere geeignete Beobachtungen festgelegt sind (*Datumsdefekt*).

Die Lösung des singulären Normalgleichungssystems gelingt durch Einführung bestimmter Bedingungen bzw. Invertierung mit Hilfe der Moore-Penrose-Inversen (vgl. Kap. 4.3.3.3).

2.3.2.3 Ausgleichung mit Bedingungen zwischen Unbekannten

Das im vorigen Abschnitt beschriebene Verfahren der Ausgleichung nach vermittelnden Beobachtungen basiert auf der Aufstellung von Beobachtungsgleichungen, die die (gemessenen) Beobachtungen als Funktion der gesuchten Unbekannten darstellen. Man erhält das erweiterte Ausgleichungsmodell nach *vermittelnden Beobachtungen mit Bedingungen zwischen Unbekannten*, wenn zusätzliche Nebenbedingungen zwischen den Unbekannten in Form von Bedingungsgleichungen aufgestellt werden. Beispiele für Bedingungen zwischen den Unbekannten sind (siehe auch Kap. 4.3.2.3):

- Eine Anzahl von ausgeglichenen Objektpunkten (Koordinaten) muß auf einem gemeinsamen geometrischen Ort liegen, z.B. einer Geraden, einer Ebene oder einem Zylinder.
- Zwei ausgeglichene Objektpunkte müssen einen bestimmten Abstand voneinander haben, z.B. aufgrund einer mit übergeordneter Genauigkeit vorliegenden Streckenmessung.

Zu den oben abgeleiteten Verbesserungsgleichungen kommt eine Anzahl r' von nichtlinearen Bedingungsgleichungen hinzu:

$$\boldsymbol{\psi}(\tilde{\mathbf{X}}) = \begin{bmatrix} \psi_1(\tilde{\mathbf{X}}) \\ \psi_2(\tilde{\mathbf{X}}) \\ \vdots \\ \psi_{r'}(\tilde{\mathbf{X}}) \end{bmatrix} = \mathbf{0} \qquad \text{: Bedingungsgleichungen} \qquad (2.79)$$

Die Bedingungsgleichungen werden analog zu Beobachtungsgleichungen an Näherungswerten linearisiert:

$$\underset{r',u}{\mathbf{B}} = \left(\frac{\partial \boldsymbol{\psi}(\mathbf{X})}{\partial \mathbf{X}}\right)_0 \qquad \text{: linearisierte Bedingungsgleichungen} \qquad (2.80)$$

Setzt man statt der Erwartungswerte die Näherungswerte der Unbekannten ein, ergeben sich in der Regel Widersprüche $\mathbf{w}$:

$$\mathbf{B} \cdot \hat{\mathbf{x}} = -\mathbf{w} \qquad \text{: Widerspruchsvektor} \qquad (2.81)$$

Das linearisierte funktionale Modell lautet:

$$\begin{aligned} \mathbf{A} \cdot \hat{\mathbf{x}} - \mathbf{l} &= \mathbf{v} \\ \mathbf{B} \cdot \hat{\mathbf{x}} + \mathbf{w} &= \mathbf{0} \end{aligned} \qquad (2.82)$$

Die Forderung des Gauß-Markov-Modells (2.67) muß erweitert werden zu

$$\mathbf{v}^T \cdot \mathbf{P} \cdot \mathbf{v} + 2\mathbf{k} \cdot (\mathbf{B} \cdot \hat{\mathbf{x}} + \mathbf{w}) \rightarrow \min \qquad (2.83)$$

woraus sich folgendes erweitertes Normalgleichungssystem ergibt (z.B. WOLF 1975):

$$\begin{bmatrix} \mathbf{A}^T \cdot \mathbf{P} \cdot \mathbf{A} & \mathbf{B}^T \\ \mathbf{B} & \mathbf{0} \end{bmatrix} \cdot \begin{bmatrix} \hat{\mathbf{x}} \\ \mathbf{k} \end{bmatrix} + \begin{bmatrix} -\mathbf{A}^T \cdot \mathbf{P} \cdot \mathbf{l} \\ \mathbf{w} \end{bmatrix} = \mathbf{0}$$

$$\overline{\mathbf{N}} \cdot \overline{\mathbf{x}} + \overline{\mathbf{n}} = \mathbf{0} \qquad \text{: Normalgleichungen} \qquad (2.84)$$

Dabei stellt **k** den Lagrange'schen Korrelatenvektor (Lagrange'sche Multiplikatoren) dar, dessen numerische Werte im allgemeinen nicht von Interesse sind (allerdings gilt hier die Probe $\mathbf{A}^T \mathbf{P} \mathbf{v} - \mathbf{B}^T \mathbf{k} \equiv 0$). Im Lösungsvektor $\overline{\mathbf{x}}$ sind daher nur die ersten u Elemente von Bedeutung.

Die Standardabweichung a posteriori lautet:

$$\hat{s}_0 = \sqrt{\frac{[pvv]}{n-u+r'}} = \sqrt{\frac{\sum p \cdot v^2}{n-u+r'}} \qquad (2.85)$$

Die *Redundanz* (Anzahl der Überbestimmungen, Anzahl der Freiheitsgrade) beträgt also $f = n - u + r'$, d.h. zusätzliche Bedingungsgleichungen erhöhen die Überbestimmungen in einem Ausgleichungssystem bzw. können fehlende Beobachtungen (Rangdefekt) aufheben (siehe z.B. freie Netzausgleichung in Kap. 4.3.3.3).

Weitere verallgemeinerte Ausgleichungsansätze und Rechenformeln können der weiterführenden Literatur entnommen werden (CAROSIO 1996, KOCH 1980, HÖPCKE 1980, WOLF 1975).

2.3.3 Qualitätsmaße

2.3.3.1 Genauigkeitsmaße

Für die Genauigkeitsanalyse eines Ausgleichungsproblems sind vor allem die Genauigkeiten der Beobachtungen und der ausgeglichenen Unbekannten von Interesse. Aus der in (2.76) berechneten Kofaktormatrix **Q** bzw. der Kovarianzmatrix **K** lassen sich die Standardabweichungen der Unbekannten berechnen.

$$\mathbf{Q}_{\hat{x}\hat{x}} = \mathbf{Q} = \begin{bmatrix} q_{11} & q_{12} & \cdots & q_{1u} \\ q_{21} & q_{22} & \cdots & q_{2u} \\ \vdots & \vdots & \ddots & \vdots \\ q_{n1} & q_{n2} & \cdots & q_{nn} \end{bmatrix} \qquad \text{: Kofaktormatrix der Unbekannten} \qquad (2.86)$$

Die Kofaktormatrix der ausgeglichenen Beobachtungen ergibt sich durch

$$\mathbf{Q}_{\hat{l}\hat{l}} = \mathbf{A} \cdot \mathbf{Q} \cdot \mathbf{A}^T$$: Kofaktormatrix der ausgeglichenen Beobachtungen. (2.87)

Die empirische Standardabweichung der Gewichtseinheit ist gegeben durch:

$$\hat{s}_0 = \sqrt{\frac{\mathbf{v}^T \cdot \mathbf{P} \cdot \mathbf{v}}{n-u}} \tag{2.88}$$

mit der Redundanz: $r=n-u$

Weicht die a posteriori Standardabweichung $\hat{s}_0$ von der vorgegebenen Standardabweichung s_0 ab, deutet dies darauf hin, daß entweder das stochastische Modell fehlerhaft angesetzt wurde (s_0 beeinflußt nicht die numerischen Werte der ausgeglichenen Unbekannten) oder daß der funktionale Ansatz (funktionales Modell) ungenügend ist, z.B. auch durch systematische Abweichungen oder grobe Fehler in den Beobachtungen (dann mit Auswirkung auf die Unbekannten).

Die Standardabweichung einer einzelnen Unbekannten x_j lautet nach (2.65) und (2.86)

$$\hat{s}_j = \hat{s}_0 \cdot \sqrt{q_{jj}} \tag{2.89}$$

wobei q_{jj} die Hauptdiagonalelemente der Matrix $\mathbf{Q}$ sind.

2.3.3.2 Vertrauensbereiche

Im allgemeinen wird davon ausgegangen, daß die im Ausgleichungsprozeß beteiligten Beobachtungen nur mit zufälligen Abweichungen behaftet sind, die der Normalverteilung folgen. Für eine normalverteilte Zufallsvariable l mit dem Erwartungswert μ und der Standardabweichung σ lautet die Wahrscheinlichkeitsdichte:

$$f(x) = \frac{1}{\sigma\sqrt{2\pi}} \cdot \exp\left(-\frac{1}{2}\frac{(x-\mu)^2}{\sigma^2}\right) \tag{2.90}$$

Die zufällige Abweichung der Zufallsvariablen lautet:

$$\varepsilon = l - \mu$$: zufällige Abweichung (2.91)

Sie gilt für eine unendlich große, normalverteilte Stichprobe mit dem Erwartungswert

$$\mu = E\{x\} = \tilde{x}$$: Erwartungswert (wahrer Wert) (2.92)

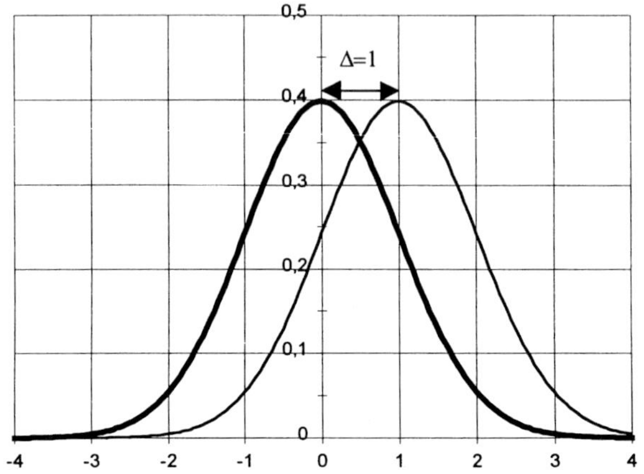

Abb. 2.19: Standardisierte Normalverteilung

Abb. 2.19 zeigt die Funktion der Wahrscheinlichkeitsdichte für die standardisierte Normalverteilung (μ=0, σ=1) sowie beispielhaft für eine systematisch mit dem Nichtzentralitätsparameter Δ=1 verschobene Normalverteilung[1]. Die Fläche unter der Kurve entspricht der Wahrscheinlichkeit, daß die Abweichung eines Zufallswertes innerhalb eines Vielfachen k der Standardabweichung liegt (Gesamtfläche = 1):

$$P\{-k \cdot \sigma < \varepsilon < k \cdot \sigma\}$$

Normalverteilung		Student-Verteilung			
k	*P* *f*=∞	*P* *f*=2	*P* *f*=5	*P* *f*=10	*P* *f*=20
1	68.3%	57.7%	63.7%	65.9%	67.1%
2	95.4%	81.6%	89.8%	92.7%	94.1%
3	99.7%	90.5%	97.0%	98.7%	99.3%

Tabelle 2.1: Wahrscheinlichkeit für Fehler $|\varepsilon| < k \cdot \sigma$ bei verschiedenen Freiheitsgraden

Tabelle 2.1 zeigt, daß für den Fall einer unendlich großen Stichprobe (Anzahl der Freiheitsgrade $f=\infty$) alle Abweichungen mit einer Wahrscheinlichkeit von 68.3% unterhalb der einfachen Standardabweichung (k=1) liegen. Unterhalb der doppelten Standardabweichung befinden sich 95.4% aller Abweichungen (k=1.96 für P=95%), oberhalb der dreifachen Standardabweichung liegen demnach nur noch 0.3% aller Messungen.

Für den Fall endlich großer Stichproben wird die Normalverteilung durch die t-Verteilung (Student-Verteilung) ersetzt. Die Wahrscheinlichkeit P, daß eine Abweichung größer als ein bestimmtes Vielfaches k der Standardabweichung ist, fällt mit abnehmender Anzahl der

[1] Im folgenden wird davon ausgegangen, daß keine systematischen Abweichungen vorliegen, also Δ=0.

Freiheitsgrade. Für sehr große Freiheitsgrade geht die t-Verteilung in die Normalverteilung über.

Für eine reale (endliche) Stichprobe können nur Schätzwerte $\hat{x}$ und $\hat{s}$ für die wahren Größen μ und σ angegeben werden. Es läßt sich jedoch ein Bereich zwischen zwei Grenzwerten C_u und C_o angeben, in der $\hat{x}$ mit einer bestimmten Wahrscheinlichkeit P liegt (Abb. 2.20). Dieser Konfidenz- oder Vertrauensbereich wird definiert durch

$$\begin{aligned} P\{C_u \le \hat{x} \le C_o\} &= 1-\alpha \\ P\{\hat{x} < C_u\} &= \frac{\alpha}{2} \end{aligned} \tag{2.93}$$

mit der Sicherheitswahrscheinlichkeit $1-\alpha$.

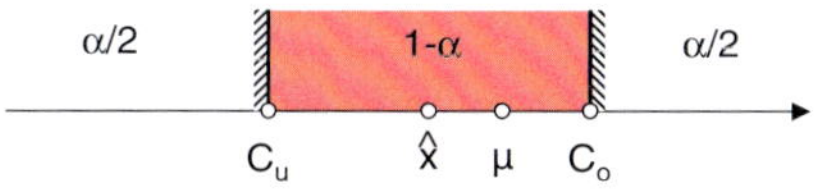

Abb. 2.20: Vertrauensbereich

Der Vertrauensbereich für den empirischen Schätzwert $\hat{x}$ lautet bei bekannter empirischer Standardabweichung:

$$\begin{aligned} C_u &= \hat{x} - t_{f,1-\alpha/2} \cdot s_{\hat{x}} \\ C_o &= \hat{x} + t_{f,1-\alpha/2} \cdot s_{\hat{x}} \end{aligned} \tag{2.94}$$

Hierbei ist t das Quantil der t-Verteilung, z.B. der Wert $t_{5,\,0.975}$=2.57 für eine Sicherheitswahrscheinlichkeit von 95% (α=0.05) und f=5 Überbestimmungen. Der Vertrauensbereich wird also bei einer endlichen Anzahl von Überbestimmungen vergrößert, d.h. die Sicherheit nimmt ab, daß der Schätzwert $\hat{x}$ innerhalb bestimmter Grenzen liegt. Abb. 2.21 stellt die Grenzkurven der Vertrauensbereiche bei unterschiedlicher Zahl von Freiheitsgraden und Sicherheitswahrscheinlichkeiten dar.

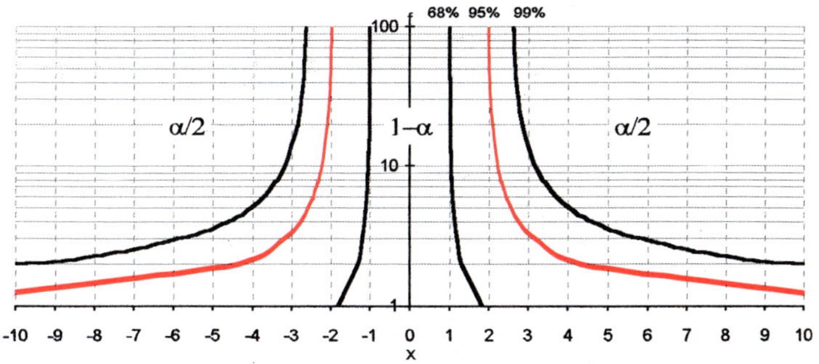

Abb. 2.21: Vertrauensbereiche bei unterschiedlichen t-Verteilungen

2.3.3.3 Korrelationen

Zur Qualitätsanalyse eines Ausgleichungsergebnisses können neben den oben genannten Standardabweichungen auch die Abhängigkeiten zwischen den ausgeglichenen Unbekannten untersucht werden. Sie geben Aufschluß über die Bestimmbarkeit der Unbekannten und somit auch über die Güte des funktionalen Modells und der geometrischen Anordnung der Beobachtungen.

Nach Gleichung (2.64) enthält die Kovarianzmatrix die Korrelationen zwischen den einzelnen Parametern.

$$\mathbf{K}_{\hat{x}\hat{x}} = \hat{s}_0^2 \cdot \mathbf{Q}_{\hat{x}\hat{x}} = \begin{bmatrix} \hat{s}_1^2 & \rho_{12}\hat{s}_1\hat{s}_2 & \cdots & \rho_{1u}\hat{s}_1\hat{s}_u \\ \rho_{21}\hat{s}_2\hat{s}_1 & \hat{s}_2^2 & \cdots & \rho_{2u}\hat{s}_2\hat{s}_u \\ \vdots & \vdots & \ddots & \vdots \\ \rho_{u1}\hat{s}_i\hat{s}_1 & \rho_{u2}\hat{s}_i\hat{s}_2 & \cdots & \hat{s}_u^2 \end{bmatrix} \tag{2.95}$$

Für den Korrelationskoeffizienten ρ_{ij} zwischen zwei Unbekannten i und j gilt damit[1]:

$$\rho_{ij} = \frac{\hat{s}_{ij}}{\hat{s}_i \cdot \hat{s}_j} \qquad -1 \leq \rho_{ij} \leq +1 \tag{2.96}$$

Hohe Korrelationskoeffizienten deuten auf eine lineare Abhängigkeit zwischen den Parametern hin und sollten vermieden werden, vor allem, weil die Inversion der Normalgleichungsmatrix und damit die Lösung numerisch instabil werden kann.

2.3.3.4 Zuverlässigkeit

Die *Zuverlässigkeit* einer Ausgleichungsaufgabe beschreibt die Kontrollierbarkeit der beteiligten Beobachtungen. Sie hängt von der Anzahl der überschüssigen Beobachtungen (Gesamtredundanz) und der geometrischen Anordnung (Aufnahmekonfiguration) ab. Sie gibt ein Maß für die Erkennbarkeit grober Fehler (Ausreißer) in den Beobachtungen an.

Wesentliche Informationen zur Zuverlässigkeit können der Kofaktormatrix für die Verbesserungen entnommen werden:

$$\mathbf{Q}_{vv} = \mathbf{Q}_{ll} - \mathbf{A} \cdot \mathbf{Q} \cdot \mathbf{A}^T \qquad \text{: Kofaktormatrix der Verbesserungen} \tag{2.97}$$

Die Gesamtredundanz einer Ausgleichung berechnet sich dann nach

$$r = n - u = spur(\mathbf{Q}_{vv} \cdot \mathbf{P}) = \sum r_i \tag{2.98}$$

[1] Um mögliche Verwechslungen mit dem Redundanzanteil r zu vermeiden, wird hier die Bezeichnung ρ für den empirischen Korrelationskoeffizienten gewählt.

wobei r_i die Hauptdiagonalelemente der Matrix $\mathbf{R}=\mathbf{Q}_{vv}\mathbf{P}$ sind.

$$\mathbf{R} = \mathbf{Q}_{vv} \cdot \mathbf{P} = \begin{bmatrix} r_{11} & & & \\ & r_{22} & & \\ & & \ddots & \\ & & & r_{nn} \end{bmatrix} \quad \text{: Redundanzmatrix} \tag{2.99}$$

Man bezeichnet r_i als *Redundanzanteile* einer Beobachtung l_i an der Gesamtredundanz r mit

$$0 \leq r_i \leq 1$$

Der Redundanzanteil einer Beobachtung beschreibt, welcher relative Anteil der Beobachtung „überschüssig" ist (r_i) und welcher Anteil zur Berechnung der Unbekannten genutzt wird ($1-r_i$). Kleine Redundanzanteile entsprechen einer schwachen, schlecht kontrollierbaren Überbestimmung, hohe Redundanzanteile sprechen für eine gute Kontrollierbarkeit der Beobachtungen. Hat eine Beobachtung den Redundanzanteil von r_i=0, wird sie nicht durch andere Beobachtungen kontrolliert, d.h. ein grober Fehler dieser Beobachtung ist nicht aufdeckbar, geht aber voll in die Bestimmung der Unbekannten ein. Besitzt eine Beobachtung einen sehr hohen Redundanzanteil (0.8 bis 1), ist sie sehr gut durch andere Beobachtungen kontrolliert und könnte im Rahmen einer Optimierung am ehesten weggelassen werden, ohne daß sich das Ausgleichungsergebnis nennenswert ändern würde.

Für den Zusammenhang zwischen den Verbesserungen und den Beobachtungen gilt:

$$\mathbf{v} = \mathbf{A} \cdot \hat{\mathbf{x}} - \mathbf{l} = -\mathbf{R} \cdot \mathbf{l} \tag{2.100}$$

Daraus folgt für (nicht-zufällige) grobe Beobachtungsfehler $\Delta\mathbf{l}$:

$$\Delta\mathbf{v} = -\mathbf{R} \cdot \Delta\mathbf{l} \tag{2.101}$$

Über die Aufdeckbarkeit eines groben Fehlers in den Beobachtungen ist mit (2.101) noch nichts gesagt, weil sich grobe Fehler bei gleichzeitig kleinen Redundanzanteilen nicht in zugehörigen Verbesserungen niederschlagen. Nach BAARDA (1968) wird daher eine normierte Verbesserung verwendet:

$$w_i = \frac{v_i}{\hat{s}_{v_i}} \tag{2.102}$$

Die Standardabweichung einer Verbesserung berechnet sich aus der Kofaktormatrix bzw. den Redundanzanteilen wie folgt:

$$\hat{s}_{v_i} = \hat{s}_0 \sqrt{(\mathbf{Q}_{vv})_{ii}} = \hat{s}_{l_i} \sqrt{(\mathbf{Q}_{vv} \cdot \mathbf{P})_{ii}} = \hat{s}_{l_i} \sqrt{r_i} \tag{2.103}$$

Hieraus wird ersichtlich, daß ein Redundanzanteil von r_i=0 zu einem unbestimmten Wert von w_i führt und somit keine Fehlererkennung erlaubt. Die normierten Verbesserungen w_i sind normalverteilt mit dem Erwartungswert 0 und der Standardabweichung 1. Sie werden zur Aufdeckung eines groben Fehlers mit einem Schwellwert k verglichen:

$$|w_i| \begin{cases} > k: \text{grober Fehler} \\ \leq k: \text{kein grober Fehler} \end{cases} \tag{2.104}$$

Zur Festlegung des Schwellwertes k wird ein statistischer Test herangezogen, in dem die Größe δ_0 (Nichtzentralitätsparameter) definiert wird (ACKERMANN et al. 1980):

$$\delta_0 = \delta_0\,(\alpha,\beta)$$

mit α : Wahrscheinlichkeit, eine *fehlerfreie* Größe als fehlerhaft zu erkennen (Signifikanzzahl)

β : Wahrscheinlichkeit, eine *fehlerhafte* Größe als fehlerhaft zu erkennen (Macht des Tests)

In diesem Test wird die Nullhypothese aufgestellt, daß nur zufällige Abweichungen auftreten und somit der Erwartungswert der normierten Verbesserungen gleich Null ist:

$$E\{w_0\} = 0 \tag{2.105}$$

Die Wahrscheinlichkeit einer Fehlentscheidung, daß Verbesserungen w_i außerhalb $\pm k$ liegen und somit ausgeschlossen werden, beträgt α (Fehler 1. Art). Dabei die k das Quantil der t-Verteilung.

Liegt ein systematisch verfälschter, grober Fehler vor, ist der Erwartungswert der zugehörigen normierten Verbesserung ungleich Null mit der Standardabweichung 1:

$$E\{w_a\} \neq 0 \tag{2.106}$$

Wird nun die Alternativhypothese angenommen, daß nur Beobachtungen mit $|w_i| > k$ als grobe Fehler ausgeschlossen werden, verbleibt eine mögliche Zahl grober Abweichungen im Datensatz. Die Wahrscheinlichkeit für diese Fehlentscheidung (Fehler 2. Art) beträgt 1-β (Abb. 2.22).

Mit (2.101) und (2.102) kann ein unterer Erwartungswert für einen groben Datenfehler angegeben werden, der mit der Macht des Tests β noch signifikant nachweisbar ist.

$$E\{\Delta l_a\} = \frac{\delta_0}{\sqrt{r_i}} \cdot \hat{s}_{l_i} = \delta'_0 \cdot \hat{s}_{l_i} \tag{2.107}$$

Die auf $\hat{s}_{l_i}$ normierte Größe

$$\delta'_{0,i} = \frac{E\{\Delta l_a\}}{\hat{s}_{l_i}} = \frac{\delta_0}{\sqrt{r_i}} \qquad (2.108)$$

ist ein Maß für die *innere Zuverlässigkeit* eines Ausgleichungssystems. Es gibt an, um wieviel größer als $\hat{s}_{l_i}$ ein Beobachtungsfehler (Ausreißer) Δl_a sein muß, um mit der Wahrscheinlichkeit β noch erkannt zu werden[1].

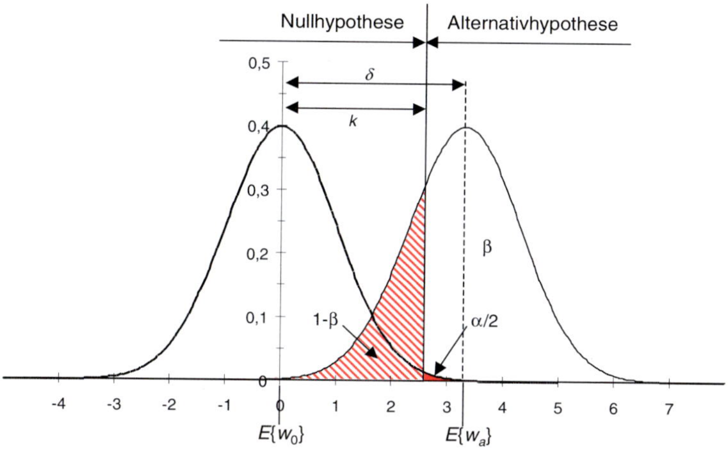

Abb. 2.22: Wahrscheinlichkeitsdichte für Null- und Alternativhypothese

	α=5% β=75%	α=1% β=93%	α=0.1% β=80%
k	1.96	2.56	3.29
δ'_0	3.9	4.0	4.1

Tabelle 2.2: Testgröße und innere Zuverlässigkeit bei verschiedener Siginifikanzzahl und Macht des Tests

Tabelle 2.2 zeigt einige Testgrößen, die aus gewählter Signifikanzzahl α und Macht des Tests β resultieren. Die gewählten Wahrscheinlichkeiten ergeben etwa gleiche Werte für die innere Zuverlässigkeit. Es wird deutlich, daß mit zunehmender Signifikanzzahl (d.h. abnehmender Sicherheitswahrscheinlichkeit) die Macht des Tests sinkt, also weniger durchgreifend wirkt.

Bei der photogrammetrische Bündelausgleichung (siehe Kap. 4.3) kann im allgemeinen mit einem Wert $\delta'_0=4$ gearbeitet werden, der auch als Entscheidungsgröße k für die Ungleichung (2.104) verwendet wird. Diesem Richtwert liegt die Erwartung zugrunde, daß in Bündelausgleichungen in der Regel eine hohe Überbestimmung vorliegt. Aus (2.108) wird deutlich, daß die Testgröße von der a posteriori Standardabweichung einer einzelnen

[1] KRAUS (1996) bezeichnet den Erwartungswert $E\{\Delta l_a\}$ als IZ-Wert (innere Zuverlässigkeit).

Beobachtung und damit auch von der Standardabweichung der Gewichtseinheit $\hat{s}_0$ abhängt. Kleine grobe Fehler lassen sich somit erst entdecken, wenn $\hat{s}_0$ im Laufe der Iterationen der Ausgleichung so klein ist, daß es etwa im Rahmen der Genauigkeit der Beobachtungen (Meßgenauigkeit) liegt.

Zur Planung einer Meßaufgabe kann die Berechnung der inneren Zuverlässigkeit bereits im voraus ohne Kenntnis der tatsächlichen Beobachtungswerte (Meßwerte) erfolgen, da sämtliche Informationen allein aus der Designmatrix **A** und den (angenommenen) a priori Genauigkeiten der Beobachtungen entnommen werden können (siehe Kap. 7.1.4.1).

Während oder nach Lösung des Ausgleichungssystems dient die innere Zuverlässigkeit als Kriterium zur (automatischen) Eliminierung grober Datenfehler.

Die *äußere Zuverlässigkeit* bestimmt den Einfluß einer fehlerhaften Beobachtung auf die zu bestimmenden Unbekannten. Dazu wird der Vektor der inneren Zuverlässigkeitswerte nach (2.107) in das Gleichungssystem (2.76) eingesetzt und für jede Unbekannte insgesamt n von jeder Beobachtung abhängige Werte der äußeren Zuverlässigkeit bestimmt.

2.3.4 Erkennung von Ausreißern

Grobe Datenfehler in Beobachtungen (Ausreißer) können in praktischen Aufgabenstellungen kaum vermieden werden. Sie entstehen in photogrammetrischen Anwendungen beispielsweise durch grobe Fehlmessungen, falsche Punktidentifizierungen oder Verwechslungen von Bildnummern. Grobe Datenfehler müssen aus dem Satz der Beobachtungen entfernt werden, da sie sich auf alle berechneten Unbekannten und Standardabweichungen auswirken und damit das Gesamtergebnis stark verfälschen können.

Die nach einer Ausgleichung vorliegenden Verbesserungen lassen sich nicht unmittelbar als Kenngrößen für eine Erkennung von Ausreißern verwenden. Die Verbesserungen sind nicht nur das Resultat von Fehlern in den Beobachtungen, sondern entstehen auch durch Modellfehler, also durch einen ungenügenden funktionalen Ansatz in der Ausgleichung. Modell- und Datenfehler können gleichzeitig vorliegen und sich gegenseitig überlagern.

Die meisten Ansätze zur Erkennung und Eliminierung von Ausreißern basieren auf der Annahme, daß sich nur wenige (im Extremfall ein) Ausreißer im Datensatz befinden. Die oben erläuterte Methode der kleinsten Quadrate hat die Eigenschaft, den Einfluß von Beobachtungsfehlern optimal auf die Gesamtheit der Beobachtungen zu verteilen, wobei sogar größere Abweichungen einen stärkeren Einfluß auf die Unbekannten haben als kleine Abweichungen. Im Falle grober Fehler bedeutet dies, daß ein Verschmierungseffekt auftritt, der die Erkennbarkeit von Datenfehlern stark einschränkt, insbesondere bei mehreren gleichzeitig auftretenden Ausreißern. Bei ungünstigen Konstellationen der geometrischen Anordnung der Bestimmungselemente und der Anzahl grober Fehler können sogar fehlerfreie Beobachtungen als Ausreißer verdächtigt werden. Es ist daher besonders wichtig, grobe Datenfehler nur dann zu entfernen, wenn sie eindeutig als solche identifiziert worden sind. Die Elimination von Ausreißern sollte daher auch mit der Analyse der gesamten Messung einhergehen.

2.3.4.1 Fehlersuche ohne Ausgleichung

Bei nicht konvergierenden Ausgleichungssystemen kann es sinnvoll sein, allein die Verträglichkeit der Meßwerte mit ihren Näherungswerten ohne Ausgleichung zu überprüfen. Dazu werden die „Verbesserungen“

$$\mathbf{v} = \mathbf{L} - \mathbf{L}^0 \tag{2.109}$$

gebildet, anhand derer unter Umständen grobe Diskrepanzen zwischen Meßwerten und ihren Näherungswerten aufgedeckt werden können (z.B. verursacht durch Punkt- oder Bildverwechslungen). Diese Diskrepanz muß allerdings nicht immer durch einen fehlerhaften Meßwert verursacht worden sein, sondern kann genauso durch schlechte Näherungswerte entstehen.

2.3.4.2 Data Snooping

Das Data-Snooping-Verfahren (Baarda 1968) basiert auf dem in Kap. 2.3.3.2 abgeleiteten Maß für die innere Zuverlässigkeit. Dabei liegt die Annahme zugrunde, daß sich nur *ein* grober Datenfehler in den Beobachtungen befindet.

Nach jedem Durchgang einer Ausgleichung wird aufgrund der Entscheidungsfunktion (2.104) die Beobachtung mit der größten normierten Verbesserung w_i eliminiert. Das gesamte Ausgleichungssystem wird dann erneut aufgestellt und gerechnet, bis keine groben Fehler mehr enthalten sind.

Im Falle mehrerer großer Verbesserungen w_i, die jedoch aufgrund der geometrischen Konfiguration nicht durch gegenseitige Beeinflussung entstanden sein können, können mit diesem Verfahren auch mehrere grobe Fehler gleichzeitig erkannt werden. Es ist jedoch stets sorgfältig zu prüfen, welche Beobachtungen als grob falsch verdächtigt werden.

2.3.4.3 Varianzkomponentenschätzung

Das im Data-Snooping verwendete innere Zuverlässigkeitsmaß hängt von den Standardabweichungen der ausgeglichenen Beobachtungen ab, die wiederum durch Multiplikation mit der Standardabweichung der Gewichtseinheit $\hat{s}_0$ aus der Kovarianzmatrix entstehen. Da $\hat{s}_0$ global aus allen Verbesserungen bestimmt wird, ist es nur für gleichgenaue Beobachtungen interpretierbar. Bei Beobachtungssätzen mit verschiedenen Beobachtungstypen und Genauigkeitsniveaus (z.B. gemessene Bildkoordinaten, gemessene Objektkoordinaten) ist es daher sinnvoll, Gruppen gleicher Genauigkeit (Komponenten) einzuführen.

Zur Aufstellung der Gewichtsmatrix **P** wird für jede Beobachtungsgruppe g eine eigene Varianz a priori verwendet:

$s_{0,g}^2$: Varianz der Gewichtseinheit a priori

Sie kann zum Beispiel aus der bekannten Genauigkeit des Meßsystems für die Beobachtungsgruppe abgeleitet werden.

Nach einem Ausgleichungsdurchgang kann die Varianz a posteriori bestimmt werden:

$$\hat{s}_{0,g}^2 = \frac{\mathbf{v}_g^T \mathbf{P}_g \mathbf{v}_g}{r_g} \qquad : \text{Varianz der Gewichtseinheit a posteriori}$$

$$\text{mit } r_g = \sum (r_i)_g \tag{2.110}$$

Mit der a posteriori berechneten Varianz einer Ausgleichung lassen sich nun die a priori Gewichte der nachfolgenden Ausgleichung anpassen, bis die Übereinstimmung

$$Q_g = \frac{\hat{s}_{0,g}}{s_{0,g}} = 1 \tag{2.111}$$

erzielt wird. Anschließend läßt sich das Verfahren des Data Snooping wieder problemlos durchführen.

Aus der Varianz der Gewichtseinheit einer Beobachtungsgruppe kann unter Verwendung von Gleichung (2.65) die Varianz bzw. Standardabweichung einer ganzen Beobachtungsgruppe angegeben werden.

2.3.4.4 Robuste Schätzung durch Gewichtsfunktionen

Die nach einer Ausgleichung verbleibenden Verbesserungen sind nach den oben angegebenen Bemerkungen nicht direkt geeignet, einen oder mehrere grobe Datenfehler aufzudecken. Es existieren daher verschiedene Ansätze, die Gewichte p_i des nächsten Durchganges mit Hilfe einer Funktion der Verbesserungen zu bestimmen. Ist die Gewichtsfunktion so gestaltet, daß der Einfluß eines groben Fehlers mit zunehmender Größe des Fehlers zu Null wird, spricht man von robuster Schätzung (Ausgleichung). Eine Möglichkeit dazu ist folgende Funktion (KLEIN 1984):

$$p'_i = p_i \cdot \frac{1}{1 + \left(a \cdot |v_i|\right)^b} \tag{2.112}$$

Für v_i=0 wird p'_i=1 und für v_i=∞ wird p'_i=0. Die Parameter a und b bestimmen den Verlauf der glockenförmigen Gewichtsfunktion. Mit

$$a_i = \frac{\sqrt{p_i}}{\sqrt{r_i} \cdot \hat{s}_0 \cdot k} = \frac{1}{\hat{s}_{v_i} \cdot k} \tag{2.113}$$

wird der Parameter a durch den Redundanzanteil einer Beobachtung gesteuert. Die Festlegung der Parameter b und k erfolgt empirisch. Bei richtiger Wahl der Parameter konvergiert der Quotient Q (siehe oben) zu 1.

KRUCK (1995) verwendet eine Gewichtsfunktion, die ebenfalls auf den Redundanzanteilen basiert:

$$p'_i = p_i \cdot \frac{\tan\left(\frac{1-r_m}{c}\right)}{\tan\left(\frac{1-r_i}{c}\right)} \tag{2.114}$$

Die Konstante c wird empirisch bestimmt, r_m ist die mittlere Redundanz oder Bedingungsdichte:

$$r_m = \frac{n-u}{n} \tag{2.115}$$

Die Gewichte ändern sich nicht mehr, wenn die Stabilität r_i=r_m eingetreten ist (*balancierte Beobachtungen*). KRUCK (1995) gibt für das gegenüber groben Fehlern empfindliche Problem der relativen Orientierung ein Beispiel an, bei dem durch diesen Ansatz eine stark fehlerhafte Beobachtung sicher erkannt wird.

Robuste Schätzverfahren haben vor allem das Ziel, die Wirkung sogenannter *Hebelpunkte* zu minimieren. Hebelpunkte sind Beobachtungen mit großer geometrischer Wirkung, aber sehr kleinem Redundanzanteil. Grobe Fehler an Hebelpunkten verfälschen das Gesamtergebnis erheblich, sind aber kaum aufzudecken. Durch Balancierung der Gewichte erhalten Beobachtungen mit groben Fehlern und Hebelpunkte zwischenzeitlich die gleichen Redundanzanteile wie alle anderen Beobachtungen und lassen sich dadurch sicherer eliminieren. Nach Beseitigung aller fehlerhaften Beobachtungen wird dann eine endgültige Ausgleichung nach kleinsten Quadraten mit den ursprünglichen Gewichten durchgeführt.

2.3.4.5 Robuste Schätzung nach der L1-Norm

In jüngerer Zeit hat das Ausgleichungsprinzip nach der L1-Norm größere Bedeutung gewonnen, insbesondere für die Aufdeckung grober Fehler bei schwachen geometrischen Konfigurationen, z.B. im Zuge einer Näherungswertberechnung aus Beobachtungen, die noch mit groben Fehlern durchsetzt sind (z.B. KAMPMANN 1986, FELLBAUM 1996).

Die L1-Norm basiert auf der Minimierung der Absolutwerte der Verbesserungen, während die L2-Norm auf der Minimierung der Quadratsumme der Verbesserungen beruht:

$$\begin{aligned} &\text{L1-Norm:} \quad \sum |v| \quad \rightarrow \min \\ &\text{L2-Norm:} \quad \sum v^2 \quad \rightarrow \min \end{aligned} \tag{2.116}$$

Die Auflösung eines Gleichungssystems nach der L1-Norm entspricht einer linearen

Optimierungsaufgabe. Sie ist mathematisch, fehlertheoretisch und rechentechnisch erheblich schwerer zu handhaben als die klassische L2-Norm. Eine Lösungsform ist der Simplex-Algorithmus aus dem Bereich der Linearen Programmierung.

Auch die L1-Norm gestattet die Balancierung der Gewichte nach dem Ansatz von Gleichung (2.115). GODDING (1996) gibt ebenfalls ein Ausgleichungsbeispiel für eine relative Orientierung an, in dem gleichzeitig mehrere grobe Fehler im Datensatz erkannt werden können. Theoretisch können mit der L1-Norm bis zu 50% grober Fehler im Datensatz enthalten sein, da die Lösung durch den Medianwert bestimmt wird, während die L2-Norm das arithmetische Mittel bildet (Verschmierungseffekt).

Nach der Bereinigung des Datensatzes durch eine Ausgleichung nach der L1-Norm sollte abschließend eine Ausgleichung nach kleinsten Quadraten durchgeführt werden.

2.3.5 Hinweise zur Rechentechnik

2.3.5.1 Linearisierung

Die Linearisierung des funktionalen Modells an Näherungswerten kann auf zwei Arten durchgeführt werden:

- strenge Berechnung der 1. Ableitung
- numerische Differenzierung

Die strenge Berechnung der Differentialquotienten

$$\left(\frac{\partial\varphi(X)}{\partial X}\right)_0$$

erfordert bei komplizierten Funktionen unter Umständen einen erheblichen manuellen Programmieraufwand (z.B. Ableitung von Rotationsmatrizen).

Bei der numerischen Differenzierung werden dagegen kleine Zuschläge auf die Näherungswerte der Unbekannten gegeben und mit diesen die jeweilige Auswirkung auf die Beobachtungen berechnet.

$$L^0_{+\Delta x} = \varphi(X^0 + \Delta X)$$
$$L^0_{-\Delta x} = \varphi(X^0 - \Delta X)$$

Die Differenzenquotienten ergeben sich dann zu

$$\frac{\Delta\varphi(X)}{\Delta X} = \frac{L^0_{+\Delta x} - L^0_{-\Delta x}}{2\Delta X} \approx \frac{\partial\varphi(X)}{\partial X}$$

In einem Programm kann dabei die Funktion φ direkt eingegeben werden, z.B. in einem separaten Unterprogramm, so daß die Aufstellung der Designmatrix **A** sowie die restliche Ausgleichungsberechnung unabhängig vom funktionalen Modell vorgenommen werden kann. Lediglich das Inkrement ΔX muß gegebenenfalls angepaßt werden.

Im Vergleich zur numerischen Differenzierung zeigt die strenge Berechnung der Differentialquotienten ein günstigeres Konvergenzverhalten. Wenn nach mehreren Iterationen ausreichend gute Näherungswerte vorliegen, unterscheiden sich die Ausgleichungsergebnisse praktisch nicht mehr.

2.3.5.2 Normalgleichungssysteme

Zur Bestimmung des Lösungsvektors $\hat{\mathbf{x}}$ allein können effiziente Zerlegungsalgorithmen angewandt werden, die ohne Inversion der Normalgleichungsmatrix **N** auskommen (z.B. Gaußscher Algorithmus). Da in photogrammetrischen und geodätischen Berechnungen aber in der Regel eine Genauigkeitsanalyse mit Hilfe der Kovarianzmatrix erfolgt, wird die Inverse von **N** benötigt. Die Größe des in (2.75) aufgestellen Normalgleichungssystems beträgt $u \times u$ Elemente. Die Anzahl u der Unbekannten kann in photogrammetrischen Bündelausgleichungen leicht einige hundert bis einige tausend Elemente betragen. Eine direkte Invertierung der Normalgleichungsmatrix ist dann häufig nicht möglich oder zu zeitaufwendig.

In der Regel wird daher die Matrix **N** nach CHOLESKY faktorisiert. Mit der Dreieckszerlegung

$$\mathbf{C}^T \cdot \mathbf{C} = \mathbf{N} \tag{2.117}$$

eingesetzt in (2.75)

$$\mathbf{C}^T \cdot \mathbf{C} \cdot \hat{\mathbf{x}} = \mathbf{n} \tag{2.118}$$

und der Substitution

$$\mathbf{C} \cdot \hat{\mathbf{x}} = \mathbf{g} \tag{2.119}$$

folgt

$$\mathbf{C}^T \cdot \mathbf{g} = \mathbf{n} \tag{2.120}$$

Für die Berechnung von **g** und anschließend $\hat{\mathbf{x}}$ braucht jedesmal nur eine Dreiecksmatrix invertiert zu werden.

2.3.5.3 Profilspeichertechnik und Optimierung

Der Rechenaufwand zur Lösung des Normalgleichungssystems hängt in erster Linie von der Größe der Matrix **C** ab. Da die Matrix **N** bereits zahlreiche Null-Elemente enthalten kann (für Unbekannte, die nicht durch eine Beobachtung miteinander verbunden sind), sind diese auch in **C** enthalten.

Zur Einsparung von Speicherplatz im Hauptspeicher des Rechners kann die Profilspeichertechnik (*Sparse*-Technik) angewandt werden, bei der für jede Spalte der Matrix nur die Elemente vom ersten Nicht-Nullelement bis zur Hauptdiagonalen und ein entsprechender Indexwert gespeichert werden.

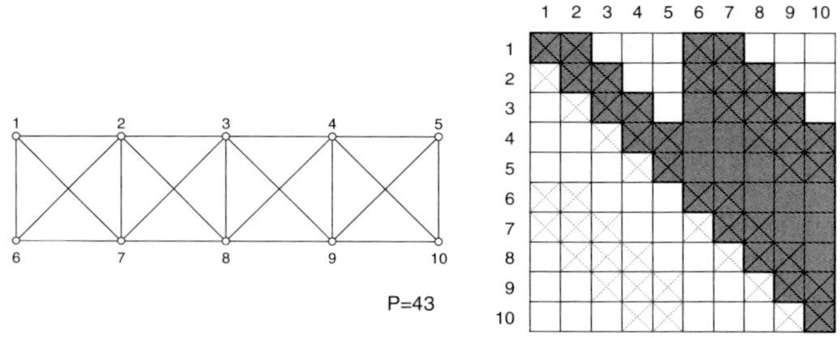

Abb. 2.23: Numerierungsschema ohne Optimierung (nach KRUCK 1983)

Abb. 2.23 zeigt das Beispiel eines Beobachtungsnetzes und die dazugehörige Struktur der Normalgleichungsmatrix. Die Kreuze deuten an, welche Unbekannten miteinander verknüpft sind. Beispielsweise ist der Punkt 2 verknüpft mit den Punkten 1, 3, 6, 7 und 8.

Die Profilspeicherbreite (Anzahl der zu speichernden Elemente) beträgt in diesem Beispiel P=43. Sortiert man die Reihenfolge der Punkte so, daß bei gleichem funktionalen Zusammenhang die Profilbreite minimiert wird (BANKER'S Algorithmus), erhält man das Ergebnis von Abb. 2.24. Die Profilbreite beträgt nur noch P=31.

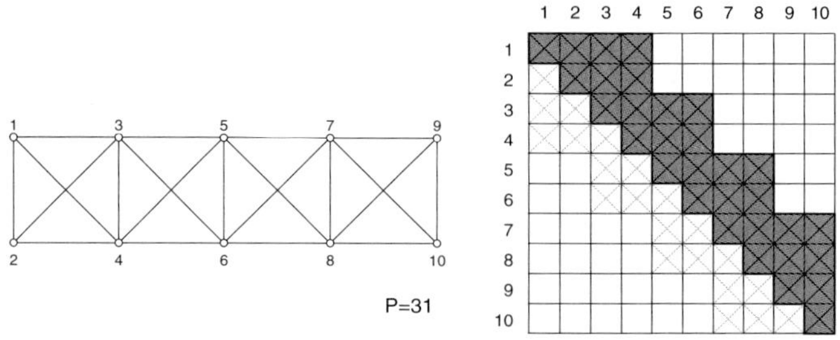

Abb. 2.24: Numerierungsschema mit Optimierung (nach KRUCK 1983)

Da die Profilbreite quadratisch in den notwendigen Rechenaufwand bei der Inversion eingeht, kommt der Optimierung eine besondere Bedeutung bei der Lösung von großen Gleichungssystemen zu (weitere Literaturhinweise: KRUCK (1983), HINSKEN (1987)).

2.4 Geometrische Elemente

Wichtigstes Ziel einer photogrammetrischen Auswertung ist die geometrische Rekonstruktion des aufgenommenen Objektes. Es folgt daher eine kurze Zusammenstellung einiger geometrischer Elemente und ihrer mathematischen Darstellung. Hierbei wird zwischen ebenen Elementen, räumlichen Elementen und Oberflächenbeschreibungen unterschieden, die im wesentlichen Ergebnis einer photogrammetrischen Auswertung sein können. Für eine ausführliche Darstellung von Methoden der analytischen Geometrie sei auf die einschlägige Literatur der analytischen Geometrie und der 3D-Computergrafik verwiesen, z.B. JANSER et al. (1996), TÖNNIES & LEMKE (1994), PLASTOCK & KALLEY (1989).

Bis auf wenige Ausnahmen basieren photogrammetrische Verfahren auf der punktweisen Objekterfassung. Geometrische Elemente wie Geraden, Ebenen, Zylinder usw. werden daher üblicherweise im Zuge einer nachträglichen Weiterverarbeitung aus gemessenen 3D-Punkten berechnet. Bei überbestimmten Lösungen erfolgt die Berechnung durch Ausgleichungsverfahren. Die berechneten geometrischen Elemente können anschließend wiederum miteinander verknüpft oder verschnitten werden, um daraus neue Elemente (z.B. Schnittgerade zweier Ebenen) oder abgeleitete Größen (z.B. Abstand zweier Punkte) zu bestimmen (Abb. 2.25).

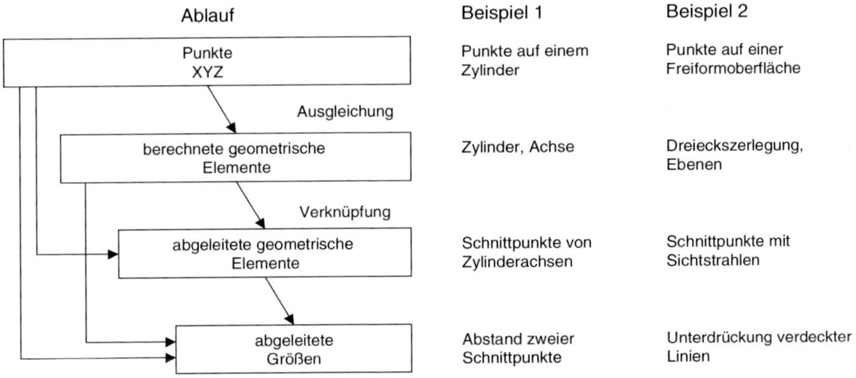

Abb. 2.25: Ablauf zur Berechnung geometrischer Elemente

Neben der Bestimmung geometrischer Regelkörper gewinnt die Erfassung und Darstellung beliebiger dreidimensionaler Oberflächen (Freiformoberflächen) zunehmend an Bedeutung. Hierfür ist ein grundlegendes Verständnis verschiedener Repräsentationsformen von 3D-Oberflächen (Punktraster, Dreieckszerlegungen, analytische Beschreibungen gekrümmter Flächen) erforderlich.

Viele dieser Berechnungen werden heute in 3D-CAD-Systemen oder Programmen zur Qualitätsanalyse geleistet. CAD-Systeme und photogrammetrische Auswertesysteme werden daher häufig kombiniert. Geometrische Elemente werden aber auch schon direkt in photogrammetrischen Berechnungen benötigt, beispielsweise als Bedingungen für die Lage von Objektpunkten (siehe Kap. 4.3.2.3). Weiterhin ermöglichen einige Auswerteverfahren die direkte Bestimmung geometrischer Elemente ohne diskrete Einzelpunkte (z.B. Konturverfahren, siehe Kap. 4.4.3.2).

2.4.1 Analytische Geometrie der Ebene

2.4.1.1 Gerade

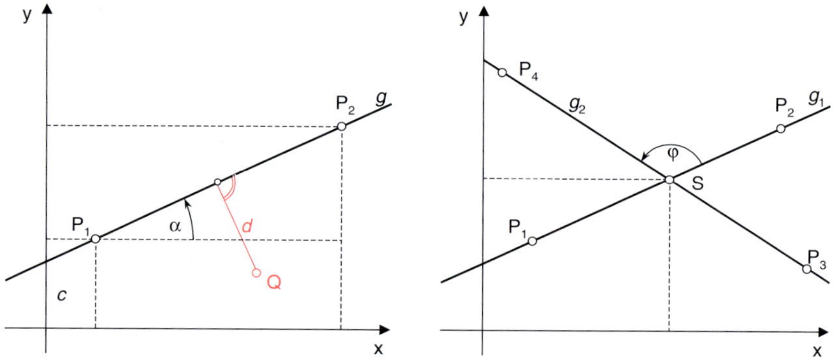

Abb. 2.26: Zur Definition von Geraden

2.4.1.1.1 Parameterdarstellung

Gesucht sei die Gerade g zwischen zwei ebenen Punkten P_1 und P_2 (Abb. 2.26). Für alle Punkte $P(x,y)$ auf g folgt aus den Proportionen

$$\frac{y-y_1}{x-x_1}=\frac{y_2-y_1}{x_2-x_1} \tag{2.121}$$

die Parameterdarstellung der Geraden:

$$\mathbf{x}=\mathbf{x}_1+t\cdot(\mathbf{x}_2-\mathbf{x}_1)$$
$$\begin{bmatrix}x\\y\end{bmatrix}=\begin{bmatrix}x_1\\y_1\end{bmatrix}+t\cdot\begin{bmatrix}x_2-x_1\\y_2-y_1\end{bmatrix} \tag{2.122}$$

Für t=0 ergibt sich der Punkt $P_1(x_1,y_1)$ und für t=1 der Punkt $P_2(x_2,y_2)$.

Für den Abstand d eines Punktes $Q(x,y)$ von der Geraden gilt:

$$d=\frac{(y_2-y_1)(x-x_1)-(x_2-x_1)(y-y_1)}{\sqrt{(x_2-x_1)^2\cdot(y_2-y_1)^2}} \tag{2.123}$$

2.4.1.1.2 Analytische Darstellung

Für die analytische Geradengleichung

$$A \cdot x + B \cdot y + C = 0 \tag{2.124}$$

ergeben sich die folgenden Beziehungen (Abb. 2.26):

$$y = m \cdot x + c$$

mit

$$m = \tan \alpha = -\frac{A}{B} = \frac{y_2 - y_1}{x_2 - x_1} \quad \text{: Steigung} \tag{2.125}$$

$$c = -\frac{C}{B} \quad \text{: Schnittpunkt mit y-Achse}$$

Für den Abstand eines Punktes $Q(x,y)$ gilt

$$d = \frac{A \cdot x + B \cdot y + C}{\sqrt{A^2 + B^2}} \tag{2.126}$$

2.4.1.1.3 Schnitt zweier Geraden

Gegeben seien zwei Geraden g_1 und g_2. Der Schnittpunkt S beider Geraden lautet mit (2.124):

$$\begin{aligned} x_S &= \frac{B_1 \cdot C_2 - B_2 \cdot C_1}{A_1 \cdot B_2 - A_2 \cdot B_1} \\ y_S &= \frac{C_1 \cdot A_2 - C_2 \cdot A_1}{A_1 \cdot B_2 - A_2 \cdot B_1} \end{aligned} \tag{2.127}$$

Mit (2.122) ergeben sich zwei Gleichungen für die Parameter t_1 und t_2:

$$\begin{aligned} (x_2 - x_1) \cdot t_1 + (x_3 - x_4) \cdot t_2 &= x_3 - x_1 \\ (y_2 - y_1) \cdot t_1 + (y_3 - y_4) \cdot t_2 &= y_3 - y_1 \end{aligned} \tag{2.128}$$

Der gesuchte Schnittpunkt folgt durch Einsetzen von t_1 oder t_2 in die ursprünglichen Geradengleichungen:

$$\begin{aligned} &\mathbf{x}_S = \mathbf{x}_1 + t_1 \cdot (\mathbf{x}_2 - \mathbf{x}_1) = \mathbf{x}_3 + t_2 \cdot (\mathbf{x}_4 - \mathbf{x}_3) \\ &\begin{bmatrix} x_S \\ y_S \end{bmatrix} = \begin{bmatrix} x_1 \\ y_1 \end{bmatrix} + t_1 \cdot \begin{bmatrix} x_2 - x_1 \\ y_2 - y_1 \end{bmatrix} = \begin{bmatrix} x_3 \\ y_3 \end{bmatrix} + t_2 \cdot \begin{bmatrix} x_4 - x_3 \\ y_4 - y_3 \end{bmatrix} \end{aligned} \tag{2.129}$$

Für den Winkel zwischen beiden Geraden gilt:

$$\tan\varphi = \frac{A_1 \cdot B_2 - A_2 \cdot B_1}{A_1 \cdot A_2 - B_1 \cdot B_2} = \frac{m_2 - m_1}{m_1 \cdot m_2 + 1} \tag{2.130}$$

Werden die beiden Geraden durch ihre jeweiligen Richtungsvektoren

$$\mathbf{a} = \mathbf{x}_2 - \mathbf{x}_1 \qquad \text{und} \qquad \mathbf{b} = \mathbf{x}_4 - \mathbf{x}_3$$

dargestellt, ergibt sich der Winkel zwischen den Geraden aus dem Skalarprodukt der beiden Vektoren:

$$\cos\varphi = \frac{\langle \mathbf{a}, \mathbf{b} \rangle}{|\mathbf{a}| \cdot |\mathbf{b}|} = \frac{\mathbf{a}^T \mathbf{b}}{|\mathbf{a}| \cdot |\mathbf{b}|} \tag{2.131}$$

Zwei Geraden stehen senkrecht aufeinander, wenn das Skalarprodukt Null wird.

2.4.1.1.4 Ausgleichende Gerade

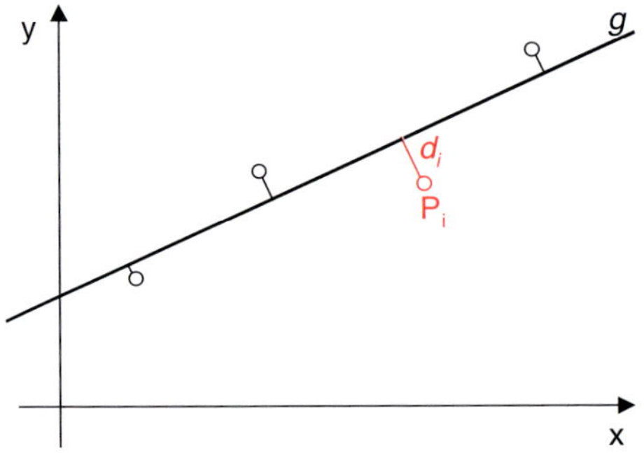

Abb. 2.27: Ausgleichende Gerade

Die allgemeine ausgleichende Gerade (Regressionsgerade) ist diejenige Gerade, bei der die Summe der quadratischen Abstände d_i aller Punkte P_i minimal ist (Abb. 2.27). Bei n Punktkoordinaten mit gleicher Genauigkeit in x- und y-Richtung lautet die Forderung damit:

$$d_1 + d_2 + \ldots + d_n = \sum_{i=1}^{n} d_i \rightarrow \min \tag{2.132}$$

Die Ausgleichsgerade verläuft durch die Schwerpunktkoordinaten

$$x_0 = \frac{1}{n}\sum_{i=1}^{n} x_i \qquad \text{und} \qquad y_0 = \frac{1}{n}\sum_{i=1}^{n} y_i \tag{2.133}$$

Damit liegt ein Punkt der Geraden bereits fest. Die Richtung ergibt sich mit

$$\tan 2\varphi = \frac{2\sum (x_i - x_0)(y_i - y_0)}{\sum (y_i - y_0)^2 - (x_i - x_0)^2} \tag{2.134}$$

Alternativ kann die Richtung durch den Richtungsvektor (a,b) ausgedrückt werden, der dem Eigenvektor des größten Eigenwertes der Matrix **B** entspricht (WOLF 1975, FORBES 1989):

$$\mathbf{B} = \mathbf{A}^T \cdot \mathbf{A}$$
$$\text{mit} \qquad \mathbf{A} = \begin{bmatrix} x_1 - x_0 & y_1 - y_0 \\ \vdots & \vdots \\ x_n - x_0 & y_n - y_0 \end{bmatrix} \tag{2.135}$$

Das Optimierungsprinzip der minimalen quadratischen Abstände nach (2.132) läßt sich ohne Einschränkung auf die ausgleichende Gerade im Raum sowie auch auf andere Ausgleichselemente übertragen.

2.4.1.2 Kreis

Von der allgemeinen Gleichung der Kurven zweiter Ordnung (Kegelschnitte)

$$Ax^2 + 2Bxy + Cy^2 + 2Dx + 2Ey + F = 0 \tag{2.136}$$

sind in der Nahbereichsphotogrammetrie vor allem die Sonderfälle des Kreises und der Ellipse von Interesse.

Für den Kreis ist B=0, A=C und D^2+E^2–AF>0, so daß (2.136) in die Form

$$A(x^2 + y^2) + 2Dx + 2Ey + F = 0 \tag{2.137}$$

gebracht werden kann. Für einen Kreis mit den Mittelpunktskoordinaten (x_M,y_M) und dem Radius r gilt:

$$(x - x_M)^2 + (y - y_M)^2 = r^2 \tag{2.138}$$

mit

$$r = \sqrt{D^2 + E^2 - AF} \qquad x_M = -\frac{D}{A} \qquad y_M = -\frac{E}{A}$$

Der Abstand eines beliebigen Punktes $P_i(x_i,y_i)$ vom Kreis lautet:

$$\begin{aligned} d_i &= r_i - r \\ &= \sqrt{(x_i - x_M)^2 + (y_i - y_M)^2} - r \end{aligned} \tag{2.139}$$

Die Berechnung eines ausgleichenden Kreises kann leicht mit Hilfe der linearen Gleichung (2.137) erfolgen. Zur Bestimmung der drei unbekannten Kreisparameter werden mindestens drei Punkte benötigt. Für einen Kreispunkt P_i lauten die Bestimmungsgleichungen

$$\varphi_i(A,D,E) = A(x_i^2 + y_i^2) + 2Dx_i + 2Ey_i + F = 0 \tag{2.140}$$

und die Differentialquotienten:

$$\frac{\partial \varphi_i}{\partial A} = x_i^2 + y_i^2 \qquad \frac{\partial \varphi_i}{\partial D} = 2x \qquad \frac{\partial \varphi_i}{\partial E} = 2y \tag{2.141}$$

Auch die nicht-lineare Gleichung (2.139) kann als Beobachtungsgleichung verwendet werden. Der ausgleichende Kreis ergibt sich durch Minimierung sämtlicher Punktabstände d_i. Liegen Näherungswerte für Mittelpunkt und Radius vor, wird die Designmatrix **A** mit den Differentialquotienten

$$\frac{\partial d_i}{\partial x_M} = -\frac{x_i - x_0}{r_i} \qquad \frac{\partial d_i}{\partial y_M} = -\frac{y_i - y_0}{r_i} \qquad \frac{\partial d_i}{\partial r} = -1 \tag{2.142}$$

gebildet. Die Lösung erfolgt iterativ, bis die Unbekanntenzuschläge ein Minimum unterschreiten.

2.4.1.3 Ellipse

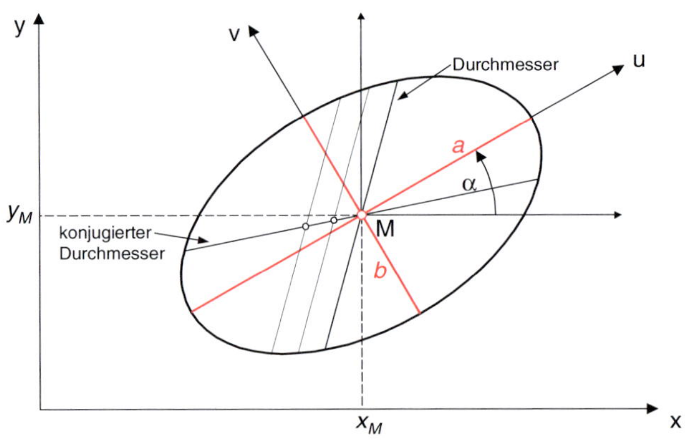

Abb. 2.28: Zur Geometrie der Ellipse

Mit den Bedingungen B=0 und sign$A$=sign$B$ beschreibt (2.136) die Form einer nichtgedrehten Ellipse. Die Berechnung der verbleibenden fünf Ellipsenparameter erfordert also mindestens fünf Randpunkte der Ellipse. Im folgenden wird ein möglicher Weg zur Berechnung einer (ausgleichenden) Ellipse aus n gegebenen Randpunkten $P_i(x,y)$, $i=1\ldots n$, beschrieben.

Zunächst wird der Ellipsenmittelpunkt näherungsweise aus dem Schwerpunkt der Randpunkte gebildet:

$$x_0 = \frac{1}{n}\sum_{i=1}^{n} x_i \qquad y_0 = \frac{1}{n}\sum_{i=1}^{n} y_i \tag{2.143}$$

Gesucht werden die Verschiebungen $\Delta x,\Delta y$ des Mittelpunktes sowie die Halbachsen a,b und der Drehwinkel α der Ellipse. Der Bezug zwischen dem gedrehten und verschobenen Mittelpunktsystem uv und dem xy-System wird durch eine Koordinatentransformation hergestellt (siehe Abb. 2.28):

$$\begin{aligned} x &= x_0 + \Delta x \\ &= x_0 + u\cdot\cos\alpha - v\cdot\sin\alpha \\ y &= y_0 + \Delta y \\ &= y_0 + u\cdot\sin\alpha + v\cdot\cos\alpha \end{aligned} \tag{2.144}$$

Durch Einsetzen der Koordinatendifferenzen $\Delta x,\Delta y$ in (2.136), Ausmultiplizieren und Umstellen folgt:

$$\begin{aligned} &u^2\cdot(A\cos^2\alpha + B\cos\alpha\sin\alpha + C\sin^2\alpha) + \\ &uv\cdot(B\cos^2\alpha - B\sin^2\alpha + 2C\cos\alpha\sin\alpha - 2A\cos\alpha\sin\alpha) + \\ &v^2\cdot(A\sin^2\alpha - B\cos\alpha\sin\alpha + C\cos^2\alpha) + \\ &u\cdot(D\cos\alpha + E\sin\alpha) + \\ &v\cdot(E\cos\alpha - D\sin\alpha) + \\ &F = 0 \end{aligned} \tag{2.145}$$

In vereinfachter Schreibweise erhält man für den Kegelschnitt im uv-System:

$$A'u^2 + B'uv + C'v^2 + D'u + E'v + F' = 0 \tag{2.146}$$

Für die nunmehr parallel gestellte Ellipse gilt die Bedingung $B'uv$=0, die durch Anwendung der Additionstheoreme nach dem Drehwinkel α aufgelöst werden kann:

$$\tan 2\alpha = \frac{B}{A-C} \tag{2.147}$$

Für A=C (Kreis, siehe oben) ist der Drehwinkel unbestimmt.

Die Halbachsen lauten

$$a = \sqrt{\frac{C'D'^2 + A'E'^2 - A'C'F'}{A'^2 C'}} \qquad b = \sqrt{\frac{C'D'^2 + A'E'^2 - A'C'F'}{A'C'^2}} \tag{2.148}$$

Die Koordinatendifferenzen zum Ursprung des uv-Systems (Schwerpunkt) ergeben sich aus:

$$A'\Delta u^2 + D'\Delta u = 0 \qquad C'\Delta v^2 + E'\Delta v = 0$$
$$\Rightarrow \Delta u = -\frac{D'}{A'} \qquad \Rightarrow \Delta v = -\frac{E'}{C'} \tag{2.149}$$

Somit folgt der Ellipsenmittelpunkt im Ausgangssystem x,y durch

$$x_M = x_0 + \Delta u \cdot \cos\alpha - \Delta u \sin\alpha$$
$$y_M = y_0 + \Delta u \cdot \sin\alpha + \Delta u \cos\alpha \tag{2.150}$$

Als Beobachtungsgleichung eines Punktes P_i dient die (lineare) Gleichung (2.136):

$$\varphi_i(A, B, C, D, E) = -F \tag{2.151}$$

Die Differentialquotienten der Designmatrix lauten für einen Punkt $P_i(x,y)$:

$$\frac{\partial\varphi_i}{\partial A} = x_i^2 \qquad \frac{\partial\varphi_i}{\partial B} = x_i y_i \qquad \frac{\partial\varphi_i}{\partial C} = y_i^2 \qquad \frac{\partial\varphi_i}{\partial D} = x_i \qquad \frac{\partial\varphi_i}{\partial E} = y_i \tag{2.152}$$

Mit den ausgeglichenen Parametern läßt sich anhand (2.147) zunächst der Drehwinkel bestimmen. Daraus wiederum folgen mit (2.146) die Ellipsenparameter im uv-System und schließlich mit (2.150) der Mittelpunkt der Ellipse.

Eine alternative Methode zur Bestimmung des Ellipsenzentrums nutzt die Geometrie von Ellipsendurchmessern. *Ellipsendurchmesser* sind Sehnen, die den Ellipsenmittelpunkt enthalten und von diesem halbiert werden. Die Gerade durch die Mittelpunkte von Sehnen, die parallel zu einem gegebenen Durchmesser liegen, heißt *konjugierter Durchmesser*. Gegebener Durchmesser und konjugierter Durchmesser schneiden sich im Ellipsenmittelpunkt (Abb. 2.28).

Die Bestimmung der Ellipsenparameter, insbesondere des Mittelpunktes, ist eine wichtige Aufgabe bei der Messung kreisförmiger Zielmarken, die sich zentralperspektiv als Ellipsen im Bild abbilden (siehe Kap. 5.4.2.5). Der Ellipsenmittelpunkt entspricht in guter Näherung dem Zentrum der Zielmarke (zu Einschränkungen siehe Kap. 3.4.1.1.3).

2.4.1.4 Kurvendarstellung

Gegeben ist ein Polygon mit $k+1$ Punkten $P_i(x_i,y_i)$, $i=0\ldots k$, das durch eine geschlossene Kurve dargestellt werden soll. Fordert man, daß die Kurve durch die Stützpunkte des Polygons verläuft, spricht man von *Interpolation*. Soll sich die Kurve dagegen dem Polygonzug möglichst glatt annähern, spricht man von *Approximation*. Beliebige Kurven werden in der Regel durch Polynome erzeugt, deren Grad und Krümmungsverhalten je nach Ausgabenstellung variiert wird.

Übersichten zu Approximation und Interpolation mit Polynomen findet man beispielsweise in Fachbüchern der Computergrafik (z.B. JANSER et al. (1996), PLASTOCK & KALLEY 1989). Eine sehr anschauliche Darstellung der einzelnen Methoden gibt GRIEGER (1992).

2.4.1.4.1 Polynome

Ein Polynom n-ten Grades ist eine Funktion der Form

$$Q(x) = a_n x^n + a_{n-1} x^{n-1} + \ldots a_1 x^1 + a_0 \qquad (2.153)$$

und wird durch $n+1$ Koeffizienten festgelegt.

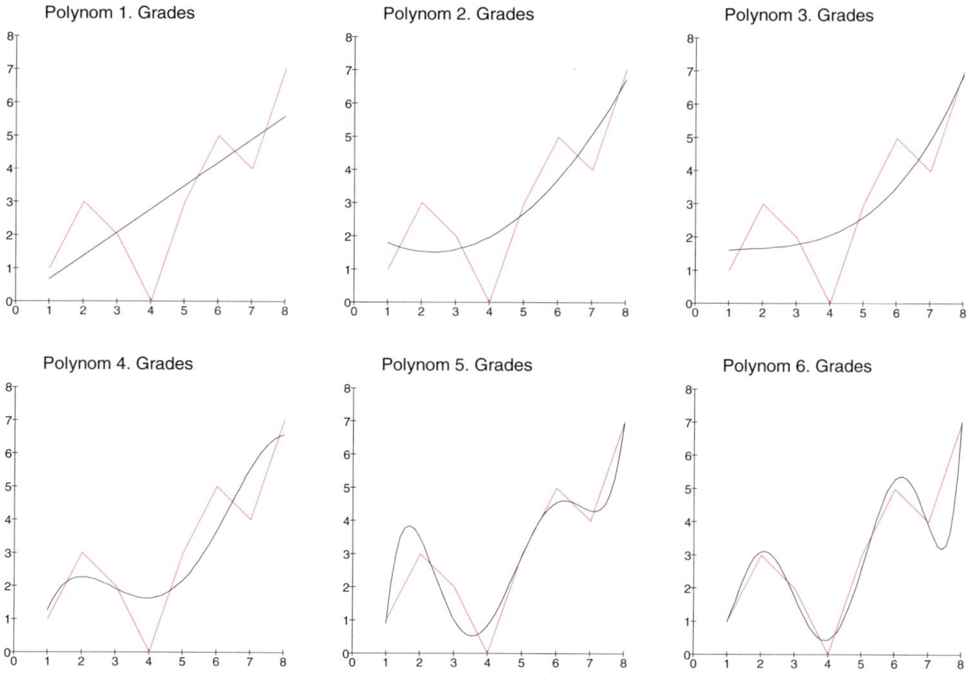

Abb. 2.29: Polygonzug mit 8 Datenpunkten und Polynominterpolationen verschiedenen Grades

Die Bestimmung der Polynomkoeffizienten erfolgt über alle Punkte der Datenmenge, gegebenenfalls durch Ausgleichung nach kleinsten Quadraten. Bei überbestimmten Lösungen verläuft die Kurve im allgemeinen nicht durch die Stützpunkte, insbesondere nicht durch Anfangs- und Endpunkt des Polygons. Polynome höheren Grades besitzen schnell oszillatorische Eigenschaften, d.h. sie neigen zum Ausschwingen zwischen den Stützstellen (Abb. 2.29).

Ein „natürlicheres“ Kurvenverhalten wird erreicht, wenn der Polygonzug stückweise durch Polynome approximiert wird. Ein stückweises Polynom $Q(x)$ ist eine Menge von k Polynomen $q_i(t)$, jeweils vom Grade n, und k+1 Knoten[1] $x_0,\ldots, x_k$, für die gilt:

$$Q(x) = \{q_i(t)\} \tag{2.154}$$

für $x_i \leq t \leq x_{i+1}$ und i=0,…, k–1

Durch zusätzliche Bedingungen läßt sich erreichen, daß die approximierte Kurve stetig und glatt verläuft. Die im folgenden beschriebenen Methoden erzeugen alle eine Kurve, die durch Anfangs- und Endpunkt verläuft und an allen Punkten n–1 mal differenzierbar ist. Besondere Bedeutung haben dabei Approximationen auf der Basis kubischer Polynome (n=3), da sie den niedrigsten Grad mit ausreichender Glättungseigenschaft haben.

2.4.1.4.2 Splines

Splines dienen zur Interpolation eines Polygons, die Kurve verläuft also durch die Polygonpunkte. Dazu sind B-Spline-Basisfunktionen vom Grade n mit der Ordnung m=n+1 geeignet, die für eine Knotenmenge $x_0,x_1, \ldots, x_{k-1}$ rekursiv definiert werden:

$$B_{i,0}(t) = \begin{cases} 1 & \text{für } x_i \leq t \leq x_{i+1} \\ 0 & \text{sonst} \end{cases}$$

$$B_{i,n}(t) = \frac{t - x_i}{x_{i+n} - x_i} B_{i,n-1}(t) + \frac{x_{i+n+1} - t}{x_{i+n+1} - x_{i+1}} B_{i+1,n-1}(t) \tag{2.155}$$

für $x_i \leq t \leq x_{i+n+1}$.

Für eine Spline-Interpolation wird ein möglichst glatter Übergang an den Datenpunkten gefordert, d.h. es existieren stetige Ableitungen bis zum Grade n–1. Diese Forderung wird von folgender Linearkombination von B-Spline-Basisfunktionen über k+1 Knotenpunkte erfüllt:

$$S_n(t) = \sum_{i=0}^{n+k-1} a_i B_{i,n}(t) \tag{2.156}$$

Für die häufig verwendete kubische Spline-Funktion (n=3)

---

[1] Unter Knoten versteht man gegebene Stützpunkte des Kurvenverlaufes.

$$S_3(t) = \sum_{i=0}^{k+2} a_i B_{i,3}(t) \tag{2.157}$$

sind k+3 Koeffizienten a_i aus entsprechend vielen Gleichungen zu bestimmen. Dabei werden k+1 Gleichungen aus den gegebenen Datenpunkten gewonnen, die restlichen zwei Gleichungen werden durch zusätzliche Bedingungen formuliert, z.B. für *natürliche Splines*:

$$\begin{aligned} S_3''(x_0) &= 0 \\ S_3''(x_n) &= 0 \end{aligned} \tag{2.158}$$

Abb. 2.30a zeigt die Approximation eines Polygonzuges mit einer kubischen Spline-Funktion. Die Kurve verläuft stetig durch alle Stützpunkte. Splines sind also besonders dann geeignet, wenn die Stützstellen „fehlerfrei" sind, also keine Glättung der Stützpunkte erfolgen soll. Allerdings ändert sich der gesamte Kurvenverlauf, wenn sich nur ein Stützpunkt ändert.

2.4.1.4.3 B-Splines

In vielen technischen Anwendungen ist es günstiger, wenn das gegebene Polygon durch eine Kurve mit folgenden Eigenschaften approximiert wird:

- möglichst einfache analytische Beschreibung
- einfache Übertragbarkeit auf höhere Dimensionen, insbesondere zur Approximation von Oberflächen
- einfache Steuerung der Glattheit in den Knoten- und Stützpunkten
- der Kurvenverlauf ändert sich bei Variation eines Stützpunktes nur lokal und kontrolliert.

Diese Forderungen werden vor allem durch die B-Spline-Approximation erfüllt, die sich aus den Basisfunktionen (2.155) für jeden neu zu interpolierenden Kurvenpunkt $P(t)$ zusammensetzt:

$$P(t) = \begin{cases} x(t) = \sum_{i=0}^{k} x_i B_{i,n}(t) \\ y(t) = \sum_{i=0}^{k} y_i B_{i,n}(t) \end{cases} \qquad 0 \le t \le k - n + 1 \tag{2.159}$$

Die Spline-Basisfunktionen werden also direkt mit den Koordinaten der Stützpunkte und nicht mit zu berechnenden Koeffizienten „gewichtet". Durch Wahl der Ordnung m=n+1 wird die Glattheit der Kurve gesteuert, wobei mit zunehmender Ordnung die Kurve immer glatter verläuft. Abb. 2.30c und d zeigen dazu B-Spline-Approximationen der Ordnung m=3 und m=5. Weiterhin liegt die berechnete Kurve stets in der Umhüllenden des

Polygons, im Gegensatz zur reinen Spline- oder Polynominterpolation. Der Ansatz läßt sich außerdem direkt auf dreidimensionale Polygone (Oberflächenelemente) erweitern.

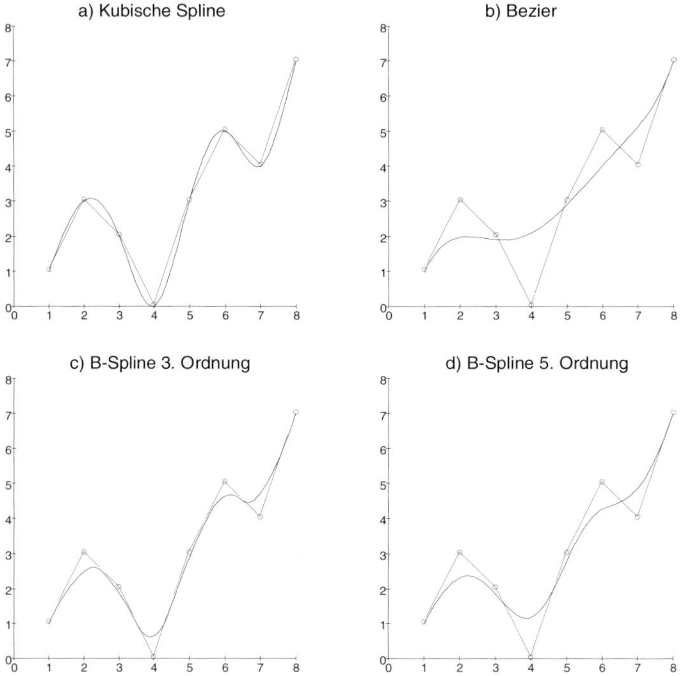

Abb. 2.30: Spline-Interpolation sowie Bezier- und B-Spline-Approximation

2.4.1.4.4 Bezier-Approximation

Mit der in der Automobilindustrie entwickelten Bezier-Approximation wird ebenfalls ein gegebener Polygonzug mit einer Kurve angenähert, die möglichst glatt verläuft, aber nicht durch die Stützpunkte geht. Die Approximation

$$P(t) = \begin{cases} x(t) = \sum_{i=0}^{k} x_i BE_{i,k}(t) \\ y(t) = \sum_{i=0}^{k} y_i BE_{i,k}(t) \end{cases} \qquad 0 \leq t \leq 1 \tag{2.160}$$

ist ähnlich der B-Spline-Approximation formuliert, basiert aber auf den Bernstein-olynomen

$$BE_{i,k}(t) = \frac{k!}{i!(k-i)!} t^i (1-t)^{k-i} \qquad 0 \leq t \leq 1 \tag{2.161}$$

In die Berechnung des Kurvenverlaufes zwischen den Stützstellen gehen sämtliche Punkte der Datenmenge ein. Der Ansatz läßt sich direkt auf dreidimensionale Polygone erweitern (siehe Kap. 2.4.3.2).

Abb. 2.30b zeigt die Approximation eines Polygonzuges mit einer Bezierkurve. Sie ist stetig, verläuft aber nicht durch die Stützpunkte, sondern erzeugt einen „mittleren" Verlauf. Bezierkurven sind also besonders dann geeignet, wenn die Stützstellen fehlerbehaftet sind und eine Glättung der Stützpunkte erfolgen soll.

2.4.2 Analytische Geometrie des Raumes

2.4.2.1 Gerade

Die Definition einer Raumgeraden kann direkt aus der Darstellung der ebenen Gerade übernommen werden. Für die Raumgerade zwischen zwei Punkten $P_1(x_1,y_1,z_1)$ und $P_2(x_2,y_2,z_2)$ gilt somit

$$\frac{x-x_1}{x_2-x_1}=\frac{y-y_1}{y_2-y_1}=\frac{z-z_1}{z_2-z_1} \tag{2.162}$$

und in Parameterdarstellung:

$$\begin{aligned}\mathbf{x}&=\mathbf{x}_1+t\cdot(\mathbf{x}_2-\mathbf{x}_1)\\ \begin{bmatrix}x\\y\\z\end{bmatrix}&=\begin{bmatrix}x_1\\y_1\\z_1\end{bmatrix}+t\cdot\begin{bmatrix}x_2-x_1\\y_2-y_1\\z_2-z_1\end{bmatrix}\\ &=\begin{bmatrix}x_0\\y_0\\z_0\end{bmatrix}+t\cdot\begin{bmatrix}a\\b\\c\end{bmatrix}\end{aligned} \tag{2.163}$$

Dabei ist $P_0(x_0,y_0,z_0)$ ein beliebiger Punkt auf der Geraden. Die Richtungskosinus ergeben sich entsprechend zu

$$\begin{aligned}\cos\alpha&=\frac{x_2-x_1}{d}=a\\ \cos\beta&=\frac{y_2-y_1}{d}=b \qquad \text{mit } d=\sqrt{(x_2-x_1)^2+(y_2-y_1)^2+(z_2-z_1)^2}\\ \cos\gamma&=\frac{z_2-z_1}{d}=c\end{aligned} \tag{2.164}$$

Es sieht zunächst so aus, als ob zur Definition einer Raumgeraden 6 unabhängige Parameter benötigt würden. Mit der Normierung

$$a^2 + b^2 + c^2 = 1$$

sind jedoch nur zwei Richtungsparameter linear unabhängig. Ebenso ergibt sich die z_0-Koordinate des Geradenpunktes aus den zugehörigen x_0- und y_0-Koordinaten. Somit bleiben 4 unabhängige Parameter zur Beschreibung einer Raumgeraden übrig:

1. Richtungsvektor: $(a,b,1)$
2. Geradenpunkt: $z_0 = -a \cdot x_0 - b \cdot y_0$ (2.165)

Diese beiden Regeln sind aus numerischen Gründen nur für näherungsweise vertikale (zu z parallele) Geraden gültig. Beliebige Raumgeraden müssen daher zunächst in eine vertikale Richtung transformiert werden (siehe auch Kap. 2.4.2.3.1).

2.4.2.1.1 Schnittpunkt zweier Geraden

Der Schnittpunkt zweier Raumgeraden existiert nur dann, wenn beide Geraden in einer gemeinsamen Ebene liegen. Im anderen Fall laufen die Geraden windschief aneinander vorbei. Der kürzeste Abstand e zwischen ihnen ist durch die Strecke definiert, die auf beiden Geraden senkrecht steht. Für zwei Geraden g_i, $i=1\ldots2$, die jeweils durch einen Punkt $P_i(x_i,y_i,z_i)$ laufen und die Richtungskosinus a_i,b_i,c_i besitzen, lautet der kürzeste Abstand:

$$e = \frac{\pm\begin{vmatrix} x_1 - x_2 & y_1 - y_2 & z_1 - z_2 \\ a_1 & b_1 & c_1 \\ a_2 & b_2 & c_2 \end{vmatrix}}{\sqrt{a^2 + b^2 + c^2}} \qquad (2.166)$$

mit

$$a = \begin{vmatrix} a_1 & b_1 \\ a_2 & b_2 \end{vmatrix} \qquad b = \begin{vmatrix} b_1 & c_1 \\ b_2 & c_2 \end{vmatrix} \qquad c = \begin{vmatrix} c_1 & a_1 \\ c_2 & a_2 \end{vmatrix}$$

Der Schnittpunkt S wird folgerichtig auf halbem Abstand $e/2$ zwischen beiden Geraden festgelegt (Abb. 2.31). Mit den Faktoren

$$\lambda = -\frac{\begin{vmatrix} x_1 - x_2 & y_1 - y_2 & z_1 - z_2 \\ a & b & c \\ a_2 & b_2 & c_2 \end{vmatrix}}{\begin{vmatrix} a_1 & b_1 & c_1 \\ a_2 & b_2 & c_2 \\ a & b & c \end{vmatrix}} \qquad \mu = -\frac{\begin{vmatrix} x_1 - x_2 & y_1 - y_2 & z_1 - z_2 \\ a & b & c \\ a_1 & b_1 & c_1 \end{vmatrix}}{\begin{vmatrix} a_1 & b_1 & c_1 \\ a_2 & b_2 & c_2 \\ a & b & c \end{vmatrix}}$$

folgen für die Punkte S_1 und S_2 die Raumkoordinaten

$$x_{S1} = x_1 + \lambda \cdot a_1 \qquad x_{S2} = x_2 + \mu \cdot a_2$$
$$y_{S1} = y_1 + \lambda \cdot b_1 \qquad y_{S2} = y_2 + \mu \cdot b_2$$
$$z_{S1} = z_1 + \lambda \cdot c_1 \qquad z_{S2} = z_2 + \mu \cdot c_2$$

und damit für den Schnittpunkt S:

$$x_S = \frac{x_{S1} + x_{S2}}{2} \qquad y_S = \frac{y_{S1} + y_{S2}}{2} \qquad z_S = \frac{z_{S1} + z_{S2}}{2} \tag{2.167}$$

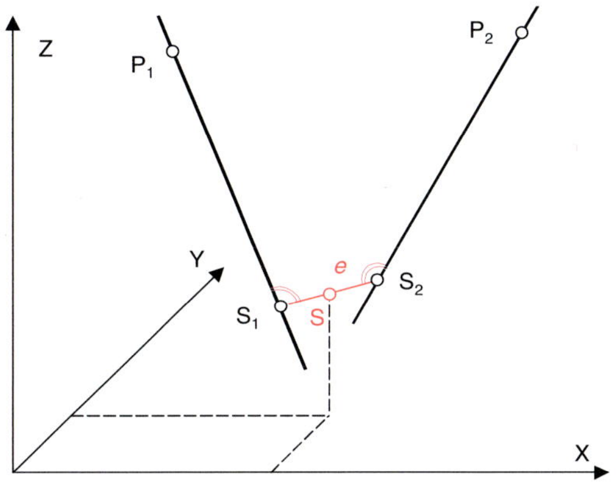

Abb. 2.31: Schnitt zweier Raumgeraden

Die beiden Geraden schneiden sich unter dem Winkel φ:

$$\cos\varphi = a_1 \cdot a_2 + b_1 \cdot b_2 + c_1 \cdot c_2 \tag{2.168}$$

Der Schnitt zweier Raumgeraden wird in der Stereophotogrammetrie beim räumlichen Vorwärtsschnitt verwendet (siehe Kap. 4.4.2.2.3). Der Abstand e stellt dabei ein Gütekriterium für den Geradenschnitt dar.

2.4.2.1.2 Ausgleichende Raumgerade

Die Berechnung einer ausgleichenden Raumgeraden folgt direkt dem in Kap. 2.4.1.1.4 beschriebenen Algorithmus. Der Abstand eines Punktes $P_i(x_i,y_i,z_i)$ von der Geraden durch den Punkt $P_0(x_0,y_0,z_0)$ mit den Richtungskosinus a,b,c lautet:

$$d_i = \sqrt{u_i^2 + v_i^2 + w_i^2} \tag{2.169}$$

mit

$$u_i = c(y_i - y_0) - b(z_i - z_0)$$
$$v_i = a(z_i - z_0) - c(x_i - x_0)$$
$$w_i = b(x_i - x_0) - a(y_i - y_0)$$

Die ausgleichende Raumgerade verläuft wiederum durch den Schwerpunkt aller Punkte P_0. Die Richtung der Geraden ist wie im zweidimensionalen Fall durch die Richtung desjenigen Eigenvektors definiert, der dem größten Eigenwert der Matrix **B** zugeordnet ist:

$$\mathbf{B} = \mathbf{A}^T \cdot \mathbf{A}$$
$$\text{mit} \qquad \mathbf{A} = \begin{bmatrix} x_1 - x_0 & y_1 - y_0 & z_1 - z_0 \\ \vdots & \vdots & \\ x_n - x_0 & y_n - y_0 & z_n - z_0 \end{bmatrix} \tag{2.170}$$

2.4.2.2 Ebene

2.4.2.2.1 Parameter

Eine Ebene im Raum wird durch $n \geq 3$ Punkte festgelegt, die nicht auf einer Geraden liegen dürfen. Die analytische Form einer Ebene lautet:

$$A \cdot x + B \cdot y + C \cdot z + D = 0 \tag{2.171}$$

Damit ist die Ebene im Raum das Analogon zur Geraden in der Ebene (vgl. 2.124). Der Vektor $\mathbf{n}(A,B,C)$ ist ein Normalenvektor der Ebene mit den Richtungskosinus

$$\begin{aligned} \cos\alpha &= \frac{A}{\sqrt{A^2 + B^2 + C^2}} = a \\ \cos\beta &= \frac{B}{\sqrt{A^2 + B^2 + C^2}} = b \\ \cos\gamma &= \frac{C}{\sqrt{A^2 + B^2 + C^2}} = c \end{aligned} \tag{2.172}$$

Mit einem Punkt $P_0(x_0,y_0,z_0)$ in der Ebene und den Richtungskosinus (a,b,c) eines Normalenvektors lautet die Gleichung für alle Punkte (x,y,z) der Ebene:

$$a(x - x_0) + b(y - y_0) + c(z - z_0) = 0 \tag{2.173}$$

Für eine durch 3 Punkte P_1,P_2,P_3 definierte Ebene gilt für jeden Punkt P der Ebene (Abb. 2.32):

$$\begin{vmatrix} x - x_1 & y - y_1 & z - z_1 \\ x_2 - x_1 & y_2 - y_1 & z_2 - z_1 \\ x_3 - x_1 & y_3 - y_1 & z_3 - z_1 \end{vmatrix} = 0 \tag{2.174}$$

Diese Determinante entspricht dem Volumen des von drei Vektoren aufgespannten Parallelepipeds (Spat). Sie kann zur Definition der Koplanaritätsbedingung in der relativen

Orientierung verwendet werden (siehe Kap. 4.2.4.3).

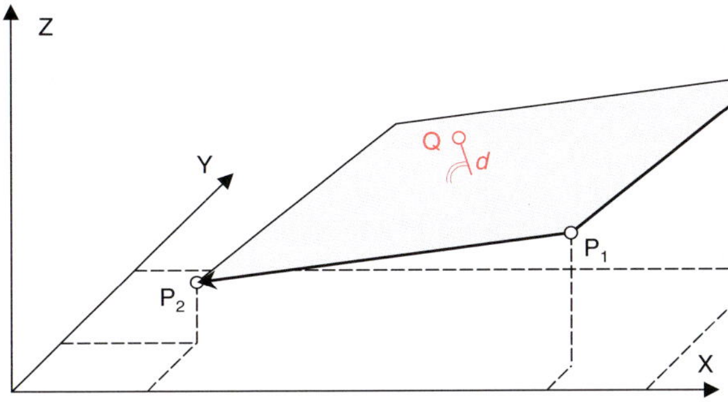

Abb. 2.32: Definition einer Ebene im Raum

Der Abstand eines beliebigen Punktes Q (x,y,z) von der Ebene lautet (vgl. 2.173):

$$d = a(x - x_0) + b(y - y_0) + c(z - z_0) \tag{2.175}$$

2.4.2.2.2 Schnittpunkt Gerade mit Ebene

Gegeben sei eine Gerade durch den Punkt (x_G,y_G,z_G) mit den Richtungskosinus (a_G,b_G,c_G)

$$\begin{bmatrix} x \\ y \\ z \end{bmatrix} = \begin{bmatrix} x_G \\ y_G \\ z_G \end{bmatrix} + t \cdot \begin{bmatrix} a_G \\ b_G \\ c_G \end{bmatrix} \tag{2.176}$$

und eine Ebene durch den Punkt (x_E,y_E,z_E) mit den Richtungskosinus (a_E,b_E,c_E):

$$a_E(x - x_E) + b_E(y - y_E) + c_E(z - z_E) = 0 \tag{2.177}$$

Durch Einsetzen der drei Gleichungen (2.176) in (2.177) folgt für den Geradenparameter t:

$$t = \frac{a_E(x_E - x_G) + b_E(y_E - y_G) + c_E(z_E - z_G)}{a_E a_G + b_E b_G + c_E c_G} \tag{2.178}$$

Der Nenner wird Null, wenn die Gerade parallel zur Ebene verläuft. Die Koordinaten des Schnittpunktes ergeben sich durch Einsetzen von t in (2.176).

Eine photogrammetrische Anwendung des Schnittes einer Geraden mit einer Ebene ist z.B. die Einzelbildauswertung mit Objektebenen (siehe Kap. 4.4.1.2.1).

2.4.2.2.3 Schnitt zweier Ebenen

Die Schnittgerade zweier nicht-paralleler Ebenen besitzt den Richtungsvektor $\mathbf{a}(a,b,c)$, auf dem die beiden Normalenvektoren $\mathbf{n}_1$ und $\mathbf{n}_2$ der Ebenen senkrecht stehen:

$$\mathbf{n}_1 \cdot \mathbf{a} = 0 \quad \wedge \quad \mathbf{n}_2 \cdot \mathbf{a} = 0 \tag{2.179}$$

Die Länge des Richtungsvektors **a** kann z.B. mit c=1 auf einen beliebigen Wert gesetzt werden. Die verbleibenden zwei Parameter lassen sich mit den beiden Gleichungen (2.179) bestimmen.

Ein Punkt $\mathbf{x}_0$ auf der Schnittgeraden ergibt sich durch Schnitt des Richtungsvektors mit einer Koordinatenebene, z.B. der xy-Ebene. Damit lautet die Schnittgerade in Parameterdarstellung:

$$\mathbf{x} = \mathbf{x}_0 + t \cdot \mathbf{a}$$

2.4.2.2.4 Ausgleichende Ebene

Für die Berechnung einer ausgleichenden Ebene wird wie bei der ausgleichenden Geraden das Abstandsmaß d_i aus Gleichung (2.175) minimiert. Die durch n Punkte verlaufende Ausgleichsebene wird analog zur Geraden durch den Schwerpunkt P_0 und die Richtungskosinus des Normalenvektors beschrieben. Die zur Eigenwertberechnung notwendige Matrix **A** ist identisch mit der in (2.170) angegebenen Matrix. Die gesuchten Richtungskosinus sind in diesem Fall jedoch identisch mit demjenigen Eigenvektor, dessen zugehöriger Eigenwert *minimal* ist.

2.4.2.3 Rotationskörper

Die Bestimmung von Rotationskörpern ist besonders in der industriellen Meßtechnik von Interesse. Ihnen ist gemeinsam, daß sie durch eine Bezugsachse (Gerade im Raum) und einen oder mehrere Formparameter beschrieben werden (siehe Tabelle 2.3).

Element	Parameter	Anzahl Punkte
3D-Kreis	Mittelpunkt x_0, y_0, z_0 Normalenvektor l, m, n Radius r	≥ 3
Zylinder	Achsenpunkt x_0, y_0, z_0 Richtungsvektor l, m, n Radius r	≥ 5
Paraboloid	Scheitelpunkt x_0, y_0, z_0 Richtungsvektor l, m, n Brennpunktabstand $p/2$	≥ 6

Tabelle 2.3: 3D-Rotationskörper (Auswahl)

Im folgenden werden die 3D-Rotationskörper Zylinder, 3D-Kreis und Paraboloid näher erläutert, da sie in praktischen Anwendungen der Nahbereichsphotogrammetrie häufiger verwendet werden. Die Definition weiterer Rotationskörper (Kugel, Ellipsoid, Kegel usw.) kann der weiterführenden Literatur entnommen werden (z.B. PAPULA 1998).

2.4.2.3.1 Zylinder

Ein Kreiszylinder (Abb. 2.33) wird beschrieben durch

- einen Punkt (x_0,y_0,z_0) auf der Zylinderachse,
- den Richtungsvektor (a,b,c) der Zylinderachse
- und den Radius r.

Für einen näherungsweise vertikalen Zylinder verbleiben unter Berücksichtigung von (2.165) 5 unabhängige Parameter, d.h. es werden mindestens 5 Punkte auf dem Zylindermantel benötigt, um einen Zylinder eindeutig zu beschreiben.

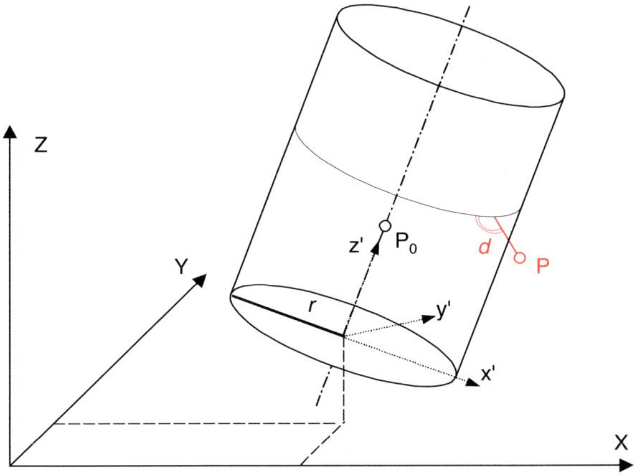

Abb. 2.33: Definition eines Zylinders

Der Abstand eines Raumpunktes vom Zylindermantel lautet:

$$d_i = r_i - r$$

mit

$$r_i = \frac{\sqrt{u_i^2 + v_i^2 + w_i^2}}{\sqrt{a^2 + b^2 + c^2}} \tag{2.180}$$

und

$$u_i = c(y_i - y_0) - b(z_i - z_0)$$
$$v_i = a(z_i - z_0) - c(x_i - x_0)$$
$$w_i = b(x_i - x_0) - a(y_i - y_0)$$

Für den Sonderfall x_0=y_0=a=b=0 vereinfacht sich die obige Beziehung zu

$$r_i = \sqrt{x_i^2 + y_i^2}$$

Die zur Aufstellung der Designmatrix **A** notwendigen Differentialquotienten lauten:

$$\frac{\partial d_i}{\partial x_0} = -\frac{x_i}{r_i} \qquad \frac{\partial d_i}{\partial y_0} = -\frac{y_i}{r_i} \qquad \frac{\partial d_i}{\partial r} = -1 \qquad (2.181)$$
$$\frac{\partial d_i}{\partial a} = -\frac{x_i \cdot z_i}{r_i} \qquad \frac{\partial d_i}{\partial b} = -\frac{y_i \cdot z_i}{r_i}$$

Ein Algorithmus zur Berechnung eines Ausgleichszylinders mit gegebenen Näherungswerten von (x_0,y_0,z_0), (a,b,c) und r lautet:

1. Translation der Datenpunkte P_i in den Ursprung
2. Rotation mit der räumlichen Drehmatrix $\mathbf{R}(a,b,c)$:

   Durch die Schritte 1 und 2 wird ein beliebig im Raum liegender Zylinder vorübergehend auf einen vertikalen, im Ursprung des lokalen x'y'z'-Hilfssystems[1] liegenden Zylinder transformiert (siehe Abb. 2.33)
3. Aufstellung und Lösung des Normalgleichungssystems mit (2.181)
4. Verbesserung der Unbekannten und Rücktransformation in das Ursprungssystem:

   Die im x'y'z'-Hilfssystem erhaltenen Parameter werden mit den ausgeglichenen Unbekanntenzuschlägen verbessert und in das xyz-System zurücktransformiert.

Die Schritte 1–4 sind solange zu wiederholen, bis sich die Unbekannten nicht mehr wesentlich ändern.

In der Nahbereichsphotogrammetrie werden zylindrische Körper z.B. im Anlagenbau (Rohrleitungen) bestimmt. Dabei kann ein Zylinder auch nur durch photogrammetrisch bestimmte Richtungen zu Punkten des Zylindermantels bestimmt werden, d.h. diskrete 3D-Punkte des Zylinders sind nicht unbedingt erforderlich (siehe Kap. 4.4.3.2)

2.4.2.3.2 3D-Kreis

Unter einem 3D-Kreis wird ein in einer beliebig gelagerten Ebene liegender Kreis verstanden (Abb. 2.34). Ein 3D-Kreis wird beschrieben durch

---

[1] Ausnahmsweise wird hier die sonst für Bildkoordinaten reservierte Bezeichnung x'y'z' verwendet.

- den Mittelpunkt (x_0,y_0,z_0),
- die Richtungskosinus (a,b,c) des Normalenvektors der Kreisebene
- und den Radius r.

Für einen näherungsweise horizontal liegenden 3D-Kreis verbleiben unter Berücksichtigung von (2.165) 6 unabhängige Parameter, für deren Bestimmung mindestens 3 Punkte benötigt werden.

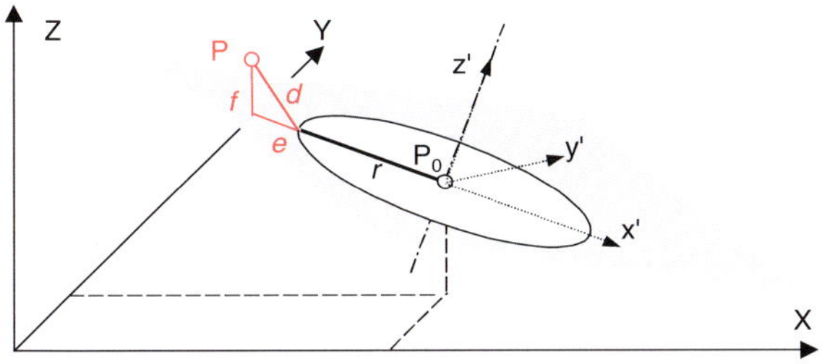

Abb. 2.34: Definition eines 3D-Kreises

Ebenso wie beim Ausgleichszylinder wird auch hier ein Abstandsmaß für einen beliebigen Raumpunkt vom Kreis definiert. Dabei kann der Punkt sowohl einen radialen Abstand zum Kreis als auch einen Abstand von der Kreisebene besitzen. Der Abstand berechnet sich somit nach

$$d_i^2 = e_i^2 + f_i^2 \tag{2.182}$$

Dabei ist e_i der radiale Abstand analog zu (2.139) und f_i der Abstand von der Ebene nach (2.175). Zur Berechnung des Ausgleichskreises werden beide Abstandsmaße minimiert:

$$\sum_{i=1}^{n} d_i^2 = \sum_{i=1}^{n} e_i^2 + \sum_{i=1}^{n} f_i^2 \tag{2.183}$$

Unter Berücksichtigung von (2.165) wird $c=1$ und es verbleiben 6 zu bestimmende Parameter x_0, y_0, z_0, a, b und r. Für den Sonderfall $x_0=y_0=z_0=a=b=0$ lauten die Differentialquotienten der Designmatrix wie folgt:

$$\frac{\partial e_i}{\partial x_0} = -\frac{x_i}{r_i} \qquad \frac{\partial e_i}{\partial a} = -\frac{x_i z_i}{r_i}$$

$$\frac{\partial e_i}{\partial y_0} = -\frac{y_i}{r_i} \qquad \frac{\partial e_i}{\partial b} = -\frac{y_i z_i}{r_i}$$

$$\frac{\partial e_i}{\partial z_0} = -\frac{z_i}{r_i} \qquad \frac{\partial e_i}{\partial r} = -1$$

$$
\begin{aligned}
\frac{\partial f_i}{\partial x_0} &= 0 & \frac{\partial f_i}{\partial a} &= x_i \\
\frac{\partial f_i}{\partial y_0} &= 0 & \frac{\partial f_i}{\partial b} &= y_i \\
\frac{\partial f_i}{\partial z_0} &= -1 & \frac{\partial f_i}{\partial r} &= 0
\end{aligned}
\qquad (2.184)
$$

Die Bestimmung der Parameter ist identisch mit dem für den Ausgleichszylinder angegebenen iterativen Vorgehen.

Ebenso wie der Zylinder kann der 3D-Kreis direkt aus photogrammetrisch bestimmten Richtungen ermittelt werden, ohne daß diskrete 3D-Punkte des Kreisumfanges gegeben sein müssen (siehe Kap. 4.4.3.2).

2.4.2.3.3 Rotationsparaboloid

Ein Rotationsparaboloid (Abb. 2.35) wird beschrieben durch

- seinen Scheitelpunkt P_0,
- die Richtungskosinus (a,b,c) seiner Achse
- und den Abstand $p/2$ zum Brennpunkt F.

Zur Festlegung werden mindestens 6 Raumpunkte benötigt.

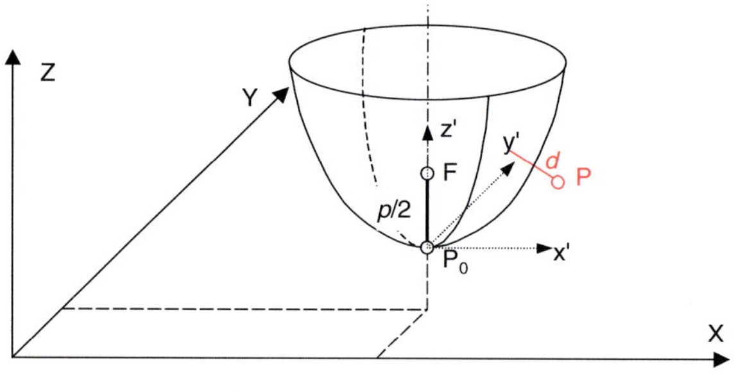

Abb. 2.35: Definition eines Rotationsparaboloids

Die Gleichung eines im örtlichen Hilfssystem x'y'z' definierten Rotationsparaboloids lautet

$$
z' = \frac{x'^2 + y'^2}{r^2} \qquad (2.185)
$$

mit dem Abstand $p/2$ zum Brennpunkt F:

$$\frac{p}{2} = \frac{r^2}{4} \tag{2.186}$$

Rotationsparaboloide werden bei der Vermessung von Parabolantennen bestimmt.

2.4.3 Oberflächen

Objekte, deren Oberflächen nicht durch die in den vorhergehenden Abschnitten erläuterten geometrischen Elemente aufgebaut werden können, werden im allgemeinen zunächst durch eine mehr oder weniger dichte Zahl von 3D-Oberflächenpunkten beschrieben. Aus diesem 3D-Punkthaufen werden einerseits digitale Oberflächenmodelle mit hinreichender Punktdichte abgeleitet, z.B. durch Dreieckszerlegung. Andererseits lassen sich analog zur Approximation ebener Polygone (vgl. Kap. 2.4.1.4) analytische Funktionen finden, die den Verlauf der Oberfläche in geeigneter Weise annähern (KRAUS 1996).

2.4.3.1 Digitales Oberflächenmodell

Unter einem digitalen Oberflächenmodell (DOM) wird ein 3D-Punkthaufen verstanden, dessen Punktabstand (Rasterweite) hinreichend klein ist, um den Oberflächenverlauf beschreiben zu können. Das Punktraster kann regelmäßig (z.B. $\Delta X = \Delta Y = const.$) oder unregelmäßig aufgebaut sein. Objektkanten (Bruchkanten) können durch spezielle Punktcodierungen oder zusätzliche vektorielle Informationen beschrieben werden.

2.4.3.1.1 Dreieckszerlegung

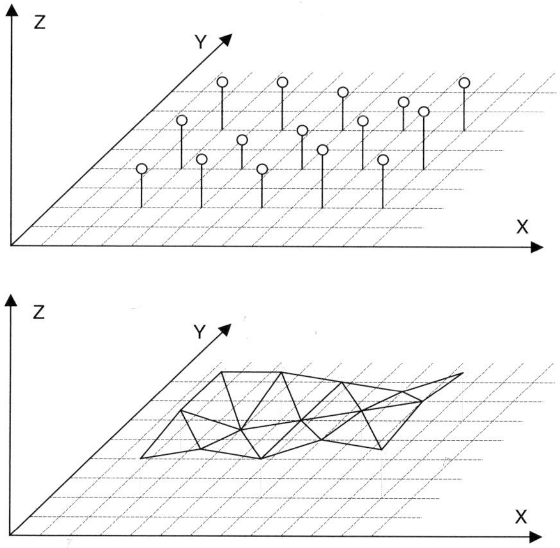

Abb. 2.36: Dreieckszerlegung eines 3D-Punkthaufens

Die einfachste Form der Flächenbildung ist die Dreieickszerlegung (Dreiecksvermaschung, Abb. 2.36), bei der jeweils drei benachbarte 3D-Punkte zu einem dreieckigen Flächenelement zusammengefaßt werden. Dieses Flächenelement kann mit Gleichung (2.173) als Ebene im Raum formuliert werden. Das Ergebnis einer Dreieickszerlegung ist ein Drahtmodell der Objektoberfläche bzw. ein Polyeder.

In der Regel besteht zwischen den vorliegenden 3D-Oberflächenpunkten zunächst keine topologische Beziehung. Für die Weiterverarbeitung als Oberflächenbeschreibung müssen aus benachbarten Punkten (differentielle) Flächenelemente gebildet werden, damit topologisch eine geschlossene Oberfläche vorliegt.

Bei der Dreieckszerlegung sollte eine hierarchische topologische Struktur aufgebaut werden, die einen einfachen und eindeutigen Zugriff auf die Elemente 3D-Punkt, Kante und Polygon erlaubt. Dies kann z.B. in Form einer Baumstruktur erfolgen, die dafür sorgt, daß Kanten und Eckpunkte nur einmal in der Repräsentation des Objektes gespeichert werden (Abb. 2.37).

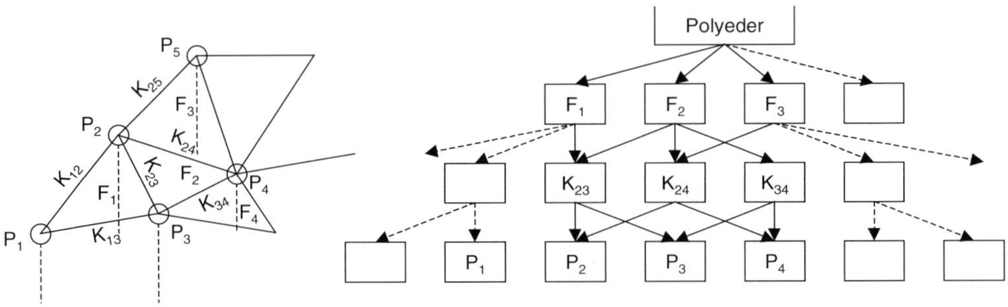

Abb. 2.37: Baumstruktur zur Beschreibung eines Polyeders aus Dreieckselementen *F*, Dreieckskanten *K* und 3D-Punkten *P*

Die Approximation der Oberfläche durch kleine Ebenenstücke hat den Vorteil, daß nachfolgende Berechnungen wie die Bestimmung eines Normalenvektors oder der Schnitt einer Raumgeraden mit der Oberfläche einfach und effizient realisiert werden können, z.B. bei der Visualisierung durch Verfahren des *ray tracing* (siehe Kap. 5.3.3.1). Die Zerlegung einer Oberfläche in Dreiecke stellt gegenüber mehreckigen Polygonen sicher, daß stets Planarität der Flächenelemente gegeben ist.

2.4.3.1.2 Interpolation

Innerhalb einer Dreiecksmasche lassen sich leicht neue Punkte interpolieren, wenn die Schrägebene in einem lokalen Koordinatensystem x'y'z' definiert wird, dessen Ursprung in einem der Dreieckspunkte liegt (Abb. 2.38). Dann lautet die Ebenengleichung

$$z = a_0 + a_1 x' + a_2 y' \tag{2.187}$$

Die Koeffizienten der Ebenengleichung lassen sich wie folgt berechnen (KRAUS 1996):

$$\begin{bmatrix} a_0 \\ a_1 \\ a_2 \end{bmatrix} = \frac{1}{x'_2\, y'_3 - x_3\, y_2} \begin{bmatrix} x'_2\, y'_3 - x'_3\, y'_2 & 0 & 0 \\ y'_2 - y'_3 & y'_3 & -y'_2 \\ x'_3 - x'_2 & -x'_3 & x'_2 \end{bmatrix} \cdot \begin{bmatrix} z_1 \\ z_2 \\ z_3 \end{bmatrix} \tag{2.188}$$

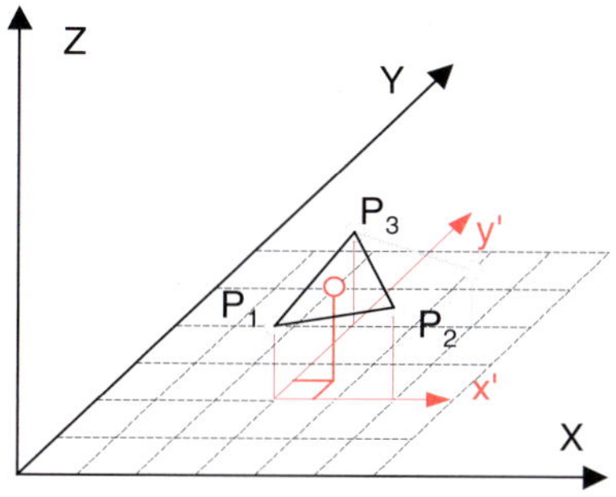

Abb. 2.38: Interpolation in einer Dreiecksvermasche

Innerhalb einer aus vier Punkten bestehenden Masche lassen sich neue Punkte durch bilineare Interpolation nach (2.10) einrechnen.

2.4.3.2 B-Spline- und Bezier-Flächen

Dreidimensionale Flächen können durch direkte Verallgemeinerung der B-Spline-Methode für ebene Kurven (siehe Kap. 2.4.1.4) beschrieben werden. Für ein dreidimensionales Netz mit $m+1 \times n+1$ Stützpunkten (Oberflächenmodell, siehe Abb. 2.36) lautet die Approximation einer B-Spline-Fläche:

$$Q(s,t) = \begin{cases} x(s,t) = \sum_{i=0}^{m} \sum_{j=0}^{n} x_{ij} B_{i,\alpha}(s) B_{j,\beta}(t) \\ y(s,t) = \sum_{i=0}^{m} \sum_{j=0}^{n} y_{ij} B_{i,\alpha}(s) B_{j,\beta}(t) \\ z(s,t) = \sum_{i=0}^{m} \sum_{j=0}^{n} z_{ij} B_{i,\alpha}(s) B_{j,\beta}(t) \end{cases} \tag{2.189}$$

wobei

$0 \le s \le m - \alpha + 1$ und $0 \le t \le n - \beta + 1$

Für $\alpha=\beta=2$ erhält man die quadratische, für $\alpha=\beta=3$ die kubische Spline-Approximation. Die Bestimmung der Basisfunktionen B erfolgt wie im eindimensionalen Fall.

Bezier-Approximationen lassen sich in gleicher Weise für 3D-Elemente erzeugen. Sie werden in der Konstruktion von industriellen Freiformflächen eingesetzt, z.B. im Automobilbau zur Beschreibung einer Karosserieoberfläche.

2.4.3.3 Sonstige Flächenbeschreibungen

Im Bereich der 3D-Computergrafik existieren noch einige weitere Methoden zur Repräsentation dreidimensionaler Oberflächen (Auswahl, siehe z.B. JANSER et al. 1996, TÖNNIES & LEMKE 1994):

Implizite Methoden

- *Finite Elemente*: Jedes finite Oberflächenelement (Dreiecke oder Rechtecke) besitzt durch seine geometrischen und elastischen Eigenschaften eine Steifigkeit. Durch Akkumulation dieser Werte erhält man die Gesamtsteifigkeit der Oberfläche, z.B. einer Tragfläche. Das System wird durch Definition zusätzlicher Randbedingungen, insbesondere durch Miminierung der zweiten Ableitung an den Stützpunkten, festgelegt (siehe auch Kap. 3.2.3.4).
- *Coons-Flächen*: Ein viereckiges Oberflächenstück wird durch vier Randkurven der Parameter (u,v) beschrieben (Abb. 2.39).
- *Loft-Flächen*: Lofting heißt der Prozeß, in dem eine oder mehrere Querschittskurven (z.B. Querprofile eines Schiffes) entlang einer vorgegebenen Raumkurve (z.B. Längsachse des Schiffes) sukzessive zu einem Gesamtkörper verschmolzen werden (Abb. 2.40).

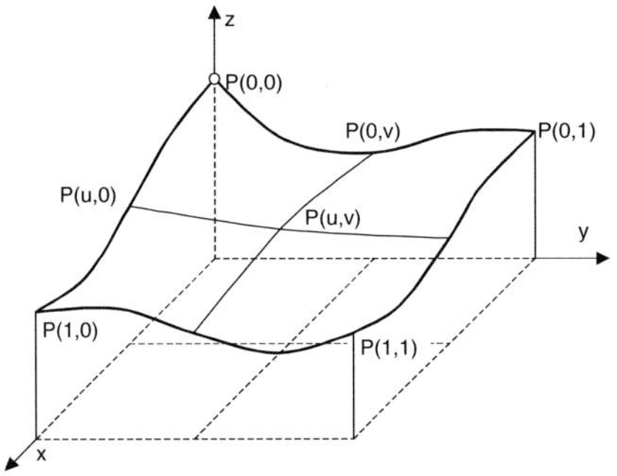

Abb. 2.39: Coons-Fläche

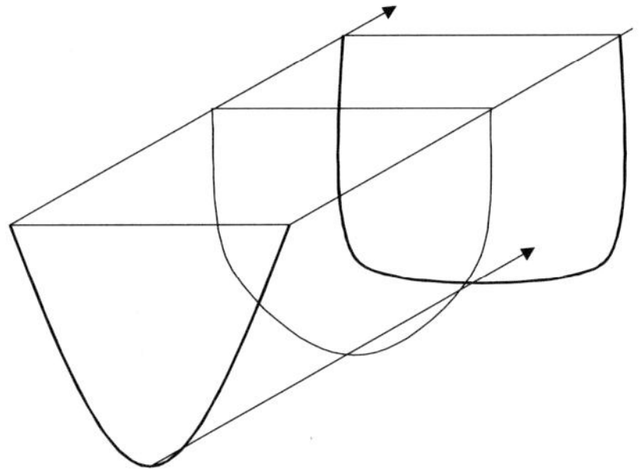

Abb. 2.40: Loft-Fläche

- *Quadriken*: Allgemeine Quadriken sind Funktionen der Form

$$f(x,y,z) = ax^2 + by^2 + cz^2 + 2dxy + 2eyz + 2fxz + 2gx + 2hy + 2jz + k = 0 \quad (2.190)$$

  Quadriken werden nur selten in dieser komplexen Form, sondern meistens in Spezialfällen wie Kugel, Zylinder etc. verwendet. Sie können nur symmetrische Objekte beschreiben.

- *Hyperquadriken*: Unsymmetrische, praktisch beliebige Objekte lassen sich durch Kombination geeigneter Basisfunktionen beschreiben, die z.B. aus Kugeln oder Superquadriken bestehen.
- Optimierung einer *Energiefunktion*: Eine beliebige Oberfläche wird durch M Teilflächen approximiert, deren Gesamtenergie E minimiert wird:

$$E = \frac{1}{M}(\alpha \cdot E_{Oberfläche} + E_{Richtung}) + \beta \cdot E_{Ausdehnung} \rightarrow \min \qquad (2.191)$$

mit

$E_{Oberfläche}$: Abstand zwischen Oberflächenpunkten und Approximation
$E_{Richtung}$: Winkel zwischen Oberflächengradient und Gradient der Approximation
$E_{Ausdehnung}$: Größe der Oberflächenelemente

- *Fouriertransformation*: Die Oberfläche wird als zweidimensionales Wellenbild aufgefaßt und mit der Fouriertransformation (siehe Kap. 5.2.2.1) in den Frequenzraum überführt. Die Koeffizienten der Transformation heißen Fourier-Deskriptoren und beschreiben den Verlauf der Oberfläche bis zu einem gewünschten Detailgrad.

- *Wavelet-Transformation*: Wavelets sind (kleine) Wellen, deren Amplitude ortsabhängig ist und schnell gegen Null abfällt. Die Wavelet-Transformation zerlegt das Oberflächenmodell in verschiedene Auflösungsstufen mit der Möglichkeit zur Datenkompression (vgl. Kap. 5.1.3.3).

Prozedurale Methoden

- *Lindenmayer-Systeme*: Lindenmayer-Systeme (L-Systeme) verwenden eine Grammatik (Regelapparat) zur Beschreibung dynamischer Vorgänge, z.B. das Wachstum einer Pflanze. L-Systeme besitzen dazu Regeln zur geometrischen Beschreibung, Verzweigung (Transformationen) und zum Wachstum von Symbolen (Basiselemente).

- *Voxelautomaten*: Auf der Basis von kleinen diskreten Volumenelementen (voxels) können dreidimensionale Körper bis zu einer Auflösungsgrenze (Voxelgröße) repräsentiert werden. Mit Hilfe von inneren Bedingungen (Einfluß des Objektes auf sich selbst) und äußeren Bedingungen (Einfluß durch andere Objekte) lassen sich solche Körper dynamisch verändern.

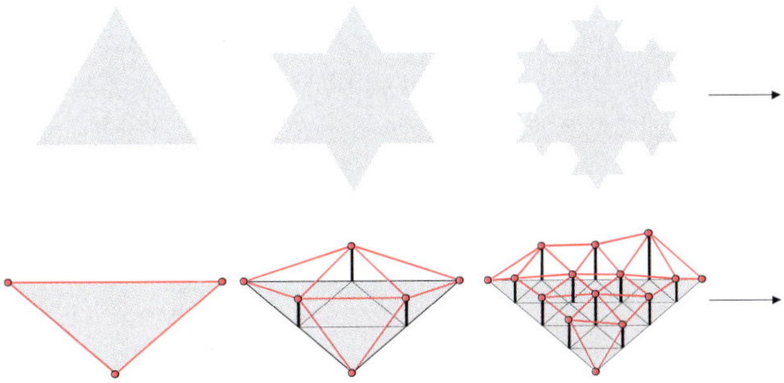

Abb. 2.41: Kochkurve und fraktales Gebirge (nach TÖNNIES & LEMKE 1994)

- *Fraktale*: Fraktale sind Strukturen, die eine Kombination bestimmter Basisfunktionen auf verschiedenen Skalierungsstufen darstellen. Die Basisfunktionen besitzen die Eigenschaft, sich auf allen Skalierungsstufen ähnlich zu sehen. Fraktale Kurven können unendlich lang sein, schließen aber nur ein endlich großes Gebiet ein (Beispiel: Kochkurve, Abb. 2.41 oben). 3D-Oberflächen können mit fraktalen Gebirgen modelliert werden, die sich durch fortlaufende Zerlegung und Berechnung neuer z-Werte ergeben (Abb. 2.41 unten).

2.4.4 Funktionsgerechte Elemente

In der industriellen Koordinatenmeßtechnik hängt die Bestimmung geometrischer Elemente in der Regel direkt mit der zu prüfenden Funktion des Werkstückes zusammen, d.h. aus der Geometrie des Objektes wird die Funktionsfähigkeit des Meßobjektes beurteilt. Die oben genannten Ausgleichselemente nach kleinsten Quadraten (L2-Norm) dürfen nur dann verwendet werden, wenn die gemessenen Punktkoordinaten des Elementes zufälligen statistischen Abweichungen unterliegen (Normalverteilung). Unsystematische Produktionsfehler an einem Bauteil können wegen des Verschmierungseffektes der L2-Norm unter Umständen nicht aufgedeckt werden, so daß weitere Ersatzelemente je nach Funktion des Objektes approximiert werden müssen (siehe Tabelle 2.4).

Element	L2-Norm	Minimum-bedingung	Tangential-bedingung	Hüll-bedingung	Pferch-bedingung
Punkt	•			•	
Gerade	•	•	•		
Kreis	•	•		•	•
Ebene	•	•	•		
Kugel	•	•		•	•
Zylinder	•	•		•	•
Kegel	•	•		•	•

Tabelle 2.4: Approximationskriterien für Standardformelemente (Auswahl, nach WECKENMANN 1993)

Das *Minimum-Element* genügt der Bedingung, daß die maximale Abweichung zwischen Werkstückoberfläche und Ersatzelement minimal wird. Mit *Hüllelement* wird das Ersatzelement bezeichnet, das bei minimaler Ausdehnung sämtliche gemessenen Oberflächenpunkte vollständig einschließt. Das *Pferchelement* schließt bei maximaler Ausdehnung keinen Oberflächenpunkt ein (WECKENMANN 1993, HEINRICHOWSKI 1989).

Abb. 2.42 zeigt unterschiedliche Kreisapproximationen an einer Bohrung. Soll die Bohrung eine zylindrische Welle aufnehmen, muß die Bohrung der Hüllbedingung genügen, während für den Wellenzylinder die Pferchbedingung einzuhalten ist.

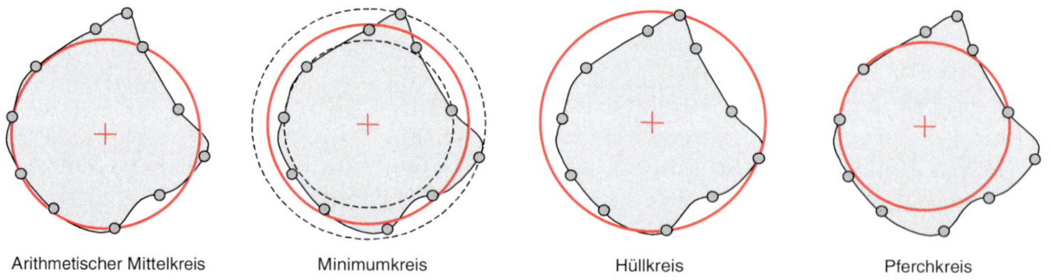

Abb. 2.42: Unterschiedliche Kreisapproximationen an einer Bohrung (nach WECKENMANN 1993)

3 Aufnahmetechnik

Die photogrammetrische Aufnahmetechnik für den Nahbereich umfaßt sämtliche Komponenten, die für die Vorbereitung des Meßobjektes und die eigentliche Bildaufnahme erforderlich sind. Nach einer Einführung gebräuchlicher Aufnahmekonzepte werden geometrische Grundlagen erläutert, die das mathematische und physikalische Abbildungsmodell beschreiben. Es schließt sich ein Abschnitt über Aufnahmesysteme an, der sich in die Bereiche analoge, digitale und hybride Bilderfassung gliedert. Schließlich werden im letzten Teil Fragen der Signalisierungs- und Beleuchtungstechnik diskutiert.

3.1 Aufnahmekonzepte

3.1.1 Methoden der Bilderfassung

Die grundlegenden Methoden der photogrammetrischen Aufnahme sind im Zusammenhang mit der nachfolgenden Auswertung in Abb. 3.1 abgebildet.

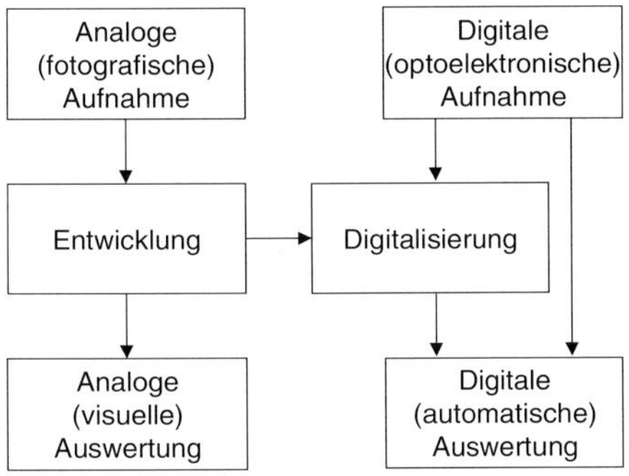

Abb. 3.1: Aufnahme- und Auswertekonzepte

Die Vorzüge der auf der linken Seite dargestellten analogen Aufnahme und Auswertung liegen in leistungsfähigen Filmmaterialien und einer ausgereiften Aufnahmetechnik. Die visuelle Auswertung der Bilder stützt sich auf die Fähigkeiten und Erfahrungen des menschlichen Operateurs. Nachteilig ist die durch den Entwicklungsprozeß bedingte längere Dauer von der Aufnahme bis zum Ergebnis.

Die rechts dargestellte rein digitale Vorgehensweise besitzt zwar noch keine völlig gleichwertigen Aufnahmesensoren, die digitale Auswertung ermöglicht jedoch eine effizientere Verarbeitung der Bilder, z.B. durch Automationsmöglichkeiten, höhere Bildmeßgenauigkeiten oder gleichzeitige Darstellung von Bild und Grafik. Zudem ist ein geschlossener (schneller) Datenfluß von der Aufnahme bis hin zur Ausgabe der Ergebnisse möglich.

Die Abtastung (Digitalisierung, Scannen) analoger Bilder stellt eine hybride Zwischenlösung dar, bei der die Vorzüge der photographischen Bildaufnahme mit den Vorteilen der digitalen Bildauswertung verbunden werden. Nachteilig sind dabei allerdings der erforderliche Zeitaufwand durch separates Digitalisieren sowie mögliche Qualitätsverluste bei der Abtastung.

3.1.2 Aufnahmekonfigurationen

Unter Aufnahmekonfiguration versteht man die Anordnung von Kamerastandpunkten und Aufnahmerichtungen zur Objekterfassung. Üblicherweise unterscheidet man in der Photogrammetrie zwischen folgenden Aufnahmeanordnungen:

- Einzelbildaufnahme
- Stereobildaufnahme
- Mehrbildaufnahme

3.1.2.1 Einzelbildaufnahme

Die Aufnahme eines Gegenstandes mit einem einzelnen Bild erlaubt nur dann eine dreidimensionale Objektrekonstruktion, wenn zusätzliche geometrische Informationen über das Objekt vorliegen. Die häufigsten Anwendungen von Einzelbildauswertungen sind die Erstellung von Entzerrungen (für ebene Objektoberflächen, vgl. Kap. 4.4.1.1.4) und Orthobildern (unter Einbeziehung eines digitalen Oberflächenmodells, vgl. Kap. 4.4.1.2.3) sowie ebene Objektauswertungen (nach vorheriger Festlegung einer Objektebene, vgl. Kap. 4.4.1.2.1). Die Genauigkeit der Objektauswertung hängt unmittelbar vom Abbildungsmaßstab ab (siehe Kap. 3.2.1, Abb. 3.4 und Abb. 3.6).

Die Einzelbildauswertung kann im Nahbereich zum Beispiel zur Auswertung ebener Hausfassaden oder zur Vermessung ebener Werkstücke eingesetzt werden.

3.1.2.2 Stereobildaufnahme

Stereobildaufnahmen werden dann verwendet, wenn eine anschließende visuelle oder automatische stereoskopische Bildauswertung erfolgen soll. Für die visuelle Auswertung werden parallele Aufnahmerichtungen in Anlehnung an den Normalfall verlangt (Abb. 3.2a), da das menschliche Sehsystem nur einen begrenzten Konvergenzwinkel zwischen den einzelnen Bildern verarbeitet. Für die digitale Stereobildauswertung (*stereo image matching*) können auch stärker geneigte (konvergente) Bildpaare verwendet werden (Abb. 3.2b). Der Verschwenkungsfall nach (Abb. 3.2c) bietet parallele Aufnahmerichtungen, jedoch unterschiedliche Abbildungsmaßstäbe in beiden Bildern. Er hat keine besondere praktische Bedeutung mehr.

Die dreidimensionale Objektrekonstruktion mit Bildpaaren basiert zum einen auf der Messung von Bildparallaxen $px'=x'-x''$ (Abb. 3.2a), die direkt in ein Abstandsmaß h in Aufnahmerichtung umgerechnet werden können (siehe Kap. 4.4.2.2). Zum anderen können die Bildkoordinaten ($x'y'$, $x''y''$) homologer (korrespondierender) Bildpunkte gemessen werden, aus denen mittels räumlichem Vorwärtsschnitt 3D-Koordinaten bestimmt werden können (siehe Kap. 4.4.2.2.3). Die Genauigkeit der Objektkoordinaten in Aufnahmerichtung kann sich von der parallel zur Bildebene unterscheiden und wird u.a. durch den Schnittwinkel homologer Bildstrahlen bestimmt, der sich durch das Höhen-Basis-Verhältnis h/b ergibt.

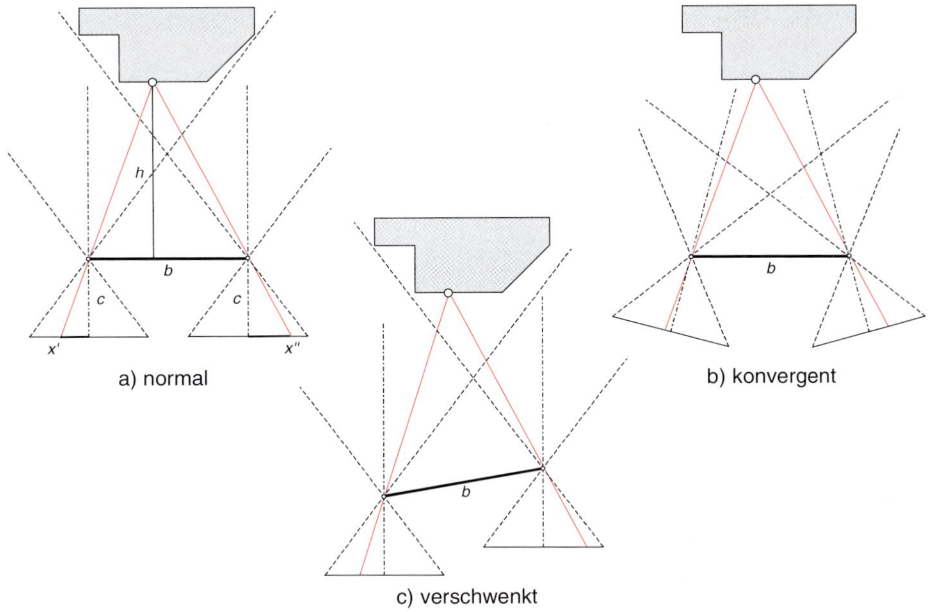

Abb. 3.2: Stereobildkonfigurationen

Die Bedeutung der Stereoaufnahme liegt in der Möglichkeit, nicht-signalisierte Objektoberflächen durch visuelles Aufsetzen einer räumlichen optischen Meßmarke zu erfassen (vgl. Kap. 4.4.2.1). Für die photogrammetrische Stereobildaufnahme sind spezielle Stereomeßkameras entwickelt worden (vgl. Kap. 3.3.1.3.2). Ein industrielles Anwendungsbeispiel stellt die Erfassung von Freiformoberflächen dar, wobei eine Kamera auch durch einen orientierten Projektor ersetzt werden kann (siehe Kap. 6.4.1).

3.1.2.3 Mehrbildaufnahme

Die Mehrbildaufnahme (Abb. 3.3) unterliegt zunächst keinen Einschränkungen hinsichtlich der Wahl von Aufnahmestandorten und -richtungen der Kameras. Das Objekt wird mit grundsätzlich beliebig vielen Bildern erfaßt, die einen ausreichenden Schnittwinkel der Strahlenbündel im Objektraum ermöglichen.

Die Bestimmung der Objektkoordinaten erfolgt durch Verfahren der Mehrbildtriangulation (Bündelausgleichung, vgl. Kap. 4.3, räumlicher Vorwärtsschnitt, vgl. Kap. 4.4.3.1). Bei einer hinreichenden Anzahl und Konfiguration von Bildstrahlen (mindestens 3–4 Bilder pro Objektpunkt) kann eine in allen Koordinatenrichtungen gleiche Objektgenauigkeit erreicht werden (vgl. Kap. 3.2.1.2).

Die Mehrbildanordnung ist der Standardfall in der Nahbereichsphotogrammetrie. Sie ist überall dort erforderlich, wo aufgrund der Objektstruktur (z.B. Verdeckungen, gleichzeitige Innen- und Außenaufnahme) oder der zu erreichenden Genauigkeit eine große Zahl verschiedener Aufnahmen notwendig ist. Die Bilder können streifen- oder blockweise (siehe Abb. 4.27) oder als Rundum-Verband (siehe Abb. 4.29), grundsätzlich aber völlig beliebig (Beispiele in Abb. 1.6, Abb. 8.2) angeordnet sein.

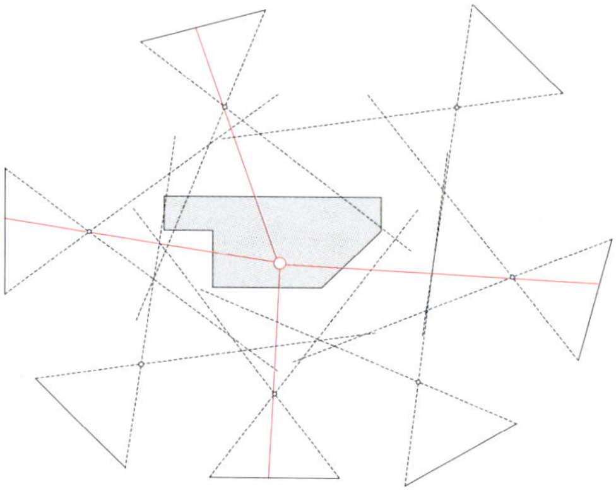

Abb. 3.3: Mehrbildaufnahme (Rundum-Verband)

Mehrbildverbände mit geeigneter geometrischer Konfiguration erlauben eine Simultankalibrierung der Aufnahmekamera(s) im Rahmen der Bündelausgleichung (siehe Kap. 4.3.2.4).

3.2 Geometrische Grundlagen

3.2.1 Abbildungsmaßstab und Genauigkeit

Abbildungsmaßstab und erreichbare Genauigkeit sind grundlegende Fragen der photogrammetrischen Aufnahmetechnik und bestimmen in weitem Maße die Auswahl des Kamerasystems und der Aufnahmekonfiguration.

3.2.1.1 Bildmaßstab

Die Bildmaßstabszahl m_b ist das Verhältnis von Aufnahmeentfernung h zur Kamerakonstanten (Bildweite) c bzw. das Verhältnis einer Objektstrecke X zur entsprechenden Strecke im Bildraum x':

$$m_b = \frac{h}{c} = \frac{X}{x'} = \frac{1}{M_b} \qquad (3.1)$$

Um eine ausreichende Genauigkeit und Detailerkennbarkeit zu erreichen, muß der Bildmaßstab M_b entsprechend dem zur Verfügung stehenden Aufnahmesystem sowie der äußeren Umgebungsbedingungen geeignet gewählt werden. In Abb. 3.4 wird der Einfluß von Aufnahmeabstand, Kamerakonstante und Bildformat auf den resultierenden Bildmaßstab deutlich gemacht.

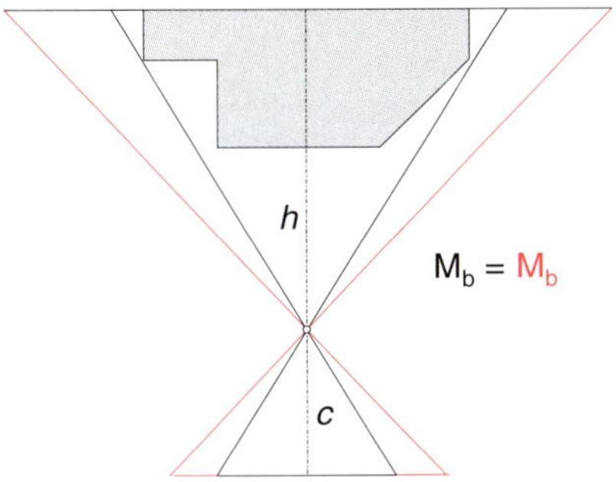

a) unterschiedliche Bildformate

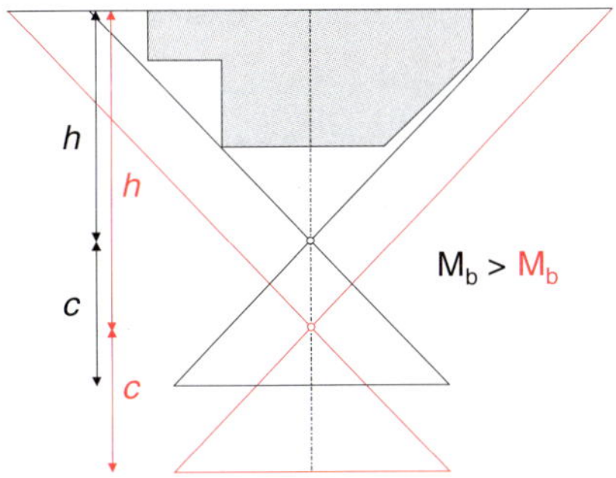

b) unterschiedliche Aufnahmeabstände

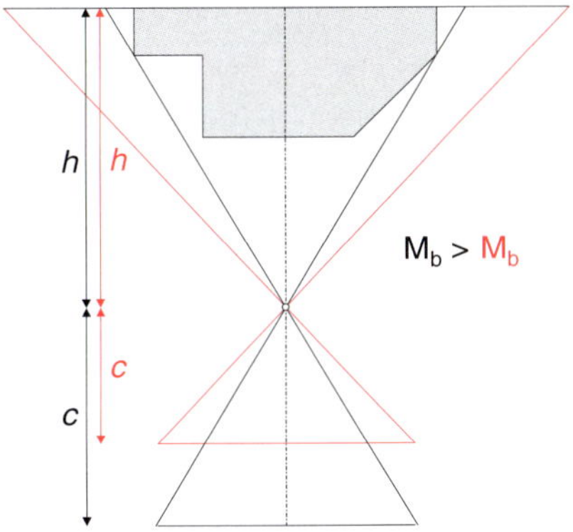

c) unterschiedliche Brennweiten

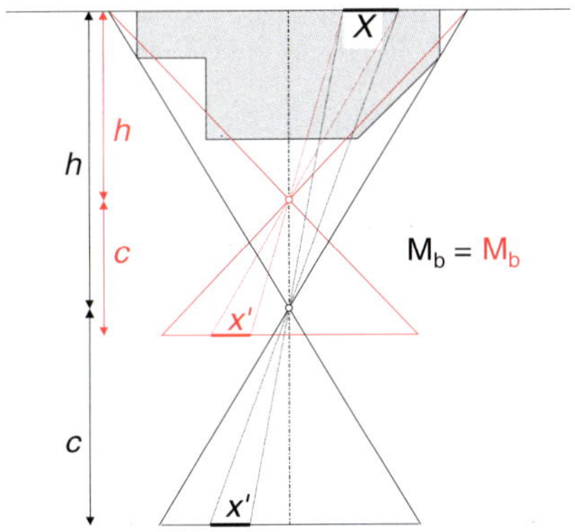

d) gleiche Bildmaßstäbe

Abb. 3.4: Abhängigkeit des Bildmaßstabes von Bildformat, Brennweite und Aufnahmeabstand

Bei Einsatz einer kleinformatigeren Kamera wird bei gleichem Bildmaßstab und gleicher Kamerakonstante der abgebildete Objektbereich verringert (Abb. 3.4a). Wird dagegen bei gleichem Bildformat die Aufnahmeentfernung entsprechend verringert, läßt sich ein größerer Bildmaßstab erreichen (Abb. 3.4b).

Bei Verwendung einer kürzeren Aufnahmedistanz (Abb. 3.4b) oder einer längeren Brennweite (Abb. 3.4c) wird die Vergrößerung des Bildmaßstabes durch eine geringere Flächenleistung erkauft, d.h. die Anzahl der notwendigen Aufnahmen für die komplette Erfassung eines Objektes steigt.

Abb. 3.4d zeigt, daß gleiche Bildmaßstäbe durch unterschiedliche Aufnahmekonfigurationen erzielbar sind. Die Wahl des Aufnahmesystems und der Aufnahmestandorte ist hinsichtlich des Bildmaßstabes daher immer ein Kompromiß zwischen verschiedenen Anforderungen.

Beispiel 3.1:

Gegeben ist eine Aufnahmekamera mit einem Bildformat s' = 60mm und einer Kamerakonstanten von c = 40mm (Weitwinkel). Gesucht ist die Aufnahmeentfernung h, bei der eine Objektgröße von 7.5m formatfüllend abgebildet wird.

Lösung:

1. Bildmaßstab: $$m_b = \frac{X}{x'} = \frac{7500}{60} = 125 \qquad (M_b\text{=1:125})$$

2. Aufnahmeentfernung: $$h = m_b \cdot c = 125 \cdot 40 = 5000mm = 5m$$

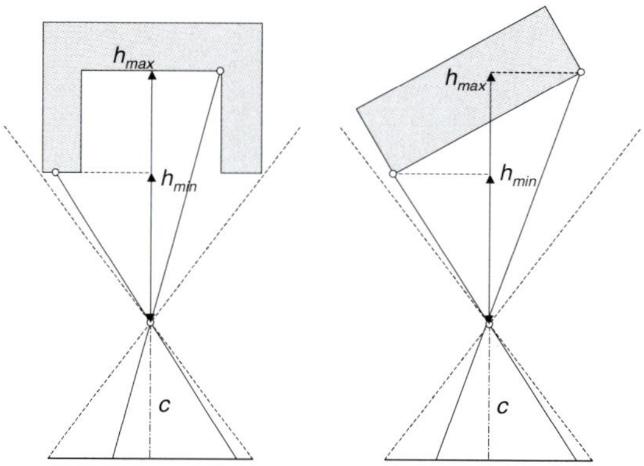

Abb. 3.5: Unterschiedliche Bildmaßstäbe

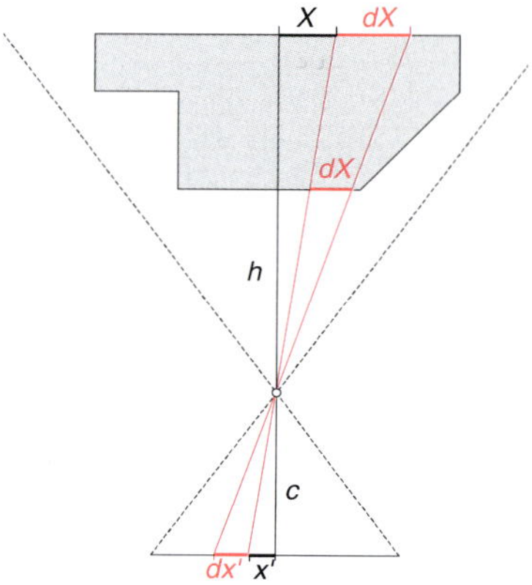

Abb. 3.6: Einzelbildaufnahme

Ein Bild besitzt nur dann einen einheitlichen Bildmaßstab, wenn eine strenge Senkrechtaufnahme eines ebenen Objektes vorliegt. Liegen die Abweichungen von einer Senkrechtaufnahme innerhalb gewisser Grenzen, kann für die weiteren Abschätzungen eine mittlere Bildmaßstabszahl für einen mittleren Aufnahmeabstand verwendet werden. Stark variierende Bildmaßstäbe kommen bei praktischen Aufnahmekonfigurationen vor allem zustande durch

- starke räumliche Tiefe des Objektes und
- extreme Schrägaufnahme einer Objektebene.

In diesen Fällen (siehe Abb. 3.5).müssen minimale und maximale Abbildungsmaßstäbe für Aufnahmeplanungen und Genauigkeitsabschätzungen verwendet werden.

3.2.1.2 Genauigkeitsabschätzung

Die erreichbare Objektgenauigkeit einer photogrammetrischen Auswertung kann näherungsweise gemäß Abb. 3.6 abgeschätzt werden.

Durch Ableitung von Gleichung (3.1) überträgt sich die Meßunsicherheit in der Bildauswertung dx' mit der Bildmaßstabszahl m_b in den Objektraum:

$$dX = m_b \cdot dx' \qquad (3.2)$$

Nach Anwendung des Fehlerfortpflanzungsgesetzes ergibt sich die Standardabweichung (mittlerer Fehler) zu:

$$s_X = m_b \cdot s_{x'} \qquad (3.3)$$

Häufig wird keine absolute, sondern eine relativ zur größten Objektausdehnung S berechnete dimensionslose Genauigkeit angegeben, die entsprechend auf das maximale Bildformat s' übertragen werden kann:

$$\frac{s_X}{S} = \frac{s_{x'}}{s'} \qquad (3.4)$$

Gleichung (3.4) zeigt, daß die erreichbare Genauigkeit grundsätzlich mit zunehmendem Bildformat der Aufnahmekamera steigt.

Beispiel 3.2:

Gegeben ist die Aufnahme eines Gegenstandes von $S = 7.5$m Objektgröße mit einem Bildmaßstab von $m_b = 125$. Gesucht ist die erforderliche Bildmeßgenauigkeit $s_{x'}$, wenn am Objekt eine Genauigkeit von $s_X = 0.5$mm erreicht werden soll.

Lösung:

1. mit (3.3): $s_{x'} = \frac{s_X}{m_b} = \frac{0.5}{125} = 0.004\text{mm} = 4\mu\text{m}$

2. relative Genauigkeit: $\frac{s_X}{S} = 1:15000 = 0.007\%$

Die erreichbare Objektgenauigkeit nach (3.3) zeigt zunächst die Maßstabsabhängigkeit der photogrammetrischen Genauigkeit. Darüberhinaus hängt sie vor allem von der Aufnahmegeometrie (Anzahl der beteiligten Bilder, Schnittgeometrie der Abbildungsstrahlen im Raum) und der Identifizierbarkeit der Meßpunkte ab. Die Angabe relativer Genauigkeiten ist daher nur dann aussagekräftig, wenn Meßobjekt, Aufnahmekonfiguration, Auswertemethoden und Genauigkeitsüberprüfung hinreichend beschrieben werden.

Gleichung (3.3) muß daher um einen *Design-Faktor* q erweitert werden, der die Aufnahmekonfiguration gewichtet:

$$s_X = q \cdot m_b \cdot s_{x'} \qquad (3.5)$$

FRASER (1996a) berechnet den Design-Faktor durch einen Parameter q_D, der im wesentlichen die Schnittgeometrie der Aufnahmeanordnung beschreibt, sowie eine mittlere Bildanzahl k pro Aufnahmestandpunkt:

$$q = \frac{q_D}{\sqrt{k}} \tag{3.6}$$

Im Standardfall der Praxis ist k=1.

In einem Ansatz von SCHLÖGELHOFER (1989) wird der Design-Faktor durch zusätzliche Faktoren für Lagerungsgenauigkeit des Objektkoordinatensystems (Datum), Schnittqualität, Verformung (Bündelanordnung im Raum) und Paßelemente (Paßpunktgenauigkeit) beschrieben:

$$q = (1 + l) \cdot (o + v \cdot p) \tag{3.7}$$

mit
- l : Lagerungsgenauigkeitsfaktor (Null für Paßpunkte mit höherer Genauigkeit als die photogrammetrische Meßgenauigkeit)
- o : Schnittqualitätsfaktor (ähnliche Bedeutung wie q_D)
- v : Verformungsfaktor (Werte von 0.5–4 je nach Bündelanordnung)
- p : Paßelementefaktor (0=dichtes Paßpunktnetz, 2=schwaches Netz)

Für ausreichend genaue Paßpunkte (l=0) vereinfacht sich (3.7) zu:

$$q = o + v \cdot p \tag{3.8}$$

Die Faktoren o, v und p sind für jede Aufnahmeanordnung verschieden und können gegebenenfalls durch Simulations- oder Modellrechnungen bestimmt werden (siehe Kap. 7.1.4).

Für den Design-Faktor q können in der Praxis Werte zwischen 0.4–0.8 (sehr gutes Aufnahmenetzwerk, z.B. Rundum-Verband, siehe Abb. 3.3) bis zu 1.5–3.0 und schlechter (schwache Stereokonfiguration, siehe Abb. 3.2) erreicht werden.

Wird das Objekt signalisiert (z.B. durch kreisförmige, kontrastreiche Zielmarken) und durch einen Rundum-Verband erfaßt, so gilt (3.5) näherungsweise für alle drei Koordinatenrichtungen, wobei q=0.7 erreicht werden kann. Wenn das Objekt nicht von verschiedenen Seiten her erfaßt wird, können sich die Objektgenauigkeiten in Aufnahmerichtung von denen quer dazu deutlich unterscheiden. So wird die erreichbare Genauigkeit in Aufnahmerichtung Z bei einer normalen Stereoaufnahme (siehe Kap. 4.4.2.2) abgeschätzt mit:

$$s_Z = \frac{h^2}{b \cdot c} \cdot s_{px'} = m_b \cdot \frac{h}{b} \cdot s_{px'} \tag{3.9}$$

Dabei ist b der Abstand der beiden Aufnahmestandorte (Stereobasis) und $s_{px'}$ die Bildmeßgenauigkeit der x-Parallaxe; Basis b und Kamerakonstante c seien fehlerfrei gegeben. Die Genauigkeit in Aufnahmerichtung hängt also sowohl vom Maßstab (h/c) als auch von der Schnittgeometrie, ausgedrückt durch das Höhen-Basis-Verhältnis (h/b), ab.

Beispiel 3.3:

Gegeben ist ein Stereobildpaar eines Gegenstandes bei einem Bildmaßstab von $M_b = 1:125$, einem Aufnahmeabstand von $h = 5$m und einer Basislänge von $b = 1.2$m. Gesucht ist die in XY-Richtung (parallel zum Bild) bzw. in Z-Richtung (in Aufnahmerichtung) erreichbare Objektgenauigkeit bei einer Parallaxengenauigkeit von $s_{px'} = 4\mu m$ (hier wird $s_{px'} = s_{x'} = s_{y'}$ angenommen).

Lösung:

1. Genauigkeit in Z: $$s_Z = m_b \cdot \frac{h}{b} \cdot s_{px'} = 125 \cdot \frac{5}{1.2} \cdot 0.004 = 2.1\text{mm}$$

2. Genauigkeit in X,Y mit q_{XY}=1:
$$s_X = s_Y = m_b \cdot s_{x'} = 125 \cdot 0.004 = 0.5\text{mm}$$

3. Design-Faktor aus (3.5): $$q_Z = \frac{s_Z}{m_b \cdot s_{x'}} = 4.2$$

Das Beispiel zeigt eine in Aufnahmerichtung vierfach schlechtere Objektgenauigkeit.

3.2.2 Optische Abbildung

3.2.2.1 Konstruktion der optischen Abbildung

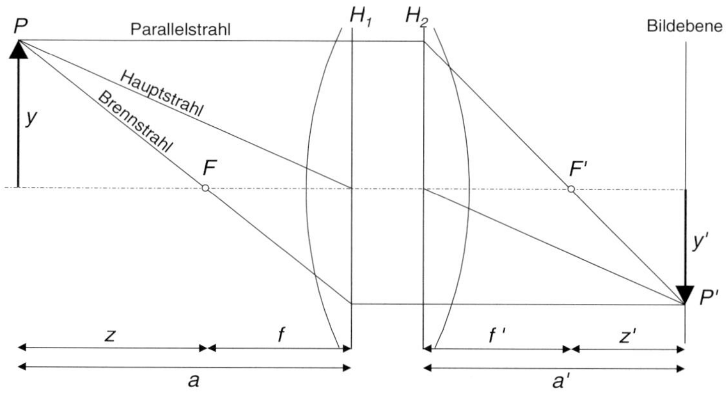

Abb. 3.7: Konstruktion der optischen Abbildung

Das optische Abbildungsmodell für dünne Linsen ist in Abb. 3.7 dargestellt. Aus den dargestellten Abbildungsverhältnissen lassen sich die Linsengleichungen ableiten (z.B. HAFERKORN 1981, SCHRÖDER 1990, MARCHESI 1985):

$$\frac{1}{a'} - \frac{1}{a} = \frac{1}{f'} \tag{3.10}$$

$$z \cdot z' = -f'^2 \tag{3.11}$$

mit

a:	Dingweite (Gegenstandsweite, Aufnahmeabstand)
a':	Bildweite (Kameraauszug) ≈ Kamerakonstante c
f, f':	ding- und bildseitige Brennweite
z, z':	brennpunktbezogene Ding- bzw. Bildweite
H_1, H_2:	ding- und bildseitige Hauptebenen

Weiterhin läßt sich der Abbildungsmaßstab analog zu (3.1) angeben[1]:

$$\beta' = \frac{y'}{y} = \frac{a'}{a} = -\frac{z'}{f'} = 1 : m_b \tag{3.12}$$

Die Scharfabbildung eines Objektpunktes P erfolgt demnach im Abstand a' von der bildseitigen Hauptebene H_2. Bei unendlicher Aufnahmeentfernung ist $a' = f'$.

3.2.2.2 Brechung und Reflexion

Die *Brechzahl* (Brechungsindex) n ist das Verhältnis der Ausbreitungsgeschwindigkeiten von Licht in zwei verschiedenen Medien:

$$n = \frac{c_1}{c_2} \quad \text{: Brechzahl (Brechungsindex)} \tag{3.13}$$

Für die Angabe materialabhänger Brechzahlen wird für c_1 die Ausbreitungsgeschwindigkeit im Vakuum oder in Luft eingesetzt:

$$n = \frac{c_{Luft}}{c} \tag{3.14}$$

Die Brechzahl von Wasser beträgt n=1.33, die von Glas je nach Material 1.45 bis 1.95. Im allgemeinen geht man von homogenen und isotropen Medien aus. Tritt ein Lichtstrahl von einem optisch dünneren in ein optisch dichteres Medium an einer Trennfläche T ein, wird er nach dem Snellius'schen Brechungsgesetz zum Einfallslot hin gebrochen (Abb. 3.8).

$$n_1 \cdot \sin\varepsilon_1 = n_2 \cdot \sin\varepsilon_2 \quad \text{: Brechungsgesetz} \tag{3.15}$$

oder als Funktion des Tangens:

---

[1] In der Optik wird β' statt M_b verwendet.

$$\frac{\tan \varepsilon_1}{\tan \varepsilon_1} = \sqrt{n^2 + (n^2 - 1)\tan^2 \varepsilon_1} \qquad (3.16)$$

mit $n = \frac{n_2}{n_1}$ und $n_2 > n_1$

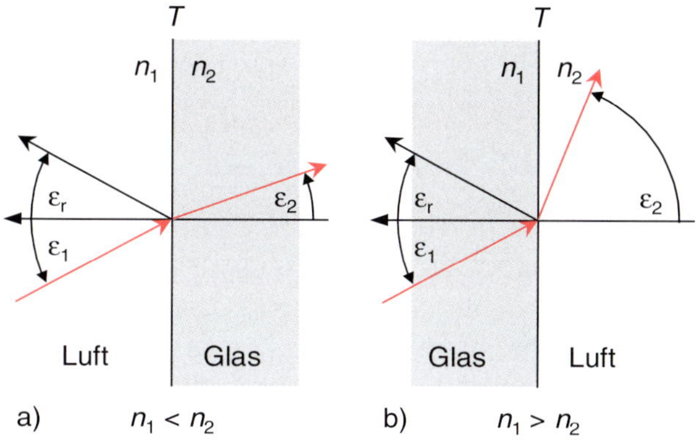

Abb. 3.8: Brechung und Reflexion (nach SCHRÖDER 1990)

Bei *Reflexion* gilt n_2=–n_1 und es ergibt sich das Reflexionsgesetz:

$$\varepsilon_r = -\varepsilon_1 \qquad \text{: Reflexionsgesetz} \qquad (3.17)$$

Die Ausbreitungsgeschwindigkeit von Licht ist wellenlängenabhängig. Die damit verbundene Änderung von Brechung und Reflexion wird als *Dispersion* bezeichnet.

3.2.2.3 Beugung

Beugung tritt auf, wenn die geradlinige Ausbreitung der kugelförmigen Wellenausbreitung des Lichtes gestört wird, z.B. beim Durchgang durch einen Spalt (Blende). Statt der idealen punktförmigen Abbildung ergibt sich ein Beugungsscheibchen, dessen Intensitätsverteilung durch Interferenzlinien bestimmt wird (Abb. 3.9).

Die unter einem Phasenwinkel φ beobachtete Intensität *I* lautet:

$$I(\varphi) = \frac{\sin x}{x} = \mathrm{sinc}(x) \qquad (3.18)$$

mit

$$x = \frac{\pi \cdot d' \cdot \sin \varphi}{\lambda}$$

d': Spaltgröße

λ: Wellenlänge

φ: Phasenwinkel

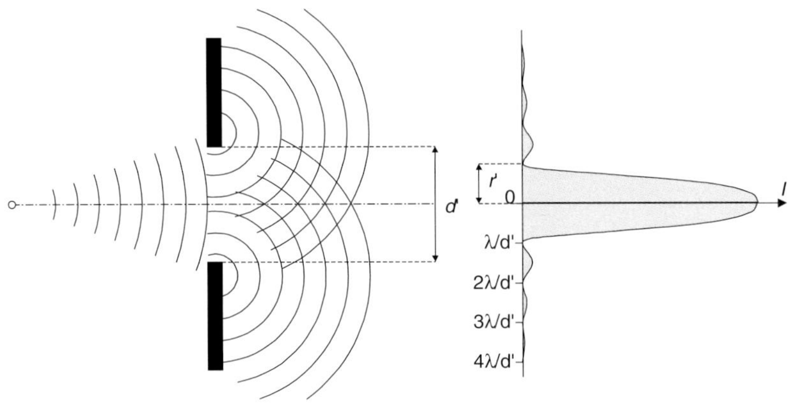

Abb. 3.9: Beugung an einer Spaltblende

Die Intensität wird zum Minimum an den Stellen

$$\sin \varphi_n = n \cdot \frac{\lambda}{d'} \qquad n=1,2,\ldots \tag{3.19}$$

Der Radius r' des ersten Interferenzringes (n=1) in der Bildebene ergibt sich entsprechend zu:

$$r' = \frac{\lambda}{d'} \cdot f' = \lambda \cdot k \tag{3.20}$$

mit

f: Brennweite

$k = \frac{f'}{d'}$: Blendenzahl

Beugung findet nicht nur an Bündelbegrenzungen wie Blenden oder Objektiveinfassungen statt, sondern auch an (regelmäßigen) Gitterstrukturen, wie sie durch die Anordnung von Sensorelementen auf Bildsensoren vorliegen (siehe Kap. 3.2.5.2). Zusammen mit Abweichungen von der Linsengleichung (3.10) (Defokussierung) führt Beugung zur sogenannten Punktverwaschungsfunktion (*point spread function* PSF), deren wellenlängenabhängige Auswirkung durch die Kontrast- oder Modulationsübertragungsfunktion (vgl. Kap. 3.2.4 und 3.2.5) bestimmt wird.

3.2.2.4 Projektionszentrum und Verzeichnung

Das Projektionszentrum ist mathematisch gesehen derjenige Punkt der Zentralperspektive, durch den alle Bildstrahlen geradlinig laufen. In der optischen Abbildung eines (mehrlinsigen) Objektivs existiert dagegen sowohl ein dingseitiges als auch ein bildseitiges Projektionszentrum, das jeweils durch den Schnittpunkt von Eintrittspupille EP bzw. Austrittspupille AP mit der optischen Achse definiert ist. Lage und Größe von Ein- und

Austrittspupille werden durch die Bündelbegrenzung an einer Blende festgelegt (Abb. 3.10), d.h. die Lage des Projektionszentrums ist blendenabhängig.

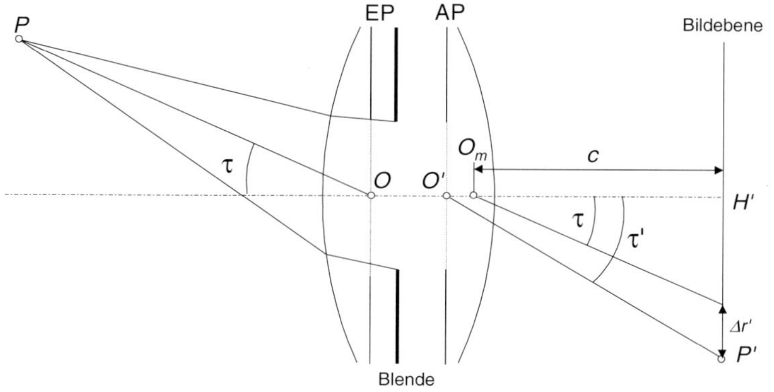

Abb. 3.10: Projektionszentrum und Kamerakonstante (nach KRAUS 1994)

Nur im Idealfall nach Abb. 3.7 ist der Einfallswinkel τ gleich dem Ausfallswinkel τ' und die Kamerakonstante *c* gleich der Bildweite *a'*. Da die Lage von Ein- und Austrittspupille in der Regel nicht mit den Hauptebenen zusammenfällt, tritt ein einfallender Lichtstrahl unter dem Winkel τ ein und verläßt das Linsensystem unter dem davon abweichenden Winkel τ'. Der Bildpunkt *P'* weist daher gegenüber seiner Sollage einen Versatz $\Delta r'$ auf, den man mit radial-symmetrischer Verzeichnung bezeichnet (siehe auch Abb. 3.18 und Abb. 3.19).

Der Autokollimationspunkt *H'* ist der Durchstoßpunkt der optischen Achse *OO'* mit der Bildebene. Um für übliche Objektive den Einfluß der Verzeichnung möglichst klein zu halten, wird das (für photogrammetrische Berechnungen verwendete) mathematische Projektionszentrum O_m so gelegt, daß sein Lotfußpunkt in *H'* liegt und die Differenz zwischen den Winkeln τ und τ' minimal wird. Bei nicht senkrecht zur optischen Achse stehender Bildebene liegt O_m außerhalb der optischen Achse (Abb. 3.11). *H'* wird auch als Bildhauptpunkt bezeichnet.

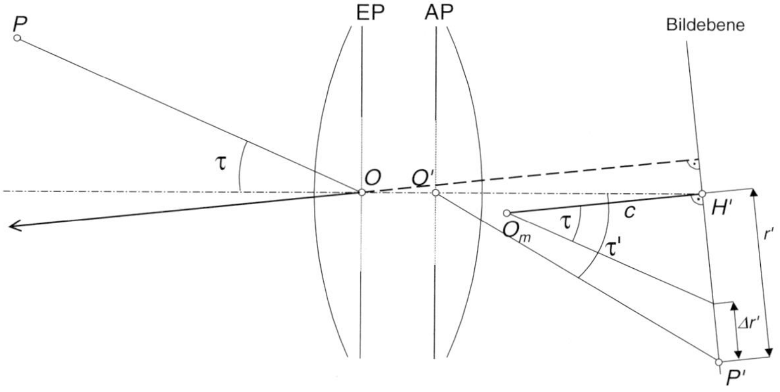

Abb. 3.11: Zur Definition des Bildhauptpunktes bei geneigter Bildebene (nach KRAUS 1994)

Die photogrammetrische Bezugsachse ist somit durch die Gerade $O_m H'$ definiert. Im Dingraum ist es der dazu parallel verlaufende, durch O gehende Strahl[1]. Der Bildradius eines Bildpunktes r' und die Restfehler der radial-symmetrischen Verzeichnung $\Delta r'$ beziehen sich jeweils auf den Bildhauptpunkt H' (vergleiche Kap. 3.2.3.1).

In der Praxis weist jedes Objektiv Verzeichnung auf. Die oben beschriebene radial-symmetrische Verzeichnung läßt sich konstruktiv bei symmetrisch aufgebauten Hochleistungsobjektiven (Abb. 3.12) auf Werte von $\Delta r'<4\mu m$ reduzieren. Asymmetrische Linsenanordnungen führen dagegen zu deutlich höheren Verzeichnungswerten, vor allem in den Eckbereichen des Bildes. Abb. 3.13 zeigt dazu den Strahlengang in einem asymmetrischen Teleobjektiv (vgl. dazu Abb. 3.17 bis Abb. 3.20).

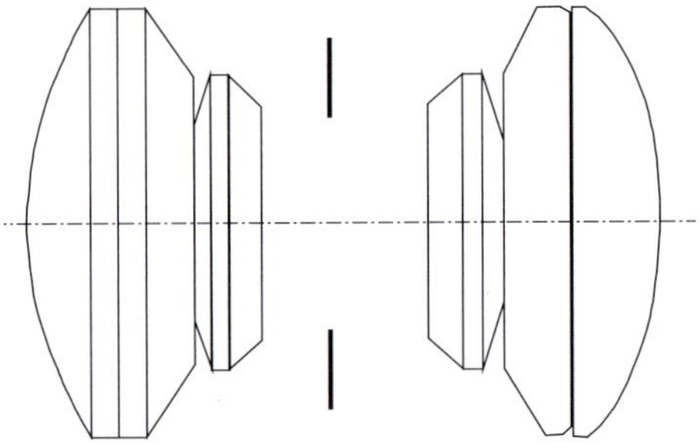

Abb. 3.12: Beispiel für eine symmetrische Objektivkonstruktion (Lametar 8/f=200 für Zeiss UMK, $\Delta r'_{max}=\pm 4\mu m$ bei $r'<90mm$)

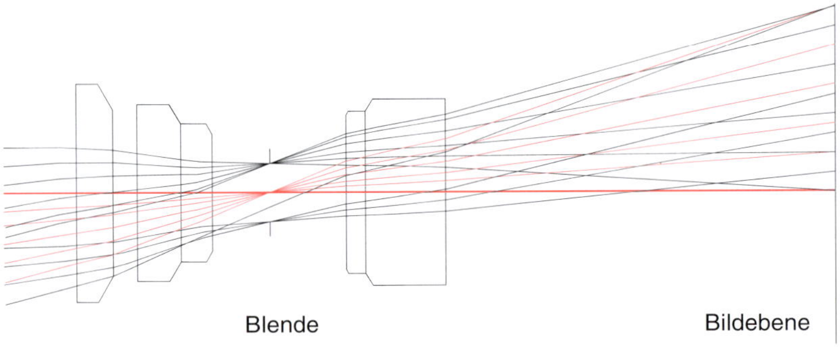

Abb. 3.13: Strahlengang in einem asymmetrischen Objektiv (Sonnar 4/f=150 für Rollei 6008, $\Delta r'=\pm 85\mu m$ bei $r'=33mm$, $\Delta r'=\pm 13\mu m$ bei $r'=10mm$)

Tangential-asymmetrische Verzeichnung resultiert dagegen vor allem durch eine Dezentrierung und Schiefstellung einzelner Linsen im Objektiv (Auswirkung im Bild siehe Abb. 3.21). Sie ist bei Qualitätsobjektiven in der Regel um den Faktor 10 kleiner als die radial-symmetrische Verzeichnung und kann daher häufig vernachlässigt werden. Bei den immer häufiger eingesetzten einfachen Videoobjektiven kann die tangential-asymmetrische Verzeichnung jedoch oftmals Werte in der Größenordnung von mehr als 30µm erreichen.

[1] Üblicherweise wird nur die Bezeichnung O oder O' verwendet, auch wenn O_m gemeint ist.

3.2.2.5 Scharfabbildung

In der praktischen optischen Abbildung wird mit dem Auge ein Punkt auch dann noch als scharf abgebildet betrachtet, wenn der Durchmesser seines Zerstreuungskreises u' bei fotografischen Systemen ca. 20µm und bei digitalen Bildsensoren ca. 1 Pixel nicht überschreitet. Daher wird nicht nur der im Abstand a fokussierte Objektpunkt P scharf abgebildet, sondern alle zwischen P_v und P_h liegenden Punkte (Abb. 3.14).

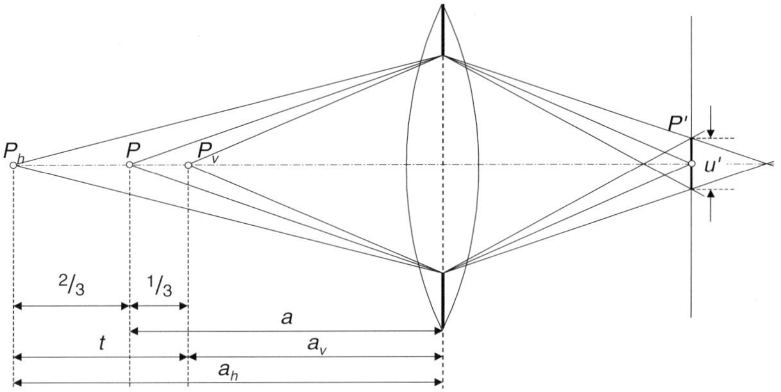

Abb. 3.14: Scharfabbildung und Schärfentiefe

Der Abstand zum vordersten bzw. hintersten scharf abgebildeten Objektpunkt kann wie folgt berechnet werden:

$$a_v = \frac{a}{1+K} \qquad a_h = \frac{a}{1-K} \tag{3.21}$$

mit

$$K = \frac{k \cdot (a-f) \cdot u'}{f^2}$$

und

k: Blendenzahl
f: Brennweite
a: fokussierte Dingweite

Durch Umstellung von (3.21) läßt sich der Durchmesser des Unschärfekreises u' berechnen:

$$u' = \frac{a_h - a_v}{a_h + a_v} \cdot \frac{f^2}{k \cdot (a-f)} \tag{3.22}$$

Für den Bereich der Schärfentiefe gilt

$$t = a_h - a_v = \frac{2 \cdot u' \cdot k \cdot (1+\beta')}{\beta'^2} \tag{3.23}$$

Die Schärfentiefe ist demnach abhängig von Blendenzahl k und Abbildungsmaßstab β', d.h. wiederum von Aufnahmeabstand und Brennweite. Die Schärfentiefe kann erhöht werden, wenn abgeblendet, der Aufnahmeabstand vergrößert oder die Brennweite verkürzt wird. Abb. 3.15 zeigt den nicht-linearen Verlauf der resultierenden Schärfentiefe bei verschiedenen Bildmaßstabszahlen und Blendeneinstellungen.

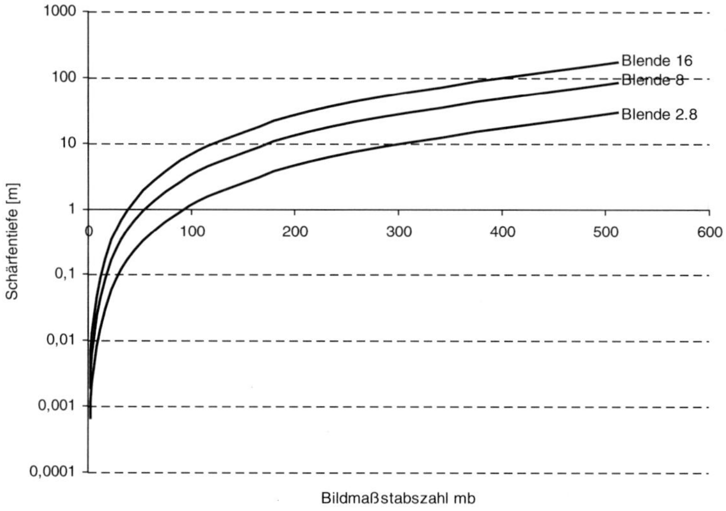

Abb. 3.15: Schärfentiefe als Funktion der Bildmaßstabszahl

Der Schärfentiefebereich kann optimiert werden, indem die Entfernung nicht auf Unendlich, sondern auf die Hyperfokale Distanz b eingestellt wird. Dann reicht die Schärfentiefe vom Nahabstandspunkt a_v bis ∞.

$$b = \frac{f^2}{u' \cdot k} \tag{3.24}$$

Beispiel 3.4:

Gegeben ist eine fotografische Aufnahme eines Gegenstandes bei einer Aufnahmeentfernung a=5m und einem Bildmaßstab $m_b = 125$ bzw. $\beta' = 0.008$. Gesucht ist die Schärfentiefe jeweils bei einer Blende von $k = 2.8$ und $k = 11$.

Lösung:

1. für k=2.8

$$t = \frac{2 \cdot u' \cdot k \cdot (1+\beta')}{\beta'^2} = \frac{2 \cdot 2 \cdot 10^{-5} \cdot 2.8 \cdot (1 + 0.008)}{0.008^2}$$

$$= 1.8\text{m}$$

2. für k=11 $\qquad t = 6.9\text{m}$

Die Beachtung einer ausreichenden Schärfentiefe ist besonders bei Schrägaufnahmen und Aufnahme von Gegenständen mit größerer Objekttiefe („Höhenunterschiede“) notwendig, da in diesen Fällen im Bild entsprechend unterschiedliche Aufnahmeentfernungen vorliegen. Insbesondere nimmt die Schärfentiefe bei großen Bildmaßstäben (kleines m_b) unter Umständen sehr kleine Werte an.

Für die Bildmessung signalisierter zentrischer Zielmarken kann gegebenenfalls auch eine leichte Unschärfe toleriert werden. Einerseits kann das menschliche Auge eine symmetrische Meßmarke auch bei schlechterer Bildqualität sehr gut zentrieren, andererseits bleibt der optische Schwerpunkt für digitale Bildmessungen erhalten.

3.2.2.6 Lichtabfall und Vignettierung

Die in der Abbildungsebene (Film, Sensor) wirksame Beleuchtungsstärke E fällt mit zunehmendem Feldwinkel Ω nach dem sog. $\cos^4$-Gesetz ab:

$$E(\Omega) = E \cdot \cos^4 \Omega \tag{3.25}$$

Das Bild wird also zum Bildrand hin dunkler. Der Effekt ist vor allem bei Weitwinkel- und Fisheye-Objektiven zu beobachten. Diese natürliche Helligkeitsabnahme wird noch verstärkt, wenn durch Fassungsteile des Objektivs verursachte Vignettierung hinzukommt.

3.2.3 Innere Orientierung einer Aufnahmekamera

3.2.3.1 Parameter der inneren Orientierung

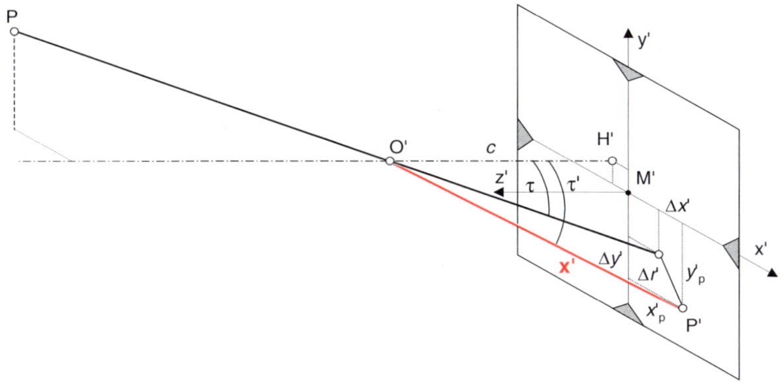

Abb. 3.16: Innere Orientierung

Die Parameter der inneren Orientierung einer Aufnahmekamera beschreiben die Lage des Projektionszentrums im kamerafesten Bildkoordinatensystem sowie Abweichungen vom mathematischen Modell der Zentralperspektive. Dabei wird die Kamera als räumliches System angesehen, das aus der (ebenen) Bildfläche (Film, Bildsensor) und dem davor angebrachten Objektiv mit dem Projektionszentrum besteht.

Abb. 3.16 zeigt den schematischen Abbildungsvorgang in einer photogrammetrischen Kamera. Innerhalb des durch Referenzpunkte definierten Bildkoordinatensystems werden die Lage und der Abstand des Projektionszentrums von der Bildebene sowie Abweichungen von der Zentralperspektive beschrieben. Der Ursprung des Bildkoordinatensystems liegt hier in der Bildebene. Für spätere analytische Berechnungen wird das Bildkoordinatensystem entsprechend Abb. 2.1 in das Projektionszentrum gelegt.

Die Parameter der inneren Orientierung sind somit (vgl. Kap. 3.2.2.4):

- Bildhauptpunkt H':

  Lotfußpunkt des Projektionszentrums im Bildkoordinatensystem mit den Koordinaten (x'_0, y'_0), der bei gebräuchlichen Kameras näherungsweise in der Bildmitte liegt: $H' \approx M'$

- Kamerakonstante c:

  lotrechter Abstand des Projektionszentrums von der Bildebene in negativer z'-Richtung; bei Fokussierung auf Unendlich entspricht sie etwa der Brennweite: $c \approx f$

- Parameter von Bildfehler beschreibenden Funktionen:

  Funktionen oder Parameter, die Abweichungen vom zentralperspektiven Modell beschreiben, in erster Linie den Einfluß der radial-symmetrischen Verzeichnung $\Delta r'$

In Kenntnis dieser Parameter kann der auf das Projektionszentrum (und damit den Bildhauptpunkt) bezogene Abbildungsvektor **x'** bestimmt werden:

$$\mathbf{x'} = \begin{bmatrix} x' \\ y' \\ -c \end{bmatrix} = \begin{bmatrix} x'_p - x'_0 + \Delta x' \\ y'_p - y'_0 + \Delta y' \\ -c \end{bmatrix} \qquad (3.26)$$

mit
x'_p, y'_p: gemessene Koordinaten des Bildpunktes P'
x'_0, y'_0: Koordinaten des Bildhauptpunktes H'
$\Delta x', \Delta y'$: achsenbezogene Korrekturwerte der Abbildungsfehler

Die Bestimmung der Parameter der inneren Orientierung erfolgt im Rahmen der Kamerakalibrierung (vgl. Kap. 3.2.3.6)

3.2.3.2 Bildfehler beschreibende Funktionen

3.2.3.2.1 Korrekturfunktionen

Abweichungen von der idealen zentralperspektiven Abbildung (Abbildungsfehler) werden durch Korrekturfunktionen $\Delta x', \Delta y'$ der Bildkoordinaten ausgedrückt. Nach Kap. 3.2.2.4 ist die Verzeichnung auf den Bildhauptpunkt bezogen, d.h. die gemessenen Bildkoordinaten x'_P, y'_P werden zunächst um die Koordinaten des Bildhauptpunktes x'_0, y'_0 korrigiert:

$x' = x'_P - x'_0$
$y' = y'_P - y'_0$: auf den Hauptpunkt bezogene Bildkoordinaten

mit

$r' = \sqrt{x'^2 + y'^2}$: Bildradius, Abstand vom Bildhauptpunkt

Die Korrektur der Bildkoordinaten x', y' erfolgt dann durch:

$x'_{korr} = x' + \Delta x'$
$y'_{korr} = y' + \Delta y'$: korrigierte Bildkoordinaten

Abweichungen von der idealen zentralperspektiven Abbildung entstehen im wesentlichen aufgrund folgender physikalischer Effekte:

1. Radial-symmetrische Verzeichung

Die radial-symmetrische Verzeichnung stellt den größten Einfluß unter den im folgenden besprochenen Abbildungsfehlern dar. Sie entsteht überwiegend durch Brechungsänderungen an den Linsen des Objektivs und ist sowohl von der aktuellen Fokussierung als auch von der Objektentfernung bei konstanter Fokussierung abhängig[1]. Abb. 3.17 zeigt den Effekt der radial-symmetrischen Verzeichnung in Abhängigkeit vom Bildradius eines Bildpunktes. Sie wächst mit zunehmendem Abstand vom Bildhauptpunkt an und kann für handelsübliche Objektive leicht über 100µm in den Bildecken betragen.

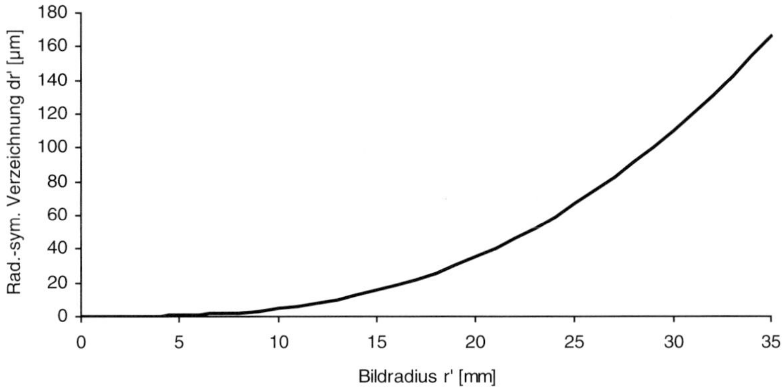

Abb. 3.17: Radial-symmetrische Verzeichnung

Die Verzeichnungskurve wird üblicherweise in Form einer Reihenentwicklung (SEIDEL-Reihe) mit Verzeichnungsparametern A_1 bis A_n ausgedrückt (BROWN 1971):

$$\Delta r'_{rad} = A_1 \cdot r'^3 + A_2 \cdot r'^5 + A_3 \cdot r'^7 + \ldots \qquad (3.27)$$

[1] Der entfernungsabhängige Einfluß wird in der Regel nur bei höchsten Genauigkeitsanforderungen berücksichtigt (vgl. Kap. 3.2.3.2.3).

Sie kann für die meisten Objektive nach dem zweiten oder dritten Term abgebrochen werden. Die Korrektur der Bildkoordinaten erfolgt dann proportional nach:

$$\Delta x'_{rad} = x' \cdot \frac{\Delta r'_{rad}}{r'} \qquad \Delta y'_{rad} = y' \cdot \frac{\Delta r'_{rad}}{r'}$$

Die Parameter der Verzeichnungsfunktion nach (3.27) sind numerisch korreliert mit dem Bildmaßstab bzw. der Kamerakonstanten. Zur Vermeidung dieser Korrelationen wird ein linearer Anteil der Verzeichnungsfunktion abgespalten, wodurch die Verzeichnungskurve quasi in Richtung der r'-Achse gedreht wird und einen zweiten Nulldurchgang erhält (Abb. 3.18).

$$\Delta r'_{rad} = K_0 \cdot r' + K_1 \cdot r'^3 + K_2 \cdot r'^5 + K_3 \cdot r'^7 \tag{3.28}$$

Alternativ wird auch ein Polynomansatz der folgenden Form verwendet[1]:

$$\Delta r'_{rad} = A_1 \cdot r'(r'^2 - r_0^2) + A_2 \cdot r'(r'^4 - r_0^4) + A_3 \cdot r'(r'^6 - r_0^6) \tag{3.29}$$

Durch einfache Umformung von (3.29) läßt sich zeigen, daß die gleiche Wirkung wie mit Gleichung (3.28) erreicht wird:

$$\Delta r'_{rad} = A_1 \cdot r'^3 + A_2 \cdot r'^5 + A_3 \cdot r'^7 - r'(A_1 \cdot r_0^2 + A_2 \cdot r_0^4 + A_3 \cdot r_0^6) \tag{3.30}$$

Dabei stellt der Klammerausdruck eine konstante Größe analog zu K_0 dar. Allerdings ist die Wahl von r_0 nicht beliebig, da eine Abhängigkeit zu den Parametern A_1, A_2, A_3 besteht. In der Praxis sollte r_0 so gelegt werden, daß die minimalen und maximalen Verzeichnungswerte des genutzten Bildformates etwa gleich groß werden (*balanced radial distortion*, FRYER 1996). In der Regel liegt r_0 etwa bei 2/3 des maximalen Bildradius.

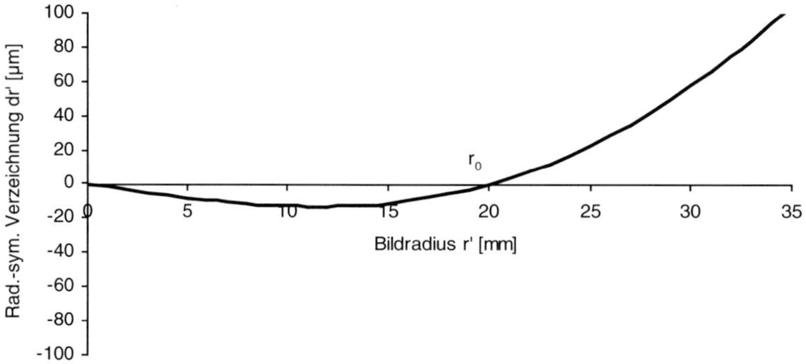

Abb. 3.18: Typische Verzeichnungskurve eines Objektivs (Rollei Sonnar 4/150)

[1] Weitere Korrekturfunktionen werden in Kap. 3.2.3.2.2 diskutiert.

Abb. 3.18 zeigt eine typische Kurve der radial-symmetrischen Verzeichnung nach (3.29), Abb. 3.19 zeigt die entsprechende Auswirkung flächenhaft im Bildformat.

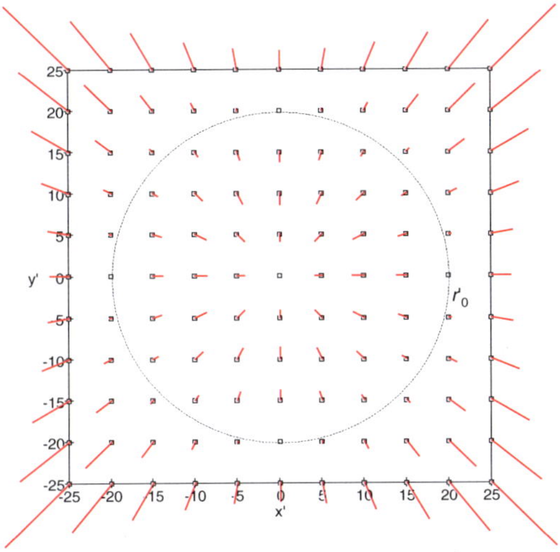

Abb. 3.19: Auswirkung der radial-symmetrischen Verzeichnung (Daten aus Abb. 3.20)

Häufig wird nach der Kamerakalibrierung auch eine Tabelle von Korrekturwerten für die radial-symmetrische Verzeichnung angegeben, aus der im Auswertesystem Korrekturwerte für die Bildkoordinaten linear interpoliert werden können (Abb. 3.20).

r' [mm]	Δr' [mm]	r' [mm]	Δr' [mm]	r' [mm]	Δr' [mm]
0	0,0000	10	-0,0132	22	0,0076
1	-0,0018	11	-0,0129	23	0,0121
2	-0,0035	12	-0,0122	24	0,0170
3	-0,0052	13	-0,0112	25	0,0225
4	-0,0068	14	-0,0098	26	0,0285
5	-0,0082	15	-0,0080	27	0,0350
6	-0,0096	16	-0,0057	28	0,0419
7	-0,0107	17	-0,0031	29	0,0494
8	-0,0117	18	-0,0057	30	0,0574
9	-0,0125	19	-0,0031	31	0,0658
10	-0,0130	20	0,0000	32	0,0748
11	-0,0133	21	0,0035	33	0,0842

Abb. 3.20: Korrekturtabelle für Verzeichnung (siehe Abb. 3.18, Abb. 3.19)

2. Radial-asymmetrische und tangentiale Verzeichnung

Die radial-asymmetrische und tangentiale Verzeichnung (Abb. 3.21) wird vor allem durch Dezentrierung der Linsen im Objektiv verursacht. Ihr Anteil kann durch folgenden Ansatz erfaßt werden (BROWN 1971):

$$\Delta x'_{tan} = B_1 \cdot (r'^2 + 2x'^2) + 2B_2 \cdot x' \cdot y'$$
$$\Delta y'_{tan} = B_2 \cdot (r'^2 + 2y'^2) + 2B_1 \cdot x' \cdot y' \qquad (3.31)$$

Der Anteil ist gegenüber der radial-symmetrischen Verzeichnung für die meisten Qualitätsobjektive deutlich geringer und wird häufig nur bei hohen Genauigkeitsanforderungen mitbestimmt. Bei Verwendung einfacher Objektive, wie sie oft bei Videokameras zu finden sind, sollte die radial-asymmetrische und tangentiale Verzeichnung auf jeden Fall mitbestimmt werden.

3. Affinität und Scherung

Affinität und Scherung beschreiben Abweichungen des Bildkoordinatensystems von Orthogonalität und Gleichmaßstäbigkeit der Koordinatenachsen (Abb. 3.22). Die Effekte werden bei analogen Kameras direkt durch eine Affintransformation auf die Rahmenmarken oder ein Réseau kompensiert. Digitale Aufnahmesysteme können diese Charakteristik durch eine ungleichmäßige Anordnung der Sensorelemente aufweisen. Auch bei der Auswertung von Videobildern, die mit einem Frame Grabber digitalisiert worden sind, treten Affinität und Scherung auf. Zur Kompensation kann folgender Ansatz verwendet werden:

$$\begin{aligned} \Delta x'_{aff} &= C_1 \cdot x' + C_2 \cdot y' \\ \Delta y'_{aff} &= 0 \end{aligned} \tag{3.32}$$

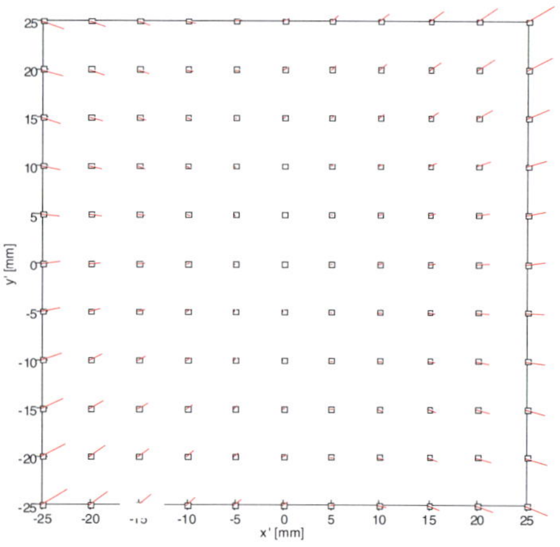

Abb. 3.21: Einfluß der radial-asymmetrischen und tangentialen Verzeichnung

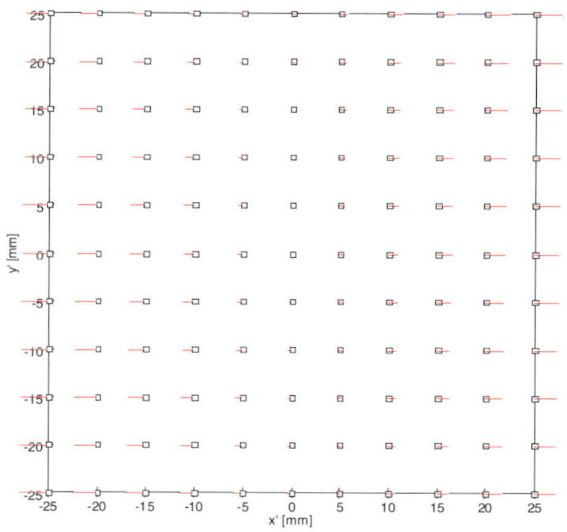

Abb. 3.22: Einfluß der Affinität

4. Gesamtkorrektur

Zusammengefaßt beschreiben die einzelnen Terme die üblicherweise auftretenden Abbildungseffekte photogrammetrischer Aufnahmesysteme:

$$\begin{aligned} \Delta x' &= \Delta x'_{rad} + \Delta x'_{tan} + \Delta x'_{aff} \\ \Delta y' &= \Delta y'_{rad} + \Delta y'_{tan} + \Delta y'_{aff} \end{aligned} \tag{3.33}$$

Beispiel 3.5:

Nach der Kalibrierung einer Digitalkamera Kodak DCS420 seien die folgenden Korrekturparameter gegeben:

$A_1 = -4.185^{-4}$	$A_2 = 6.823^{-7}$	$A_3 = 9.825^{-9}$
$B_1 = -6.019^{-6}$	$B_2 = -9.843^{-6}$	
$C_1 = -2.472^{-4}$	$C_2 = -9.193^{-5}$	$r'_0 = 6\text{mm}$

Gesucht seien die Auswirkungen der einzelnen Verzeichnungseffekte auf zwei Bildpunkte in der Nähe der Bildmitte und in einer Bildecke.

	x'_1	y'_1	x'_2	y'_2	
x',y'	1.500	1.500	7.000	4.500	mm
A_1, A_2, A_3	17.8	17.8	−61.1	−39.3	µm
B_1, B_2	−0.1	−0.1	−1.6	−1.5	µm
C_1, C_2	−0.5	0.0	−2.1	0.0	µm
Gesamt	17.2	17.7	−64.8	−40.7	µm

Dieses Kalibrierungsbeispiel zeigt, daß die Auswirkung der radial-symmetrischen Verzeichnung deutlich überwiegt. Wird das mögliche Genauigkeitspotential dieser Kamera von ca. 0.2µm angestrebt, sind aber auch die anderen Einflüsse unbedingt zu berücksichtigen.

3.2.3.2.2 Weitere Parametrisierungen

Der Parametersatz von BROWN (1976) ist speziell für großformatige analoge Luftbildkameras entwickelt worden:

$$\begin{aligned}
\Delta x'_{Brown} &= D_1 x' + D_2 y' + D_3 x' y' + D_4 y'^2 + D_5 x'^2 y' + D_6 x' y'^2 + D_7 x'^2 y'^2 + \\
&\quad [E_1(x'^2 - y'^2) + E_2 x'^2 y'^2 + E_3(x'^4 - y'^4)] \cdot \frac{x'}{c} + \\
&\quad [E_4(x'^2 + y'^2) + E_5(x'^2 + y'^2)^2 + E_6(x'^2 + y'^2)^3] \cdot x' + E_7 + E_9 \cdot \frac{x'}{c} \\
\Delta y'_{Brown} &= D_8 x' y' + D_9 x'^2 + D_{10} x'^2 y' + D_{11} x' y'^2 + D_{12} x'^2 y'^2 + \\
&\quad [E_1(x'^2 - y'^2) + E_2 x'^2 y'^2 + E_3(x'^4 - y'^4)] \cdot \frac{y'}{c} + \\
&\quad [E_4(x'^2 + y'^2) + E_5(x'^2 + y'^2)^2 + E_6(x'^2 + y'^2)^3] \cdot y' + E_8 + E_9 \cdot \frac{y'}{c}
\end{aligned} \tag{3.34}$$

Der Ansatz enthält neben Parametern zur Erfassung von Deformationen in der Bildebene (D_1 bis D_{12}) auch Terme, die Film- oder Sensorunebenheiten beschreiben (E_1 bis E_6) und in Abhängigkeit vom radialen Abstand bzw. vom Tangens des Bildwinkels (x'/c bzw. y'/c) angesetzt werden. Er ist jedoch insgesamt geometrisch schwieriger zu interpretieren und neigt zur Überparametrisierung (lineare Abhängigkeit unter einzelnen Parametern). Ähnlich umfangreiche Parametersätze werden von JACOBSEN (1980) und KRUCK (1983) verwendet. Im Rahmen einer Bündelausgleichung müssen die einzelnen Parameter auf Signifikanz getestet und gegebenenfalls eliminiert werden.

Speziell für digitale Aufnahmesysteme verwendet BEYER (1992) den folgenden Ansatz:

$$\begin{aligned}\Delta x'_{Beyer} &= \Delta x'_0 - \frac{x'}{c}\Delta c + K_1 x' r'^2 + K_2 x' r'^4 + K_3 x' r'^6 \\ &+ P_1(r'^2 + 2x'^2) + 2P_2 x' y' - C_1 x' + C_2 y' \\ \Delta y'_{Beyer} &= \Delta y'_0 - \frac{y'}{c}\Delta c + K_1 y' r'^2 + K_2 y' r'^4 + K_3 y' r'^6 \\ &+ 2P_1 x' y' + P_2(r'^2 + 2y'^2) + C_2 x'\end{aligned} \tag{3.35}$$

Hierbei beschreiben die Parameter K die radial-symmetrische Verzeichnung, P die radial-asymmetrische und tangentiale Verzeichnung und C Affinität und Scherung. Die Parameter $\Delta x'_0$, $\Delta y'_0$ und Δc stellen kleine Korrekturwerte der räumlichen Lage des Projektionszentrums dar und wirken zusammen mit den Faktoren x'/c bzw. y'/c wie die Einführung des Wertes r_0 in Gleichung (3.29).

In der industriellen Bildverarbeitung und Computer Vision ist auch die Korrektur radial-symmetrischer Einflüsse nach LENZ (1990) mit nur einem Parameter k_3 verbreitet:

$$\begin{aligned}x''_{Lenz} &= \frac{x'}{1 + k_3 r'^2} \\ y''_{Lenz} &= \frac{y'}{1 + k_3 r'^2}\end{aligned} \tag{3.36}$$

3.2.3.2.3 Entfernungsabhängige Verzeichnungskorrektur

Streng genommen gelten die oben genannten Ansätze zur Korrektur der Objektiv-verzeichnung nur für Punkte in einer parallel zur Bildebene liegenden Objektebene, auf die nach der Linsengleichung (3.10) im Abstand a' bzw. c vom bildseitigen Projektionszentrum fokussiert wurde (FRASER & SHORTIS 1992, DOLD 1997). Abbildungsstrahlen von Objektpunkten, die außerhalb dieser Objektebene liegen, durchlaufen das Linsensystem auf einem anderen Weg und unterliegen daher anderen Verzeichnungswerten. Abb. 3.23 zeigt dazu beispielhaft die Verzeichnungskurven eines Objektivs für Objektpunkte mit unterschiedlichen Bildmaßstäben (Aufnahmeabständen).

Dieser Effekt kann durch Einführung eines entfernungsabhängigen Korrekturterms berücksichtigt werden. Dazu wird nach FRYER und BROWN (1986) ein Skalierungsfaktor eingeführt:

$$\gamma_{SS'} = \frac{c_{S'}}{c_S} = \frac{S'}{S} \cdot \frac{(S-c)}{(S'-c)} \tag{3.37}$$

mit c_S: Kamerakonstante (Bildweite) für Objektentfernung S
$c_{S'}$: Kamerakonstante (Bildweite) für Objektentfernung S'

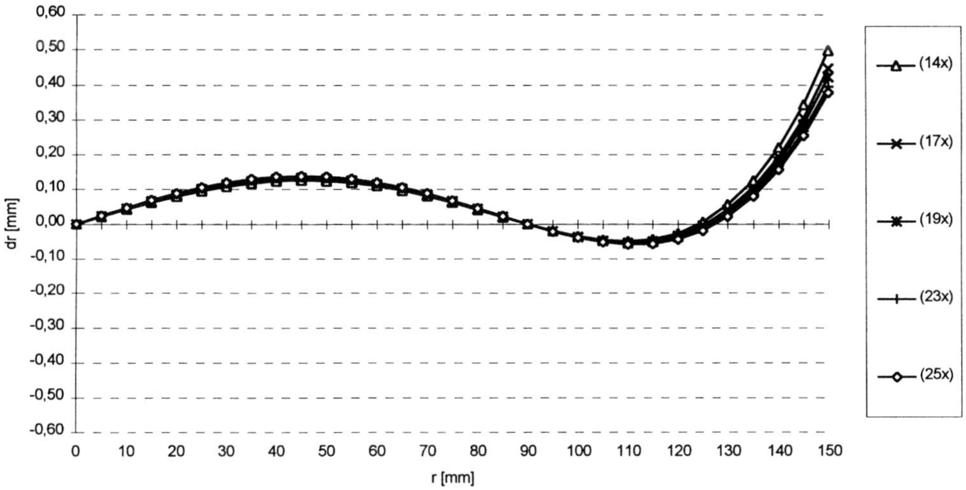

Abb. 3.23: Verlauf der Verzeichnungskurven eines Objektivs bei verschiedenen Bildmaßstäben (DOLD 1997)

Liegen Verzeichnungsparameter $K_{1S'}$, $K_{2S'}$, $K_{3S'}$ nach (3.28) für die Objektebene in der Entfernung S' vor, so läßt sich die radial-symmetrische Verzeichnungskorrektur für Objektpunkte in der fokussierten Entfernung S wie folgt berechnen:

$$\Delta r'_{SS'} = \gamma_{SS'}^2 K_{1S'} r'^3 + \gamma_{SS'}^4 K_{2S'} r'^5 + \gamma_{SS'}^6 K_{3S'} r'^7 \qquad (3.38)$$

Dieser Ansatz ist vor allem für die hochgenaue Auswertung großmaßstäbiger Aufnahmesituationen ($m_b < 30$) und Objektive mit relativ geringen Verzeichnungswerten geeignet. Da der entfernungsabhängige Verzeichnungseffekt mit wachsendem Bildmaßstab (abnehmender Objektentfernung) zunimmt, schlagen FRASER und SHORTIS (1992) die Einführung eines empirisch ermittelten Korrekturfaktors $g_{SS'}$ vor, der für jeden Objektivtyp bestimmt werden kann:

$$\Delta r'_{SS'} = \Delta r'_S + g_{SS'}(\Delta r'_{S'} - \Delta r'_S) \qquad (3.39)$$

Auch die radial-asymmetrische und tangentiale Verzeichnung kann in Abhängigkeit von der fokussierten Entfernung S formuliert werden:

$$\begin{aligned} \Delta x'_S &= \left(1 - \frac{c}{S}\right) \cdot \left[P_1(r'^2 + 2x') + 2P_2 x' y'\right] \\ \Delta y'_S &= \left(1 - \frac{c}{S}\right) \cdot \left[P_2(r'^2 + 2y') + 2P_1 x' y'\right] \end{aligned} \qquad (3.40)$$

DOLD (1997) schlägt den folgenden Parametersatz zur entfernungsabhängigen Verzeichnungskorrektur vor, der im Gegensatz zu den oben genannten Ansätzen vollständig im

Rahmen einer Bündelausgleichung mit Simultankalibrierung bestimmt werden kann.

$$\Delta r'_{Entf} = \frac{1}{Z^*}\left[D_1 \cdot r'(r'^2 - r_0^2) + D_2 \cdot r'(r'^4 - r_0^4) + D_3 \cdot r'(r'^6 - r_0^6)\right] \tag{3.41}$$

mit Z^* = Nenner aus den Kollinearitätsgleichungen (4.10)
$\approx S$ (Aufnahmeabstand)

Die gesamte Bildfehlerkorrektur ergibt sich dann in Erweiterung von (3.33) zu

$$\begin{aligned} \Delta x' &= \Delta x'_{rad} + \Delta x'_{tan} + \Delta x'_{aff} + \Delta x'_{entf} \\ \Delta y' &= \Delta y'_{rad} + \Delta y'_{tan} + \Delta y'_{aff} + \Delta y'_{entf} \end{aligned} \tag{3.42}$$

Die Größenordnung der entfernungsabhängigen Verzeichnung liegt in der Regel unter 1µm am Bildrand. Sie muß daher nur in hochgenauen Meßaufgaben bestimmt werden, bei denen Bildmeßgenauigkeiten im Submikrometerbereich erreicht werden. Dies trifft für großmaßstäbige, industrielle Anwendungen mit analogen Großformatkameras zu, vor allem aber für hochauflösende Digitalkameras, deren Sensoreigenschaften ein Genauigkeitspotential von unter 0.5µm zulassen.

3.2.3.3 Verkörperung des Bildkoordinatensystems

Das Bildkoordinatensystem muß kamerafest verkörpert und im Meßbild rekonstruierbar sein. Dazu werden in photogrammetrischen Aufnahmesystemen vorzugsweise drei Methoden verwendet (Abb. 3.24):

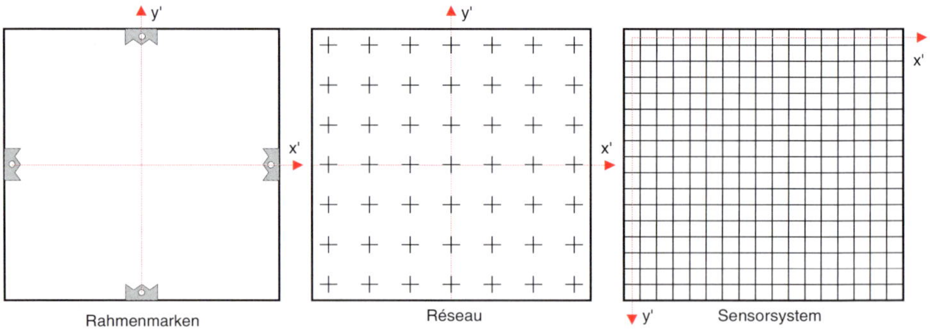

Abb. 3.24: Bildkoordinatensysteme

1. Rahmenmarken

Das Bildkoordinatensystem wird durch mindestens vier eindeutig bestimmbare Rahmenmarken mit kalibrierten Sollkoordinaten festgelegt, die bei der Belichtung im Meßbild abgebildet werden. Rahmenmarken finden sich in traditionellen Meßkameras und setzen eine mechanisch verebnete Bildfläche voraus (Beispiele in Abb. 3.25).

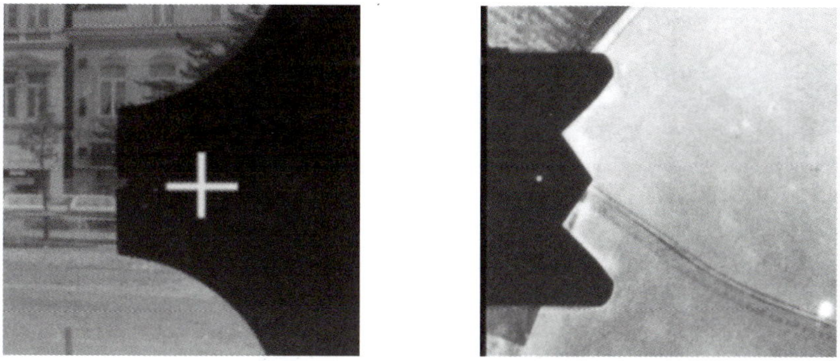

Abb. 3.25: Verschiedene Ausführungen von Rahmenmarken

2. Réseau

Ein Réseau besteht aus einer dünnen ebenen Glasplatte, auf die ein Gitter von bekannten Referenzpunkten (Réseaukreuzen) aufgebracht ist. Es befindet sich unmittelbar vor dem Film (Sensor) und wird ebenfalls bei der Belichtung auf das Meßbild projiziert (Beispiel in Abb. 3.26). Abweichungen von der Planlage oder Deformationen des Films können mit Hilfe des Réseaus anschließend rechnerisch kompensiert werden. Eine Variante des Réseaus ist die rückwärtige Aufbelichtung von gitterförmig verteilten Referenzpunkten.

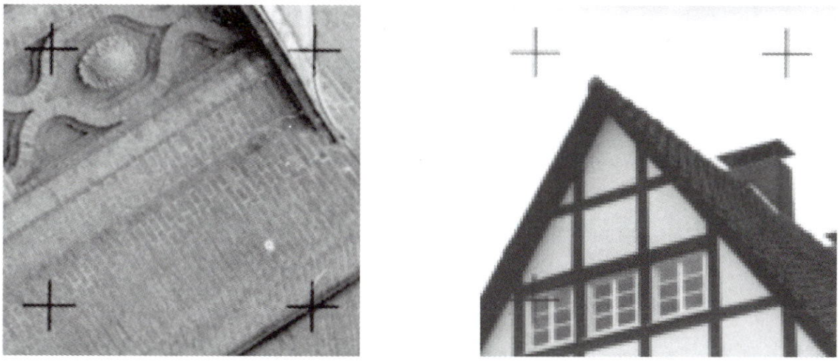

Abb. 3.26: Auf den Film mitbelichtete Réseaukreuze

3. Sensorkoordinatensystem

Bei digitalen Kameras können künstliche Bezugspunkte für das Bildkoordinatensystem entfallen, wenn ein eindeutiger Bezug zwischen dem digitalen Bild und dem optoelektronischen Bildsensor besteht. Dies ist bei Verwendung von fest eingebauten Flächensensoren (CCD-Matrix) und direkter digitaler Bildauslesung in der Regel gegeben. Der Ursprung dieser Systeme liegt üblicherweise oben links, das Koordinatensystem ist linkshändig.

3.2.3.4 Transformationen für die innere Orientierung

Mit Hilfe der Referenzpunkte (Rahmenmarken) wird bei der späteren Auswertung der Meßbilder eine Transformation zwischen Bildkoordinatensystem und Maschinenkoordinaten des Bildmeßgerätes hergestellt. Lage und Drehung des Bildes im Meßsystem lassen sich mit einer ebenen Ähnlichkeitstransformation nach (2.2) bestimmen.

Mit einem affinen Ansatz nach (2.6) können darüberhinaus in x'- und y-Richtung unterschiedlich wirkende Einflüsse durch Film- oder Papierverzug sowie eine Scherung der Koordinatenachsen kompensiert werden.

Bei Réseaubildern wird vorzugsweise eine maschenweise affine oder bilineare (2.10) Transformation verwendet. Für Bilder, in denen kein regelmäßiges Réseaugitter abgebildet oder erkennbar ist (z.B. nicht-meßbares Kreuz in Abb. 3.26 rechts), wird mit einem Ansatz nach der Methode der finiten Elemente ein synthetisches Punktgitter generiert, in dem anschließend die eigentliche maschenweise Transformation der gemessenen Bildpunkte ausgeführt wird (KOTOWSKI 1984).

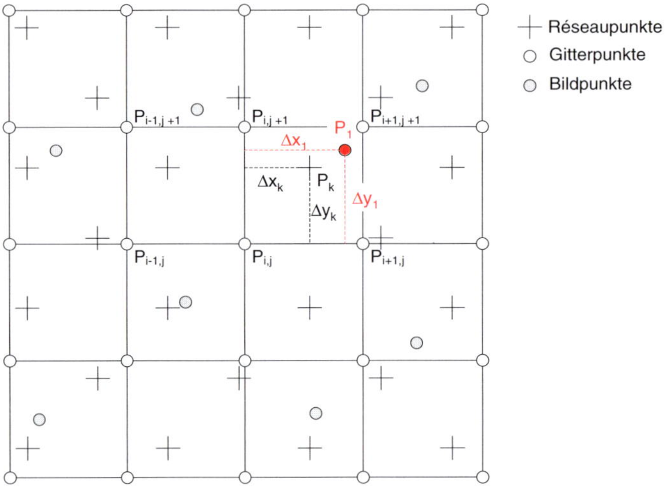

Abb. 3.27: Réseaupunkte und Bildpunkte innerhalb eines regelmäßigen Interpolationsgitters (KOTOWSKI 1984)

Nach einer ersten globalen Affintransformation aller gemessenen s Réseaupunkte liegen Restklaffungen an den Réseaupunkten sowie Abweichungen dx,dy an den Punkten eines neu zu berechnenden $m \times n$ großen Interpolationsgitters vor (Abb. 3.27). Diese Abweichungen gehen als Beobachtungen in Verbesserungsgleichungen der bilinearen Form

$$
\begin{aligned}
v(dx)_k &= (1-\Delta x_k)(1-\Delta y_k)dx_{i,j} + \Delta x_k(1-\Delta y_k)dx_{i+1,j} \\
&\quad + (1-\Delta x_k)\Delta y_k dx_{i,j+1} + \Delta x_k \Delta y_k dx_{i+1,j+1} - dx_k
\end{aligned}
\tag{3.43}
$$

mit $k = 1,\ldots,s$

ein. Weiterhin werden die zweiten Ableitungen minimiert, d.h. das Interpolationsgitter weist an den Nahtstellen benachbarter Punkte minimale Krümmungen auf:

$$v(dx)_{x,x_{i,j}} = dx_{i-1,j} - 2dx_{i,j} + dx_{i+1,j} - 0 \qquad (3.44)$$

mit $\begin{array}{l} i = 2,\ldots,m-1 \\ j = 1,\ldots,n \end{array}$

Ebenso wird in y-Richtung verfahren. Das gesamte System von Verbesserungsgleichungen wird durch Ausgleichung gelöst. Dabei lassen sich sowohl die Stützpunktbeobachtungen als auch die zweiten Differenzen individuell gewichten, um die Glattheit des interpolierten Gitters zu steuern.

Die Transformation zwischen Sensor- und Auswertesystem kann in digitalen Aufnahmesystemen entfallen, wenn eine direkte digitale Datenübertragung zwischen Bildsensor und Verarbeitungssystem besteht und die Pixel des digitalen Bildes mit den Sensorelementen identisch sind. In vielen Bildverarbeitungssystemen ist es üblich, ein speicherorientiertes linkshändiges Pixelkoordinatensystem zu verwenden. Es ist möglich, die Pixelkoordinaten durch eine Maßstabsanpassung in ein metrisches System zu transformieren.

3.2.3.5 Meß- und Teilmeßkamera

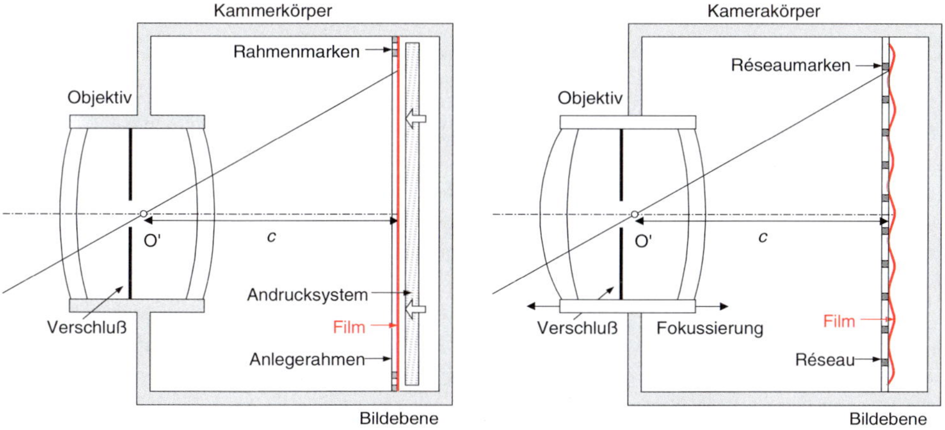

a) Meßkamera b) Teilmeßkamera

Abb. 3.28: Prinzip von Meß- und Teilmeßkameras

Mit dem Begriff *Meßkamera* (früher: *Meßkammer*) bezeichnet man photogrammetrische Kameras mit stabilem optisch-mechanischem Aufbau, so daß die Parameter der inneren Orientierung werksseitig (im Labor) kalibrierbar und für einen langen Zeitraum konstant sind. Meßkameras besitzen in der Regel ein fest eingebautes, weitgehend verzeichnungsfreies und nicht-fokussierbares Objektiv. Weiterhin verfügen sie über eine mechanisch verebnete Bildfläche (Andruck- oder Ansaugsystem), so daß vier Rahmenmarken zur

Definition des Bildkoordinatensystems genügen (Abb. 3.28a). Die innere Genauigkeit von analogen Meßkameras liegt im Bereich von ca. 2–10μm.

Eine *Teilmeßkamera* erfüllt die obigen Anforderungen an eine Meßkamera nur bezüglich der ebenen Bildfläche und des dort definierten ebenen Koordinatensystems. Die Realisierung erfolgt bei fotografischen Kameras mit Hilfe eines Réseaus und bei digitalen Kameras durch die physikalische Oberfläche des Bildsensors.

Die Lage des Projektionszentrums ist im Bildkoordinatensystem einer Teilmeßkamera nur näherungsweise bekannt und wird nicht über einen längeren Zeitraum als konstant betrachtet. Dies resultiert in erster Linie aus der Möglichkeit, fokussierbare Wechselobjektive verwenden zu können (Abb. 3.28b).

Kameras (z.B. normale Fotoapparate) ohne photogrammetrisch geeignetes Bezugssystem und/oder verebnete Bildfläche bezeichnet man auch als *Amateurkameras* oder *Nichtmeßkameras*. Sie werden nur in Ausnahmefällen eingesetzt, wenn kein anderes photogrammetrisches Aufnahmesystem zur Verfügung steht. Aufgrund der instrumentellen Einschränkungen ist gegenüber Meß- oder Teilmeßkameras mit deutlichen Genauigkeitsverlusten zu rechnen.

Kameratechnische Einzelheiten zu Meß- und Teilmeßkameras werden in Kap. 3.3.1.3 und 3.3.1.4 besprochen.

3.2.3.6 Bestimmung der inneren Orientierung (Kalibrierung)

Die Bestimmung der inneren Orientierung einer Aufnahmekamera wird in der Photogrammetrie allgemein als *Kalibrierung* bezeichnet. In der Nahbereichsphotogrammetrie werden heute überwiegend rechnerische Verfahren zur Kalibrierung eingesetzt, welche die Parameter des gewählten Kameramodells indirekt aus photogrammetrischen Beobachtungen (Bildkoordinaten) bestimmen. Dazu wird die Abbildungsfunktion um zusätzliche Parameter erweitert, die eine Modellierung der Lage des Projektionszentrums und von Verzeichnungseffekten erlauben.

Die numerische Bestimmung erfolgt in der Regel mit Hilfe der Bündelausgleichung (Simultankalibrierung, Kap. 4.3.2.4). Je nach Verfügbarkeit von Objektinformationen (Paßpunkte, Strecken, Bedingungen) müssen dazu geeignete Aufnahmekonfigurationen gewählt werden (vgl. Kap. 7.2).

Die Notwendigkeit einer (erneuten) Kamerakalibrierung hängt von den gestellten Genauigkeitsanforderungen, der mechanischen Konstruktion der Kamera und den Umgebungsbedingungen bei einer Objektaufnahme ab. Der Zeitpunkt der Kalibrierung kann dementsprechend variieren:

- Einmalige werksseitige Kalibrierung:

  Aufnahmesystem: Meßkamera

  Methode: Werks- oder Laborkalibrierung (siehe Kap. 7.2.1.1)

  Referenz: geeichte Prüfgeräte (z.B. Goniometer oder Komparatoren)

  Annahme: Kameraparameter gelten für Lebensdauer der Kamera

- Langfristige (z.B. jährliche) Überprüfungen:

  Aufnahmesystem: Meßkamera

  Methode: Labor- oder Testfeldkalibrierung

  Referenz: geeichte Prüfgeräte, Paßpunkte, Strecken

  Annahme: Kameraparameter gelten für einen langen Zeitraum

- Kalibrierung unmittelbar vor Durchführung einer Objektaufnahme:

  Aufnahmesystem: Teilmeßkamera, Meßkamera

  Methode: Testfeldkalibrierung, Simultankalibrierung (siehe Kap. 7.2.1.2)

  Referenz: Paßpunkte, Strecken am Testfeld

  Annahme: Kamera ändert sich nicht bis zum Zeitpunkt der Objekterfassung

- Kalibrierung im Rahmen der Objektauswertung:

  Aufnahmesystem: Teilmeßkamera, Meßkamera

  Methode: Simultankalibrierung, On-the-job-Kalibrierung (siehe Kap. 7.2.1.4)

  Referenz: Paßpunkte, Strecken am Meßobjekt

  Annahme: konstante innere Orientierung über den Zeitraum der Bilderfassung

- Kalibrierung jeder einzelnen Bildaufnahme:

  Aufnahmesystem: Teilmeßkamera

  Methode: Simultankalibrierung mit variabler innerer Orientierung (siehe Kap. 4.3.2.4)

  Referenz: Paßpunkte, Strecken am Meßobjekt

  Annahme: nur geringe Voraussetzungen an die Stabilität der Kamera, z.B. konstante Verzeichnungswerte

Im Standardfall werden die Parameter der inneren Orientierung für die Dauer einer Bildaufnahme als konstant vorausgesetzt. Gerade in Anwendungen der Nahbereichsphotogrammetrie kommt es aber vor, daß während einer Aufnahmeserie Objektivwechsel oder Umfokussierungen erfolgen bzw. mit mechanisch oder thermisch bedingten Einflüssen gerechnet werden muß. Jede Änderung der Kamerageometrie führt zu einer geänderten inneren Orientierung und muß bei der späteren Auswertung entsprechend dadurch berücksichtigt werden, daß für jeden Kamerazustand ein eigener Parametersatz bestimmt wird.

Unter diesem Gesichtspunkt verschmelzen die Begriffe Meß- und Teilmeßkamera in der Praxis zunehmend, da die Konstanz der inneren Orientierung eine Frage der geforderten Genauigkeit ist. So werden auch Meßkameras simultan kalibriert, wenn die Meßaufgabe es erfordert. Auf der anderen Seite werden zum Beispiel Digitalkameras vorab kalibriert, wenn sie in speziellen Mehrkamerasystemen (Online-Systemen) eingesetzt werden.

3.2.4 Auflösungsvermögen

3.2.4.2 Geometrisches Auflösungsvermögen

Das geometrische *Auflösungsvermögen* eines Films oder Aufnahmesystems beschreibt die Fähigkeit, eine Anzahl gegebener schwarzer und weißer Linien mit gleichem Abstand, gleicher Dicke und konstantem Kontrast voneinander getrennt abzubilden. Es ist somit ein Maß für den Informationsgehalt eines Bildes. Das Auflösungsvermögen *AV* wird visuell gemessen und in Anzahl Linien pro Millimeter (L/mm) bzw. Linienpaare pro Millimeter (Lp/mm) oder auch in *dots per inch* (dpi) angegeben[1]. Es beschreibt die Fähigkeit der Detailwiedergabe eines Sensors bzw. die wiedergegebene maximale Ortsfrequenz (Abb. 3.29, siehe auch Kap. 3.2.5.1).

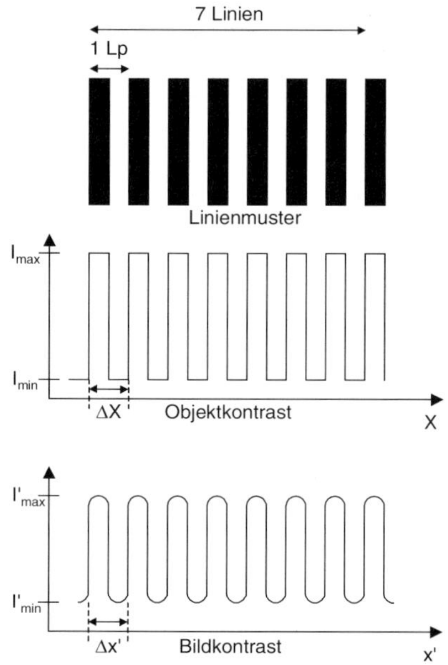

Abb. 3.29: Linienmuster und Kontrastübertragung

[1] Mit L/mm werden nur die schwarzen Linien, mit Lp/mm die schwarzen und weißen Linien(paare) gezählt, d.h. beide Angaben sind gleichbedeutend.

$$F = \frac{1}{\Delta X} \qquad f = \frac{1}{\Delta x'} \qquad (3.45)$$

Die Ortsfrequenzen F im Objektraum bzw. f im Bildraum sind die Kehrwerte der entsprechenden Linienabstände ΔX im Objektraum bzw. $\Delta x'$ im Bildraum.

Die Messung des Auslösungsvermögens erfolgt über die Abbildung eines Testmusters (Balkenmuster), dessen verschiedene Ortsfrequenzen bekannt sind (Abb. 3.30). Im Beispiel des abgebildeten Siemenssternes mit 72 Sektoren (36 Sektorpaare) ergibt sich das maximale Auflösungsvermögen in L/mm aus der Anzahl der Sektoren bezogen auf den Umfang des inneren, nicht mehr aufgelösten Unschärfekreises.

$$AV = \frac{36}{\pi \cdot d} \qquad (3.46)$$

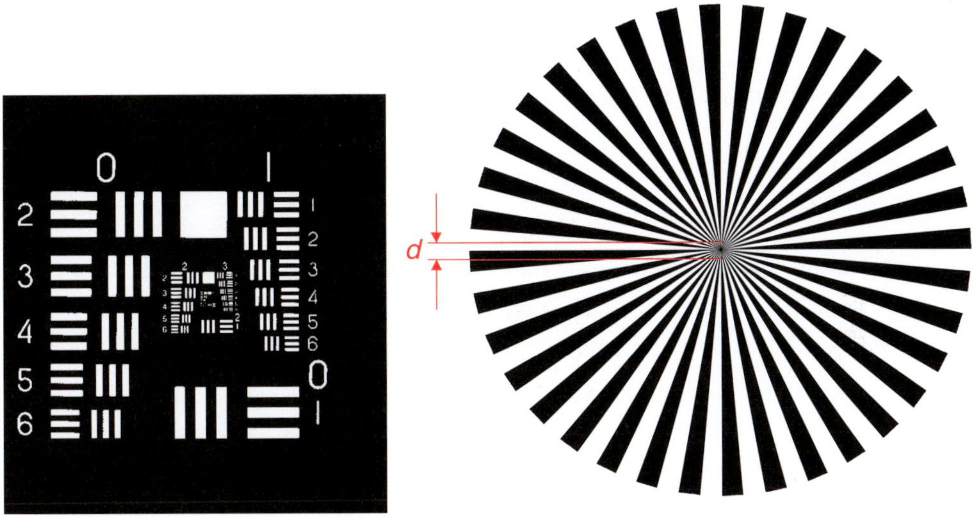

Abb. 3.30: Linientafel und Siemensstern zur Bestimmung des Auflösungsvermögens

Beispiel 3.6:

Im oben abgebildeten Siemensstern beträgt der Durchmesser des nicht mehr aufgelösten Kreises ca. 2mm. Für die Druckauflösung dieser Buchseite folgt dann:

1. Auflösungsvermögen: $AV = \frac{36}{\pi \cdot 2} \approx 6\ \text{L/mm}$

2. Liniengröße: $\Delta x' = 1/AV = 0.16\text{mm}$

3. Umrechnung in dpi: $AV = \frac{25.4}{\Delta x'} \approx 150\text{dpi}$

Die am Objekt auflösbare Strukturgröße (Strukturauflösung) ΔX wird berechnet aus Bildmaßstab und Auflösungsvermögen nach

$$\Delta X = m_b \cdot \Delta x' = m_b \cdot \frac{1}{AV} \tag{3.47}$$

Das Auflösungsvermögen von Filmschichten wird in Kap. 3.3.1.1.4, das von optoelektronischen Sensoren in Kap. 3.3.2.2.3 weiter diskutiert.

3.2.4.3 Kontrast- oder Modulationsübertragung

Das tatsächliche Auflösungsvermögen eines Films bzw. eines gesamten optischen Systems ist kontrastabhängig, d.h. mit abnehmendem Kontrast verringert sich die Fähigkeit, Signale zu übertragen, insbesondere bei höheren Ortsfrequenzen. Eine kontrastunabhängige Beschreibung des Auflösungsvermögens wird mit Hilfe der *Kontrastübertragungsfunktion* (CTF) erreicht.

Der Kontrast K im Objektraum und der ins Bild übertragene Kontrast K' ergeben sich jeweils aus den minimalen und maximalen Intensitäten I des Balkenmusters (Abb. 3.29):

$$K(f) = \frac{I_{max} - I_{min}}{I_{max} + I_{min}} \qquad K'(f) = \frac{I'_{max} - I'_{min}}{I'_{max} + I'_{min}} \tag{3.48}$$

Damit folgt für die Kontrastübertragung CT einer Ortsfrequenz f:

$$CT(f) = \frac{K'(f)}{K(f)} \tag{3.49}$$

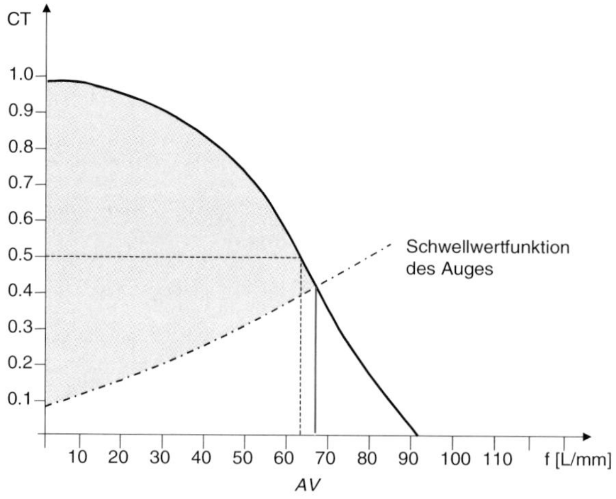

Abb. 3.31: Kontrastübertragungsfunktion (CTF)

Die Kontrastübertragung kann also nur Werte zwischen 0 und 1 annehmen. Die Kontrastübertragungsfunktion (CTF) stellt das Übertragungsverhalten in Abhängigkeit der Ortsfrequenz f dar (Abb. 3.31). Das Auflösungsvermögen AV wird dabei entweder mit der Ortsfrequenz festgelegt, bei der die CTF einen bestimmten Minimalwert erreicht (z.B. 30% oder 50%), oder es wird durch den Schnittpunkt mit einer anwendungsabhängigen Schwellwertfunktion eines Empfängers bestimmt, unter der die übertragenen Ortsfrequenzen nicht aufgelöst werden können. Als Schwellwertfunktion wird in der Regel eine Augengrenzfunktion verwendet, die das kontrastabhängige Auflösungsvermögen des Auges bei optischer Vergrößerung beschreibt. Sie kann aber auch durch eine geräteabhängige Schwellwertfunktion (RETAS, *resolving threshold of application system*) ersetzt werden, z.B. wenn das notwendige Auflösungsvermögen für eine drucktechnische Weiterverarbeitung des Bildes bestimmt werden soll (BÄHR 1992).

Jede einzelne Komponente eines optischen Systems besitzt eine eigene CT, so daß sich die Gesamtfunktion eines Systems aus dem Produkt der einzelnen CTs ergibt:

$$CT_{ges} = CT_1 \cdot CT_2 \cdot \ldots \cdot CT_n \tag{3.50}$$

Die Übertragungsleistung eines optischen Systems wird daher vor allem durch die schwächste Komponente bestimmt (siehe Abb. 3.39).

Wird statt der in Abb. 3.29 dargestellten Rechteckfunktion eine Sinusschwingung des Ortssignals eingeführt, ergibt sich statt der Kontrastübertragungsfunktion die *Modulationsübertragungsfunktion* (MÜF oder MTF) in analoger Weise.

3.2.5 Grundlagen der Abtasttheorie

3.2.5.2 Abtasttheorem

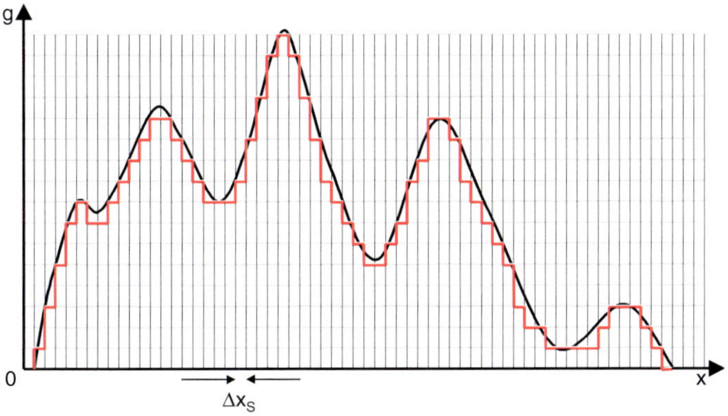

Abb. 3.32: Abtastung und Quantisierung

Ein kontinuierliches analoges Signals wird durch Abtastung in ein diskretes Signal umgewandelt. Das Amplitude des abgetasteten Signals wird erst in einem nachfolgenden

Schritt durch Quantisierung in Zahlenwerte überführt.

Die Abtastung erfolgt durch eine regelmäßige Anordnung von Detektor- oder Sensorelementen, die untereinander den Abstand Δx_S aufweisen. Damit ergibt sich die Abtastfrequenz f_A zu:

$$f_A = \frac{1}{\Delta x_S} \tag{3.51}$$

Nach dem Abtasttheorem ist die Nyquist-Frequenz f_N die höchste Ortsfrequenz, die mit f_A noch verlustfrei rekonstruiert werden kann:

$$f_N = \frac{1}{2} f_A = \frac{1}{2\Delta x_S} \quad \text{: Nyquist-Frequenz} \tag{3.52}$$

Ortsfrequenzen f, die höher als die Nyquistfrequenz sind, werden somit unterabgetastet (*undersampled*) und erscheinen im Ergebnis als niedrigere Frequenz (*aliasing*) (siehe Abb. 3.33).

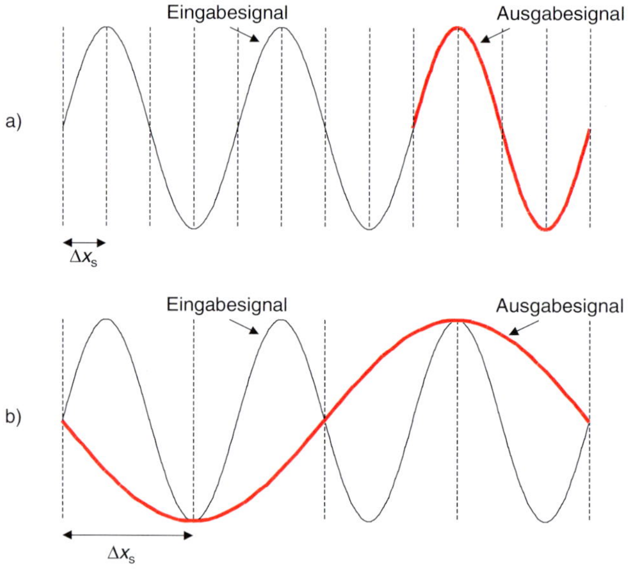

Abb. 3.33: Nyquist-Abtastung (a) und Unterabtastung/Aliasing (b)

Das Übertragungsverhalten des Abtastsystems wird mit der oben eingeführten Modulationsübertragungsfunktion (MTF) beschrieben. Bezogen auf die normierte Frequenz f/f_N nimmt die MTF oberhalb von 1 (=Nyquist-Frequenz) stark ab. Sollen die oben beschriebenen Aliasing-Effekte vermieden werden, muß das System mit einem Bandpaßfilter (Anti-Aliasing-Filter) ausgestattet werden, der idealerweise alle Frequenzen oberhalb der Nyquist-Frequenz abschneidet (Abb. 3.34).

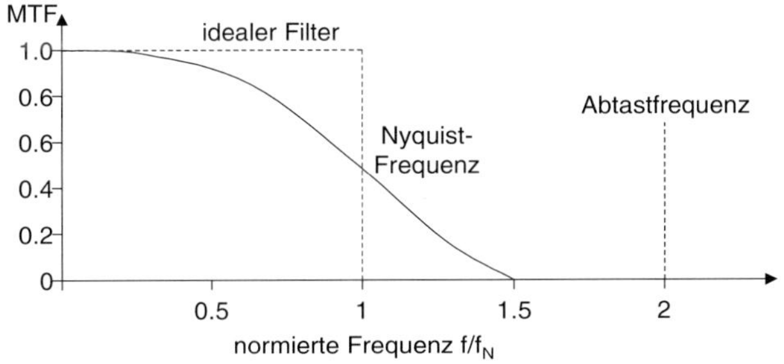

Abb. 3.34: MTF über normierter Frequenz

3.2.5.3 Detektoreigenschaften

Das Abtastsystem besteht aus einem oder mehreren Detektoren (Sensorelementen) endlicher Größe, die untereinander einen festen Abstand haben. Abtast- und Übertragungseigenschaften hängen sowohl von der Größe der lichtempfindlichen Detektorfläche (Aperturgröße Δx_D) als auch vom Detektorabstand (Pixelabstand Δx_S) ab.

Im Gegensatz zur der in Abb. 3.33 gezeigten schematischen Abtastung wird bei der realen Abtastung über die Detektorfläche integriert.

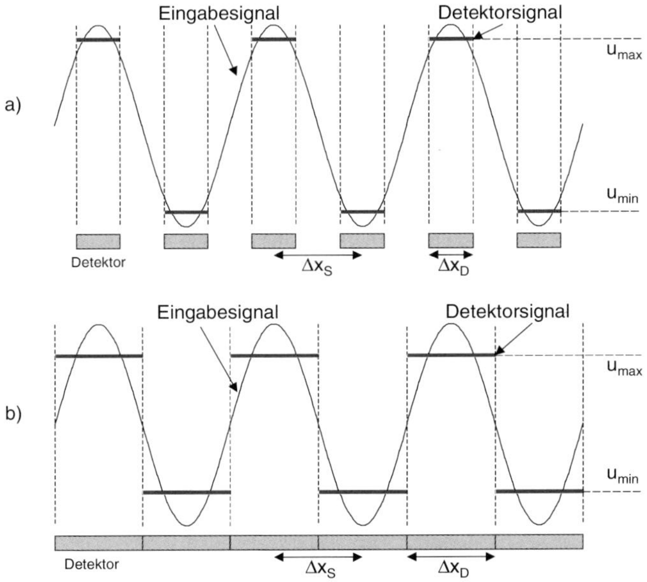

Abb. 3.35: Detektorsignale
a) Detektorfläche gleich halber Detektorabstand, b) Detektorfläche gleich Detektorabstand

Abb. 3.35a stellt die Stärke des Detektorsignals bei einer Abtastung mit einem Sensor dar, dessen Detektoren der Größe Δx_D untereinander Lücken aufweisen, so daß sich der Detektorabstand $\Delta x_S = 2\,\Delta x_D$ ergibt (z.B. Interline-Transfer-Sensor, Abb. 3.72). Dagegen zeigt Abb. 3.35b die Abtastung mit Detektoren ohne Lücken $\Delta x_S = \Delta x_D$ (z.B Frame-Transfer-Sensor, Abb. 3.70). Im letzteren Fall ist das Detektorsignal zwar stärker (höhere Lichtempfindlichkeit), der Signalabstand $(u_{max}-u_{min})$ und damit die Modulation sind jedoch geringer.

Die MTF eines aus Detektoren bestehenden Abtastsystems berechnet sich nach

$$MTF_{Detektor} = \frac{\sin(\pi \cdot \Delta x_D \cdot f)}{\pi \cdot \Delta x_D \cdot f} = \mathrm{sinc}(\pi \cdot \Delta x_D \cdot f) \tag{3.53}$$

Die sinc-Funktion wurde bereits bei der Beugung an Spaltblenden (Aperturen) eingeführt (vgl. Kap. 3.2.2.3). Sie zeigt, daß ein punktförmiges Signal (Dirac-Stoß) auch in den benachbarten Detektorelementen eine Intensität verursacht (theoretisch bis zu unendlich entfernten Elementen). Dies führt zusammen mit möglicher Defokussierung zur Punktverwaschungsfunktion PSF, die zum Beispiel an scharfen Intensitätsübergängen (Kanten) mehr oder weniger verwaschene Grauwertverläufe verursacht. MTF und PSF können entsprechend aus der Analyse von Kantenprofilen ermittelt werden.

Die MTF wird Null für $f=k / \Delta x_D$ mit $k=1,2..n$. Die erste Nullstelle ($k=1$) ist durch die Frequenz

$$f_0 = \frac{1}{\Delta x_D} \tag{3.54}$$

gegeben und kann als natürliche Auflösungsgrenze betrachtet werden. Abb. 3.36 zeigt den Verlauf der MTF eines Detektorsystems. Der negative Bereich bedeutet Kontrastumkehr, d.h. periodische schwarze Balken werden weiß abgebildet und umgekehrt. Normalerweise wird die MTF nur bis zur ersten Nullstelle dargestellt.

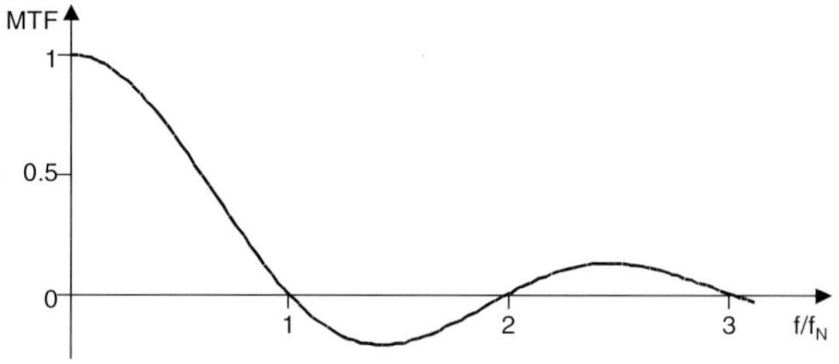

Abb. 3.36: MTF eines Detektorsystems

Übersichten zu Abtastung und Übertragungseigenschaften geben u.a. HOLST (1996), INGLIS & LUTHER (1996), LENZ (1990).

3.3 Aufnahmesysteme

3.3.1 Analoge Aufnahmesysteme

Analoge Aufnahmesysteme arbeiten mit lichtempfindlichen fotografischen Emulsionen, die als Film oder vereinzelt noch als Glasplatten verwendet werden. Übersichten zu Fotografie und Kameratechnik geben u.a. SCHRÖDER (1981), MARCHESI (1985).

3.3.1.1 Fotografische Grundlagen

3.3.1.1.1 Filmschichten

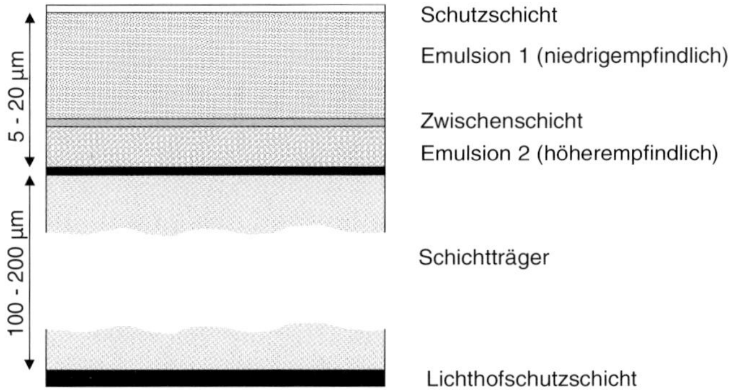

Abb. 3.37: Schematischer Aufbau von Filmschichten (S/W-Film)

Abb. 3.37 zeigt den schematischen Aufbau eines modernen Schwarzweißfilms. Auf einem 100–200µm dicken Kunststoff-Schichtträger (z.B. Acetylzellulose, Polycarbonate) befinden sich ein oder mehrere Emulsionsschichten, die aus lichtempfindlichen Silberbromidsubstanzen bestehen. Die Emulsionsschichten haben eine Dicke von ca. 5–20µm, wobei die einzelnen Silberbromidpartikel eine Größe von ca. 0.2–2µm besitzen. Die Lichtempfindlichkeit kann proportional zum Volumen der Partikel angenommen werden. Mit zunehmender Lichtempfindlichkeit wächst daher die Körnigkeit einer Emulsion. Durch gleichzeitige Verwendung verschieden sensibilisierter Schichten kann die Empfindlichkeit eines Filmes verbessert werden, ohne daß die Körnigkeit wesentlich zunimmt.

Die einzelnen Schichten werden durch lichtdurchlässige Schutzschichten voneinander getrennt. Die Rückseite des Schichtträgers ist mit einer Lichthofschutzschicht ausgestattet, die dort störende Totalreflexionen vermeidet.

Farbfilme besitzen drei übereinander liegende Emulsionsschichten, die jeweils für eine der drei additiven Grundfarben des sichtbaren Lichtes (rot, grün, blau) sensibilisiert sind und neben den Silberbromidkörnern sogenannte Farbkuppler besitzen. Während des chemischen Entwicklungsvorganges werden Farbpartikel der subtraktiven Farbmischung (gelb=yellow, purpur=magenta, cyan=blaugrün) in den entsprechenden Farbschichten in Abhängigkeit der jeweiligen Belichtung angereichert. Durch Betrachten des Bildes bei Weißlicht erscheinen wiederum die realen Farben des Objektes (Farbumkehr-Positiv-Film).

3.3.1.1.2 Der fotografische Prozeß

Die in der Emulsion befindlichen Silberbromidanteile reagieren auf einfallendes Licht. Bei der Belichtung wird die Molekularstruktur der Silberkristalle aufgebrochen und in der Emulsion entsteht ein latentes Bild. Die Anzahl der aktivierten Kristalle ist belichtungsabhängig, also von Dauer und Beleuchtungsstärke des eingefallenen Lichtes.

Bei der Entwicklung im Labor wird anschließend folgender Prozeß durchlaufen:

1. Entwicklung:

   Der belichtete Film wird in einem Entwicklerbad verarbeitet. Dabei wird das bei der Belichtung aktivierte Silberbromid in einen (geschwärzten) Silber- und einen Bromanteil getrennt. Die nicht-belichteten Teilchen bleiben unverändert und sind weiterhin lichtempfindlich.

2. Fixierung:

   Nach einer Zwischenwässerung gelangt der Film in das Fixierbad. Hierbei werden die unbelichteten Silberbromidanteile herausgelöst, der Film ist anschließend nicht mehr lichtempfindlich. Anschließend wird der Film noch einmal gewässert und schließlich getrocknet. Das Ergebnis ist ein Negativ des abgebildeten Objektes.

Die im Film sichtbare Schwärzung ist eine Funktion von Filmempfindlichkeit und Belichtung. Zur quantitativen Beschreibung der Schwärzung wird die optische Dichte D als logarithmischer Kehrwert der Transparenz T definiert:

$$D = \log\frac{1}{T} \tag{3.55}$$

Die Verwendung des Logarithmus basiert auf dem menschlichen Helligkeitsempfinden, das konstante Dichtestufen als optisch gleichabständig betrachtet. Handelsübliche Filme arbeiten im Dichtebereich zwischen 0 und 3.

Die Belichtung H ist abhängig von der Beleuchtungsstärke E [lux] und Belichtungszeit t [s]:

$$H = E \cdot t \tag{3.56}$$

Der Zusammenhang zwischen Belichtung und resultierender Dichte wird durch die Gradations- oder Schwärzungskurve beschrieben (Abb. 3.38). Sie besteht im wesentlichen aus einem linearen Teil, in dem der Film normal belichtet werden kann, d.h. gleiche Belichtungsintervalle führen zu gleichen Dichteintervallen. Die nicht-linearen Kurvenverläufe bezeichnet man als Bereiche der Unterbelichtung (links) bzw. Überbelichtung (rechts).

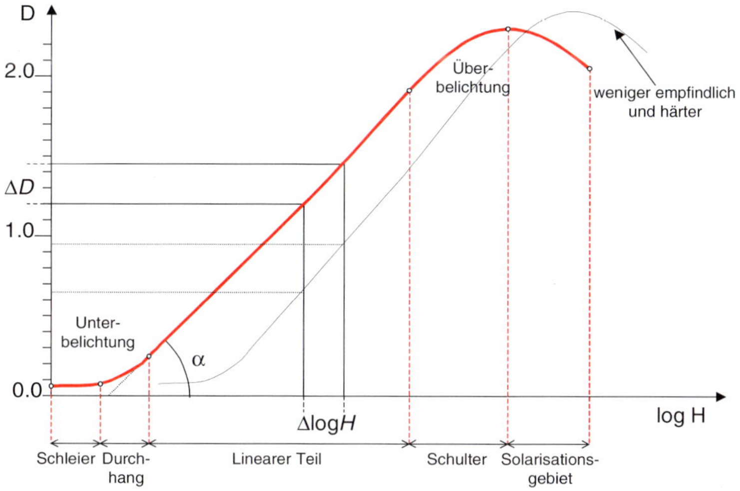

Abb. 3.38: Gradationskurven

Die Steigung des geradlinigen Teils wird durch die Gradation γ definiert:

$$\gamma = \tan\alpha = \frac{\Delta D}{\Delta \log H} \qquad (3.57)$$

Filme (Fotopapiere) mit einer Gradation (Gamma-Wert) von 1 bezeichnet man als normal. Daneben gibt es härtere (steilere) Filme ($\gamma > 1$), die einen höheren Kontrast ergeben, und weichere (flacherere) Filme ($\gamma < 1$) mit entsprechend geringerem Kontrast. Der Gamma-Wert läßt sich während der späteren Entwicklung noch begrenzt verändern.

Bei weniger empfindlichen Filmen ist die Gradationskurve nach rechts verschoben, d.h. ein bestimmter Belichtungsumfang $\Delta\log H$ führt zu einem geringeren Dichteumfang ΔD. Entsprechendes gilt für höher empfindliche Filme.

Die radiometrische Leistungsfähigkeit hängt unmittelbar vom Kornrauschen (*granularity*) der Emulsion ab. In Abhängigkeit der mittleren Streuung der Dichte σ_D, die durch die Kornstruktur erzeugt wird, wird die Größe

$$\textit{Diffuse RMS Granularity} = 10^3 \cdot \sigma_D \qquad (3.58)$$

für eine belichtete Schicht der Dichte 1.0D angegeben. Der RMS-Wert liegt für normale Filme etwa zwischen 5 und 12 entsprechend einem σ_D zwischen 0.005D und 0.01D. Bei einem maximalen Signal von 2D ergibt sich eine radiometrische Dynamik von ca. 10^4 oder 10000:1.

3.3.1.1.3 Empfindlichkeit

Die Lichtempfindlichkeit einer Filmschicht wird festgelegt durch die notwendige Belichtung, die unter definierten Laborbedingungen im Film eine Dichte von 0.1D über dem Schleier ergibt (vgl. Abb. 3.38). Die Filmempfindlichkeit wird in der DIN- bzw. ASA-Reihe festgelegt:

DIN	...	15	18	21	24	27	30	...
ASA	...	25	50	100	200	400	800	...

Tabelle 3.2: Filmempfindlichkeitswerte

Gemäß ISO erfolgt die Angabe der Empfindlichkeit für einen Film mit 100 ASA bzw. 21 DIN durch die Bezeichnung ISO 100/21°. Von Stufe zu Stufe verdoppelt sich in dieser Reihe die Empfindlichkeit, d.h. die notwendige Belichtung zur Erzeugung einer bestimmten Dichte halbiert sich. Somit läßt sich die Wahl einer bestimmten Filmempfindlichkeit abstimmen auf Blendenzahl und Belichtungszeit, die an üblichen Kameras ebenfalls eine Halbierung bzw. Verdoppelung der Belichtung gestatten.

Die spektrale Empfindlichkeit üblicher Filmmaterialien ist auf das menschliche Auge abgestimmt. Während nicht-sensibilisierte oder orthochromatische Filme nur bis in den nahen Grün-Bereich ($\lambda \leq 580$nm) des Spektrums arbeiten, bilden panchromatische Filme das gesamte sichtbare Licht (400nm $\leq \lambda \leq$ 700nm) ab. In der Luftbildaufnahme haben darüberhinaus sensibilisierte Infrarotfilme eine große Bedeutung, in Nahbereichsanwendungen spielen sie aber praktisch keine Rolle. Abb. 3.74 zeigt die spektrale Empfindlichkeit verschiedener Bildsensoren.

3.3.1.1.4 Geometrisches Auflösungsvermögen

Das geometrische Auflösungsvermögen (vgl. Kap. 3.2.4.1) wird unter idealen Bedingungen bestimmt und dient vor allem zu Vergleichszwecken verschiedener Emulsionen. Es liegt bei modernen Filmen zwischen ca. 40 und 250 L/mm, Spezialemulsionen für Reprozwecke und Holografie erreichen bis zu 3000 L/mm. Schwarz-Weiß-Filme besitzen ein höheres Auflösungsvermögen als Farbfilme.

Die tatsächliche praktische Detailerkennbarkeit muß gegebenenfalls individuell mit einer Testtafel (Abb. 3.30) gemessen werden, wobei dann neben den Einflüssen der Emulsion (Körnigkeit, Konturenschärfe) auch das optische System sowie die weitere Verarbeitung im Fotolabor eingeht.

Das tatsächliche Übertragungsverhalten eines Films wird durch die Modulationsübertragungsfunktion beschrieben, die den technischen Datenblättern eines Filmes entnommen werden kann.

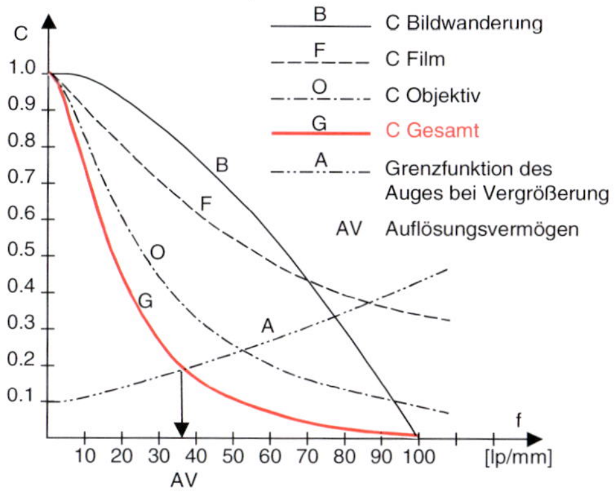

Abb. 3.39: Resultierende Gesamt-MTF (nach KOCECNY & LEHMANN 1984)

Liegen Angaben zur MTF der weiteren Systemkomponenten (Atmosphäre, Objektiv, Entwicklung, Abtastung usw.) vor, ergibt sich die gesamte System-MTF durch Multiplikation der einzelnen MTFs (Abb. 3.39):

$$MTF_{ges} = MTF_{Atmophäre} \cdot MTF_{Objektiv} \cdot MTF_{Film} \cdot \ldots \cdot MTF_n \tag{3.59}$$

3.3.1.2 Kameratechnik

3.3.1.2.1 Kameratypen

Unter den zahlreichen Kamerakonstruktionen lassen sich primär drei klassische Grundtypen unterscheiden:

- Sucherkamera:

  In der Sucherkamera wird das Bild über einen vom Objektiv getrennten Strahlengang eingestellt. Sie gestattet keine direkte Kontrolle der Abbildung, etwa bei Schärfen- oder Blendeneinstellungen oder Objektivwechsel, und besitzt gegenüber dem Objektiv einen räumlichen Versatz (Parallaxe). Das Bild im Sucher erscheint aufrecht und seitenrichtig.

- Spiegelreflexkamera:

  Bei der einäugigen Spiegelreflexkamera erfolgt die Suchereinstellung durch das Aufnahmeobjektiv, indem ein Planspiegel den Strahlengang in ein Sucherokular umleitet (Abb. 3.40). Vor der Belichtung wird der Spiegel hochgeklappt. Bei Spiegelreflexkameras mit Schachtsucher gelangt das Bild über den Spiegel auf eine Mattscheibe, die von oben betrachtet werden kann. Das Bild auf der Mattscheibe erscheint aufrecht und seitenverkehrt. Das Prinzip wird bei vielen Mittelformatkameras verfolgt (Beispiel in Abb. 3.53).

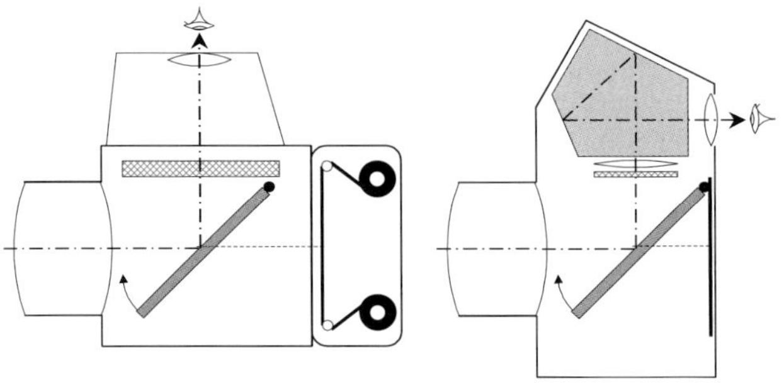

Abb. 3.40: Spiegelreflexkameras (MARCHESI 1985)

Einäugige Spiegelreflexkameras mit Dachkantenprisma erlauben die seitenrichtige und aufrechte Bildbetrachtung. Anstelle der oben beschriebenen Mattscheibe wird der Sucherstrahlengang durch ein Prisma geleitet, das die Bildspiegelung wieder aufhebt. Da keine Mattscheibe benötigt wird, ist das Sucherbild sehr viel heller. Auch Kameras mit Schachtsucher lassen sich durch ein aufgesetztes Dachkantenprisma ergänzen.

Wird anstelle des analogen Films ein opto-elektronischer Bildsensor eingesetzt, kann der Sucher durch einen Monitor (LCD-Display) ersetzt werden, so daß das aufgezeichnete Bild ohne optische Umwege direkt beobachtet werden kann (siehe Kap. 3.3.2, Abb. 3.83).

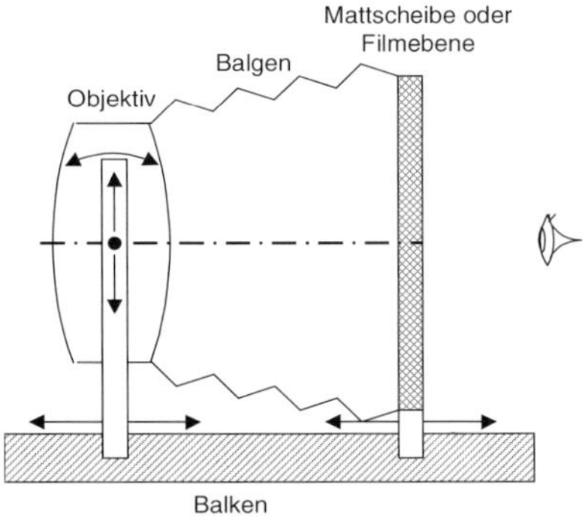

Abb. 3.41: Studio- oder Auszugskamera

- Studio- oder Auszugskamera:

  Studio- oder Auszugskameras gestatten die individuelle Anordnung und Ausrichtung von Objektiv und Filmebene. Durch Neigung des Objektivs lassen sich spezielle Schärfeeinstellungen (Scheimpflug-Bedingung) vornehmen. Eine Objektivverschiebung dient zur Veränderung der perspektiven Abbildungseigenschaften, z.B. zur Vermeidung stürzender Linien bei Architekturaufnahmen. Auszugskameras werden vor allem in der professionellen Studiofotografie eingesetzt. In der Photogrammetrie findet man das Prinzip bei analogen Entzerrungsgeräten.

3.3.1.2.2 Verschluß

Der Verschluß einer Kamera dient der kurzzeitigen Öffnung des Strahlenganges zur Belichtung des Films. Man unterscheidet vor allem zwischen Schlitzverschlüssen und Zentralverschlüssen.

Herkömmliche Kleinbildkameras besitzen in der Regel einen direkt vor der Filmebene angebrachten Schlitzverschluß, der einen schmalen Öffnungsspalt über das Filmformat bewegt (Abb. 3.42). Schlitzverschlüsse sind einfach zu realisieren und bieten Verschlußzeiten von weniger als 1/4000s. Wenn sich die Kamera gegenüber dem Objekt parallel zur Verschlußrichtung bewegt (z.B. bei Aufnahmen von einer fahrenden Plattform), kommt es jedoch zu örtlich versetzten Aufnahmepositionen, d.h. zu jedem Belichtungszeitpunkt besitzt das Bild eine andere äußere Orientierung.

Abb. 3.42: Prinzip des Schlitzverschlusses

Zentralverschlüsse befinden sich direkt im Objektiv. Über mechanisch verstellbare Lamellen wird der Verschluß radial-symmetrisch geöffnet (Abb. 3.43), so daß jeder Bildpunkt in derselben Projektion belichtet wird, auch wenn sich die Kameraplattform bewegt. Zentralverschlüsse sind mechanisch sehr viel aufwendiger und bieten Verschlußzeiten von max. 1/1000s. Sie werden in photogrammetrischen Mittel- und Großformatkameras ausschließlich eingesetzt.

Abb. 3.43: Prinzip des Zentralverschlusses

3.3.1.2.3 Objektive

3.3.1.2.3.1 Lichtstärke und Blendenzahl

Die Lichtstärke eines Objektivs wird durch seine relative Öffnung gekennzeichnet, die vom Durchmesser d' der Eintrittspupille und der Brennweite f abhängt (siehe Abb. 3.44):

$$\text{Relative Öffnung} = \frac{d'}{f} \tag{3.60}$$

Für ein Objektiv mit einer Eintrittspupille von d'=20mm und einer Brennweite von f=80mm ergibt sich eine Lichtstärke von 1:4.

Die Blendenzahl k ist der Kehrwert der relativen Öffnung:

$$k = \frac{f}{d'} \tag{3.61}$$

Je größer die Blendenzahl, desto kleiner ist die relative Öffnung, also auch die Lichtmenge, die bei der Belichtung auf den Film fällt. In der Praxis ist die kleinste einstellbare Blendenzahl eines Objektivs gleichbedeutend mit dem Kehrwert der Lichtstärke. Die Angabe der Blendenzahl folgt der Internationalen Blendenreihe, bei der sich von Stufe zu Stufe die Fläche der Blendenöffnung (also auch die einfallende Lichtmenge) halbiert. Neben der Regelung der Lichtmenge dient die Blende zur Variation der Schärfentiefe (siehe Kap. 3.2.2.5).

1	1.4	2	2.8	4	5.6	8	11	16	22	...

Tabelle 3.3: Internationale Blendenreihe

3.3.1.2.3.2 Öffnungswinkel und Formatwinkel

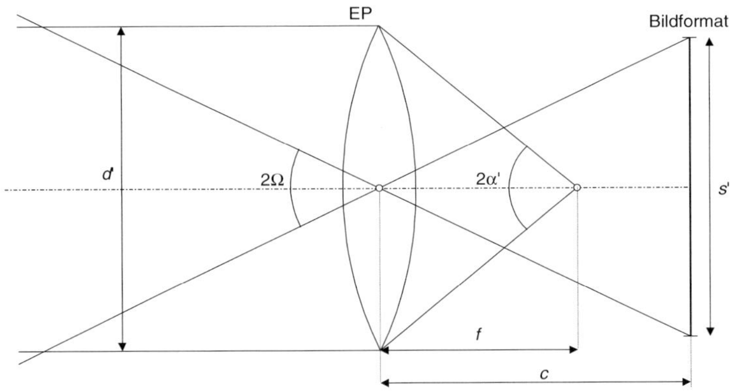

Abb. 3.44: Öffnungswinkel und Formatwinkel

Der Öffnungswinkel eines Objektivs $2\alpha'$ wird ausschließlich durch Brennweite und Durchmesser der Eintrittspupille festgelegt (Abb. 3.44):

$$\tan \alpha' = \frac{d'}{2f} \tag{3.62}$$

Dagegen beschreibt der Formatwinkel (Feldwinkel) 2Ω den maximal nutzbaren Bildwinkel bezogen auf die Diagonale eines gegebenen Bildformates s' und die Bildweite bzw. die Kamerakonstante c:

$$\tan \Omega = \frac{s'}{2c} \tag{3.63}$$

Anhand der Formatwinkel können Grundtypen von Objektiven unterschieden werden (siehe Tabelle 3.4). Als grobe Faustformel entspricht die Brennweite eines Normalobjektivs der Diagonalen des Bildformates. Bei kleinen Bildformaten (Videokameras, Digitalkameras) werden sehr kurze Brennweiten erreicht.

Objektivtyp Bilddiagonale	Format-winkel 2Ω	Video [8 × 6mm²] 10mm	Kleinbild [36 × 24mm²] 43mm	Mittelformat [60 × 60mm²] 84mm	Großformat [230 × 230mm²] 325mm
Teleobjektiv (Schmalwinkel)	15 – 25°	> 22mm	> 90mm	> 190mm	610mm
Normalobjektiv (Standard)	40 – 70°	7 – 13mm (8mm)	40 – 60mm (50mm)	70 – 115mm (80mm)	280 – 440mm (300mm)
Weitwinkel	70 – 100°	4 – 7mm	18 – 35mm	35 – 60mm	135 – 230mm
Überweitwinkel (Fish-Eye)	>100°	<4mm	<18mm	<35mm	<135mm

Tabelle 3.4: Resultierende Brennweiten für verschiedene Objektivtypen und Bildformate

3.3.1.2.3.3 Vario-Objektive

Vario- oder Zoom-Objektive gestatten die Variierung der Brennweite bei gleichbleibender Scharfeinstellung und relativer Blendenöffnung. Abb. 3.45 zeigt das Prinzip eines Vario-Objektives: Die Brennweite wird durch Bewegung eines Mittelgliedes verändert, während gleichzeitig ein weiteres Linsenglied für den Schärfeausgleich sorgt.

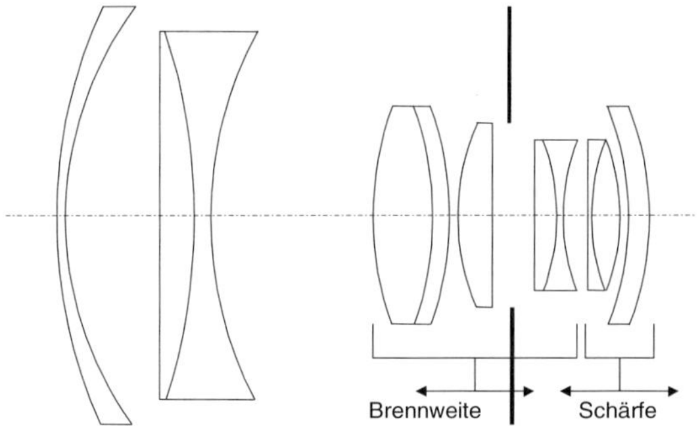

Abb. 3.45: Prinzip eines Vario-Objektivs (MARCHESI 1985)

Eine veränderte Brennweite führt nach Kap. 3.2.2.4 zu einer geänderten inneren Orientierung. Aufgrund der Bauweise von Vario-Objektiven verschiebt sich dabei nicht nur die räumliche Lage des Projektionszentrums, sondern es ändern sich auch die Parameter der radial-symmetrischen und der tangential-asymmetrischen Verzeichnung. Vario-Objektive können photogrammetrisch kalibriert werden, sind aber mechanisch wenig stabil und weisen hohe Verzeichnungswerte auf. Sie werden daher in der Praxis nur selten eingesetzt.

3.3.1.2.3.4 Telezentrische Objektive

Telezentrische Objektive sind so konstruiert, daß sämtliche Gegenstandspunkte unabhängig vom Aufnahmeabstand mit gleichem Bildmaßstab abgebildet werden. Beim zweistufigen telezentrischen Objektiv werden zwei Linsengruppen so angeordnet, daß die objektseitige Hauptebene des zweiten (rechten) Systems in der Brennebene des ersten (linken) Systems liegt. An dieser Position befindet sich ebenfalls die Blende. Ein innerhalb der einfachen Brennweite des ersten Systems liegender Objektpunkt *P* wird virtuell nach *P'* abgebildet (Lupeneffekt). Das zweite System bildet P' scharf in der Bildebene an der Stelle *P''* ab. Damit werden alle Punkte, die sich objektseitig auf achsparallelen (also entfernungsunabhängigen) Hauptstrahlen befinden, durch identische Mittelpunktstrahlen und somit in der Bildebene an derselben Stelle abgebildet (Abb. 3.46).

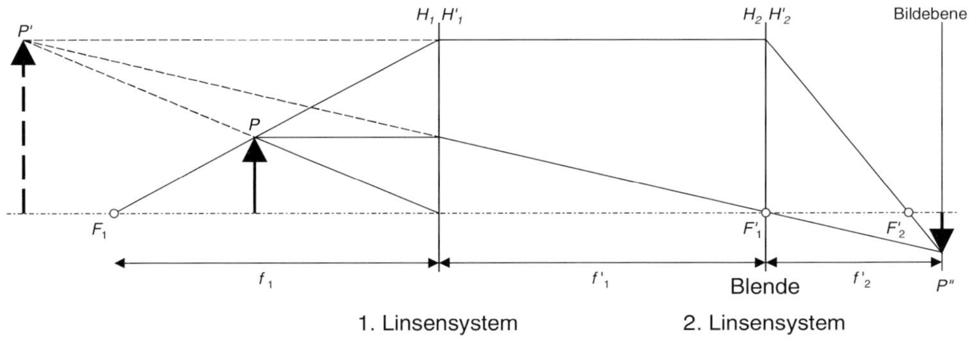

Abb. 3.46: Zweistufiges telezentrisches Objektiv (SCHMIDT 1993)

Die Bündelbegrenzung führt dazu, daß die Größe des aufzunehmenden Objektes auf den maximalen Blenden- bzw. Objektivdurchmesser begrenzt ist. Telezentrische Objektive werden vor allem für die Aufnahme kleiner Objekte (∅<100mm) im Bereich der zweidimensionalen optischen Meßtechnik eingesetzt. Das Abbildungsmodell entspricht nicht mehr der Zentralprojektion, sondern geht in eine Parallelprojektion über.

3.3.1.2.4 Belichtungsmessung

Mit der Belichtungsmessung wird eine geeignete Kombination von Blende und Belichtungszeit bestimmt. Moderne Kameras führen die Belichtungsmessung automatisch durch. Für ältere Kameratypen ist eine manuelle Messung der Belichtung erforderlich. Sowohl in die Kamera integrierte Belichtungssysteme als auch Handbelichtungsmesser messen elektro-optisch Helligkeitswerte und berechnen einen geeigneten Blenden-Zeit-Wert auf der Basis einer mittleren Dichte von 0.7D im Ergebnisbild.

Die Belichtungsmessung in einer Spiegelreflexkamera erfolgt üblicherweise durch das Aufnahmeobjektiv hindurch (TTL-Messung, *through the lens*). Ein Teil des Lichts wird im Strahlengang der Kamera abgezweigt und auf einen Lichtsensor geleitet. Die integrale Belichtungsmessung ermittelt die Belichtungswerte über das gesamte Bildfeld, wobei z.B. eine Gewichtung des Bildzentrums erfolgen kann. Bei der selektiven Belichtungsmessung wird in verschiedenen Bereichen des Bildes gemessen und anschließend ein Gesamtwert errechnet. Moderne computergesteuerte Kameras verfügen darüberhinaus über Mischformen der genannten Belichtungsmethoden.

3.3.1.3 Kameras mit mechanischer Bildverebnung (Meßkameras)

3.3.1.3.1 Meßkameras

Meßkameras (vgl. Kap. 3.2.3.5) wurden bis Anfang der achtziger Jahre überwiegend eingesetzt, da eine nachträgliche Bestimmung der inneren Orientierung nicht-kalibrierter Kameras in der Praxis kaum möglich war. Der konstruktive Aufwand einer Meßkamera ist hoch, da neben der Verebnung der Bildfläche (Glasplatten als Schichtträger, Andruck- oder Ansaugvorrichtungen für Filmplanlage) auch verzeichnungsfreie Hochleistungsobjektive angestrebt werden. Dem daraus resultierenden Vorteil, daß Bilder einer Meßkamera unmittelbar photogrammetrisch auswertbar sind, stehen schwerfälligere Handhabung und hohe Gerätekosten nachteilig gegenüber (ATKINSON 1989, LUHMANN 1996).

Zu den technischen Merkmalen einer Meßkamera gehören insbesondere:

- konstante Kamerakonstante durch fest eingebautes, nicht fokussierbares Objektiv
- verzeichnungsfreies Objektiv, $\Delta r' < 4\mu m$
- senkrecht zur optischen Achse angebrachte Bildebene
- Bildhauptpunkt = Bildmittelpunkt
- ebene Bildfläche durch Glasplatten oder mechanische Bildverebnung
- großes Bildformat
- optionale Zusatzeinrichtungen zur geodätischen Messung von Paßpunkten (siehe Abb. 3.48)

Photogrammetrische Meßkameras folgten bis in die achtziger Jahre diesem Prinzip. Hohe optische und mechanische Qualität wurde mit Einschränkungen hinsichtlich des Bedienungskomforts und des flexiblen Einsatzes erkauft. Viele der Vorzüge professioneller Fotoapparate wie z.B. Wechselobjektive, Spiegelreflextechnik, automatische Belichtung, motorischer Filmtransport, geringes Gewicht usw. sind in Meßkameras praktisch nicht verwirklicht.

Der Einsatz analoger Meßkameras ist in der Praxis vor allem dort noch von Bedeutung, wo aufgrund der spezifischen Meßaufgabe ein großes Bildformat erforderlich ist, keine

Simultankalibrierung der Aufnahmekamera möglich ist oder die Messung von (vielen) Réseaupunkten im Meßbild nicht vertretbar ist.

Zu den wenigen analogen Meßkameras, die noch im praktischen Einsatz sind, zählt die Großformatmeßkammer Zeiss UMK 1318 (Abb. 3.47). Sie zeichnet sich durch das große Bildformat von 122mm × 160mm, mechanische Filmverebnung (Andruckplatte) und leistungsfähige Objektive verschiedener Brennweiten aus (Verzeichnung 2–10µm je nach Objektiv). Die Kamera liefert eine instrumentelle Bildmeßgenauigkeit von ca. 2µm, wenn die Parameter der inneren Orientierung simultan bestimmt werden. Bezogen auf die Bilddiagonale entspricht dies einer relativen Genauigkeit von ca. 1:100000.

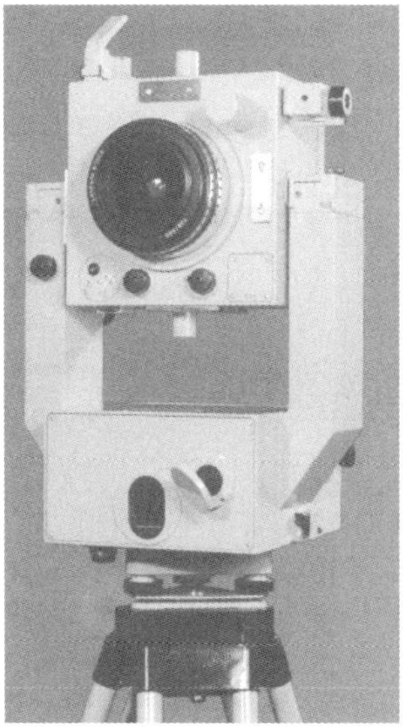

Abb. 3.47: Meßkamera Zeiss UMK 1318

Abb. 3.48: Meßkamera Wild P31

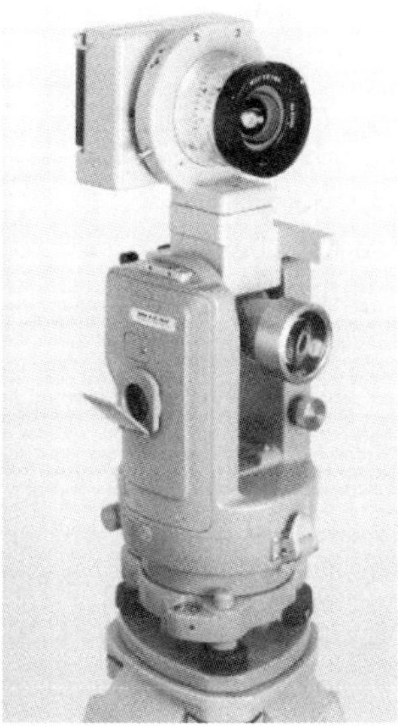

Abb. 3.49: Meßkamera Wild P32

Tabelle 3.5 stellt einige technische Daten analoger Meßkameras zusammen (siehe auch Abb. 3.48, Abb. 3.49, Abb. 1.27).

Hersteller	Bezeichnung	Bildformat [mm]	Objektive [mm]	Aufnahme-entfernung	Gewicht [kg]
Zeiss	UMK	120 × 166	64,99,200,300	1.4 – 8m	10 – 12
Zeiss	TMK	80 × 100	60, 120	10m	13
Wild	P32	60 × 80	64	3.3m	3
Wild	P31	83 × 117	45, 100, 200	1.5, 6.6, 18m	6
Wild	C 40 / C 120	60 × 80	64	2.5, 10m	10 – 13
Zeiss	SMK 40/120	80 × 100	60	2.5, 5m	20

Tabelle 3.5: Technische Daten analoger Meßkameras (Auswahl)

3.3.1.3.2 Stereomeßkameras

Stereomeßkameras besitzen zwei praktisch identische Meßkameras, die auf einer festen mechanischen Basis angebracht sind und simultan ausgelöst werden. Sie besaßen früher große Bedeutung zum Beispiel in der Architekturphotogrammetrie oder bei der Unfallaufnahme, bei denen die Aufnahmen nach dem Stereonormalfall (Abb. 4.58.) erfolgten und in einfachen Analogauswertegeräten (Beispiel in Abb. 1.28) ausgewertet wurden. Systeme wie die Stereomeßkammer Zeiss SMK 40/120 (Abb. 1.27) oder Kelsh K-460 (variable Basis 24–92cm, Abb. 3.50) werden nur noch vereinzelt eingesetzt, z.B. bei der Vermessung von Karosserieoberflächen (Abb. 6.36).

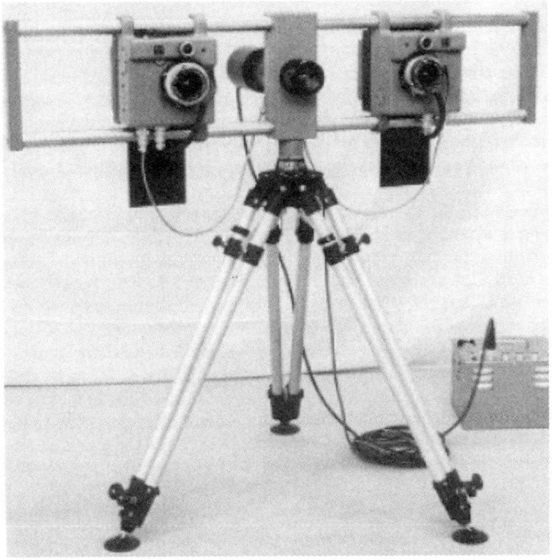

Abb. 3.50: Stereomeßkammer Kelsh K-460

3.3.1.4 Kameras mit optisch-numerischer Bildverebnung (Réseaukameras)

3.3.1.4.1 Réseauprinzip

Kameras mit optisch-numerischer Bildverebnung besitzen im Bildraum ein regelmäßiges, kalibriertes Raster von Bezugspunkten, das bei der Belichtung mit auf dem Film abgebildet wird. Die am häufigsten verwendete Lösung besteht in einer ebenen dünnen Glasplatte, auf die ein Raster von kreuzförmigen Punkten aufgebracht ist. Hierfür hat sich der Begriff Réseau eingebürgert. Réseaukameras fallen in der Regel in die Klasse der Teilmeßkameras (vgl. Kap. 3.2.3.5).

Die koordinatenmäßig bekannten Punkte des Réseaus bei der Belichtung zentralperspektiv mit auf den Film belichtet. Bei der späteren Bildauswertung können Filmdeformationen, ausgelöst durch Filmschrumpf oder Abweichungen von der Planlage des Filmes, durch eine Ablage von der Sollposition der Réseaukreuze gemessen und anschließend rechnerisch durch eine geeignete Transformation kompensiert werden (siehe Kap. 3.2.3.4, vgl. Abb. 3.107).

Für den Einbau eines Réseaus im Bildraum gibt es verschiedene Möglichkeiten (WESTER-EBBINGHAUS 1989):

- Réseauplatte mit Andruckrahmen:

  Der Film wird mechanisch durch eine Andruckplatte an die Réseauplatte gepreßt. Filmunebenheiten bleiben zwar gering, nachteilig ist jedoch die mechanische Berührung (Abnutzung) von Film und Glasplatte, das Entstehen Newtonscher Ringe sowie die notwendige Abhebung des Films für den Weitertransport. Dieses Konzept hat sich nicht durchgesetzt.

- Réseauplatte ohne Filmberührung:

  Die Réseauplatte befindet sich in einem Abstand von ca. 50μm vor dem Film, der ohne direkte Berührung eine ausreichende Scharfabbildung der Réseaupunkte gewährleistet. Durch den Planplatteneffekt der Glasplatte (seitlicher Versatz der Bildstrahlen) muß ein zusätzliches Distanzstück eingebaut werden, um die reduzierte Bildweite zu kompensieren (Abb. 3.51). Mit diesem Konzept wird die volle Funktionsfähigkeit der Kamera (Wechselmagazine, Objektivwahl) beibehalten. Es wurde von Rollei für verschiedene Systeme realisiert und hat sich für praktisch alle Réseaukameras durchgesetzt.

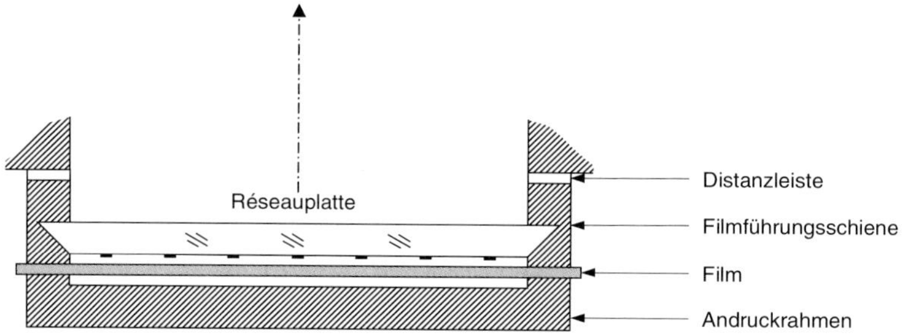

Abb. 3.51: Einbau einer Réseauplatte ohne Filmberührung (nach WESTER-EBBINGHAUS 1981)

- Rückwärtige Projektion eines Punktrasters:

  Eine spezielle Methode der Réseautechnik besteht in der rückwärtigen Projektion eines regelmäßigen Leuchtrasters auf die Filmebene. Die belichteten Réseaupunkte können in gleicher Weise wie ein normales Glasgitter zur Korrektur von Filmdeformationen genutzt werden. Das Prinzip ist in den CRC-Kameras der Firma GSI realisiert.

3.3.1.4.2 Réseauvorbelichtung

Die Verwendbarkeit eines Réseaus wird stark eingeschränkt, wenn die Réseaupunkte nicht mit ausreichendem Kontrast abgebildet werden. Bei ungünstigen Umgebungsbedingungen oder Objekteigenschaften kann es daher zu nicht meßbaren Réseaumaschen kommen, so daß eine numerische Filmkorrektur in diesen Bereichen nicht möglich ist.

Durch separate Vorbelichtung des Réseaus kann dagegen ein besserer Kontrast der Réseaupunkte erzielt werden. Hierzu wird der Verschluß geöffnet und kurzzeitig eine diffuse Lichtquelle zu Belichtung eingesetzt, z.B. durch Aufnahme eines diffusen Objektes (Himmel) oder mittels einer separaten, vor das Objektiv klappbaren diffusen Lichtquelle. Nach der Vorbelichtung wird der Film nicht weitertransportiert, sondern mit dem eigentlich aufzunehmenden (dunklen) Meßobjekt belichtet.

3.3.1.4.3 Aufnahmesysteme

Mit der Teilmeßkamera Hasselblad MK70 (Abb. 3.52) wurde erstmals das Konzept verfolgt, eine professionelle fotografische Kamera durch Einbau eines Réseaus zu einem photogrammetrisch nutzbaren Aufnahmesystem zu machen. Im Fall der MK70 wurde allerdings mehr das Meßkameraprinzip verwirklicht, wodurch viele der nützlichen Kamerafunktionen des Hasselblad-Systems (z.B. Spiegelreflexsucher, beliebige Wechselobjektive) verloren gingen.

Abb. 3.52: Mittelformatkamera Hasselblad MK70

Réseaukameras stehen heute in den verschiedensten Bildformaten zur Verfügung (vgl. Tabelle 3.6). Klein- und mittelformatige Teilmeßkameras auf der Basis professioneller Systemkameras bieten bequeme Handhabung und ein großes Angebot an Objektiven und Zubehör. Kleinbildkameras im Format 24mm $\times$ 36mm erreichen eine Genauigkeit, die in der Regel für den Einsatz in Architekturanwendungen ausreichend ist. Die gängigen Réseauplatten besitzen z.B. 5×7 Kreuze im Abstand von 5mm. Für Anwendungen, in denen die abgebildeten Réseaupunkte stören, erlaubt das kleine Bildformat auch eine auf den Bildrand beschränkte Anordnung von Réseaupunkten. Beispiele für Kleinbild-Réseaukameras sind die Rollei 3003 metric oder die Nikon F-Serie. Prinzipiell kann jeder Fotoapparat mit einem Réseau ausgestattet werden. Vorzugsweise sollten die Kameras allerdings über ein stabiles Metallgehäuse verfügen. Erreichbare relative Genauigkeiten liegen bei ca. 1:5000 – 1:10000.

Hersteller	Bezeichnung	Bildformat [mm]	Objektive [mm]	Réseau-abstand [mm]	Gewicht [kg]
Geodesign	Nikon, Geometric	36 × 24	28, 35, 50	5	< 1
Rollei	3003 metric	36 × 24	15 – 135	5	1.3
Leica	R5	36 × 24	18 – 135	5	1.2
Rollei	6006/6008 metric	55 × 55	40 – 500	2, 5, 25	2.0
Hasselblad	MK70	55 × 55	60, 100	10	2.0
Hasselblad	MKWE	55 × 55	38	5	1.8
Pentax	PAMS 645 P	50 × 40	35 – 200	20, 25	1.4
Linhof	Metrica 45	105 × 127	90, 150	2.5, 10	7.5
Rollei	R_metrica	102 × 126	75, 150	2	9.5
GSI	CRC-2	115 × 115	65, 90, 120	25	9
GSI	CRC-1	230 × 230	120, 240	50	20
Rollei	LFC	230 × 230	165, 210	2	20

Tabelle 3.6: Technische Daten analoger Réseaukameras (Auswahl)

Mittelformat-Réseaukameras im Format 60mm × 60mm bis zu 90mm × 60mm bieten dagegen Relativgenauigkeiten von 1:10000 bis 1:50000. Die bekanntesten Mittelformatkameras sind die Rollei 6006 metric (Abb. 3.53) bzw. das Nachfolgemodell 6008 metric (Abb. 3.130), die aus der Rolleiflex SLX (Abb. 1.29) hervorgegangen sind (WESTER-EBBINGHAUS 1983a). Stellvertretend für vergleichbare Systeme soll die Rollei 6006/6008 metric näher betrachtet werden.

Abb. 3.53: Mittelformatkamera Rollei 6006 metric

Die Kamera basiert auf der Spiegelreflextechnik mit Mattscheibensucher (Schachtsucher, siehe Abb. 3.40). Der Schachtsucher kann durch ein Dachkantenprisma ausgetauscht werden. Der handelsübliche Rollfilm befindet sich in einem separaten Filmmagazin, das im Standardfall Filme mit 12 Aufnahmen aufnehmen kann (optionales Spezialmagazin mit bis zu 70 Bildern). Der motorische Filmtransport erlaubt Bildfolgen mit bis zu 2.5 Bildern pro Sekunde. Die Belichtungsmessung erfolgt integral durch das Objektiv hindurch manuell oder vollautomatisch. Weiteres Systemzubehör (z.B. Infrarot-Fernauslösung, Synchronisierung mehrerer Kameras, Ringblitz, Polaroid-Rückteil etc.) ergänzt diese Ausstattung.

Das Rollei 6006/6008-System verfügt über verschiedenste Objektive. Für photogrammetrische Zwecke kommen überwiegend hochwertige Zeiss-Objektive der Brennweiten 40mm (Distagon, Weitwinkel), 60mm (Distagon, leichtes Weitwinkel), 80mm (Planar, Normalwinkel) und 150mm (Sonnar, Teleobjektiv) zum Einsatz. Sämtliche Objektive sind mit einem elektronisch gesteuerten Zentralverschluß ausgestattet. Der Einbau der Objektive erfolgt über einen Bajonettanschluß. Die Entfernungseinstellung wird durch vorgegebene Einrastungen eingeschränkt.

Das in die Kamera integrierte Réseau besteht im Standardfall aus 11×11 Kreuzen mit einer Maschenweite von 5mm. Optional kann ein reduziertes Réseau mit 3×3 Kreuzen im Abstand von 25mm eingebaut werden. Für industrielle Anwendungen höherer Genauigkeit ist ein Réseau mit 2mm Maschenweite erhältlich (Rollei LFC, siehe unten).

Die Kamera wird werksseitig über Testfeldaufnahmen kalibriert. Das Kalibrierungsprotokoll enthält a priori Werte der inneren Orientierung (für verschiedene Entfernungsrasten), die für Anwendungen geringerer Genauigkeitsforderung direkt verwendet werden können. Die Bildkoordinaten der Réseaupunkte liegen mit einer Genauigkeit von 1µm vor, Abweichungen von den ganzzahligen Sollkoordinaten (Réseauabstand 5mm) liegen unter 2µm. Kamerakonstante und Bildhauptpunkt werden mit einer a priori Genauigkeit von ca. 10–20µm angegeben. Da der Anwender das Objektiv jederzeit auswechseln kann, sind höhere a priori Genauigkeiten nicht sinnvoll. Das Genauigkeitspotential der Kamera liegt bei ca. 1–2µm, das jedoch nur bei hinreichend konfigurierter Simultankalibrierung erreicht wird.

Für Anwendungen mit hohen Genauigkeitsanforderungen stehen Aufnahmesysteme vom Zwischenformat $115\text{mm} \times 115\text{mm}$ (Abb. 3.54) bis zum Luftbildformat $230\text{mm} \times 230\text{mm}$ (Abb. 3.55, Abb. 3.56) zur Verfügung. Kameras im unteren Großformatbereich stellen einen Kompromiß zwischen Mittelformat- und Luftbildformat dar, indem bessere Genauigkeiten bei gleichzeitig noch ausreichender Handhabung kombiniert werden. Allerdings sind die Kosten dieser Systeme im Vergleich zu Mittelformaten deutlich höher. Kameras mit Bildformaten bis $115\text{mm} \times 115\text{mm}$ lassen relative Genauigkeiten von ca. 1:50000 bis 1:100000 zu.

Für industrielle Spezialanwendungen existieren zwei Aufnahmesysteme im Luftbildformat $230\text{mm} \times 230\text{mm}$. Die Kamera GSI CRC-1 (Abb. 3.55) besitzt neben der mechanischen Bildverebnung über ein Vakuumandrucksystem zusätzlich eine hinter der Bildebene angebrachte Anordnung von kreisförmigen Leuchtmarken, die auf den Film belichtet werden. Durch Bestimmung von Lage und Form der Leuchtpunkte können Filmdeformationen numerisch kompensiert werden. Die Kamera kann mit Objektiven der Brennweite 120mm (starkes Weitwinkel) und 240mm (leichtes Weitwinkel) betrieben werden und besitzt eine Rotationsvorrichtung um die Aufnahmeachse zur Herstellung gekanteter Bilder. Bei Verwendung signalisierter Objektpunkte (Retromarken), Bildmessung in einem digitalen Präzisionskomparator (Abb. 6.3) und bei geeigneter Aufnahmekonfiguration lassen sich relative Objektgenauigkeiten von 1:200000 und besser erreichen. Ein Einsatzschwerpunkt des Systems liegt in der Luft- und Raumfahrtindustrie (FRASER & BROWN 1986).

Abb. 3.54: Mittelformatkamera GSI CRC-2

Abb. 3.55: Großformatkamera GSI CRC-1

Abb. 3.56: Großformatkamera Rollei LFC

Mit der Rollei LFC (Large Format Camera) liegt ein System ähnlicher Leistungsklasse vor (Abb. 3.56). Bei dieser Kamera befindet sich ein Réseau vor der Filmebene, das ein Punktraster von 2mm Abstand besitzt. Dementsprechend werden 11500 × 11500

Réseaupunkte aufbelichtet. Die Ausmessung der Meßbilder kann daher praktisch nur automatisch erfolgen. Mit Hilfe des Réseau-Scanners Rollei RS1-C (Abb. 6.5) kann jeweils eine Réseaumasche digital gemessen werden. Auch dieses System wird für industrielle Anwendungen höchster Genauigkeit eingesetzt (DOLD 1997).

3.3.1.5 Sonstige Aufnahmesysteme

3.3.1.5.1 Amateurkameras

Zu Amateur- oder Nichtmeßkameras zählen alle handelsüblichen Fotoapparate, die über keinerlei zusätzliche Einrichtungen zur Definition der inneren Orientierung verfügen. In Sonderfällen müssen auch Aufnahmen von Amateurkameras photogrammetrisch ausgewertet werden, z.B. bei der Auswertung von Unfallszenen oder bei der Rekonstruktion historischer Gebäude (z.B. aus alten Postkarten).

Wesentliches Problem ist dabei das fehlende Bildkoordinatensystem. Häufig lassen sich in Amateuraufnahmen keine eindeutigen Bezugspunkte ermitteln, auch die Bildecken sind oftmals nicht rekonstruierbar. Ein geeignetes analytisches Verfahren zur Auswertung solcher Bilder ist das Verfahren der Direkten Linearen Transformation (DLT, siehe Kap. 4.2.3.2), das ohne ein Bildbezugssystem auskommt. Abb. 3.57 zeigt dazu ein Bildbeispiel, in dem weder Rahmenmarken noch kameraseitig definierte Bildecken enthalten sind.

Abb. 3.57: Beispiel eines Bildes einer Amateurkamera (historische Aufnahme Dom zu Worms)

3.3.1.5.2 Hochgeschwindigkeitskameras

Zur Erfassung dynamischer Vorgänge kommen Hochgeschwindigkeitskameras mit Filmbreiten von 8mm, 16mm, 35mm und 60mm zum Einsatz. Ihre Bilder (Bildfolgen) können photogrammetrisch ausgewertet werden, aufgrund der kleinen Bildformate und der notwendigen Bewegungsabläufe in der Kamera ist gegenüber herkömmlichen Aufnahmesystemen jedoch mit erheblichen Genauigkeitseinbußen zu rechnen. Je nach technischer Realisierung sind von Bild zu Bild Änderungen der Kameraorientierungsparameter zu erwarten. Für die photogrammetrische Auswertung von Hochgeschwindigkeitsfilmen ist in jedem Fall eine Testfeld- oder Simultankalibrierung erforderlich.

Wesentliches Problem von Hochgeschwindigkeitskameras mit hohen Bildfrequenzen ist die Koordination von Filmtransport und Belichtung. Hierbei können zwei Vorgehensweisen unterschieden werden (SCHRÖDER 1981, REGENSBURGER 1990):

- Belichtung bei ruhendem Film:

  Sogenannte *Greifer-Kameras* bewegen den perforierten Film mit Hilfe von Transportgreifern. Während der Belichtung ruht der Film und wird an eine Andruckplatte gepreßt. Die Bildfrequenz kann über 500 Bilder pro Sekunde betragen. Höhere Bildfrequenzen sind wegen der mechanischen Belastung des Filmmaterials kaum möglich.

  Bei *Streak-Kameras* wird der ruhende Film spaltweise über einen mit hoher Geschwindigkeit rotierenden Spiegel belichtet. Eindimensionale Bewegungsvorgänge lassen sich mit Zeitauflösungen von $<10^{-12}$s aufzeichnen.

- Belichtung bei bewegtem Film:

  In *Rotationsprisma-Kameras* wird die Bildwanderung bei kontinuierlich bewegtem Film mit Hilfe rotierender Prismen- oder Spiegelsysteme ausgeglichen. Es sind Bildfrequenzen bis zu 10000 Bilder pro Sekunde erreichbar. Die Belichtungszeiten betragen etwa 1/5 der reziproken Bildfrequenz, also z.B. 1/15000s bei 3000 Bildern pro Sekunde (Daten für STALEX, siehe Abb. 3.59).

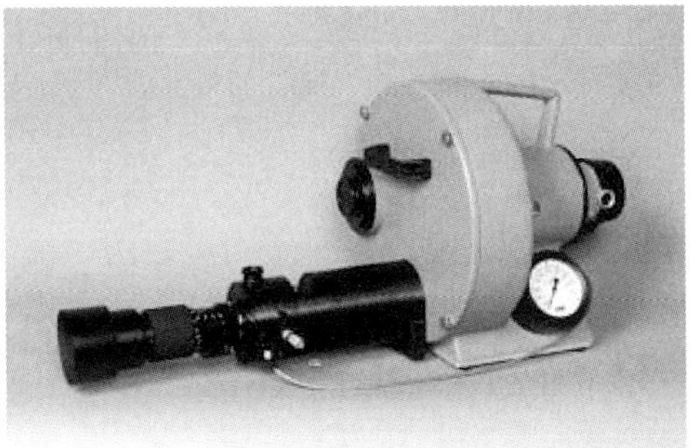

Abb. 3.58: Streak-Kamera Cordin 318

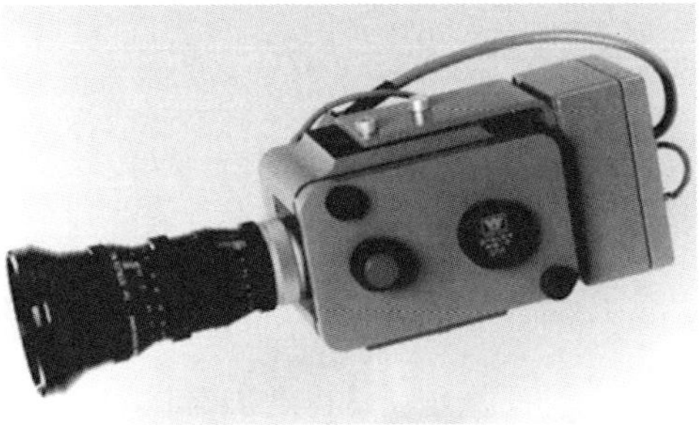

Abb. 3.59: Hochgeschwindigkeitskamera STALEX

3.3.1.5.3 Panoramakameras

Panoramakameras dienen zur Erfassung von Bildern, die in einer Koordinatenrichtung (meist horizontal) über einen besonders großen Formatwinkel verfügen. Sie werden für Überwachungs- und Übersichtsbilder, aber z.B. auch Erfassung von Innenräumen oder Straßenszenen eingesetzt.

Folgende Konstruktionsprinzipien lassen sich unterscheiden (SCHRÖDER 1981, REGENSBURGER 1990):

- Unechte Panoramakameras:

  Unter Verwendung eines Weitwinkelobjektivs für eine Großformatkamera wird ein Kleinbild- oder Mittelformatfilm belichtet. Entsprechend kann ein Fisheye-Objektiv verwendet werden. Mit einer Aufnahme sind Formatwinkel bis zu 180° möglich.

- Panoramakamera mit Schwenkobjektiv:

  Das Objektiv wird um den bildseitigen optischen Hauptpunkt geschwenkt. Das Bild wird dabei spaltweise belichtet, wobei sich der Film auf einer zylindrischen Bildfläche befindet (Abb. 3.60). Der Schwenkbereich ist durch den begrenzten Drehwinkel des Objektivs und den feststehenden Film eingeschränkt. Auf diese Weise sind Formatwinkel bis ca. 180° erreichbar.

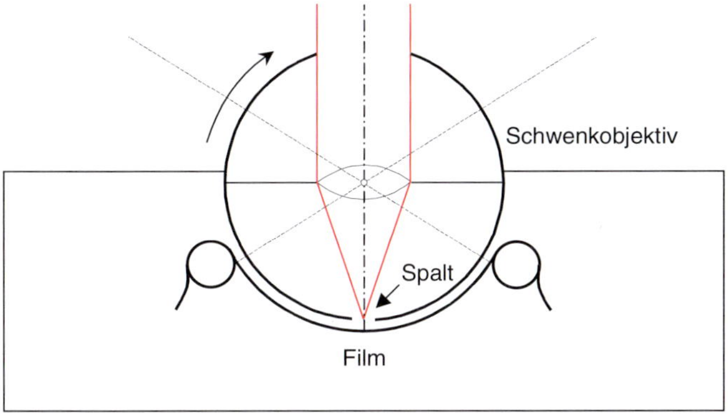

Abb. 3.60: Prinzip einer Panoramakamera mit Schwenkobjektiv

  Geometrisch wird das Bild in Richtung der Drehachse zentralperspektiv, senkrecht dazu (in Panoramarichtung) als Parallelprojektion abgebildet.

- Frei schwenkbare Panoramakameras:

  Formatwinkel von 360° und mehr sind erreichbar, wenn die Kamera motorisch um die Drehachse bei gleichzeitigem Filmtransport bewegt wird. Wie beim Prinzip des Schwenkobjektivs wird die Belichtungszeit durch Spaltbreite und Rotationsgeschwindigkeit bestimmt. Abb. 3.61 zeigt den Blick in ein Gehäuse einer Panoramakamera (Roundshot Super 35), Abb. 3.62 ein mit der Kamera aufgenommenes Panoramabild. Das Prinzip wird auch bei digitalen Rotationsscanner-Kameras angewandt (vgl. Kap. 3.3.2.6).

Abb. 3.61: Schwenkbare Panoramakamera Seitz Roundshot Super 35

Abb. 3.62: Panoramaaufnahme

- Panoramakamera mit Kugellinse:

  Panoramakameras mit Kugellinse zeichnen das Rundum-Bild mit 360° Formatwinkel ohne mechanische Schwenkung auf. Das Ergebnis ist ein extrem verzerrtes Bild (Abb. 3.63), das in einem nachfolgendem Arbeitsschritt in eine Parallelprojektion abgewickelt werden muß (BEERS 1997). Abb. 8.8 zeigt den Einsatz einer solchen Kamera auf einem Fahrzeug zur Aufnahme von Straßenszenen.

Abb. 3.63: Bild einer Panoramakamera mit Kugellinse (Frank Data)

3.3.2 Digitale Aufnahmesysteme

3.3.2.1 Systemkomponenten

Digitale Aufnahmesysteme erfassen die Bildinformation mit Hilfe opto-elektronischer Sensoren, die anstelle einer Filmschicht im Bildraum angeordnet sind. Sie liefern unmittelbar ein elektronisches Bild, das durch geeignete Komponenten digitalisiert und ohne Umweg in einen Rechner übertragen werden kann. Der Begriff *Digitales Aufnahmesystem* faßt daher alle an einer Erzeugung eines digitalisierten Bildes beteiligten Systemkomponenten zusammen (Abb. 3.64).

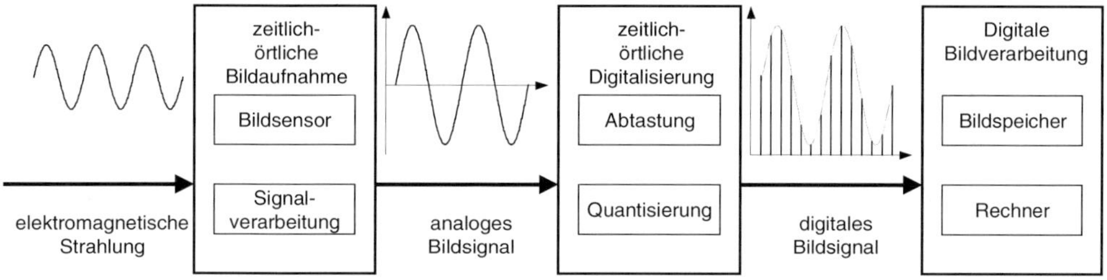

Abb. 3.64: Digitales Aufnahmesystem

Die flächenhaft vom Objekt ausgehende elektromagnetische Strahlung (Licht) wird in zeitlicher (Belichtungszeit, Integrationszeit) und örtlicher (zeilen- oder flächenhaft) Weise von einem Bildsensor erfaßt, der nach einer Signalaufbereitung und -verarbeitung ein analoges Bildsignal (Spannungssignal) liefert. Dieses Signal wird in einem zweiten Schritt digitalisiert, wobei es zeitlich-örtlich abgetastet (Abtastfrequenz) und quantisiert (digitale Grauwerte) wird. Somit steht es als digitales Bildsignal zur weiteren Verarbeitung zur Verfügung.

Die Entwicklung der digitalen Aufnahmetechnik ist eng verbunden mit der Technologie von CCD-Bildsensoren (*charge coupled devices*). Sie wurden Anfang der siebziger Jahre erfunden (BOYLE & SMITH 1970) und sind heute in vielen Bereichen der Bildaufnahme zu finden. Zusammenfassungen über CCD-Sensoren und Videotechnik finden sich z.B. in HOLST (1996), INGLIS & LUTHER (1996) und SHORTIS & BEYER (1996).

In der photogrammetrischen Praxis kann im wesentlichen zwischen folgenden digitalen Aufnahmesystemen unterschieden werden:

- Videokameras:

  Kleinformatige Kameras, die ein analoges oder digitales Videosignal in Echtzeit (25–30 Bilder pro Sekunde) liefern und den gängigen Video- oder Fernsehnormen entsprechen. Die Anzahl Pixel liegt im Standardfall bei ca. 780 × 580 Pixel, neuere Entwicklungen gehen bis zu 1900 × 1100 Pixel.

- Hochauflösende Digitalkameras:

  Kameras mit Digitalausgang, die hochauflösende Bilder zwischen 1000 × 1000 und 4000 × 4000 Pixel (Stand 1999) liefern. Die Taktrate einer Bilderfassung beträgt bis zu einigen Sekunden pro Bild.

- Scanning-Kameras:

  Aufnahmesysteme, die Pixelauflösung oder verfügbares Bildformat durch eine sequentielle Abtastung mittels eines beweglichen Bildsensors vergrößern. Verschiedene Prinzipien erreichen zwischen ca. 3000 × 2300 Pixel bis zu ca. 20000 × 20000 Pixel. Sie eignen sich nur für stationäre Aufnahmesituationen.

Die Entwicklung der letzten Jahre läßt erkennen, daß CCD-Flächensensoren über weiter steigende Anzahlen von Sensorelementen und größere Bildformate verfügen werden. Abb. 3.65 zeigt typische Formate von Flächensensoren (Stand: 1999).

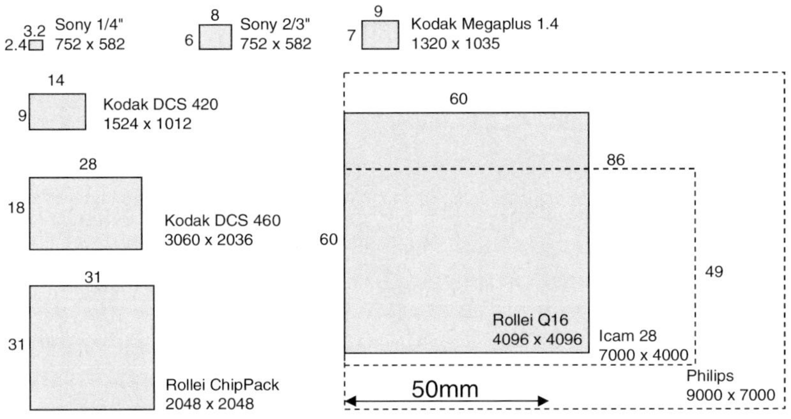

Abb. 3.65: Bildformate aktueller CCD-Kameras und Flächensensoren

3.3.2.2 Opto-elektronische Bildsensoren

3.3.2.2.1 Sensorprinzip

In photogrammetrischen Aufnahmesystemen werden ausschließlich Festkörper-Bildsensoren (*solid state sensors*) eingesetzt. Kameras mit analoger Bildröhrentechnik haben aufgrund großer geometrischer Verzerrungen keine Bedeutung in der Photogrammetrie. Festkörper-Bildsensoren besitzen eine Vielzahl kleiner lichtempfindlicher Detektorelemente, die zeilen- oder matrixförmig in einem Halbleiterbaustein angeordnet sind (Zeilen- bzw. Flächensensor). Jedes Detektorelement (Sensorelement) erzeugt proportional zur einfallenden Lichtmenge elektrische Ladung, die anschließend elektronisch ausgelesen, aufbereitet und digitalisiert werden kann.

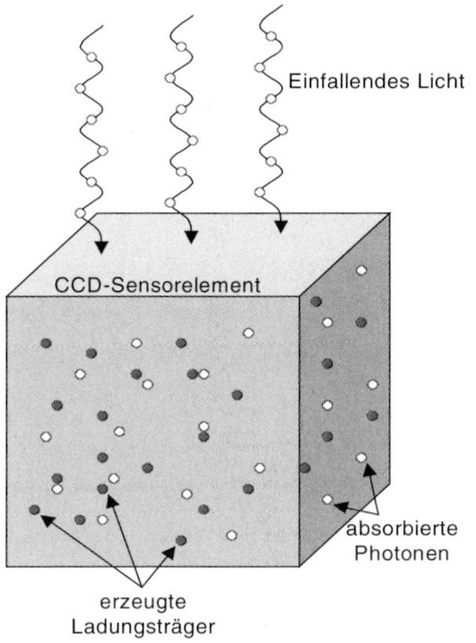

Abb. 3.66: Umwandlung von Photonen in Ladungselemente

Abb. 3.66 zeigt das Prinzip eines einzelnen Sensorelementes. Einfallendes Licht (Photonen) wird in der Halbleiterschicht absorbiert und erzeugt Elektronen-Loch-Paare (Ladungsträger). Die Fähigkeit des Sensorelementes, aus den n_P eingestrahlten Photonen eine Anzahl n_E Ladungsträger zu erzeugen, wird durch den externen Quantenwirkungsgrad η_{EXT} ausgedrückt. Der Quantenwirkungsgrad ist material- und wellenlängenabhängig.

$$\eta_{EXT} = \frac{n_E}{n_P} \tag{3.64}$$

Die negativ geladenen Ladungsträger werden von einer positiv geladenen Elektrode angezogen. Es kommt zu einer Akkumulation der Ladung proportional zur einfallenden Lichtmenge, bis eine Sättigung bzw. ein Überlauf der Ladung eintritt. Das positive elektrische Feld der Elektrode wird durch eine Potentialsenke erzeugt, welche die negativen Ladungsteilchen aufnimmt. Die Detektorelemente werden in CCD-Sensoren durch MOS-Kondensatoren (*metal-oxide semiconductor*) gebildet.

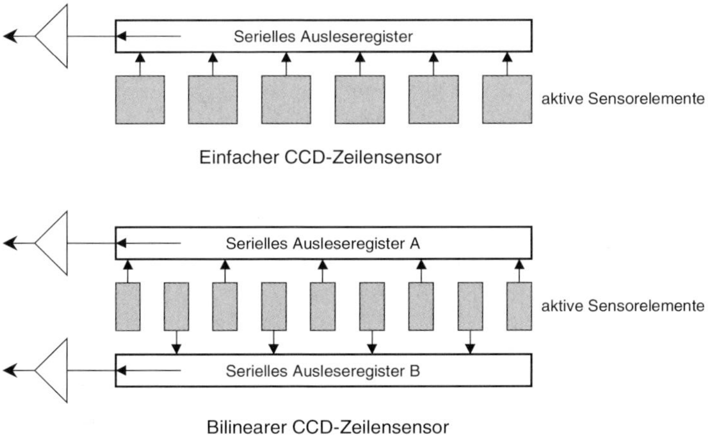

Abb. 3.67: Prinzip einfacher und bilinearer CCD-Zeilensensoren

Die Anordnung mehrerer Sensorelemente kann zeilen- oder flächenhaft erfolgen. Abb. 3.67 zeigt den vereinfachten Aufbau eines CCD-Zeilensensors. Jedes aktive Sensorelement ist direkt mit einem seriellen Ausleseregister verbunden, über das die entstandenen Ladungen abtransportiert werden. Bilinear aufgebaute CCD-Zeilen besitzen gegenüber einfachen

Anordnungen die doppelte Auflösung, wenn die Sensorlemente im Wechsel mit zwei seriellen Ausleseregistern gekoppelt sind.

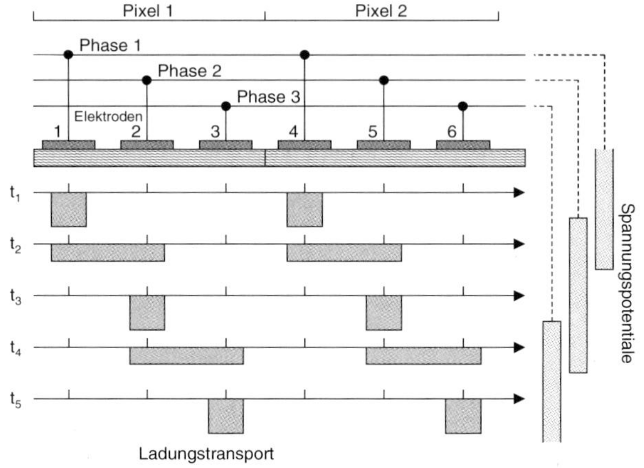

Abb. 3.68: Prinzip des CCD-Ladungstransports (Eimerkettenprinzip)

Wesentliches Problem dieser Sensoranordnungen ist der Abtransport der im Sensorelement gespeicherten Ladung. Abb. 3.68 stellt das Prinzip für eine zeilenförmige Anordnung von Sensorelementen dar. Jedes einzelne Sensorelement besitzt in diesem Fall drei Elektroden, an denen jeweils eine Spannung unterschiedlicher Phase angelegt wird (tatsächlich verwenden die meisten Sensoren die 4-Phasentechnik). Die unter der Elektrode 1 kummulierte Ladung kann zum Zeitpunkt t_1 nicht abfließen, da an der nächsten Elektrode kein Spannungspotential anliegt. Zum Zeitpunkt t_2 wird die Spannung an Elektrode 2 gleich der Spannung an Elektrode 1 (gleiches Potential), so daß ein Teil der Ladung unter Elektrode 1 auch unter Elektrode 2 fließt. Zum Zeitpunkt t_3 liegen die Spannungen an Elektrode 1 und 3 auf einem niedrigen Wert, die gesamte Ladung wird also unter Elektrode 2 geschoben und befindet sich somit eine Elektrodenbreite weiter rechts.

Dieser prinzipielle Vorgang wird fortgesetzt, bis die Ladungselemente am Ende einer Zeile in ein Ausleseregister gelangen. Von dort werden die Ladungen abtransportiert und in elektrische Spannungssignale umgewandelt. Diese Vorgehensweise wird allgemein mit CCD-Prinzip (*charge coupled device*) oder auch Eimerkettenprinzip bezeichnet. Der Begriff CCD-Sensor hat sich dabei allgemein für alle Festkörper-Flächensensoren eingebürgert, obwohl es zum Beispiel mit CID (siehe Kap. 3.3.2.2.2) weitere Sensorprinzipien gibt.

CCD-Zeilensensoren können bis 10000 und mehr Sensorelemente besitzen. Bei einem Abstand der Sensorelemente zwischen ca. 4μm und 20μm erreichen Zeilensensoren somit eine Gesamtlänge bis über 100mm. Sie werden in den verschiedensten technischen Bereichen eingesetzt, z.B. in Zeilenkameras, Faxgeräten, Bildscannern oder Digitalkopierern.

3.3.2.2.2 Flächensensoren

Für die photogrammetrische Bildaufnahme werden fast ausschließlich Flächensensoren eingesetzt, die matrixförmig angeordnete Sensorelemente besitzen. Der konstruktive Aufbau von Flächensensoren ist gegenüber Zeilensensoren sehr viel aufwendiger, da der Auslesevorgang zweidimensional gesteuert werden muß. Abb. 3.69 zeigt dazu beispielhafte Flächensensoren. Neben dem oben beschriebenen CCD-Prinzip gibt es Flächensensoren nach dem CID-Prinzip (*charge injection device*), das eine direkte Adressierung der einzelnen Sensorelemente erlaubt, in der Praxis jedoch sehr viel seltener eingesetzt wird.

a) Frame-Transfer-Sensor mit Sensorzone und Speicherzone (Dalsa)

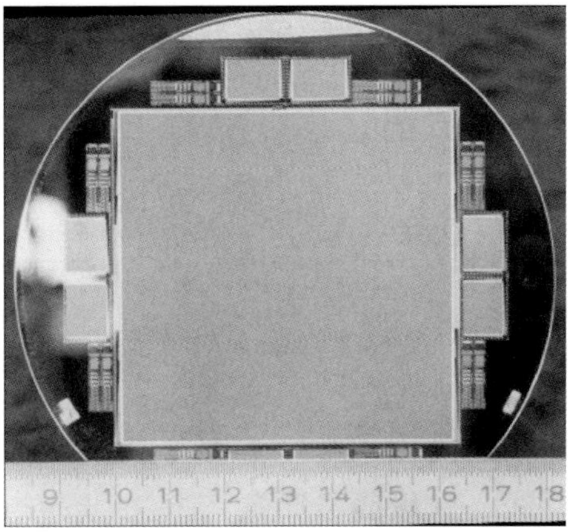

b) Waver eines Full-Frame Frame Transfer-Sensors mit 4096 × 4096 Elementen

Abb. 3.69: CCD-Flächensensoren

Für die Organisation matrixförmiger CCD-Bildsensoren existieren drei Funktionsformen, die sich hinsichtlich des Sensoraufbaus und des Auslesevorganges unterscheiden:

- Frame Transfer
- Full-Frame Transfer
- Interline Transfer

Frame-Transfer-Sensoren (FT) bestehen aus einer lichtempfindlichen Sensorzone sowie aus einer gleich großen, abgedeckten Speicherzone (Abb. 3.69a), die jeweils aus vertikalen CCD-Eimerketten bestehen. Nach der Belichtung werden die Ladungsträger vertikal aus der Sensorzone in die Speicherzone verschoben und von dort wiederum Zeile für Zeile in ein Ausleseregister transportiert (Abb. 3.70). Während die Speicherzone ausgelesen wird, kann die Sensorzone bereits wieder belichtet werden. Die einzelnen Sensorelemente weisen praktisch keine Lücken auf.

Eine einfachere Variante ist der Full-Frame-Transfer-Sensor (FFT, Abb. 3.69b). Er besitzt nur noch eine Sensorzone, aus der die Ladungen direkt in ein Ausleseregister übertragen werden (Abb. 3.71). Während des Auslesevorganges darf die Sensorzone nicht wieder belichtet werden. FFT-Sensoren neigen gegenüber FT-Sensoren stärker zu vertikalen Verschmierungseffekten (*smear*), da eine längere Transferzeit in das Ausleseregister benötigt wird. Der einfachere Aufbau ermöglicht die Konstruktion praktisch sehr großer Sensorflächen[1] mit sehr kleinen Sensorelementen (6–9µm Größe), wie sie für hochauflösende Digitalkameras mit mehr als 1000×1000 Sensorelementen benötigt werden (Hersteller: z.B. Thomson, Kodak, Fairchild, Dalsa). Häufig basiert die Anzahl der Sensorelemente von FFT-Sensoren auf ganzen Potenzen von 2 (512×512, 1024×1024, 4096×4096).

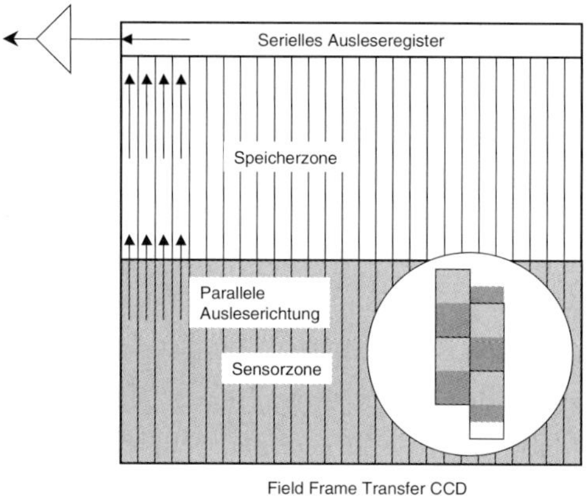

Abb. 3.70: Prinzip eines Frame-Transfer-Sensors

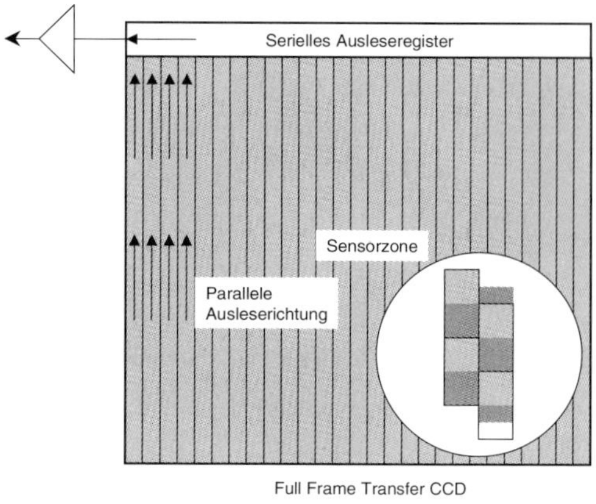

Abb. 3.71: Prinzip eines Full-Frame-Transfer-Sensors

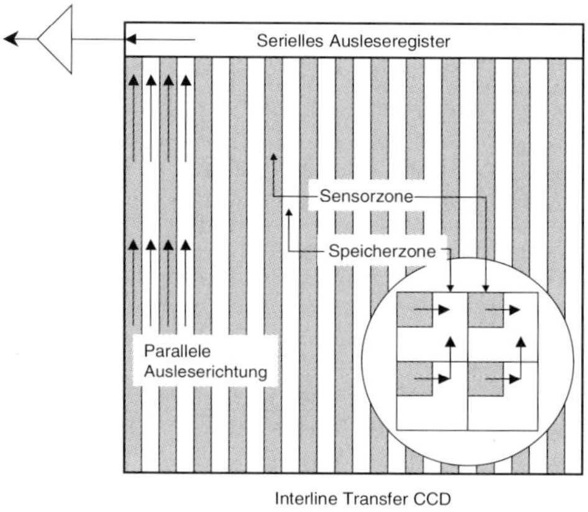

Abb. 3.72: Prinzip eines Interline-Transfer-Sensors

Interline-Transfer-Sensoren (IL) besitzen dagegen einen völlig anderen Aufbau. Die lichtempfindlichen Sensorelemente (Photodioden) sind getrennt angeordnet und weisen

[1] Die Produktion sehr großer CCD-Sensoren ist eher durch wirtschaftliche Apekte (Stückzahlen, Ausschuß) als durch technologische Grenzen limitiert.

zum Nachbarelement eine Lücke von etwa der Größe eines Elementes auf. Die Ladungsträger werden zunächst nach rechts in eine Transferspalte verschoben und von dort in einer vertikalen, optisch verdeckten CCD-Eimerkette zum Ausleseregister transportiert (Abb. 3.72). Die reine Detektorfläche beträgt nur ca. 25% der Gesamtfläche (100% bei FT-Sensoren), so daß IL-Sensoren insgesamt weniger lichtempfindlich sind. IL-Sensoren mit Standardauflösungen von ca. 780 × 580 Pixel werden vor allem für CCD-Video- und Fernsehkameras (insbesondere Farbkameras) in großen Stückzahlen produziert (Hersteller: z.B. Sony, Pulnix). Hochauflösende IL-Sensoren können bis zu 1900 × 1000 Pixel besitzen.

3.3.2.2.3 Auflösungsvermögen

Das theoretische Auflösungsvermögen von CCD-Sensoren wird durch zwei Faktoren begrenzt (LENZ 1990):

- Detektorabstand Δx_s (Abstand der Sensorelemente) und Abtasttheorem (Nyquist-Frequenz f_N)
- Detektorfläche Δx_d (Aperturgröße) und MTF (Grenzfrequenz f_0)

Es unterscheidet sich nach Kap. 3.2.5.2 für FT-, FFT- und IL-Sensoren aufgrund der unterschiedlichen Anordnungen der Sensorelemente und kann in x- und y-Richtung verschieden sein (Tabelle 3.7).

		FT Valvo NXA	FFT Kodak	IL Sony
Detektorabstand in x	Δx_{sx} [µm]	10.0	9.0	11.0
Detektorabstand in y	Δx_{sy} [µm]	7.8	9.0	11.0
Detektorgröße in x	Δx_{dx} [µm]	10.0	9.0	5.5
Detektorgröße in y	Δx_{dy} [µm]	15.6	9.0	5.5
Nyquist-Frequenz in x	f_{Nx} [lp/mm]	50	55	45
Nyquist-Frequenz in y	f_{Ny} [lp/mm]	64	55	45
Auflösungsgrenze in x	f_{0x} [lp/mm]	100	111	180
Auflösungsgrenze in y	f_{0y} [lp/mm]	64	111	180

Tabelle 3.7: Zum Auflösungsvermögen verschiedener CCD-Sensoren

So besitzt ein im Halbbildverfahren ausgelesener FT-Sensor in y-Richtung einen geringeren Detektorabstand, so daß die entsprechende Nyquist-Frequenz höher als in x-Richtung ist. Da die Detektorgröße in y jedoch größer ist, ist die resultierende Auflösungsgrenze in y-Richtung kleiner als in x-Richtung.

Bei FFT-Sensoren oder Progressive-Scan-Sensoren (keine Halbbilder) kann man bei quadratischen Detektorelemten in beiden Richtungen dieselbe Auflösung erwarten.

IL-Sensoren besitzen etwa den gleichen Detektorabstand wie FT-Sensoren, der sich jedoch je zur Hälfte aus Detektorgröße und Lücken für die Transportregister zusammensetzt. Damit ist die resultierende theoretische Auflösungsgrenze etwa viermal so hoch wie die Nyquist-Frequenz und etwa doppelt so groß wie bei FT- und FFT-Sensoren.

Gegenüber Fotoschichten (vgl. Kap. 3.3.1.1.4) besitzen CCD-Sensoren allgemein ein geringeres Auflösungsvermögen bei gleichzeitig deutlich kleinerem Bildformat. Erst bei einer Sensorelementgröße von ca. 7µm wird eine vergleichbare Auflösung erzielt (vgl. Kap. 3.3.3.1).

3.3.2.2.4 Geometrische Genauigkeit

Die geometrische Genauigkeit von Flächensensoren wird vor allem durch die Präzision der einzelnen Sensorelementpositionen bestimmt. Aufgrund des lithographischen Herstellungsprozesses der Halbleiterbausteine besitzen CCD-Flächensensoren eine Regelmäßigkeit der Detektorpositionen von besser als 0.1–0.2µm, entsprechend 1/60 bis 1/100 der Größe eines Sensorelements. Dies bedeutet allerdings nicht unmittelbar, daß das später vorliegende Bild mit dieser Genauigkeit ausgewertet kann. Zwischen Bilderfassung auf dem Sensor und digitaler Speicherung laufen noch verschiedene elektronische Aufbereitungsschritte ab, die sich unter Umständen negativ auf Bildgeometrie und Kontrast auswirken können (SHORTIS & BEYER 1996, LENZ 1992, DÄHLER 1988).

Ein weiterer Einfluß ist durch Unebenheiten der Sensorfläche gegeben. An Sensorflächen der Größe 1500 × 1000 Pixel sind Unebenheiten in der Größenordnung von bis zu 10µm nachgewiesen worden (SHORTIS & BEYER 1996). In Abhängigkeit des Bildwinkels führt ein vertikaler Höhenversatz eines Sensorelementes somit zu einem entsprechenden Lageversatz im Bild (Abb. 3.73). Liegt eines unsystematische Unebenheit der Sensorfläche vor, versagen die herkömmlichen Verzeichnungsansätze (zusätzliche Parameter). Gesicherte Korrekturmodelle liegen derzeit noch nicht vor.

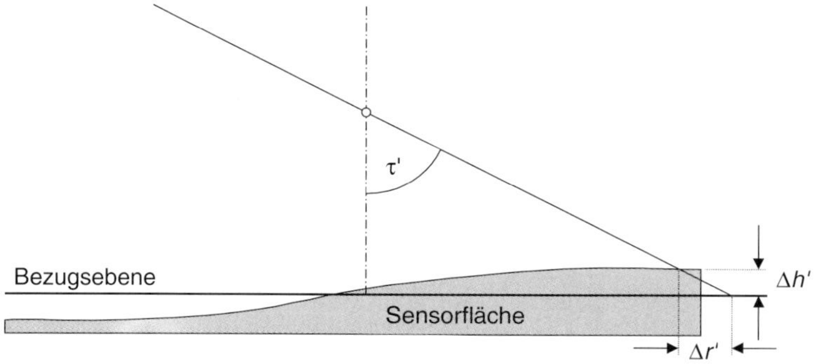

Abb. 3.73: Lageversatz bei unebener Sensorfläche

3.3.2.2.5 Radiometrische Eigenschaften

Das auf den CCD-Sensor einfallende Licht wird entweder an der Oberfläche reflektiert, in der Halbleiterschicht absorbiert oder tritt bei genügend energiereichen Photonen durch die Schicht hindurch (Transmission). Absorption tritt ein, wenn die Wellenlänge des Lichtes kürzer als die Grenzwellenlänge λ_g des bestrahlten Materials ist. Das in CCD-Sensoren verwendete Silizium besitzt nach

$$\lambda_g = \frac{h \cdot c_0}{E_g} \tag{3.65}$$

mit c_0: Ausbreitunggeschwindigkeit = $3 \cdot 10^8$ m/s
h: Planck'sches Wirkungsquantum = $6.62 \cdot 10^{-34}$ Js
E_g: Energie zwischen Leitungs- und Valenzband

ein E_g von 1.12eV und damit eine Grenzwellenlänge von λ_g=1097nm, also bis in den nahen Infrarotbereich hinein. CCD-Sensoren weisen somit eine gegenüber herkömmlichen Filmschichten und dem menschlichen Auge erheblich größere spektrale Empfindlichkeit auf (Abb. 3.74). Optional können Infrarot-Sperrfilter eingebaut sein, die die Empfindlichkeit auf das sichbare Licht reduzieren.

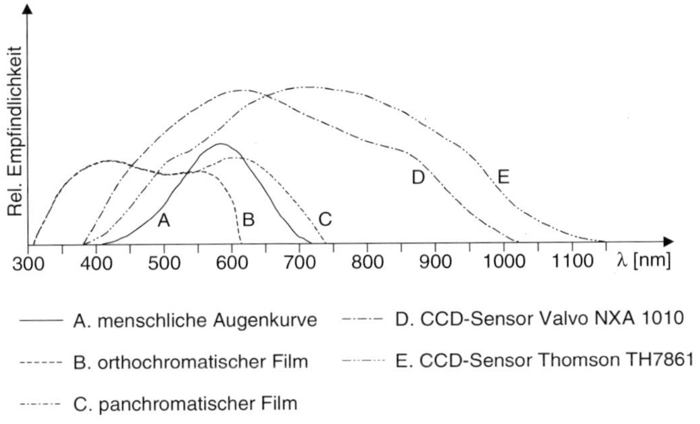

Abb. 3.74: Spektrale Empfindlichkeit

Bei Beleuchtung des Sensors mit großen (punktförmigen) Lichtmengen kann es zu Überstrahlungseffekten kommen, die zu einer Ausbreitung des Signals in benachbarte Bereiche führen. Im wesentlichen liegt die Ursache im Überlauf von Ladungsteilchen in benachbarte Sensorelemente (*blooming*) und durch weitere Ladungsintegration während des Auslesevorganges (*smear*). In photogrammetrischen Anwendungen läßt sich dieser Effekt bei der Aufnahme stark beleuchteter retro-reflektierender Punktmarken beobachten, so daß anschließend eine fehlerhafte Bestimmung des Punktzentrums erfolgt. Auch bei der Aufnahme natürlicher Bildszenen mit stark variierenden Beleuchtungs- und Kontrastverhältnissen kann Überstrahlung auftreten (Beispiel in Abb. 3.75).

Abb. 3.75: Überstrahlungseffekt bei einer Architekturaufnahme (Aufnahme: Kodak DCS 420)

Unabhängig vom einfallenden Licht erzeugen thermale Effekte in der Halbleiterschicht kleine Mengen von Ladungen, die zu einem Grundrauschen des Sensorsignals führen. Dieser Effekt wird als Dunkelrauschen (*dark current*) bezeichnet. Er tritt auch bei völliger Dunkelheit auf.

Durch künstliche Abkühlung des Sensors kann das Grundrauschen reduziert und damit die radiometrische Dynamik verbessert werden. Eine Abkühlung um 5–10°C führt bereits zu einer Rauschverminderung um den Faktor 2. Künstlich gekühlte Sensoren werden vor allem für lichtschwache Anwendungen mit langen Integrationszeiten (z.B. Bildsensoren für die Astronomie) verwendet.

Die radiometrische Dynamik wird durch das Signal-Rausch-Verhältnis (SNR) bestimmt:

$$SNR = \frac{S}{\sigma_S} = 20 \log \frac{S}{\sigma_S} [\mathrm{dB}] \tag{3.66}$$

S ist die maximale Signalstärke und σ_S das Systemrauschen, das sich aus Photonenrauschen (*photon shot noise*), Dunkelstromrauschen (*dark current*) und Rauschen der elektronischen Weiterverarbeitung (*circuit noise*) zusammensetzt. Das SNR von CCD-Flächensensoren beträgt ca. 1:1000 entsprechend ca. 60dB. Geht man von einem gewissen Grundrauschen der anschließenden A/D-Wandlung aus, sollte das Signal des CCD-Sensors mit mindestens 10–12 Bit digitalisiert werden.

3.3.2.3 CCD-Videokameras

3.3.2.3.1 Videonormen

Unter dem Begriff CCD-Videokameras werden hier die Kameras zusammengefaßt, die ein Bildsignal in Anlehnung an genormte Videosignale liefern. Diese Standards basieren auf den Anforderungen an analoge Bildübertragung für die Video- und Fernsehtechnik.

Für das Standard-Videoformat werden Bildsignale mit einem Seitenverhältnis (*aspect ratio*) von 4:3 benötigt. Weltweit werden mit CCIR (Europa) und RS-170 (Amerika, Asien) zwei Normen verwendet, deren Spezifikationen (siehe Tabelle 3.8) sich nur unwesentlich unterscheiden. Im CCIR-Format besteht ein Videosignal aus 25 Bildern pro Sekunde, die im Halbbildverfahren (*interlaced scanning*) aufgebaut werden (50 Halbbilder pro Sekunde). Ein Halbbild besteht jeweils nur aus den ungeraden bzw. geraden Bildzeilen. Ein gesamtes Bild besitzt 625 Bildzeilen.

Jede einzelne Bildzeile wird durch ein Zeilensynchronisationssignal eingeleitet (*horizontal sync*), jedes Bild (*frame*) wiederum durch ein entsprechendes Bildsynchronisationssignal (*vertical sync*). Die Zeitspanne eines Bildes beträgt 1/25s = 40ms, für eine Bildzeile entsprechend 40ms / 625 = 64µs. Einige Bildzeilen enthalten keine Bildinformation, so daß 576 aktive Bildzeilen übrig bleiben. Abzüglich der Zeit für Synchronisationssignale beträgt die Zeitspanne für eine aktive Bildzeile 52µs. Bei einer angenommenen Zahl von 744 Bildpunkten pro Zeile entspricht ein Bildpunkt einer Zeit von nur noch 69ns.

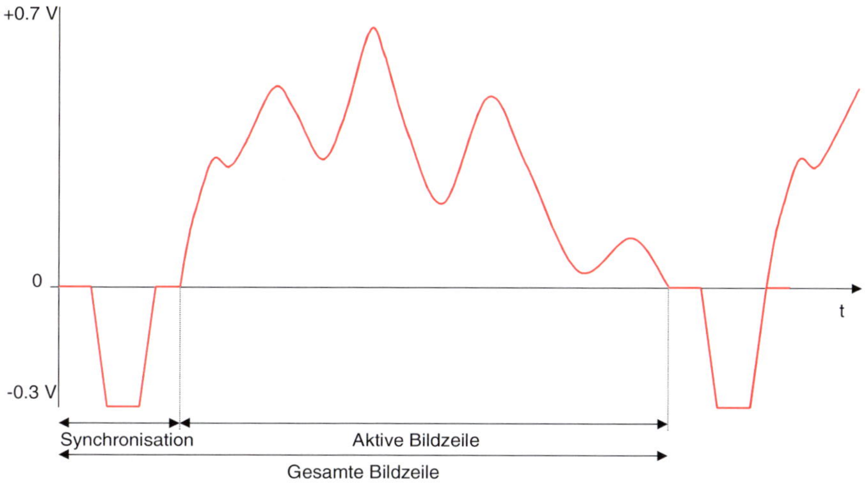

Abb. 3.76: Aufbau eines analogen Videosignals

	CCIR	RS-170	Bemerkungen
Frequenz Vollbilder	25 Hz	30 Hz	
Frequenz Halbbilder	50 Hz	60 Hz	
Anzahl Bildzeilen	625	525	
Aktive Bildzeilen	576	480	
Dauer einer Bildzeile	64µs	63.5µs	
Frequenz einer Bildzeile	15.6 kHz	15.7 kHz	
Dauer einer aktiven Zeile	52µs	52.5µs	nur Bildinformation
Bildpunkte pro Zeile	744	752	kein Standard
Dauer eines Bildpunktes	69ns	70ns	
Frequenz eines Bildpunktes	14.5 MHz	14.5 MHz	≈ Pixelclock-Frequenz

Tabelle 3.8: Spezifikationen von Videonormen

CCD-Videokameras besitzen einen Flächensensor, dessen Bildinformation im Videotakt (25–30 Bilder pro Sekunde) ausgelesen werden kann. Sie unterscheiden sich hinsichtlich des nutzbaren Bildformates und der Anzahl Sensorelemente. In Anlehnung an frühere Röhrenkameras teilt man das Sensorformat wie in Größen zwischen ¼" (Zoll) und 1" ein.

Die Anzahl der Sensorzeilen einer CCD-Videokamera ist auf den Videostandard abgestimmt und beträgt meistens zwischen 480 und 580 Zeilen. Die Anzahl der Sensorelemente pro Zeile beträgt in der Regel zwischen 600 und 780. Entsprechend der Bildformate von Tabelle 3.9 beträgt die Größe der einzelnen Sensorelemente zwischen 4µm (1/4"-Kameras) und 15µm (2/3"-Kameras), wobei es Kameras mit sowohl quadratischen als auch mit rechteckigen Sensorelementen gibt. Auch im Bereich der Videokameras geht der Trend hin zu höher auflösenden und größeren Bildsensoren.

Bildfläche (typisch) [mm]	Diagonale (Bildröhre) [Zoll]	Diagonale CCD-Sensor [mm]	Sensorelemente (typisch)	Größe eines Sensorelements [µm]	Beispiel
3.2 x 2.4	1/4 "	4.0	752 x 582	4.2 x 4.2	Sony DXC-LS1P
4.8 x 3.6	1/3 "	6.0	752 x 582	7.4 x 7.4	Pulnix TMC-63M
6.4 x 4.8	1/2 "	8.0	768 x 494	8.4 x 9.8	Pulnix TM-7
8.8 x 6.6	2/3 "	11.0	768 x 593	11.0 x 11.0	Sony XC-77
9.1 x 6.9	2/3 "	11.4	1300 x 1030	6.7 x 6.7	Pulnix TM-1300
9.1 x 9.1	1 "	12.7	1024 x 1024	9.0 x 9.0	Pulnix TM-1001
12.0 x 12.0	1 "	16.0	1024 x 1024	12.0 x 12.0	Dalsa CA-D4
14.0 x 8.0	1 "	16.1	1920 x 1035	7.3 x 7.6	Sony XCH-1125

Tabelle 3.9: Typische Bildformate von Videokameras

Standard-CCD-Videokameras lesen den Bildsensor in der Regel im Halbbildverfahren (interlaced mode) aus und sind somit direkt kompatibel zum Videostandard. Dagegen wird das Sensorbild von sogenannten *Progressive-Scan*-Kameras (auch *slow scan* genannt) im Vollbildverfahren ausgelesen, d.h. das gesamte Bild wird zu ein und demselben Zeitpunkt belichtet. Relativbewegungen (auch Vibrationen) zwischen Kamera und Objekt führen dann nicht mehr zu Verschmierungseffekten im resultierenden Videobild (Abb. 3.77). Diese Kameras besitzen daher neben einem Standard-Videoausgang eine separate Schnittstelle für das *Progressive-Scan*-Signal.

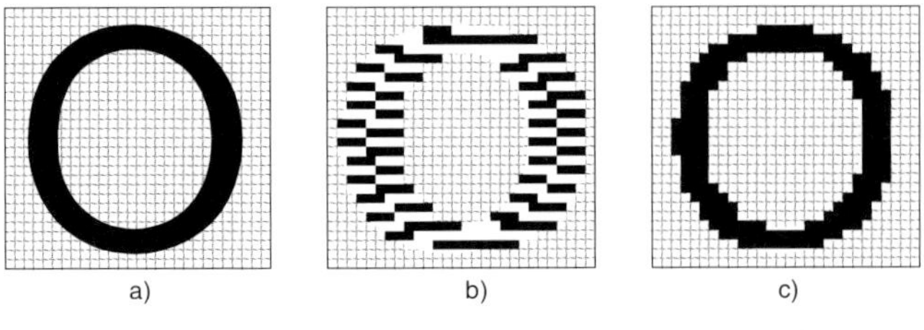

Abb. 3.77: Aufnahme (a) und Abbildung eines bewegten Objektes mit einem Interlaced (b) und einem Progressive-Scan (c) System

Aufgrund des vielfältigen Einsatzes von CCD-Videokameras, besonders im Bereich des kommerziellen Videomarktes sowie allgemeiner Überwachungsaufgaben, ist das Angebot an Videokameras unüberschaubar. Für den Heimvideo- und TV-Bereich überwiegen IL-Sensoren, die in hohen Stückzahlen produziert werden und besonders auch als Farbkameras (Camcorder) angeboten werden. In technischen Anwendungen werden vielfach FT-Sensoren eingesetzt, die gegenüber IL-Sensoren eine höhere Lichtempfindlichkeit ausweisen. Mikrokopf-Kameras können sehr kleine Kameraabmessungen erreichen (z.B. Kopfdurchmesser 17mm in Abb. 3.78).

a) CCD-Kameras für technische Anwendungen b) Digitaler Camcorder (Sony) c) CCD-Kamera mit Lichtquelle und Monitor (AICON)

Abb. 3.78: Beispiele von CCD-Videokameras

3.3.2.3.2 Komponenten einer CCD-Videokamera

Allgemein handelt es sich bei CCD-Videokameras nicht um Aufnahmesysteme für geometrisch anspruchsvolle Meßaufgaben. Die optisch-mechanische Anordnung von Bildsensor, Gehäuse, Filtern und Objektiv genügt photogrammetrischen Anforderungen häufig nicht. Weiterhin wird das Bildsignal bereits in der Kameraelektronik vielfältig aufbereitet, so daß der geometrische Bezug zwischen Bildsensor und resultierendem Bildsignal nicht immer eindeutig hergestellt werden kann.

Abb. 3.79 zeigt den schematischen Aufbau einer CCD-Videokamera. Der in ein Keramikgehäuse gefaßte Bildsensor ist zum Schutz vor Beschädigungen mit einer dünnen Glasplatte abgedeckt. Davor befindet sich häufig ein Diffusor, der als optischer Tiefpaßfilter gegen Aliasing-Effekte wirkt. Einige Hersteller verwenden stattdessen ein auf dem Sensor angebrachtes System von halbzylindrischen Linsen. Ein Infrarot-Sperrfilter (optional) schneidet den Wellenlängenbereich oberhalb 700nm ab.

Das Objektiv besitzt in der Regel einen sog. C-Mount- oder CS-Mount-Anschluß mit Schraubgewinde. Bei handelsüblichen Videokameras muß davon ausgegangen werden, daß die im Strahlengang angebrachten Komponenten weder rechtwinklig zur optischen Achse angebracht sind noch eine Homogenität besitzen, die photogrammetrischen Ansprüchen genügt. Viele Video-Objektive besitzen zudem sehr hohe Verzeichnungswerte, die eine besondere Berücksichtigung bei der Kalibrierung der inneren Orientierung erfordern.

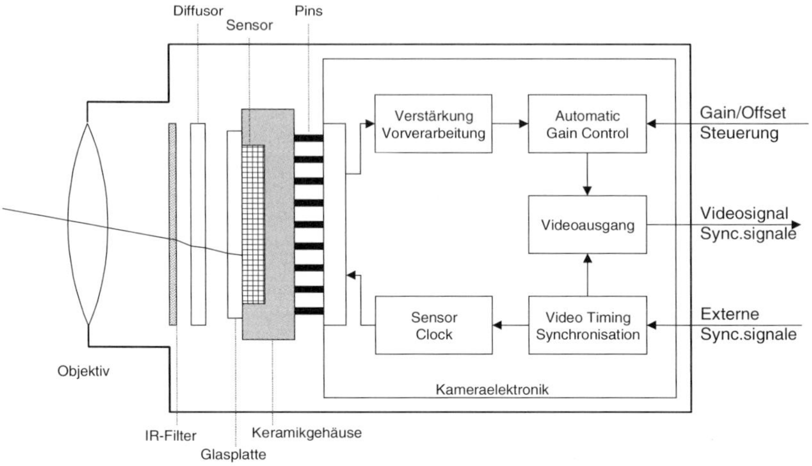

Abb. 3.79: Schematischer Aufbau einer CCD-Videokamera (nach SHORTIS & BEYER 1996)

Das Bildsignal des Sensors wird nach dem Auslesen zunächst verstärkt und vorverarbeitet. Es durchläuft dann eine automatische Helligkeits- und Kontrastanpassung (*automatic gain control*), die das analoge Signal auf eine maximale Stärke bringt. Der Verstärkungsfaktor wird üblicherweise durch den hellsten und dunkelsten Punkt im gesamten Bild festgelegt. Die Steuerung kann bei technischen Kameras von außen durch Anlegen einer Steuerspannung geregelt oder ausgeschaltet werden. Da die automatische Helligkeitsregelung einen nachträglichen Einfluß auf das Bildsignal ausübt, können häufig geometrische Qualitätseinbußen und ungewollte Helligkeitsänderungen nicht ausgeschlossen werden. Bei schlechten Beleuchtungsverhältnissen erhöht das Gain Control im übrigen auch das Bildrauschen. In Anwendungen mit konstanten und ausreichenden Beleuchtungsbedingungen sollte die Helligkeitsanpassung daher ausgeschaltet werden.

Abb. 3.80: Videoaufnahme ohne (links) und mit (rechts) automatischer Helligkeitsanpassung bei gleichen Beleuchtungen

Sowohl der Bildsensor als auch das Videosignal benötigen hochfrequente Synchronisationssignale. Die Kameraelektronik verfügt dazu über einen eigenen Impulsgenerator (*sensor clock*). Die Synchronisation kann aber auch durch ein externes Signal erzeugt werden, z.B. zur synchronen Bilderfassung bei mehreren Kameras oder zur Synchronisation eines Video-Frame-Grabbers zur exakten Digitalisierung des Videosignals (siehe unten).

Neben Standard-Videokameras existieren höherauflösende Videokameras, die vor allem für den HDTV-Bereich (*high definition television*) konzipiert sind. Sie besitzen eine Auflösung bis zu ca. 1100 Bildzeilen bei ca. 1900 Punkten pro Zeile. Sie erlauben die Bilderfassung im Seitenverhältnis von 16:9. HDTV ist noch nicht endgültig standardisiert (PEIPE 1995a, INGLIS & LUTHER 1996).

3.3.2.3.3 Digitalisierung analoger Videosignale

Standard-Videokameras liefern ein standardisiertes analoges Videosignal, das für eine rechnerische Auswertung in sog. Frame Grabbern (Videokarten) im Videotakt (25 Bilder pro Sekunde) digitalisiert werden kann. Frame Grabber sind zusätzlich in einen Rechner integrierte, über ein Bus-System verbundene Hardware-Komponenten. Das vom Frame Grabber digitalisierte Videosignal wird entweder auf einem analogen Videomonitor oder über die Grafikkarte des Rechners an einer grafischen Benutzeroberfläche ebenfalls im Videotakt angezeigt.

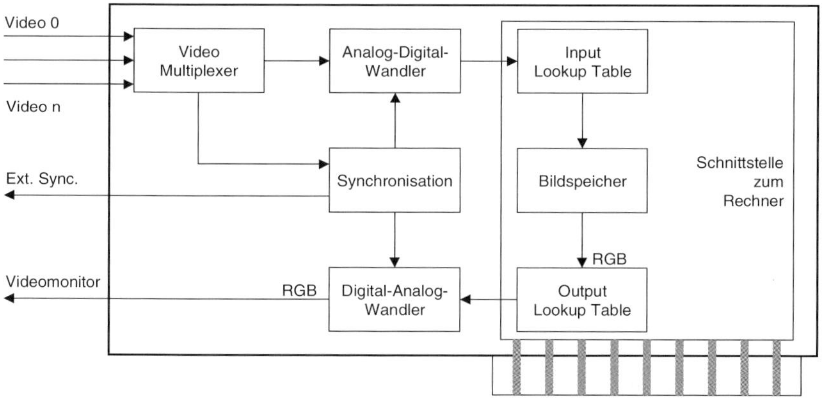

Abb. 3.81: Schematischer Aufbau eines Frame Grabbers

Abb. 3.81 zeigt das vereinfachte Schema eines Frame Grabbers zur Digitalisierung eines Schwarzweiß-Videosignals. Ein Videomultiplexer erlaubt das Umschalten zwischen mehreren Videosignalquellen. Aus dem Videosignal werden mittels PLL-Synchronisation (*phase locked loop*) horizontale Synchronisationsimpulse abgeleitet. Mit diesen wird der Analog-Digital-Wandler (ADC) gesteuert. Nach der Detektion eines Zeilenanfanges tastet der ADC mit einer vorgegebenen Abtastfrequenz das analoge Signal ab und liefert üblicherweise in 8 Bit digitalisierte Grauwerte. Die Grauwerte werden Zeile für Zeile im Bildspeicher abgelegt, nachdem sie mit einer Eingangs-Lookup-Tabelle (LUT) optional transformiert, z.B. negativ-gewandelt worden sind (siehe Kap. 5.2.1.2). Die Informationen aus dem Bildspeicher werden zur Bildausgabe wieder durch eine LUT geleitet und anschließend analog-gewandelt. Das analoge Bild kann auf einem Videomonitor angezeigt werden. Über eine Rechnerschnittstelle wird der digitale Zugriff auf Bilddaten, Lookup-Tabellen und sonstige Funktionen des Frame Grabbers ermöglicht.

Die Geometrie des digitalisierten Bildes wird durch den Abtastvorgang beeinflußt. Der Beginn einer Bildzeile wird durch PLL-Synchronisation erkannt, die jedoch eine Unsicherheit von umgerechnet bis 0.1 Pixel aufweisen kann. Dieser Effekt wird mit *line jitter* bezeichnet. Innerhalb der Abtastung einer Bildzeile kommt es ebenfalls zu Unregelmäßigkeiten der Abtastfrequenz (*pixel jitter*). Die Abtastfrequenz selbst wird durch den Frame Grabber generiert und stimmt daher im allgemeinen nicht mit der Pixelfrequenz des CCD-Sensors überein. Nach Tabelle 3.8 beträgt die Pixelfrequenz ca. 14.5MHz je nach verwendetem Bildsensor. Weicht die Abtastfrequenz davon ab, kommt es zu einer Änderung der resultierenden Pixelgröße in Zeilenrichtung x:

$$s'_x = s_x \cdot \frac{n_X}{n_C} = \frac{s_x \cdot n_X}{f_A \cdot t_X} \qquad (3.67)$$

mit
- s'_x: abgetastete horizontale Größe eines Pixels
- s_x: horizontale Größe eines CCD-Sensorelementes
- n_X: Anzahl der CCD-Sensorelemente pro Zeile
- n_C: Anzahl der abgetasteten Pixel pro Zeile
- f_A: Abtastfrequenz
- t_X: aktive Dauer einer Bildzeile (52µs bei CCIR)

Beispiel 3.7:

Gegeben ist eine CCD-Videokamera mit 604 × 576 Sensorelementen bei einem Bildformat von 6.0mm × 4.5mm (Größe der Sensorelemente: 10.0µm × 7.8µm). Der angeschlossene Frame Grabber erlaubt die Abtastung mit 10MHz (Größe des Bildspeichers 512 × 512 Pixel). Gesucht ist die resultierende Größe der digitalisierten Pixel sowie die notwendige Abtastfrequenz zur Erzielung quadratischer Pixel.

Lösung:

1. Abgetastete Pixel pro Zeile: $n_C = f_A \cdot t_X = 10\text{MHz} \cdot 52\mu\text{s} = 520$

Bei einer Bildspeichergröße von 512 Pixel pro Zeile werden also 8 Pixel abgeschnitten.

2. Abgetastete Pixelgröße: $s'_x = \frac{s_x \cdot n_X}{n_C} = \frac{10\mu\text{m} \cdot 604}{520} = 11.6\mu\text{m}$

Die abgetastete Pixelgröße unterscheidet sich also von der Originalgröße des Sensorelementes.

3. Pixel-Seitenverhältnis: $m = \frac{s'_x}{s'_Y} = \frac{11.6\mu\text{m}}{7.8\mu\text{m}} = 1.4 \approx 3:2$

4. Abtastfrequenz: $f_A = \frac{s_x \cdot n_X}{s'_x \cdot t_X} = \frac{10\mu\text{m} \cdot 604}{7.8\mu\text{m} \cdot 52\mu\text{s}} = 14.89\text{MHz}$

Mit einer Abtastfrequenz von 14.89MHz ist die abgetastete horizontale Pixelgröße gleich der vertikalen Größe eines Sensorelementes, die bei der Abtastung unverändert bleibt.

Die digitalisierte Pixelgröße kann somit in x- und y-Richtung verschieden sein. Dies muß bei photogrammetrischen Berechnungen durch Einführung eines Affinitätsfaktors (vgl. Kap. 3.2.3.2) in den Parametern der inneren Orientierung berücksichtigt werden. Photogrammetrische Videomeßsysteme müssen daher immer zusammen mit dem aktuell verwendeten Frame Grabber kalibriert werden.

Aufgrund der verfügbaren Bildspeichergröße kann es darüberhinaus zu einer Beschneidung des Bildes kommen, d.h. es ist möglich, daß weder sämtliche abgetasteten Pixel einer Zeile noch sämtliche Zeilen eines Bildes vollständig im Speicher abgelegt werden.

Wird die Videokamera durch den Taktgeber des Frame Grabbers synchronisiert (oder umgekehrt), lassen sich in praktischen Anwendungen Genauigkeiten von ca. 0.05 Pixel, das entspricht ca. 0.5µm in der Bildebene, erreichen. Eine weitere Genauigkeitssteigerung läßt sich erzielen, wenn die Videoabtastung durch einen pixelsynchronen Impuls der Kamera geregelt wird (Pixelclock). Es existieren weiterhin Videokameras mit Digitalausgang, bei denen die Videodigitalisierung bereits in der Kamera stattfindet.

Die Bilder können wegen der analogen Bildübertragung (begrenzte Kabellänge, Störsignale) und separaten Digitalisierung signifikante Qualitätsverluste erleiden (z.B. Synchronisationsfehler, Rauschen). Insbesondere ist darauf zu achten, daß Videokameras eine Warmlaufzeit von bis zu 2 Stunden benötigen, in denen Koordinatenabweichungen von einigen zehntel Pixel auftreten können (BEYER 1992). Abb. 3.82 zeigt die unter kontrollierten Laborbedingungen erfaßte Sensordrift unmittelbar nach Einschalten der Kamera, dargestellt als Differenzen zum Mittelwert der letzten fünf Aufnahmen der Zeitreihe. In x-Richtung sind nur geringe Abweichungen zu beobachten, die bereits nach 10 Minuten im Rahmen der Meßgenauigkeit von ca. ±0.02 Pixel liegen. In y-Richtung tritt in den ersten 20 Minuten eine deutliche Drift von ca. 0.15 Pixel auf. Die Ursachen dieses Effektes liegen zum einen in Temperatureinflüssen auf mechanische Komponenten, zum anderen in der Erwärmung von Elektronikbauteilen in der Kamera.

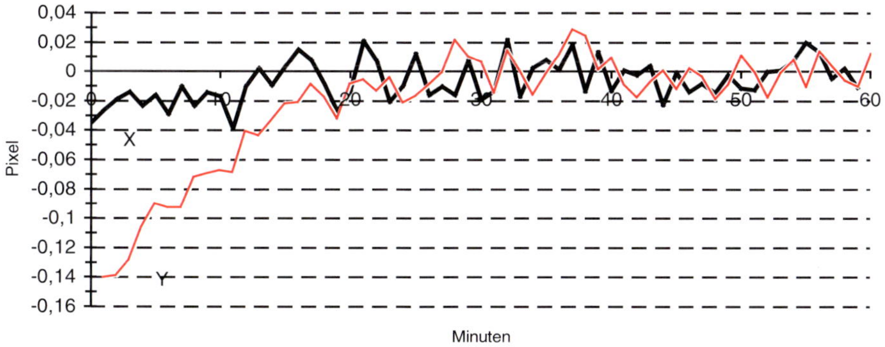

Abb. 3.82: Drift gemessener Sensorkoordinaten während der Aufwärmzeit

Im Bereich der TV-Camcorder geht der Trend zu digitalen Videokameras, deren Bilder nicht mehr auf analogem Videoband, sondern in digitaler Form (MPEG Video- und Audiokompression) gespeichert werden (Abb. 3.78).

CCD-Videokameras werden vor allem in speziellen Anwendungen der Echtzeit-Photogrammetrie mit relativen Genauigkeiten zwischen 1:5000 bis 1:15000 eingesetzt.

3.3.2.4 Hochauflösende Digitalkameras

Nach den ersten Entwicklungen Ende der achtziger Jahre (z.B. Kodak Megaplus, 1320 × 1035 Pixel) sind mittlerweile hochauflösende CCD-Sensoren zu wirtschaftlich vertretbaren Kosten verfügbar. Hierzu tragen besonders die Entwicklungen in der digitalen Fotografie bei, in der zahlreiche Aufnahmesysteme sowohl für den Amateurbereich mit niedrig auflösenden Digitalkameras als auch für den anspruchsvollen professionellen Fotografen mit hochauflösenden Schwarzweiß- und Farbkameras verfügbar sind.

Hersteller	Typ	Format [mm]	Anzahl Pixel	Pixel-größe	Typ	Zeit pro Bild [s][1]
Kodak	Megaplus-1.4	9 x 7	1320 x 1035	7 x 7	CCD, digital	0.15
Rollei	d7_metric	9 x 7	1280 x 1024	7 x 7	Still-Video	3
Canon	PowerShot Pro70	6 x 4.5	1536 x 1024	4 x 4	Still-Video	0.5
Kodak	Megaplus-4.2i	18 x 18	2029 x 2048	9 x 9	CCD, digital	0.5
Kodak	Megaplus-6.3i	28 x 18	3070 x 2048	9 x 9	CCD, digital	0.8
Kodak	DCS 420	14 x 9	1536 x 1042	9 x 9	Still-Video	0.2
Kodak	DCS 460	28 x 18	3060 x 2036	9 x 9	Still-Video	0.6
GSI	INCA 4.2	18 x 18	2029 x 2044	9 x 9	CCD, digital	0.5
GSI	INCA 6.3	28 x 18	3060 x 2036	9 x 9	CCD, digital	0.8
Imetric	ICam 6	37 x 25	3072 x 2048	12 x 12	CCD, digital	0.2
Rollei	ChipPack	31 x 31	2048 x 2048	15 x 15	CCD, digital	10
Kodak	Megaplus 16.8i	37 x 37	4096 x 4096	9 x 9	CCD, digital	2
Rollei	Q16	60 x 60	4096 x 4096	15 x 15	CCD, digital	10–30
Imetric	ICam 28	86 x 49	7168 x 4096	12 x 12	CCD, digital	1.7
Kontron	ProgRes 3012	9 x 7	4608 x 3480	2 x 2	Micro-Scan	35 [2]
RJM	JenScan	9 x 7	4488 x 3072	2 x 2	Micro-Scan	5
Jenoptik	Eyelike	29 x 29	6144 x 6144	5 x 5	Micro-Scan	40 [2]
Rollei	Gamma S12	56 x 56	3500 x 3500	16 x 16	Line-Scan	180
Rollei	RSC	52 x 52	4500 x 4500	11 x 11	Reseau-Scan	> 300 [3]
KWD	Rotascan Noblex	360°, 60	42379 x 8600	7 x 7	Panorama-Scan	> 600
Zeiss	UMK HighScan	166 x 120	15414 x 11040	11 x 11	4 CCDs, Macro-Scan	330

Tabelle 3.10: Auswahl digitaler Aufnahmesysteme
1) Aufnahmezeit für Gesamtbild höchster Auflösung, 2) für RGB-Farbbilder,
3) <1s für Teilbilderfassung

Hochauflösende Digitalkameras drängen heute in Form von Still-Video-Kameras, Scanning-Kameras, digitalen Kamerarückteilen oder als Spezialmeßkameras in die photogrammetrische Praxis. In der Kombination mit ausgereifter Kameratechnik stellen sie leistungsfähige und anwendungsfreundliche Systeme dar. Der Datentransfer erfolgt entweder off-line mittels eines internen Speichermediums (z.B. PCMCIA-Wechselplatte) oder on-line an einen angeschlossenen Rechner. Daneben existieren Aufnahmesysteme mit integriertem Rechner, der unmittelbar die Bildauswertung in der Kamera gestattet.

Tabelle 3.10 zeigt eine Auswahl hochauflösender Digitalkameras. Aufgrund der rasanten technischen Entwicklung stellt diese Tabelle nur eine Momentaufnahme (Stand: 1999) ohne Anspruch auf Vollständigkeit oder längerfristige Verfügbarkeit am Markt dar.

Als Still-Video-Kameras bezeichnet man heute im allgemeinen Digitalkameras mit Flächensensor, die mehrere Einzelaufnahmen direkt in der Kamera speichern können. Einfache digitale Sucherkameras mit bis zu ca. 1500 × 1000 Pixel erobern verstärkt den Amateurbereich. Die Datenspeicherung erfolgt zum Beispiel auf Festkörperspeichern (*flash memory*) oder Disketten. Sie lassen sich dann für photogrammetrische Aufgaben einsetzen, wenn insbesondere die Autofokus-Funktion deaktiviert ist (Beispiel in Abb. 3.83).

Abb. 3.83: Still-Video-Kamera Rollei d7_metric

Große Bedeutung haben hochauflösendere Still-Video-Kameras gewonnen, die auf der Basis einer herkömmlichen Kleinbild-Spiegelreflexkamera aufgebaut sind. In der Filmebene befindet sich ein Flächensensor, unterhalb des Gehäuses eine Wechselplatte zur Speicherung der Bilddaten. Diese Systeme werden seit Beginn der neunziger Jahre von einigen Kameraherstellern angeboten. Abb. 1.31 zeigt die Still-Video-Kamera Kodak/Nikon DCS 460. Sie ist die Weiterentwicklung der Kodak DCS200 bzw. DCS420 (1524 × 1012 Pixel) und bietet eine Auflösung von 3060 × 2036 Pixel. Bei einer Pixelgröße von 9µm resultiert ein Bildformat von 28mm × 18mm, so daß diese Kamera in Auflösung und Bildformat einer fotografischen Kleinbildkamera nahekommt. Dementsprechend können Kleinbildobjektive ohne Einschränkungen verwendet werden. Pro Bild wird ein Speicherplatz von 6MB erforderlich. Die Massenspeicherung erfolgt auf PCMCIA-Wechselplatten, die heute bereits bis über 500MB Kapazität besitzen und somit mehr als 80 Bilder (unkomprimiert) speichern können. Neben der internen Speicherung können Kamerasteuerung und Bildtransfer über eine SCSI-Schnittstelle mit einem angeschlossenen Rechner erfolgen.

Die Kamera besitzt einen Kodak-Flächensensor mit hoher geometrischer Qualität. Der Sensor ist normalerweise am Kunststoffrückteil des Kameragehäuses befestigt und besitzt keine stabile Verbindung zum Objektiv. Mechanische Veränderungen sind während einer längeren Aufnahmeserie nicht auszuschließen, so daß die Kalibrierung des Systems unter Umständen variable Parameter oder die Definition mehrerer verschiedener Kameras im Bildverband erfordert (siehe Kap. 4.3.2.4.2). Unter praktischen Bedingungen kann mit der DCS460 eine Genauigkeit von ca. 0.2 bis 0.5µm (1/50–1/20 Pixel) erreicht werden, wenn die Kamera während der Aufnahmen sorgsam behandelt wird, präzise meßbare Punktmarken verwendet werden und die Objektrekonstruktion mit Bündelausgleichung und Simultankalibrierung erfolgt. Daraus resultieren relative Objektgenauigkeiten bis 1:100000 (PEIPE 1995b).

Wesentlicher Vorteil der Still-Video-Systeme ist die schnelle und handliche Bildaufnahme mit der Möglichkeit, die Bilder unmittelbar nach der Aufnahme an einen Rechner (z.B. Laptop) zu übertragen und dabei z.B. die Bildqualität zu überprüfen oder sofort mit der photogrammetrischen Auswertung zu beginnen. Kameras dieses Typs werden sowohl in photogrammetrischen Offline-Systemen (eine Kamera, sequentielle Bildaufnahme, getrennte Bildauswertung und Objektbestimmung) als auch in Online-Systemen (zwei oder mehr Kameras, simultane Bildaufnahme, sofortige Bildauswertung und Objektbestimmung) eingesetzt.

Abb. 3.84: Digitalkamera Rollei 6008 / ChipPack

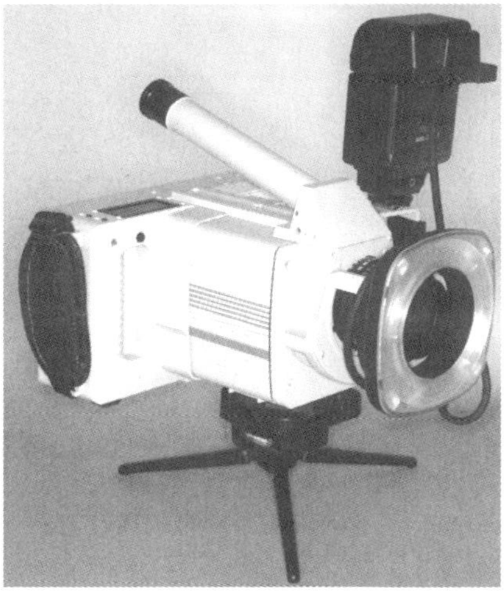

Abb. 3.85: Digitale Meßkamera GSI/Leica INCA 6.3

Im Bereich der Mittelformatkameras existieren digitale Kamerarückteile, die anstelle des herkömmlichen Filmmagazins verwendet werden können. Das Rückteil Rollei ChipPack kann mit einem Rollei-6008-Gehäuse verwendet werden und besitzt einen Flächensensor mit 2048 × 2048 Pixel, auch als Farbkamera (Abb. 3.84). Das Kamerarückteil kann über sequentielle Bildaufnahme mit Filtern auch Farbbilder erzeugen. Kamerasteuerung und Bilddatentransfer erfolgen über eine SCSI-Schnittstelle (GODDING & WOYTOWICZ 1995). Das Nachfolgemodell Rollei Gamma C4 besitzt vergleichbare Kenndaten. Das

Kamerarückteil Kodak DCS465 besitzt die Leistungsmerkmale einer DCS460 und kann z.B. mit Hasselblad-Kameras eingesetzt werden.

Speziell für photogrammetrische Zwecke konzipiert sind digitale Meßkameras[1], die durch den optisch-mechanischen Aufbau eine hohe geometrische Stabilität gewährleisten. Insbesondere sind Objektiv und CCD-Sensor fest mit dem Kameragehäuse verbunden. Die Meßkamera GSI/Leica INCA 6.3 mit einer Auflösung von 3060×2036 Pixeln besitzt im Kameragehäuse einen Prozessor zur Bildverarbeitung (Abb. 3.85). Die Bilddaten werden einerseits komprimiert, andererseits erlaubt der Prozessor die Erkennung und Messung signalisierter Bildpunkte, so daß für Standardanwendungen mit Retromarken nur noch die gemessenen Bildkoordinaten übertragen werden müssen. Das Genauigkeitspotential der INCA liegt bei 1:100000 (Brown & Dold 1995).

Die digitale Meßkamera Rollei Q16 MetricCamera (Abb. 3.86) basiert auf dem Rollei 6008 Kameragehäuse. Sie verwendet ein Dicomed-BigShot-Sensormodul mit 4096×4096 Sensorelementen bei einem Bildformat von $60\text{mm} \times 60\text{mm}$ (Sensor in Abb. 3.69b). Das Bildformat erlaubt damit die uneingeschränkte Verwendung herkömmlicher Mittelformatobjektive. Das Bild wird mit 12 Bit pro Pixel (4096 Graustufen) digitalisiert und mit jeweils 2 Byte abgespeichert (ca. 33MB). Die Bilddaten werden auf ein externes, tragbares Festplattenlaufwerk oder über SCSI auf einen Rechner übertragen. Die Rollei Q16 bietet eine Genauigkeit von ca. 0.45µm entsprechend einer Relativgenauigkeit von bis zu 1:140000 (Schafmeister 1998).

Abb. 3.86: Digitale Meßkamera Rollei Q16

Abb. 3.87: Digitale Meßkamera Imetric ICam 6 bzw. 28 mit CCD-Sensoren

Mit den Meßkameras Imetric ICam 6 (3072×2048 Pixel) und ICam 28 (7168×4096 Pixel) liegen ebenfalls Aufnahmesysteme mit integriertem Rechner für die automatische Punktmessung vor. Hohe Datenraten (64 MB/s für ICam 6) und hohe radiometrische

[1] Der Begriff Meßkamera wird hier im Sinne einer speziell für Meßzwecke konstruierten Kamera verwendet.

Auflösung (bis zu 16 Bit pro Pixel) zeichnen die Systeme aus (BEYER 1998). Für die ICam 28 werden pro Aufnahme 56MB Bilddaten erfaßt.

3.3.2.5 Scanning-Kameras

Da vor einigen Jahren die Auflösung digitaler Kameras noch stark eingeschränkt war, wurden Scanning-Kameras entwickelt, die die Pixelauflösung durch sequentielle Abtastung der Vorlage steigern (siehe auch Tabelle 3.10). Man unterscheidet zwischen den Abtastprinzipien *Micro-Scanning* und *Macro-Scanning*, die jedoch nur dann eingesetzt werden können, wenn sich Aufnahmesystem und Objekt nicht relativ zueinander bewegen.

3.3.2.5.1 Micro-Scanning

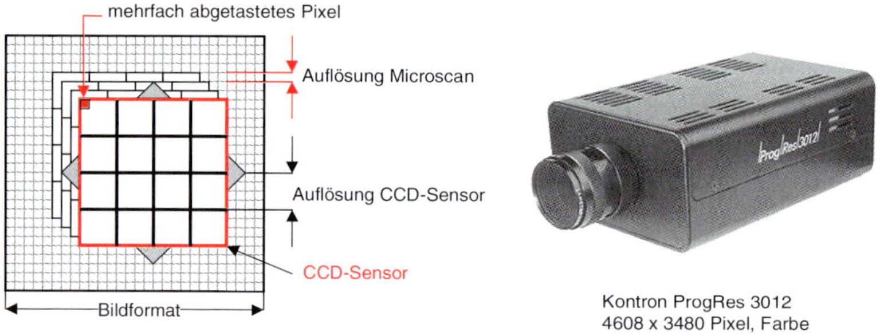

Abb. 3.88: Prinzip und Beispiel einer Microscanning-Kamera

Micro-Scanning-Kameras verschieben einen Interline-Transfer-Flächensensor durch Piezo-Elemente in Bruchteilen der Pixelgröße (Microscan-Faktor) horizontal und vertikal über die Bildfläche (Abb. 3.88). Das Gesamtbild entsteht nach einer verketteten Ablage der Einzelbilder im Bildspeicher und besitzt letztendlich eine Auflösung, die in beiden Richtungen um den Microscan-Faktor gesteigert ist (LENZ 1990). Das Micro-Scanning-Prinzip führt also zu einer Verkleinerung der effektiven Pixelgröße, während das nutzbare Bildformat der Kamera nicht verändert wird.

Abb. 3.89: Jenoptik Eyelike

Auf diesem Prinzip basieren die Kameras RJM JenScan (4608×3072 Pixel), Kontron ProgRes 3012 (4608×3480 Pixel) und Jenoptik Eyelike (6144×6144 Pixel, Abb. 3.89). Noch höhere Auflösungen lassen sich durch Kombination mit dem im folgenden beschriebenen Macroscan-Prinzip erreichen.

3.3.2.5.2 Macro-Scanning

Macro-Scanning-Systeme bewegen einen CCD-Zeilensensor oder CCD-Flächensensor in großen Schritten über ein großes Bildformat. Die Position der einzelnen Teilbilder wird entweder optisch-numerisch oder mechanisch ermittelt, so daß die einzelnen Bilder rechnerisch zu einem großformatigen Gesamtbild zusammengesetzt werden können.

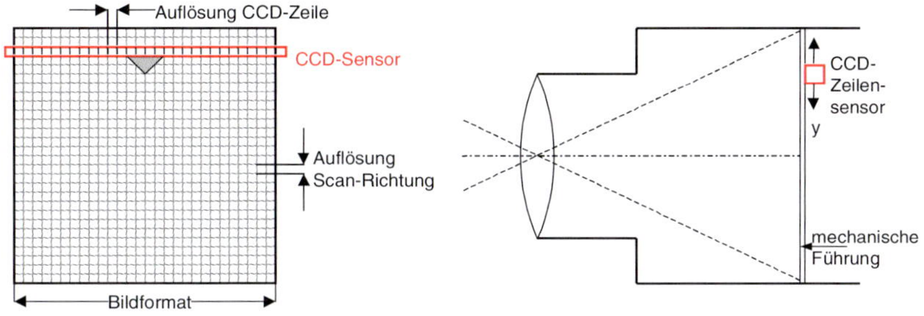

Abb. 3.90: Prinzip einer Zeilenscanner-Kamera

Abb. 3.90 zeigt das Prinzip einer Zeilenscanner-Kamera. Ein einzelner CCD-Zeilensensor wird mittels einer mechanischen Führung vertikal über das Gesamtformat der Kamera bewegt. Die Auflösung einer Zeilenscanner-Kamera wird horizontal direkt durch die Anordnung der Sensorelemente, vertikal dagegen durch die Schrittauflösung der mechanischen Führung bestimmt.

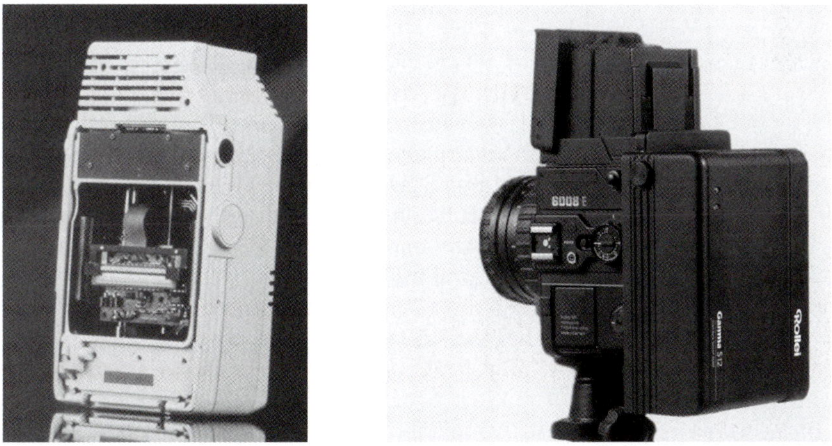

Abb. 3.91: Zeilenscanner-Kameras Rollei 6008 / ScanPack und Rollei Gamma S12

Für herkömmliche Mittelformatkameras (bis zum 4" × 5"-Format) werden Zeilenscanner-Rückteile angeboten, die anstelle des Filmmagazins verwendet werden können. Stellvertretend sei hier die Module Rollei ScanPack (5850 × 5000 Pixel) und Rollei Gamma S12 (3500 × 3500 Pixel) genannt (Abb. 3.91). Solche Systeme werden aufgrund der eingeschränkten mechanischen Führungsgenauigkeit in Abtastrichtung weniger für photogrammetrische Anwendungen eingesetzt, sondern sind vor allem für die professionelle Still-Fotografie konzipiert.

Ein Beispiel für die optisch-numerische Sensororientierung ist die Réseau-Scanning-Camera Rollei RSC (WESTER-EBBINGHAUS 1989, RIECHMANN 1990, siehe Abb. 3.92 und Abb. 3.93). Sie besitzt einen herkömmlichen CCD-Flächensensor mit 750×580 Elementen, der ein analoges Videosignal liefert. Das Gesamtbildformat beträgt $52mm \times 52mm$ entsprechend einer Auflösung von 4500×4500 Pixel. Vor dem Sensor befindet sich ein Réseau mit 2mm Maschengröße, so daß in jeder Sensorposition 4×3 Réseaupunkte mit abgebildet werden. Diese werden über die Näherungsposition des Sensors identifiziert, die aus der Schrittmotorsteuerung bekannt ist. Durch automatische Messung der Réseaupunkte und anschließende Transformation auf die Sollkoordinaten des Réseaus kann jede Sensorposition numerisch bestimmt werden, ohne daß eine hohe mechanische Stabilität der Sensorführung erforderlich ist. Neben der Bewegung in xy-Richtung kann der Sensor auch parallel zur optischen Achse in z-Richtung bewegt werden. Damit ist eine Fokussierung möglich, ohne daß sich die Parameter der inneren Orientierung ändern!

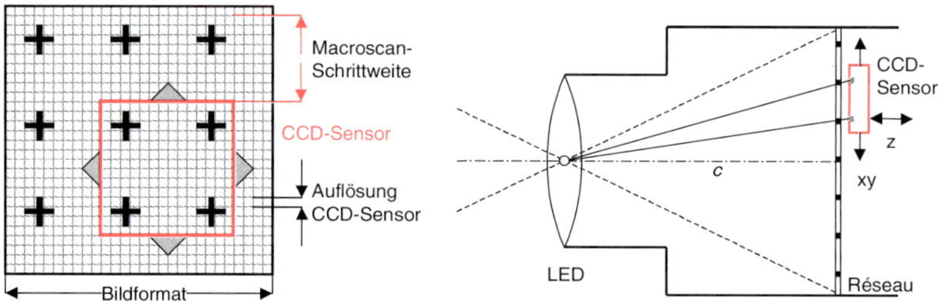

Abb. 3.92: Prinzip der Réseau-Scanning Kamera

Das Réseau wird durch eine LED-Lichtquelle, die separat im Objektiv angebracht ist, kontrastreich und scharf abgebildet. Um den Sensor zu orientieren, muß daher ein zweites Bild aufgenommen werden, das nur die Réseaupunkte zeigt, während das Objekt durch den geschlossenen Verschluß verdeckt ist. Anschließend wird die LED ausgeschaltet und der Verschluß geöffnet, so daß das Réseau praktisch nicht mehr sichtbar ist und nur noch das Objekt aufgenommen wird. Die geometrische Genauigkeit der Kamera ist auf ca. 1µm begrenzt. Die Kamera wird z.B. bei der Roboterkalibrierung eingesetzt, wobei nur die jeweils interessierenden Bildausschnitte erfaßt und on-line verarbeitet werden.

Auf der Basis einer Großformat-Meßkamera Zeiss UMK (Abb. 3.47) erfaßt die Zeiss UMK HighScan schrittweise ein Bildformat von $120mm \times 166mm$ mit Hilfe von vier parallel arbeitenden CCD-Flächensensoren (Abb. 3.94, KLUDAS 1995). Die resultierende Bildgröße beträgt ca. 15000×11000 Pixel. Die mechanische Führungsgenauigkeit beträgt ca. 5µm. Die Kamera wird nur in Sonderanwendungen für die hochauflösende digitale Stereobilderfassung eingesetzt, z.B. in Verbindung mit einem Strukturprojektor (siehe Abb. 6.37)

Abb. 3.93: Réseau-Scanning Kamera Rollei RSC

Abb. 3.94: Scanning-Einheit der Macroscan-Kamera Zeiss UMK HighScan

Durch Kombination des Micro- und des Macroscan-Prinzips läßt sich die Bildauflösung einer Digitalkamera praktisch beliebig steigern. So existiert mit der MARC-Kamera ein Farbaufnahmesystem mit einer wählbaren Auflösung von bis zu 20000 × 20000 Pixel, das einen Speicherbedarf bis zu 1.7GB pro Bild hat (LENZ et al. 1994). Die Kamera ist vor allem für die hochqualitative Aufnahme und Archivierung von Gemälden konzipiert.

3.3.2.6 Panoramakameras

Einen Sonderfall der Macroscan-Technik stellen digitale Panoramakameras mit abtastender CCD-Zeile dar. Eine vertikal angeordnete Sensorzeile dreht sich um eine ebenfalls vertikale Achse und erfaßt dabei den umliegenden Objektbereich (Rotationszeilenscanner). Das Abbildungsmodell entspricht in horizontaler Richtung einer Parallelprojektion, während in der Vertikalen nachwievor zentralperspektiv abgebildet wird.

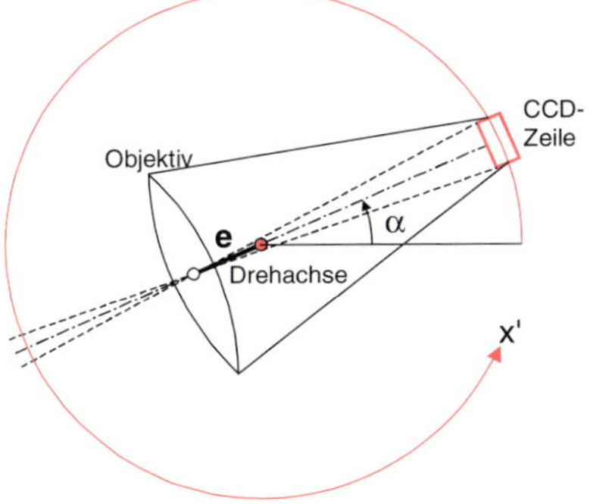

Abb. 3.95: Prinzip der Panorama-Scanning Kamera

Abb. 3.96: Digitale Panorama-Kamera Rotascan-Noblex

Zwischen Projektionszentrum und Drehachse besteht ein Exzentrizitätsvektor **e**, der im Rahmen der Kamerakalibrierung bestimmt wird. Zur photogrammetrischen Auswertung der aufgenommenen Panoramabilder wird das Abbildungsmodell in x'-Richtung erweitert, indem die x'-Bildkoordinate (Spaltenposition im Bild) als Funktion des Drehwinkels α und des Exzentrizitätsvektors **e** formuliert wird (LISOWSKI & WIEDEMANN 1999). Abb. 3.96 zeigt die digitale Panoramakamera Rotascan-Noblex (max. 42379 × 8600 Pixel) und Abb. 3.97 eine damit erfaßte Panorama-Aufnahme.

Abb. 3.97: Digitale Panorama-Aufnahme über Dresden

3.3.2.7 Farbkameras

Um Echtfarbbilder zu erzeugen, ist das einfallende Licht grundsätzlich in die drei Spektralbereiche Rot, Grün, Blau zu zerlegen. Dies kann durch drei gängige Verfahren erreicht werden (Zusammenfassung in Tabelle 3.11):

	3-Chip-Kamera	RGB-Filter	Mosaikmaske
Anzahl Sensoren	3	1	1
Anzahl Aufnahmen	1	3	1
Anzahl Videosignale	3	1	1
Bewegte Szenen	ja	nein	ja
Auflösung	voll	voll	halb
Farbkonvergenz	Justierung	ja	Tiefpaßfilter

Tabelle 3.11: Merkmale von Farbtrennverfahren

- Parallel- oder 3-Chip-Verfahren:

  Das einfallende Licht wird mit Hilfe eines Prismensystems gleichzeitig auf drei baugleiche CCD-Sensoren gelenkt, die jeweils durch ein vorgesetztes Farbfilter nur die Intensität einer Grundfarbe aufzeichnen (Abb. 3.98). Dabei bleibt die volle Auflösung der Sensoren erhalten, sie müssen jedoch zur Vermeidung von Farbfehlern sehr genau justiert werden. Die Kamera liefert drei getrennte analoge Farbsignale, die parallel digitalisiert werden müssen. Das Prinzip findet man in anspruchsvollen Farbkameras, die vor allem im TV-Studiobereich eingesetzt werden.

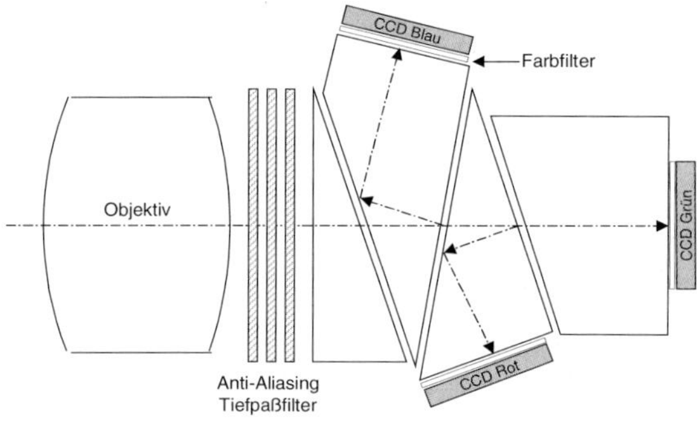

Abb. 3.98: Farbtrennung für 3-Chip-Kamera

- Zeitmultiplex-Verfahren:

  Die Farbtrennung erfolgt durch nacheinander aufgenommene Bilder *eines* Sensors, wobei vor jeder einzelnen Aufnahme ein der Grundfarbe entsprechendes Farbfilter in den Strahlengang eingebracht wird. Die volle Sensorauflösung bleibt erhalten, bewegte Szenen können jedoch nicht erfaßt werden. Das Verfahren läßt sich sowohl für Flächensensorkameras als auch für Scanning-Systeme einsetzen. Die Kamera liefert nur ein Videosignal. Das Farbbild wird rechnerisch durch RGB-Kombination der einzelnen Farbauszüge rekonstruiert.

- Ortsmultiplex- oder Filtermasken-Verfahren:

  Vor dem CCD-Flächensensor wird eine Filtermaske angebracht, die einzelne Sensorelemente jeweils für eine Grundfarbe zugänglich macht. Es werden Streifen- oder Mosaikmasken verwendet, vorzugsweise in Kombination mit Interline-Transfer-Sensoren. Gegenüber den obigen Verfahren sinkt die geometrische Auflösung um mindestens Faktor 2, da für ein Farbpixel drei oder vier Sensorelemente benötigt werden (Abb. 3.99). Das Prinzip eignet sich zur Aufnahme bewegter Objekte und ist kostengünstig zu realisieren, so daß es für fast alle Heimvideokameras eingesetzt wird.

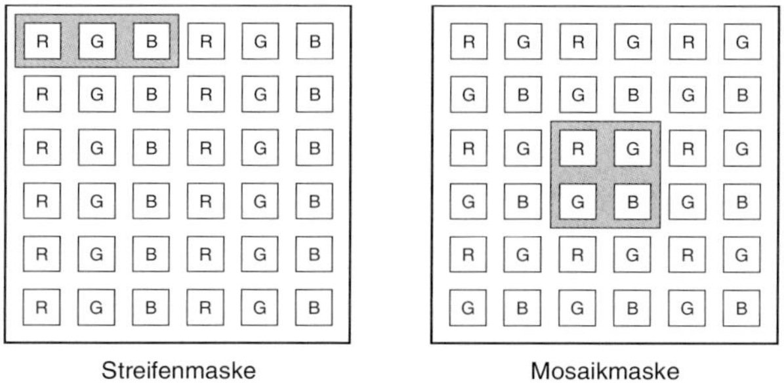

Abb. 3.99: Streifen- und Mosaikmasken

CCD-Farbkameras sind in der Nahbereichsphotogrammetrie noch nicht sehr verbreitet, da nur relativ kostenintensive 3-Chip-Kameras den Anforderungen nach voller Auflösung und kurzer Aufnahmezeit entsprechen. Diese setzen jedoch eine sehr sorgfältige Justierung der drei Sensoren voraus, da sonst jeder Farbauszug eine eigene innere Orientierung besäße.

3.3.2.8 Hochfrequenzkameras

Hochfrequenzkameras erlauben die Aufnahme schnell ablaufender Vorgänge mit Bildfrequenzen, die deutlich höher liegen als bei Standard-Videokameras. Heute existieren Hochfrequenzkameras, die mehr als 10000 Bilder pro Sekunde erfassen können. Sie werden vor allem für die Überwachung dynamischer Fertigungsprozesse, aber auch zur Analyse von Bewegungsvorgängen in Industrie, Medizin und Forschung eingesetzt (siehe auch Kap. 3.3.1.5.2).

Im allgemeinen verfügen diese Aufnahmesysteme über folgende Merkmale:

- Progressive-Scan-CCD-Sensor:

  Progressive-Scan-Sensoren vermeiden Bewegungsversätze, wie sie in CCD-Sensoren mit Halbbildauslesung auftreten können (Abb. 3.77). Die Auflösung des ausgelesenen Bildsignals kann reduziert werden, um höhere Bildfrequenzen zu erreichen.

- Elektronischer Verschluß:

  Elektronische Verschlüsse regeln die Integrationszeit des CCD-Sensors und können bis 50µs entsprechend 1/20000s erreichen.

- Halbleiter-Bildspeicher:

  Halbleiter-Speichermodule (DRAM) dienen zur unmittelbaren Speicherung der Bildsequenz. In Abhängigkeit der Bildspeicherkapazität und der (wählbaren) Sensorauflösung ergibt sich die maximale Bildzahl und Aufzeichnungsdauer.

- Analoge oder digitale Bildausgabe:

  Die im DRAM-Speicher vorliegende Bildsequenz kann als Standardvideosignal oder als digitale Bildfolge ausgelesen werden.

- Externe Trigger-Signale:

  Externe Trigger-Signale dienen zur Steuerung der Bildaufnahme, z.B. in Abhängigkeit eines maschinellen Fertigungsprozesses.

- Aufzeichnung von Zusatzinformationen:

  Speicherung bildbegleitender Informationen (Bildnummer, Aufnahmefrequenz etc.) zur anschließenden Bildfolgenanalyse.

Hochfrequenzkameras werden von verschiedenen Herstellern angeboten. Stellvertretend zeigt Abb. 3.100 Ausschnitte einer Bildsequenz, aufgenommen mit der Kamera Weinberger SpeedCam (256 × 128 Pixel, 1000 Bilder pro Sekunde).

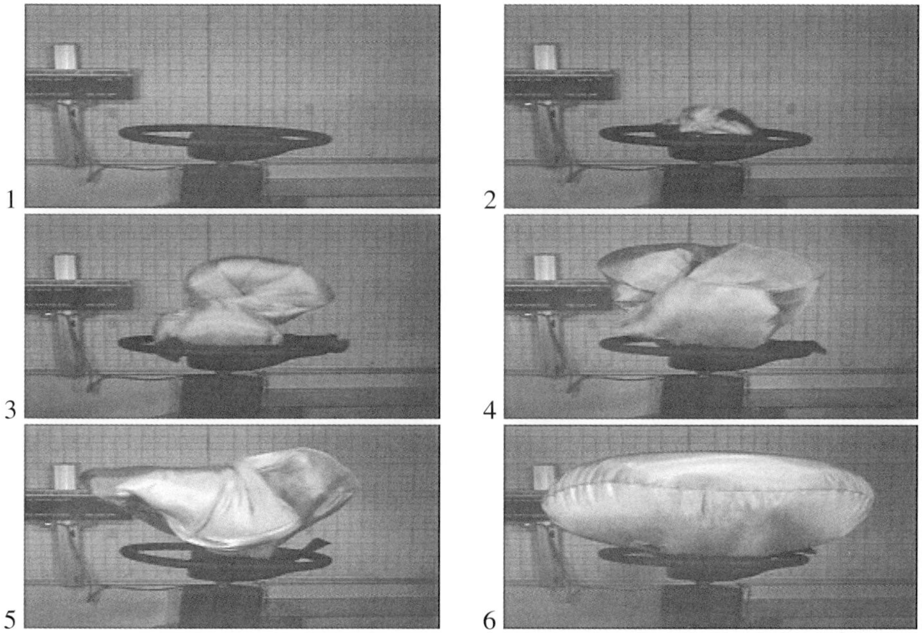

Abb. 3.100: Ausschnitte einer Bildsequenz (Weinberger SpeedCam)

Eine Ultrahochgeschwindigkeitskamera mit einer Bildfrequenz von bis zu 10 Millionen Bildern pro Sekunde arbeitet mit 8 in einer Kamera integrierten CCD-Sensoren (752 × 582 Pixel), die eine Bildsequenz von 8 Bildern aufnehmen können (STASICKI & MEIER 1994).

3.3.2.9 Weitere Methoden zur elektronischen Bildaufzeichnung

Neben der digitalen Bilderfassung mit CCD-Sensoren existieren mit Computertomographie, Magnetresonanz, Rasterelektronenmikroskop, Radar oder Ultraschall noch eine Reihe weiterer Technologien zur elektronischen Bilderfassung, die allerdings nur in seltenen Fällen photogrammetrisch ausgewertet werden (siehe z.B. JÄHNE et al. 1999, REGENSBURGER 1990, HEMMLEB & ALBERTZ 1997, KARARA 1989).

3.3.2.10 Ausblick

Digitale Bildsensoren sind in die Praxis der Nahbereichsphotogrammetrie vorgedrungen und werden die analoge fotografische Aufnahme langfristig ersetzen. Der heutige Stand der Technik (1999) ermöglicht die Serienfertigung von Bildsensoren bis zu 7000 × 4000 Pixel, Spezialsensoren mit höheren Auflösungen (bis 9000 × 7000 Pixel) sind in der Entwicklung oder werden bereits in der Astronomie eingesetzt. Der große Markt der professionellen digitalen Fotografie wird zu Kostensenkungen vor allem im Bereich bis zu 3000×2000 Pixel führen. Darüberhinaus werden hochauflösende Bildsensoren überwiegend für industrielle und technische Anwendungen benötigt, deren Stückzahlen allerdings deutlich geringer sein dürften.

Scanning-Kameras werden nur in Spezialanwendungen eingesetzt, bei denen extrem hohe Auflösungen (in Farbe) bei unkritischen Aufnahmezeiten und unbewegten Objekten benötigt werden, z.B. für die digitale Archivierung von Gemälden.

Abb. 3.101 zeigt den Zusammenhang zwischen Bildauflösung, Bilderfassungszeiten und Systemkosten (Durchmesser). Höhere Pixelzahlen werden mit längeren Erfassungszeiten erkauft, die sich auch auf die spätere Bildauswertung auswirken. Die hier angegebenen relativen Systemkosten zeigen vor allem, daß Scanning-Systeme hohe Auflösungen zu vergleichsweise günstigen Konditionen erlauben, wenn statische Aufnahmekonfigurationen vorliegen.

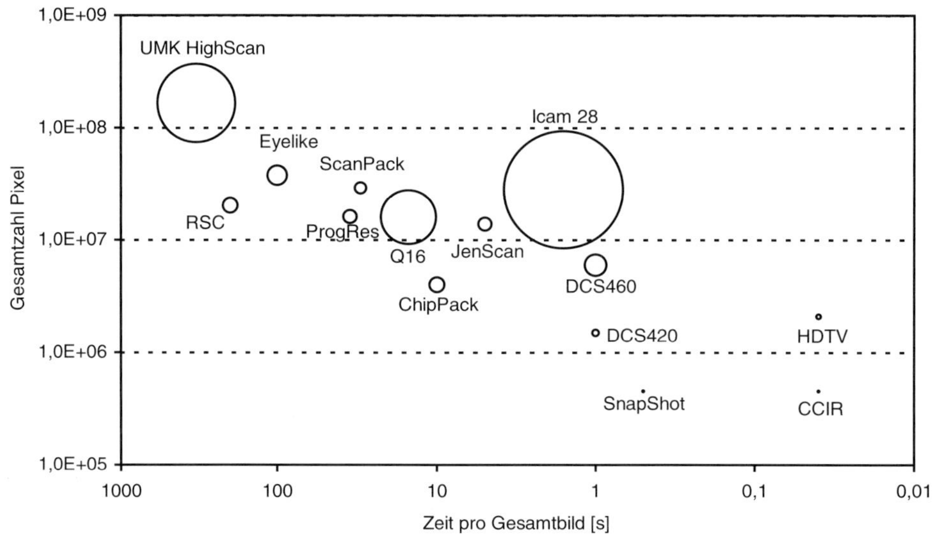

Abb. 3.101: Auflösung und Erfassungszeiten von Digitalkameras (Kreisdurchmesser = ungefähre Systemkosten)

Das hohe Genauigkeitspotential von CCD-Flächensensoren im Bereich von 0.2µm im Bildraum erfordert eine detailliertere Beschreibung der inneren Orientierung. Inhomogenitäten der Sensorfläche, minimale Variationen der optischen Verzeichnung und nicht beeinflußbare elektronische Verarbeitungsschritte müssen für das angestrebte Genauigkeitsniveau in Zukunft stärker berücksichtigt werden.

Sogenannte intelligente Kameras besitzen neben der Bilderfassung einen integrierten Rechner, der Bildverarbeitungsaufgaben bereits in der Kamera übernimmt. Solche Systeme dringen verstärkt in die Praxis und können Kontroll- und Meßaufgaben unmittelbar bei der Bildaufnahme ausführen.

3.3.3 Hybride Bilderfassung

Mit der Digitalisierung analoger Meßbilder erfolgt eine hybride Bilderfassung, welche die Vorteile der fotografischen Aufnahme (z.B. große Bildformate, geometrische und radiometrische Qualität, bewährte Kameratechnik) mit den Vorzügen der digitalen Bildauswertung (z.B. Archivierung, teilautomatische Messung, Kombination Grafik und Bild) verbindet. Dem stehen der erforderliche zusätzliche Zeit- und Geräteaufwand, hoher digitaler Speicherbedarf wie auch mögliche Qualitätsverluste bei der Digitalisierung entgegen.

Die Digitalisierung erfolgt mit Bildscannern, bei denen zwischen einfachen, weniger genauen Geräten und hochauflösenden, speziell für photogrammetrische Anwendungen konstruierten Scannern unterschieden werden kann. Im praktischen Umgang mit Bildscannern müssen dabei die Fragen nach der notwendigen und sinnvollen Abtastrate (Abtastfrequenz) und Quantisierungsrate (Bit-Tiefe) sowie nach der geometrischen und radiometrischen Qualität beantwortet werden. Übersichten zur photogrammetrischen Nutzung von Bildscannern gibt u.a. BALTSAVIAS (1998).

3.3.3.1 Abtastrate

Der Informationsgehalt des analogen Bildes kann mit der maximal vorkommenden Ortsfrequenz beschrieben werden (siehe Kap. 3.2.4.1). Um dieses Signal hinreichend genau abzutasten, ist nach dem Abtasttheorem die Abtastfrequenz f_A mindestens doppelt so hoch wie die maximale Ortsfrequenz f zu wählen. Die von f_A noch auflösbare Grenzfrequenz wird als Nyquist-Frequenz f_N bezeichnet.

$$f_A \geq 2f = 2f_N \tag{3.68}$$

Für analoge fotografische Vorlagen kann die maximale Ortsfrequenz durch das Auflösungsvermögen des Films bzw. des verwendeten Aufnahmesystems beschrieben werden. Geht man nach Kap. 3.3.1.1.4 von einem mittleren Auflösungsvermögen von 50 L/mm aus, so sollte die Abtastfrequenz mindestens 100 L/mm entsprechend einem Digitalisierungsintervall (Pixelgröße) von 10µm (2540 dpi) betragen. Für eine ausreichende visuelle Interpretation des digitalisierten Bildes ist es jedoch empfehlenswert, die Abtastrate noch weiter zu erhöhen (ALBERTZ 1991):

$$f_A \approx 2.8 \cdot f \tag{3.69}$$

Danach wäre in diesem Beispiel eine Abtastung mit 140 L/mm bzw. einer Pixelgröße von 7µm (3500 dpi) erforderlich. Eine nach den obigen Kriterien abgetastete Mittelformataufnahme (55mm × 55mm) hätte demnach einen Informationsgehalt, der einer Pixelauflösung von ca. 7500 × 7500 Pixel (53MB bei 1 Byte pro Pixel) entspricht, eine Aufnahme im Luftbildformat (230mm × 230mm) sogar mehr als 32000 × 32000 Pixel (970MB).

Beim praktischen Einsatz eines Bildabtasters für photogrammetrische Aufgaben muß die Abtastrate jedoch nicht nur nach dem Auflösungsvermögen der Vorlage, sondern auch aufgrund von Genauigkeitsforderungen, Art der Weiterverarbeitung (z.B. Druckausgabe) und verfügbarem Speicherplatz festgelegt werden.

	Variante			1	2	3	4	5
				Punktmessung manuell	Punktmessung automatisch	Visuelle Auswertung	Druckausgabe	Orthophoto 1:5000
1	Original			Mittelformat	Mittelformat	Luftbild	Kleinbild	Luftbild 1:12500
2	Bildgröße X		mm	55	55	230	36	230
3	Bildgröße Y		mm	55	55	230	24	230
4								
5	Vergrößerungsfaktor Vorlage	m_V		3	1	1	4	1
6								
7	Genauigkeit der Bildauswertung	s_p	Pixel	0,5	0,1	1		
8								
9	Filmauflösung	AV	L/mm			50		
10	Nyquist-Frequenz	f_N	dpi			1270		
11								
12	geford. Genauigkeit / Auflösung	s_x	mm	0,005	0,002	0,007		
13								
14	Druckerauflösung	f_D	dpi				600	600
15	Rasterpunkte pro Pixel	n_R					3	3
16	Pixel pro Inch		dpi				200	200
17	Pixelgröße		mm				0,127	0,127
18	Vergrößerungsfaktor Ausgabe	m_D					1	2,5
19								
20	**Scanauflösung**	Δx_A	**mm**	**0,030**	**0,020**	**0,007**	**0,254**	**0,025**
21	**Scanauflösung**	f_A	**dpi**	**847**	**1270**	**3556**	**100**	**1000**
22								
23	Anzahl Pixel X			5500	2750	32200	567	9055
24	Anzahl Pixel Y			5500	2750	32200	378	9055
25								
26	Bits pro Pixel		Bit	8	8	12	6	6
27	Bytes pro Pixel		Byte	1	1	2	1	1
28								
29	Informationsgehalt		Bit	2,42E+08	6,05E+07	1,24E+10	1,29E+06	4,92E+08
30	Datenmenge		MB	28,8	7,2	1977,6	0,2	78,2

Tabelle 3.12: Berechnung geeigneter Scanauflösungen für die Bildabtastung (weiß: Vorgaben; grau: resultierende Größen)

Dazu zeigt Tabelle 3.12 Beispielrechnungen zur Ermittlung geeigneter Scanauflösungen für verschiedene Anwendungen.

- Manuelle Punktmessung (Variante 1):

  Beispielhaft wird eine dreifach vergrößerte Mittelformataufnahme abgetastet (m_v=3), in der anschließend Objektpunkte gemessen werden sollen. Die Genauigkeit einer manuellen Bildschirmmessung s_p wird mit 0.5 Pixel (Zeile 7) abgeschätzt. Gefordert ist eine Bildmeßgenauigkeit $s_{x'}$ von 5µm (Zeile 12). Die notwendige Abtastrate (Zeile 20) ergibt sich nach

$$\Delta x_A = \frac{m_V \cdot s_{x'}}{s_p} \tag{3.70}$$

  zu 30µm entsprechend 847dpi. Das digitalisierte Bild hat 5500 × 5500 Pixel entsprechend einer Datenmenge von ca. 28.8 MB bei 1 Byte pro Pixel.

Punktmessung s_p wird mit 0.1 Pixel (Zeile 7) abgeschätzt. Gefordert ist eine Bildmeßgenauigkeit $s_{x'}$ von 2μm (Zeile 12). Die notwendige Abtastrate (Zeile 20) ergibt sich nach (3.70) zu 20μm entsprechend 1270dpi. Das digitalisierte Bild hat 2750 × 2750 Pixel entsprechend einer Datenmenge von ca. 7.2 MB bei 1 Byte pro Pixel.

- Visuelle Bildinterpretation (Variante 3):

  In diesem Fall wird das Original eines Luftbildes abgetastet, in der anschließend eine visuelle Bildinterpretation erfolgen soll. Das Auflösungsvermögen der Vorlage liegt bei AV=50 L/mm (Zeile 9). Die notwendige Abtastrate (Zeile 20) ergibt sich nach (3.69) zu 7μm entsprechend 3556dpi. Das digitalisierte Bild hat eine Größe von 32200 × 32200 Pixel. Geht man von einer Quantisierungsrate von 12 Bit pro Pixel aus (Speicherung in 2 Bytes), resultiert eine Datenmenge von ca. 1978 MB. Diese Abtastrate wird in der Praxis kaum realisiert werden, zeigt jedoch den hohen Informationsgehalt einer Großformataufnahme.

- Druckausgabe eines Kleinbildfotos (Variante 4):

  In diesem Beispiel wird eine mit m_V=4 vergrößerte Kleinbildaufnahme abgetastet, die anschließend ohne Vergrößerung (m_D=1) auf einem Drucker ausgegeben werden soll. Die Auflösung des Druckers f_D wird mit 600dpi angegeben (Zeile 14). Für die digitale Rasterung der Vorlage werden n_R=3 Druckpixel pro Bildpunkt benötigt (Zeile 15), so daß 200 Bildpunkte pro Inch gedruckt werden können (Zeile 16). Gemäß des Abtasttheorems wird die Abtastung mit doppelter Ortsfrequenz (in diesem Fall 200dpi) durchgeführt. Die notwendige Abtastrate (Zeile 20) ergibt sich nach

$$\Delta x_A = \frac{25.4 \cdot m_V \cdot n_R}{2 \cdot m_D \cdot f_D[\text{dpi}]} \tag{3.71}$$

  zu 254μm entsprechend 100dpi. Das digitalisierte Bild hat 567 × 387 Pixel entsprechend einer Datenmenge von 0.2 MB bei 1 Byte pro Pixel. Eine Quantisierung von 6 Bit pro Pixel würde ausreichen, da die üblichen Raster- und Druckverfahren nicht mehr als 64 Graustufen ausgeben können.

- Druckausgabe eines Orthophotos (Variante 5):

  In letzten Beispiel wird ein Originalluftbild im Maßstab 1:12500 (m_V=1) abgetastet, das nach einer Orthobildberechnung im Maßstab 1:5000 (m_D=2.5) ausgegeben werden soll. Für den Drucker aus Variante 4 ergibt sich die notwendige Abtastrate (Zeile 20) mit (3.71) zu 25μm entsprechend 1000dpi. Das digitalisierte Bild hat 9055 × 9055 Pixel entsprechend einer Datenmenge von ca. 78.2 MB.

Wenn kein Bildabtaster mit einer entsprechend hohen Auflösung zur Verfügung steht, können statt des Originalbildes entsprechend vergrößerte Papierabzüge (m_D>1) abgetastet werden. Dabei können unter Umständen zusätzliche geometrische und radiometrische Verluste auftreten.

Neben der Detailauflösung ist die geometrische Genauigkeit eines Bildabtasters zu berücksichtigen. Sie sollte auf keinen Fall schlechter als die Bildauflösung sein. Während aufwendige Präzisionsscanner auch eine ausreichende geometrische Genauigkeit besitzen (siehe unten), sind einfache Desktop-Scanner ohne spezielle Kalibrierung nicht für meßtechnische Anwendungen ausgelegt (siehe Kap. 3.3.3.4).

3.3.3.2 Quantisierung

Der radiometrische Informationsgehalt (Dynamik, Signal-Rausch-Verhältnis) analoger Vorlagen ist für Standardfilme besser als 1:4000 (vgl. Kap. 3.3.1.1.2). Damit der mögliche Informationsgehalt erhalten bleibt, erfordert dies eine Quantisierung von mindestens 12 Bit (4096 Grauwerte) pro Grauwert, wobei der eingesetzte Sensor einen Dichtebereich von mindestens 0D bis 3D erfassen sollte. Viele Anwendungsprogramme arbeiten jedoch nur mit 8-Bit-Bildern, so daß häufig eine interne Reduzierung der Quantisierungstiefe über Lookup-Tabellen vorgenommen wird. Einige Systeme erlauben dabei die Wahl zwischen linearen und logarithmischen Tabellen. Letztere überführen die logarithmischen Dichtewerte der Vorlage in linear verteilte Grauwerte.

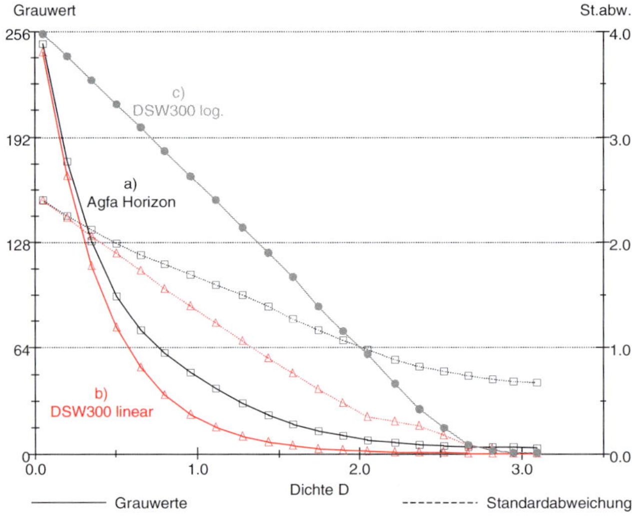

Abb. 3.102: Abtastung eines geeichten Graukeils (Daten: IGP, ETH Zürich)
a) Agfa Horizon, b) Leica DSW300 linear, c) Leica DSW300 logarithmisch

Abb. 3.102 zeigt beispielhaft mittlere Grauwerte und Standardabweichungen der Graustufen eines abgetasteten geeichten Graukeils (DTP-Scanner Agfa Horizon, 21μm Pixelgröße, 12 Bit intern und Leica DSW300, 12.5μm Pixelgröße, 10 Bit intern). Beide Systeme überführen die Dichtewerte nicht-linear in Grauwerte. Durch Verwendung einer logarithmischen Lookup-Tabelle für den DSW300 ergibt sich eine weitgehend lineare Grauwertabbildung. Die mittlere Standardabweichung liegt in diesem Beispiel zwischen ca. 1 (DSW) und 2.5 (Agfa) Grauwerten (siehe BALTSAVIAS 1998).

3.3.3.3 Gerätetypen

Für die Digitalisierung fotografischer Bilder zur anschließenden digitalen photogrammetrischen Auswertung stehen verschiedene Abtastsysteme zur Verfügung, die sich hinsichtlich Konstruktionsprinzip, Leistungsfähigkeit (geometrische und radiometrische Auflösung, Vorlagenformat, Scanzeiten) und Kosten beträchtlich unterscheiden können (siehe Tabelle 3.13).

Je nach verwendetem Sensorsystem lassen sich folgende Scanner unterscheiden:

- punktweise Abtastung mit Photozelle
- linienhafte Abtastung mit CCD-Zeilensensor
- flächenhafte Abtastung mit CCD-Flächensensor

Bezüglich des mechanischen Abtastvorganges unterscheidet man im wesentlichen folgende Scannertypen:

- Trommelscanner:

  Die Vorlage wird auf einer zylindrischen Trommel aufgespannt, die sich mit hoher Geschwindigkeit um die y-Achse dreht. Ein in Richtung der Drehachse verschiebbarer Abtastschlitten tastet das Bild punktweise mittels einer Abtastoptik (Objektiv, Blende, Photozelle) ab. Trommelscanner werden überwiegend in der Drucktechnik für großformatige Vorlagen (bis 1m × 1m) verwendet (Beispiele in Abb. 3.103). In der Photogrammetrie werden sie aufgrund hoher Investionskosten und geringerer geometrischer Genauigkeit kaum eingesetzt.

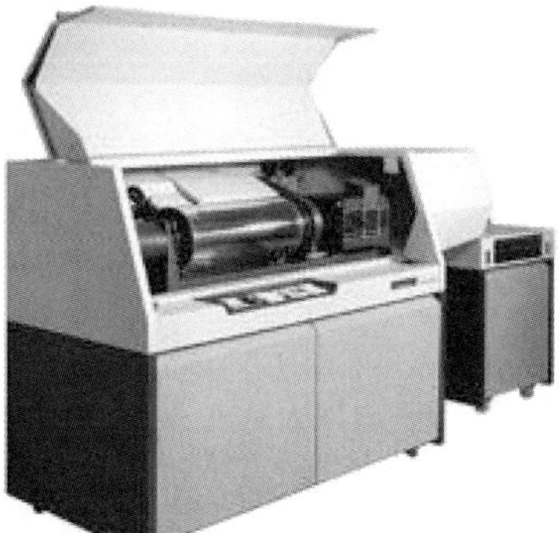
Crossfield

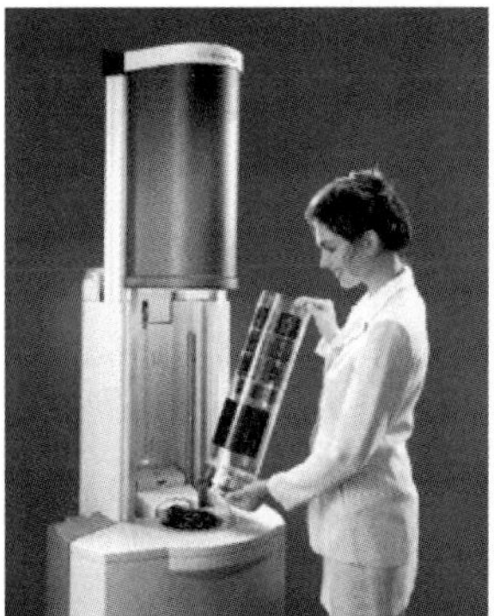
Linotype

Abb. 3.103: Trommelscanner

- Flachbettscanner:

  Flachbettscanner tasten die auf einem ebenen Vorlagenhalter liegende Bildvorlage zeilen- oder flächenhaft ab. Dabei kann sich sowohl das Abtastsystem gegenüber der Vorlage (wie bei den meisten einfachen Büroscannern) als auch die Vorlage relativ zum

Sensor bewegen. Flachbettscanner sind in der Regel als A4-Scanner konzipiert (Abb. 3.104). Größere Vorlagenformate sind bis zu A3 oder Luftbildformat verfügbar (Abb. 3.106). Aufgrund der einfachen mechanischen Konstruktion können Flachbettscanner mit hohen geometrischen Genauigkeiten realisiert werden und eignen sich daher besonders für photogrammetrische Anwendungen.

- Einzugsscanner:

  Einzugsscanner sind Geräte, die eine (großformatige) Vorlage über eine Rollvorrichtung einziehen und dabei punkt- oder linienweise abtasten. Sie werden vor allem für die Digitalisierung analoger Pläne und Karten eingesetzt und besitzen nur geringe geometrische Genauigkeiten (ca. 0.1–0.2mm).

- Handscanner:

  Handscanner sind einfache Bildscanner, die per Hand über die Vorlage geführt werden. Mittels eines Referenzrades mit Drehimpulsgeber wird der Abtastfortschritt kontrolliert. Handscanner sind für anschließende Bildmessungen ungeeignet.

Eine sinnvolle Unterscheidung der heute verfügbaren und für photogrammetrische Anwendungen geeigneten Bildscanner kann etwa wie folgt vorgenommen werden:

- Einfache Desktop-Scanner:

Abb. 3.104: Desktop-Scanner im A4-Format (Agfa)

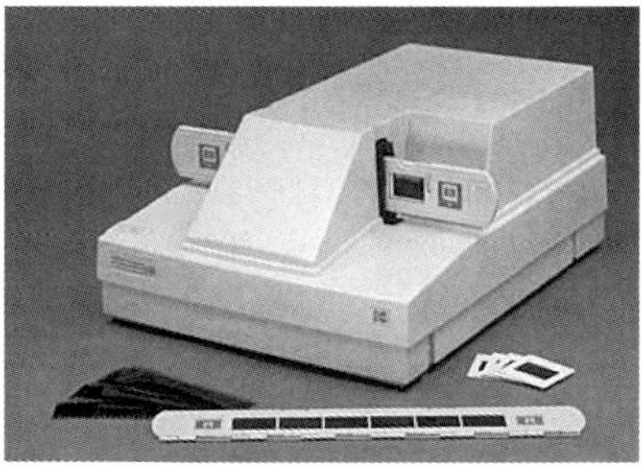

Abb. 3.105: Film-Scanner für Kleinbildformate (Kodak)

  Hierunter werden preiswerte Bildabtaster für den Bürobereich zusammengefaßt, die überwiegend zur Digitalisierung von Vorlagen für die spätere Einbindung in Texte und Dokumente eingesetzt werden (DTP-Scanner, Abb. 3.104). Ihre typischen technischen Merkmale zeichnen sich durch ein maximales Vorlagenformat von A4 bei einer optischen Auflösung von 300–1200 dpi aus. Die geometrische Genauigkeit liegt im Bereich von ca. 50–150µm. Genauigkeiten unter 10µm lassen sich durch Réseauabtastung oder Scannerkalibrierung erreichen (vgl. Kap. 3.3.3.4). Allerdings sind die geometrischen Qualitäten marktüblicher Systeme sehr unterschiedlich und sollten im Einzelfall überprüft werden. Das Angebot an vergleichbaren A3-Scannern ist deutlich geringer.

- Film-Scanner:

  Für die gängigen Filmformate (Kleinbild und Mittelformat bis 5" × 4") stehen Film-Scanner zur Verfügung, die direkt das Original-Negativ oder Diapositiv abtasten. Die geometrische Auflösung dieser Systeme beträgt bis über 2000dpi, die radiometrische Auflösung 10–12 Bit (Beispiel in Abb. 3.105).

- Präzisionsscanner:

  Wenige Hersteller liefern Bildabtaster mit technischen Leistungsmerkmalen, die höchsten photogrammetrischen Anforderungen entsprechen. Dazu gehören die Abtastung von Vorlagen bis zum Luftbildformat, Auflösungen bis unter 10µm (>2500 dpi), geometrische Genauigkeit von besser als 5µm, 8–12 Bit Grauwertauflösung, Farbabtastung, hohe Scangeschwindigkeit. Heute sind am Markt Systeme verfügbar z.B. von Zeiss (Abb. 3.106), Leica/Helava, Vexcel oder Wehrli (FAUST 1990, BALTSAVIAS 1998). Sie sind für Luftbildanwendungen ausgelegt und werden für die Nahbereichsphotogrammetrie nur selten eingesetzt.

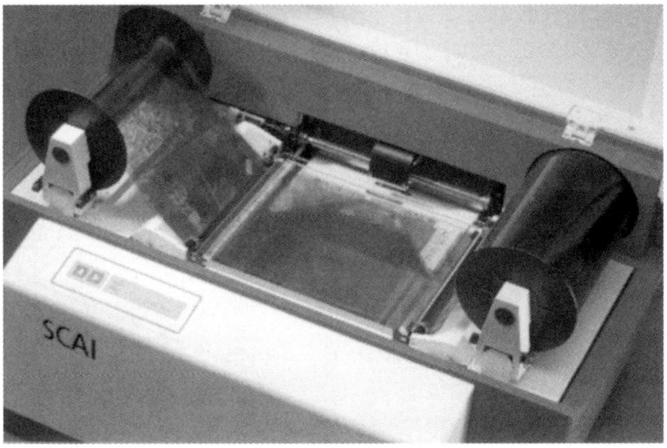

Abb. 3.106: Präzisionsscanner Zeiss SCAI mit Rollfilmeinzug

- Automatische Bildkomparatoren:

  Speziell für Aufgaben der Nahbereichsphotogrammetrie existieren digitale Präzisionskomparatoren, die in der Lage sind, Teilbereiche eines Meßbildes mit hoher Auflösung und geometrischer Genauigkeit digital zu erfassen und in diesen Bildausschnitten automatisch signalisierte Punkte zu messen. Die Systeme der Hersteller GSI und Rollei sind in der Praxis am weitesten verbreitet (siehe Kap. 6.1.3, Abb. 6.3 und Abb. 6.5).

- Sonstige Systeme:

  Eine weitere Möglichkeit zur Digitalisierung und Speicherung bietet das Photo-CD-System. Klein- und Mittelformate können in einem Speziallabor digitalisiert und auf CD-ROM gespeichert werden. Vorteilhaft für den Endanwender ist die preiswerte und einfache Abtastmöglichkeit mit bequemer Datenarchivierung. Auf der anderen Seite kann der Benutzer den Scanvorgang in keiner Weise kontrollieren, zudem werden die

Bildecken des Originals nicht miterfaßt. Die innere Orientierung einer Aufnahme ist somit ohne ein eingebautes Réseau kaum zu bestimmen.

Hersteller	Max. Format [mm]	Max. Auflösung [µm] [dpi]	Dichteumfang ΔD Bits / Pixel	Geometrische Genauigkeit [1] [µm]
HP ScanJet 4	210 x 300	42 600	3 D 8	ca. 50
Agfa T2000 XL	457 x 305	12 2000	3 D 8–12	ca. 80
Kodak RFS 2035 Film-Scanner	24 x 36	11 2310	3 D 8–12	<10
Photo-CD	24 x 36	6 4335	3 D 8–12	<10
Zeiss SCAI	250 x 275	7 3630	2 D 8–12	2
Leica DSW 300	265 x 265	4 6350	2 D 8–10	2
Rollei RS1-C	240 x 240	6 4230	1.6 D 8	1
GSI AutoSet-1	240 x 240	3 8470	1.6 D 8	0.5

Tabelle 3.13: Technische Daten einiger Bildscanner; [1)] ohne spezielle Kalibrierung

3.3.3.4 Geometrische Korrektur von Bildscannern

3.3.3.4.1 Réseaukorrektur

Geometrische Fehler bei der Bildabtastung lassen sich mit Hilfe der Réseautechnik kompensieren. Entstammt das abzutastende Bild einer Réseaukamera (siehe Kap. 3.3.1.4), wirken sich sämtliche geometrische Einflüsse der Bildaufnahme (Filmunebenheiten und Filmverzug, nicht Objektivverzeichnung) sowie nachfolgender Bearbeitungen (Filmentwicklung, Verzeichnung des Vergrößerungsapparates, Papierverzug) als Deformationen der Sollage der Réseaupunkte aus. Ebenso werden geometrische Abweichungen, die durch den Scanvorgang hervorgerufen werden, im abgebildeten Réseau des digitalisierten Bildes sichtbar. Ist die Maschenweite des Réseaus hinreichend klein und treten innerhalb dieser Maschen nur solche Effekte auf, die mit Hilfe der umgebenden Réseaupunkte rechnerisch erfaßt werden können (für geeignete Transformationen siehe Kap. 3.2.3.4), kann die geometrische Genauigkeit auch einfacher Bildabtaster auf ca. 10–20µm, bezogen auf das Originalbild, gesteigert werden (Abb. 3.107).

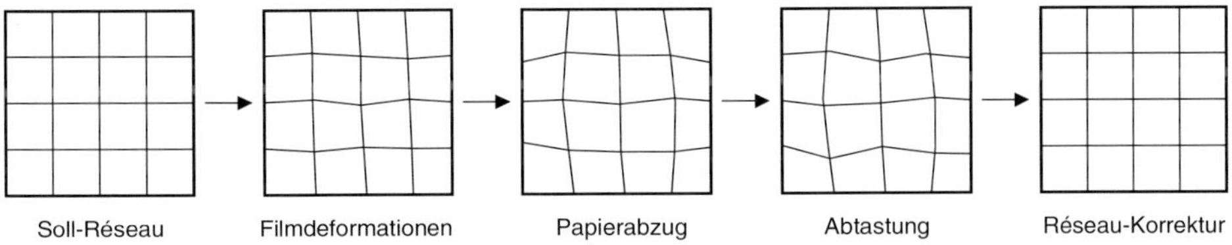

Abb. 3.107: Bilddeformationen und Réseaukorrektur

3.3.3.4.2 Scanner-Kalibrierung

Systematische geometrische Abtastfehler eines Scanners lassen sich mit einer flächenhaften Korrekturfunktion erfassen und kompensieren. Zu den möglichen systematischen Fehlern gehören:

- Führungs- und Spindelfehler von Bildwagen oder Abtastschlitten
- Schiefstellung des Abtastsensors
- Nichtparallelität zwischen Bildwagen/Abtastschlitten und Abtastvorlage
- Objektverzeichnung

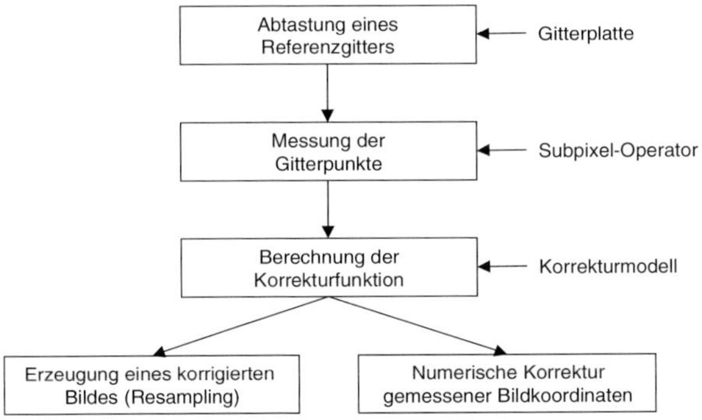

Abb. 3.108: Ablauf zur Scanner-Kalibrierung

Voraussetzung für die Erfassung systematischer Effekte ist die Abtastung und Messung eines Referenzmusters, z.B. einer hinreichend feinmaschigen Gitterplatte mit kalibrierten Sollwerten der einzelnen Gitterpunkte (Abb. 3.108). Durch Transformation der im abgetasteten Bild gemessenen Gitterpunkte auf ihre Sollwerte lassen sich je nach verwendetem Korrekturmodell Parametersätze zur Beschreibung der systematischen Scannerfehler ableiten. Aus diesen kann dann entweder ein neues, korrigiertes Bild erzeugt werden (Resampling) oder es werden weitere (z.B. in einem photogrammetrischen Auswertesystem) gemessene Bildpunkte um den berechneten Korrekturbetrag verbessert.

Als mögliche Korrekturmodelle kommen folgende Transformationen in Frage:

- Globale Affintransformation:

  Über sämtliche gemessenen Gitterpunkte wird eine globale Affintransformation berechnet, die ebene Translationen, Maßstabsfaktoren in x und y (Affinität), Rotation sowie Scherung zwischen den Achsen beschreibt.

- Perspektivtransformation:

  Zusätzlich zu den durch die Affintransformation erfaßten Einflüssen kann die Nichtparallität zwischen Abtasteinheit (Sensor) und Bildvorlage korrigiert werden.

- Maschenweise Affintransformation:

  Jede einzelne Gittermasche (i.d.R. vier Punkte) wird individuell affin oder bilinear transformatiert. Damit werden lokal unterschiedliche Einflüsse erfaßt. Dieser Ansatz entspricht dem Standardfall der Réseautransformation.

- Finite-Elemente-Transformation:

  Die Abweichungen an allen Gitterpunkten gehen in ein neu berechnetes Interpolationsgitter ein, das durch Ausgleichung bestimmt wird. Zusätzliche Bedingungen steuern das Krümmungsverhalten der Korrekturfläche (vgl. Kap. 3.2.3.4).

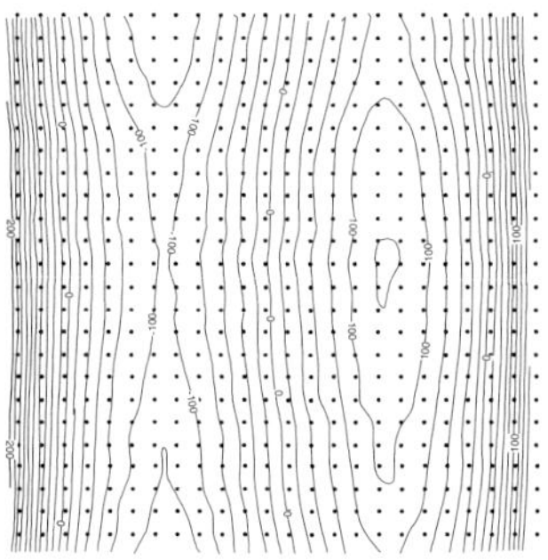

x-Residuen vor Korrektur

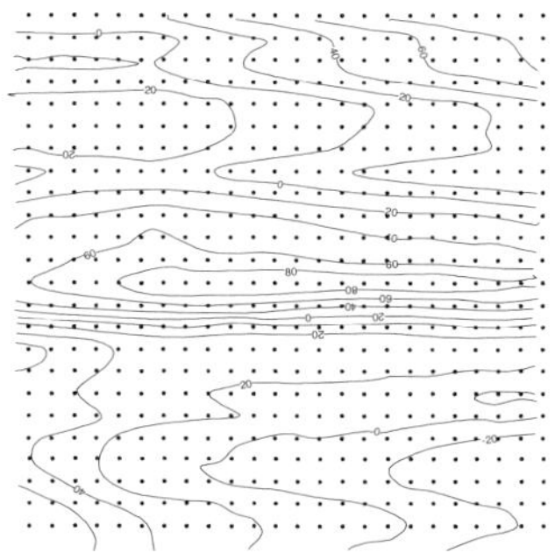

y-Residuen vor Korrektur

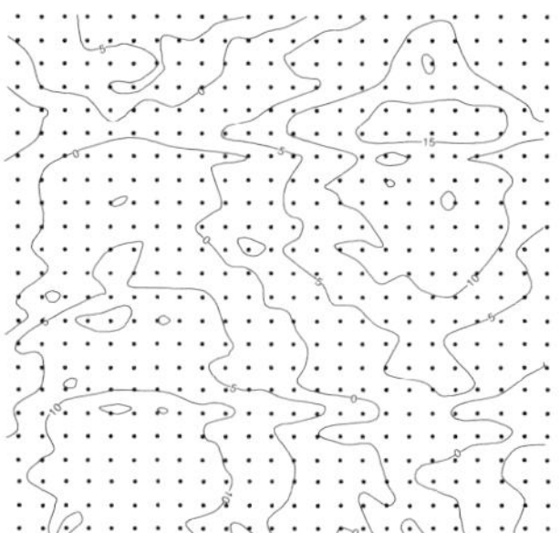

x-Residuen nach Korrektur

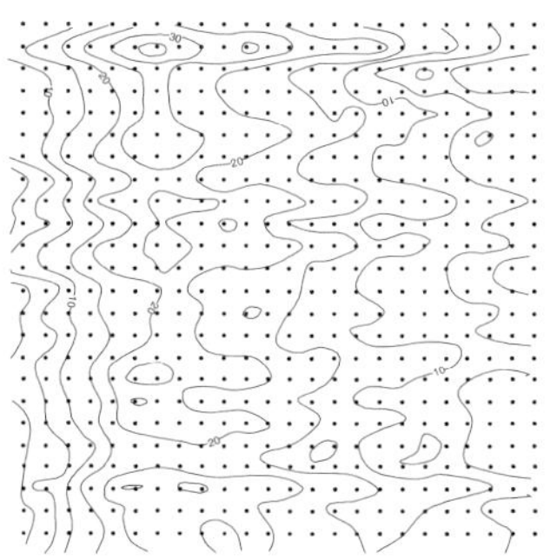

y-Residuen nach Korrektur

Abb. 3.109: Auswirkung und Korrektur systematischer Scannerfehler (IGP, ETH Zürich)

Abb. 3.109 zeigt dazu das Beispiel der Auswirkung und Korrektur systematischer Scannerfehler des A4-Büroscanners Agfa Horizon. Vor der Scannerkalibrierung liegen die mittleren Restfehler bei ca. 140µm, nach Korrektur in der Größenordnung von 5–10µm. Aufgrund der mangelnden mechanischen Stabilität ist die Scannerkalibrierung jedoch vor jedem Abtastvorgang vorzunehmen.

Nicht-systematische geometrische Fehler treten beispielsweise durch Vibrationen (Abb. 3.110) und Positionsabweichungen bei schrittweiser Abtastung von Teilbildern mit Vor- und Rückbewegungen (Abb. 3.111) auf. Sie können durch globale Korrekturfunktionen nicht kompensiert werden.

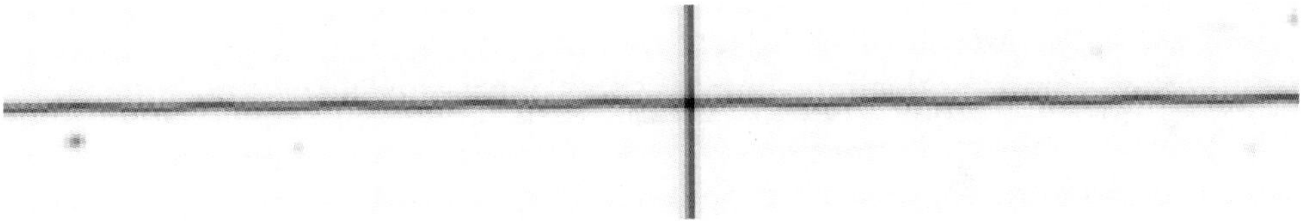

Abb. 3.110: Abtastfehler durch Vibrationen (IGP, ETH Zürich)

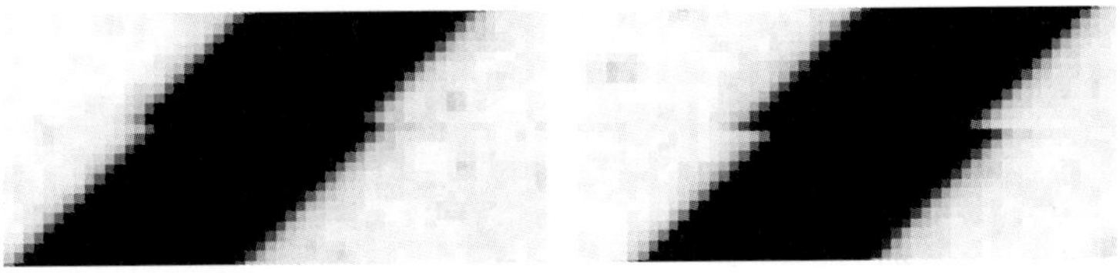

Abb. 3.111: Abtastfehler bei schrittweiser Teilbilderfassung (IGP, ETH Zürich)

3.3.4 Abbildende Laser-Scanner

3.3.4.1 Funktionsprinzip

Unter Laser-Scanning wird die dreidimensionale Erfassung einer Objektoberfläche durch zeitlich und örtlich versetzte Abtastung mit einem Laserstrahl verstanden. Der Laserstrahl wird über zwei Galvanometer-Ablenkspiegel rasterförmig über die Objektoberfläche geführt. Über Phasendifferenzmessung zweier aufmodulierter Meßsignale wird die räumliche Distanz zwischen Strahlquelle und Objektpunkt bestimmt (Abb. 3.112). Aus den bekannten Drehwinkeln der Ablenkspiegeln und der gemessenen Schrägentfernung können über einfache Polarbeziehungen 3D-Objektkoordinaten *XYZ* für jeden abgetasteten Punkt bestimmt werden.

Weiterhin kann die Intensität des reflektierten Lasersignals aufgezeichnet werden. Die reflektierte Intensität I hängt von folgenden Faktoren ab:

- spektraler Reflexionsgrad ρ der Objektoberfläche
- räumliche Orientierung von Objektoberfläche zur Richtung des Laserstrahls

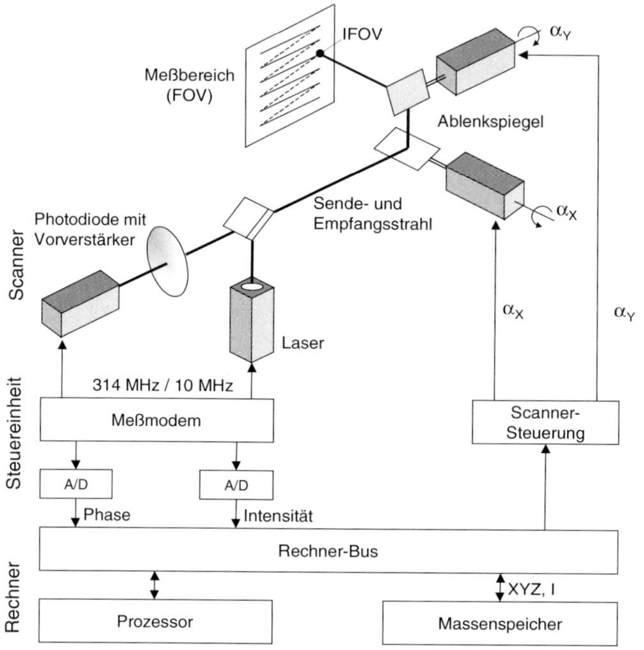

Abb. 3.112: Prinzip des Laser-Scannings (nach WEHR 1998)

Werden die gemessenen Daten (X,Y,Z,I) rasterförmig abgespeichert, entsteht sowohl ein sogenanntes Abstandsbild (Abb. 3.113a) als auch ein Intensitätsbild (Abb. 3.113b), das mit einer panchromatischen fotografischen Bildaufnahme vergleichbar ist. In diesem Zusammenhang spricht man auch von abbildenden Laser-Scannern oder 4D-Laser-Scanning (WEHR 1998).

3.3.4.2 Laser-Scanning für den Nahbereich

Laser-Scanner wurden zunächst für den Einsatz im Flugzeug entwickelt, um digitale Höhenmodelle des Geländes zu erfassen. Zunehmend werden sie aber auch im Nahbereich eingesetzt, z.B. zur Erfassung von Innenräumen oder von komplexen Objektstrukturen. In diesem Fall kann ein Laser im sichtbaren Bereich mit reduzierter Leistung verwendet werden. In Tabelle 3.14 sind beispielhaft die technischen Daten eines Laser-Scanners zusammengestellt.

Das wesentliche Merkmal des Laser-Scannings ist die schnelle dreidimensionale Erfassung einer (großen) Objektoberfläche mit hoher Punktdichte. Für ein Laser-Scanning-System mit maximal 10m Aufnahmeentfernung liegt die laterale Genauigkeit des einzelnen Meßpunktes bei ca. 0.5mm. Die Entfernungsmeßgenauigkeit ist bei 10m Entfernung mit ca. 10mm deutlich schlechter. Die Erfassungszeit für eine komplette Abtastung (200 × 200 Pixel) beträgt ca. 30s. Wenn für die gesamte Erfassung eines Objektes mehrere Aufnahmestandpunkte notwendig sind, müssen die einzelnen 3D-Punktwolken nachträglich über identische Punkte zu einem Gesamtsystem transformiert werden.

Laserleistung	0.5 mW (Laserklasse 2)
Optische Wellenlänge	670 nm (rot)
Reichweite *d*	< 10 m
momentanes Gesichtsfeld (IFOV)	0.1° (Sendeapertur 1mm)
Gesamtes Gesichtsfeld (FOV)	max. 30° x 30°
Abtastfläche bei 10m Entfernung	ca. 5.3m x 5.3m
Größe eines Abtastpunktes in 10m	17 mm
Empfangsapertur	23 mm
Pixelanzahl pro Bild	200 x 200 oder 400 x 400
Entfernungsmeßgenauigkeit	0.1mm (*d*=1m, ρ=60%) ca. 10mm (*d*=10m)
Winkelauflösung	10" = 0.003°
Meßtöne	10 MHz, 314 MHz
Meßrate	2 kHz (1-Ton-Messung) 600 kHz (2-Ton-Messung)
Abtastzeit für ein Bild	30 s (für 200 x 200 Pixel)

Tabelle 3.14: Technische Daten eines Laserscanners (WEHR 1998)

Nachteilig ist die unstrukturierte Datenerfassung, wie sie auch von anderen flächenhaft abtastenden Verfahren (siehe Kap. 6.4.1) vorgenommen wird. In der Regel müssen die gemessenen Punkte manuell oder rechnerisch ausgedünnt und strukturiert werden, um die Daten für weitere Bearbeitungen aufzubereiten. Abb. 3.113 zeigt dazu das Ergebnis einer 3D-Vermessung eines Dinosaurierskeletts, das von mehreren Standpunkten aus mit einem Laserscanning-System erfaßt worden ist (WIEDEMANN & WEHR 1998).

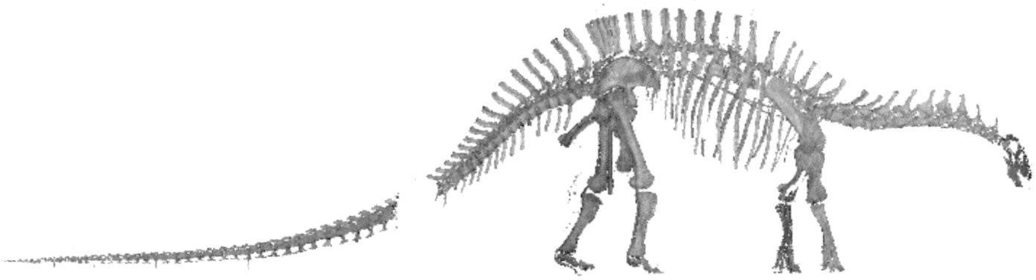

a) Intensitätsbild

b) Abstandsbild

Abb. 3.113: 3D-Erfassung eines Dinosaurierskeletts mit Laserscanning (WIEDEMANN & WEHR 1998)

3.3.5 Selbstmessende Aufnahmesysteme

Dieser Abschnitt behandelt einige Varianten der photogrammetrischen Aufnahmetechnik, die neben der Bilderfassung auch die simultane Messung sonstiger Meßgrößen erlauben.

3.3.5.1 Videotheodolit

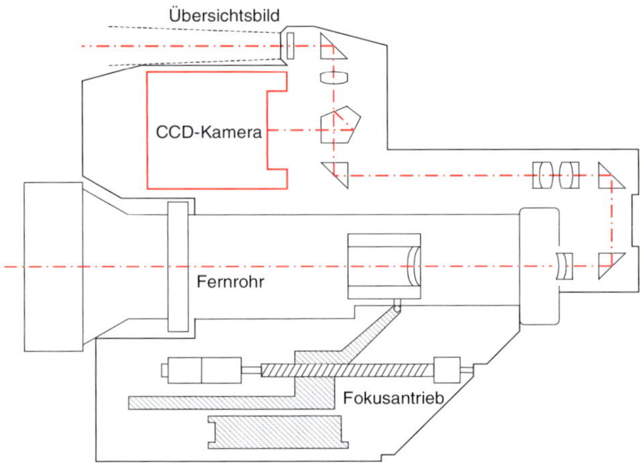

Abb. 3.114: Schema des Videotheodoliten Leica TM 3000 V

Videotheodolite bestehen zunächst aus einem klassischen elektronischen Theodoliten, in dessen optischen Strahlengang eine CCD-Videokamera integriert ist. Während die Teilkreisablesung des Theodoliten wie üblich Horizontal- und Vertikalrichtungen liefert, kann das über die Videokamera erfaßte Bild digitalisiert und rechnerisch für eine automatische Zielpunkteinstellung und –messung verwendet werden. Dieses Prinzip hat daher Ähnlichkeit mit dem des Phototheodoliten (siehe Abb. 1.24).

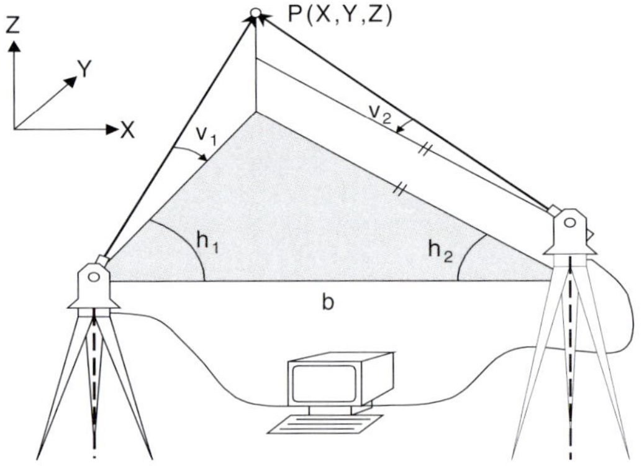

Abb. 3.115: Theodolitmeßsystem

Abb. 3.114 zeigt das Prinzip des Videotheodoliten Leica TM 3000 V. Das Fernrohrbild wird über einen Strahlenteiler auf eine CCD-Kamera gelenkt, eine visuelle Beobachtung durch das Fernrohr ist weiterhin möglich. Ein Optikkoppler sorgt für die Umschaltung zwischen dem Fernrohrbild und einem Weitwinkel-Übersichtsbild. Im digitalisierten Bild des CCD-Sensors werden Zielpunktkoordinaten erfaßt. Von diesen können nach einer geeigneten Kamerakalibrierung Korrekturwerte für Horizontal- und Vertikalrichtungen abgeleitet werden. Werden zur Objektsignalisierung

Zielmarken gewählt, die eine präzise automatische Punktmessung erlauben (siehe Kap. 3.4.1.1), lassen sich Winkelgenauigkeiten von 0.15mgon erreichen.

Ist der Videotheodolit wie im Beispiel des TM 3000 V mit Servomotoren zum Antrieb von Stehachse, Kippachse und Fokussierung versehen, können a priori bekannte Zielpunkte automatisch angefahren und gemessen werden. Mit einem integrierten Entfernungsmesser lassen sich im Polarverfahren mit nur einem Meßsystem 3D-Koordinaten erfassen. Wird im anderen Fall ein System aus mindestens zwei Videotheodoliten aufgebaut, lassen sich Objektpunkte dreidimensional über den Vorwärtsschnitt der gemessenen Raumrichtungen bestimmen (Abb. 3.115, STAIGER 1992).

3.3.5.2 Schwenk-Neige-Kamera

Eine weitere Variante des Phototheodoliten ist die sog. Schwenk-Neige-Kamera. Im Gegensatz zum Videotheodoliten erfolgt die Objekterfassung nicht über das Fernrohr, sondern direkt über das Objektiv einer CCD-Kamera. Ein servo-gesteuertes Schwenk-Neige-System erlaubt die Positionierung der Kamera zur Erfassung eines größeren Objektbereiches. Die Schwenk-Neige-Kamera entspricht somit dem Prinzip des Macro-Scannings, wobei die Sensororientierung durch Messung der Schwenk-Neige-Winkel erfolgt (UFFENKAMP 1994).

Abb. 3.116 zeigt das vereinfachte geometrische Grundmodell der Schwenk-Neige-Kamera. Die äußere Orientierung beschreibt die Lage des Bezugspunktes T(X_T,Y_T,Z_T) und die räumliche Ausrichtung im übergeordneten Koordinatensystem XYZ. Das Bildkoordinatensystem der CCD-Kamera ist wiederum durch entsprechende Orientierungsparameter (X_0,Y_0,Z_0,ω,φ,κ) im Schwenk-Neige-System definiert.

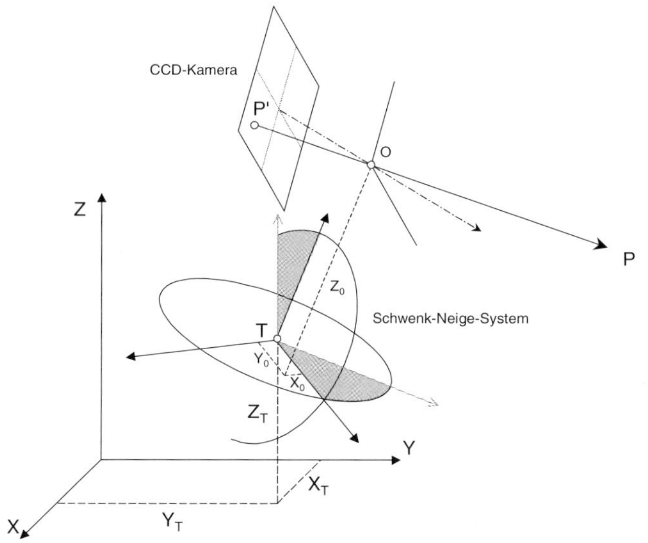

Abb. 3.116: Geometrisches Modell der Schwenk-Neige-Kamera (UFFENKAMP 1994)

Im Rahmen einer Bündelausgleichung werden die Objektkoordinaten als Funktion der gemessenen Bildkoordinaten, der inneren Orientierung der Kamera (z.B. 5–9 Parameter), der äußeren Orientierung des Schwenk-Neige-Systems (6 Parameter) und der Orientierung des Kamerasystems im Schwenk-Neige-System (6 Parameter) beschrieben (vgl. Kap. 4.3.2.3). Zusätzliche Parameter zur Erfassung von systematischen Instrumentenfehlern können ebenfalls eingeführt werden. Das System ist nicht auf die Lotrichtung als Bezugsachse angewiesen, sondern kann beliebig im Raum orientiert sein.

3.3.5.3 Kameras mit Positionsbestimmung

Für die Aufnahme komplexer Objekte, z.B. großer Industrieanlagen oder Ingenieurobjekte, kann es von Nutzen sein, wenn die äußere Orientierung der aufgenommenen Bilder zumindest in Teilen (näherungsweise) mitbestimmt wird. Eine Möglichkeit dazu besteht grundsätzlich in der Kombination einer Aufnahmekamera mit einem absolut messenden Positionsmeßsystem, z.B. einem Inertial- oder GPS-System[1].

Abb. 3.117: Kamera mit GPS-Empfänger (Konica LandMaster)

GPS-basierte Positionsbestimmung verlangt eine ständig freie Sicht zu mindestens vier GPS-Satelliten, die zudem eine hinreichende geometrische Konstellation aufweisen müssen. Das Verfahren ist daher nur im Freien einsetzbar. Die Genauigkeit einfacher GPS-Empfänger liegt bei 10–100m, aufwendigere Empfänger bieten beim DGPS-Verfahren (Differential GPS) eine Positionsgenauigkeit im cm-Bereich. Abb. 3.117 zeigt das Beispiel einer Analogkamera, die mit einem einfachen GPS-Empfänger und einem Kompaß zur Azimutbestimmung ausgestattet ist. Die Positionsangaben werden mit auf den Film belichtet.

Inertialsysteme erfassen die aktuelle Position über eine fortlaufende Integration von Beschleunigungen, die, von einer bekannten Ruheposition ausgehend, durch die Bewegung des Aufnahmesystems entstehen. Inertialsysteme sind komplexe Bauteile und relativ empfindlich gegenüber mechanischen Störungen. Praxistaugliche Kameras mit Inertialsystemen existieren für den Nahbereich noch nicht.

---

[1] Zur Funktionsweise von GPS und Inertialsystemen wird auf die einschlägige Fachliteratur verwiesen, z.B. SCHLEMMER (1996).

3.4 Signalisierung und Beleuchtung

3.4.1 Objektsignalisierung

In vielen Anwendungen muß das Meßobjekt künstlich signalisiert werden, z.B.

- bei ungenügend identifizierbaren natürlichen Objektpunkten,
- zur Bereitstellung eindeutig definierter Punkte für Vergleichsmessungen,
- zur geodätischen Messung von Paßpunkten,
- zur automatischen Punktidentifizierung und –messung sowie
- zur Steigerung der Bildmeßgenauigkeit.

Art und Größe der Punktmarken hängen von Aufnahmekonfiguration (Aufnahmestandorte und -richtungen, Bildmaßstab, Auflösungsvermögen) und Beleuchtung (Lichtquelle, Beleuchtungsrichtung) ab.

3.4.1.1 Kreisförmige Zielmarken

Kreisförmige Zielmarken sind durch ihren radialsymmetrischen Aufbau besonders geeignet, den eigentlichen Meßpunkt (Zentrum der Marke) flächenhaft zu verkörpern. Die Bestimmung des Markenzentrums ist rotationsinvariant und in einem weiten Bereich auch maßstabsinvariant. Kreisförmige Zielmarken eignen sich sowohl für die manuelle, interaktive Messung als auch für die Erkennung und Messung durch Verfahren der digitalen Punktmessung.

Das Zentrum kreisförmiger Zielmarken läßt sich in analogen Bildern durch Zentrierung mit einer symmetrischen kreis- oder punktförmigen Meßmarke einstellen. Im digitalen Bild wird das Markenzentrum durch Schwerpunktsberechnung, Korrelation mit einem Sollmuster oder durch analytische Berechnung des Kreis- oder Ellipsenmittelpunktes bestimmt (Kap. 5.4.2).

3.4.1.1.1 Retro-reflektierende Zielmarken

Besonders in industriellen Anwendungen haben sich retro-reflektierende Zielmarken (Retromarken, Retrotargets) durchgesetzt. Sie bestehen aus einer Reflexfolie, die entweder mit einer schwarzen Farbschicht entsprechend der Markenform abgedeckt ist (Maskierung) oder in entsprechender Form aus dem Rohmaterial herausgestanzt ist. Die Reflexfolie wiederum besteht aus einer dichten Anordnung kleiner reflektierender Kugeln ($\varnothing \approx 80\mu m$). Retromarken sind in der Regel kreisförmig, können aber in jeder beliebigen Form und Größe hergestellt werden (Beispiele zeigt Abb. 3.118). Retro-reflektierende Zielmarken müssen jeweils aus der Aufnahmerichtung der Kamera beleuchtet werden (z.B. mit einem Ringblitz, siehe Abb. 3.130), damit das von ihnen reflektierte Licht wiederum von der Kamera aufgenommen wird.

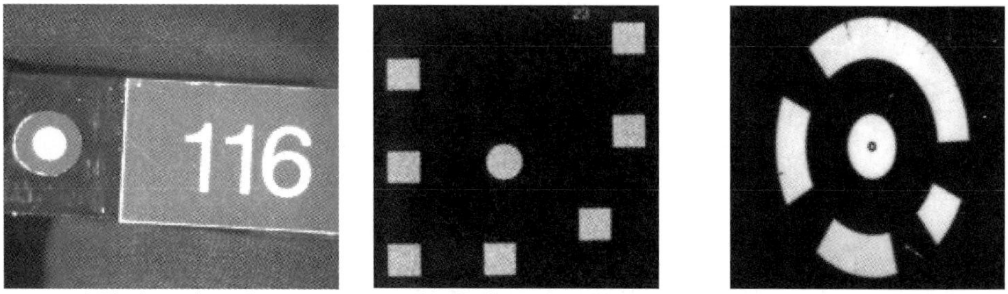

a) Kreismarke mit Punktnummer | b) Kreismarke mit Flächencode | c) Kreismarke mit Ringcode

Abb. 3.118: Beispiele für retro-reflektierende Zielmarken

Die reflektierenden Kugeln einer Retromarke sind auf einem Schichtträger aufgebracht. Das einfallende Lichtes wird an der verspiegelten Innenseite der Kugeln reflektiert. Bei maskierten Marken kommt es am Rand zu teilweise abgedeckten Kugeln, so daß der gesuchte Mittelpunkt der Zielmarke optisch zur Seite versetzt sein kann. Der Versatz ist dabei von der Betrachtungsrichtung abhängig und führt bei einem triangulierten Punkt zu einem oberhalb der Folienebene liegenden Meßpunkt (Abb. 3.119). Bei ausgestanzten Punkten werden die virtuellen Mittelpunkte umgekehrt zu maskierten Marken versetzt, so daß daraus eine entsprechend unter der Folienebene liegende Position des triangulierten Meßpunktes resultiert. Der Effekt kann eine Größenordnung von 50µm erreichen und ist entsprechend zu korrigieren (DOLD 1997).

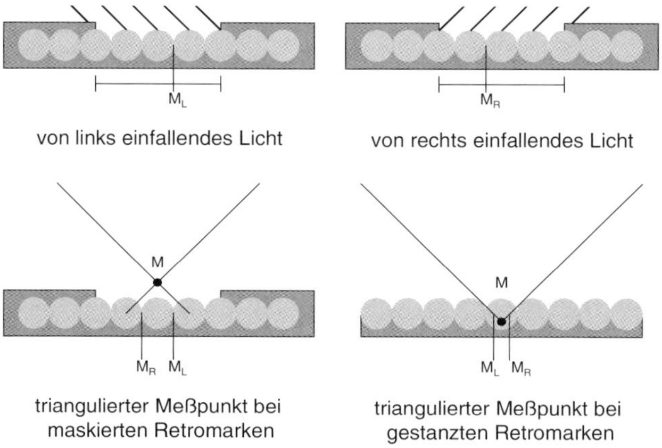

Abb. 3.119: Zur Lage des virtuellen Zentrums kreisförmiger Retromarken (nach DOLD 1997)

Retromarken sind empfindlich gegenüber Verschmutzungen (Staub, Öldunst) oder mechanischen Beschädigungen (Abrieb). Dabei leidet sowohl die Reflektivität als auch die Kontur des Punktes, so daß Fehlmessungen bei der Punktbestimmung nicht ausgeschlossen werden können. Abb. 3.120 zeigt das Beispiel einer gestörten Retromarke.

Abb. 3.120: Gestörte Retromarke

Weitere Nachteile von Retromarken ergeben sich durch:

- relativ hohe Kosten pro Zielmarke aufgrund des Herstellungsprozesses
- Einschränkungen bei besonders großen Zielmarken (Durchmesser >10mm)
- keine Möglichkeit zur Wiederverwendung selbstklebender Marken

3.4.1.1.2 Sonstige Zielmarken

Die oben genannten Nachteile retro-reflektierender Zielmarken erfordern in zahlreichen Anwendungen den Einsatz anderer Materialen oder Markierungstechniken.

Für die dauerhafte Markierung freistehender Objekte (z.B. Gebäude, Brücken) eignen sich kreisförmige Kunststoffmarken mit zentrisch eingelassenem Zielpunkt, die auch zur geodätischen Richtungsmessung geeignet sind. Sie lassen sich in nahezu beliebiger Größe herstellen. Selbstklebende Papiermarken können für die temporäre Markierung von Verknüpfungspunkten verwendet werden, bei denen keine über einen längeren Zeitraum reichende Reproduzierbarkeit gefordert wird. Auf diese Weise lassen sich praktisch beliebige Muster und Zusatzinformationen zu geringsten Kosten herstellen.

Weit aufwendiger sind selbstleuchtende Zielmarken. Sie werden in Anwendungen benötigt, in denen aufgrund der Umgebungsbedingungen keine künstliche Beleuchtung möglich ist oder in denen durch gezieltes An- und Abschalten der Leuchtmarke ein Aufnahme- oder Meßprozeß gesteuert werden muß. Selbstleuchtende Zielmarken können zum Beispiel mit einer LED (*light emitting diode*) ausgestattet sein, die hinter einer halbtransparenten Kunststoffabdeckung angebracht ist. Sie bieten optimalen Kontrast und Randschärfe (Abb. 3.121). Beispiele für die Anwendung von LEDs sind der Einsatz manueller Antasthilfen in Online-Meßsystemen (z.B. PETTERSON 1992, Abb. 3.126) oder das Verfahren der Motografie (siehe Kap. 7.3.2.2).

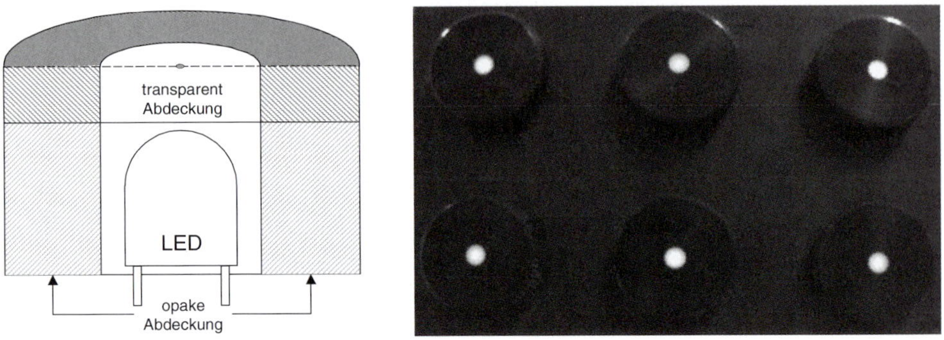

Abb. 3.121: Konstruktionsmöglichkeit und Abbildung einer selbstleuchtenden Zielmarke

3.4.1.1.3 Markendurchmesser und Exzentrizität des Mittelpunktes

Der Durchmesser kreisförmiger Zielmarken sollte im Bild eine Mindestgröße nicht unterschreiten. Sie beträgt bei analogen Auswertesystemen mindestens 100–150% des Meßmarkendurchmessers, in digitalen Auswertesystemen mindestens 5 Pixel im Durchmesser. Die maximal einsetzbare Punktgröße hängt neben praktischen Randbedingungen (z.B. zulässige Markengröße beim Anbringen an das Objekt) auch von der zulässigen Exzentrizität zwischen der wahren Position des abgebildeten Kreismittelpunktes und des Mittelpunktes der im Bild dargestellten elliptischen Zielmarke ab.

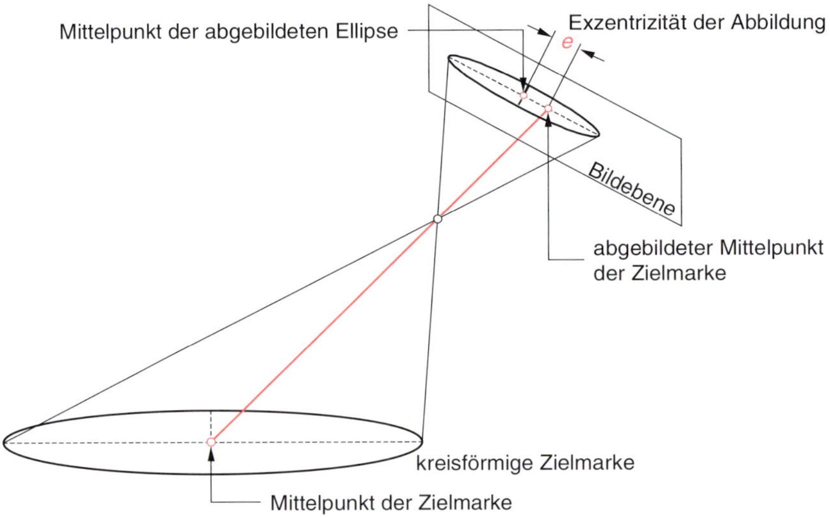

Abb. 3.122: Abbildungsexzentrizität einer kreisförmigen Zielmarke (DOLD 1997)

Nach Abb. 3.122 führt eine zentralperspektive Abbildung eines Raumkreises (Zielmarke) zu einer elliptischen Form im Bild. Üblicherweise wird der Mittelpunkt der Zielmarke durch das Zentrum der Bildellipse bestimmt (siehe Kap. 5.4.2). Dabei kommt es streng genommen zu einer Exzentrizität e zwischen gemessenem (berechnetem) Ellipsenzentrum und der eigentlich zu bestimmenden Abbildung des Zielmarkenmittelpunktes. Die Auswirkung der Exzentrizität hängt ab von Zielmarkengröße, Aufnahmerichtung, Abstand von der Aufnahmeachse und Abbildungsmaßstab.

Der Einfluß der Exzentrizität läßt sich wie folgt abschätzen:

$$e = r_m - \frac{c}{2} \cdot \left(\frac{R_m + \frac{d}{2} \cdot \sin(90 - \alpha)}{Z_m - \frac{d}{2} \cdot \cos(90 - \alpha)} + \frac{R_m - \frac{d}{2} \cdot \sin(90 - \alpha)}{Z_m + \frac{d}{2} \cdot \cos(90 - \alpha)} \right) \qquad (3.72)$$

mit
- e: Abbildungsexzentrizität
- d: Durchmesser der Zielmarke im Objektraum
- r_m: Bildradius der abgebildeten Zielmarke
- α: Aufnahmerichtung = Winkel zwischen Bildebene und Zielmarke
- R_m: Abstand der Zielmarke von der Aufnahmeachse
- Z_m: Aufnahmeentfernung zur Zielmarke
- c: Kamerakonstante

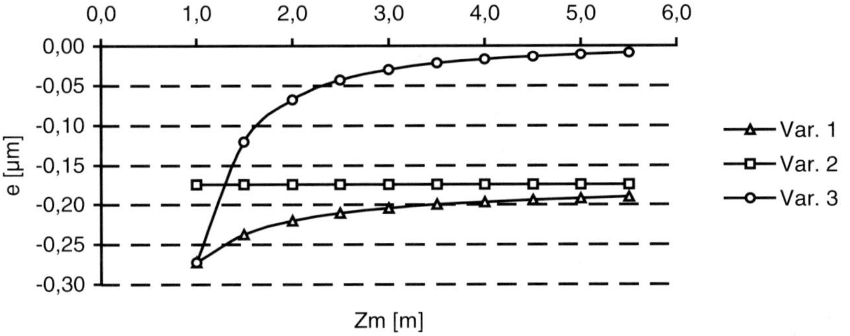

Abb. 3.123: Abbildungsexzentrizität und Aufnahmeentfernung

mit r_m = 35mm (Mittelformat)
c = 40mm (Weitwinkel)
α = 60° (maximale Wirkung)

Var.1: variabler Markendurchmesser im Objekt mit $d' = d \,/\, m_b$ = 200–170µm (20–17 Pixel bei 10µm Pixel)

Var.2: variabler Markendurchmesser im Objekt =konstanter Markendurchmesser im Bild mit d' = 160µm (16 Pixel)

Var. 3: konstanter Markendurchmesser im Objekt = variabler Markendurchmesser im Bild mit d' = 200–36µm (20–4 Pixel)

Beispiel 3.8:

Abb. 3.123 zeigt drei Varianten für die Auswirkung der Exzentrizität. Dem Beispiel liegt eine Mittelformatkamera zugrunde (Bildradius r_m=35mm) mit einem Weitwinkelobjektiv (c=40mm). Die Aufnahmeentfernungen einer Zielmarke liegen zwischen 1m und 6m. Der Winkel zwischen Bildebene und Zielmarke beträgt jeweils 60° (maximale Wirkung). Die drei dargestellten Varianten unterscheiden sich hinsichtlich der gewählten Zielmarkengröße.

Variante 1 verwendet Zielmarken, deren Größe mit zunehmender Entfernung leicht anwächst und im Bild Größen zwischen 170µm und 200µm erreicht. Bei einer Pixelauflösung von 10µm ergeben sich Bilddurchmesser von ca. 17–20 Pixel. Die resultierende Exzentrizität beträgt maximal 0.27µm und nimmt mit zunehmender Entfernung ab.

Die Größe der Zielmarken in Variante 2 beträgt konstant 160µm, unabhängig von der Aufnahmeentfernung. Die Exzentrizität liegt konstant bei 0.17µm.

In Variante 3 wird für alle Aufnahmeentfernungen dieselbe Zielmarkengröße verwendet (d=5mm), die somit im Bild Durchmesser zwischen 36µm und 200µm (4–20 Pixel) annimmt. Für die Exzentrizität wird ein maximaler Wert von 0.27µm erreicht.

Grundsätzlich führen genügend kleine Zielmarken in ausreichend großem Abstand zu vernachlässigbar kleinen Exzentrizitäten (kleiner als 0.5µm). Bei großen Bildmaßstäben, großen Bildformaten (z.B. Luftbildformat), großen Zielmarken, stark konvergenten Aufnahmerichtungen und hohen Genauigkeitsanforderungen ist die Exzentrizität jedoch signifikant vorhanden und muß gegebenenfalls rechnerisch berücksichtigt werden (AHN 1997, DOLD 1997).

Der Einfluß der Exzentrizität kann in komplexen Mehrbildverbänden nach einer Bündeltriangulation kaum nachgewiesen werden. Es wird angenommen, daß die simultan mitbestimmten Parameter der inneren und äußeren Orientierung den Effekt zum großen Teil kompensieren. Für hochgenaue Anwendungen (<0.5µm im Bild) ist es empfehlenswert, von vornherein genügend kleine Zielmarken zu verwenden, die dennoch ausreichende Meßgenauigkeit gewährleisten (ca. 5–10 Pixel Durchmesser im Bild).

3.4.1.2 Linienhafte Zielmarken

In einigen Anwendungen werden Zielmarken eingesetzt, deren Bezugspunkt durch den Schnittpunkt zweier Linien definiert wird. Beispiele dafür sind kreuz- oder sektorförmige Zielmarken. Der Vorteil dieser Markierungen ist die direkte Definition des Zentrums über markierte Linien und die gute Separierung gegenüber variablen Hintergrundstrukturen. Nachteilig ist die aufwendigere Bestimmung des Zentrums durch Verfahren der digitalen Punktmessung. Abb. 3.124 zeigt Beispiele linienhafter Zielmarken, deren Zentrum durch Schnitt zweier Geraden (im Objektraum) bzw. zweier Kurven (im Bildraum) definiert wird.

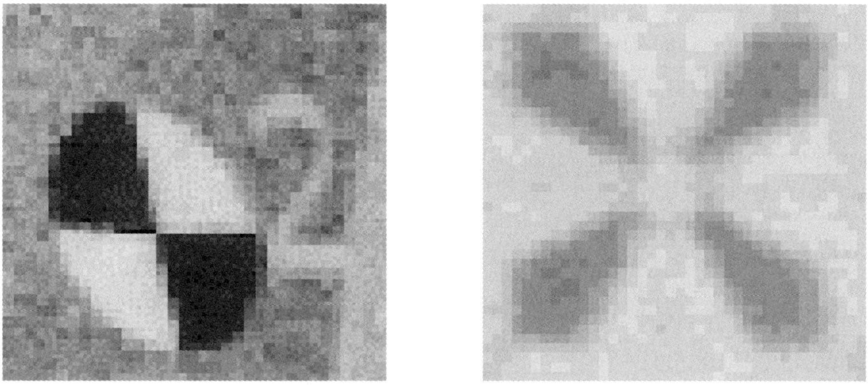

Abb. 3.124: Beispiele linienhafter Zielmarken

3.4.1.3 Marken mit codierter Punktnummer

Zur Automatisierung der Punktnummernvergabe können künstliche Marken verwendet werden, die ein Muster mit codierter Punktnummer tragen. Dazu werden linien-, ring- oder flächenhaft verteilte Punktcodierungen benutzt, die um den eigentlichen Meßpunkt herum angeordnet sind (Abb. 3.118b und c, Abb. 3.125). Hierbei sind Codes mit einigen hundert verschiedenen Punktnummern realisierbar (NIEDERÖST & MAAS 1996, SCHNEIDER 1996, AHN & SCHULTES 1997).

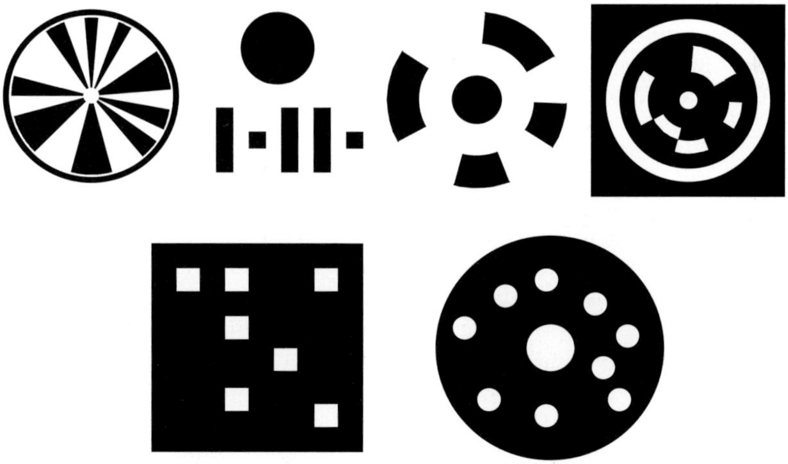

Abb. 3.125: Auswahl codierter Punktmarken
obere Reihe: Barcode-Muster, untere Reihe: Koordinaten-Muster

Codierte Punktmarken sollten folgende Anforderungen erfüllen:

- Invarianz gegenüber Lage, Drehung und Größe
- Invarianz gegenüber perspektiver oder affiner Verzerrung
- robuste Decodierung mit Fehlererkennung (auch bei teilweiser Verdeckung)
- präzise Zentrumsdefinition und -bestimmbarkeit
- ausreichende Anzahl verschiedener Punktnummern
- Lokalisierbarkeit des Punktmusters in beliebigen Bildern
- kurze Verarbeitungszeiten zur Mustererkennung
- minimale Flächengröße
- geringe Herstellungskosten

Durch eine Analyse von Anzahl und Anordnung der zum Code gehörenden Muster kann die Punktnummer decodiert werden. Die in Abb. 3.125 oben dargestellten Muster basieren auf der Barcode-Technik, mit der aus der Folge von Schwarz-Weiß-Markierungen (Bit-Folge) Zahlenwerte decodiert werden. Die Menge der codierbaren Zeichen ist durch die Anzahl der Bits eines Barcodes begrenzt. Die in Abb. 3.125 unten abgebildeten Marken besitzen in einem lokalen Koordinatensystem definierte Hilfspunkte, deren individuelle Anordnung jeweils einer Punktnummer zugeordnet ist. Zur Decodierung wird das Flächenmuster perspektiv auf Referenzpunkte im Muster entzerrt, so daß aus der örtlichen Lage der Hilfspunkte auf die Punktnummer geschlossen werden kann.

Mit Verfahren der automatischen Schrifterkennung lassen sich auch alphanumerische Punktcodierungen erkennen, allerdings ist der rechnerische Aufwand hoch und die Zuverlässigkeit aufgrund äußerer Störeinflüsse geringer als bei den oben genannten Verfahren (CAESAR & MICHAELIS 1997).

3.4.1.4 Exzentrische Signalisierungsmittel

Für Objektbereiche, die nicht direkt von den Aufnahmekameras einsehbar sind, eignen sich exzentrische Antastvorrichtungen. Der eigentliche (exzentrische) Meßpunkt P wird indirekt über die 3D-Koordinaten von mehreren mechanisch fest angeordneten Hilfspunkten Q_i bestimmt. Diese Punkte können entweder linear (2–3 Punkte) oder räumlich angeordnet sein ($\geq$3 Punkte) und sind dreidimensional in einem lokalen Koordinatensystem gegeben (siehe Abb. 3.126). Die Zielmarken der Punkte Q können retro-reflektierend oder auch selbstleuchtend (LEDs) sein. Manuell geführte Antasthilfen müssen von mindestens zwei Kameras simultan beobachtet werden, wobei für jede neue Antastung eine erneute Bildaufnahme erforderlich ist (Prinzip des Online-Systems).

Zur Bestimmung von Bohrungen und Werkstückkanten müssen in der Regel mechanische Adapter verwendet werden, die eine feste Zuordnung zwischen einem oder mehreren anzielbaren Punkten und dem eigentlichen Meßpunkt erlauben. Die Fertigungsgenauigkeit dieser Adapter geht dabei direkt in die resultierende Genauigkeit der Objektpunkte ein.

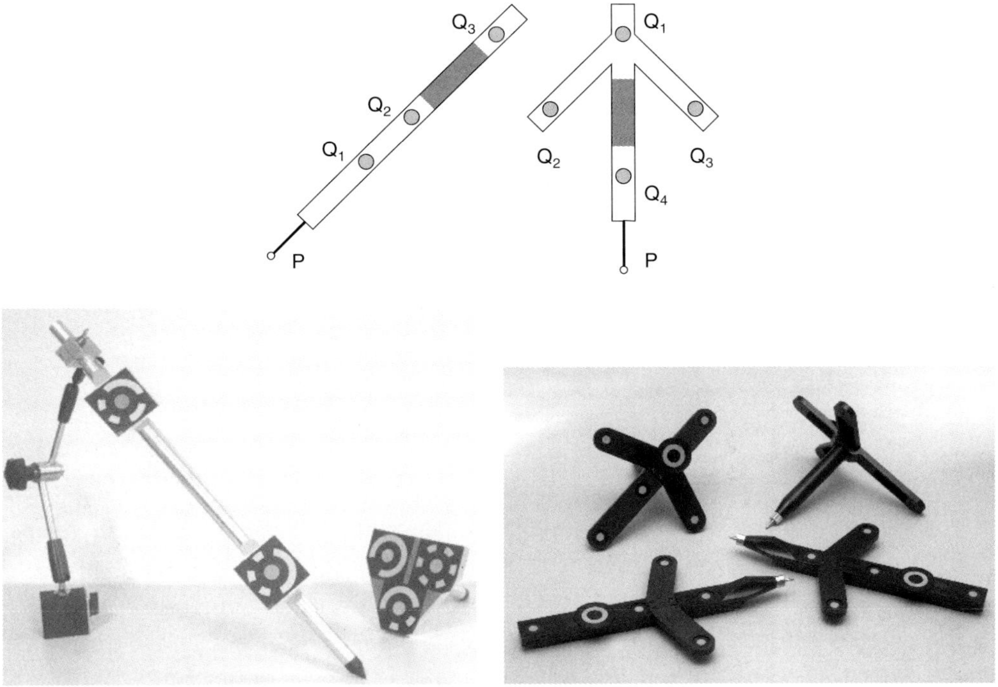

Abb. 3.126: Prinzip und Beispiel exzentrischer Antastvorrichtungen

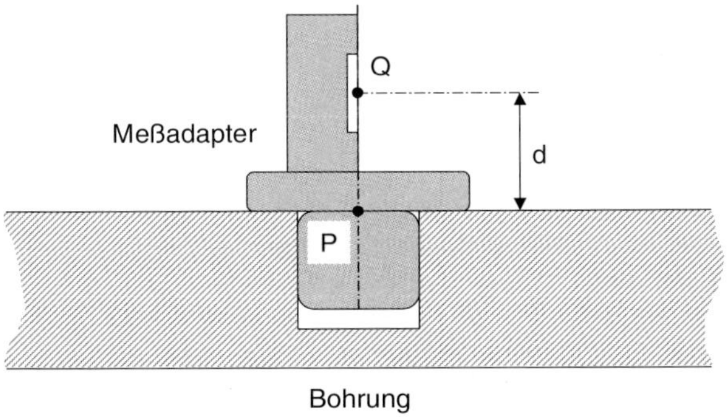

Abb. 3.127: Prinzip eines Bohrungsadapters

Abb. 3.127 zeigt das Prinzip eines Meßadapters, mit dem die Lage von Bohrungen in Werkstücken indirekt bestimmt werden kann. Die optisch erfaßbare Zielmarke ist so auf dem Adapter angebracht, daß der Meßpunkt Q in der Bohrungsachse mit einem bekannten Abstand (Offset) d zum gesuchten Bohrungspunkt P liegt.

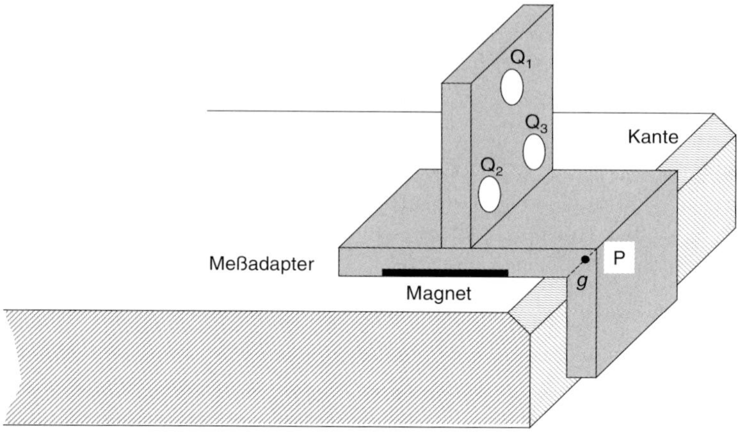

Abb. 3.128: Prinzip eines Kantenadapters

Der in Abb. 3.128 dargestellte Kantenadapter besteht aus drei Zielpunkten Q_i, deren lokaler Bezug zu der inneren Gerade *g* bzw. einem Kantenpunkt *P* bekannt ist. Solche Adapter können z.B. mit Magneten ausgestattet sein, die eine einfache Montage auf metallischen Oberflächen gestatten. Sind einer oder mehrere der Hilfspunkte *Q* durch eine codierte Punktmarke realisiert, kann das photogrammetrische Auswertesystem anhand der eingesetzten Punktnummer automatisch den Adaptertyp erkennen und den eigentlichen Meßpunkt *P* berechnen. Mehrpunktadapter mit codierten Punktmarken benötigen allerdings erheblich mehr sichtbare Fläche, so daß die Größe dieser Hilfsmittel anwächst.

3.4.2 Beleuchtungstechniken

3.4.2.1 Blitzgeräte

Blitzgeräte können an alle modernen fotografischen und viele digitale Aufnahmekameras angeschlossen und synchronisiert werden. Die Synchronisationszeit liegt in der Regel bei 1/30s bis 1/250s. Die Leistung von Blitzgeräten wird durch die Leitzahl *Z* gekennzeichnet. Sie bestimmt, auf welche Aufnahmeentfernung *a* in Meter bei gegebener Arbeitsblende *k* noch eine ausreichende Objektausleuchtung gegeben ist (Abb. 3.129). Höhere Leitzahlen kennzeichnen eine höhere Blitzleistung (MARCHESI 1985).

$$a = \frac{Z}{k} \tag{3.73}$$

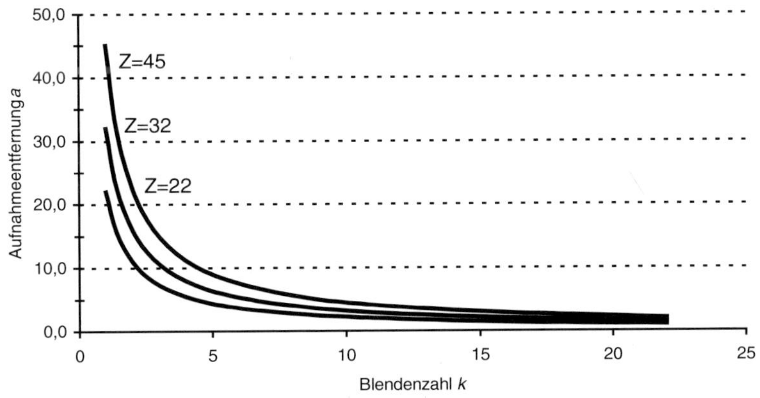

Abb. 3.129: Verfügbare Aufnahmeabstände bei verschiedenen Leitzahlen und Blendenzahlen

Abb. 3.130: Teilmeßkamera Rollei 6008 mit Ringblitz und Wälzeinrichtung

Eine besondere Bedeutung besitzen Ringlichtblitze, die eine konzentrisch zum Objektiv angebrachte Blitzleuchte besitzen (siehe Abb. 3.130). Ringblitze werden vor allem zur Beleuchtung von Objekten verwendet, die mit retroreflektierenden Zielmarken signalisiert worden sind. Mit der starken konzentrischen Beleuchtung aus Richtung der Aufnahmeachse wird sichergestellt, daß sich die Retromarken deutlich vom Hintergrund abheben. Bei geeigneter Beleuchtungs- und Belichtungseinstellung (leichte Unterbelichtung) verschwindet der Hintergrund fast vollständig und das entstehende Bild enthält nur noch die reflektierenden Meßpunkte (Beispiel in Abb. 7.7).

3.4.2.2 Projektoren

Mit Hilfe von Diaprojektoren oder rechnergesteuerten LCD-Projektoren (*liquid crystal display*) lassen sich beliebige Muster auf eine Objektoberfläche werfen. Diese auch als Strukturprojektoren bezeichneten Geräte werden vor allem dann eingesetzt, wenn das Objekt keine ausreichende natürliche Oberflächentextur enthält, die für die anschließende Bildauswertung erforderlich ist. Abb. 3.131 zeigt beispielhaft Projektoren, die in der Industriephotogrammetrie eingesetzt werden.

Besondere Bedeutung haben LCD-Linienprojektoren gewonnen, die ein streifenförmiges Muster projizieren können, wie es für die Oberflächenbestimmung durch Streifenprojektionsverfahren (siehe Kap. 6.4.1) benötigt wird. Ein Reflektor-Kondensor-System beleuchtet rückseitig ein LCD-Matrixfeld, dessen programmiertes Linienmuster über ein

Objektiv auf die Objektoberfläche projiziert wird (Abb. 3.132). Für die Projektion von Video- oder Computerbildern existieren LCD-Projektoren (*video beamer*), die beliebige Muster (auch in Farbe) projizieren können. LCD-Projektoren besitzen heute eine Auflösung bis zu 1280 × 1280 Linien (WOLF 1999).

a) Strukturdiaprojektor

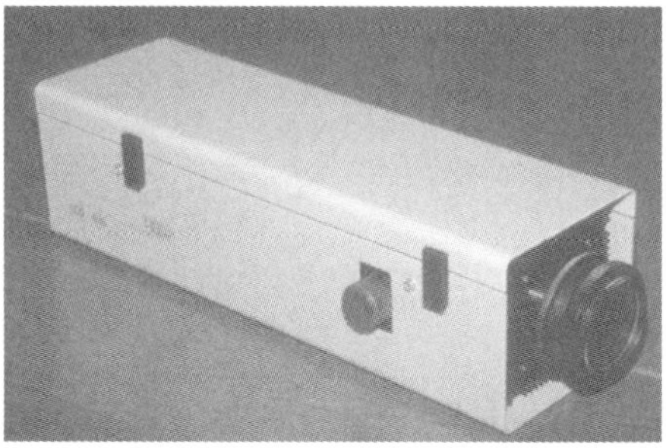

c) LCD-Streifenprojektor ABW Indus

b) Fahrzeugoberfläche mit projiziertem Zufallsmuster

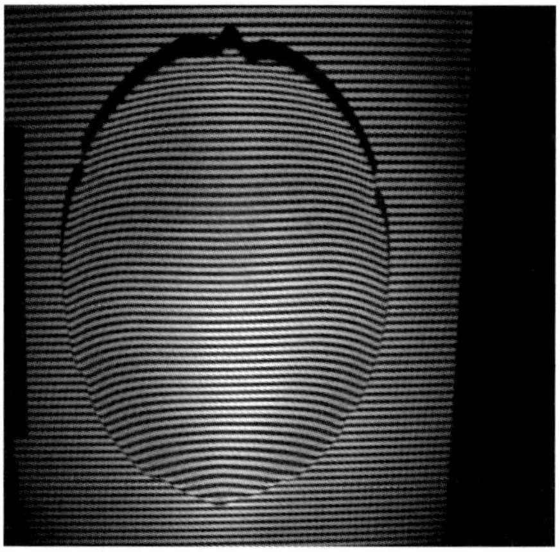

d) Oberfläche mit projiziertem Streifenmuster

Abb. 3.131: Projektion künstlicher Oberflächenstrukturen

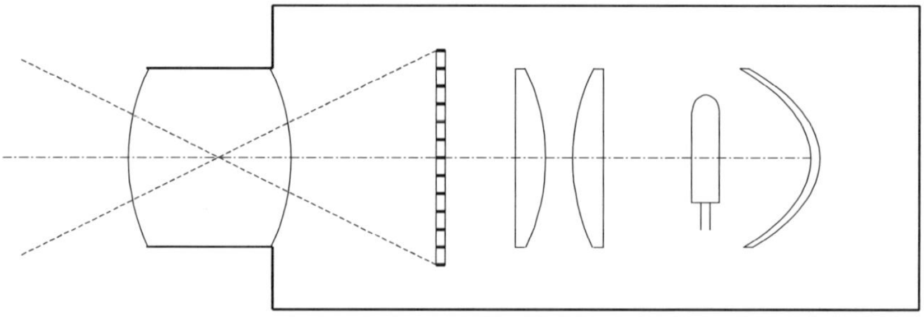

Abb. 3.132: Prinzip eines LCD-Linienprojektors

Höhere Lichtleistungen und Bildkontraste können mit Mikrospiegel-Chips (*Digital Mirror Device*, DMD) erzeugt werden. Auf einem Halbleiterbaustein sind bewegliche Mikrospiegel von ca. 16μm Größe angebracht, die digital gesteuert werden können und einfallendes Licht entweder reflektieren oder absorbieren. Mikrospiegel-Chips sind bereits mit mehr als 800 × 600 Bildpunkten bei einer Schaltzeit von 20ms verfügbar und eignen sich nicht nur als Projektor, sondern zum Beispiel auch als Monitor (FRANKOWSKI 1997).

Wenn ein Strukturprojektor räumlich orientiert und kalibriert ist, kann er wie eine (inverse) Aufnahmekamera in den photogrammetrischen Auswerteprozeß einbezogen werden. Dann kann die Position eines Leuchtpunktes des Dias bzw. der LCD-Fläche als Bildkoordinate betrachtet werden. In dieser Form werden vor allem LCD-Projektoren in optischen 3D-Meßverfahren mit Streifenprojektion verwendet (STRUTZ 1993, MICHAELIS 1996).

3.4.2.3 Laser

Laser-Projektoren lassen sich zur Strukturierung einer Objektoberfläche einsetzen, z.B. zur Projektion punkt- oder linienförmiger Merkmale. Vorteilhaft gegenüber anderen Lichtquellen ist die hohe Lichtleistung auch bei unbedenklichen Laserklassen (bis Klasse 2).

Laserprojektoren lassen sich in drei Gruppen einteilen:

- Punktprojektion:

  Der Projektor (Laser-Pointer) projiziert einen einzelnen Laserpunkt auf die Oberfläche. Das entstehende Punktmuster ist nur näherungsweise kreisförmig. Abweichungen zwischen der Projektionsachse und der Oberflächennormalen führen zu einer elliptischen Struktur. Durch Interferenzen verursachte Speckle-Effekte generieren eine inhomogene Intensitätsverteilung innerhalb des Laserpunktes, so daß der optische Schwerpunkt nicht mit dem geometrischen Zentrum zusammenfällt (Abb. 3.133). Die Laserpunktprojektion wird für photogrammetrische Anwendungen nur in Einzelfällen eingesetzt.

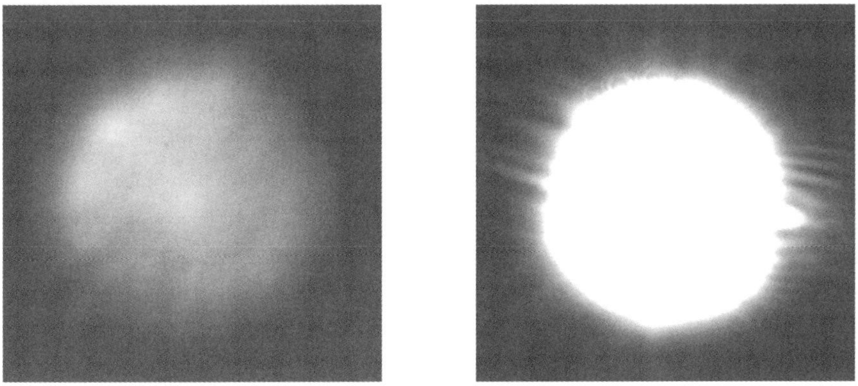

Abb. 3.133: Vergrößerte Darstellung von Laserpunkten

- 1D-Linienprojektion:

  Die Projektion von Linien wird mit Hilfe einer vor der Laserquelle angebrachten Zylinderlinse realisiert. Projizierte Linien werden vor allem für die Triangulation nach dem Lichtschnittverfahren verwendet.

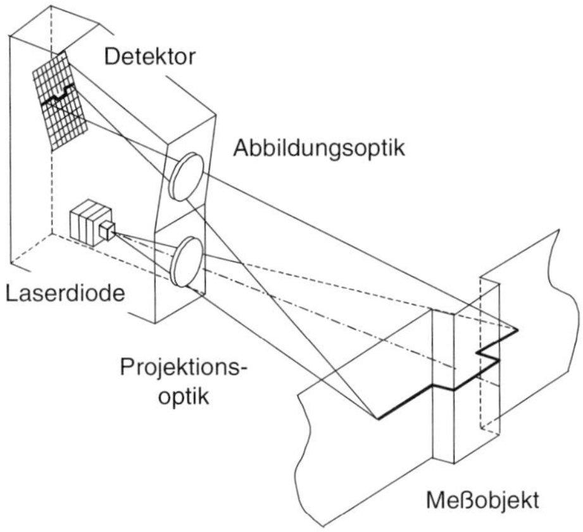

Abb. 3.134: Prinzip des Lichtschnittverfahrens (nach SCHWARTE 1997)

- 2D-Flächenprojektion:

  Zweidimensionale Laser-Muster lassen sich durch spezielle Vorsatzoptiken erzeugen, die vor eine Laserdiode gesetzt werden.

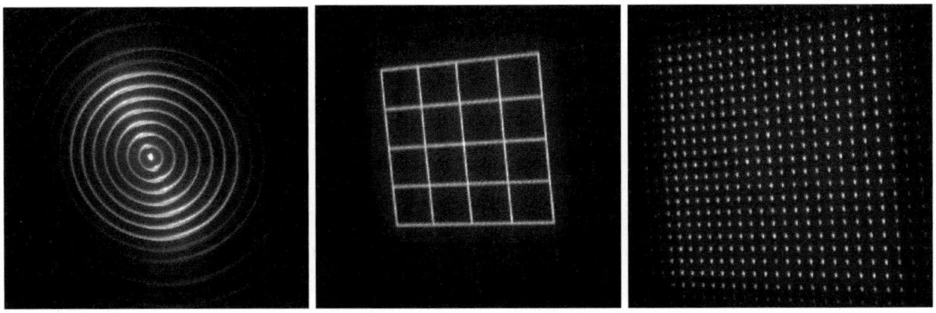

Abb. 3.135: Laser-Projektion zweidimensionaler Muster mit Vorsatzoptiken

Praktisch beliebige Muster können mit schnellen 2D-Laserscannern erzeugt werden. Ein Laserstrahl wird über zwei bewegliche Galvanometerspiegel gelenkt, die mit hohen Taktraten (bis zu 15 MHz) gedreht werden können (Prinzip in Abb. 3.112 ohne Entfernungsmessung). Ist die Projektionsfrequenz höher als die Integrationszeit der Kamera (oder des menschlichen Auges), erscheint im Bild ein kontinuierliches zweidimensionales Linienmuster.

3.4.2.4 Gerichtete Beleuchtung

Gerichtete Beleuchtungstechniken sind besonders dann von Bedeutung, wenn bestimmte Objektbereiche durch gezielte Schattenbildung hervorgehoben oder sichtbar gemacht werden sollen. Dies trifft z.B. für die Beleuchtung von Objektkanten zu, die ohne weitere Signalisierung später durch eine Analyse der Grauwertkante gemessen werden sollen (siehe Kap. 4.4.3.2). Hierbei ist es zwingend erforderlich, daß die physische Kante am Objekt mit der optischen Kante im Grauwertbild übereinstimmt.

In Abhängigkeit der relativen Lage von Objektoberfläche und Aufnahmekamera ist die Beleuchtung so zu wählen, daß die eine (obere) Randfläche der Objektkante das Licht in Aufnahmerichtung reflektiert, während die andere (seitliche) Randfläche im Schatten liegt oder das Licht von der Kamera weg reflektiert (Abb. 3.136). Die Kontrastverteilung und Kantenstruktur im Bild hängt neben dem Reflexionsverhalten der Oberfläche auch von der physischen Kantenschärfe am Objekt ab.

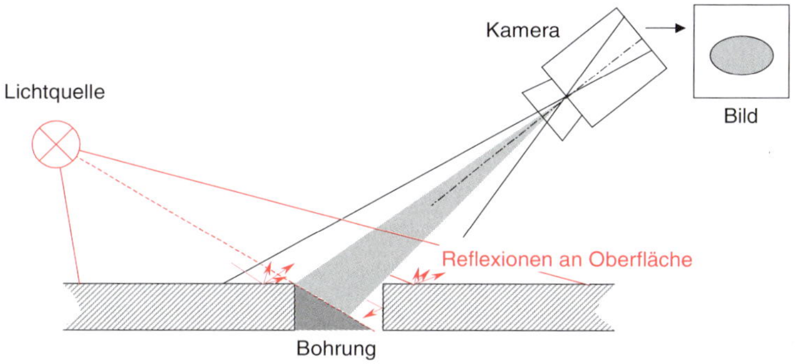

Abb. 3.136: Gerichtete Beleuchtung zur Kantenmessung

Abb. 3.137 zeigt den Einfluß verschiedener Beleuchtungsarten auf die Abbildung von Objektkanten an einem Metallwerkstück. Die Beleuchtung aus Richtung der Kamera (a) führt wie erwartet zu keiner ausreichenden Kantendarstellung. Wird aus entgegengesetzter Richtung beleuchtet (b), werden die Bohrungskante an der Oberfläche des Werkstücks korrekt widergegeben. Unter Umständen führt eine unterhalb der Bohrung angebrachte diffuse Beleuchtung (c) ebenfalls zu einer nutzbaren Kantendarstellung.

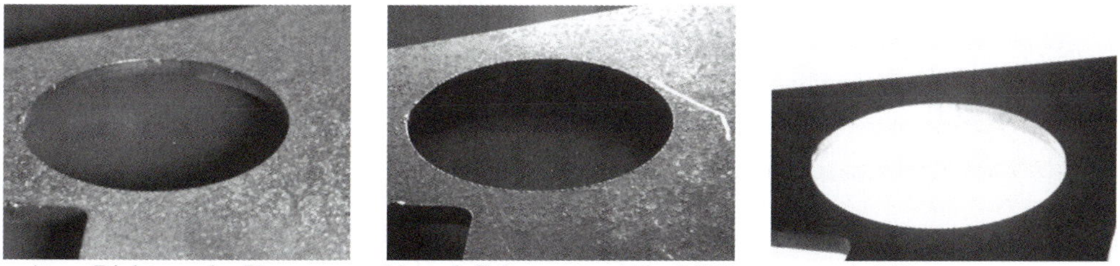

a) aus Richtung der Kamera b) nach Schema aus Abb. 3.136 c) diffus von unten

Abb. 3.137: Beleuchtung einer Bohrung in einem Metallwerkstück

4 Analytische Auswerteverfahren

4.1 Übersicht

Dieses Kapitel beschreibt die wesentlichen analytischen Verfahren zur Berechnung von Orientierungsparametern der Bilder und zur Bestimmung von Objektinformationen (Koordinaten, geometrische Elemente) aus gemessenen Bildkoordinaten, die sowohl durch analoge Bildmessung als auch durch Verfahren der digitalen Bildauswertung gewonnen werden können.

Wegen der unterschiedlichen Bedeutung für die Praxis werden die analytischen Auswerteverfahren hier nach Anzahl der beteiligten Bilder aufgeteilt. Allen Verfahren ist gemeinsam, daß der Bezug zwischen Bildinformationen und Objektgeometrie über die Parameter der inneren und äußeren Orientierung der Bilder hergestellt wird. Der Ablauf setzt sich in der Regel aus folgenden Schritten zusammen:

- Bereitstellung von Objektinformationen (Paßpunkte, Strecken, geometrische Elemente)
- Messen von Bildpunkten zur Orientierung (Bildkoordinaten)
- Bestimmung der Orientierungsparameter (innere und äußere Orientierung)
- Rekonstruktion des Objektes aus orientierten Bildern (Neupunkte, geometrische Elemente)

Je nach Verfahren und Anwendung werden diese Schritte entweder sequentiell, simultan oder iterativ in mehreren Durchgängen durchgeführt.

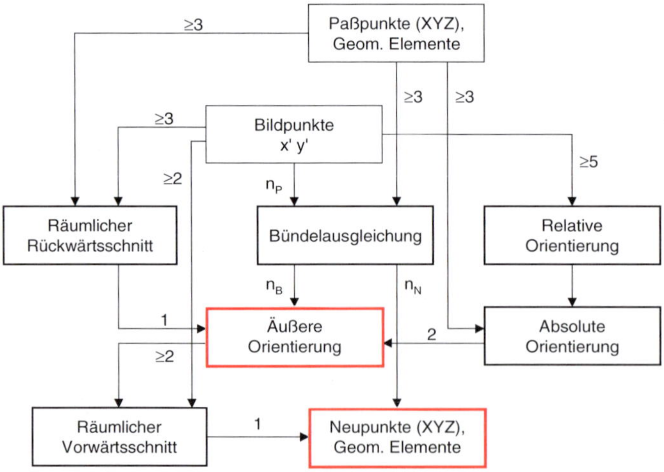

Abb. 4.1: Verfahren und Datenfluß zur Orientierung und Punktbestimmung

Abb. 4.1 zeigt eine vereinfachte Darstellung der typischen Verfahren zur Bestimmung der (äußeren) Orientierungsparameter (ohne Berücksichtigung der inneren Orientierung) und der 3D-Geometrie des Objektes (Neupunkte, geometrische Elemente) jeweils aus gemessenen Bildkoordinaten und Objektinformationen. Es wird deutlich, daß ohne die Parameter der äußeren Orientierung (Lage und Ausrichtung eines Bildes im Raum) eine 3D-Punktbestimmung zur Objektrekonstruktion nicht möglich ist.

Liegen Paß- oder Neupunktkoordinaten und Orientierungsdaten vor, kann die weitere Objektauswertung nach einer oder mehrerer der folgenden Methoden vorgenommen werden:

- Messung von Punkten und geometrischen Elementen:

  Bestimmung weiterer Objektkoordinaten und geometrischer Elemente aus bereits orientierten Bildern, z.B. durch räumlichen Vorwärtsschnitt

- Grafische Objektauswertung:

  Ableitung grafischer und geometrischer Informationen zur Herstellung von Karten, Plänen oder CAD-Modellen

- Entzerrung oder Orthobilderstellung:

  Herstellung bildhafter Produkte aus den Meßbildern in beliebigen Projektionen

Je nach Anzahl der beteiligten Bilder können folgende Verfahren unterschieden werden:

- Einzelbildauswertung (vgl. Kap. 4.4.1):

  Auswertung einzelner Bilder unter Einbeziehung geometrischer Zusatzinformationen und Bedingungen im Objektraum (Geraden, Ebenen, Oberflächenmodelle usw.)

- Stereoskopische Auswertung (vgl. Kap. 4.4.2):

  Visuelle oder digitale Auswertung von Bildpaaren nach den Prinzipien des Stereosehens und der Stereobildmessung

- Mehrbildauswertung (vgl. Kap. 4.3, Kap. 4.4.3):

  Simultane Auswertung beliebig vieler Aufnahmen eines Objektes

Neben den klassischen punktorientierten Verfahren gewinnt die analytische Verarbeitung von höheren geometrischen Elementen (Gerade, Ebene, Zylinder usw.) zunehmend an Bedeutung. So werden in der Linienphotogrammetrie (Kap. 4.5) Orientierungsverfahren und 3D-Objektrekonstruktion mit Hilfe von Geraden formuliert.

Übersichten zu analytischen Verfahren für die Aufgaben der Orientierung und Objektrekonstruktion finden sich in photogrammetrischen Lehrbüchern (z.B. KRAUS 1994, ALBERTZ & KREILING 1989), aber auch in einigen Abhandlungen über Computer Vision (z.B. WROBEL 1999, HARALICK & SHAPIRO 1992, KLETTE et al. 1996).

4.2 Orientierungsverfahren

4.2.1 Äußere Orientierung

4.2.1.1 Standardfall

Die äußere Orientierung beschreibt durch sechs Parameter die Lage und Ausrichtung des räumlichen Bildkoordinatensystems im übergeordneten Objektkoordinatensystem (Abb. 4.2). Der Standardfall der Senkrechtaufnahme (für Luftbilder) wird hier auch für die Nahbereichsphotogrammetrie zugrunde gelegt. Der Sonderfall der terrestrischen Photogrammetrie wird im nachfolgenden Abschnitt besprochen.

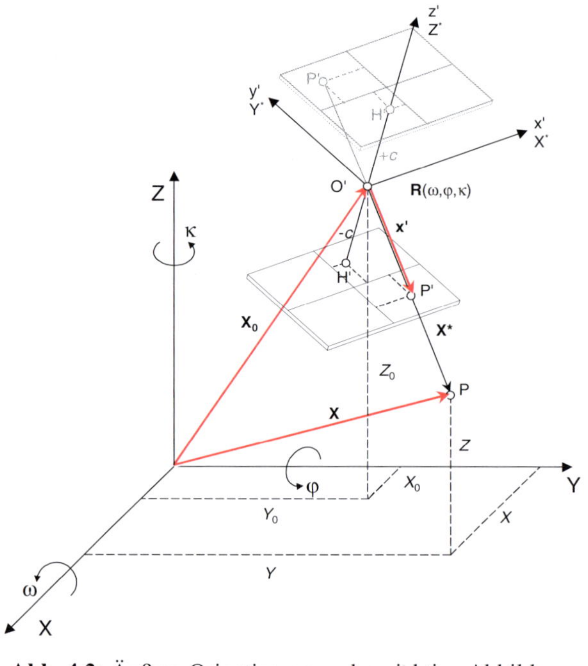

Abb. 4.2: Äußere Orientierung und projektive Abbildung

Das Bildkoordinatensystem liegt mit seinem Ursprung im Projektionszentrum des Bildes (vgl. Kap. 2.1.1). Es wird durch ein kamerafestes Bezugssystem (Rahmenmarken, Réseau, Sensorsystem) festgelegt und kann dadurch im Bild rekonstruiert und mit einem Bildmeßsystem (Komparator) in Bezug gesetzt werden. Dieser Vorgang wird in der Photogrammetrie mit *Herstellung der inneren Orientierung* bezeichnet[1].

Die räumliche Lage des Bildkoordinatensystems wird durch den Vektor $\mathbf{X}_0$ zum Projektionszentrum O' definiert. Die räumliche Ausrichtung wird durch die orthogonale

[1] Häufig wird auch verkürzt nur von *Innerer Orientierung* gesprochen.

Drehmatrix **R** definiert. Sie kann aus drei einzelnen Drehungen ω,φ,κ um die Koordinatenachsen X,Y,Z zusammengesetzt werden (siehe Kap. 2.2.2.1).

$$\mathbf{X}_0 = \begin{bmatrix} X_0 \\ Y_0 \\ Z_0 \end{bmatrix} \quad \text{: Lage des Projektionszentrums} \tag{4.1}$$

$$\mathbf{R} = \mathbf{R}_\omega \cdot \mathbf{R}_\varphi \cdot \mathbf{R}_\kappa$$

$$\mathbf{R} = \begin{bmatrix} r_{11} & r_{12} & r_{13} \\ r_{21} & r_{22} & r_{23} \\ r_{31} & r_{32} & r_{33} \end{bmatrix} \quad \text{: Rotationsmatrix} \tag{4.2}$$

Die Parameter r_{ij} der Rotationsmatrix können aus trigonometrischen Funktionen der drei Drehwinkel oder alternativ durch Funktionen von vier algebraischen Parametern beschrieben werden (vgl. Kap. 2.2.2.1.2).

Mit den Parametern der äußeren Orientierung ist es möglich, die aus Bildkoordinaten gegebene Richtung vom Projektionszentrum *O'* zu einem Bildpunkt *P'* (Bildvektor **x'**) in einen absolut im Raum definierten räumlichen Strahl vom Projektionszentrum zum Objektpunkt *P* zu transformieren.

4.2.1.2 Spezialfall der terrestrischen Photogrammetrie

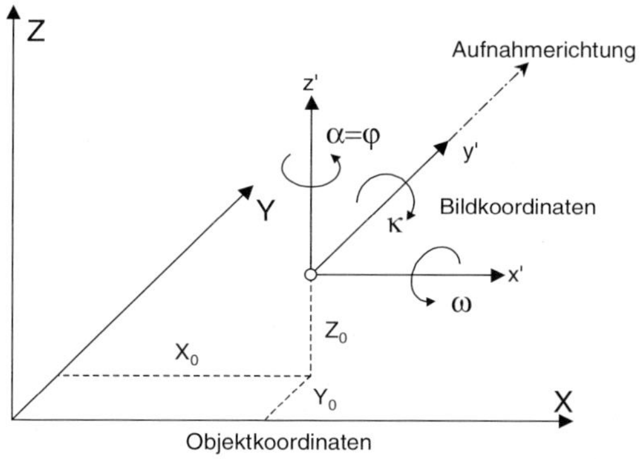

Abb. 4.3: Äußere Orientierung für die terrestrische Photogrammetrie

Im Sonderfall der klassischen terrestrischen Photogrammetrie liegt die Aufnahmerichtung näherungsweise horizontal. Zur Vermeidung von Singularitäten muß bei trigonometrischen Winkelfunktionen entweder die Drehreihenfolge der Rotationsmatrix vertauscht werden (siehe Kap. 2.2.2.1.1) oder das Bildkoordinatensystem durch die Achsen x' und z' (statt x' und y') gelegt werden (siehe Kap. 2.1.1). Für Aufnahmesysteme, die über geodätische Winkelmeßeinrichtungen verfügen, können in diesem Fall die Drehwinkel ω (Neigung um Kippachse), κ (Kantung um Aufnahmeachse) und φ bzw. α (Azimuth) statt der sonst üblichen Drehwinkel $\omega\varphi\kappa$ verwendet werden (Abb. 4.3). Hierbei ist zu beachten, daß geodätische Winkel im Uhrzeigersinn definiert werden.

Mit der geänderten Drehreihenfolge $\varphi\omega\kappa$ lautet die Rotationsmatrix:

$$\mathbf{R}_{terr.} = \begin{bmatrix} r_{11} & r_{12} & r_{13} \\ r_{21} & r_{22} & r_{23} \\ r_{31} & r_{32} & r_{33} \end{bmatrix}$$
$$= \begin{bmatrix} \cos\varphi\cos\kappa - \sin\varphi\sin\omega\sin\kappa & -\sin\varphi\cos\omega & \cos\varphi\sin\kappa + \sin\varphi\sin\omega\cos\kappa \\ \sin\varphi\cos\kappa + \cos\varphi\sin\omega\sin\kappa & \cos\varphi\cos\omega & \sin\varphi\sin\kappa - \cos\varphi\sin\omega\cos\kappa \\ -\cos\omega\sin\kappa & \sin\omega & \cos\omega\cos\kappa \end{bmatrix} \tag{4.3}$$

4.2.2 Kollinearitätsgleichungen

Grundlage vieler photogrammetrischen Berechnungsverfahren bildet das Modell der Zentralprojektion des Raumes. Die Koordinaten eines Objektpunktes P können danach aus dem Ortsvektor zum Projektionszentrum $\mathbf{X}_0$ und dem Vektor vom Projektionszentrum zum Objektpunkt $\mathbf{X}^*$ hergeleitet werden (Abb. 4.2):

$$\mathbf{X} = \mathbf{X}_0 + \mathbf{X}^* \tag{4.4}$$

Der Vektor $\mathbf{X}^*$ ist im übergeordneten System definiert. Da dieser Vektor direkt nicht zu bestimmen ist, wird stattdessen der in derselben Richtung liegende Bildvektor $\mathbf{x'}$ eingesetzt, nachdem er mit der Drehmatrix $\mathbf{R}$ und einem Maßstabsfaktor m in den Objektraum transformiert wurde.

$$\mathbf{X}^* = m \cdot \mathbf{R} \cdot \mathbf{x'} \tag{4.5}$$

Somit lautet die Abbildung eines Bildpunktes in den Objektraum:

$$\mathbf{X} = \mathbf{X}_0 + m \cdot \mathbf{R} \cdot \mathbf{x'}$$
$$\begin{bmatrix} X \\ Y \\ Z \end{bmatrix} = \begin{bmatrix} X_0 \\ Y_0 \\ Z_0 \end{bmatrix} + m \cdot \begin{bmatrix} r_{11} & r_{12} & r_{13} \\ r_{21} & r_{22} & r_{23} \\ r_{31} & r_{32} & r_{33} \end{bmatrix} \cdot \begin{bmatrix} x' \\ y' \\ -c \end{bmatrix} \tag{4.6}$$

m ist ein für jeden Objektpunkt individueller, unbekannter Maßstabsfaktor. Daher kann aus einem einzigen Bild zunächst lediglich die Richtung zum Objektpunkt P festgelegt werden, nicht aber seine absolute räumliche Position. Erst durch Schnitt des Raumstrahls mit einem weiteren geometrisch bekannten Element (z.B. Raumstrahl aus einem zweiten Bild oder Ebene im Objektraum) läßt sich P dreidimensional im Raum bestimmen.

Durch Umkehrung von (4.6), Erweiterung um den Bildhauptpunkt $H'(x'_0,y'_0)$ und Einführung von Korrekturtermen **dx'** (Verzeichnungsparameter) für die Bildkoordinaten folgt:

$$\mathbf{x'}-\mathbf{x'}_0-\mathbf{dx'}=\frac{1}{m}\cdot\mathbf{R}^{-1}\cdot(\mathbf{X}-\mathbf{X}_0)$$

$$\begin{bmatrix} x'-x'_0-dx \\ y'-y'_0-dy \\ -c \end{bmatrix}=\frac{1}{m}\cdot\begin{bmatrix} r_{11} & r_{21} & r_{31} \\ r_{12} & r_{22} & r_{32} \\ r_{13} & r_{23} & r_{33} \end{bmatrix}\cdot\begin{bmatrix} X-X_0 \\ Y-Y_0 \\ Z-Z_0 \end{bmatrix} \tag{4.7}$$

Man beachte, daß die inverse Drehmatrix gleich ihrer transponierten Form ist. Durch Division der ersten und zweiten Gleichung jeweils durch die dritte wird der unbekannte Maßstabsfaktor m eliminiert und es folgen die *Kollinearitätsgleichungen*:

$$\begin{aligned} x'&=x'_0-c\cdot\frac{r_{11}\cdot(X-X_0)+r_{21}\cdot(Y-Y_0)+r_{31}\cdot(Z-Z_0)}{r_{13}\cdot(X-X_0)+r_{23}\cdot(Y-Y_0)+r_{33}\cdot(Z-Z_0)}+dx' \\ y'&=y'_0-c\cdot\frac{r_{12}\cdot(X-X_0)+r_{22}\cdot(Y-Y_0)+r_{32}\cdot(Z-Z_0)}{r_{13}\cdot(X-X_0)+r_{23}\cdot(Y-Y_0)+r_{33}\cdot(Z-Z_0)}+dy' \end{aligned} \tag{4.8}$$

Sie beschreiben eine Transformation von Objektkoordinaten (X,Y,Z) in entsprechende Bildkoordinaten (x',y') unter Kenntnis der inneren Orientierung $(x'_0,\ y'_0,\ c,\ dx',\ dy')$ und der äußeren Orientierung $(X_0,\ Y_0,\ Z_0,\ \omega,\ \varphi,\ \kappa)$ *eines* Bildes.

Eine alternative Darstellung ergibt sich, indem das Objektkoordinatensystem mit einer räumlichen Transformation (Drehverschiebung) in das Projektionszentrum verschoben und mit Hilfe der Rotationsmatrix parallel zum Bildkoordinatensystem gestellt wird. In diesem lokalen Koordinatensystem haben die Objektpunkte die Koordinaten X^*,Y^*,Z^* (siehe Abb. 4.2). Durch Transformation mit dem Abbildungsmaßstab $1/m$ und Korrektur von Hauptpunktverschiebung und Bildfehlern folgen wieder die Kollinearitätsgleichungen für die Bildkoordinaten:

$$\begin{bmatrix} X^* \\ Y^* \\ Z^* \end{bmatrix}=\mathbf{R}\cdot\begin{bmatrix} X-X_0 \\ Y-Y_0 \\ Z-Z_0 \end{bmatrix} \quad \text{: räumliche Drehverschiebung} \tag{4.9}$$

$$\begin{bmatrix} x' \\ y' \end{bmatrix}=-\frac{c}{Z^*}\cdot\begin{bmatrix} X^* \\ Y^* \end{bmatrix}+\begin{bmatrix} x'_0 \\ y'_0 \end{bmatrix}+\begin{bmatrix} dx' \\ dy' \end{bmatrix} \qquad m=-\frac{Z^*}{c} \quad \text{: Abbildung in die Bildebene} \tag{4.10}$$

Anschaulich zeigen die Kollinearitätsgleichungen, daß jeder Objektpunkt eindeutig in nur einen Bildpunkt abgebildet wird, sofern er nicht durch andere Objektpunkte verdeckt wird.

Die Kollinearitätsgleichungen beschreiben somit geometrisch den Vorgang einer zentralprojektiven Bildentstehung in einer Kamera.

Die Gleichungen (4.8) werden als *Grundgleichungen der Analytischen Photogrammetrie* bezeichnet. Ihre Bedeutung rührt auch daher, daß die auf der linken Seite stehenden Bildkoordinaten (beobachtete Meßgrößen) als Funktion der auf der rechten Seite stehenden Unbekannten formuliert werden. Sie eignen sich daher unmittelbar als Beobachtungsgleichungen für eine überbestimmte Ausgleichung nach vermittelnden Beobachtungen (vgl. Kap. 2.3.2), z.B. für die Aufgaben des räumlichen Vorwärtsschnittes (vgl. Kap. 4.4.3.1), des räumlichen Rückwärtsschnittes (vgl. Kap. 4.2.3.1) und der Bündeltriangulation (vgl. Kap. 4.3). Sie dienen weiterhin als mathematische Grundlage für das Funktionsprinzip analytischer Stereoauswertegeräte (Analytischer Plotter, vgl. Kap. 6.2.1).

4.2.3 Orientierung eines Einzelbildes

Unter Orientierung eines Einzelbildes wird zunächst die Ermittlung der äußeren Orientierung verstanden. Da ihre direkte Bestimmung (etwa durch Winkel- und Streckenmessungen) in der Regel nicht möglich ist, werden Verfahren zur indirekten Orientierung mit Hilfe der im Bild meßbaren Objektabbildung benötigt. Die verbreiteten Rechenverfahren können in zwei Gruppen eingeteilt werden:

1. Berechnung der äußeren Orientierung auf Basis der Kollinearitätsgleichungen:

   Mit dem Verfahren des räumlichen Rückwärtsschnittes liegt eine nicht-lineare Lösung vor, die mindestens drei XYZ-Paßpunkte im Objektraum sowie Näherungswerte der gesuchten Orientierungsunbekannten benötigt (vgl. Kap. 4.2.3.1).

2. Berechnung der äußeren Orientierung mit Hilfe projektiver Beziehungen:

   Das bekannteste Verfahren dieser Gruppe ist die Direkte Lineare Transformation. Sie benötigt mindestens fünf XYZ-Paßpunkte, erlaubt jedoch die direkte Lösung ohne Näherungswerte (vgl. Kap. 4.2.3.2).

4.2.3.1 Räumlicher Rückwärtsschnitt

4.2.3.1.1 Rückwärtsschnitt bei bekannter innerer Orientierung

Der *räumliche Rückwärtsschnitt* dient zur rechnerischen Bestimmung der äußeren Orientierung eines Einzelbildes. Dazu müssen die *XYZ*-Koordinaten von mindestens drei Objektpunkten P_i gegeben sein, die nicht auf einer Geraden liegen dürfen. Das durch die Paßpunkte und das Projektionszentrum aufgespannte Strahlenbündel läßt sich in nur einer eindeutigen Lage und Orientierung auf die in der Bildebene verteilten Bildpunkte P'_i einpassen (Abb. 4.4).[1]

[1] Streng genommen existieren bei nur drei Paßpunkten mehrere Lösungen, die sich durch Hinzunahme eines weiteren bekannten Objektpunktes vermeiden lassen (siehe dazu Kap. 4.2.3.1.2).

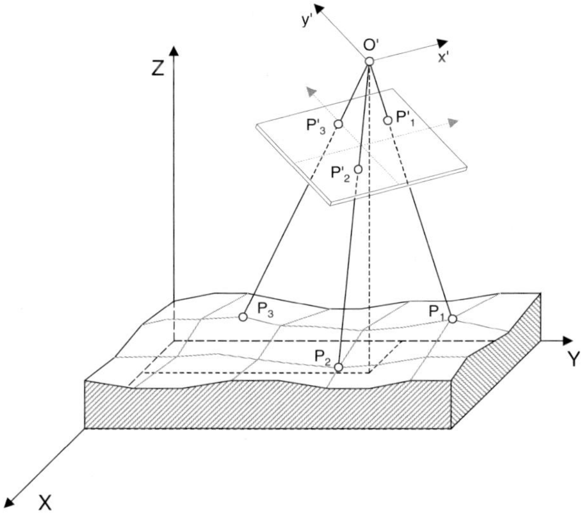

Abb. 4.4: Räumlicher Rückwärtsschnitt

Mit den gemessenen Bildkoordinaten der Paßpunkte läßt sich bei bekannter innerer Orientierung aus den Kollinearitätsgleichungen (4.8) folgendes System von Verbesserungsgleichungen ableiten:

$$\begin{aligned} x' + vx' &= F\,(\underline{X_0}, \underline{Y_0}, \underline{Z_0}, \underline{\omega}, \underline{\varphi}, \underline{\kappa}, x'_0, c, dx', X, Y, Z) \\ y' + vy' &= F\,(\underline{X_0}, \underline{Y_0}, \underline{Z_0}, \underline{\omega}, \underline{\varphi}, \underline{\kappa}, y'_0, c, dy', X, Y, Z) \end{aligned} \tag{4.11}$$

Die Funktion F umschreibt die Gleichungen (4.8), in denen die unterstrichenen Größen als Unbekannte eingehen. Dieses System kann durch TAYLOR-Entwicklung an Näherungswerten der Unbekannten linearisiert und durch Ausgleichung nach vermittelnden Beobachtungen gelöst werden.

Jeder gemessene Bildpunkt liefert zwei linearisierte Verbesserungsgleichungen (ALBERTZ & KREILING 1989):

$$\begin{aligned} vx'_i &= \left(\frac{\partial x'}{\partial X_0}\right)^0 dX_0 + \left(\frac{\partial x'}{\partial Y_0}\right)^0 dY_0 + \left(\frac{\partial x'}{\partial Z_0}\right)^0 dZ_0 \\ &\quad + \left(\frac{\partial x'}{\partial \omega}\right)^0 d\omega + \left(\frac{\partial x'}{\partial \varphi}\right)^0 d\varphi + \left(\frac{\partial x'}{\partial \kappa}\right)^0 d\kappa - (x'_i - x'^{\,0}_i) \\ vy'_i &= \left(\frac{\partial y'}{\partial X_0}\right)^0 dX_0 + \left(\frac{\partial y'}{\partial Y_0}\right)^0 dY_0 + \left(\frac{\partial y'}{\partial Z_0}\right)^0 dZ_0 \\ &\quad + \left(\frac{\partial y'}{\partial \omega}\right)^0 d\omega + \left(\frac{\partial y'}{\partial \varphi}\right)^0 d\varphi + \left(\frac{\partial y'}{\partial \kappa}\right)^0 d\kappa - (y'_i - y'^{\,0}_i) \end{aligned} \tag{4.12}$$

Dabei sind x' und y' die gemessenen Bildkoordinaten, x'^0_i und y'^0_i die aus Näherungswerten berechneten Bildkoordinaten eines Punktes i.

Substituiert man in den Kollinearitätsgleichungen (4.8) die Zähler mit k_x bzw. k_y und den Nenner mit N, werden mit

$$\begin{aligned} x' &= x'_0 - c \cdot \frac{k_X}{N} + dx' \\ y' &= y'_0 - c \cdot \frac{k_Y}{N} + dy' \end{aligned} \tag{4.13}$$

die Differentialquotienten für (4.12) wie folgt gebildet:

$$\begin{aligned} \frac{\partial x'}{\partial X_0} &= -\frac{c}{N^2} \cdot (r_{13} k_X - r_{11} N) \\ \frac{\partial x'}{\partial Y_0} &= -\frac{c}{N^2} \cdot (r_{23} k_X - r_{21} N) \\ \frac{\partial x'}{\partial Z_0} &= -\frac{c}{N^2} \cdot (r_{33} k_X - r_{31} N) \\ \frac{\partial x'}{\partial \omega} &= -\frac{c}{N} \cdot \left\{ \frac{k_X}{N} \cdot \left[r_{33}(Y - Y_0) - r_{23}(Z - Z_0) \right] - r_{31}(Y - Y_0) + r_{21}(Z - Z_0) \right\} \\ \frac{\partial x'}{\partial \varphi} &= -\frac{c}{N} \cdot \left\{ \frac{k_X}{N} \cdot \left[k_X \cdot \cos\kappa - k_Y \cdot \sin\kappa \right] + N \cdot \cos\kappa \right\} \\ \frac{\partial x'}{\partial \kappa} &= -\frac{c}{N} \cdot k_Y \end{aligned} \tag{4.14a}$$

$$\begin{aligned} \frac{\partial y'}{\partial X_0} &= -\frac{c}{N^2} \cdot (r_{13} k_Y - r_{12} N) \\ \frac{\partial y'}{\partial Y_0} &= -\frac{c}{N^2} \cdot (r_{23} k_Y - r_{22} N) \\ \frac{\partial y'}{\partial Z_0} &= -\frac{c}{N^2} \cdot (r_{33} k_Y - r_{32} N) \\ \frac{\partial y'}{\partial \omega} &= -\frac{c}{N} \cdot \left\{ \frac{k_Y}{N} \cdot \left[r_{33}(Y - Y_0) - r_{23}(Z - Z_0) \right] - r_{32}(Y - Y_0) + r_{22}(Z - Z_0) \right\} \\ \frac{\partial y'}{\partial \varphi} &= \frac{c}{N} \cdot \left\{ \frac{k_Y}{N} \cdot \left[k_X \cdot \cos\kappa - k_Y \cdot \sin\kappa \right] - N \cdot \sin\kappa \right\} \\ \frac{\partial y'}{\partial \kappa} &= \frac{c}{N} \cdot k_X \end{aligned} \tag{4.14b}$$

Die Koeffizienten r_{ij} ergeben sich aus der nach (2.20) gegebenen Drehmatrix $\mathbf{R}$.

4.2.3.1.2 Rückwärtsschnitt bei unbekannter innerer Orientierung

Liegt die Aufnahme einer Kamera vor, deren Parameter der inneren Orientierung unbekannt sind (z.B. Amateurkamera), erhöht sich die Anzahl der zu bestimmenden Parameter um zunächst 3 (c, x'_0, y'_0) auf insgesamt 9 Bestimmungselemente (ohne Verzeichnungsparameter). Es werden also mindestens 2 Paßpunkte (mit 4 Beobachtungen der Bildkoordinaten) zusätzlich benötigt (insgesamt mindestens 5).

Liegen sämtliche Paßpunkte näherungsweise in einer Ebene, wird das Normalgleichungssystem des Rückwärtsschnittes singulär, da das Problem bereits durch eine Projektivtransformation (2.12) zwischen Bild- und Objektebene mit nur 8 Parametern gelöst werden kann. Wird eine Bestimmungsgröße (z.B. die Kamerakonstante) auf einen beliebigen Wert gesetzt, kann jedoch eine eindeutige Lösung berechnet werden.

Bei ausreichender räumlicher Verteilung der Objektpunkte lassen sich mit dem Verfahren des räumlichen Rückwärtsschnittes auch die Parameter der inneren Orientierung c, x'_0, y'_0, dx' und dy' aus nur einem Bild kalibrieren. Werden für die radial-symmetrische Verzeichnung zwei Parameter A_1 und A_2 eingeführt, erhöht sich die Zahl der Bestimmungselemente auf insgesamt 11 (6 der äußeren und 5 der inneren Orientierung). Es sind für diesen Fall also mindestens 6 räumlich verteilte XYZ-Paßpunkte erforderlich.

4.2.3.1.3 Näherungswerte für den Rückwärtsschnitt

Näherungswerte für die unbekannten Parameter der äußeren Orientierung können unter Umständen manuell beschafft werden:

- „Gemessene“ Näherungswerte:

  Näherungswerte der Orientierungsgrößen können unter Umständen vor Ort gemessen werden, z.B. durch geodätische Messungen. Die Bestimmung der Lageparameter kann sehr häufig durch einfache Mittel (Abgreifen aus Plänen, Einschreiten) vorgenommen werden. Bei einfachen Aufnahmekonfigurationen (z.B. ohne Schrägaufnahmen oder Bildkantungen) können auch die Drehwinkel hinreichend gut geschätzt werden.

- Näherungswerte aus Handskizzen:

  Wird bei der Objektaufnahme eine Handskizze der Aufnahmeorte und –richtungen geführt, kann diese anschließend manuell am Rechner digitalisiert werden. Die digitalisierte Skizze kann (über Paßpunkte) in das übergeordnete System transformiert werden, so daß Näherungswerte der Orientierungsparameter abgeleitet werden können.

- Kleine Bilddrehungen:

  Sind die Richtungen der Koordinatenachsen von Bild- und Objektsystem ungefähr gleich, können die Drehwinkel mit dem Näherungswert Null eingeführt werden. Die Translationsparameter X_0 und Y_0 können aus dem Schwerpunkt der Paßpunktkoordinaten geschätzt werden, der Aufnahmeabstand (Z–Z_0) kann aus Kamerakonstante und näherungsweise bekanntem Bildmaßstab berechnet werden.

4.2.3.1.4 Rückwärtsschnitt mit minimaler Objektinformation

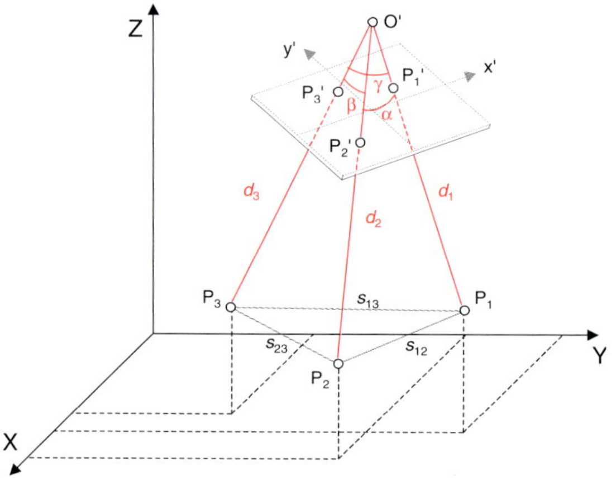

Abb. 4.5: Tetraeder beim räumlichen Rückwärtsschnitt

Für den allgemeinen Fall beliebiger Lage und Aufnahmerichtung eines Bildes können Näherungswerte häufig nicht mehr manuell geschätzt werden, sondern müssen berechnet werden. Dies kann zum Beispiel nach folgendem Schema geschehen (KYLE 1990, WROBEL 1999), das auch als *Rückwärtsschnitt mit minimaler Objektinformation* bezeichnet werden kann:

Ausgehend von drei XYZ-Paßpunkten soll zunächst näherungsweise die Position des Projektionszentrums O' bestimmt werden. Wie aus Abb. 4.5 ersichtlich wird, kann ein Tetraeder aus dem Projektionszentrum und den Objektpunkten gebildet werden. Aus den gemessenen Bildkoordinaten der Punkte P'_1, P'_2 und P'_3 können mit Hilfe der Kamerakonstanten c die Winkel α,β,γ in dem Tetraeder $O'P'_1P'_2P'_3$ bzw. $O'P_1P_2P_3$ durch einfache Dreiecksberechnungen ermittelt werden. Die Seitenkanten des Tetraeders d_i, i=1…3, sind jedoch unbekannt.

Klappt man nun jede Seitenfläche des Tetraeders in die Objektebene der Punkte herunter, ergibt sich die Figur in Abb. 4.6. Am Beispiel des Seitendreieckes aus den zwei Objektpunkten P_1, P_2 und dem gesuchten Projektionszentrum O' wird deutlich, daß mit Hilfe der im Dreieck bekannten Strecke s_{12} und dem im Bildraum berechneten Winkel α ein Kreis K_1 konstruiert werden kann, der das Projektionszentrum O' enthalten muß. Konstruiert man nun auf gleiche Weise den Kreis K_2 über der Seite s_{23} und den Kreis K_3 über der Seite s_{13}, ergibt der räumliche Schnittpunkt der drei Kreise das gesuchte Projektionszentrum.

Um nun die unbekannten Strecken zum Projektionszentrum zu bestimmen, wird folgende iterative Suchstrategie verfolgt: Ausgehend von P_1 wird auf diesem Kreis ein laufender Punkt R definiert, dessen Abstände d_{R1} und d_{R2} berechnet werden können. In sehr grober Näherung entspricht die Strecke d_{R1} der Seite d_1 und d_{R2} der Seite d_2. Mit Hilfe des Winkels β und der bekannten Strecke s_{23} läßt sich nun die Seite d_3 berechnen und mit γ und s_{13} daraus die Seite d_1. Am Ende dieser Schleife ergibt sich ein Widerspruch $\Delta d_1 = d_{R1} - d_1$. Läßt man nun R über den Kreis bis maximal zum Punkt P_2 laufen, kehrt sich das Vorzeichen des Widerspruchs im Laufe der Berechnung um. An dieser Stelle erhält man ausreichende Näherungen für die Seitenlängen d_i.

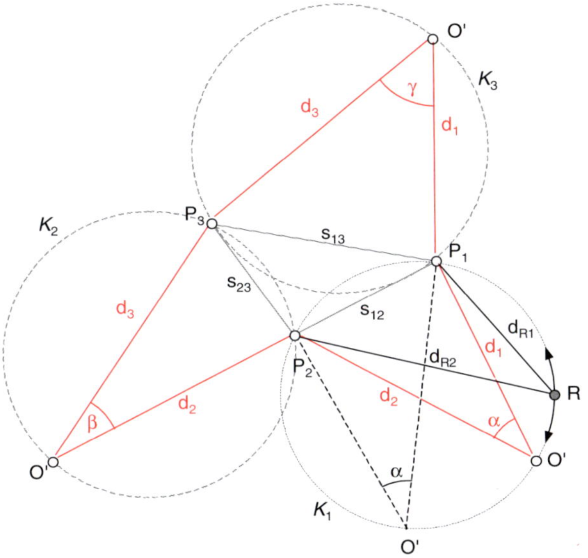

Abb. 4.6: Näherungswerte für den räumlichen Rückwärtsschnitt

Da im Kreis K_1 zwei mögliche Lagen von O' mit den Abständen d_1 und d_2 existieren, können hiervon ausgehend wiederum zwei mögliche Positionen im Kreis K_2 berechnet werden, so daß insgesamt vier mögliche Lösungen für die Position des Projektionszentrums im Raum vorliegen. Geht man in der Suchstrategie vom kleinsten zum größten der drei Kreise aus, ist sichergestellt, daß die korrekte Lösung mit $\Delta d_1=0$ auf jeden Fall in der Lösungsmenge enthalten ist.

Anschließend können Rotation und Translation des Bildkoordinatensystems gegenüber dem Objektkoordinatensystem bestimmt werden. Mit Hilfe der oben bestimmten Strecken ergeben sich die Koordinaten der Paßpunkte P_i, i=1…3, im Hilfskoordinatensystem xyz, das parallel zum Bildkoordinatensystem x'y'z' liegt (Abb. 4.7):

$$\mathbf{x}_i = d_i \cdot \mathbf{x'}_i$$

$$x_i = d_i \cdot \frac{x'}{d'}$$

$$y_i = d_i \cdot \frac{y'}{d'} \qquad \text{mit } d' = \sqrt{x'^2 + y'^2 + c^2} \tag{4.15}$$

$$z_i = d_i \cdot \frac{-c}{d'}$$

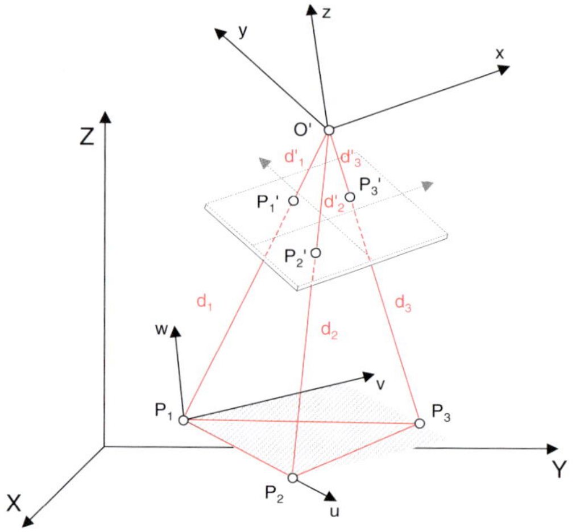

Abb. 4.7: Hilfskoordinatensysteme beim räumlichen Rückwärtsschnitt

Die Näherungswerte der Rotationsparameter können nach demselben Schema wie für die räumliche Ähnlichkeitstransformation (vgl. Kap. 2.2.2.2) bestimmt werden. Dabei sind das Objektkoordinatensystem XYZ und das Hilfskoordinatensystem xyz die Ausgangssysteme. Das örtliche Hilfssystem uvw wird lokal durch die Objektpunkte P_1, P_2 und P_3 gebildet. Die Drehmatrix ergibt sich aus den nacheinander ausgeführten Drehungen vom XYZ-System zum uvw-System und anschließend vom uvw- zum xyz-System.

$$\mathbf{R} = \mathbf{R}_{XYZ} \cdot \mathbf{R}_{xyz}^{T} \tag{4.16}$$

Die Drehwinkel ωφκ lassen sich anschließend nach Gleichung (2.23) berechnen. Die Drehmatrix **R** dreht das xyz-Koordinatensystem parallel zum XYZ-System. Die Koordinaten des Projektionszentrums $\mathbf{X}_0$ folgen schließlich durch Translation der Objektkoordinaten $\mathbf{X}_i$ eines beliebigen Paßpunktes P_i um die mit **R** und der zugehörigen Strecke d_i transformatierten xyz-Koordinaten $\mathbf{x}_i$, z.B. mit P_1:

$$\mathbf{X}_0 = \mathbf{X}_1 - \mathbf{R} \cdot d_1 \cdot \mathbf{x}_1 \tag{4.17}$$

Die so ermittelte Raumposition von O' ist aus den oben genannten Gründen mehrdeutig. In der korrekten Lösung liegt O' auf der dem Objekt zugewandten Seite, in der falschen Lösung erfolgt eine Spiegelung an der Ebene der Objektpunkte (Umklappeffekt). Zur Lösung dieser Mehrdeutigkeit berechnet man mit (2.11) den Abstand der Punkte P_3 und P'_3 zur Ebene $O'P_1P_2$. In der richtigen Lösung haben beide Abstände dasselbe Vorzeichen, liegen also auf derselben Seite der Ebene. Die Mehrdeutigkeit läßt sich alternativ durch Hinzunahme mindestens eines weiteren Objektpunktes beheben.

Nach Aufstellen und Lösen der Normalgleichungen werden die Näherungswerte mit den ausgeglichenen Unbekanntenzuschlägen einer Iteration k solange verbessert, bis die Unbekanntenzuschläge unter einem Schwellwert liegen.

$$X_0^{k+1} = X_0^k + dX_0^k \qquad \omega^{k+1} = \omega^k + d\omega^k$$
$$Y_0^{k+1} = Y_0^k + dY_0^k \qquad \varphi^{k+1} = \varphi^k + d\varphi^k$$
$$Z_0^{k+1} = Z_0^k + dZ_0^k \qquad \kappa^{k+1} = \kappa^k + d\kappa^k$$

Der räumliche Rückwärtsschnitt wird unter anderem zur Berechnung von genäherten Orientierungsparametern aus Näherungswerten von Objektpunkten verwendet (siehe Kap. 4.3.4.1). Wird der oben beschriebene Umklappeffekt nicht berücksichtigt, kommt es an ebenen Objektoberflächen häufiger zu falschen Näherungslösungen.

4.2.3.1.5 Gütekriterien

Neben der Genauigkeit der Bildkoordinatenmessung hängt die Güte des Rückwärtsschnittes von Anzahl und Verteilung der Paßpunkte ab. Die gemessenen Objektpunkte sollten das Bildformat möglichst vollständig abdecken. Liegen die Paßpunkte auf oder in der Nähe einer Geraden, wird das zu lösende Normalgleichungssystem singulär oder numerisch instabil. Ebenso existiert keine Lösung, wenn die Objektpunkte und das Projektionszentrum auf einer sog. *Gefährlichen Fläche* liegen, z.B. einem gemeinsamen Zylindermantel (siehe auch Kap. 4.2.4.3.8).

Als Gütekriterium des räumliches Rückwärtsschnittes kann wie in anderen Ausgleichungsaufgaben auch die Standardabweichung der Gewichtseinheit a posteriori s_0 betrachtet werden. Sie spiegelt die innere Genauigkeit der Beobachtungen, in diesem Fall der gemessenen Bildkoordinaten, wider. Weiterhin können die Standardabweichungen der geschätzten Orientierungsparameter analysiert werden, die aus der Kovarianzmatrix abgeleitet werden und somit von s_0 abhängen.

4.2.3.2 Direkte Lineare Transformation (DLT)

Mit dem Ansatz der *Direkten Linearen Transformation* (DLT) gelingt es, die Orientierungsdaten eines Bildes ohne Näherungswerte in einem *linearen* Gleichungssystem zu bestimmen (ABDEL-AZIZ & KARARA 1971). Das Verfahren basiert auf den Kollinearitätsgleichungen, die um eine Affintransformation der Bildkoordinaten erweitert werden. Es benötigt keine Informationen über ein kamerafestes Bildkoordinatensystem.

Die Transformationsgleichung für die DLT lautet:

$$x = \frac{L_1 X + L_2 Y + L_3 Z + L_4}{L_9 X + L_{10} Y + L_{11} Z + 1}$$
$$y = \frac{L_5 X + L_6 Y + L_7 Z + L_8}{L_9 X + L_{10} Y + L_{11} Z + 1} \qquad (4.18)$$

Dabei stellen x und y die gemessenen Komparator- oder auch Bildkoordinaten dar, X,Y,Z sind 3D-Koordinaten von Paßpunkten. Die Koeffizienten L_1 bis L_{11} sind die zu bestimmenden DLT-Parameter, aus denen die Parameter der inneren (3) und äußeren

Orientierung (6) abgeleitet werden können (Übersicht in McGLONE et al. 1989). Die beiden übrigbleibenden Bestimmungselemente sind Scherung und Maßstabsfaktor einer Affintransformation. Durch Umstellung der Gleichung (4.18) wird folgendes lineares System aufgestellt:

$$\begin{aligned} L_1X + L_2Y + L_3Z + L_4 - xL_9X - xL_{10}Y - xL_{11}Z - x = 0 \\ L_5X + L_6Y + L_7Z + L_8 - yL_9X - yL_{10}Y - yL_{11}Z - y = 0 \end{aligned} \qquad (4.19)$$

Zur Lösung dieses für n Paßpunkte ($n \geq 6$) aufzustellende Gleichungssystem nach dem üblichen Ansatz

$$\mathbf{v} = \mathbf{A} \cdot \hat{\mathbf{x}} - \mathbf{l}$$

wird die Designmatrix **A** wie folgt gebildet:

$$\underset{n,u}{\mathbf{A}} = \begin{bmatrix} X_1 & Y_1 & Z_1 & 1 & 0 & 0 & 0 & 0 & -x_1X_1 & -x_1Y_1 & -x_1Z_1 \\ 0 & 0 & 0 & 0 & X_1 & Y_1 & Z_1 & 1 & -y_1X_1 & -y_1Y_1 & -y_1Z_1 \\ X_2 & Y_2 & Z_2 & 1 & 0 & 0 & 0 & 0 & -x_2X_2 & -x_2Y_2 & -x_2Z_2 \\ 0 & 0 & 0 & 0 & X_2 & Y_2 & Z_2 & 1 & -y_2X_2 & -y_2Y_2 & -y_2Z_2 \\ \vdots & \vdots & \vdots & \vdots & \vdots & \vdots & \vdots & \vdots & \vdots & \vdots & \vdots \\ X_n & Y_n & Z_n & 1 & 0 & 0 & 0 & 0 & -x_nX_n & -x_nY_n & -x_nZ_n \\ 0 & 0 & 0 & 0 & X_n & Y_n & Z_n & 1 & -y_nX_n & -y_nY_n & -y_nZ_n \end{bmatrix} \qquad (4.20)$$

Für die Bestimmung der 11 DLT-Parameter sind mindestens 6 Paßpunkte erforderlich. Es werden keine Näherungswerte der Bestimmungselemente benötigt, da ein linearer Zusammenhang zwischen Objekt- und Bildkoordinaten formuliert wird. Aufgrund der an die gemessenen Bildkoordinaten angebrachten Affintransformation ist kein durch kamerafeste Bezugspunkte definiertes Bildkoordinatensystem erforderlich. Mit der DLT können also z.B. direkt die gemessenen Komparatorkoordinaten (allgemein: Koordinaten eines beliebigen Bildmeßsystems mit nicht-rechtwinkligen Achsen unterschiedlichen Maßstabes, z.B. auch Pixelkoordinaten) verwendet werden, so daß auch Aufnahmen von Kameras ohne Bildkoordinatensystem und ohne bekannte innere Orientierung (z.B. Amateurkameras) direkt auswertbar sind.

Die DLT wird aufgrund ihrer robusten linearen Beziehung auch zur Näherungswertberechnung der äußeren Orientierung im Vorfeld der Bündeltriangulation eingesetzt. Aus den DLT-Parametern lassen sich dann die bekannten Orientierungsgrößen wie folgt ableiten:

Mit

$$L = \frac{-1}{\sqrt{L_9^2 + L_{10}^2 + L_{11}^2}}$$

folgt (4.21)

$$x'_0 = L^2 \cdot (L_1 \cdot L_9 + L_2 \cdot L_{10} + L_3 \cdot L_{11})$$
$$y'_0 = L^2 \cdot (L_5 \cdot L_9 + L_6 \cdot L_{10} + L_7 \cdot L_{11})$$

: Koordinaten des Bildhauptpunktes

$$c_x = \sqrt{L^2 \cdot (L_1^2 + L_2^2 + L_3^2) - x'^2_0}$$
$$c_y = \sqrt{L^2 \cdot (L_5^2 + L_6^2 + L_7^2) - y'^2_0}$$

: Kamerakonstante (affin skaliert in x und y)

$$\varphi = \arcsin(L_9 \cdot L)$$
$$\omega = \arctan(-L_{10} / L_{11})$$
$$r_{11} = \frac{L \cdot (x'_0 \cdot L_9 - L_1)}{c_x}$$
$$\kappa = \arccos\left(\frac{r_{11}}{\cos\varphi}\right)$$

: Bilddrehungen

$$\begin{bmatrix} X_0 \\ Y_0 \\ Z_0 \end{bmatrix} = \begin{bmatrix} L_1 & L_2 & L_3 \\ L_5 & L_6 & L_7 \\ L_9 & L_{10} & L_{11} \end{bmatrix}^{-1} \cdot \begin{bmatrix} L_4 \\ L_8 \\ 1 \end{bmatrix}$$

: Lage des Projektionszentrums

Der Ansatz der DLT kann noch durch Korrekturterme für die radial-symmetrische Verzeichnung erweitert werden.

Den genannten Vorteilen der DLT stehen einige Nachteile gegenüber. Die DLT ist überparametrisiert, wenn die Parameter der inneren Orientierung bekannt sind. Weiterhin kommt es zu singulären oder schlecht konditionierten Gleichungssystemen, wenn alle Paßpunkte in einer Objektebene liegen oder wenn die Aufnahmekonstellation dazu führt, daß der Nenner der Gleichungen (4.18) nahe Null wird. Schließlich kann die Mindestzahl von 6 Paßpunkten in vielen praktischen Anwendungen nicht bereitgestellt werden.

4.2.4 Orientierung eines Stereobildpaares

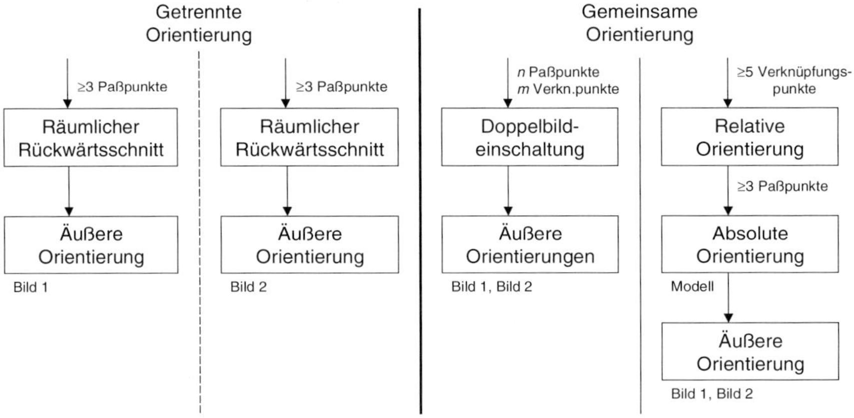

Abb. 4.8: Orientierungsverfahren für Stereobilder

Bei der Orientierung eines Stereobildpaares werden für beide Bilder die Parameter der äußeren Orientierung bestimmt (Abb. 4.8). Diese Aufgabe ist grundsätzlich für beide Bilder getrennt durch räumlichen Rückwärtsschnitt (vgl. Kap. 4.2.3.1) lösbar, erfordert dann jedoch bekannte dreidimensionale Paßpunkte (Vollpaßpunkte) für jedes Bild (vgl. Abb. 4.4). Die verwendeten Paßpunkte können identisch sein, müssen es aber nicht. Der geometrische Zusammenhang in einem Stereomodell wird dabei nicht genutzt.

Abb. 4.9 zeigt ein typisches Stereobildpaar, in dem beide Bilder das Objekt mit einer Überlappung von mindestens 50% (Standard 60%) abbilden (vgl. Abb. 3.2a). Es liegt daher nahe, diese Eigenschaft für die Orientierung der beiden Bilder mit einzubeziehen.

Die einstufige Lösung nutzt das Prinzip der Bündeltriangulation (siehe Abb. 4.22) für den Spezialfall von zwei Bildern. In dieser sog. *Doppelbildeinschaltung* werden die Orientierungselemente beider Bilder aus Bildkoordinaten von Paßpunkten und zusätzlichen Verknüpfungspunkten simultan in einem Guß bestimmt.

Eine zweistufige Lösung dieser Aufgabe besteht darin, in klassischer Weise zunächst die gegenseitige Zuordnung der Bilder (relative Orientierung) in einem lokalen dreidimensionalen Modellkoordinatensystem vorzunehmen. Über Paßpunkte erfolgt anschließend die Transformation in ein übergeordnetes Objektkoordinatensystem (absolute Orientierung).

4.2.4.1 Verknüpfungspunkte

Verknüpfungspunkte sind identische (homologe) Objektpunkte, deren Bildkoordinaten in den einzelnen Bildern gemessen werden. Sie dienen der geometrischen Verknüpfung zweier oder mehrerer Bilder und müssen keine Paßpunkte sein. Vielmehr werden sie in den Bildern so ausgewählt, daß eine ausreichende Bild- bzw. Objektfläche abgedeckt und eine steife Verbindung der Bilder untereinander gewährleistet wird.

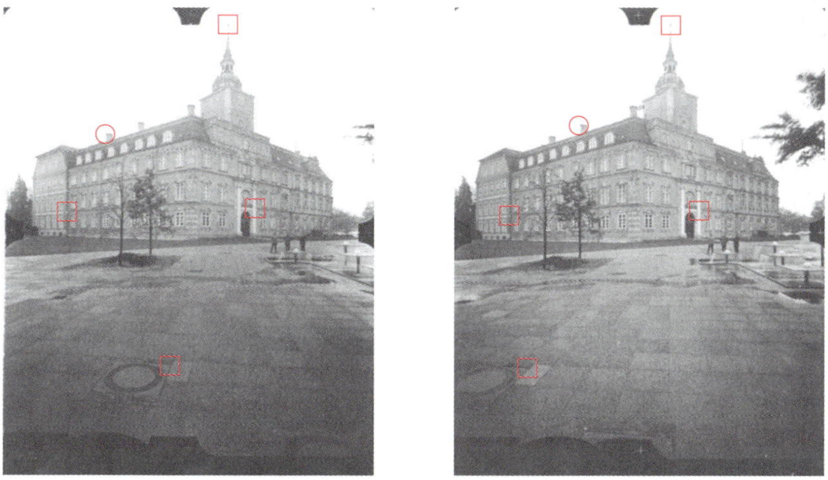

Abb. 4.9: Verknüpfungspunkte in einem Stereomodell
□: richtig zugeordnete Punkte; O: falsch zugeordneter Punkt

Die Identifizierung der homologen Punkte erfolgt zum einen visuell, entweder durch stereoskopische Betrachtung oder durch monoskopische Einzelbildmessung. Nicht signalisierte Objektpunkte lassen sich bei gleichzeitiger stereoskopischer Betrachtung zuverlässiger identifizieren. Zum anderen kann die Zuordnung homologer Punkte durch Verfahren der digitalen Stereobildzuordnung (*stereo image matching*, vgl. Kap. 5.5.3) erfolgen, bei dem Ähnlichkeitsmaße von Grauwertmustern (Korrelation) zur Zuordnung identischer (korrespondierender) Punkte verwendet werden.

Da zum Zeitpunkt der Verknüpfungspunktmessung in der Regel noch keine Orientierungsdaten vorliegen, gibt es nur wenige Kontrollmöglichkeiten zur Vermeidung von Fehlmessungen. In größeren photogrammetrischen Projekten sind daher praktisch immer grobe Fehler (Ausreißer) im Datensatz vorhanden, die durch Meß- oder Identifizierungsfehler verursacht werden. Abb. 4.9 zeigt das Beispiel von vier richtigen und einem falsch identifizierten Verknüpfungspunkt.

4.2.4.2 Kern- oder Epipolargeometrie

Abb. 4.10 zeigt die Geometrie einer Stereoaufnahme bei der Abbildung eines Objektpunktes P. Die Abbildungsstrahlen **r'** und **r''** vom jeweiligen Projektionszentrum zum Objektpunkt spannen zusammen mit der Basis **b** eine Ebene auf, die sog. *Kern- oder Epipolarebene*. Diese Ebene schneidet die Bildebenen in den Schnittgeraden k' und k'', die als Kern- oder Epipolarlinien bezeichnet werden. Im Falle von konvergenten Aufnahmen verlaufen die Kernlinien schräg durch das Bild. Für den Sonderfall des Stereonormalfalles liegen die Kernlinien parallel zur x'-Richtung (Abb. 4.11, siehe auch Kap. 4.4.2.2).

Die Bedeutung der Kernlinien besteht u.a. darin, daß sich ein zu P' homologer (korrespondierender) Bildpunkt P'' im rechten Bild bei korrektem Strahlenschnitt in der Kernebene und damit auch in der Kernlinie k'' befinden muß. Der Suchraum für eine

Zuordnung korrespondierender Punkte wird also erheblich eingeschränkt. Betrachtet man einen weiteren Objektpunkt *Q*, der ebenfalls auf dem Raumstrahl *O'P* liegt, wird deutlich, daß sich der Entfernungunterschied (Tiefe) zwischen *Q* und *P* als Parallaxe auf der Kernlinie *k*" auswirkt. Im Stereonormalfall wirkt die Parallaxe exakt in der x'-Richtung (x- oder Horizontalparallaxe).

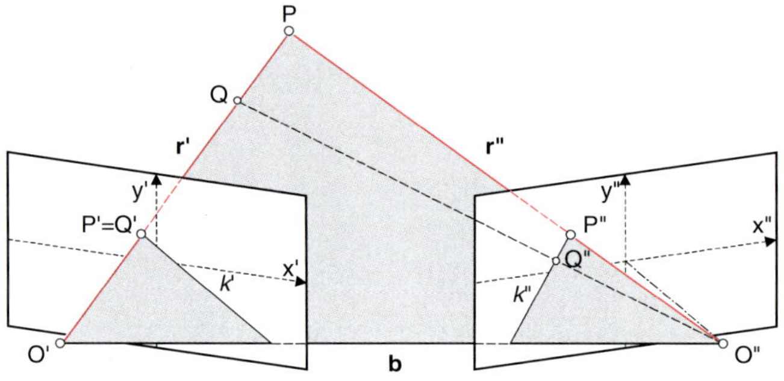

Abb. 4.10: Kernebene bei konvergenten Aufnahmen

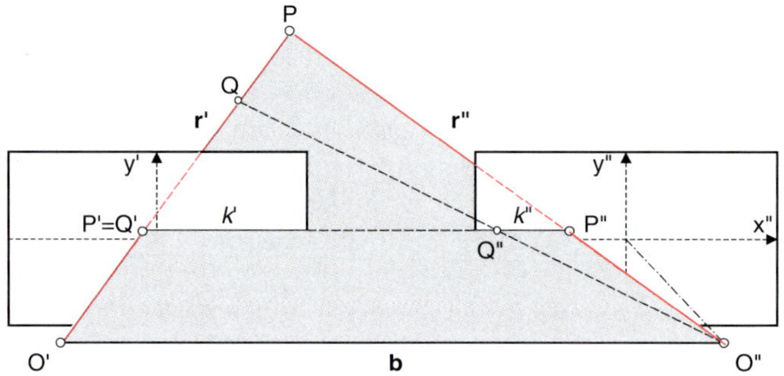

Abb. 4.11: Kernebene für den Stereonormalfall

Bei bekannten Orientierungsparametern kann die Lage einer zu *P*' korrespondierenden Kernlinie *k*" (oder umgekehrt) berechnet werden. Ausgehend von einem beliebigen Bildpunkt *P*' lassen sich mit Hilfe der Abbildungsgleichungen (4.6) zwei Punkte *P* und *Q* auf dem Raumstrahl **r'** berechnen, wenn der Maßstabsfaktor m auf jeweils einen beliebigen unterschiedlichen Wert gesetzt wird. Anschließend können die XYZ-Koordinaten der Punkte *P* und *Q* mit den Kollinearitätsgleichungen (4.8) in das rechte Bild zurückgerechnet werden. Die Kernlinie *k*" ist die Gerade durch die Bildpunkte *P*" und *Q*".

Eine entsprechende Berechnung der Kernlinien gelingt mit den im folgenden abgeleiteten Parametern der relativen Orientierung (vgl. Kap. 4.2.4.3.4).

4.2.4.3 Relative Orientierung

Die *relative Orientierung* eines Stereobildpaares beschreibt die räumliche Translation und Rotation eines Bildes relativ zum Stereopartner in einem gemeinsamen lokalen Modellkoordinatensystem. Sie ist der erste Schritt der zweistufigen Orientierung eines Stereobildpaares (vgl. Abb. 4.8).

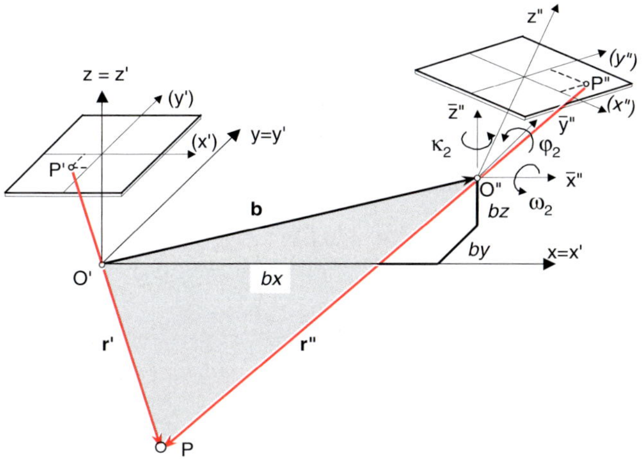

Abb. 4.12: Modellkoordinatensystem und relative Orientierung beim Folgebildanschluß[1]

Das rechnerische Verfahren der relativen Orientierung kann für den Fall des sog. *Folgebildanschlusses* besonders anschaulich hergeleitet werden[2]. Hierbei wird ein lokales dreidimensionales Modellkoordinatensystem *xyz* in das Projektionszentrum des ersten (linken) Bildes gelegt und parallel zu dessen Bildkoordinatensystem ausgerichtet (Abb. 4.12). Damit sind die Parameter der *äußeren* Orientierung des linken Bildes im Modellkoordinatensystem bereits festgelegt:

$$\begin{aligned} x_{01} &= 0 \qquad & \omega_1 &= 0 \\ y_{01} &= 0 \qquad & \varphi_1 &= 0 \\ z_{01} &= 0 \qquad & \kappa_1 &= 0 \end{aligned} \tag{4.23}$$

Das zweite (rechte) Bild wird nun räumlich im Modellkoordinatensystem mit den üblichen 3 Translationen und 3 Rotationen orientiert.

$$\begin{aligned} x_{02} &= bx \qquad & \omega_2 \\ y_{02} &= by \qquad & \varphi_2 \\ z_{02} &= bz \qquad & \kappa_2 \end{aligned} \tag{4.24}$$

---

[1] Die Bildkoordinatensysteme x'y'z' und x"y"z" sind hier jeweils vom Projektionszentrum in die Bildebene verschoben worden.

[2] Das auch gebräuchliche Verfahren der *Unabhängigen Bildpaare* wird in Kap. 4.2.4.3.7 erläutert.

Der räumliche Basisvektors **b** zwischen den beiden Projektionszentren *O'* und *O''* wird durch die sog. Basiskomponenten *bx*, *by* und *bz* definiert. Da die relative Orientierung nur die gegenseitige Ausrichtung der beiden Bilder beschreibt, kann dem Modellkoordinatensystem ein beliebiger Maßstab gegeben werden. Dazu wird eine der Basiskomponenten auf einen beliebigen Wert gesetzt, in der Regel mit der Festlegung

$$bx = 1 .$$

Somit verbleiben mit *by*, *bz* und ω_2, φ_2, κ_2 fünf unabhängige Bestimmungselemente zur Beschreibung der relativen Orientierung.

4.2.4.3.1 Koplanaritätsbedingung

Zur rechnerischen Lösung der relativen Orientierung nutzt man die Bedingung, daß ein Objektpunkt *P* und die beiden Projektionszentren *O'* und *O''* in einer Ebene liegen müssen (*Koplanaritätsbedingung*[1]). In dieser durch die Vektoren **b**, **r'** und **r''** gebildeten Kernebene liegen dann auch die abgebildeten Bildpunkte *P'* und *P''*.

Die Koplanaritätsbedingung ist nur dann erfüllt, wenn die Raumstrahlen **r'** und **r''** sich streng im Objektpunkt *P* schneiden, d.h. die Lage der Bildpunkte *P'* und *P''* sowie die Orientierungsparameter der beiden Bilder fehlerfrei vorliegen. Aus jeweils einem Paar homologer Bildpunkte läßt sich also eine Bedingungsgleichung für die Koplanarität ableiten. Für die Berechnung der fünf unbekannten Orientierungsparameter der relativen Orientierung genügen daher fünf homologe Punkte (Verknüpfungspunkte), deren Bildkoordinaten in beiden Bildern bestimmt werden müssen.

Die Koplanaritätsbedingung läßt sich sehr einfach mit dem Spatprodukt der drei Vektoren ausdrücken. Sie liegen genau dann in einer Ebene, wenn das von ihnen aufgespannte Volumen zu Null wird:

$$\langle \mathbf{b}, \mathbf{r}', \mathbf{r}'' \rangle = (\mathbf{b} \times \mathbf{r}') \cdot \mathbf{r}'' = 0 \tag{4.25}$$

Gleichung (4.25) kann wiederum durch die Determinante der folgenden Matrix ausgedrückt werden, in der der Basisvektor **b** durch die drei Basiskomponenten, der Bildvektor **r'** durch die Bildkoordinaten im linken Bild und der Bildvektor **r''** durch die mit den gesuchten Drehwinkeln transformierten Bildkoordinaten des rechten Bildes beschrieben werden.

$$\Delta = \begin{vmatrix} 1 & x' & \bar{x}'' \\ by & y' & \bar{y}'' \\ bz & z' & \bar{z}'' \end{vmatrix} = 0 \tag{4.26}$$
$$\quad \mathbf{b} \quad \mathbf{r}' \quad \mathbf{r}''$$

[1] In der Literatur ist auch der Begriff *Komplanaritätsbedingung* gebräuchlich.

$$\text{mit} \quad \begin{bmatrix} \bar{x}'' \\ \bar{y}'' \\ \bar{z}'' \end{bmatrix} = \begin{bmatrix} a_{11} & a_{12} & a_{13} \\ a_{21} & a_{22} & a_{23} \\ a_{31} & a_{32} & a_{33} \end{bmatrix} \cdot \begin{bmatrix} x'' \\ y'' \\ z'' \end{bmatrix}$$

$$\mathbf{r}'' = \mathbf{A} \cdot \mathbf{x}''$$

Dabei sind die Koeffizienten a_{11}, a_{12} ... Funktionen der Drehwinkel $\omega_2,\varphi_2,\kappa_2$. Die (unterschiedlichen) Kamerakonstanten der beiden Bilder gehen mit $z'=-c_1$ und $z''=-c_2$ ein. Für jeden gemessenen Verknüpfungspunkt P_i kann somit eine Beobachtungsgleichung mit Δ_i aufgestellt werden.

4.2.4.3.2 Berechnung

Die Berechnung der fünf Elemente der relativen Orientierung folgt dem Prinzip der Ausgleichung nach vermittelnden Beobachtungen (vgl. Kap. 2.3.2.2). Ausgehend von der Koplanaritätsbedingung kann für jeden Verknüpfungspunkt folgende Verbesserungsgleichung aufgestellt werden:

$$v_\Delta = \frac{\partial \Delta}{\partial by} dby + \frac{\partial \Delta}{\partial bz} dbz + \frac{\partial \Delta}{\partial \omega_2} d\omega_2 + \frac{\partial \Delta}{\partial \varphi_2} d\varphi_2 + \frac{\partial \Delta}{\partial \kappa_2} d\kappa_2 + \Delta^0 \tag{4.27}$$

Die für die Linearisierung notwendigen Näherungskoordinaten werden im Falle paralleler Aufnahmerichtungen wie folgt gebildet (für allgemeine Zweibildanordnungen siehe Kap. 4.2.4.3.9):

$$by^0 = bz^0 = \omega_2{}^0 = \varphi_2{}^0 = \kappa_2{}^0 = 0 \tag{4.28}$$

Δ^0 stellt das aus diesen Näherungswerten berechnete Spatvolumen dar. Die Differentialquotienten können rechentechnisch sehr einfach wieder mit Hilfe der Determinante bestimmt werden (Rechengang nach ALBERTZ & KREILING 1989):

$$\frac{\partial \Delta}{\partial by} = \begin{vmatrix} 0 & x' & \bar{x}'' \\ 1 & y' & \bar{y}'' \\ 0 & z' & \bar{z}'' \end{vmatrix} \qquad \frac{\partial \Delta}{\partial bz} = \begin{vmatrix} 0 & x' & \bar{x}'' \\ 0 & y' & \bar{y}'' \\ 1 & z' & \bar{z}'' \end{vmatrix} \tag{4.29}$$

$$\frac{\partial \Delta}{\partial \omega_2} = \begin{vmatrix} 1 & x' & 0 \\ by & y' & -\bar{z}'' \\ bz & z' & \bar{y}'' \end{vmatrix} \qquad \frac{\partial \Delta}{\partial \varphi_2} = \begin{vmatrix} 1 & x' & -\bar{y}''\sin\omega_2 + \bar{z}''\cos\omega_2 \\ by & y' & \bar{x}''\sin\omega_2 \\ bz & z' & -\bar{x}''\cos\omega_2 \end{vmatrix}$$

$$\frac{\partial \Delta}{\partial \kappa_2} = \begin{vmatrix} 1 & x' & -\bar{y}''\cos\omega_2\cos\varphi_2 - \bar{z}''\sin\omega_2\cos\varphi_2 \\ by & y' & \bar{x}''\cos\omega_2\cos\varphi_2 - \bar{z}''\sin\varphi_2 \\ bz & z' & \bar{x}''\sin\omega_2\cos\varphi_2 + \bar{y}''\sin\varphi_2 \end{vmatrix}$$

Die Näherungswerte werden in der Ausgleichung iterativ solange mit ausgeglichenen Unbekanntenzuschlägen verbessert, bis keine nennenswerte Änderung mehr eintritt.

Die Beurteilung der erreichten Genauigkeit mit Hilfe des Gewichtseinheitsfehlers s_0 ist wenig anschaulich, weil nicht die gemessenen Bildkoordinaten, sondern die daraus abgeleiteten Spatvolumina als Beobachtungen im Sinne der Ausgleichung eingehen. Restfehler in den Orientierungsgrößen wirken sich darin so aus, daß die Raumstrahlen **r'** und **r''** windschief aneinander vorbeilaufen und damit eine y-Parallaxe im Modellraum erzeugen. Es ist daher von Vorteil, die Qualität der relativen Orientierung anhand der nachträglich berechneten Modellkoordinaten der Verknüpfungspunkte zu beurteilen.

4.2.4.3.3 Modellkoordinaten

Für die Beziehung zwischen den Bildkoordinaten und den Modellkoordinaten können folgende Proportionen aufgestellt werden:

$$\frac{x}{x'} = \frac{y}{y'} = \frac{z}{z'} = \lambda \qquad \text{: Maßstabsfaktor für das linke Bild}$$

$$\frac{x - bx}{\bar{x}''} = \frac{y_2 - by}{\bar{y}''} = \frac{z - bz}{\bar{z}''} = \mu \qquad \text{: Maßstabsfaktor für das rechte Bild} \tag{4.30}$$

Nach gegenseitigem Einsetzen folgt für die Maßstabsfaktoren

$$\lambda = \frac{bx \cdot \bar{z}'' - bz \cdot \bar{x}''}{x' \cdot \bar{z}'' - z' \cdot \bar{x}''} \qquad \mu = \frac{bx \cdot z' - bz \cdot x'}{x' \cdot \bar{z}'' - z' \cdot \bar{x}''} \tag{4.31}$$

und damit für die Modellkoordinaten

$$x = \lambda \cdot x' \qquad z = \lambda \cdot z' \tag{4.32}$$

$$y_1 = \lambda \cdot y' \qquad y_2 = by + \mu \cdot \bar{y}''$$

$$y = \frac{y_1 + y_2}{2} \qquad py = y_2 - y_1$$

Für die Modellkoordinaten in y-Richtung ergeben sich aufgrund von Meßunsicherheiten zwei Lösungen, d.h. die entsprechenden Raumstrahlen laufen windschief aneinander vorbei.

Beliebige weitere homologe Bildpunkte lassen sich im relativ orientierten Modell messen und mit den Gleichungen (4.32) in zugehörige Modellkoordinaten xyz überführen. Sie beschreiben das Objekt bereits dreidimensional und formtreu, allerdings in einem durch bx=1 beliebig definierten Maßstab. Die Transformation der Modellkoordinaten in ein übergeordnetes maßstäbliches Objektkoordinatensystem erfolgt im Rahmen der absoluten

Orientierung (vgl. Kap. 4.2.4.4). Die Formeln (4.32) beschreiben einen Spezialfall des räumlichen Vorwärtsschnittes (siehe auch Kap. 4.4.2.2.3, Kap. 4.4.3.1).

4.2.4.3.4 Berechnung der Kernlinien

Die Geradengleichung einer Kernlinie k'' im rechten Bild lautet in Parameterdarstellung:

$$k'': \quad \mathbf{k}'' = \mathbf{p}'' + t(\mathbf{q}'' - \mathbf{p}'') \tag{4.33}$$

Dabei sind **k''** alle Punkte auf der Geraden durch die Bildpunkte **p''** und **q''**, die zu den beliebig auf dem Raumstrahl **r'** liegenden Modellpunkten P und Q gehören (Abb. 4.10). Setzt man die Parameter der relativen Orientierung (äußere Orientierung der beiden Bilder im Modellkoordinatensystem) in die Kollinearitätsgleichungen (4.8) ein, ergeben sich die Bildkoordinaten im rechten Bild wie folgt:

$$\begin{aligned} x''_i &= -c_2 \frac{r_{11}(x_i - bx) + r_{21}(y_i - by) + r_{31}(z_i - bz)}{r_{13}(x_i - bx) + r_{23}(y_i - by) + r_{33}(z_i - bz)} \\ y''_i &= -c_2 \frac{r_{12}(x_i - bx) + r_{22}(y_i - by) + r_{32}(z_i - bz)}{r_{13}(x_i - bx) + r_{23}(y_i - by) + r_{33}(z_i - bz)} \end{aligned} \tag{4.34}$$

Dabei sind r_{ik} die Koeffizienten der Drehmatrix von $\omega_2,\varphi_2,\kappa_2$. Für den Punkt P kann man das Projektionszentrum O' einsetzen:

$$P: \quad \begin{aligned} x_P &= 0 \\ y_p &= 0 \\ z_p &= 0 \end{aligned}$$

Der Punkt Q ergibt sich durch Multiplikation des Bildvektors **x'** mit einer beliebigen Maßstabszahl λ.

$$Q: \quad \begin{aligned} x_Q &= -\lambda x' \\ y_p &= -\lambda y' \\ z_p &= -\lambda z' \end{aligned}$$

Durch Einsetzen der Modellkoordinaten in (4.34) ergeben sich die Bildkoordinaten der Punkte **p''** und **q''** und somit die gesuchte Geradengleichung der Kernlinie. Aufgrund unvermeidbarer Meßunsicherheiten sollte die Gerade k'' für die Suche nach dem zu P' homologen Punkt P'' durch ein schmales Band um k'' herum ersetzt werden.

4.2.4.3.5 Berechnung von Normalbildern

Digital vorliegende, konvergente Stereobildpaare können rechnerisch so umgebildet werden, daß sie dem Stereonormalfall entsprechen. Sie eignen sich anschließend einerseits für die visuelle Stereobetrachtung, andererseits liegen die Kernlinien parallel zur x'-Richtung, so daß vereinfachte Verfahren der Stereobildzuordnung (vgl. Kap. 5.5.3.1) angewandt werden können.

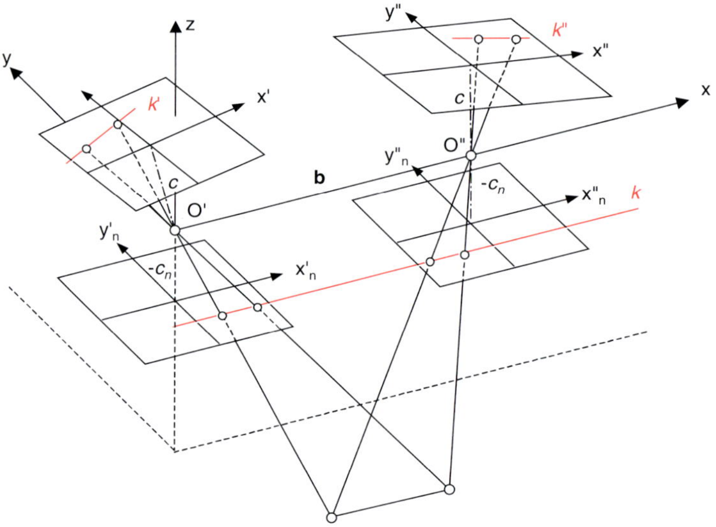

Abb. 4.13: Zur Geometrie von Normalbildern

Abb. 4.13 stellt die räumliche Lage von Normalbildern gegenüber einem Stereomodell dar. Mit gegebenen Parametern der äußeren Orientierung beider Bilder (z.B. im Modellkoordinatensystem xyz) können dreidimensionale Bildkoordinaten x'_n, y'_n, c_n der Normalbilder mit (4.8) in die Bildkoordinaten x', y' des Originalbildes umgerechnet werden (entsprechend für das zweite Bild). An der Position x'_n, y'_n wird der Grauwert des Originalsbildes $g'(x', y')$ eingesetzt (siehe Kap. 5.3).

4.2.4.3.6 Qualitätskriterien

Die y-Parallaxe py ist ein Maß für die Güte des Strahlenschnittes an einem homologen Punkt. Um ein auf die Bildmessung bezogenes Qualitätsmaß zu erhalten, können die Differenzen der Bildkoordinaten in y'-Richtung aller n Verknüpfungspunkte verwendet werden:

$$s_{py'} = \sqrt{\frac{\sum_{i=1}^{n} \bar{y}''_i - y'_i}{n}} \qquad (4.35)$$

Weiterhin kann der Schnittwinkel der homologen Bildstrahlen am Modellpunkt als Winkel der beiden Raumvektoren **r'** und **r''** ermittelt werden:

$$\cos\alpha = \frac{\mathbf{r}'^{T} \cdot \mathbf{r}''}{|\mathbf{r}'| \cdot |\mathbf{r}''|} \tag{4.36}$$

Über alle n Verknüpfungspunkte kann der mittlere Schnittwinkel bestimmt werden:

$$\overline{\alpha} = \frac{1}{n} \sum_{n} \alpha \tag{4.37}$$

Der mittlere Schnittwinkel beschreibt näherungsweise das Verhältnis von Basis b und mittlerem Aufnahmeabstand h und liegt im günstigsten Fall bei 90 Grad (Abb. 4.14):

$$\tan\frac{\overline{\alpha}}{2} \approx \frac{b}{2h} \tag{4.38}$$

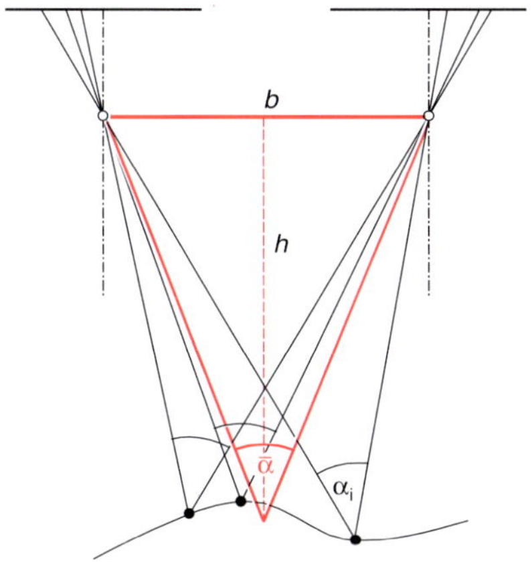

Abb. 4.14: Mittlerer Schnittwinkel

4.2.4.3.7 Relative Orientierung mit unabhängigen Bildpaaren

Neben dem Verfahren des Folgebildanschlusses kann die relative Orientierung auch mit sogenannten *unabhängigen Bildpaaren* berechnet werden. Die x-Achse des Modellkoordinatensystems wird hierbei in Basisrichtung gelegt, der Ursprung des Systems liegt im linken Projektionszentrum. Die Parameter der äußeren Orientierung im Modellkoordinatensystem lauten dann:

$$x_{01} = 0 \qquad \omega_1$$
$$y_{01} = 0 \qquad \varphi_1$$
$$z_{01} = 0 \qquad \kappa_1$$

$$x_{02} = bx \qquad \omega_2 = 0$$
$$y_{02} = 0 \qquad \varphi_2$$
$$z_{02} = 0 \qquad \kappa_2$$

Die fünf Bestimmungselemente werden also durch fünf unabhängige Drehwinkel $\omega_1, \varphi_1, \kappa_1$ und φ_2, κ_2 gebildet, wobei statt des Winkels ω_1 (Drehung um x-Achse) auch ω_2 oder eine gemeinsame Drehung ω verwendet werden kann. Der Maßstab wird wiederum durch bx=1 frei definiert.

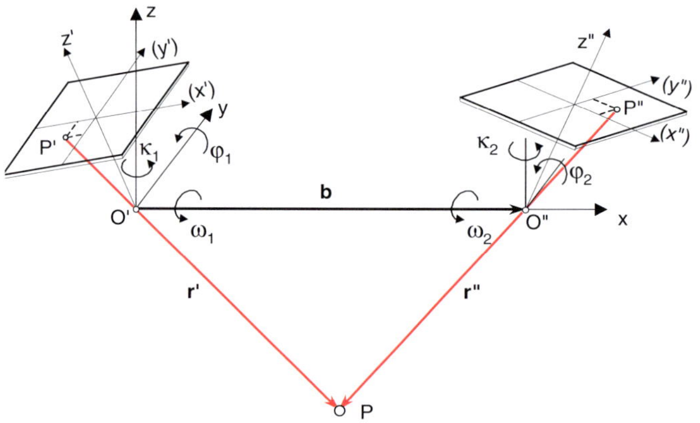

Abb. 4.15: Modellkoordinatensystem für unabhängige Bildpaare[1]

Die Berechnung der Orientierungsparameter erfolgt in analoger Weise zum Folgebildanschluß, wobei in diesem Fall der Vektor **r'** nach Transformation der Bildkoordinaten des linken Bildes mit der Drehmatrix des linken Bildes gebildet wird (ALBERTZ & KREILING 1989).

4.2.4.3.8 Genauigkeitsfragen

Die Güte der relativen Orientierung hängt von folgenden Faktoren ab:

- Genauigkeit der Bildkoordinaten:

  Sie wird zum einen durch die instrumentelle Bildmeßgenauigkeit des Meßgerätes (Meßverfahrens) bestimmt, zum anderen durch die Einstellbarkeit des Objektpunktes im Hinblick auf eine identische Zuordnung in beiden Bildern. Schwach strukturierte Bildmuster lassen sich sowohl bei visueller Auswertung als auch durch digitale Bildverarbeitung schlechter zuordnen als Punkte mit ausgeprägtem Grauwertmuster.

---

[1] Die Bildkoordinatensysteme x'y'z' und x"y"z" sind hier jeweils vom Projektionszentrum in die Bildebene verschoben worden.

- Anzahl und Verteilung der Verknüpfungspunkte im Modell:

  Die Lage der Verknüpfungspunkte im Modell sollte so gewählt werden, daß eine stabile geometrische Kopplung der beiden Bilder untereinander gewährleistet ist. Hierfür ist das Schema der sog. GRUBER-Punkte besonders geeignet, das jeweils einen Verknüpfungspunkt in den Ecken und den Mitten des Modellbereiches empfiehlt (Abb. 4.16).

  Erlaubt die Objektstruktur z.B. durch größere homogene Flächen keine optimale Verteilung der homologen Punkte, kann es in den nicht abgedeckten Bereichen zu Modellfehlern kommen, die nicht kontrolliert werden können. Liegen die Verknüpfungspunkte auf einer Geraden, wird das Normalgleichungssystem singulär.

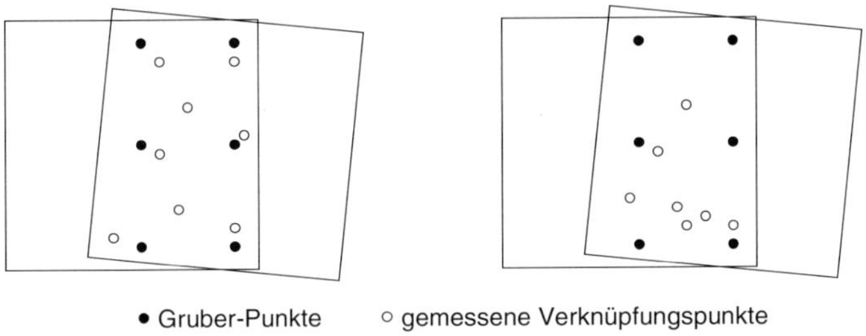

Abb. 4.16: Gute und schlechte Verteilung von Verknüpfungspunkten im Modell

  Um eine ausreichende Kontrolle der relativen Orientierung zu erzielen, sollten mindestens 8–10 gut verteilte Verknüpfungspunkte gemessen werden.

- Höhen-Basis-Verhältnis:

  Besitzt das Stereomodell im Verhältnis zum mittleren Aufnahmeabstand (Höhe) eine kurze Basis, ergeben sich im Modellraum schleifende Strahlenschnitte. Daraus folgt eine größere Unsicherheit der Parameter der relativen Orientierung. Eine optimale Konfiguration ergibt sich, wenn die Winkel zwischen den sich schneidenden Raumstrahlen im Mittel bei 90° liegen.

- Verteilung der Verknüpfungspunkte im Objektraum:

  In wenigen Ausnahmefällen kann es trotz guter Punktverteilung im Modell zu singulären oder schlecht konditionierten Normalgleichungen kommen. Dies gilt u.a. für den Fall des sogenannten *Gefährlichen Zylinders*, wenn die als Verknüpfungspunkte gewählten Objektpunkte und die Projektionszentren der beiden Bilder auf einem gemeinsamen Zylindermantel liegen (Abb. 4.17). Der Effekt kann auch bei schwach gekrümmten Objektoberflächen eintreten, wenn das Aufnahmeobjektiv eine lange Brennweite besitzt. Die gleiche Problematik tritt beim räumlichen Rückwärtsschnitt auf, wenn das zu orientierende Bild entsprechend über einer gefährlichen Fläche liegt.

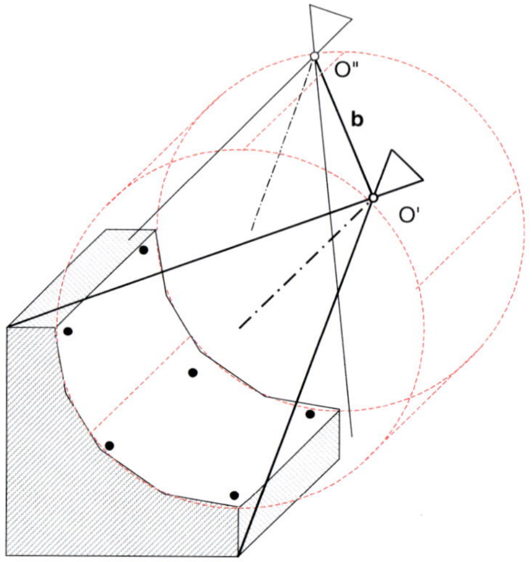

Abb. 4.17: Gefährlicher Zylinder über einer gekrümmten Objektoberfläche

4.2.4.3.9 Besondere Fälle der relativen Orientierung

Das Verfahren der relativen Orientierung wird vor allem in der klassischen Stereobildauswertung am analytischen Auswertegerät eingesetzt. Dabei liegen in der Regel weitgehend parallele Aufnahmerichtungen vor (analog zu Abb. 4.12), die ein visuelles Stereosehen erlauben. Die Orientierungsparameter besitzen dann relativ kleine Werte, so daß die Berechnung mit dem oben beschriebenen Verfahren ausgehend von Näherungswerten Null durchgeführt werden kann.

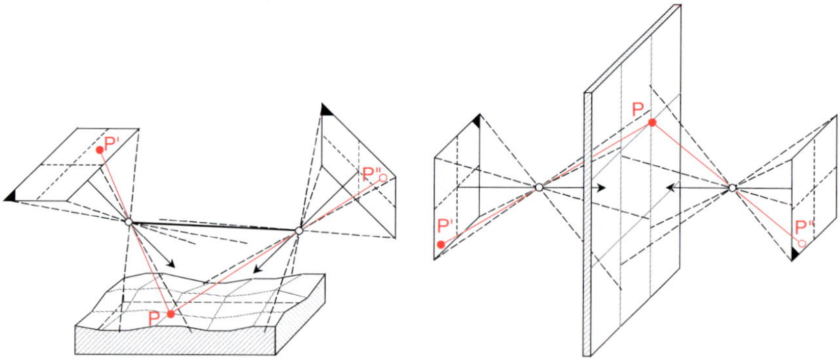

Abb. 4.18: Konvergente Zweibildanordnungen

In der Nahbereichsphotogrammetrie liegen dagegen häufig beliebig konvergente Mehrbildverbände vor. Die relative Orientierung wird in diesen Fällen nicht als eigentliches Orientierungsverfahren eingesetzt, sondern ist in der Regel nur ein Schritt bei der modellweisen Berechnung von Näherungswerten für die Bündelausgleichung (siehe Kap.

4.3.4.1). Die dabei aufgestellten Bildpaare besitzen unter Umständen weit vom Stereonormalfall abweichende Orientierungen (Beispiele in Abb. 4.18).

Abb. 4.19 zeigt die Bildpunktverteilung von 12 homologen Punkten eines Bildpaares, wobei das rechte gegenüber dem linken Bild räumlich verschieden stark gedreht wurde.

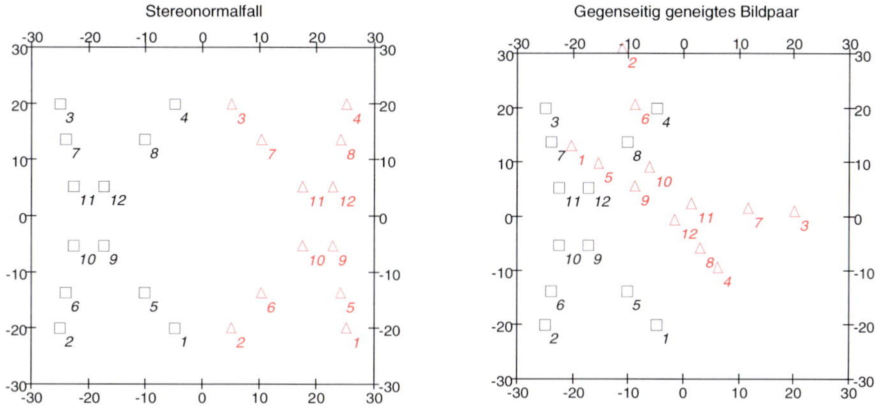

bx=30, by=0, bz=0 bx=30, by=0, bz=0

ω_2=0, φ_2=0, κ_2=0 [gon] ω_2=–10, φ_2=30, κ_2=150 [gon]

Abb. 4.19: Bildpunktverteilung bei unterschiedlichen Orientierungen
□ rechtes Bild, Δ linkes Bild

Näherungswerte für die Parameter der relativen Orientierung beliebig gelagerter Bildpaare können nicht mehr nach dem Schema von Gleichung (4.28) vorgegeben werden. Stattdessen können die Verfahren zur Näherungswertbeschaffung für die räumliche Ähnlichkeitstransformation (vgl. Kap. 2.2.2.2) und den räumlichen Rückwärtsschnitt (vgl. Kap. 4.2.3.1) verwendet werden. Für die Verknüpfungspunkte müssen dazu 3D-Objektkoordinaten bereitgestellt werden, die durch Transformation der Bildkoordinaten beider Bilder mit einen Näherungsmaßstabsfaktor entstehen. Strategien zur Näherungswertbeschaffung bei der relativen Orientierung findet man bei HINSKEN (1987) und WROBEL (1999).

In Mehrbildanordnungen kann häufig nicht vermieden werden, daß zwei oder mehrere Bilder geschwenkt von einem Standpunkt aufgenommen werden. Ebenso kann es vorkommen, daß Bilder räumlich hintereinander angeordnet sind. In diesen oder ähnlichen Fällen decken beide Bilder ebenfalls einen gemeinsamen Modellbereich ab, in dem es aber keine eindeutigen Strahlenschnitte an Objektpunkten gibt (Abb. 4.20). Das Berechnungsverfahren für die relative Orientierung führt hier nicht zu ausreichenden Ergebnissen oder scheitert ganz.

Ein weiterer Sonderfall liegt vor, wenn die relative Orientierung über einer streng ebenen Objektfläche berechnet werden soll. Dieser Fall tritt im Nahbereich häufiger auf, z.B. bei der Aufnahme ebener Fassaden oder in Innenräumen. In diesem Fall genügen 4 Verknüpfungspunkte, da die beiden Strahlenbündel durch eine affine Transformation mit 8

Parametern aufeinander bezogen werden können. Im Sinne der Ausgleichungsrechnung läßt sich die Ebenheit der Objektoberfläche durch eine zusätzliche Bedingungsgleichung festlegen, die eine der notwendigen Koplanaritätsbedingungen ersetzt, so daß nur noch vier Verknüpfungspunkte benötigt werden.

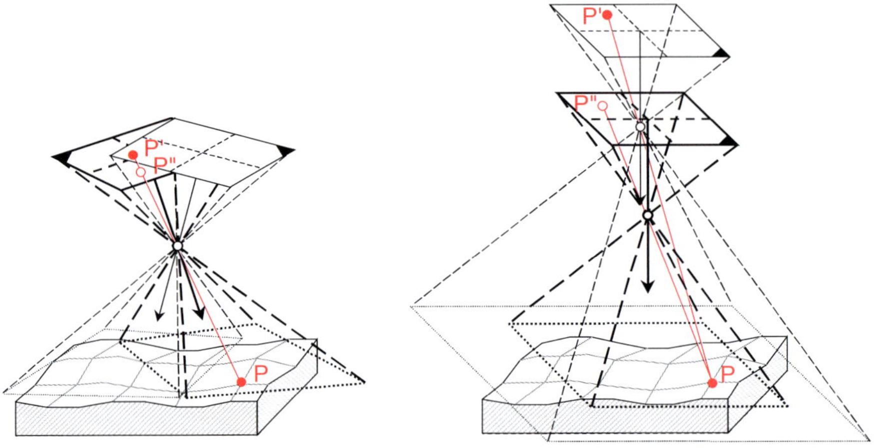

Abb. 4.20: Überlappende Bildpaare ohne ausreichenden räumlichen Strahlenschnitt

4.2.4.4 Absolute Orientierung

4.2.4.4.1 Mathematisches Modell

Die *absolute Orientierung* hat die Aufgabe, das bei der relativen Orientierung mit beliebiger Lage, Orientierung und Maßstab bestimmte Modellkoordinatensystem xyz mit Hilfe von Paßpunkten in ein übergeordnetes Objektkoordinatensystem XYZ zu transformieren. Paßpunkte sind in diesem Fall Objektpunkte, deren Modellkoordinaten vorliegen und von denen bestimmte Koordinatenkomponenten (z.B. XYZ, nur XY oder nur Z) im Objektsystem gegeben sind. Diese Paßpunkte können bereits die zur relativen Orientierung verwendeten Verknüpfungspunkte oder nachträglich im relativ orientierten Modell bestimmte Modellpunkte sein.

Analog zu Gleichung (2.30) stellt die absolute Orientierung eine räumliche Ähnlichkeitstransformation mit drei Translationen, drei Rotationen und einem Maßstabsfaktor dar (siehe Kap. 2.2.2.2). Zur Berechnung werden mindestens sieben geeignete Punktinformationen benötigt, die z.B. aus drei räumlich verteilten XYZ-Paßpunkten entnommen werden können.

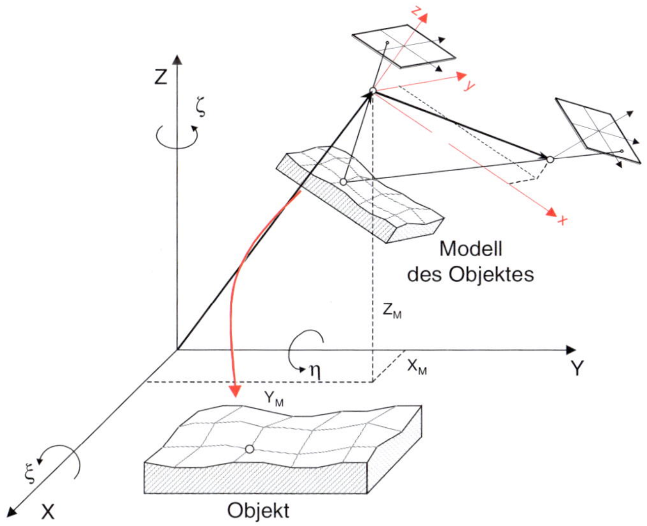

Abb. 4.21: Absolute Orientierung

Abb. 4.21 veranschaulicht die Transformation des Modellkoordinatensystems in das Objektkoordinatensystem. Dabei zeigt der Vektor $\mathbf{X_M}$ zum Ursprung des xyz-Systems. Die Drehmatrix **R** wird aus Funktionen der drei Drehwinkel ξ,η,ζ um die Achsen XYZ gebildet. Damit lautet die Transformationsvorschrift für einen Modellpunkt mit den Koordinaten *xyz* (Vektor **x**):

$$\begin{aligned} \mathbf{X} &= \phi(X_M, Y_M, Z_M, m, \xi, \eta, \zeta, x, y, z) \\ &= \mathbf{X_M} + m \cdot \mathbf{R} \cdot \mathbf{x} \end{aligned} \qquad (4.39)$$

oder

$$\begin{bmatrix} X \\ Y \\ Z \end{bmatrix} = \begin{bmatrix} X_M \\ Y_M \\ Z_M \end{bmatrix} + m \cdot \begin{bmatrix} r_{11} & r_{12} & r_{13} \\ r_{21} & r_{22} & r_{23} \\ r_{31} & r_{32} & r_{33} \end{bmatrix} \cdot \begin{bmatrix} x \\ y \\ z \end{bmatrix}$$

Der Maßstabsfaktor *m* skaliert die Modellkoordinaten in das Objektkoordinatensystem.

Die Lösung erfolgt nach dem Ausgleichungsprinzip der vermittelnden Beobachtungen (vgl. Kap. 2.3.2.2). Für jede aus Paßpunkten gegebene Koordinatenkomponente läßt sich eine linearisierte Verbessungsgleichung aufstellen:

$$\begin{aligned} X + v_X &= dX_M + \frac{\partial\phi}{\partial\mu}d\mu + \frac{\partial\phi}{\partial\xi}d\xi + \frac{\partial\phi}{\partial\eta}d\eta + \frac{\partial\phi}{\partial\zeta}d\zeta + X^0 \\ Y + v_Y &= dY_M + \frac{\partial\phi}{\partial\mu}d\mu + \frac{\partial\phi}{\partial\xi}d\xi + \frac{\partial\phi}{\partial\eta}d\eta + \frac{\partial\phi}{\partial\zeta}d\zeta + Y^0 \\ Z + v_Z &= dZ_M + \frac{\partial\phi}{\partial\mu}d\mu + \frac{\partial\phi}{\partial\xi}d\xi + \frac{\partial\phi}{\partial\eta}d\eta + \frac{\partial\phi}{\partial\zeta}d\zeta + Z^0 \end{aligned} \qquad (4.40)$$

4.2.4.4.2 Datumsfestlegung

Im allgemeinen liegen in der Nahbereichsphotogrammetrie 3D-Paßpunkte (Vollpaßpunkte) vor. Jeder Paßpunkt liefert dann drei Verbessungsgleichungen. Es sind jedoch auch Fälle analog zur Luftbildauswertung möglich, in denen Paßpunkte nur nach Lage (XY) oder nur nach Höhe (Z) gegeben sind und entsprechend weniger Verbesserungsgleichungen liefern. Zur Lösung des entstehenden Normalgleichungssystem genügt es, wenn mindestens zwei X-Koordinaten, 2 Y-Koordinaten und 3 Z-Koordinaten von Paßpunkten vorliegen (siehe auch Kap. 4.3.3.2).

Die Paßpunkte sollten in ihrer räumlichen Verteilung das zu transformierende Gebiet gleichmäßig repräsentieren. Paßpunkte, die ausschließlich entlang einer Objektgeraden liegen, ergeben singuläre oder schwach bestimmte Gleichungssysteme. Bei überbestimmten Paßpunktkonfigurationen führen Widersprüche zwischen ihren Koordinaten (Netzspannungen) zu verfälschten Transformationsparametern und höheren Standardabweichungen.

4.2.4.4.3 Berechnung der äußeren Orientierungen

Aus den Parametern der relativen und absoluten Orientierung eines Bildpaares lassen sich die äußeren Orientierungsparameter der Einzelbilder ableiten.

Die Lage des Projektionszentrums des Bildes i ergibt sich aus dem Ursprung des Modellkoordinatensystems $\mathbf{X}_M$ und den transformierten Komponenten der Basis $\mathbf{b}$:

$$\mathbf{X}_{0_i} = \mathbf{X}_M + \mu \cdot \mathbf{R}(\xi\eta\zeta) \cdot \mathbf{b}_i \tag{4.41}$$

Für das linke Bild (i=1) sind die Basiskomponenten gleich Null und somit $\mathbf{X}_{01}=\mathbf{X}_M$.

Die Drehungen im übergeordneten System lassen sich durch Multiplikation der Drehmatrix des Modellkoordinatensystems mit einzelnen Drehmatrizen $\mathbf{A}_i$ der relativen Orientierung bestimmen:

$$\mathbf{R}_i(\omega\varphi\kappa) = \mathbf{R}(\xi\eta\zeta) \cdot \mathbf{A}_i(\alpha_i\varphi_i\kappa_i) \tag{4.42}$$

Für den Fall des Folgebildanschlusses ist $\mathbf{A}_1$ die Einheitsmatrix.

Da für die Modellkoordinaten nach der absoluten Orientierung Objektkoordinaten im übergeordneten System vorliegen, können die Parameter der äußeren Orientierung auch durch räumlichen Rückwärtsschnitt über die transformierten Modellpunkte bestimmt werden.

4.3 Bündeltriangulation

4.3.1 Allgemeines

4.3.1.1 Zielsetzung

Die *Bündeltriangulation* (Bündelblockausgleichung, Mehrbildtriangulation, Mehrbildorientierung) ist ein Verfahren zur simultanen rechnerischen Einpassung beliebig vieler im Raum angeordneter Bilder (Strahlenbündel) unter Berücksichtigung photogrammetrisch gemessener Bildpunkte und geodätischer Beobachtungen sowie eines übergeordneten Koordinatensystems (Abb. 4.22). Die einzelnen Bilder werden mit Hilfe identischer (korrespondierender) Punkte zu einem Gesamtmodell verknüpft, in dem das Objekt bereits vollständig dreidimensional rekonstruiert werden kann. Der Bezug zu einem übergeordneten Objektkoordinatensystem kann durch eine minimale Zahl von Paßpunkten erfolgen, so daß größere paßpunktlose Räume durch Mehrbildverbände überbrückt werden können. Als wichtigste geometrische Bedingung wird dabei die Forderung genutzt, daß sich alle korrespondierenden (homologen) Bildstrahlen optimal in ihrem Objektpunkt schneiden sollen.

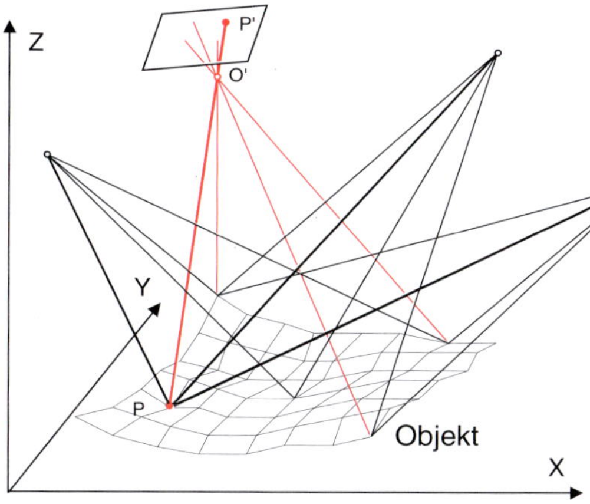

Abb. 4.22: Mehrbildtriangulation

In einem überbestimmten Gleichungssystem werden 3D-Objektpunktkoordinaten, Orientierungsparameter der Bilder und weitere Modellparameter zusammen mit ihren zugehörigen statistischen Angaben zur Genauigkeit und Zuverlässigkeit durch Ausgleichung berechnet. Da alle beobachteten (gemessenen) Größen und alle unbekannten Parameter eines photogrammetrischen Bildverbandes in einem simultanen Berechnungsvorgang berücksichtigt werden, ist die Bündeltriangulation das leistungsfähigste und genaueste Verfahren zur Bildorientierung und Punktbestimmung in der Photogrammetrie.

4.3.1.2 Entwicklung

Das Verfahren der Bündeltriangulation ist seit den Anfängen der analytischen Photogrammetrie bekannt (SCHMID 1958). Sie kann als verallgemeinerte Form des räumlichen Rückwärtsschnittes aufgefaßt werden, bei der zusätzliche Unbekannte für weitere Bilder sowie für die Objektpunkte (Neupunkte) hinzukommen (Mehrpunkteinschaltung). Die praktischen Probleme der Bündeltriangulation liegen dabei weniger in der mathematischen Formulierung als vielmehr in folgenden Bereichen:

- Lösung großer Normalgleichungssysteme (bis einige tausend Unbekannte)
- Beschaffung von Näherungswerten der Unbekannten
- Aufdeckung und Elimination grober Datenfehler

Die Entwicklung der praktisch einsetzbaren Bündelausgleichung ist eng verbunden mit der Leistungssteigerung bei Digitalrechnern. Sie ist weitgehend getrennt verlaufen zum einen für Anwendungen der Luftbildauswertung (Aerotriangulation), zum anderen für Nahbereichsanwendungen.

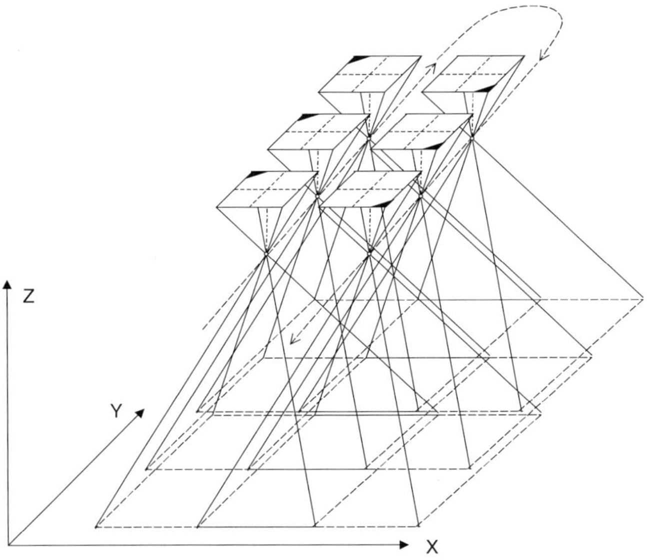

Abb. 4.23: Aufnahmekonfiguration für einen Luftbildverband

Die Ausgleichung von Luftbildverbänden ist vor allem gekennzeichnet durch

- überwiegend regelmäßig angeordnete, streifenförmige Bildverbände (Abb. 4.23) und als Folge davon
- günstigere Struktur von Normalgleichungssystemen und
- einfachere Beschaffung von Näherungswerten (z.B. Drehwinkel näherungsweise Null);

- häufig große Zahl von Bildern und Objektpunkten und
- Verwendung nur *einer* kalibrierten Meßkamera.

Im Gegensatz dazu zeichnet sich der Standardfall in der Nahbereichsphotogrammetrie aus durch:

- unregelmäßig angeordnete, beliebige (und oftmals ungünstige) Aufnahmekonfigurationen (Abb. 4.24)
- komplexere Struktur von Normalgleichungssystemen
- aufwendige Beschaffung von Näherungswerten
- beliebig gelagerte Objektkoordinatensysteme
- Ausgleichung zusätzlicher geodätischer Beobachtungen und Bedingungen
- (mehrere) simultan zu kalibrierende Aufnahmesysteme

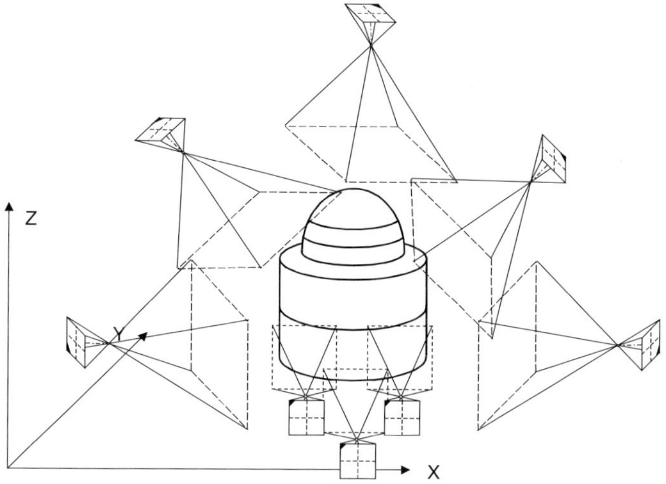

Abb. 4.24: Beliebige Aufnahmekonfiguration im Nahbereich

Die Bündelausgleichung hat sich in der Photogrammetrie seit Beginn der achtziger Jahre in allen Bereichen durchgesetzt. Aufgrund der unterschiedlichen Anforderungen existieren am Markt verschiedene Programmsysteme für die Bündelausgleichung. Beispielhaft genannt seien hier für Luftbildanwendungen

- PAT-B (PAT-M) (ACKERMANN et al. 1970)
- BLUH (JACOBSEN 1980)

und für die Nahbereichsphotogrammetrie u.a.

- BINGO (KRUCK 1983)
- MOR (WESTER-EBBINGHAUS 1985)
- STARS (FRASER & BROWN 1986)
- CAP (HINSKEN 1989)
- ORIENT (KAGER 1989)
- PROMPT (FELLBAUM 1994)
- PHIDIAS/BUN (BENNING & SCHWERMANN 1997).

Insbesondere im Nahbereich hat das Verfahren der Bündelausgleichung seit den ersten Entwicklungen (BROWN 1976) zu einem deutlich größeren Anwendungsspektrum geführt, da praktisch beliebige Aufnahmeanordnungen bei freier Wahl des Aufnahmesystems und der Aufnahmerichtungen verwendet werden können.

4.3.1.3 Datenfluß

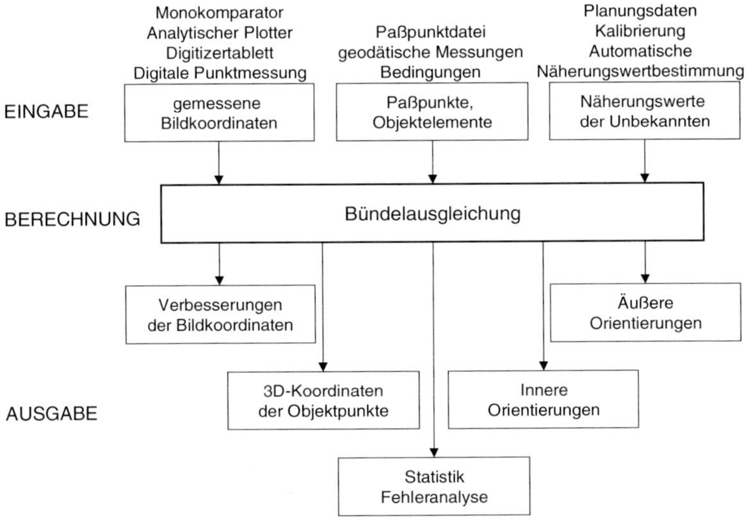

Abb. 4.25: Datenfluß für die Bündelausgleichung

Abb. 4.25 stellt den prinzipiellen Datenfluß einer Bündelausgleichung dar. Eingabewerte für die Bündelausgleichung sind zunächst photogrammetrische Bildkoordinaten, die einem manuellen oder automatischen (digitalen) Bildmeßsystem entstammen. Jeder gemessene Bildpunkt wird mit einer eindeutigen Punktbezeichnung und der zugehörigen Bildnummer abgespeichert (Abb. 4.26). Die dreidimensionale Form der durch die Objektpunkte repräsentierten Oberfläche kann damit bereits eindeutig und formtreu rekonstruiert werden.

71	2	0.1160	16.9870	0.0017	0.0017	1	1
71	3	-13.1730	16.9660	0.0017	0.0017	1	1
71	5	-14.9590	-12.9070	0.0017	0.0017	1	1
71	6	0.0480	-12.9780	0.0017	0.0017	1	1
71	7	15.0780	-12.9560	0.0017	0.0017	1	1
71	8	14.1720	2.9660	0.0017	0.0017	1	1
71	9	0.7820	3.8060	0.0017	0.0017	1	1
71	10	-19.2630	-6.3410	0.0017	0.0017	1	1
72	2	10.9920	12.6640	0.0017	0.0017	1	1
72	3	1.6690	21.3820	0.0017	0.0017	1	1
72	5	-20.9080	2.6880	0.0017	0.0017	1	1
72	6	-11.8780	-7.6560	0.0017	0.0017	1	1
72	7	-1.9050	-18.9510	0.0017	0.0017	1	1
72	8	10.1100	-7.3660	0.0017	0.0017	1	1
72	9	0.9680	3.1290	0.0017	0.0017	1	1
72	10	-19.0800	9.7620	0.0017	0.0017	1	1
98	1	-0.0790	2.8960	0.0017	0.0017	1	1
98	2	-8.9560	0.6350	0.0017	0.0017	1	1
98	3	-20.5460	-2.3040	0.0017	0.0017	1	1
98	4	-12.3520	-7.4400	0.0017	0.0017	1	1
98	5	0.4360	-15.4010	0.0017	0.0017	1	1
98	6	13.2960	-8.6670	0.0017	0.0017	1	1
98	7	21.9810	-4.0580	0.0017	0.0017	1	1
98	8	9.2680	-0.0460	0.0017	0.0017	1	1
98	9	0.2590	-1.9800	0.0017	0.0017	1	1
98	10	-10.3580	-12.7920	0.0017	0.0017	1	1

Abb. 4.26: Beispiel einer Bildkoordinatendatei
mit Bildnummer, Punktnummer, x', y', sx', sy', code1, code2

Zusätzliche Informationen zum Objektraum (z.B. gemessene Strecken, Winkel, Punkte, Geraden, Ebenen) können ebenfalls berücksichtigt werden und dienen zur Festlegung des absoluten Maßstabes und der Lage des Objektkoordinatensystems (Datumsdefinition). Die Eingabe erfolgt zum Beispiel in Form einer Paßpunktdatei oder zusätzlicher Beobachtungen (z.B. Bedingungen zwischen Objektpunkten, siehe Kap. 4.3.2.3).

Für die Linearisierung des funktionalen Modells sind schließlich noch Näherungswerte zu beschaffen. Sie können für einfache Aufnahmekonfigurationen zum Teil den Planungsdaten oder einer Aufnahmeskizze entnommen werden. Für komplexe Aufnahmesituationen (große Bildanzahl, beliebige Aufnahmerichtungen) erfolgt die Näherungswertbestimmung durch iterative Berechnungsverfahren (siehe Kap. 4.3.4).

Ergebnis einer Bündelausgleichung sind vor allem die ausgeglichenen 3D-Koordinaten der Objektpunkte. Sie liegen in dem durch die Paßpunkte oder durch ein freies Netz definierten Objektkoordinatensystem vor.

Daneben werden die Parameter der äußeren Orientierung aller Bilder ausgegeben, die zum Beispiel zur Weiterverwendung in analytischen Auswertegeräten oder für anschließende räumliche Vorwärtsschnitte außerhalb der Bündelausgleichung dienen. Die Parameter der inneren Orientierung werden ermittelt, wenn die Aufnahmekameras simultan im Rahmen der Ausgleichung kalibriert werden.

Für die statistische Qualitätsanalyse der Bündelausgleichung werden u.a. Verbesserungen (Residuen) der Bildkoordinaten, Standardabweichungen von Objektpunkten und Orientierungsdaten, Korrelationen zwischen Parametern und Zuverlässigkeitswerte für die Erkennung grober Datenfehler berechnet.

4.3.2 Mathematisches Modell

4.3.2.1 Ausgleichungsansatz

Das mathematische Modell der Bündelausgleichung basiert auf den Kollinearitätsgleichungen (vgl. Kap. 4.2.2).

$$
\begin{aligned}
x' &= x'_0 - c \cdot \frac{r_{11} \cdot (X - X_0) + r_{21} \cdot (Y - Y_0) + r_{31} \cdot (Z - Z_0)}{r_{13} \cdot (X - X_0) + r_{23} \cdot (Y - Y_0) + r_{33} \cdot (Z - Z_0)} + dx' \\
y' &= y'_0 - c \cdot \frac{r_{12} \cdot (X - X_0) + r_{22} \cdot (Y - Y_0) + r_{32} \cdot (Z - Z_0)}{r_{13} \cdot (X - X_0) + r_{23} \cdot (Y - Y_0) + r_{33} \cdot (Z - Z_0)} + dy'
\end{aligned}
\tag{4.43}
$$

Die Struktur dieser Gleichungen erlaubt es unmittelbar, die primär beobachteten Meßgrößen (Bildkoordinaten) als Funktion sämtlicher an einer photogrammetrischen Abbildung beteiligten Parameter (Unbekannte) auszudrücken. Die Kollinearitätsgleichungen können daher nach Linearisierung an Näherungswerten direkt als Verbesserungsgleichungen im Sinne einer Ausgleichung nach kleinsten Quadraten verwendet werden.

Beobachtet werden zunächst Bildkoordinaten homologer Punkte[1]. Als Funktion dieser Beobachtungen werden folgende Unbekannte iterativ bestimmt:

- dreidimensionale Objektkoordinaten für jeden Neupunkt i (u_P, je 3 Unbekannte)
- äußere Orientierung für jedes beteiligte Bild j (u_B, je 6 Unbekannte)
- innere Orientierung für jede beteiligte Kamera k (u_K, 0 oder je $\geq$ 3 Unbekannte)

Somit stellt die Bündelausgleichung einen erweiterten Ansatz des räumlichen Rückwärtsschnittes (vgl. Kap. 4.2.3.1, Gl. (4.11)) dar:

$$
\begin{aligned}
x'_i + vx'_i &= F\,(\underline{X_{0j}}, \underline{Y_{0j}}, \underline{Z_{0j}}, \underline{\omega_j}, \underline{\varphi_j}, \underline{\kappa_j}, \underline{x'_{0k}}, \underline{y'_{0k}}, c_k, \underline{dx'_k}, \underline{X_i}, \underline{Y_i}, \underline{Z_i}) \\
y'_i + vy'_i &= F\,(\underline{X_{0j}}, \underline{Y_{0j}}, \underline{Z_{0j}}, \underline{\omega_j}, \underline{\varphi_j}, \underline{\kappa_j}, \underline{x'_{0k}}, \underline{y'_{0k}}, c_k, \underline{dy'_k}, \underline{X_i}, \underline{Y_i}, \underline{Z_i})
\end{aligned}
\tag{4.44}
$$

mit i: Punktindex
j: Bildindex
k: Kameraindex

Mit Hilfe von Näherungswerten aller unterstrichen dargestellten Unbekannten werden die nicht-linearen Gleichungen (4.43) nach TAYLOR linearisiert. Dabei werden die in den Formeln (4.14) bereits angegebenen Differentialquotienten ergänzt durch die Ableitungen nach den Objektkoordinaten:

[1] In Kap. 4.3.2.3 werden weitere Beobachtungen wie Objektpunktkoordinaten, Strecken oder Richtungen eingeführt.

$$\frac{\partial x'}{\partial X} = \frac{c}{N^2} \cdot (r_{13} k_X - r_{11} N) \qquad \frac{\partial y'}{\partial X} = \frac{c}{N^2} \cdot (r_{13} k_Y - r_{12} N) \tag{4.45}$$
$$\frac{\partial x'}{\partial Y} = \frac{c}{N^2} \cdot (r_{23} k_X - r_{21} N) \qquad \frac{\partial y'}{\partial Y} = \frac{c}{N^2} \cdot (r_{23} k_Y - r_{22} N)$$
$$\frac{\partial x'}{\partial Z} = \frac{c}{N^2} \cdot (r_{33} k_X - r_{31} N) \qquad \frac{\partial y'}{\partial Z} = \frac{c}{N^2} \cdot (r_{33} k_Y - r_{32} N)$$

Werden die Parameter der inneren Orientierung ebenfalls als Unbekannte eingeführt, kommen noch die folgenden Differentialquotienten hinzu:

$$\frac{\partial x'}{\partial x'_0} = 1 \qquad \frac{\partial y'}{\partial y'_0} = 1 \tag{4.46}$$
$$\frac{\partial x'}{\partial c} = -\frac{k_X}{N} \qquad \frac{\partial y'}{\partial c} = -\frac{k_Y}{N}$$

Die direkte Ableitung nach den zusätzlichen Parametern der Verzeichnung (vgl. Kap. 3.2.3.1) ist entsprechend auszuführen. Wird die Linearisierung numerisch durchgeführt (vgl. Kap. 2.3.5.1), können die Abbildungsgleichungen und der gewählte Verzeichnungsansatz direkt im Programm angegeben werden, die strenge Ableitung entfällt.

Das linearisierte funktionale Modell lautet dann wie üblich

$$\underset{n,1}{\mathbf{l}} + \underset{n,1}{\mathbf{v}} = \underset{n,u}{\mathbf{A}} \cdot \underset{u,1}{\hat{\mathbf{x}}}$$

und das Normalgleichungssystem entsprechend

$$\underset{u,u}{\mathbf{N}} \cdot \underset{u,1}{\hat{\mathbf{x}}} + \underset{u,1}{\mathbf{n}} = \underset{u,1}{\mathbf{0}} \tag{4.47}$$

mit

$$\underset{u,u}{\mathbf{N}} = \underset{u,n}{\mathbf{A}^T} \cdot \underset{n,n}{\mathbf{P}} \cdot \underset{n,u}{\mathbf{A}}$$

$$\underset{u,1}{\mathbf{n}} = \underset{u,n}{\mathbf{A}^T} \cdot \underset{n,n}{\mathbf{P}} \cdot \underset{n,1}{\mathbf{l}}$$

In einer iterativen Ausgleichung wird der Lösungsvektor und seine Kovarianzmatrix bestimmt:

$$\underset{u,1}{\hat{\mathbf{x}}} = \underset{u,u}{\mathbf{Q}} \cdot \underset{u,1}{\mathbf{n}} = (\underset{u,n}{\mathbf{A}^T} \cdot \underset{n,n}{\mathbf{P}} \cdot \underset{n,u}{\mathbf{A}})^{-1} \cdot \underset{u,n}{\mathbf{A}^T} \cdot \underset{n,n}{\mathbf{P}} \cdot \underset{n,1}{\mathbf{l}} \tag{4.48}$$

mit

$\underset{u,u}{\mathbf{Q}} = \underset{u,u}{\mathbf{N}}^{-1}$: Kofaktor-Matrix

$\underset{u,u}{\mathbf{K}} = \hat{s}_0^2 \cdot \underset{u,u}{\mathbf{Q}}$: Varianz-Kovarianz-Matrix

4.3.2.2 Normalgleichungen

Die Anzahl der Unbekannten des Ausgleichungssystems kann wie folgt berechnet werden:

$$u = u_B \cdot n_{Bilder} + u_P \cdot n_{Punkte} + u_K \cdot n_{Kameras} (+u_{Datum})$$

mit

u_B=6, u_P=3 und u_K=0…≥3 (siehe oben)

Dabei kommen zu den oben genannten unbekannten Orientierungsparametern und Punktkoordinaten noch bis zu sieben Parameter einer Datumsfestlegung hinzu, die jedoch durch Paßpunkte oder geeignete Bedingungsgleichungen eliminiert werden (Datumsdefekt, siehe Kap. 4.3.3.1). Tabelle 4.1 stellt beispielhaft die Anzahl der Unbekannten und Beobachtungen verschiedener Aufnahmeverbände dar.

	Beispiel 1 Luftbildverband (Abb. 4.27)	u	u_{Ges}	Beispiel 2 Rundum-Verband (Abb. 4.29)	u	u_{Ges}	Beispiel 3 Testfeldkalibr. (Abb. 7.11f)	u	u_{Ges}
n_{Bilder}	8	6	48	16	6	96	8	6	48
n_{Punkte}	14	3	42	25	3	75	13+6	3	57
$n_{Paßpkte}$	6	0	0	0	0	0	3 Strecken	0	0
$n_{Kameras}$	1	0	0	1	5	5	1	7	7
u_{Datum}	0		0	7		(7)	6		(6)
u_{ges}			90			176			112
n_{Beob}			110			384			304
$r=n-u$			20			208			192

Tabelle 4.1: Anzahl der Unbekannten und Beobachtungen in verschiedenen Aufnahmekonfigurationen

Im Beispiel 1 eines regelmäßigen Luftbild- oder Fassadenverbandes (Abb. 4.27) beträgt die Unbekanntenzahl bei 8 Bildern und 14 Neupunkten u=90. Das Datum wird über 6 Paßpunkte festgelegt. Zum Einsatz kommt eine Meßkamera mit bekannter innerer Orientierung.[2]

Die in Abb. 4.27 dargestellte Verknüpfungstabelle gibt an, welcher Punkt in welchem Bild gemessen wird. Die streifenförmige Numerierung der Objektpunkte führt zu der typischen Diagonalstruktur der Verknüpfungstabelle, die sich auch im Aufbau der Designmatrix **A** und damit auch der Normalgleichungen widerspiegelt (Abb. 4.28). Für die Auflösung der Normalgleichungsmatrix kann die Beobachtungsreihenfolge durch geeignete Sortieralgorithmen weiter optimiert werden (siehe Kap. 2.3.5.1).

[2] Der besseren Übersicht wegen wird in diesem Beispiel nur eine reduzierte Zahl von Objektpunkten verwendet.

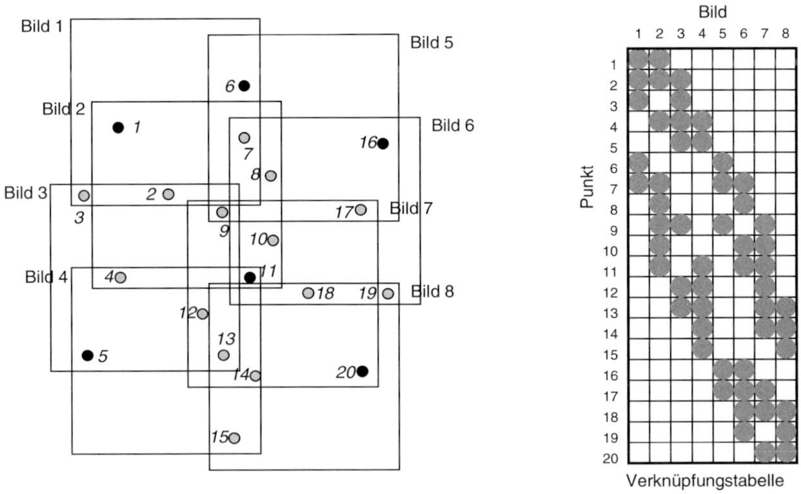

Abb. 4.27: Beispiel 1: Luftbild- oder Fassadenverband

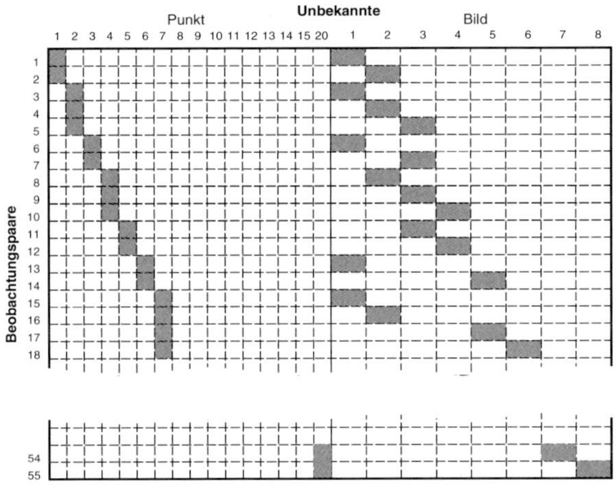

Abb. 4.28: Struktur der Design-Matrix **A** von Beispiel 1

Im Durchschnitt wird jeder Objektpunkt in 2.8 Bildern gemessen. Jeder gemessene Bildpunkt liefert 2 Beobachtungen. Damit ergibt sich bei einer Gesamtzahl von n=110 Beobachtungen und einer Gesamtredundanz des Ausgleichungssystems von r=n-u=110-90=20 eine recht schwache Überbestimmung.

Beispiel 2 zeigt einen typischen Rundum-Verband eines Körpers, der aus einem Zylinder und einer Halbkugel aufgebaut ist (Abb. 4.29). Das Objekt wird in zwei vertikal versetzten Aufnahmeserien (unten Bild 1–8 , oben Bild 9–16) aufgenommen. Der Punkt auf der Kuppelspitze wird von allen Bildern abgebildet. Da keine Paßpunkte vorliegen, wird der Datumsdefekt von 7 durch eine freie Netzausgleichung (vgl. Kap. 4.3.3.3) berücksichtigt. Zum Einsatz kommt eine Aufnahmekamera, deren innere Orientierung mit 5 Parametern simultan kalibriert werden soll. Insgesamt müssen 176 Unbekannte bestimmt werden.

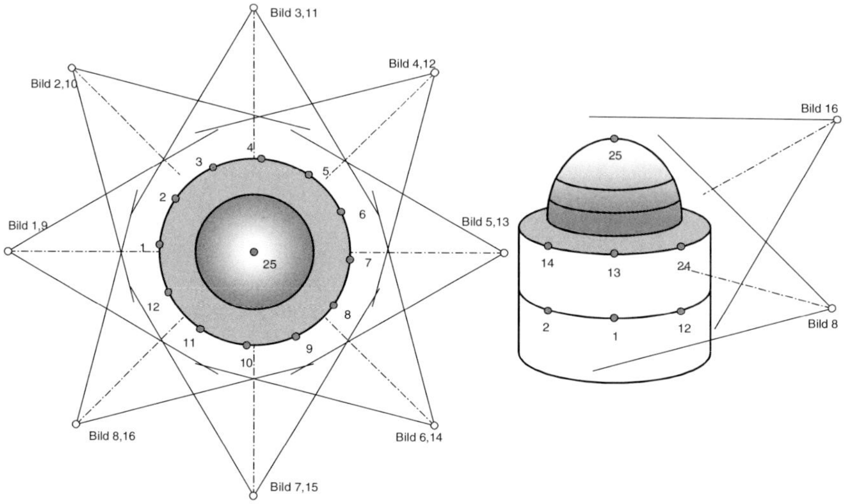

Abb. 4.29: Beispiel 2: Rundum-Verband

Die zugehörige Verknüpfungstabelle (Abb. 4.30) zeigt, daß jeder Objektpunkt durchschnittlich in 7.7 Bildern gemessen wird und somit eine deutlich höhere Redundanz als in Beispiel 1 (Luftbild- oder Fassadenaufnahme) vorliegt. Insgesamt liegen 384 gemessene Bildkoordinaten vor, die eine Gesamtredundanz von r=384–176=208 ergeben.

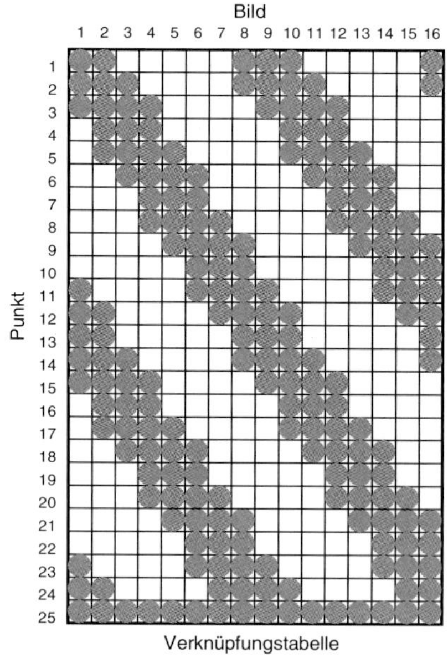

Abb. 4.30: Verknüpfungstabelle zu Beispiel 2 (Abb. 4.29)

Die Bestimmbarkeit des Ausgleichungssystem und die Qualität der Ergebnisse hängt allerdings weniger von der Gesamtredundanz als vielmehr von der geometrischen

Konfiguration des System ab. So erlaubt der Verband aus Beispiel 1 (Abb. 4.27) eine ausreichende Bestimmung der Lagekoordinaten (parallel zum Bild), während in Aufnahmerichtung in Abhängigkeit des Höhen-Basis-Verhältnisses mit einer anderen Punktgenauigkeit zu rechnen ist (vgl. Kap. 3.2.1). Eine Simultankalibrierung der Aufnahmekamera ist in dieser Anordnung kaum durchzuführen. Dagegen beschreibt Beispiel 2 (Abb. 4.29) eine geometrisch sehr stabile Konfiguration, bei der nicht nur eine Simultankalibrierung problemlos möglich ist, sondern mit einer gleich guten Genauigkeit in allen drei Koordinatenrichtungen zu rechnen ist.

Beispiel 3 aus Tabelle 4.1 schließlich bezieht sich auf eine Anordnung zur Testfeldkalibrierung nach Abb. 7.11f (Kap. 7.2.2.2). Wird das Testfeld aus 13 Punkten und 3 Strecken (6 Punkte) mit 8 Bildern jeweils vollständig erfaßt, liegen u=112 Unbekannte und n=304 Beobachtungen vor. Somit ist bereits bei einer einfachen Aufnahmeanordnung eine hohe Redundanz und in diesem Fall auch eine stabile geometrische Konfiguration zu erreichen.

4.3.2.3 Kombinierte Ausgleichung photogrammetrischer und geodätischer Beobachtungen

Das Gleichungssystem (4.43) beschreibt den ursprünglichen Ansatz der Bündeltriangulation durch Formulierung der Bildkoordinaten x',y' (Beobachtungen) als Funktion der Unbekannten, insbesondere der Objektkoordinaten X,Y,Z. Zusätzliche Informationen über das Objekt oder weitere, nicht-photogrammetrische Messungen gehen in (4.43) zunächst nicht mit ein.

Ein erweiterter Ansatz der Bündelausgleichung erlaubt die Berücksichtigung zusätzlicher (geodätischer) Beobachtungen wie z.B. gemessene Strecken, Richtungen oder Winkel. Weiterhin können Bedingungen über das Objekt, z.B. bekannte Punkte, Koordinatenunterschiede, Geraden, Ebenen oder rotationssymmetrische Körper einbezogen werden (Abb. 4.31).

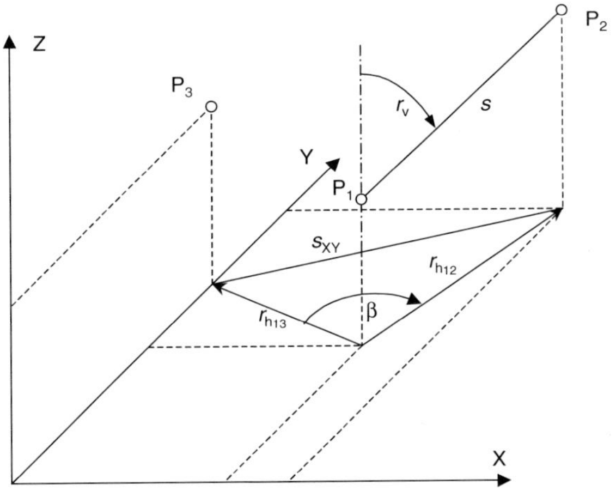

Abb. 4.31: Einige geodätische Beobachtungen

Alle zusätzlichen Beobachtungen können mit einem ihrer Genauigkeit oder Bedeutung entsprechendem Gewicht versehen und stochastisch streng am Ausgleichungsprozeß beteiligt werden (KRUCK 1983, WESTER-EBBINGHAUS 1985).

4.3.2.3.1 Koordinaten, Koordinatendifferenzen und Strecken

Die Einführung von beobachteten Koordinaten, Koordinatendifferenzen oder Strecken ist besonders einfach. Die Beobachtungsgleichungen lauten bei der Einführung von:

Objektkoordinaten:

$$X = X \qquad Y = Y \qquad Z = Z \tag{4.49}$$

Koordinatendifferenzen:

$$\Delta X = X_2 - X_1 \qquad \Delta Y = Y_2 - Y_1 \qquad \Delta Z = Z_2 - Z_1 \tag{4.50}$$

Schrägdistanzen:

$$s = \sqrt{(X_2 - X_1)^2 + (Y_2 - Y_1)^2 + (Z_2 - Z_1)^2} \tag{4.51}$$

Strecken in der XY-Ebene:

$$s_{XY} = \sqrt{(X_2 - X_1)^2 + (Y_2 - Y_1)^2} \tag{4.52}$$

Strecken in der XZ-Ebene:

$$s_{XZ} = \sqrt{(X_2 - X_1)^2 + (Z_2 - Z_1)^2} \tag{4.53}$$

Strecken in der YZ-Ebene:

$$s_{YZ} = \sqrt{(Y_2 - Y_1)^2 + (Z_2 - Z_1)^2} \tag{4.54}$$

4.3.2.3.2 Äußere Orientierungen

Sind Informationen über die Lage und Orientierung eines Aufnahmesystems bekannt, können auch diese durch zusätzliche Beobachtungsgleichungen berücksichtigt werden.

Äußere Orientierung:

$$X_0 = X_0 \qquad \omega = \omega$$
$$Y_0 = Y_0 \qquad \varphi = \varphi \tag{4.55}$$
$$Z_0 = Z_0 \qquad \kappa = \kappa$$

Eine direkte Messung der äußeren Orientierung ist in der Regel nicht möglich. Ältere Meßkameras (vgl. Kap. 3.3.1.3) lassen sich jedoch mit geodätischen Meßinstrumenten kombinieren, so daß gemessene Winkel (Azimuth, Höhenwinkel) als Drehwinkel der äußeren Orientierung bei geeigneter Definition der Rotationsmatrix (siehe Kap. 4.2.1.2) verwendet werden können. Weiterhin können äußere Orientierungsparameter aus vorhergehenden Berechnungen vorliegen und mit entsprechendem Gewicht eingesetzt werden.

4.3.2.3.3 Richtungen und Winkel

Beobachtete geodätische Richtungen und Winkel, die zum Beispiel mit einem Theodoliten gemessen wurden, lassen sich unter der Voraussetzung, daß die Horizontalebene gleich der XY-Ebene ist und die Stehachse des Theodoliten in Richtung der Z-Achse zeigt, wie folgt einführen (Abb. 4.31):

Horizontalrichtungen:

$$r_h = \arctan\left(\frac{X_2 - X_1}{Y_2 - Y_1}\right) \tag{4.56}$$

Horizontalwinkel:

$$\beta = \arctan\left(\frac{X_3 - X_1}{Y_3 - Y_1}\right) - \arctan\left(\frac{X_2 - X_1}{Y_2 - Y_1}\right) \tag{4.57}$$

Vertikalwinkel:

$$r_v = \arctan\left(\frac{Z_2 - Z_1}{\sqrt{(X_2 - X_1)^2 + (Y_2 - Y_1)^2 + (Z_2 - Z_1)^2}}\right) \tag{4.58}$$

Eine Erweiterung auf komplette geodätische Richtungssätze (mehrere von einem Standpunkt gemessene Horizontalrichtungen) kann ebenfalls vorgenommen werden. Mit den oben genannten Beobachtungstypen können im übrigen auch reine geodätische 3D-Netze ausgeglichen werden.

4.3.2.3.4 Hilfskoordinatensysteme

Die Einführung von Hilfskoordinatensystemen ist eine besonders elegante Methode, zusätzliche Einpaßinformationen im Objektraum zu formulieren (WESTER-EBBINGHAUS 1985). Ein Hilfskoordinatensystem $\overline{X}, \overline{Y}, \overline{Z}$ ist ein beliebig im Raum gelagertes 3D-Koordinatensystem, in dem zusätzliche Beobachtungen oder Bedingungen gegeben sind. Dies können lokale Paßpunktfiguren, die einen definierten Bezug untereinander haben, oder lokale geometrische Elemente (z.B. Regelkörper) sein.

Das Hilfskoordinatensystem kann mit Hilfe einer räumlichen Ähnlichkeitstransformation (vgl. Kap. 2.2.2.2) in das Objektkoordinatensystem X, Y, Z abgebildet werden:

$$\overline{\mathbf{X}} = \overline{\mathbf{X}}_0 + \overline{m} \cdot \mathbf{R}_{\overline{\omega\varphi\kappa}} \cdot (\mathbf{X} - \mathbf{X}_0) \tag{4.59}$$

oder

$$\begin{bmatrix} \overline{X} \\ \overline{Y} \\ \overline{Z} \end{bmatrix} = \begin{bmatrix} \overline{X}_0 \\ \overline{Y}_0 \\ \overline{Z}_0 \end{bmatrix} + \overline{m} \cdot \begin{bmatrix} r_{11} & r_{12} & r_{13} \\ r_{21} & r_{22} & r_{23} \\ r_{31} & r_{32} & r_{33} \end{bmatrix} \cdot \begin{bmatrix} X - X_0 \\ Y - Y_0 \\ Z - Z_0 \end{bmatrix}$$

mit

$\overline{X}, \overline{Y}, \overline{Z}$:	räumliche Koordinaten im lokalen Hilfssystem
X_0, Y_0, Z_0:	Schwerpunktkoordinaten des Punktfeldes im System X,Y,Z (konstante Größen im Ausgleichungsprozeß)
$\overline{X}_0, \overline{Y}_0, \overline{Z}_0$:	Koordinatenursprung vom System X,Y,Z im System $\overline{X}, \overline{Y}, \overline{Z}$
$\mathbf{R}_{\overline{\omega\varphi\kappa}}$:	Drehmatrix, überführt X,Y,Z in eine zu $\overline{X}, \overline{Y}, \overline{Z}$ parallele Lage
$\overline{m}$:	Maßstabsfaktor zwischen den Systemen

Im Ausgleichungsprozeß sind die sieben Transformationsparameter als Unbekannte mitzuführen, für die entsprechende Näherungswerte bereitgestellt werden müssen. Im Hilfskoordinatensystem lassen sich nun funktionale Zusammenhänge zwischen den Objektpunkten formulieren, ausgedrückt durch Parameter B_i, die mit (4.59) in das Objektkoordinatensystem übertragen werden können. Die Parameter B_i können einfache geometrische Bedingungen oder auch Objektflächen höherer Ordnung ausdrücken.

$$f(X, Y, Z, \overline{\omega}, \overline{\varphi}, \overline{\kappa}, \overline{X}_0, \overline{Y}_0, \overline{Z}_0, \overline{m}, B_i) = g(\overline{X}, \overline{Y}, \overline{Z}, B_i) = C \tag{4.60}$$

C ist eine Konstante oder der Wert einer Bedingungsgleichung, ausgedrückt als Funktion f im Objektkoordinatensystem bzw. als Funktion g im Hilfskoordinatensystem. So läßt sich eine beliebige Objektebene festlegen durch

$$\overline{X} = C \tag{4.61}$$

Eine Gerade im Hilfskoordinatensystem wird festgelegt durch

$$\overline{X} = C\,, \qquad \overline{Y} = C \tag{4.62}$$

Ein rotationssymmetrischer Körper läßt sich durch

$$\overline{X}^2 + \overline{Y}^2 + h(\overline{Z}, B_i) = C \tag{4.63}$$

definieren. Die Funktion h definiert die Form des Körpers in Richtung der Rotationsachse, z.B. für einen Kreiszylinder mit dem Radius r

$$h(\overline{Z}, B_i) = 0 \qquad \text{und} \qquad C = r^2 \tag{4.64}$$

oder für eine Kugel mit dem Radius r:

$$h(\overline{Z}, B_i) = \overline{Z}^2 \qquad \text{und} \qquad C = r^2 \tag{4.65}$$

4.3.2.3.5 Anwendungen der zusätzlichen Beobachtungen

Mit Hilfe der oben beschrieben zusätzlichen Beobachtungen läßt sich das Ausgleichungssystem erheblich beeinflussen:

Schwache Aufnahmekonfigurationen können durch Einführung zusätzlicher Einpaßinformationen gestützt werden.

Geodätische (oder anders ermittelte Messungen am Objekt) und photogrammetrische Beobachtungen können gemeinsam in einem Guß ausgeglichen werden, z.B. zur Minimierung sogenannter Netzspannungen (Widersprüche zwischen Objektpunkten) oder zur gleichwertigen Behandlung unterschiedlich gewonnener Meßdaten.

Bekannte Strecken (Maßstäbe) zwischen Neupunkten können in beliebiger Zahl beobachtet und ihrer Genauigkeit entsprechend behandelt werden.

Einzelne Objektpunkte können durch geometrische Bedingungen auf eine Oberfläche „gezwungen" werden, z.B. Punkte, die auf einer Zylinderoberfläche (Rohrleitung) erfaßt worden sind.[3]

Informationen zur äußeren Orientierung, die aus zusätzlichen Meßsystemen wie Inertialsystemen, GPS-Positionsbestimmungen oder Kreiselsystemen stammen, können den Ausgleichungsprozeß positiv unterstützen. Mechanisch vorgegebene Randbedingungen, z.B. die Bewegung einer Kamera entlang einer Geraden oder eines Raumkreises, können ebenfalls über die oben aufgeführten Beobachtungsgleichungen integriert werden. Dies gilt ebenso für geometrische Bedingungen zwischen Orientierungsparametern verschiedener Kameras, z.B. bei Stereokameras oder Kamera/Projektor-Anordnungen.

- Zusätzliche Beobachtungen, die mit einem nicht der Realität entsprechenden Gewicht eingeführt werden, können das Ausgleichungsergebnis beliebig verfälschen. Dieser für die Praxis äußerst wichtige Punkt erfordert eine sorgfältige Wahl der Gewichte und Analyse des Ausgleichungsergebnisses.

4.3.2.4 Ausgleichung zusätzlicher Parameter

4.3.2.4.1 Simultankalibrierung

Funktionen zur Korrektur von Abbildungsfehlern werden auch als *zusätzliche Parameter* bezeichnet. Modelle zur Beschreibung der realen Abbildungseigenschaften eines Aufnahmesystems (Parameter der inneren Orientierung) sind bereits in Kap. 3.2.3 zusammengestellt worden. Allgemein spricht man von *Simultankalibrierung*, wenn die

---

[3] Unter Bedingung ist sowohl die Möglichkeit eines weichen Zwangs (als zusätzliche Beobachtungen mit Standardabweichung) als auch die eines festen Zwangs (durch Formulierung echter Bedingungsgleichungen) zu verstehen.

Parameter im Rahmen der Bündelausgleichung mitbestimmt werden. Werden ausschließlich photogrammetrische Beobachtungen (Bildkoordinaten) eingesetzt, wird auch der Begriff *Selbstkalibrierung* verwendet.

Das linearisierte funktionale Modell der Ausgleichung ist um entsprechende Differentialquotienten zu erweitern, die in (4.46) für Kamerakonstante und Hauptpunkt angegeben wurden. Näherungswerte der Unbekannten müssen wiederum bereitgestellt werden, wobei im Normalfall mit folgenden Näherungswerten gearbeitet werden kann:

Kamerakonstante:	$c \approx f$ (Brennweite)
Bildhauptpunkt:	$x'_0 \approx y'_0 \approx 0$
radial-symm. Verzeichnung:	$A_1 \approx A_2 \approx 0$
tangential-asymm. Verzeichnung:	$B_1 \approx B_2 \approx 0$
Affinität und Scherung:	$C_1 \approx C_2 \approx 0$

Die Bestimmbarkeit der einzelnen Parameter hängt zum einen von der Modellierung der physikalischen Abbildung ab, d.h. physikalisch nicht begründete Parameteransätze können zu schwach konditionierten Gleichungssystemen, Überparametrisierung oder hohen Korrelationen zwischen Parametern führen. Zum anderen können die Parameter der inneren Orientierung nur dann signifikant und zuverlässig berechnet werden, wenn die Aufnahmekonfiguration und Objektpunktanordnung geeignet gewählt sind. Kap. 7.2.2 stellt dazu einige geeignete Aufnahmesituationen zur Selbstkalibrierung zusammen.

Zusätzlich können die Parameter der inneren Orientierung als beobachtete Größen mit einem entsprechendem Gewicht eingeführt werden. Die Beobachtungsgleichungen lauten entsprechend

Innere Orientierung:

$$\begin{aligned} c &= c \qquad & A_1 &= A_1 \\ x'_0 &= x'_0\,, & A_2 &= A_2 \\ y'_0 &= y'_0 & &\text{usw.} \end{aligned} \tag{4.66}$$

Die Struktur der Normalgleichungsmatrix verändert sich bei Hinzunahme der inneren Orientierung erheblich. Während die in Abb. 4.28 dargestellte Designmatrix noch über eine fast ausschließliche Diagonalstruktur mit sehr vielen Nullelementen verfügt, wird die Normalgleichungsmatrix bei der Ausgleichung zusätzlicher Parameter mit einer Vielzahl von Nicht-Nullelementen besetzt. Jede beobachtete Bildkoordinate ist funktional mit den Unbekannten der inneren Orientierung verknüpft, so daß im rechten Teil der Matrix ein vollständig gefüllter Bereich entsteht.

Die Inversion hieraus entstehender Normalgleichungsmatrizen erfordert einen größeren Rechen- und Speicherbedarf. Zur effizienten rechentechnischen Handhabung haben sich in der Praxis Verfahren der Profilspeichertechnik (Sparse-Technik) durchgesetzt (vgl. Kap. 2.3.5).

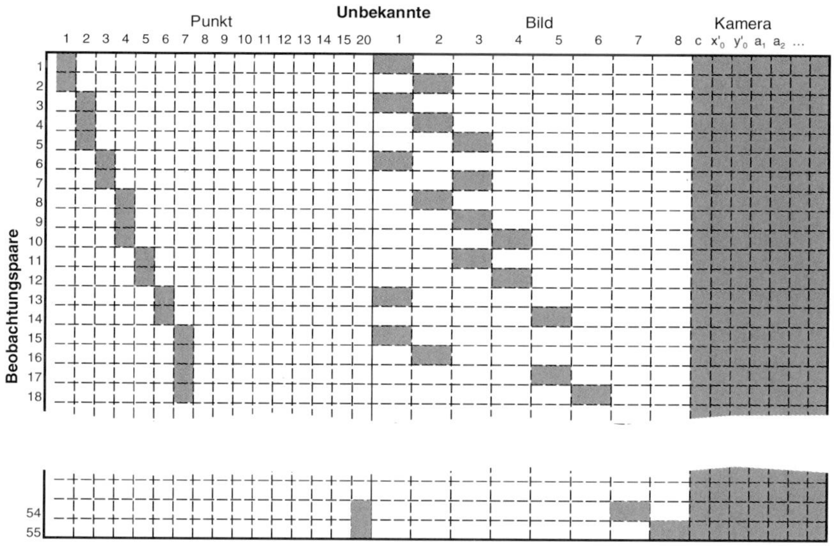

Abb. 4.32: Struktur der Designmatrix **A**, erweitert um Unbekannte für die innere Orientierung einer Kamera (vgl. Abb. 4.28)

4.3.2.4.2 Kalibrierung mit variabler innerer Orientierung

Die üblichen Ansätze zur Beschreibung der inneren Orientierung gehen von konstanten Kameraparametern während des Zeitraums der Bilderfassung aus. Wird die Kamera während des Aufnahmezeitraumes geometrisch verändert, indem zum Beispiel eine Umfokussierung oder ein Objektivwechsel erfolgt, ist für die entsprechenden Bilder eine „neue Kamera“ mit einer eigenen Gruppe von Parametern der inneren Orientierung anzusetzen. Die gleichzeitige Bestimmung mehrerer Parametergruppen setzt voraus, daß für jede Kamera eine hinreichende Aufnahmekonfiguration zur Simultankalibrierung vorliegt (siehe Kap. 7.2.2).

Wenn nicht davon ausgegangen werden kann, daß die Kameraparameter über einen längeren Zeitraum stabil bleiben, muß die innere Orientierung unter Umständen für jedes Bild separat bestimmt werden. MAAS (1998) stellt dazu einen Ansatz vor, der für jedes Bild Korrekturen des Projektionszentrums (Kamerakonstante und Hauptpunktlage) zuläßt, die Verzeichnungsparameter jedoch für alle Aufnahmen konstant ansetzt. Dazu werden die bildvarianten Parameter als beobachtete Unbekannte mit Näherungswerten und einer a priori Standardabweichung eingeführt, deren Größe der zu erwartenden Verschiebung des Projektionszentrums entspricht. Die numerische Stabilität des Ausgleichungssystems bleibt erhalten, solange eine ausreichende Anzahl sowohl von Bildstrahlen pro Objektpunkt als auch von Objektpunkten insgesamt vorliegt. Für Anwendungen mit Still-Video-Kameras (vgl. Kap. 3.3.2.4) werden dabei, abhängig von der Aufnahmekonfiguration und dem aktuellen Zustand der Kamera, zwei- bis vierfache Genauigkeitssteigerungen erreicht.[4]

[4] MAAS verwendet im Durchschnitt 12 bis 14 Bildstrahlen pro Objektpunkt.

4.3.3 Objektkoordinatensystem (Datumsfestlegung)

4.3.3.1 Rang- und Datumsdefekt

Ein aus rein photogrammetrischen Beobachtungen aufgebautes Netz führt zu einem singulären Normalgleichungssystem, da zwar die Form des Netzes, nicht aber seine absolute Lage und Orientierung im Raum bestimmt werden kann. Das Gleichungssystem besitzt somit den *Rangdefekt*

$$d = u - r \tag{4.66}$$

mit
u: Anzahl der Unbekannten
r: rang($\mathbf{A}$)

Ursache ist ein *Datumsdefekt* des Beobachtungsnetzes, der bei dreidimensionalen Netzen durch sieben zusätzliche Informationen behoben werden kann:

3 Translationen
3 Rotationen
1 Maßstabsfaktor

Wird mindestens eine bekannte Strecke beobachtet, verringert sich der Datumsdefekt um 1. Die Eingabe erfolgt als zusätzliche Streckenbeobachtung nach den Gleichungen (4.51ff).

Datumsdefekte in den Translationen können behoben werden, wenn Paß- oder Referenzpunkte mit bekannten Objektkoordinaten beobachtet werden. Möglichkeiten dazu werden im nächsten Abschnitt diskutiert.

Datumsdefekte in den Rotationen können ebenfalls durch Paßpunkte, aber auch durch gemessene Richtungs- oder Winkelbeobachtungen behoben werden.

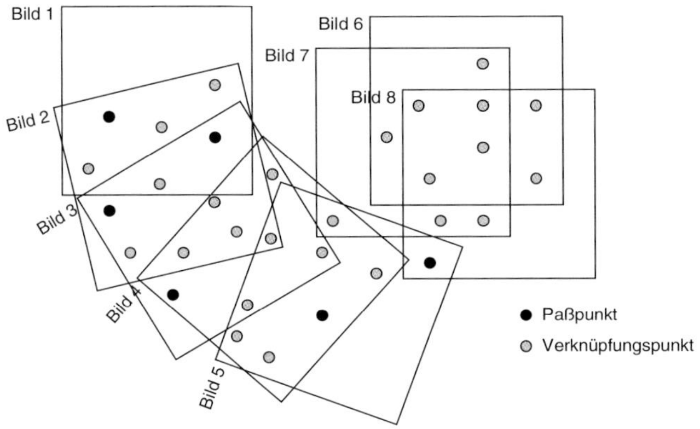

Abb. 4.33: Beispiel für einen Konfigurationsdefekt in einem Bildverband: die Bilder 6,7,8 können nicht im Verband der restlichen Bilder orientiert werden

Zusätzlich zu Datumsdefekten kann ein beobachtetes Netz einen *Konfigurationsdefekt* besitzen, wenn aufgrund fehlender Beobachtungen nicht alle Teile eines Netzes eindeutig bestimmt werden können. Dieses Problem tritt bei photogrammetrischen Netzen selten auf. Es kann aber zum Beispiel durch eine ungenügende Zahl von Verknüpfungspunkten innerhalb einiger Bereiche des Bildverbandes hervorgerufen werden, so daß einige Bilder nicht im gemeinsamen Bildverband orientiert werden können (Beispiel in Abb. 4.33).

4.3.3.2 Paßpunkte

4.3.3.2.1 Fehlerfreie Paßpunkte

Paßpunkte dienen zur Festlegung eines übergeordneten Objektkoordinatensystems (Datumsdefinition). Sie können als fehlerfreie Referenzpunkte in die Bündelausgleichung eingeführt werden, wenn ihre Sollkoordinaten mit übergeordneter Genauigkeit vorliegen.

Übliche Bündelausgleichungsprogramme gestatten die Eingabe von Paßpunkten, die als fehlerfrei, d.h. mit einer Standardabweichung von Null eingeführt werden. Dieses Vorgehen führt dann entsprechend zu einer fehlerfreien Datumsdefinition.

Voraussetzung ist allerdings, daß die eingegebenen Paßpunktkoordinaten mit übergeordneter Genauigkeit (z.B. Faktor 5–10 besser als die photogrammetrische Punktbestimmung erlaubt) bestimmt worden sind und untereinander keine Spannungen aufweisen. Fehler in den Paßpunktkoordinaten werden unmittelbar als Fehler der Beobachtungen interpretiert und sind nur schwer aufzudecken. Die Definition des Objektkoordinatensystems mit fehlerfreien Paßpunkten wird auch als *harte Lagerung* bezeichnet.

Für die räumliche Anordnung der Paßpunkte gelten grundsätzlich die im Abschnitt über die absolute Orientierung (vgl. Kap. 4.2.4.4.2) betrachteten Vorgaben. Das dort diskutierte Stereomodell wird in der Bündelausgleichung erweitert auf den aus allen Bildern (Strahlenbündeln) gebildeten Verband, d.h. zur Festlegung des Objektkoordinatensystems sind mindestens drei Paßpunkte erforderlich. Von diesen drei Paßpunkten müssen mindestens folgende Koordinatenkomponenten gegeben sein (in Klammern: Auswerteebene liegt beispielhaft parallel zu XY, Aufnahmerichtung parallel zu Z):

- mindestens 2x2 Koordinaten parallel zur primären Auswerteebene (X_1, Y_1, X_2, Y_2)
- mindestens 3 Koordinaten senkrecht zur Auswerteebene (Z_1, Z_2, Z_3)

Diese Minimalkonfiguration kann zum Beispiel durch 2 Vollpaßpunkte (2x *XYZ*) und einen weiteren Höhenpaßpunkt (1x *Z*) oder 2 Lagepaßpunkte (2x *XY*) und 3 Höhenpaßpunkte (3x *Z*) erreicht werden. In Anwendungen der Nahbereichsphotogrammetrie liegen allerdings normalerweise mehr als 3 Vollpaßpunkte vor.

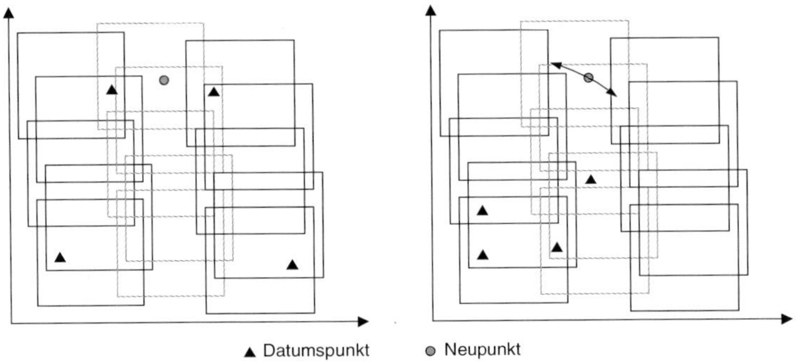

Abb. 4.34: Gute (links) und schlechte (rechts) Paßpunktverteilung in einem Bildverband

Bezogen auf den gesamten Bildverband sollten die Paßpunkte räumlich gleichmäßig verteilt sein. Abb. 4.34 links zeigt dazu einen Bildverband mit günstiger Verteilung von 4 Paßpunkten, die zu einer stabilen Systemfestlegung und homogenen Genauigkeiten führt. In Abb. 4.34 rechts liegen die 4 Paßpunkte ungünstig verteilt in einer Ecke des Bildverbandes. Als Folge kann das gesamte System um diesen Punkthaufen herum schwanken und zu größeren Punktabweichungen in den entfernter gelegenen Bereichen des Verbandes führen, die sich in entsprechend größeren Standardabweichungen niederschlagen.

Die zur Datumsfestlegung verwendeten Paßpunkte dürfen nicht auf einer Raumgeraden liegen, da das Normalgleichungssystem singulär wird. Ungünstige Paßpunktverteilungen, die dieser Einschränkung nahe kommen, führen zu numerisch schlecht konditionierten Gleichungssystemen.

4.3.3.2.2 Beobachtete Paßpunkte

Paßpunkte können auch als beobachtete Größen mit einem ihrer tatsächlichen Genauigkeit entsprechenden Gewicht (z.B. in Abhängigkeit des Meßsystems für die Koordinatenbestimmung) eingesetzt werden (siehe Kap. 4.3.2.3). Im Rahmen der Ausgleichung erhalten beobachtete Paßpunkte entsprechend anderer Beobachtungen eine Verbesserung und ein Genauigkeitsmaß und treten gleichzeitig als Unbekannte in den Verbesserungsgleichungen auf. Die Standardabweichungen der gewichteten Paßpunkte können als Qualitätsmaß der Paßpunkte selbst genutzt werden.

Spannungen im Paßpunktfeld können durch Variation der Gewichte zum Teil aufgefangen werden, so daß ihre Widersprüche nicht unmittelbar in die photogrammetrischen Beobachtungen übertragen werden. Diese Art der Systemfestlegung wird als *weiche Lagerung* bezeichnet. Der Rangdefekt des Ausgleichungssystems kann auch durch beobachtete Paßpunkte vollständig behoben werden. Führt die weiche Lagerung auch zu einer weicheren (schlechteren) Datumsfestlegung, wird dies in der Regel zu höheren Standardabweichungen der Neupunkte führen.

4.3.3.2.3 Zwangsfreie Einpassung mit Paßpunkten

Soll das Objektkoordinatensystem ohne Einfluß etwaiger Netzspannungen durch (fehlerfreie) Paßpunkte festgelegt werden, kann eine zwangsfreie Einpassung auf die minimal zur Datumsfestlegung notwendigen Objektinformationen vorgenommen werden. Dazu wird der Maßstab durch Festlegung einer bekannten Strecke S bestimmt. Die Koordinatenachsen können über folgendes Schema definiert werden, das auch mit *3-2-1-Methode* bezeichnet wird (Abb. 4.35):

1. Punkt 1 legt mit X,Y,Z einen willkürlichen dreidimensionalen Bezugspunkt des Objektkoordinatensystems fest, der z.B. auch der Koordinatenursprung eines örtlichen Systems sein kann ($X=Y=Z=0$).
2. Punkt 2 definiert mit Y,Z die Richtung der X-Achse. Um diese Achse kann das System noch beliebig gedreht werden.
3. Punkt 3 legt schließlich mit Y die XZ-Ebene fest, das Koordinatensystem ist damit eindeutig und zwangsfrei festgelegt worden (alternativ mit X oder Z).

Für das Beispiel aus Abb. 4.35 stehen folgende Paßpunktkoordinaten zur Verfügung:

Punkt	X	Y	Z
P_1	7.0	2.0	2.0
P_2	-	2.0	2.0
P_3	-	6.5	-

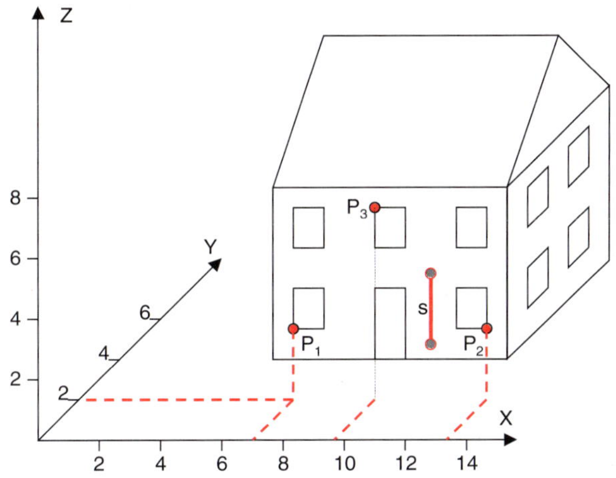

Abb. 4.35: Zwangsfreie Einpassung auf Paßpunkte (3-2-1-Methode)

Stehen reale Paßpunktkoordinaten nicht zur Verfügung, läßt sich das System mit fingierten Koordinaten festlegen, z.B. mit

Punkt	X	Y	Z
P_1	0	0	0
P_2	-	0	0
P_3	-	0	-

Die Maßstabsinformation kann selbstverständlich auch durch bekannte Abstände zwischen Paßpunkten gewonnen werden.

Die zwangsfreie Einpassung mit Paßpunkten ist ohne Einfluß auf die Form des photogrammetrischen Netzes. Zwar beziehen sich die absoluten Koordinaten der Objektpunkte auf den (willkürlich) gewählten Ursprung des Systems, die Koordinatenunterschiede sind aber unabhängig von der Datumsfestlegung. Dagegen sind die ermittelten Genauigkeitsmaße, die der Kovarianzmatrix entnommen werden, datumsabhängig. Wenn die Datumspunkte die nach Abb. 4.34 (rechts) abgebildete Verteilung aufweisen, ist die Genauigkeitsinterpretation mit Hilfe der Standardabweichungen der Objektpunkte in der Nähe der Datumspunkte zu optimistisch, in entfernter gelegenen Bereichen des Netzes dagegen zu pessimistisch.

4.3.3.3 Freie Netzausgleichung

Die freie Netzausgleichung löst das Problem der Datumsfestlegung durch Lagerung des Netzes (Auffelderung) auf die Näherungskoordinaten der Neupunkte, wenn keine Paßpunkte oder andere Datumsfestlegungen vorhanden sind. Näherungskoordinaten der Neupunkte müssen für die Linearisierung der Verbesserungsgleichungen ohnehin bereitgestellt werden und können durch die in Kap. 4.3.4 beschriebenen Verfahren gewonnen werden.

Die Näherungskoordinaten sämtlicher unbekannter Objektpunkte (Neupunkte sowie Projektionszentren) bilden einen räumlichen Punkthaufen. Dieser Punkthaufen kann verformungsfrei, also ohne geometrischen Zwang, durch drei Translationen, drei Rotationen und eine Maßstabsanpassung auf das Modell der photogrammetrisch bestimmten Objektpunkte transformiert werden. Die photogrammetrischen Beobachtungen werden durch diese Transformation nicht beeinflußt.

Der Rangdefekt von 7 der Normalgleichungsmatrix wird dadurch behoben, daß genau 7 geeignete Beobachtungen gefunden werden, die sowohl untereinander als auch zu den restlichen Beobachtungen linear unabhängig sind. Diese Forderung wird gerade erfüllt, wenn das Normalgleichungssystem um eine Matrix **B** mit d=7 Zeilen und u Spalten erweitert wird (ZINNDORF 1985, KRAUS 1996, siehe auch Kap. 2.3.2.3):

$$
\mathbf{B}_{d,u} = \left[\begin{array}{cccccccc|ccccccc}
1 & 0 & 0 & 0 & 0 & 0 & \cdots & & 1 & 0 & 0 & \cdots & 1 & 0 & 0 \\
0 & 1 & 0 & 0 & 0 & 0 & \cdots & & 0 & 1 & 0 & \cdots & 0 & 1 & 0 \\
0 & 0 & 1 & 0 & 0 & 0 & \cdots & & 0 & 0 & 1 & \cdots & 0 & 0 & 1 \\
0 & -Z_{01} & Y_{01} & a_{11} & a_{21} & a_{31} & \cdots & & 0 & -Z_1^0 & Y_1^0 & \cdots & 0 & -Z_p^0 & Y_p^0 \\
Z_{01} & 0 & -X_{01} & a_{12} & a_{22} & a_{23} & \cdots & & Z_1^0 & 0 & -X_1^0 & \cdots & Z_p^0 & 0 & -X_p^0 \\
-Y_{01} & X_{01} & 0 & a_{13} & a_{23} & a_{33} & \cdots & & -Y_1^0 & X_1^0 & 0 & \cdots & -Y_p^0 & X_p^0 & 0 \\
X_{01} & Y_{01} & Z_{01} & 0 & 0 & 0 & \cdots & & X_1^0 & Y_1^0 & Z_1^0 & \cdots & X_p^0 & Y_p^0 & Z_p^0
\end{array}\right] \tag{4.67}
$$

Äußere Orientierungen Neupunkte 1..p

Erfolgt die Bestimmung des Maßstabes durch Messung einer separaten Strecke, vermindert sich der Rangdefekt auf 6, so daß die letzte Zeile der Matrix **B** gestrichen werden kann.

Die ersten Spalten der Matrix **B** beziehen sich auf die unbekannten Parameter der äußeren Orientierung. Sie werden im folgenden nicht weiter betrachtet, da die Projektionszentren in der Regel nicht von Interesse für eine Datumsfestlegung sind.

Translation

Die weiteren Spalten beziehen sich auf die unbekannten Objektpunkte. Dabei werden tatsächlich nur kleine Zuschläge auf die Näherungskoordinaten der Neupunkte gesucht. Die Translation des Systems wird durch drei Bedingungsgleichungen festgelegt, die in den ersten drei Zeilen der Matrix **B** enthalten sind:

$$
\begin{array}{cccccccc}
dX_1 & & & +dX_2 & & & + \cdots & = 0 \\
& dY_1 & & & +dY_2 & & + \cdots & = 0 \\
& & dZ_1 & & & +dZ_2 & + \cdots & = 0
\end{array} \tag{4.68}
$$

Wenn die Summe aller Koordinatenzuschläge zu den Näherungskoordinaten aller Objekte Null wird, bedeutet dies, daß der Schwerpunkt der Näherungspunkte identisch ist mit dem Schwerpunkt der ausgeglichenen Objektpunkte.

Rotationen

Die nächsten drei Zeilen der Matrix **B** legen differentielle Drehungen des Koordinatensystems fest:

$$
\begin{array}{cccccccc}
& -Z_1^0 dY_1 & +Y_1^0 dZ_1 & & -Z_2^0 dY_2 & +Y_2^0 dZ_2 & + \cdots & = 0 \\
Z_1^0 dX_1 & & -X_1^0 dZ_1 & +Z_2^0 dX_2 & & -X_2^0 dZ_2 & + \cdots & = 0 \\
-Y_1^0 dX_1 & +X_1^0 dY_1 & & -Y_2^0 dX_2 & +X_2^0 dY_2 & & + \cdots & = 0
\end{array} \tag{4.69}
$$

Schließlich wird mit der 7. Zeile der Maßstab festgehalten:

$$
X_1^0 dX_1 \quad +Y_1^0 dY_1 \quad +Z_1^0 dZ_1 \quad +X_2^0 dX_2 \quad +Y_2^0 dY_2 \quad +Z_2^0 dZ_2 \quad + \cdots = 0 \tag{4.70}
$$

Das erweiterte Normalgleichungssystem lautet dann

$$\begin{bmatrix} \mathbf{A}^T\mathbf{A} & \mathbf{B}^T \\ \mathbf{B} & \mathbf{0} \end{bmatrix} \cdot \begin{bmatrix} \hat{\mathbf{x}} \\ \mathbf{k} \end{bmatrix} = \begin{bmatrix} \mathbf{A}^T\mathbf{l} \\ \mathbf{0} \end{bmatrix} \tag{4.71}$$

Dabei stehen in **k** sieben Lagrange'sche Multiplikatoren. Die Auflösung des erweiterten Normalgleichungssystems erfolgt mit der Pseudoinversen (Moore-Penrose-Inversen) $\mathbf{Q}^+$

$$\begin{aligned} \begin{bmatrix} \hat{\mathbf{x}} \\ \mathbf{k} \end{bmatrix} &= \begin{bmatrix} \mathbf{A}^T\mathbf{A} & \mathbf{B}^T \\ \mathbf{B} & \mathbf{0} \end{bmatrix}^{-1} \cdot \begin{bmatrix} \mathbf{A}^T\mathbf{l} \\ \mathbf{0} \end{bmatrix} \\ &= \overline{\mathbf{N}}^+ \cdot \overline{\mathbf{n}} \\ &= \mathbf{Q}^+ \cdot \overline{\mathbf{n}} \end{aligned} \tag{4.72}$$

Die Pseudoinverse hat die Eigenschaften, die Kovarianzmatrix mit minimaler Spur zu bestimmen:

$$spur\{\mathbf{Q}^+\} = \min. \tag{4.73}$$

Das bedeutet, daß die Standardabweichungen der Objektpunkte minimal werden. Der Schwerpunkt der Objektkoordinaten als Bezugspunkt des Datums wird zum festen Punkt, dessen Standardabweichungen zu Null werden. Es erfolgt also eine Datumsfestlegung, die sich nicht auf die Gesamtgenauigkeit auswirkt.

4.3.3.3.1 Gesamtspurminimierung

Wenn alle unbekannten Neupunkte zur Datumsfestlegung verwendet werden, wird wie oben besprochen die Gesamtspur der Kovarianzmatrix $\mathbf{Q}^+$ minimiert. Alle Punkte werden also als Datumspunkte verwendet, die ihrerseits nicht als fehlerfrei angesehen und ohne a priori Standardabweichung eingegeben werden.

Abb. 4.36 zeigt dazu das Beispiel eines Netzes, das zum einen auf Einpaßinformationen (Paßpunkte und Strecke) gelagert ist und zum anderen frei auf alle Punkte aufgefeldert wurde. Die Fehlerellipsen des Paßpunktnetzes zeigen deutlich, daß in der Nähe der Paßpunkte kleinere Standardabweichungen vorliegen, die zum Rand des Netzes deutlich anwachsen. Die Fehlerellipsen des frei ausgeglichenen Netzes sind dagegen deutlich kleiner und homogener, ihre großen Halbachsen zeigen in Richtung des gemeinsamen Schwerpunktes.

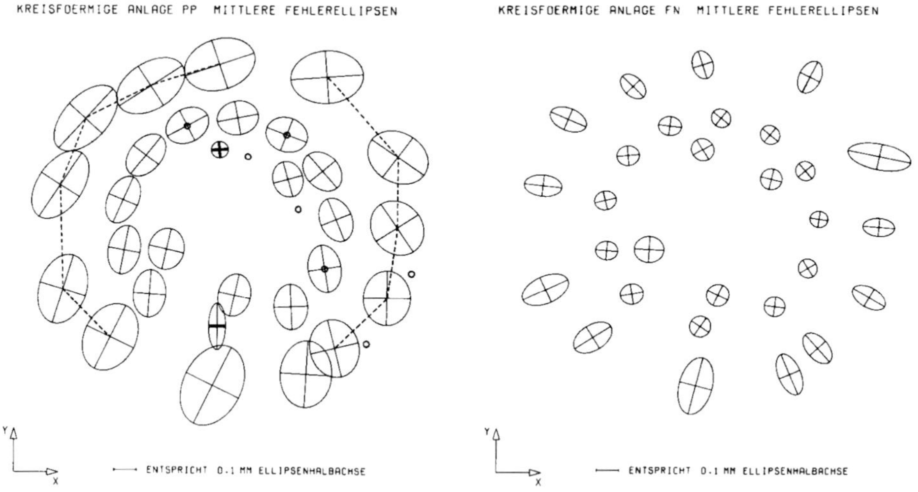

Abb. 4.36: Beispiel für die Lagerung eines Netzes auf Paßpunkte (links) und durch freie Netzausgleichung auf alle Objektpunkte (rechts); ZINNDORF 1985

4.3.3.3.2 Teilspurminimierung

Es gibt praktische Anwendungen, in denen nicht alle Objektpunkte zur Datumsdefinition in einer freien Netzausgleichung herangezogen werden sollen. Dies ist zum Beispiel dann möglich, wenn ein Teil der Neupunkte ein bereits bestehendes Punktnetz repräsentiert, in das der Rest der Objektpunkte zur Netzverdichtung bestmöglichst eingepaßt werden soll. In diesem Fall sind die Spalten der Matrix **B**, die sich auf die nicht zur Auffelderung verwendeten Punkte beziehen, zu Null zu setzen. Dabei ist zu beachten, daß der Rang von **B** nicht kleiner werden darf als u–d.

$$\underset{d,u}{\mathbf{B}} = \begin{bmatrix} 1 & 0 & 0 & 0\;0\;0 & \cdots & 1 & 0 & 0 & \cdots & 1 & 0 & 0 \\ 0 & 1 & 0 & 0\;0\;0 & \cdots & 0 & 1 & 0 & \cdots & 0 & 1 & 0 \\ 0 & 0 & 1 & 0\;0\;0 & \cdots & 0 & 0 & 1 & \cdots & 0 & 0 & 1 \\ 0 & -Z_1^0 & Y_1^0 & 0\;0\;0 & \cdots & 0 & -Z_i^0 & Y_i^0 & \cdots & 0 & -Z_p^0 & Y_p^0 \\ Z_1^0 & 0 & -X_1^0 & 0\;0\;0 & \cdots & Z_i^0 & 0 & -X_i^0 & \cdots & Z_p^0 & 0 & -X_p^0 \\ -Y_1^0 & X_1^0 & 0 & 0\;0\;0 & \cdots & -Y_i^0 & X_i^0 & 0 & \cdots & -Y_p^0 & X_p^0 & 0 \\ X_1^0 & Y_1^0 & Z_1^0 & \underbrace{0\;0\;0} & \cdots & X_i^0 & Y_i^0 & Z_i^0 & \cdots & X_p^0 & Y_p^0 & Z_p^0 \end{bmatrix} \qquad (4.74)$$

Neupunkte   Nicht - Auffelderungspunkt   Neupunkte

4.3.3.3.3 Praktische Gesichtspunkte der freien Netzausgleichung

Das photogrammetrische Netz wird in der freien Netzausgleichung wie bei der zwangsfreien Datumsfestlegung ohne Einfluß etwaiger Widersprüche in den Paßpunkten (Netzspannungen) bestimmt. Die verbleibenden Restklaffungen an den Objektpunkten sind ausschließlich auf die photogrammetrischen Beobachtungen und die Güte des funktionalen

Modells zurückzuführen. Im freien Netz wird eine optimale innere Genauigkeit ermittelt, die wesentlich besser zu beurteilen ist als die Standardabweichungen bei zwangsfreier (oder gar überbestimmter) Datumsdefinition.

Die freie Netzausgleichung ist daher ein sehr flexibel einsetzbares Mittel, wenn

- keine Paßpunkte vorliegen,
- nur die gegenseitige Lage der Objektpunkte interessiert oder
- nur die Güte des funktionalen Modellansatzes überprüft werden soll, zum Beispiel das gewählte Modell der inneren Orientierung einer Aufnahmekamera (Simultankalibrierung).

Die Standardabweichungen an den Objektpunkten eignen sich jedoch nicht unmittelbar für einen Genauigkeitsnachweis oder einen Vergleich mit vorgegebenen Punktkoordinaten. Sie sagen nur etwas über die innere Qualität des photogrammetrischen Netzes aus. Eine äußere Genauigkeit ist anhand der Standardabweichungen nicht zu beurteilen (siehe auch Kap. 4.3.5.3).

4.3.4 Beschaffung von Näherungswerten

Die Bereitstellung von Näherungswerten stellt in einem photogrammetrischen Projekt häufig eine komplexe Aufgabe dar. Näherungswerte werden für alle zu berechnenden Unbekannten gefordert, also für sämtliche Orientierungsdaten und alle neu zu bestimmenden Objektpunkte. Da im Nahbereich grundsätzlich beliebige Aufnahmeanordnungen in beliebig gelagerten Objektkoordinatensystemen vorkommen können, ist die manuelle Berechnung von Näherungswerten häufig kaum möglich (HINSKEN 1987).

Die notwendigen und optionalen Informationen und Abläufe zur Beschaffung von Näherungswerten sind in Abb. 4.37 zusammengefaßt. Zentraler Bestandteil ist ein Modul zur automatischen Berechnung von Näherungswerten auf der Basis von gemessenen Bildkoordinaten, den Daten für die innere Orientierung und, falls vorhanden, den Paßpunktkoordinaten. Dieser Vorgang wird auch mit *Mehrbildorientierung* bezeichnet, wobei ausdrücklich nicht die Bündeltriangulation gemeint ist.

Häufig liegen zusätzliche Informationen über die Aufnahmesituation vor, beispielsweise aus (geodätisch) gemessenen Orientierungsdaten oder aus Parametern, die aus Feldskizzen oder CAD-Konstruktionen abgeleitet sind. Mit ihnen können sowohl das Objektkoordinatensystem festgelegt als auch Startwerte für die anschließende automatische Näherungswertberechnung vorgegeben werden. Die Näherungswerte können aber auch völlig ohne Vorgabe von Startwerten bestimmt werden.

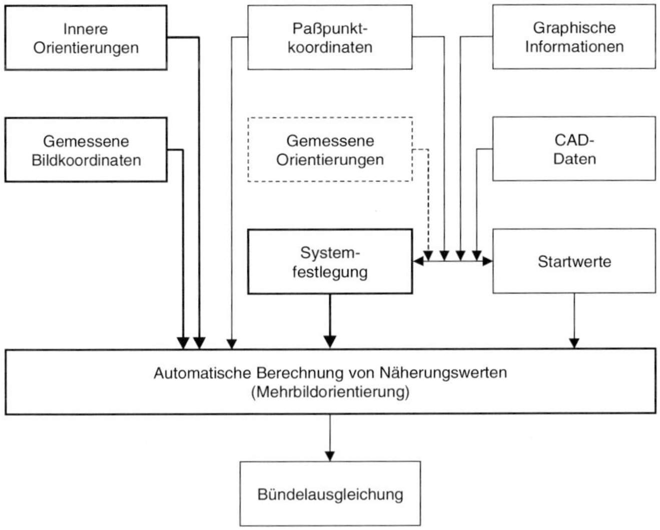

Abb. 4.37: Verfahren und Abläufe zur Näherungswertbestimmung

Im wesentlichen können folgende Vorgehensweisen bei der Beschaffung von Näherungswerten unterschieden werden, die auch in Kombination auftreten können:

- Automatische Näherungswertberechnung:

  Für die automatische Näherungswertberechnung in komplexen photogrammetrischen Bildverbänden haben sich drei Strategien als erfolgreich erwiesen:

  - Kombiniertes Vorwärts- und Rückwärtseinschneiden (vgl. Kap.4.3.4.1.2)
  - Sukzessive Modellbildung (vgl. Kap. 4.3.4.1.3)
  - Transformation unabhängiger Modelle (vgl. Kap. 4.3.4.1.4)

  Alle drei Verfahren beruhen auf einer iterativen Bestimmung der Parameter der äußeren Orientierung sowie der Objektpunktkoordinaten, wobei ausgehend von einem Startmodell nach und nach alle Bilder des Verbandes hinzugenommen werden.

- Näherungswertbestimmung durch automatische Punktmessung:

  Digitale photogrammetrische Systeme erlauben die automatische Identifizierung und Messung signalisierter (codierter) Zielmarken. Dadurch können Paß- und Verknüpfungspunkte zugeordnet werden, so daß mit Hilfe der oben beschriebenen Orientierungsstrategien die vollständige automatische Näherungswertbeschaffung möglich ist.

- Verwendung von grafischen Informationen:

  Wird bei der Objektaufnahme eine Handskizze oder ein Aufnahmeplan geführt, können die dort festgehaltenen Aufnahmesituationen zur Vorgabe von Startwerten für die Näherungswertbeschaffung genutzt werden. Ebenso können a priori vorliegende CAD-Daten eingesetzt werden (vgl. Kap. 4.3.4.3).

- Messung von Näherungswerten:

  Näherungswerte von Objektpunkten, vor allem aber von Aufnahmestandpunkten und Aufnahmerichtungen können zum Beispiel geodätisch bestimmt werden. Abb. 3.49 zeigt die Möglichkeit zur Kombination einer Aufnahmekamera mit einem Winkelmeßsystem. Möglich sind auch separate Meßeinrichtungen für die Bestimmung des Kamerastandortes, z.B. GPS- oder Inertialsysteme (vgl. Kap. 3.3.5.3).

4.3.4.1 Strategien zur automatischen Berechnung von Näherungswerten

Für die automatische Berechnung von Näherungswerten sind folgende Informationen bereitzustellen:

- Datei mit Kameradaten (innere Orientierung, eventuell näherungsweise)
- Datei mit gemessenen Bildkoordinaten (siehe Abb. 4.26)
- Datei mit Paßpunktkoordinaten (optional, wenn Paßpunkte vorliegen) oder sonstige Informationen zur Definition des Objektkoordinatensystems
- weitere bekannte Objektinformationen, z.B. näherungsweise bekannte äußere Orientierungen (optional, wenn vorhanden)

Ausgehend von diesen Informationen wird durch iterative Verfahren versucht, alle Bilder miteinander zu verknüpfen und näherungsweise zu orientieren. Gleichzeitig können dann sämtliche gemessenen Verknüpfungspunkte näherungsweise im Objektraum bestimmt werden, so daß die anschließende Bündelausgleichung gestartet werden kann.

Die im folgenden beschriebenen Verfahren stellen beispielhafte Strategien dar, die verschiedene Orientierungs- und Transformationsverfahren (Rückwärtsschnitt, relative und absolute Orientierung, Ähnlichkeitstransformation, Vorwärtsschnitt) geschickt miteinander verbinden. In allen Fällen wird ein möglichst günstiges Startmodell mit zwei Bildern festgelegt.

4.3.4.1.1 Startmodell und Berechnungsreihenfolge

Als *Startmodell* bezeichnet man ein Bildpaar des Mehrbildverbandes, das relativ orientiert wird und dessen Modellkoordinatensystem ein willkürliches 3D-Koordinatensystem festlegt, in das anschließend alle weiteren Bilder oder Modelle eingebunden werden. Die Wahl des Startmodells und die Reihenfolge der weiteren Bilder ist nicht beliebig, sondern bestimmt maßgeblich den Erfolg einer automatischen Näherungswertbestimmung, insbesondere für komplexe, unregelmäßige Bildverbände.

Aus n Bildern eines Mehrbildverbandes lassen sich theoretisch $n(n-1)/2$ Modelle bilden. Bildpaare, die über weniger als 5 homologe Punkte verfügen, fallen selbstverständlich dabei heraus. Für jedes mögliche Modell können dann Gütekriterien aufgestellt werden, wobei das Startmodell die angegebenen Merkmale besitzen sollte:

- Anzahl Verknüpfungspunkte:

  Eine hohe Zahl von Verknüpfungspunkten führt zu einer sichereren relativen Orientierung, in der etwaige grobe Fehler (Ausreißer) leichter eliminiert werden können.

  Startmodell: maximale Anzahl von Verknüpfungspunkten

- Genauigkeit der relativen Orientierung:

  Die Standardabweichung der Gewichtseinheit (s_0) der relativen Orientierung sollte im Rahmen der erwarteten Bildmeßgenauigkeit liegen.

  Startmodell: minimales s_0

- Mittlerer Schnittwinkel im Modellpunkt:

  Der mittlere Schnittwinkel homologer Bildstrahlen gibt Auskunft über die räumliche Lage der beiden Bilder zueinander. Modelle, deren mittlerer Schnittwinkel klein (z.B. unter 10°) ist, weisen ein ungünstiges Höhen-Basis-Verhältnis auf und sollten nicht als Startmodell verwendet werden.

  Startmodell: nahe 90°

- Mittlere Restklaffungen an Modellkoordinaten:

  Der mittlere Abstand der windschief aneinander vorbeilaufenden homologen Bildstrahlen beschreibt die Güte der Modellpunktbestimmung.

  Startmodell: minimale Restklaffungen

- Anzahl der groben Fehler in der relativen Orientierung:

  Modelle mit keinem oder wenigen Ausreißern sollten bevorzugt orientiert werden.

  Startmodell: kein Ausreißer

- Fläche im Bild, die von Verknüpfungspunkten abgedeckt wird:

  Startmodell: maximale Bildfläche

Durch eine gewichtete Berücksichtigung dieser Gütekriterien kann das optimale Startmodell sowie eine sortierte Liste weiterer geeigneter Modelle bestimmt werden (Berechnungsreihenfolge). Im allgemeinen wird sich das Modell mit den meisten Verknüpfungspunkten und ausreichendem mittleren Schnittwinkel als Startmodell eignen. Die (willkürliche) Wahl eines ungünstigen Startmodells kann dagegen dazu führen, daß der iterative Orientierungsvorgang aufgrund schlechter geometrischer Konstellationen abbricht.

4.3.4.1.2 Kombination von Vorwärts- und Rückwärtsschnitten

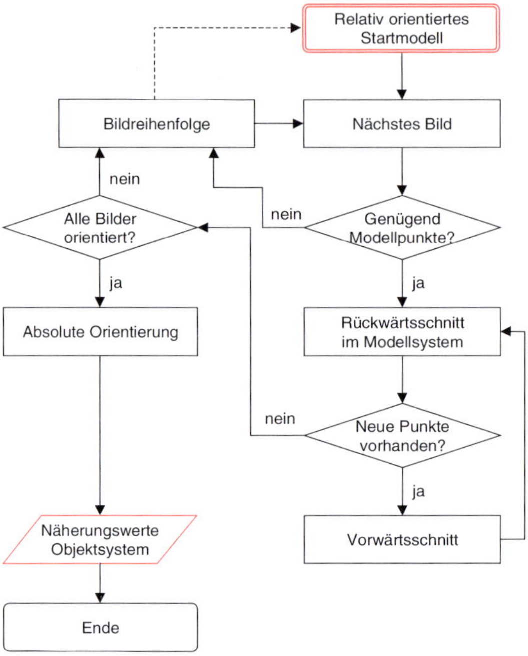

Abb. 4.38: Näherungswertbestimmung mit kombiniertem Vorwärts- und Rückwärtseinschneiden

Abb. 4.38 zeigt den prinzipiellen Ablauf der Näherungswertbestimmung durch kombiniertes Vorwärts- und Rückwärtseinschneiden. Zunächst wird ein Bildpaar nach den oben genannten Kriterien als Startmodell festgelegt.

In diesem Startmodell wird eine relative Orientierung gerechnet. Jedes weitere Bild, das mindestens drei räumlich verteilte Verknüpfungspunkte besitzt, deren Modellkoordinaten aus der vorangegangenen relativen Orientierung bekannt sind, wird durch räumlichen Rückwärtsschnitt in das entstandene Modellkoordinatensystem eingebunden. Die Modellkoordinaten von neu hinzukommenden, unbekannten Objektpunkten werden im vorliegenden Verband durch räumlichen Vorwärtsschnitt bestimmt. Wenn weitere Punkte durch Vorwärtsschnitt bestimmt worden sind, kann der Rückwärtsschnitt noch einmal gerechnet werden, um die äußere Orientierung im Modellsystem zu verbessern. Iterativ wird auf diese Weise der Bildverband zunehmend stabilisiert, da die Anzahl der durch Vorwärtsschnitt berechneten Modellpunkte ständig zunimmt und somit bessere Rückwärtsschnitte für die Orientierung der Bilder gewonnen werden können.

Wenn alle Bilder im Modellkoordinatensystem orientiert worden sind, erfolgt eine abschließende absolute Orientierung (Ähnlichkeitstransformation) mit Hilfe der nunmehr im Modellkoordinatensystem als auch im Objektkoordinatensystem vorliegenden Paßpunkte. Im Ergebnis liegen schließlich die Näherungswerte sowohl für die äußeren Orientierungen sämtlicher Bilder als auch für die dreidimensionalen Objektkoordinaten vor.

4.3.4.1.3 Sukzessive Modellbildung

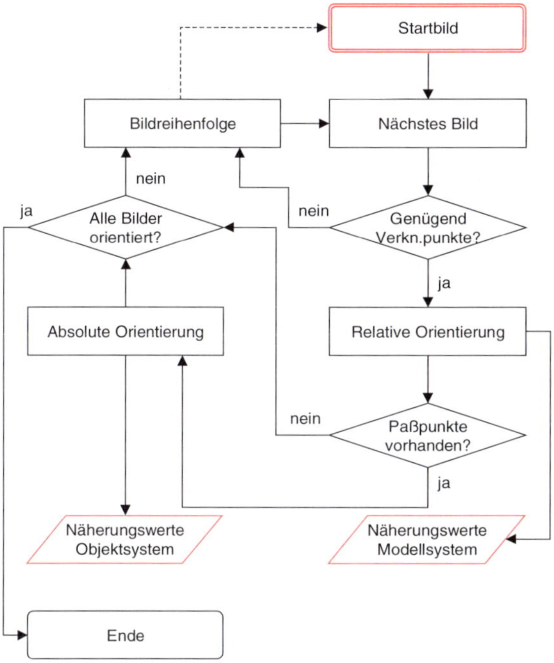

Abb. 4.39: Näherungswertbestimmung mit sukszessiver Modellbildung

Abb. 4.39 stellt den Verfahrensablauf der Näherungswertbestimmung durch sukszessive Modellbildung dar. Ein geeignetes Startmodell wird zunächst relativ orientiert. Liegen in diesem Modell genügend viele Paßpunkte vor, kann auch bereits eine absolute Orientierung erfolgen. Ansonsten werden benachbarte Bilder, die eine ausreichende Zahl gemeinsamer Punkte mit dem bereits orientierten Modell aufweisen, nach und nach an das bestehende Modell relativ orientiert. Liegen in einem Modellverband genügend Paßpunkte vor, kann dieser wiederum absolut orientiert werden. Für die im Bildverband gemessenen unbekannten Objektpunkte können auf diese Weise Näherungswerte im Modell bzw. Objektkoordinatensystem berechnet werden. Aus den Parametern der relativen und absoluten Orientierung können die der äußeren Orientierung abgeleitet werden.

4.3.4.1.4 Transformation unabhängiger Modelle

Der Ablauf der Näherungswertbestimmung durch Transformation unabhängiger Modelle ist in Abb. 4.40 illustriert. Zunächst wird eine Verknüpfungsmatrix sämtlicher Bildkombinationen (Modelle) aufgestellt. Jedes mögliche Modell wird relativ orientiert und mit den zugehörigen Modellkoordinaten und Qualitätsmerkmalen (siehe Kap. 4.3.4.1.1) gespeichert.

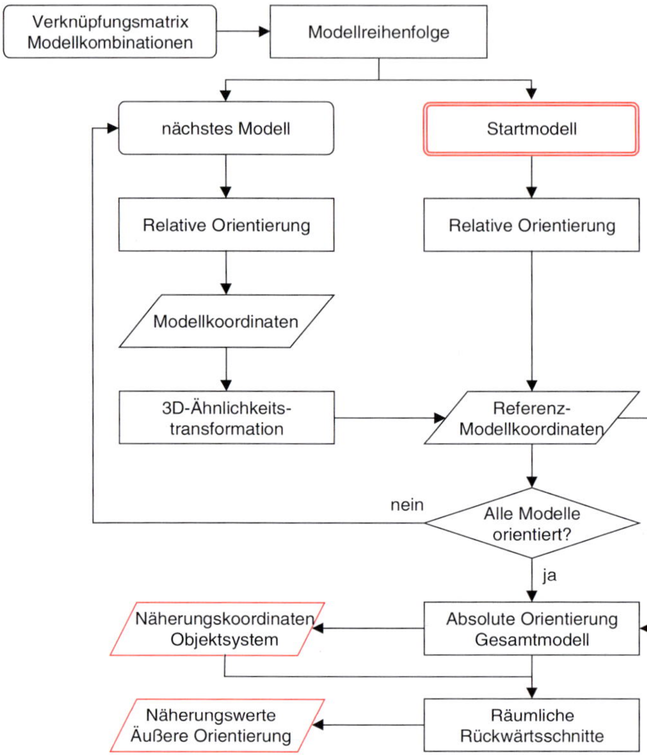

Abb. 4.40: Näherungswertbestimmung durch Transformation unabhängiger Modelle

Die Auswahl des Startmodells erfolgt mit

a) möglichst vielen Verknüpfungspunkten,

b) guter Schnittkonfiguration und

c) den geringsten y-Parallaxen.

Die Modellkoordinaten des relativ orientierten Startmodells definieren das Referenzkoordinatensystem. In dieses Referenzsystem werden nun alle anderen relativ orientierten Modelle mit ihren jeweiligen unabhängigen Modellkoordinaten durch räumliche Ähnlichkeitstransformation orientiert.

Wenn alle Punkte sämtlicher Modelle im Referenz-Modellkoordinatensystem vorliegen, folgt die absolute Orientierung des Gesamtmodells in das übergeordnete Objektkoordinatensystem mit Hilfe vorliegender Paßpunkte. Damit sind Näherungswerte der Objektpunkte im Objektkoordinatensystem gegeben.

Schließlich folgt die äußere Orientierung sämtlicher Bilder über räumliche Rückwärtsschnitte (Einzelbildorientierung) mit Hilfe der oben bestimmten Objektkoordinaten. Sollten noch einzelne Objektpunkte ohne Näherungskoordinaten übrigbleiben, können sie nun durch räumlichen Vorwärtsschnitt bestimmt werden.

4.3.4.2 Näherungswertbestimmung mit automatischer Punktmessung

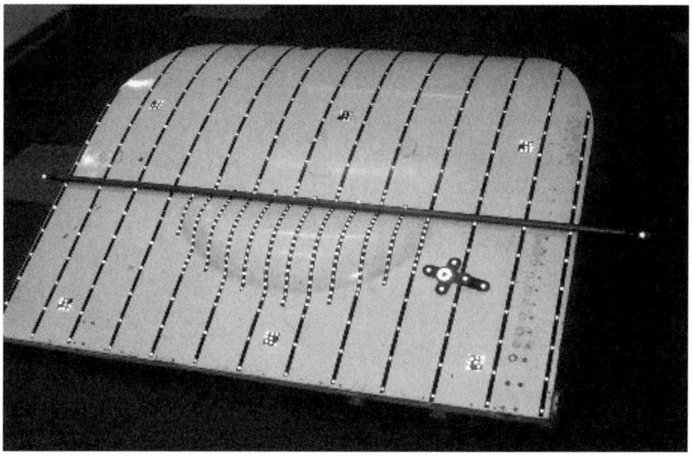

Abb. 4.41: Meßbild mit signalisierten Zielmarken und Referenzsystem

Abb. 4.41 zeigt ein Bild eines Mehrbildverbandes, der über einem signalisierten Punktfeld aufgenommen wurde. Einige Zielmarken besitzen codierte Punktnummern, die vom Auswertesystem automatisch identifiziert werden können (siehe Kap. 3.4.1.1). Der überwiegende Teil der Objektpunkte ist durch normale, nicht codierte Zielmarken signalisiert worden. Weiterhin befindet sich ein Referenzobjekt (*Autobar*, vorne rechts) im Objektraum, das über eine Anzahl identifizierbarer Marken verfügt, deren Objektkoordinaten in einem lokalen 3D-Koordinatensystem bekannt sind. Das Referenzobjekt muß nicht in allen Bildern abgebildet sein. Im obigen Beispiel ist weiterhin ein Referenzmaßstab mit bekannter Länge für die absolute Maßstabsfestlegung abgebildet, der aber für die Näherungswertbestimmung ohne Belang ist.

Die Näherungswerte des frei aufgenommenen Bildverbandes können nun wie folgt bestimmt werden (Abb. 4.42): Das Auswertesystem führt eine Mustererkennung in allen Bildern durch, bei der sämtliche codierten Zielmarken und potentielle Objektpunkte bestimmt werden. Die Bilder, in denen das Referenzobjekt (bzw. Paßpunkte) abgebildet ist, können einzeln über räumlichen Rückwärtsschnitt orientiert werden. Die restlichen Bilder werden mit Hilfe der abgebildeten codierten Marken modellweise relativ orientiert, wobei die oben beschriebenen Strategien zur Näherungswertbeschaffung eingesetzt werden. Die Objektkoordinaten der codierten Punkte werden durch Vorwärtsschnitt berechnet. Eine erste Bündelausgleichung erzeugt verbesserte Objektkoordinaten und Orientierungsparameter. Weitere bisher nicht orientierte Bilder werden iterativ durch Rückwärtsschnitt und Bündelausgleichung dazugenommen, bis die Orientierung aller Bilder vorliegt.

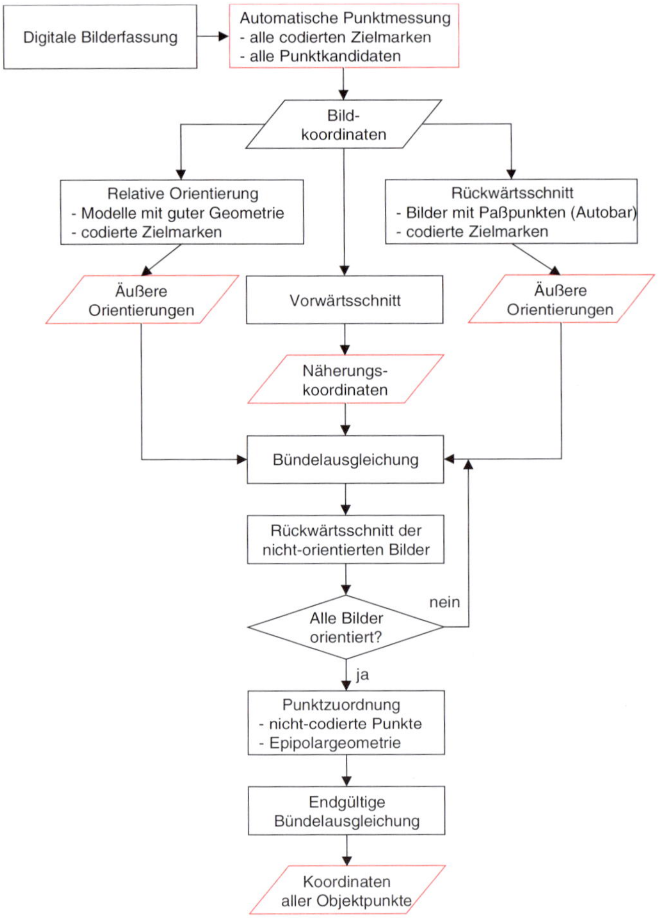

Abb. 4.42: Vollautomatische Näherungswertbeschaffung und Orientierung

Die nicht-codierten Zielmarken werden nun in einem Zuordnungsprozeß auf Basis der Epipolargeometrie identifiziert (vgl. Kap. 5.5.3) und fortlaufend numeriert. Eine abschließende Bündelausgleichung liefert schließlich die Koordinaten sämtlicher Objektpunkte. Dieses oder ähnliche Verfahren werden in digitalen Online- und Offline-Meßsystemen (siehe Kap. 6.3.2) eingesetzt und integrieren Näherungswertbeschaffung und endgültige Koordinatenbestimmung durch Bündelausgleichung in einem gemeinsamen Ablauf (DOLD 1999).

4.3.4.3 Sonstige Verfahren

4.3.4.3.1 Digitalisieren einer Feldskizze

Wird während der örtlichen Aufnahme eine Feldskizze mit einer Grobdarstellung des Meßobjektes, der Lage des Objektkoordinatensystems sowie der Aufnahmestandorte und

Aufnahmerichtungen geführt, können diese Informationen zur Unterstützung der Näherungswertbestimmung eingesetzt werden.

Da Feldskizzen in der Regel als Grund- oder Aufrißdarstellungen geführt werden, können möglicherweise nicht alle Aufnahme- oder Objektparameter der Skizze entnommen werden. So ist insbesondere die Darstellung der räumlichen Drehwinkel der Aufnahmerichtung einer Kamera nicht eindeutig, da zum Beispiel eine Kantung um die optische Achse (Drehwinkel κ) nicht ohne weiteres grafisch darstellbar ist.

Durch vektorielles Digitalisieren wird die Feldskizze in das Auswerteprogramm übertragen, indem die Skizze entweder an einem Digitizertablett oder in einer gescannten Form am Bildschirm manuell digitalisiert wird. Dabei werden die Positionen von Objektpunkten und Kamerastandorten durch Punkte und die Aufnahmerichtungen durch Vektoren zusammen mit den zugehörigen Kennungen (Bildnummer, Punktnummer) erfaßt.

In der Regel werden die aus einer Skizze oder sonstigen Zusatzinformationen gewonnenen Näherungswerte nicht ausreichen, um sofort die Bündelausgleichung zu starten. Vielmehr wird sich auch hier der oben beschriebene Schritt der rechnerischen Näherungswertbestimmung anschließen, wobei dann für einige der gesuchten Größen bereits gute Startwerte vorliegen, beispielsweise zur Vermeidung des Umklappeffektes bei ebenen Objektflächen (vgl. Kap. 4.2.3.1.4).

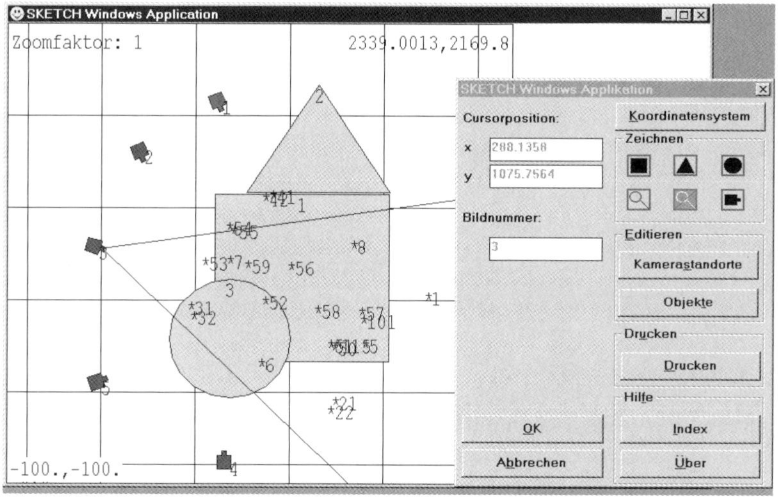

Abb. 4.43: Grafische Konstruktion der Aufnahmesituation (Rollei CDW)

4.3.4.3.2 Grafische Konstruktion

Einige Auswerteprogramme besitzen eine CAD-ähnliche Konstruktionsumgebung, in der die oben manuell digitalisierten Informationen direkt grafisch konstruiert werden. Einfache 2D-Konstruktionsmodule erlauben dabei im wesentlichen nur die Positionierung von

Kameras relativ zu einem grob vorgegebenen Objekt, das z.B. im Grundriß aus einfachen Elementen wie Rechtecken, Dreiecken oder Kreisen zusammengesetzt wird (Abb. 4.43).

Komplette 3D-CAD-Programme lassen dagegen eine vollständige räumliche Konstruktion der Aufnahmesituation zu. Das Objekt selbst kann als 3D-Modell einbezogen werden, wenn darüber CAD-Daten vorliegen. Auf diese Weise können bereits bei der Aufnahmeplanung (vgl. Kap. 7.1) wesentliche Kenngrößen der photogrammetrischen Objektaufnahme bestimmt werden, die anschließend auch als Näherungswerte für die Bündelausgleichung verwendet werden.

4.3.4.4 Praktische Aspekte bei der Näherungswertbeschaffung

Die automatische Berechnung von Näherungswerten (Mehrbildorientierung) ist in komplexen Bildverbänden, wie sie in der Nahbereichsphotogrammetrie häufig vorkommen, nicht selten ein langwieriger Prozeß. Die Stabilität eines Mehrbildverbandes hängt wesentlich von der Objektpunktverteilung und von der Konfiguration der Strahlenbündel ab. Liegen keine oder nur grobe Startwerte der Orientierungsparameter vor, können bereits wenige grobe Datenfehler, die in größeren, manuell gemessenen Bildverbänden praktisch nie ausgeschlossen werden können, zur Divergenz der Näherungswertbeschaffung führen. Da die Aufnahmesituation nur schwach bestimmt ist, lassen sich grobe Fehler entsprechend schlecht aufdecken.

Leistungsfähige Programmsysteme zur Näherungswertbestimmung sollten daher über folgende Merkmale verfügen, die zum einen den Automationsgrad erhöhen, zum anderen dem Benutzer Möglichkeiten zur Aufdeckung grober Datenfehler geben:

- Verwendung algebraisch definierter Rotationsmatrizen:

  Die Module zur relativen Orientierung, zur räumlichen Ähnlichkeitstransformation (absolute Orientierung) und zum räumlichen Rückwärtsschnitt sollten aufgrund beliebig definierter Drehwinkel nicht mit trigonometrischen, sondern mit Rotationsmatrizen arbeiten, die durch algebraische Funktionen definiert sind und sowohl Singularitäten vermeiden als auch ein besseres Konvergenzverhalten besitzen (vgl. Kap. 2.2.2.1.2).

- Robuste Ausreißererkennung:

  Die Erkennung grober Datenfehler sollte so robust sein, daß auch mehr als ein Ausreißer im Datensatz erkannt und (weitgehend automatisch) eliminiert werden kann. L1-Norm-basierte Schätzverfahren sind dafür besonders geeignet (vgl. Kap. 2.3.4).

- Ausführliche Ergebnisausgabe:

  Für die Beurteilung der Näherungswertbeschaffung sollte das Ergebnis in Form von statistischen Daten (z.B. Standardabweichungen), aber auch in grafischer Form (Lage und Orientierung von Objekt und Kameras) ausgegeben werden.

- Automatische und interaktive Festlegung der Bildreihenfolge:

  Ausgehend von einem günstigen Startmodell kann die Reihenfolge der zu orientierenden Bilder automatisch berechnet werden. Es kann allerdings Situationen geben, in denen die berechnete Bildreihenfolge nicht zu einer Konvergenz führt, z.B. durch Bilder, die schlecht durch andere Aufnahmen kontrolliert werden. In diesen Fällen sollte eine interaktive Festlegung der Bildreihenfolge möglich sein.

- Manuelle Aktivierung/Deaktivierung von Punkten und Bildern:

  Im Laufe der Näherungswertbestimmung kann es erforderlich sein, fehlerhafte Punkte oder schwach konfigurierte Bilder zu deaktivieren, um zu einem ersten orientierten Bildverband zu kommen. Liegen ausreichend viele erfolgreich orientierte Bilder vor, können die im ersten Zuge nicht orientierbaren Bilder sukszessive wieder mit hinzugenommen werden.

- Manuelle Vorgabe von Startwerten der gesuchten Näherungswerte:

  Wenn zusätzliche Informationen zum Objekt oder zur Aufnahmekonfiguration bereitgestellt werden können (z.B. aus zusätzlichen Messungen und vorangegangenen Meßperioden), sollten diese zur Stützung der Näherungswertbestimmung verwendet werden können. Insbesondere sollte die Kamerakonstante vorweg näherungsweise vorliegen (z.B. aus der Objektivbrennweite).

Photogrammetrische Meßsysteme, die eine automatische Messung und Identifizierung von Bildpunkten erlauben, erzeugen erheblich weniger grobe Fehler als interaktive Systeme. Solche automatischen Systeme gestatten bei hinreichender Aufnahmekonfiguration daher eine vollautomatische Berechnung von den Näherungswerten bis hin zum Endergebnis der Bündelausgleichung.

4.3.5 Qualitätsmaße und Ergebnisanalyse

4.3.5.1 Ausgabeprotokoll

Typische Bündelausgleichungsprogramme erzeugen während der Berechnung einen ständig aktualisierten Statusbericht am Bildschirm, in dem wichtige Parameter des Programmablaufes dargestellt werden (z.B. Iterationen, Unbekanntenzuschlag, Fehlermeldungen). Nach Beendigung der Berechnung liegt in der Regel eine Ausgabedatei vor, in der die Ergebnisse der Bündelausgleichung zusammengefaßt werden. Sie sollte im wesentlichen folgende Informationen enthalten:

- Liste der Eingabedateien und Steuerparameter, Datum, Projektbeschreibung
- Anzahl der Iterationen und Standardabweichung der Gewichtseinheit s_0
- Liste der Beobachtungen (Bildmessungen) mit Verbesserungen, Zuverlässigkeitsmaßen und Testgrößen, bildweise sortiert
- mittlere Standardabweichungen der Bildkoordinaten, bildweise, getrennt nach x' und y'

- Liste der aufgedeckten oder eliminierten Ausreißer
- Liste der eingegebenen Paßpunkte
- Liste der ausgeglichenen Objektpunkte (Neupunkte) mit Standardabweichungen
- mittlere Standardabweichung der Neupunkte, getrennt nach *X*, *Y* und *Z*
- maximale Verbesserungen und Nummern der entsprechenden Neupunkte
- Daten der inneren Orientierung mit Standardabweichungen
- Korrelationen zwischen den Parametern der inneren Orientierung
- Daten der äußeren Orientierung mit Standardabweichungen
- Korrelationen zwischen den Parametern der inneren und der äußeren Orientierung
- Liste der zusätzlichen (geodätischen) Beobachtungen mit Standardabweichungen

4.3.5.2 Genauigkeit der Bildkoordinaten

Die Genauigkeit der Bildkoordinaten wird aus der Kofaktormatrix berechnet:

$$\hat{s}_i = \hat{s}_0 \cdot \sqrt{q_{ii}} \quad , \tag{4.75}$$

wobei q_{ii} die Hauptdiagonalelemente der Matrix $\mathbf{Q}_{\hat{l}\hat{l}}$ sind (siehe Gleichungen (2.86ff)).

Wenn die Bündelausgleichung ausschließlich mit photogrammetrischen Bildkoordinaten gleicher Genauigkeit als Beobachtungen durchgeführt wird, sollte $\hat{s}_0$ die Genauigkeit der Gerätekombination von Kamera und Bildmeßsystem repräsentieren (siehe Abb. 7.1).

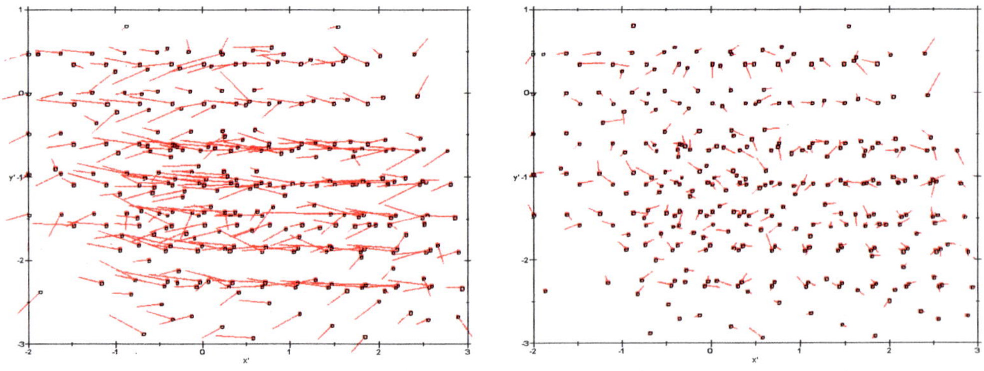

Abb. 4.44: Residuen der Bildkoordinaten

Die Standardabweichungen der gemessenen Bildkoordinaten sollten in x'- und y'-Richtung identisch sein. Unterschiedliche Genauigkeiten deuten auf ein Bildmeßsystem hin, das systematische Einflüsse verursacht. Dies kann z.B. bei der Ausmessung digitaler Bilder entstehen, die mit einem Bildscanner digitalisiert wurden, dessen mechanische Konstruktion in x- und y-Richtung verschieden ausfällt. Bündelausgleichungsprogramme mit Varianzkomponentenschätzung (siehe Kap. 2.3.4.3) erlauben die unterschiedliche Gewichtung einzelner Beobachtungsgruppen mit dem Ziel, Beobachtungen ihrer Bedeutung bzw. Genauigkeit entsprechend am Ausgleichungsprozeß zu beteiligen.

Bei einer grafischen Überprüfung der Restfehlerverteilung sollten keine systematischen Bildfehler mehr erkennbar sein (Abb. 4.44). Eine ausreichende Beurteilung der Objektpunktgenauigkeit ist hierbei jedoch nicht möglich.

4.3.5.3 Genauigkeit der Objektkoordinaten

ADJUSTED OBJECTCOORDINATES / STANDARD DEVIATION

POINT NO.		X	Y	Z	SIGX	SIGY	SIGZ
NP	1	-550.0000	550.0000	0.0000	0.0000	0.0000	0.0000
NP	2	-548.8025	76.6273	0.0256	0.0185	0.0216	0.0215
NP	3	-550.0000	-401.0688	0.0000	0.0000	0.0262	0.0000
NP	4	-24.2578	-401.1035	0.0791	0.0226	0.0287	0.0237
NP	5	498.7059	-402.0520	0.0756	0.0279	0.0336	0.0272
NP	6	500.3934	72.0957	0.0000	0.0256	0.0306	0.0000
NP	7	502.2132	547.5473	0.2088	0.0281	0.0302	0.0280
NP	8	-23.2051	549.0098	-0.0653	0.0223	0.0244	0.0244
NP	9	-43.1530	97.4204	30.7236	0.0203	0.0245	0.0192
NP	10	294.5810	-544.1801	30.9239	0.0250	0.0284	0.0268
NP	11	-369.2470	716.9463	30.9868	0.0210	0.0185	0.0246
NP	12	-355.2835	-119.2167	499.6979	0.0236	0.0275	0.0267
NP	13	322.5481	256.7477	500.5552	0.0235	0.0340	0.0273
NP	14	-367.8961	-96.4070	500.5341	0.0233	0.0275	0.0251
NP	15	309.9189	279.5831	500.7111	0.0238	0.0331	0.0285
NP	16	107.0291	-218.9378	550.2870	0.0254	0.0313	0.0257
NP	17	-186.2447	333.0639	550.1281	0.0247	0.0287	0.0247
NP	18	130.0717	-206.7312	550.6317	0.0262	0.0323	0.0280
NP	19	-163.1959	345.2691	550.4474	0.0252	0.0292	0.0251
NP	20	-46.6227	95.7521	805.8236	0.0288	0.0354	0.0227
NP	21	-26.8039	106.0982	12.3571	0.0330	0.0356	0.0256
NP	22	-30.1330	104.4621	762.3889	0.0334	0.0381	0.0259
NP	23	-59.3026	88.9372	12.1583	0.0326	0.0348	0.0250
NP	24	-62.7803	87.2304	762.2332	0.0312	0.0365	0.0250
NP	25	296.2902	427.7684	48.8427	0.0257	0.0384	0.0426
NP	26	-507.1044	1.5373	71.8683	0.0219	0.0266	0.0273
NP	27	-258.4435	574.2591	62.1512	0.0347	0.0294	0.0437
NP	28	134.0411	-171.4542	405.3036	0.0362	0.0348	0.0439
				RMS:	0.0258	0.0302	0.0267

X-MAX.:	0.0362	AT POINT NO.:	28
Y-MAX.:	0.0384	AT POINT NO.:	25
Z-MAX.:	0.0439	AT POINT NO.:	28

Abb. 4.45: Ergebnisprotokoll der ausgeglichenen Objektkoordinaten (CAP)

In der Regel ist die Genauigkeit der ausgeglichenen Objektpunkte von größter Bedeutung für die Beurteilung einer Bündelausgleichung. Die Genauigkeitsanalyse sollte dabei zwei Kriterien beachten (Beispiel in Abb. 4.45):

- Mittlere Standardabweichung (RMS) sämtlicher Objektpunkte:

  Sie gibt Aufschluß über das gesamte Genauigkeitsniveau der Ausgleichung. Im Zusammenhang mit der mittleren Bildmeßgenauigkeit *dx'* und einem mittleren Bildmaßstab m_b kann die Beziehung zur Genauigkeitsabschätzung überprüft werden (vgl. Kap. 3.2.1.2):

$$dX = q \cdot m_b \cdot dx' \qquad (4.1)$$

Der hier enthaltene Design-Faktor q spiegelt das Genauigkeitsverhalten der geometrischen Aufnahmekonfiguration wieder und liegt in den meisten Fällen zwischen 0.7 und 1.5.

- Maximale Standardabweichung an einzelnen Punkten:

  Im Gegensatz zur mittleren Standardabweichung zeigen die maximalen Restklaffungen einzelner Objektpunkte an, mit welchem Genauigkeitsverlust an problematischen Objektpunkten oder ungünstigen Bereichen des Bildverbandes zu rechnen ist. Werden die Objektkoordinaten für weitere Berechnungen oder Analysen herangezogen, sollten auch die maximalen Standardabweichungen innerhalb der spezifizierten Genauigkeitsgrenzen liegen.

Beide Qualitätskriterien sagen nur etwas über die *innere Genauigkeit* der photogrammetrischen Auswertung aus. Hierbei ist noch zu unterscheiden, ob das Datum des Objektkoordinatensystems zwangsfrei (durch minimale Paßpunktzahl oder freie Netzausgleichung) festgelegt wurde oder ob etwaige Spannungen im Paßpunktfeld mit in die Genauigkeit der Objektpunkte einfließen.

Liegt über alle Bilder eine homogene Bildmeßgenauigkeit vor, sind unterschiedliche Genauigkeiten in den Objektpunkten vor allem auf folgende Ursachen zurückzuführen:

- unterschiedliche Bildmaßstäbe bzw. Aufnahmeentfernungen
- unterschiedliche Anzahl von Bildstrahlen pro Objektpunkt
- unterschiedliche Schnittwinkel homologer Bildstrahlen
- unterschiedliche Erkennbarkeit der Objektpunkte
- unterschiedliche Nutzung des Bildformates, z.B. der Bildrandbereiche, in denen die Verzeichnung häufig ungenauer bestimmt ist
- Netzspannungen in den Paßpunkten

Die *äußere Genauigkeit* einer Auswertung läßt sich nur durch den Vergleich von photogrammetrisch bestimmten Objektpunkten oder Strecken mit übergeordnet genau vorliegenden Referenzen bestimmen. Eine durchgreifende Kontrolle ist dabei nur mit solchen Objektinformationen möglich, die nicht als Paßpunkte oder –strecken in der Bündelausgleichung eingesetzt wurden (unabhängige Kontroll- oder Vergleichspunkte). Erst durch diese unabhängige Kontrolle werden sämtliche Eigenschaften des photogrammetrischen Systems sichtbar und eine durchgreifende Genauigkeitsaussage möglich. Vorschläge zur Überprüfung photogrammetrischer Systeme werden in Kap. 6.5 weiter diskutiert.

4.3.5.4 Genauigkeit der Simultankalibrierung

Die ausgeglichenen Parameter der inneren Orientierung sowie ihre Korrelationen sind zu analysieren, wenn das Aufnahmesystem innerhalb der Bündelausgleichung simultan kalibriert wird.

```
CAMERA NO.          10         R0:   20.0000       FOCAL LENGTH (MM)   S.D. (MM)
                                                   C :       -59.2616     0.0065

PRINCIPLE POINT     S.D. (MM)                      RAD.SYM.DIST.        S.D.
X0:        0.0636    0.0035                        A1:   -0.193D-04   0.476D-06
Y0:        0.1284    0.0040                        A2:    0.556D-08   0.763D-09


CORRELATION BETWEEN PARAMETERS OF INTERIOR ORIENTATION
        C      X0     Y0     A1     A2
  C   1.00
  X0  0.03  1.00
  Y0  0.21  0.03  1.00
  A1  0.04  0.00  0.00  1.00
  A2  0.05  0.00  0.10 -0.97  1.00
```

Abb. 4.46: Ergebnis einer Simultankalibrierung mit Korrelationen zwischen den Parametern

Abb. 4.46 zeigt den Ausschnitt eines Berechnungsprotokolls mit den ausgeglichenen Daten der inneren Orientierung, ihren Standardabweichungen und einer Matrix, die die Korrelationen zwischen den Parametern darstellt. Zu den einzelnen Größen können folgende allgemeine Hinweise gegeben werden:

- Kamerakonstante c:

  Der Wert von c entspricht normalerweise der Bildweite (Brennweite bei ∞). Bei Aufnahme ebener Objekte ohne Schrägaufnahmen kann die Kamerakonstante jedoch nicht eindeutig bestimmt werden, so daß entweder der Wert von c selbst nicht plausibel erscheint oder seine entsprechende Standardabweichung höher als erwartet ausfällt. Im übrigen bedeutet das nicht, daß die Objektpunkte schlechter bestimmt worden sind. Soll das Ergebnis der Bündelausgleichung aber für eine tatsächliche Kalibrierung der Kamera herangezogen werden, mit deren Daten an anderer Stelle weitergearbeitet wird, sollte die Kamerakonstante eindeutig und mit einer Standardabweichung in der Größenordnung der Bildmeßgenauigkeit berechnet worden sein.

- Bildhauptpunkt x'_0, y'_0:

  Die absolute Lage des Bildhauptpunktes spielt in der Regel keine Rolle, wenngleich die meisten Bildkoordinatensysteme ihren Ursprung in der Nähe des Projektionszentrums haben. Die Standardabweichung der Hauptpunktkoordinaten sollte in der Größenordnung der Bildmeßgenauigkeit liegen.

- Radial-symmetrische Verzeichnung A_1, A_2, A_3:

  Die Parameter der radial-symmetrischen Verzeichnung stellen in der Regel die wirksamsten zusätzlichen Parameter dar. Ihre Standardabweichungen sollten deutlich niedriger als die Parameter selbst sein. Der Parameter A_2 ist sehr häufig stark korreliert mit A_1 (wie im Beispiel von Abb. 4.46), was sich jedoch nicht negativ auf das Gesamtergebnis (insbesondere die Objektkoordinaten) auswirken muß. Der Parameter A_3 ist nur in Ausnahmefällen, z.B. bei bestimmten Fisheye-Objektiven, signifikant bestimmbar.

- Tangential-asymmetrische Verzeichnung B_1, B_2 sowie Affinität und Scherung C_1, C_2:

  Für die weiteren (optionalen) zusätzlichen Parameter gelten die gleichen Aussagen wie für A_1 und A_2. Für viele analoge Meßkameras sind diese Parameter kaum noch signifikant zu bestimmen und weisen oft hohe Korrelationen zu den anderen Parametern der inneren Orientierung auf. Digitale Kameras oder Videokameras sollten in jedem Fall mit diesen Parametern kalibriert werden.

Korrelationen zwischen den Parametern der inneren Orientierung sowie zwischen innerer und äußerer Orientierung sollten durch eine geeignete Aufnahmekonfiguration (siehe Kap. 7.2) minimiert werden. Sie spielen jedoch grundsätzlich keine Rolle für die Punktbestimmung, solange der Berechnungsvorgang in einem Guß, also innerhalb eines mathematischen Systems erfolgt. Werden einzelne Parameter jedoch herausgezogen und für weitere externe Berechnungen verwendet (z.B. Orientierungsparameter für separate Vorwärtsschnittberechnungen), können die Korrelationen (genauer: die Varianz-Kovarianz-Matrix) in der Regel nicht weiter berücksichtigt werden und führen somit zu Verfälschungen des funktionalen Modells.

4.3.6 Strategien zur Bündelausgleichung

In praktischen Anwendungen kommt es häufig vor, daß Näherungswertbeschaffung und Bündelausgleichung nicht im ersten Anlauf erfolgreich berechnet werden oder daß das Endergebnis nicht den gestellten Anforderungen entspricht. Zur Vermeidung dieser Probleme sollen daher im folgenden einige praktische Hinweise und Vorschläge zu Arbeitsabläufen und Strategien bei der Bündeltriangulation gegeben werden.

4.3.6.1 Simulation

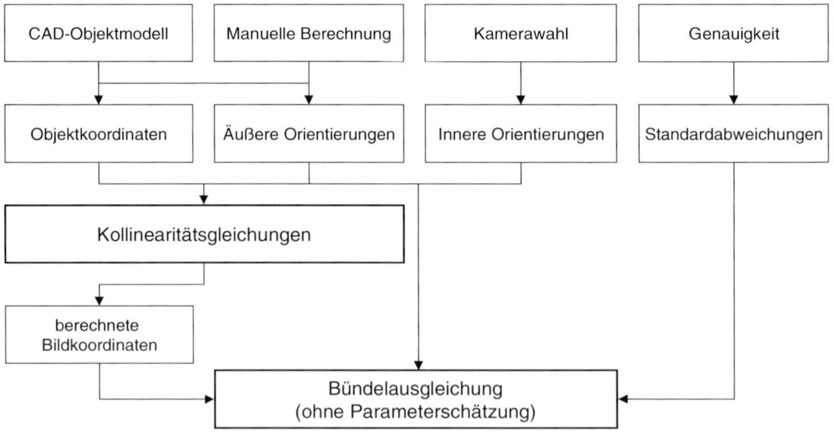

Abb. 4.47: Simulation durch Bündelausgleichung

Die Simulation von Aufnahmesituationen ist eine Methode der Aufnahmeplanung (vgl. Kap. 7.1.4). Ziel ist die a priori Genauigkeitsabschätzung zur Optimierung einer Aufnahmekonfiguration, ohne daß reale Messungen vorliegen. Dazu muß das aufzunehmende Meßobjekt durch simulierte Objektpunkte beschrieben werden, die in Anzahl und räumlicher Verteilung der späteren Messung entsprechen. Die dazu notwendigen 3D-Koordinaten können zum einen manuell bereitgestellt werden, wenn das Objekt nicht zu komplex aufgebaut ist. Zum anderen können die Koordinaten einem bekanntem CAD-Modell des Objektes oder einer vorangegangenen Messung entnommen werden (Abb. 4.47).

Wesentlich komplizierter ist die a priori Festlegung von Aufnahmestandorten und Aufnahmerichtungen (äußere Orientierungen). Während bei regelmäßigen Bildverbänden (Beispiel in Abb. 4.23) leicht Orientierungsdaten vorgegeben werden können, ist die Aufnahmeanordnung bei komplexen Objektstrukturen häufig erst direkt vor Ort festzulegen. Dabei besteht einerseits eine größere Flexibilität für die Wahl der Aufnahmekonfiguration, andererseits treten häufig unvorhergesehene Probleme in Form von Verdeckungen oder eingeschränkten Aufnahmestandorten auf.

Schließlich müssen Kameradaten sowie a priori Genauigkeiten festgelegt werden. Aus den vorgegebenen Objektkoordinaten und Orientierungsdaten lassen sich über die Kollinearitätsgleichungen entsprechende Bildkoordinaten bestimmen. Mit Hilfe dieser simulierten Eingabedaten wird eine Bündelausgleichung gerechnet, in der jedoch keine vollständige Parameterschätzung, sondern lediglich die Kovarianzmatrix der Unbekannten mit den interessierenden Standardabweichungen bestimmt wird. Objektpunkte, Aufnahmekonfiguration, Kamerawahl und Genauigkeiten können nun solange variiert werden, bis das Gesamtergebnis der Ausgleichung zufriedenstellend ist (vgl. Kap. 7.1.4).

4.3.6.2 Divergenz

Nicht-konvergierende Bündelausgleichungen stellen häufig ein gravierendes Problem in praktischen Anwendungen dar, weil die üblichen statistischen Verfahren zur Fehlererkennung erst greifen, wenn wenigstens eine Iteration der Ausgleichung vollständig durchgelaufen ist. Die Ursache divergierender Ausgleichungen liegt üblicherweise in:

- Fehlerhafte Eingabedaten:

  Fehler in Dateiformaten, physikalischen Einheiten, Schreibfehler usw., die normalerweise von Programmen aufgedeckt werden sollten, häufig jedoch unerkannt bleiben.

- Schlechte Näherungswerte:

  Zu schlechte Näherungswerte der Unbekannten führen zu einer mangelhaften Linearisierung des funktionalen Modells.

- Ausreißer im Datensatz:

  Identifizierungsfehler von Punkt- oder Bildnummern sowie Meßfehler, die größer als das Signifikanzniveau der gesamten Bildmessung liegen. Sie sind teilweise durch statistische Tests aufdeckbar, wenn robuste Schätzverfahren eingesetzt werden (Kap. 2.3.4).

- Mangelnde Aufnahmegeometrie:

  Schlechte Strahlenschnitte, nur wenige Strahlen pro Objektpunkt und/oder mangelnde innere Orientierung führen zu schlecht konditionierten Normalgleichungen sowie zu geringer Zuverlässigkeit der Ausgleichung.

Zur Lösung divergierender Bündelausgleichungen sollten daher folgende Schritte unternommen werden:

1) Kontrolle der Eingabedaten;
2) Kontrollierter Programmabbruch nach der 0. Iteration und Überprüfung der Differenzen zwischen Näherungswerten und „ausgeglichenen" Unbekannten (siehe Kap. 2.3.4.1); große Abweichungen deuten auf problematische Eingabedaten hin;
3) Vorabkorrektur der Bildkoordinaten um bekannte Verzeichnungseffekte;
4) Ausgleichung ohne Simultankalibrierung im ersten Durchgang und anschließende sukzessive Hinzunahme von zusätzlichen Parametern (Verzeichnungsparametern), wenn Ausreißer im Datensatz eliminiert worden sind;
5) Kontrolle der Aufnahmegeometrie von Bildern, in denen Ausreißer aufgedeckt werden. Der Verschmierungseffekt der Kleinsten-Quadrate-Lösung kann zu einer fehlerhaften Identifizierung von Ausreißern führen.

4.3.6.3 Elimination grober Datenfehler

Insgesamt ist die Bündelausgleichung sehr empfindlich gegenüber groben Meßfehlern (Ausreißern) im Datensatz. Grobe Fehler entstehen in komplexeren Bildverbänden leicht durch Verwechseln von Objektpunkten und Vergabe falscher Punkt- oder Bildnummern. Fehlerhafte Bildmessungen sind dagegen nicht so häufig anzutreffen. Grobe Fehler können insbesondere in geometrisch weniger stabilen Aufnahmekonfigurationen unentdeckt bleiben, wenn die auf den Redundanzanteilen einer Beobachtung aufbauenden Testverfahren ohne Aussagekraft sind (siehe Kap. 2.3.3.4). Dies ist besonders kritisch, wenn es sich um Beobachtungen an sogenannten *Hebelpunkten* handelt, deren Einfluß auf die Gesamtgeometrie sehr groß ist, ohne daß sie durch andere (benachbarte) Beobachtungen kontrolliert werden können.

Die meisten Bündelausgleichungsprogramme erlauben sowohl die manuelle als auch die automatische Eliminierung von Ausreißern. In beiden Fällen sollte in jedem Ausgleichungsdurchgang jeweils nur ein Ausreißer eliminiert werden. In der Regel ist das diejenige Beobachtung, die die größte normierte Verbesserung aufweist. Das Ausgleichungsprogramm sollte dabei erlauben, die entsprechende Beobachtung nur inaktiv zu setzen, um sie gegebenenfalls später wieder in den Datensatz aufzunehmen.

Bei der Eliminierung von Beobachtungen sollte kontrolliert werden, welcher Objektbereich und welches Bild betroffen ist. Unkontrolliertes Herausnehmen von Beobachtungen kann zu schlechten Aufnahmegeometrien führen, wenn das Objekt ohnehin nur durch wenige Objektpunkte oder wenige Aufnahmen abgebildet ist. Wird das gesamte System auf zu wenig (übrig gebliebene) Beobachtungen gestützt, ist zum einen kein durchgreifender Ausreißertest mehr möglich, zum anderen kann ein plausibles Ergebnis vorgetäuscht werden, auch wenn grobe Fehler im Datensatz enthalten sind.

4.4 Objektrekonstruktion

4.4.1 Einzelbildauswertung

Verfahren der Einzelbildauswertung haben zum Ziel, aus nur *einer* photogrammetrischen Aufnahme heraus entweder Koordinaten von Objektpunkten zu bestimmen oder eine (optische oder rechnerische) Umbildung der Aufnahme in eine andere Projektion vorzunehmen (Abb. 4.48). In beiden Fällen werden Orientierungsdaten des Bildes und geometrische Zusatzinformationen (Paßpunkte, geometrische Elemente) des Objektes benötigt. Grundsätzlich wird zwischen der Auswertung ebener Objekte und beliebiger dreidimensionaler Objektoberflächen unterschieden.

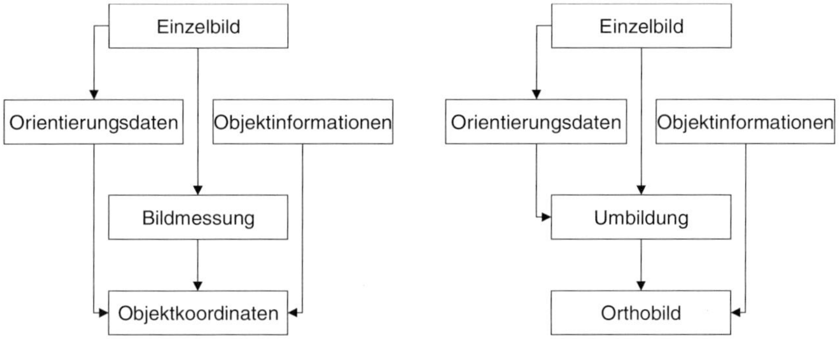

Abb. 4.48: Einzelbildauswertungen

4.4.1.1 Projektive Transformation

4.4.1.1.1 Mathematisches Modell

Die Auswertung ebener Objektoberflächen stellt einen Sonderfall der Einbildphotogrammetrie dar. Die zentralperspektive Abbildung eines ebenen Objektes in eine ebene Bildfläche kann mit Hilfe der Projektivtransformation (vgl. Kap. 2.2.1.5) beschrieben werden.

Die Umkehrung der Kollinearitätsgleichungen (4.8) lautet (ohne Verzeichnung):

$$X = X_0 + (Z - Z_0) \cdot \frac{r_{11} \cdot (x'-x'_0) + r_{12} \cdot (y'-y'_0) - r_{13} \cdot c}{r_{31} \cdot (x'-x'_0) + r_{32} \cdot (y'-y'_0) - r_{33} \cdot c}$$
$$Y = Y_0 + (Z - Z_0) \cdot \frac{r_{21} \cdot (x'-x'_0) + r_{22} \cdot (y'-y'_0) - r_{23} \cdot c}{r_{31} \cdot (x'-x'_0) + r_{32} \cdot (y'-y'_0) - r_{33} \cdot c} \qquad (4.67)$$

Bei bekannter innerer und äußerer Orientierung eines Bildes lassen sich mit (4.67) die Objektkoordinaten *X* und *Y* berechnen, wenn die Größe *Z* (z.B. *Z*=0 für die *XY*-Ebene) bekannt ist. Durch Zusammenfassung der konstanten Orientierungsparameter ergeben sich nach Umformung die Abbildungsgleichungen der ebenen Zentralprojektion:

$$X = \frac{a_0 + a_1 x' + a_2 y'}{c_1 x' + c_2 y' + 1}$$
$$Y = \frac{b_0 + b_1 x' + b_2 y'}{c_1 x + c_2 y + 1} \tag{4.68}$$

Die acht Parameter der Gleichungen (4.68) können mit Hilfe von vier oder mehr ebenen Paßpunkten bestimmt werden, von denen nicht drei auf einer Geraden liegen dürfen. Das (überbestimmte) Gleichungssystem wird durch iterative Ausgleichung nach vermittelnden Beobachtungen gelöst. Ausgehend von den Näherungswerten

$$a_1 = b_2 = 1$$
$$a_0 = a_2 = b_0 = b_1 = c_1 = c_2 = 0$$

und der Substitution

$$N_i = c_1 x'_i + c_2 y'_i + 1$$

werden folgende Verbesserungsgleichungen aufgestellt (ALBERTZ & KREILING 1989):

$$v_{Xi} = \frac{1}{N_i} \cdot da_0 + \frac{x'_i}{N_i} \cdot da_1 + \frac{y'_i}{N_i} \cdot da_2 + \frac{x'_i X_i}{N_i} \cdot dc_1 + \frac{y'_i X_i}{N_i} \cdot dc_2 - \frac{lx_i}{N_i}$$
$$v_{Yi} = \frac{1}{N_i} \cdot db_0 + \frac{x'_i}{N_i} \cdot db_1 + \frac{y'_i}{N_i} \cdot db_2 + \frac{x'_i Y_i}{N_i} \cdot dc_1 + \frac{y'_i Y_i}{N_i} \cdot dc_2 - \frac{ly_i}{N_i}$$

mit

$$-lx_i = a_0 + a_1 x'_i + a_2 y'_i - c_1 x'_i X_i - c_2 y' X_i - X_i$$
$$-ly_i = b_0 + b_1 x'_i + b_2 y'_i - c_1 x'_i Y_i - c_2 y' Y_i - Y_i$$

Die Näherungswerte einer Iteration *k* werden mit den Unbekanntenzuschlägen schrittweise verbessert, bis keine nennenswerte Änderung mehr eintritt.

$$a_0^{k+1} = a_0^k + da_0^k$$
$$usw.$$

Eine direkte, nicht-iterative Bestimmung der Koeffizienten gelingt mit Hilfe der linearen Gleichungen (2.13). Dann lauten die Bestimmungsgleichungen:

$$
\begin{aligned}
a_0 + a_1 x_i + a_2 y_i - c_1 x_i X_i - c_2 y_i X_i &= X_i \\
b_0 + b_1 x_i + b_2 y_i - c_1 x_i Y_i - c_2 y_i Y_i &= Y_i
\end{aligned} \tag{4.69}
$$

die direkt nach dem Schema

$$\mathbf{A} \cdot \hat{\mathbf{x}} = \mathbf{l} \tag{4.70}$$

gelöst werden können.

Mit Hilfe der aus Paßpunkten bestimmten Transformationsparameter lassen sich mit (4.68) beliebige weitere Bildkoordinaten in Objektkoordinaten abbilden.

Abb. 4.49 zeigt die Lage von fünf ebenen Objektpunkten und die entsprechenden Bildkoordinaten mit den berechneten Transformationsparametern. Für den Sonderfall c_1=0 und c_2=0 geht die Projektivtransformation (4.68) in eine Affintransformation (Gl. 2.6) über. Für den weiteren Spezialfall, daß Objektebene und Bildebene parallel zueinander liegen (Abb. 4.49 oben rechts), kann (4.68) durch eine ebene Ähnlichkeitstransformation (2.2) ersetzt werden.

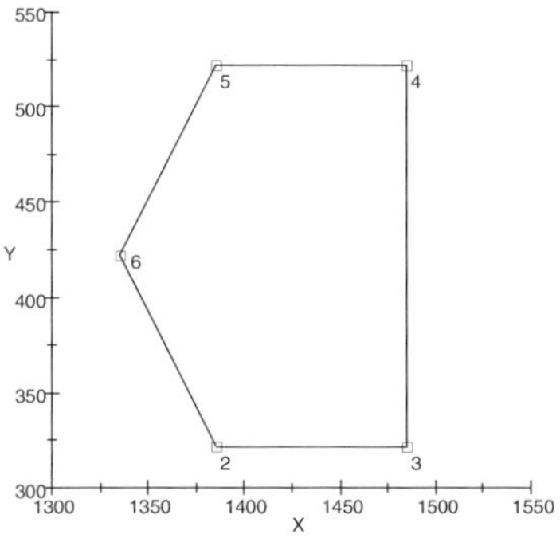

Bildkoordinaten (ω=0°, φ=0°, κ=28°)

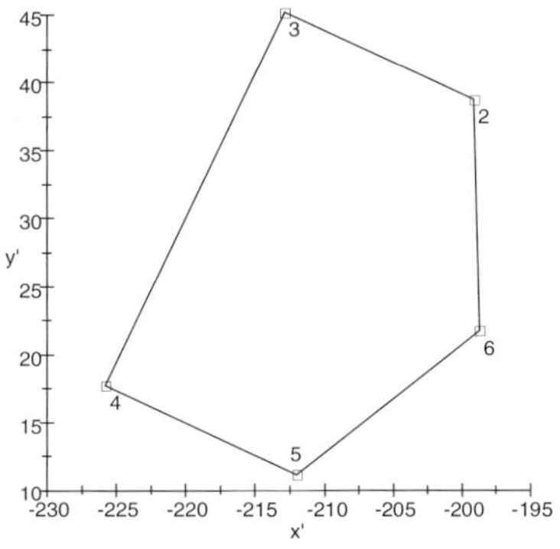

Koeffizienten

a1=-5.95272
a2= 2.80113
a3=-0.00000
b1=-2.80113
b2=-5.95271
b3=-0.00000
c1= 0.00000
c2=-0.00000

Objektkoordinaten

Pkt	X	Y
2	1385	322
3	1485	322
4	1485	522
5	1385	522
6	1335	422

Bildkoordinaten (ω=15°, φ=43°, κ=28°)

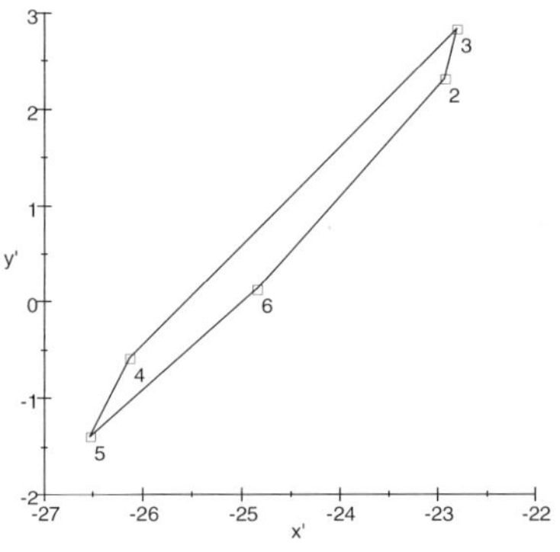

Koeffizienten

a1=-247.12955
a2= 239.67439
a3= -2.64791
b1= -94.02844
b2= 36.02092
b3= 1.67930
c1= 0.16266
c2= -0.16966

Abb. 4.49: Projektivtransformation eines ebenen Fünfecks

4.4.1.1.2 Einfluß der inneren Orientierung

Das oben beschriebene Modell der Zentralprojektion setzt geradlinige Abbildungsstrahlen durch das Projektionszentrum voraus. Während die räumliche Lage des Projektionszentrums (Kamerakonstante c, Hauptpunktlage x'_0, y'_0) durch die Parameter der Projektivtransformation erfaßt werden, können etwaige Einflüsse durch Objektivverzeichnung nicht kompensiert werden.

Die Bildkoordinaten müssen also vor der Projektivtransformation um die Verzeichnungseffekte korrigiert werden. Dabei ist darauf zu achten, daß die in der Kamerakalibrierung bestimmten Verzeichnungsparameter nicht mit den weiteren Parametern der inneren und äußeren Orientierung numerisch korreliert sind, da in der Regel das mathematische Modell der Kamerakalibrierung (z.B. in der Bündelausgleichung) und das Modell der ebenen Projektivtransformation verschieden sind. Eine von den Orientierungsparametern numerisch unabhängige Bestimmung der Verzeichnung kann z.B. mit der Plumbline-Methode erfolgen (vgl. Kap. 7.2.1.3).

4.4.1.1.3 Einfluß nicht-ebener Objektpunkte

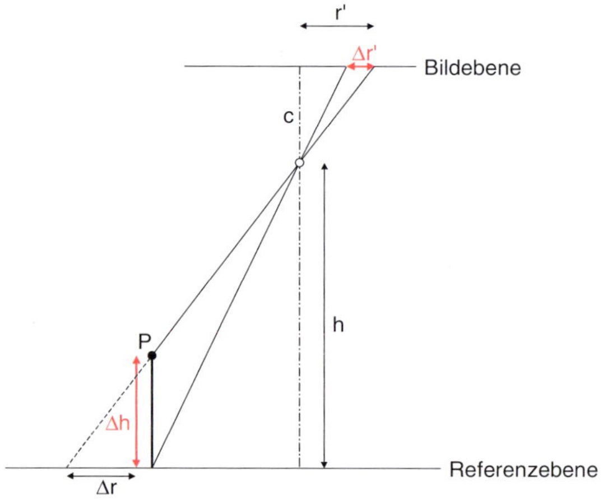

Abb. 4.50: Lageversatz durch Höhenunterschied

Objektpunkte, die nicht in der durch die Paßpunkte aufgespannten Ebene liegen, sind bei der Koordinatenbestimmung durch Projektivtransformation mit einem Lagefehler behaftet. Dieser ist sowohl vom Höhenunterschied über der Referenzebene als auch von der Lage des Punktes im Bild abhängig. Nach Abb. 4.50 folgt für den resultierenden Lageversatz im Bildraum $\Delta r'$:

$$\Delta r' = \frac{r'}{h} \Delta h \tag{4.71}$$

Der Lageversatz im Bild überträgt sich mit dem Bildmaßstab in einen entsprechenden Versatz in der Referenzebene:

$$\Delta r = \frac{h}{c}\Delta r' = m_b \Delta r' \tag{4.72}$$

Mit den obigen Gleichungen läßt sich auch bestimmen, wie groß der maximale Höhenunterschied eines Punktes gegenüber der Referenzebene sein darf, um einen bestimmten Lagefehler im Bild nicht zu überschreiten.

Beispiel 4.1:

Für die Vermessung einer ebenen Platte (vgl. Kap. 6.3.3.1.3) liegt eine digitale Videoaufnahme mit folgenden Daten vor: c=8mm, h=2.5m, r'_{max}=5mm. Gesucht ist die maximal zulässige Abweichung aus der Objektebene, damit der resultierende Lageversatz im Objektraum Δr kleiner als 1mm bleibt.

Lösung:

1. Bildmaßstab $$m_b = \frac{h}{c} = \frac{2.5m}{0.008m} = 312$$

2. Mit (4.71) und (4.72) folgt $$\Delta h = \Delta r \frac{c}{r'_{\max}} = 1.0mm \cdot \frac{8mm}{5mm} = 1.6mm$$

4.4.1.1.4 Ebene Entzerrung

Neben der Koordinatenbestimmung stellt die Projektivtransformation die mathematische Grundlage für die ebene optische oder digitale Entzerrung dar. Ziel ist die Umbildung des fotografischen oder digitalen Bildes in eine neue Projektion, im allgemeinen in eine Parallelprojektion.

Bei der ebenen projektiven Entzerrung wird der gesamte Bildbereich (bzw. ein definierter Ausschnitt) einheitlich mit den Parametern der Projektivtransformation in das Referenzsystem (Zielsystem) entzerrt, d.h. jeder Bildpunkt des zu entzerrenden Ausschnittes wird mit denselben Koeffizienten transformiert. Im Gegensatz dazu muß bei nicht-ebenen Objekten jeder Bildpunkt als Funktion seiner zugehörigen XYZ-Koordinaten entzerrt werden (differentielle Entzerrung oder Orthobilderstellung, siehe Kap. 4.4.1.2.3).

Für die Nahbereichsphotogrammetrie ist die analoge optische Umbildung (mit Entzerrungsgeräten) nicht (mehr) von großem Interesse. Die digitale Entzerrung hat hingegen an Bedeutung gewonnen, z.B. zur Erstellung entzerrter Bildpläne von Hausfassaden oder zur Überlagerung von CAD-Flächenelementen mit natürlichen Texturen (siehe Kap. 5.3). Abb. 4.51 zeigt dazu das Beispiel der ebenen Entzerrung einer Hausfassade. Objektbereiche, die nicht zur definierten Referenzebene gehören, werden entsprechend verzerrt dargestellt.

Originalbild

Entzerrung auf Fassadenebene

Abb. 4.51: Beispiel einer ebenen Entzerrung

4.4.1.2 Auswertung mit dreidimensionalen Objektmodellen

Der durch den Bildpunkt definierte Raumstrahl kann mit der Objektoberfläche zum Schnitt gebracht werden, wenn die innere und äußere Orientierung des Bildes vorliegt und ein Modell der Oberfläche existiert. Das Modell kann durch ein hinreichend dichtes Punktraster (Digitales Oberflächen- oder Höhenmodell) oder durch ein bekanntes mathematisches Element (z.B. Gerade, Ebene, Zylinder) gebildet werden. Der Schnittpunkt des Raumstrahles mit dem Objektmodell bildet eine dreidimensionale Objektkoordinate.

4.4.1.2.1 Objektebenen

Das Prinzip der photogrammetrischen Punktbestimmung innerhalb einer Objektebene wird in Abb. 4.52 dargestellt. Die Raumkoordinaten des Objektpunktes *P* entstehen durch den Schnitt der Objektebene mit dem Raumstrahl, der durch den Bildpunkt *P'* und das Projektionszentrum *O'* definiert ist. Die Auswerteebene kann definiert werden, indem zum Beispiel photogrammetrisch mindestens drei Punkte der Ebene bestimmt werden. Die Ebenenparameter ergeben sich durch Berechnung einer Ausgleichsebene (vgl. Kap. 2.4.2.2).

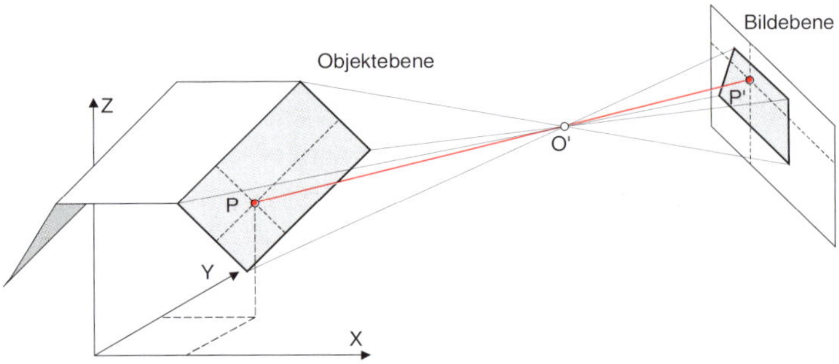

Abb. 4.52: Einzelbildauswertung in einer Objektebene

4.4.1.2.2 Digitale Oberflächenmodelle

Eine beliebige Objektoberfläche (Freiformoberfläche) kann durch ein hinreichend dichtes Raster von 3D-Koordinaten approximiert werden (Digitales Oberflächenmodell DOM, siehe Kap. 2.4.3.1). Das Punktraster kann regelmäßig (z.B. $\Delta X=\Delta Y=\text{const.}$) oder unregelmäßig aufgebaut sein. Objektkanten (Bruchkanten) können durch spezielle Punktcodierungen oder zusätzliche vektorielle Informationen beschrieben werden. Innerhalb des Oberflächenmodells können weitere Punkte durch Interpolation berechnet werden (KRAUS 1994).

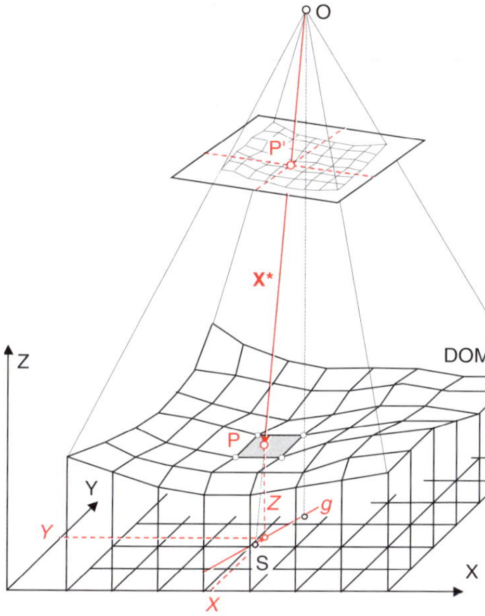

Abb. 4.53: Punktbestimmung im digitalen Oberflächenmodell (DOM)

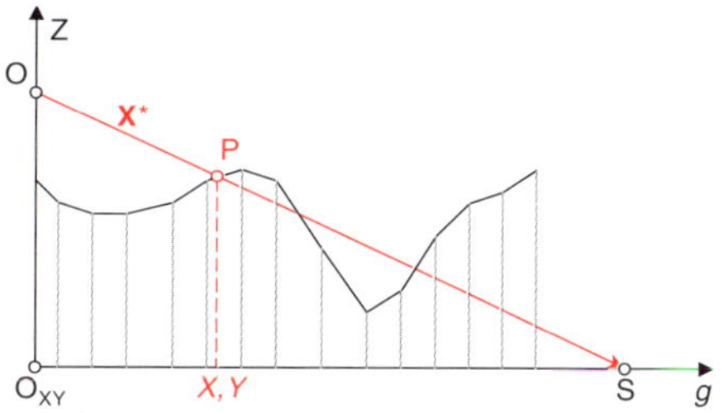

Abb. 4.54: Suche und Interpolation des Objektpunktes *P*(*XYZ*) im Höhenprofil über *g*

Abb. 4.53 zeigt das Prinzip der räumlichen Punktbestimmung aus einem Einzelbild mit Hilfe eines digitalen Oberflächenmodells (DOM) des Objektes. Die durch die gemessenen Bildkoordinaten x', y' und c gegebene Raumrichtung im Bildkoordinatensystem (Bildvektor $\mathbf{x}'$) wird mit der äußeren Orientierung in den Raumvektor $\mathbf{X}^*$ überführt (Ähnlichkeitstransformation mit beliebigem Maßstab, z.B. $m=1$). Dieser schneidet das DOM, wobei der Punkt P durch den Schnitt mit der durch die benachbarten Punkte gegebenen Ebene gebildet wird.

Zur Festlegung des Schnittpunktes bestimmt man die Gerade g, die durch den Schnittpunkt S von $\mathbf{X}^*$ mit der XY-Ebene und den Lotfußpunkt des Projektionszentrums O_{XY} verläuft (Abb. 4.54). Ausgehend von O_{XY} sucht man entlang dieser Geraden den Punkt P mit einem im Schnittprofil interpolierten Höhenwert Z, der zwischen zwei Z-Werte benachbarter Profilpunkte fällt.

Das Verfahren wird als *Monoplotting* bezeichnet. Es ist in der Nahbereichsphotogrammetrie nicht sehr verbreitet, gewinnt jedoch im Zusammenhang mit CAD-Modellen an Bedeutung. So zeigt das Beispiel in Abb. 4.55 die Bestimmung der Wasserlinie eines fahrenden Schiffmodells aus einem orientierten Einzelbild. Das Oberflächenmodell wird aus einer dichten Folge von CAD-Profilen gebildet, die mit der im Bild bestimmten Wasserlinie zum Schnitt gebracht werden.

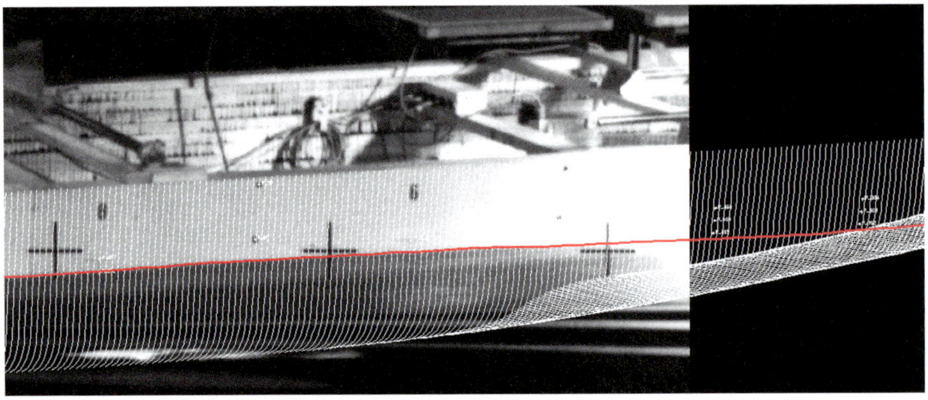

Abb. 4.55: Einzelbildauswertung zur Ermittlung der Wasserlinie durch Schnitt mit dem 3D-CAD-Modell des Schiffmodells

4.4.1.2.3 Differentielle Entzerrung

Zur Erzeugung eines Orthobildes durch differentielle Entzerrung wird jeder Punkt (differentiell kleines Oberflächenstück) aufgrund seiner XYZ-Koordinaten individuell abgebildet. Ziel ist die Erstellung eines neuen Bildes, das die Objektoberfläche in einer Parallelprojektion darstellt. Der Berechnungsvorgang für ein digitales Orthobild, das einen rechteckigen Ausschnitt der Grundrißebene XY abbilden soll, läuft in folgenden Schritten ab (Abb. 4.56):

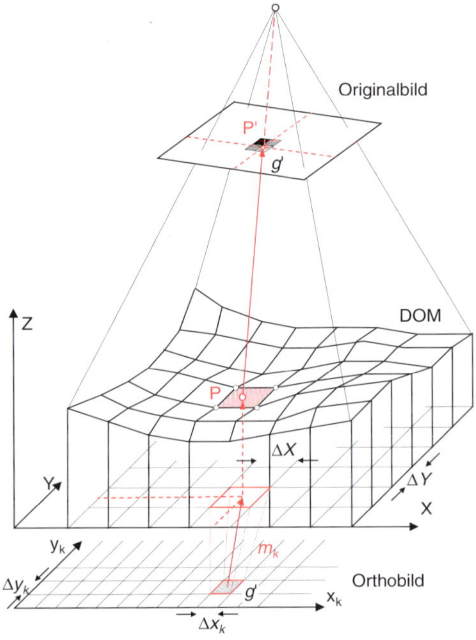

Abb. 4.56: Prinzip der Orthobilderstellung

1. Festlegung des abzubildenden rechteckigen Objektbereiches:

   Untere linke Ecke: X_1, Y_1
   Obere rechte Ecke: X_2, Y_2

2. Festlegung des Ausgabemaßstabes und der Druckdichte der abzubildenden Punkte:

   Der Ausgabemaßstab (Kartenmaßstab) des Orthobildes m_k und die für die Ausgabe (Druck) erforderliche Punktdichte Δx_k, Δy_k bestimmen anschließend die entsprechende Rasterweite (Punktabstand) im Objektraum.

3. Festlegung der Rasterweite $\Delta X,\Delta Y$, in der das Objekt „abgetastet" wird:

   $$\Delta X = m_k \cdot \Delta x_k$$
   $$\Delta Y = m_k \cdot \Delta y_k$$

4. Für jeden Rasterpunkt $(X,Y)_i$ wird der zugehörige Z_i-Wert aus dem gegebenen Oberflächenmodell interpoliert:

   $$X_i = X_1 + j \cdot \Delta X \qquad Z_i = Z(X_i, Y_i)$$
   $$Y_i = Y_1 + k \cdot \Delta Y$$

5. Mit Hilfe der Kollinearitätsgleichungen (4.8) und der gegebenen Parameter der inneren und äußeren Orientierung wird die zu $(X,Y,Z)_i$ gehörende Bildkoordinate $(x',y')_i$ berechnet:

   $$x'_i = \mathrm{F}\,(X_0, Y_0, Z_0, \omega, \varphi, \kappa, x'_0, c, dx', X_i, Y_i, Z_i)$$
   $$y'_i = \mathrm{F}\,(X_0, Y_0, Z_0, \omega, \varphi, \kappa, y'_0, c, dy', X_i, Y_i, Z_i)$$

6. An der Stelle $(x',y')_i$ wird aus dem (digitalen) Bild der dort gespeicherte Grauwert bestimmt. Dies geschieht in der Regel durch Interpolation, da $(x',y')_i$ reelle Zahlenwerte sind und nicht in das ganzzahlige Pixelraster des Bildes fallen (siehe Kap. 5.3.2):

   $$g'_i = g(x',y')_i$$

7. Der interpolierte Grauwert g'_i wird im Ausgabebild an der Stelle $(x,y)_i$ abgespeichert:

   $$x_i = x_1 + j \cdot \Delta x_k$$
   $$y_i = y_1 + k \cdot \Delta y_k$$

Das oben beschriebene Verfahren transformiert jeden Punkt des Orthobildes in das Originalbild. Zur Reduzierung des Rechenaufwandes kann mit der *Ankerpunkt-Methode* ein gröberes Raster berechnet werden, in dem die Grauwerte anschließend linear interpoliert werden (KRAUS 1994).

Abgebildete Objektbereiche, die nicht durch das Oberflächenmodell beschrieben werden, werden im Ergebnisbild wiederum lageversetzt und verzerrt dargestellt. Sichttote Objektbereiche, die im Bild verdeckt sind, führen zu leeren (schwarzen) Flächen im Orthobild und können nur durch weitere Bilder aus anderen Blickwinkeln abgebildet werden. Dieses Verfahren erfordert allerdings eine aufwendige Strahlverfolgung (*ray tracing*) bzw. eine simultane Mehrbildauswertung, z.B. durch das Verfahren der objektgestützten Mehrbildauswertung (vgl. Kap. 5.5.5).

Die differentielle Entzerrung kann grundsätzlich auf beliebige Projektionen und Oberflächen angewandt werden. Es müssen dabei lediglich die in Schritt 3) und 4) verwendeten Transformationen, die den Zusammenhang zwischen den 2D-Koordinaten des Ausgabebildes und den 3D-Objektkoordinaten herstellen, gegen entsprechende Funktionen ausgetauscht werden. So lassen sich z.B. Zylinder- oder Kugelprojektionen, aber auch die oben beschriebene ebene Projektivtransformation herstellen.

Das Orthobild kann auch dadurch entstehen, daß mehrere Teilansichten oder mehrere Originalbilder zu einem Gesamtmosaik zusammengefügt werden. Dies zur Herstellung von Luftbildkarten bekannte Vorgehen wird in der Nahbereichsphotogrammetrie vor allem im Zusammenhang mit Fassadenaufnahmen und der Erzeugung natürlich texturierter CAD-Modelle verwendet (Abb. 5.57, Kap. 5.3.3, HÖHLE 1997, WIEDEMANN 1997).

Abb. 4.57: 3D-Modell mit entzerrten Bildbereichen und künstlichen Texturen (Universität Aalborg, FH Bielefeld)

4.4.2 Stereoskopische Auswertung

4.4.2.1 Prinzip der Stereobildmessung

Stereoskopische Auswertemethoden umfassen den gesamten Bereich der Zweibildauswertung mit Hilfe visueller oder digitaler Stereobildauswertung. Traditionell hat sie in der Luftbildauswertung die größte Bedeutung.

Im Nahbereich wird die Stereophotogrammetrie vor allem in folgenden Anwendungsgebieten eingesetzt:

- Visuelle Auswertung nicht-signalisierter Objekte:

  Die Objektauswertung erfolgt durch stereoskopische Betrachtung und Messung in geeigneten Stereoauswertegeräten. Die Objektoberfläche wird durch Aufsetzen einer optischen oder digitalen Meßmarke erfaßt, wobei die Zuordnung (Korrespondenz) homologer Punkte durch visuelle stereoskopische Kontrolle geschieht. Ziel ist die Messung einzelner Punkte oder Formlinien des Objektes.

- Visuelle oder digitale Auswertung von Freiformoberflächen:

  Beliebig geformte Oberflächen können stereophotogrammetrisch ausgewertet werden, wenn die Oberflächenstruktur eine Identifizierung homologer Punkte zuläßt. Nicht ausreichend strukturierte Oberflächen müssen künstlich durch Aufbringen oder Projektion geeigneter Muster präpariert werden. Die Auswertung erfolgt entweder wie oben visuell oder durch Bildverarbeitungsalgorithmen, die eine Punktzuordnung mit Verfahren der Stereobildzuordnung (*stereo image matching*) lösen (vgl. Kap. 5.5). Ziel ist die gesamthafte Erfassung der Freiformoberfläche (Digitales Oberflächenmodell).

- Aufnahme mit Stereomeßkamera:

  Stereomeßkameras (vgl. Kap. 3.3.1.3) sind dem Stereonormalfall entsprechend aufgebaut und gestatten die einfache Objektrekonstruktion ohne aufwendige Orientierungsberechnungen.

- Punktweise (taktile) Objekterfassung mit 2-Kamera-Online-Systemen:

  Photogrammetrische Online-Systeme mit zwei digitalen Meßkameras fallen als Sonderfall unter die Stereophotogrammetrie (eine Erweiterung auf mehrere Kameras ist ohne weiteres möglich). Das Objekt wird über eine automatische Identifizierung und Messung signalisierter Punkte (Zielmarken, Meßadapter) über räumlichen Vorwärtsschnitt erfaßt. Lösen beide Kameras synchron aus, kann das Objekt mit geeigneten Antasthilfen berührt werden (vgl. Kap. 6.3.2.2).

- Steuerung „sehender" Maschinen (z.B. autonome Roboter):

  Im Bereich des Stereosehens (*computer vision*, *shape from stereo*) existieren zahlreiche Anwendungen, in denen eine räumliche Szene in Anlehnung an natürliche Erkennungsmechanismen über Stereoverfahren analysiert wird, z.B. zur Steuerung autonomer Roboter in unbekannten Umgebungen (Vermeidung von Kollisionen) oder zur Steuerung von Werkzeugen (Beispiel in Abb. 6.11).

Das Prinzip der Stereoauswertung basiert auf der Zuordnung homologer, in einer Kernebene liegender Punkte. Die Kernebene schneidet die Bildebenen in den Kern- oder Epipolarlinien (vgl. Kap. 4.2.4.2). Für den Stereonormalfall (Abb. 4.58) verlaufen die Kernlinien in beiden Bildern parallel, so daß die Tiefeninformation durch Messung der x-Parallaxe *px'* bestimmt wird.

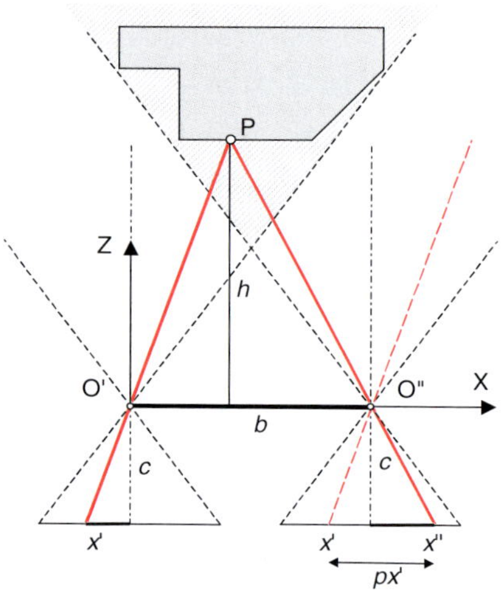

Abb. 4.58: Stereonormalfall

4.4.2.2 Punktbestimmung mit Bildkoordinaten

4.4.2.2.1 Koordinatenberechnung im Stereonormalfall

Der Stereonormalfall stellt den Sonderfall der Stereoanordnung dar, in dem zwei identische Kameras rechtwinklig zur Stereobasis ausgerichtet werden. Die gesuchten Objektkoordinaten ergeben sich in einem im linken Projektionszentrum gelagerten XYZ-Koordinatensystem aus den Proportionen aus Abb. 4.58 wie folgt:

Parallel zur Bildebene:

$$X = \frac{h}{c} \cdot x' = m_b \cdot x' \qquad Y = \frac{h}{c} \cdot y' = m_b \cdot y' \tag{4.73}$$

In Aufnahmerichtung gilt

$$\frac{h}{c} = \frac{b}{x' - x''} = m_b$$

und es folgt:

$$Z = h = \frac{b \cdot c}{x'-x''} = \frac{b \cdot c}{px'} \tag{4.74}$$

(4.73) und (4.74) ergeben sich in analoger Weise aus den Kollinearitätsgleichungen (4.8). Die Drehwinkel beider Bilder sind Null und das rechte Bild ist lediglich um die Basislänge *b* in X-Richtung gegenüber dem linken Bild verschoben. Damit ist

$$X_{01} = Y_{01} = Z_{01} = Y_{02} = Z_{02} = 0$$
$$X_{02} = b$$
$$x'_{01} = y'_{01} = x'_{02} = y'_{02} = 0$$
$$\omega_1 = \varphi_1 = \kappa_1 = \omega_2 = \varphi_2 = \kappa_2 = 0$$
$$\mathbf{R}_1 = \mathbf{R}_2 = \mathbf{E}$$

Die Messung der x-Parallaxe (Disparität) px' erfolgt entweder durch visuelle Betrachtung und Messung in einem Stereoauswertegerät (Stereokomparator) oder aber durch Methoden der digitalen Stereobildzuordnung. Dazu zeigt Abb. 4.59 beispielhaft die Messung zweier Objektpunkte. Der nahe den Kameras liegende Punkt P_1 am Schachtdeckel besitzt gegenüber dem weiter entfernt liegenden Punkt P_2 der Turmspitze eine deutlich größere x-Parallaxe. Die y'-Bildkoordinaten der homologen Punkte sind praktisch identisch, d.h. es treten keine y-Parallaxen auf.

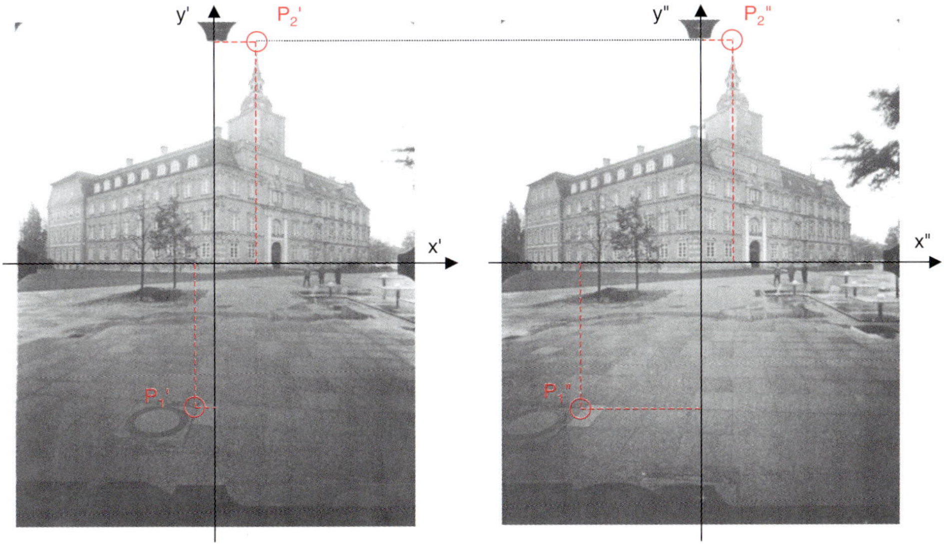

Abb. 4.59: Messung von zwei Objektpunkten in einem Stereobildpaar

Beispiel 4.2:

Für die Bildmessung im obigen Bildbeispiel (SMK 120, *b*=1.2m, *c*=64mm) liegen die nachfolgenden Bildkoordinaten vor. Gesucht sind die Objektkoordinaten der beiden Punkte.

Lösung:

1. Punkt P_1	$x' = -3.924\text{mm}$	$x'' = -23.704\text{mm}$
	$y' = -29.586\text{mm}$	$y'' = -29.590\text{mm}$
	$px' = x' - x'' = 19.780\text{mm}$	
2. Punkt P_2	$x' = 7.955\text{mm}$	$x'' = 6.642\text{mm}$
	$y' = 45.782\text{mm}$	$y'' = 45.780\text{mm}$
	$px' = x' - x'' = 1.313\text{mm}$	
3. Z-Koordinate (Abstand)	$Z = \frac{b \cdot c}{px'}$	$Z_1 = 3.88\text{m}$ $Z_2 = 58.49\text{m}$
4. XY-Koordinaten	$X_1 = -0.24\text{m}$	$X_2 = 7.27\text{m}$
	$Y_1 = -1.79\text{m}$	$Y_2 = 41.84\text{m}$
	$m_b = 61$	$m_b = 914$

Punkt P_1 liegt also links und unterhalb der linken Kamera in einer Entfernung von 3.88m. Punkt P_2 besitzt entsprechend der Entfernung von 58.49m eine kleinere Bildmaßstabszahl und liegt rechts und oberhalb der linken Kamera.

4.4.2.2.2 Genauigkeitsbetrachtung

Aus der Differenzierung der Gleichung (4.74) und Anwendung des Fehlerfortpflanzungsgesetzes ergibt sich die Genauigkeitsabschätzung der Objektkoordinate in Aufnahmerichtung *Z* (*c* und *b* werden fehlerfrei angenommen):

$$s_Z = \frac{Z^2}{b \cdot c} s_{px'} = \frac{h}{b} \cdot \frac{h}{c} s_{px'} = q \cdot m_b \cdot s_{px'} \tag{4.75}$$

Die Genauigkeit in Aufnahmerichtung hängt also von der Parallaxenmeßgenauigkeit, vom Bildmaßstab *h*/*c* sowie vom Höhen-Basis-Verhältnis *h*/*b* ab, das dem in Kap. 3.3.1.2 eingeführten Design-Faktor *q* entspricht. Das Höhen-Basis-Verhältnis (besser: Abstand-Basis-Verhältnis) beschreibt die Schnittgeometrie bei der Punktbestimmung. Ist die Basis im Verhältnis zum Abstand klein, ergibt sich ein schleifender Strahlenschnitt und somit eine schlechtere Bestimmungsgenauigkeit in Aufnahmerichtung.

Die Parallaxenmeßgenauigkeit kann im allgemeinen mit

$$s_{px'} = \frac{s_{x'}}{\sqrt{2}} \tag{4.76}$$

abgeschätzt werden, d.h. sie ist genauer anzunehmen als eine einzelne gemessene Bildkoordinate.

Die Genauigkeit der Koordinatenbestimmung in X- und Y-Richtung ergibt sich analog aus Gleichung (4.73).

$$s_X = \sqrt{\left(\frac{x'}{c} s_Z\right)^2 + \left(\frac{Z}{c} s_{x'}\right)^2} = \sqrt{\left(\frac{x'}{c} q \cdot m_b \cdot s_{px'}\right)^2 + (m_b \cdot s_{x'})^2}$$
$$s_Y = \sqrt{\left(\frac{y'}{c} s_Z\right)^2 + \left(\frac{Z}{c} s_{y'}\right)^2} = \sqrt{\left(\frac{y'}{c} q \cdot m_b \cdot s_{px'}\right)^2 + (m_b \cdot s_{y'})^2} \quad (4.77)$$

In (4.77) wird der wesentliche Einfluß auf die Genauigkeit durch den zweiten Summand im Wurzelausdruck gebildet. In der Regel reicht es daher aus, die Objektgenauigkeit parallel zur Bildebene abzuschätzen mit

$$s_X = s_Y = m_b \cdot s_{x'y'} \quad (4.78)$$

Für das obige Beispiel 4.2 ergeben sich folgende Objektgenauigkeiten für die beiden gemessenen Punkte:

Beispiel 4.3:

Die Bildkoordinaten seien mit einer Genauigkeit von 10µm bestimmt worden, so daß mit einer Parallaxengenauigkeit von 7µm gerechnet werden kann. Kamerakonstante und Basis seien fehlerfrei gegeben.

Objektgenauigkeiten:

1. Punkt P_1: $s_X = 0.6$mm $s_Y = 0.6$mm $s_Z = 1.4$mm $q = h/b = 3.2$

2. Punkt P_2: $s_X = 9.1$mm $s_Y = 9.1$mm $s_Z = 315$mm $q = h/b = 48$

Man erkennt deutlich, daß die Objektgenauigkeit von P_2 in Aufnahmerichtung Z gravierend abnimmt, eine Koordinatenbestimmung für diesen Punkt also wenig sinnvoll ist.

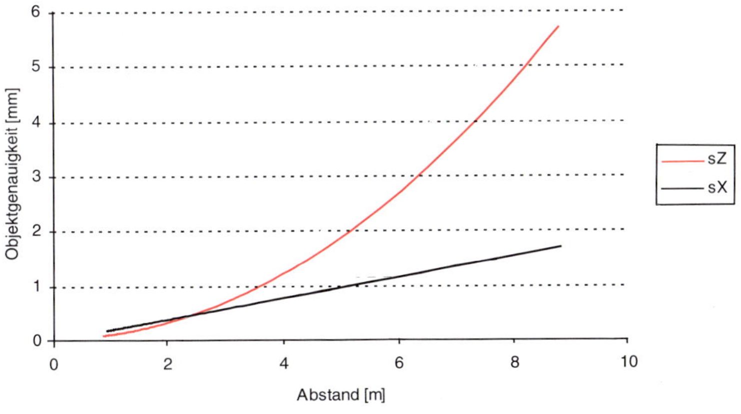

Abb. 4.60: Objektgenauigkeit beim Stereonormalfall (für Beispiel 4.2)

Abb. 4.60 zeigt Objektgenauigkeiten für zusätzliche Punktabstände (Daten aus Beispiel 4.2). Bei Aufnahmeabständen unterhalb von ca. 1.7m (q=1.4=1:0.7) ist in diesem Beispiel die Genauigkeit in Aufnahmerichtung s_Z besser als quer dazu. Bei größeren Abständen steigt die Unsicherheit s_Z quadratisch, während s_X weiter linear anwächst.

4.4.2.2.3 Vorwärtsschnitt im allgemeinen Stereofall

Bei einem Stereopaar, dessen Bilder nicht dem strengen Normalfall entsprechen, treten in den Parametern der äußeren Orientierungen Werte ungleich Null auf. Weiterhin können die Bilder beliebige Parameter der inneren Orientierung aufweisen.

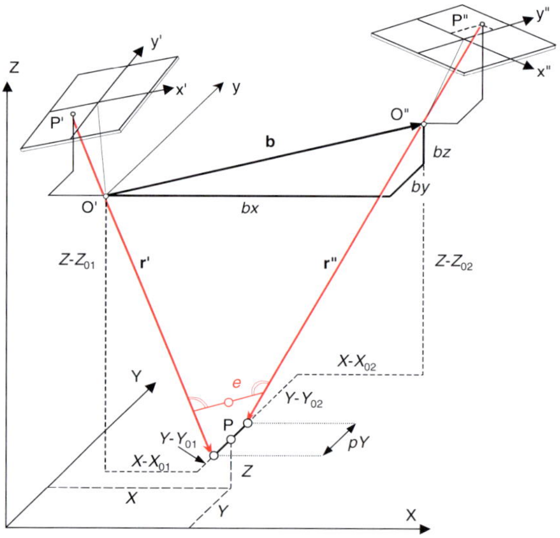

Abb. 4.61: Räumlicher Vorwärtsschnitt im Stereofall

Bei gegebenen Parametern der inneren und äußeren Orientierung zweier Bilder können die Objektkoordinaten *XYZ* durch räumlichen Vorwärtsschnitt der beiden Raumstrahlen **r'** und **r''** bestimmt werden (Abb. 4.61). Die beiden Raumstrahlen werden durch die gemessenen Bildkoordinaten bestimmt, die mit den Orientierungsparametern transformiert werden. Der räumliche Vorwärtsschnitt für den Sonderfall eines Stereobildes wird wie folgt berechnet (nach ALBERTZ & KREILING 1989, siehe auch Berechnung von Modellkoordinaten, vgl. Kap. 4.2.4.3.3):

1. Transformation der Bildkoordinaten:

$$\begin{bmatrix} X' \\ Y' \\ Z' \end{bmatrix} = \begin{bmatrix} X_{01} \\ Y_{01} \\ Z_{01} \end{bmatrix} + \mathbf{R}_1 \cdot \begin{bmatrix} x' \\ y' \\ z' \end{bmatrix} \qquad \begin{bmatrix} X'' \\ Y'' \\ Z'' \end{bmatrix} = \begin{bmatrix} X_{02} \\ Y_{02} \\ Z_{02} \end{bmatrix} + \mathbf{R}_2 \cdot \begin{bmatrix} x'' \\ y'' \\ z'' \end{bmatrix} \tag{4.79}$$

2. Basiskomponenten:

$$
\begin{aligned}
bx &= X_{02} - X_{01} \\
by &= Y_{02} - Y_{01} \\
bz &= Z_{02} - Z_{01}
\end{aligned}
\tag{4.80}
$$

Für den einfachen Vorwärtsschnitt schneiden die windschief aneinander vorbeilaufenden Raumstrahlen die XY-Ebene in der Höhe Z des Objektpunktes P, d.h. es ist

$$
\begin{aligned}
X &= X_1 = X_2 \\
Z &= Z_1 = Z_2 \\
Y &= \frac{Y_1 + Y_2}{2}
\end{aligned}
\tag{4.81}
$$

3. Maßstabsfaktoren:

Die Maßstabsfaktoren zur Transformation der Bildkoordinaten sind definiert durch

$$
\begin{aligned}
\lambda &= \frac{bx \cdot (Z''-Z_{02}) - bz \cdot (X''-X_{02})}{(X'-X_{01}) \cdot (Z''-Z_{02}) - (X''-X_{02}) \cdot (Z'-Z_{01})} \\
\mu &= \frac{bx \cdot (Z'-Z_{01}) - bz \cdot (X'-X_{01})}{(X'-X_{01}) \cdot (Z''-Z_{02}) - (X''-X_{02}) \cdot (Z'-Z_{01})}
\end{aligned}
\tag{4.82}
$$

4. Objektkoordinaten:

$$
\begin{aligned}
X &= X_{01} + \lambda \cdot (X'-X_{01}) & Y_1 &= Y_{01} + \lambda \cdot (Y'-Y_{01}) \\
Z &= Z_{01} + \lambda \cdot (Z'-Z_{01}) & Y_2 &= Y_{02} + \mu \cdot (Y''-Y_{02}) \\
Y &= \frac{Y_1 + Y_2}{2} & pY &= Y_2 - Y_1
\end{aligned}
\tag{4.83}
$$

Die Y-Parallaxe im Objektraum pY ist hierbei ein Gütemaß für die Koordinatenbestimmung. Sie wird zu Null, wenn sich die Raumstrahlen schneiden.

Die Lösung ist nicht ganz streng, genügt aber in den Fällen, in denen die Basis näherungsweise in X-Richtung verläuft und bx groß gegenüber by und bz ist. Insbesondere versagt die Bestimmung der Maßstabsfaktoren λ und μ, wenn bx und bz zu Null werden.

Für den allgemeinen Zweibildfall mit beliebigen Aufnahmeanordnungen wird der Punkt P in der Mitte des kürzesten Abstandes e zwischen den beiden Raumstrahlen bestimmt (Abb. 4.61, Berechnung siehe Kap. 2.4.2.1). Der räumliche Vorwärtsschnitt läßt sich auch als überbestimmtes Ausgleichungsproblem auf der Basis der Kollinearitätsgleichungen formulieren und damit auf mehr als zwei Bilder erweitern (vgl. Kap. 4.4.3.1).

4.4.2.3 Punktbestimmung mit räumlicher Meßmarke

4.4.2.3.1 Aufsetzen einer räumlichen Meßmarke

Unter einer räumlichen Meßmarke wird hier eine optisch, mechanisch oder digital erzeugte stereoskopische Einstellmarke verstanden, die virtuell im 3D-Raum des Stereomodells bewegt und auf die abgebildete Objektoberfläche aufgesetzt werden kann. Zunächst dient die Meßmarke der interaktiven, visuellen Stereobildauswertung, das prinzipielle Verständnis ist aber auch für die rein digitale, automatische Stereomessung nützlich.

In der klassischen analogen Stereophotogrammetrie können im wesentlichen drei Methoden unterschieden werden (Einzelheiten finden sich in älteren Lehrbüchern der Photogrammetrie):

- Optische Projektion:

  Die Stereobilder werden über zwei mechanisch orientierte Projektoren auf eine Auswertefläche projiziert. Die Meßmarke wird durch ein lage- und höhenverstellbares Tischchen realisiert, das bei richtiger Einstellung eine deckungsgleiche Abbildung beider Bilder ermöglicht. Die stereoskopische Bildtrennung erfolgt durch das Anaglyphenverfahren (Rot-Grün-Brille). Das Prinzip wurde bei einfachen analogen Stereoauswertegeräten angewandt (z.B. Zeiss DP1, Multiplex).

- Optisch-mechanische Projektion:

  In einem optisch-mechanischen Auswertegerät wird die stereoskopische Bildtrennung durch zwei getrennte Strahlengänge realisiert, in die zwei optische Meßmarken integriert sind. Die räumliche Meßmarkenposition wird durch den (virtuellen) Schnittpunkt der mechanisch verstellbaren Strahlengänge gebildet, die eine Betrachtung der orientierten Meßbilder erlauben. Das Prinzip wurde bei aufwendigen, analogen optisch-mechanischen Auswertegeräten angewandt (z.B. Zeiss C8).

- Mechanische Projektion:

  Die homologen Raumstrahlen werden in diesem Fall durch mechanische Raumlenker repräsentiert, die sich in einem räumlich verstellbaren Schlittensystem schneiden und damit die Raumposition definieren. Die Bildtrennung erfolgt wie beim optisch-mechanischen Prinzip mit zwei integrierten optischen Meßmarken, das Prinzip ist jedoch konstruktiv weniger aufwendig (z.B. Wild A-Serie, Kern PG-1, Zeiss Planimat).

Instrumentell wesentlich einfacher ist die rechnerische Rekonstruktion der homologen Raumstrahlen, wie sie in analytischen und digitalen Stereoauswertegeräten realisiert ist (siehe Kap. 6.2.1). Der Operateur betrachtet über eine stereoskopische Bildtrennung wiederum zwei Meßmarken, die bei richtiger Einstellung zu einer Raummarke verschmelzen und virtuell auf der Objektoberfläche aufsitzen. Bei aufsitzender Meßmarke werden die zugehörigen XYZ-Koordinaten abgespeichert.

Die zu einer räumlich steuerbaren Meßmarke gehörenden XYZ-Koordinaten können mit (4.8) in entsprechende Bildkoordinaten umgerechnet werden. Abb. 4.62 zeigt, daß die

Meßmarken in beiden Bildern nur dann denselben Ausschnitt der Objektoberfläche (homologe Punkte) repräsentieren, wenn die vorgegebenen XYZ-Koordinaten einem Punkt *P* auf der Oberfläche entsprechen. Sowohl eine unterhalb (Punkt *R*) als auch eine oberhalb (Punkt *Q*) der Objektoberfläche liegende (falsche) Meßposition erzeugt jeweils nicht korrespondierende Bildpunkte, nämlich die Abbildungen der Schnittpunkte des (nicht-homologen) Abbildungsstrahls mit der Objektoberfläche. Die Kontrolle der korrekten Meßmarkenposition erfolgt durch visuellen oder digitalen Vergleich der beiden Bildausschnitte, die sich an der gerade berechneten Bildposition befinden. Der instrumentelle Aufwand reduziert sich auf eine getrennt steuerbare, ebene Verschiebung der beiden Bilder. Ausgehend von einer Näherungsposition werden die XYZ-Koordinaten der Meßmarke solange korrigiert, bis Korrespondenz in beiden Bildpaaren hergestellt ist.

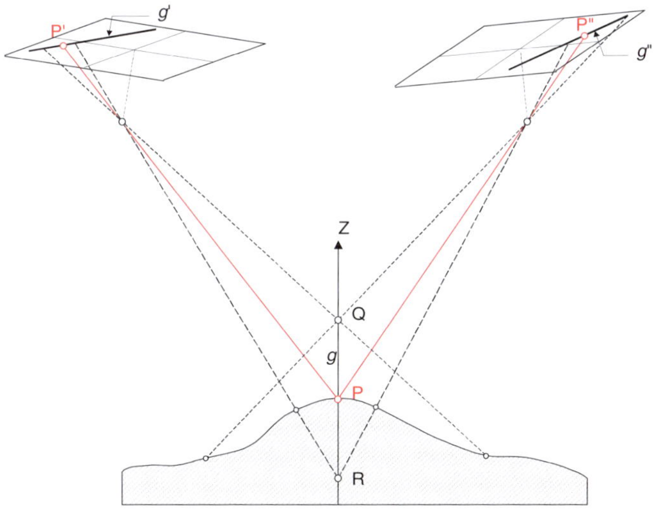

Abb. 4.62: Abbildungen bei einer vertikal verschobenen räumlichen Meßmarke

4.4.2.3.2 Vertical Line Locus

Die Abbildung aller Punkte, die auf der durch *P* verlaufenden (vertikalen) Geraden *g* liegen, sind die Bildgeraden *g'* bzw. *g''* (Abb. 4.62). Diese Geraden sind nur dann Kernlinien, wenn *g* in der Kernebene von *P* liegt. Man bezeichnet die Bildgeraden *g'* und *g''* in Anlehnung an die Luftbildphotogrammetrie (Z≈Aufnahmerichtung) auch als *Vertical Line Locus* (VLL). Sie können bei gegebenen Orientierungsdaten leicht durch Variation der Z-Koordinate von *P* berechnet werden.

Zur Bestimmung eines Oberflächenpunktes ist es daher möglich, zwischen zwei Punkten (z.B. *Q* und *R*) alle Punkte P_i in kleinen Intervallen ΔZ in die Bilder zurückzurechnen und die Stellen der besten Übereinstimmung auf den Geraden *g'* und *g''* zu bestimmen.

Für beliebig orientierte Objektoberflächen sollte *g* in Richtung der Oberflächennormale gelegt werden. Das Verfahren ist nicht auf den Stereofall beschränkt und läßt sich auf beliebig viele Bilder pro Punkt erweitern.

4.3.3 Mehrbildauswertung

Dieser Abschnitt behandelt analytische Auswerteverfahren zur Objektrekonstruktion auf der Basis von gemessenen Bildkoordinaten, die in beliebig vielen Bildern gewonnen werden. Digitale Mehrbildauswerteverfahren, die außer Bildkoordinaten auch Grauwerte der Bildpunkte verarbeiten, werden im Kapitel 5 besprochen.

Die folgenden Verfahren setzen bekannte Parameter der inneren und äußeren Orientierung voraus, die in der Regel durch eine Bündeltriangulation (siehe Kap. 4.3) bestimmt worden sind. Auf dieser Grundlage können räumliche Objektpunkte, Oberflächen und mathematische Grundelemente bestimmt werden.

4.3.3.1 Allgemeiner räumlicher Vorwärtsschnitt

Beim allgemeinen räumlichen Vorwärtsschnitt werden die Bildkoordinaten des Punktes in beliebig vielen beteiligten Bildern gemessen und zusammen mit den bekannten Parametern der inneren und äußeren Orientierung zur Punktberechnung verwendet. Basierend auf den Kollinearitätsgleichungen (4.8) lassen sich die Objektkoordinaten X,Y,Z eines Punktes P_i im Zuge einer Ausgleichung nach kleinsten Quadraten bestimmen:

$$x'_i + vx'_i = \mathrm{F}\,(X_{0j}, Y_{0j}, Z_{0j}, \omega_j, \varphi_j, \kappa_j, x'_{0k}, y'_{0k}, c_k, dx'_k, \underline{X_i}, \underline{Y_i}, \underline{Z_i}) \tag{4.84}$$

$$y'_i + vy'_i = \mathrm{F}\,(X_{0j}, Y_{0j}, Z_{0j}, \omega_j, \varphi_j, \kappa_j, x'_{0k}, y'_{0k}, c_k, dy'_k, \underline{X_i}, \underline{Y_i}, \underline{Z_i})$$

mit i: Punktindex
j: Bildindex
k: Kameraindex

Für die Berechnung der drei Unbekannten X_i,Y_i,Z_i werden mindestens drei Beobachtungen (Bildkoordinaten) benötigt. Bei der Auswertung von nur zwei Bildern erhält man daher bereits eine Überbestimmung, mit jedem zusätzlichen Bildpunkt kommen zwei weitere Beobachtungen hinzu.

Zur Aufstellung des Normalgleichungssystems werden die in (4.45) definierten Differentialquotienten der unbekannten Objektkoordinaten gebildet.

Die Qualität der Punktberechnung kann global durch den kürzesten Abstand der windschief aneinander vorbeilaufenden Raumstrahlen gemessen werden (vgl. Kap. 2.4.2.1). Wird die Punktgenauigkeit für jede einzelne Koordinatenrichtung benötigt, muß die Kovarianzmatrix untersucht werden. Aus der Kofaktormatrix der Unbekannten

$$\mathbf{Q}_{\hat{x}\hat{x}} = \begin{bmatrix} q_{XX} & q_{XY} & q_{XZ} \\ q_{YX} & q_{YY} & q_{YZ} \\ q_{ZX} & q_{ZY} & q_{ZZ} \end{bmatrix} \tag{4.85}$$

folgen die Standardabweichungen der ausgeglichenen Punktkoordinaten:

$$
\begin{aligned}
\hat{s}_X &= \hat{s}_0 \cdot \sqrt{q_{XX}} \\
\hat{s}_Y &= \hat{s}_0 \cdot \sqrt{q_{YY}} \\
\hat{s}_Z &= \hat{s}_0 \cdot \sqrt{q_{ZZ}}
\end{aligned}
\tag{4.86}
$$

Damit ergibt sich der mittlere Punktfehler zu

$$
\hat{s}_P = \sqrt{\hat{s}_X^2 + \hat{s}_Y^2 + \hat{s}_Z^2} \tag{4.87}
$$

Durch Spektralzerlegung der Varianz-Kovarianzmatrix in Eigenwerte λ_i und Eigenvektoren $\mathbf{s}_i$ läßt sich ein Fehler- oder Konfidenzellipsoid berechnen, in dessen Volumen der „wahre" Punkt mit der Sicherheitswahrscheinlichkeit $1-\alpha$ liegt (PELZER 1995).

$$
\mathbf{Q}_{\hat{x}\hat{x}} = [\mathbf{s}_1 \quad \mathbf{s}_2 \quad \mathbf{s}_3] \cdot \begin{bmatrix} \lambda_1 & 0 & 0 \\ 0 & \lambda_2 & 0 \\ 0 & 0 & \lambda_3 \end{bmatrix} \cdot \begin{bmatrix} \mathbf{s}_1^T \\ \mathbf{s}_2^T \\ \mathbf{s}_3^T \end{bmatrix} \qquad \text{: Spektralzerlegung} \tag{4.88}
$$

Die Eigenvektoren geben die Richtung der Halbachsen des Ellipsoides an, die Eigenwerte bestimmen ihre Länge (Abb. 4.63):

$$
A_i = \sqrt{\lambda_i \cdot \chi^2_{3,1-\alpha}} \qquad \text{: Länge der Halbachse } A_i,\ i=1,2,3 \tag{4.89}
$$

mit $\chi^2_{3,1-\alpha}$: Quantil der χ^2-Verteilung

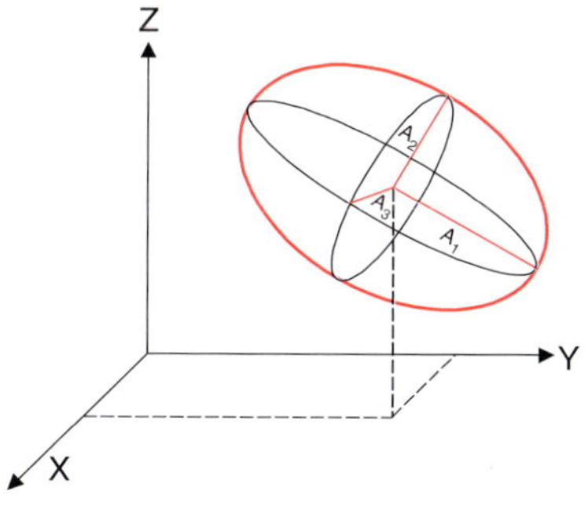

Abb. 4.63: Konfidenzellipsoid

Im Gegensatz zur Punktbestimmung in der Bündelausgleichung werden im Vorwärtsschnitt mögliche Korrelationen zwischen den ausgeglichenen Punktkoordinaten und den Orientierungsparametern nicht berücksichtigt. Geht man von gleichgenauen Bildkoordinatenmessungen in allen Bildern aus, deutet ein gestrecktes Fehlerellipsoid auf einen schleifenden Schnitt homologer Raumstrahlen hin (Abb. 4.64).

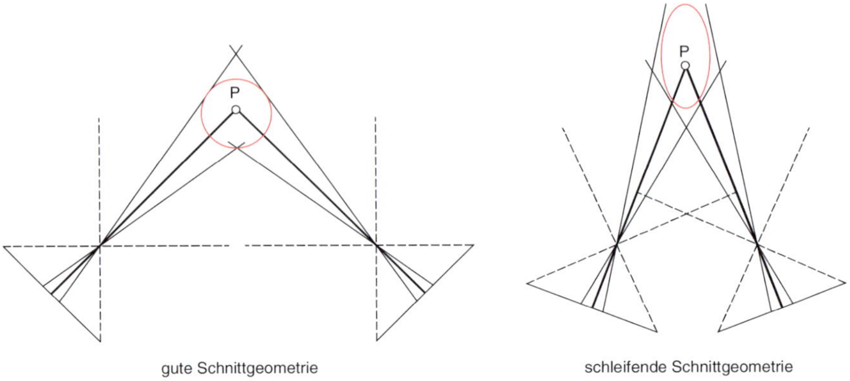

Abb. 4.64: Zur Schnittgeometrie beim Vorwärtsschnitt

4.3.3.2 Direkte Bestimmung geometrischer Elemente

Geometrische 3D-Elemente (Gerade, Kreis, Kugel, Zylinder etc.) können auf zwei Arten bestimmt werden:

- Berechnung von Ausgleichselementen aus gemessenen 3D-Koordinaten
- Elementausgleichung mit gemessenen 2D-Konturen in mehreren Bildern

Die erste Methode wird vor allem in der klassischen Koordinatenmeßtechnik eingesetzt (z.B. PFEIFER 1998, NEUMANN 1990). Koordinatenmeßgeräte (KMG) liefern die 3D-Koordinaten direkt durch Antastung der Objektoberfläche. Da die meisten zu prüfenden industriellen Objekte aus geometrischen Regelelementen aufgebaut sind, hat die Berechnung von Ausgleichselementen und die Verschneidung dieser Elemente große Bedeutung. Die wichtigsten Verfahren wurden bereits in Kap. 2.4 erläutert.

Die zweite Methode (Konturverfahren) wurde von ANDRESEN (1991) vorgestellt und basiert auf dem Gedanken, daß sich die Grenzflächen der Raumelemente im Bild durch eindeutige Grauwertkonturen abbilden und durch geeignete Kantenoperatoren oder manuelle Messungen extrahieren lassen (vgl. Kap. 5.2.3, Kap. 5.4.3). Da das Objekt entlang der Kanten normalerweise keine diskreten (signalisierten) Punkte besitzt, können einzelne 3D-Punkte der Objektoberfläche nicht ohne weiteres bestimmt werden (etwa durch Vorwärtsschnitt). Lassen sich jedoch genügend viele Bildpunkte in einem hinreichend konfigurierten Bildverband finden, die lediglich der Bedingung genügen müssen, daß alle gemessenen Kantenpunkte zu ein und demselben Objektelement gehören, läßt sich ein Ausgleichungssystem zur Schätzung der unbekannten Elementparameter aufstellen. Unter Kenntnis der inneren und äußeren Orientierungsparameter definiert dabei jeder Bildpunkt einen Raumstrahl, der im Idealfall die physische Kante des Elementes berührt. Dazu wird ein Abstandsmaß zwischen dem Bildstrahl und dem gesuchten Raumelement definiert, das ausgehend von Näherungswerten des Elementes im Rahmen der Ausgleichung minimiert wird.

Das Verfahren ist z.B. für Geraden, Kreise, Zylinder und andere Elemente formulierbar, deren Form sich im Bild durch entsprechende Konturen abbildet. Die Anzahl der beteiligten Bilder ist nicht begrenzt. Für eine sichere Bestimmung werden in der Regel mehr als zwei Bilder benötigt. Praktische Erfahrungen liegen in der Automobilindustrie vor (LOSER & LUHMANN 1992).

4.3.3.2.1 Gerade im Raum

Geraden im Raum treten an Objekten in vielfältiger Form auf, z.B. als Schnittkanten von ebenen Oberflächen (z.B. Mauerkanten), bei rechteckigen Ausschnitten (z.B. Fenster) oder als Textur auf einer Oberfläche (z.B. Mauerfugen). Geraden werden im Bild wieder als Geraden abgebildet[1].

Nach Kap. 2.4.2.1 kann die gesuchte Raumgerade zum Beispiel in der Form

$$\mathbf{x}_G = \mathbf{a} + \lambda \cdot \mathbf{b} \tag{4.90}$$

angegeben werden. Steht dabei der Abstandsvektor **a** senkrecht auf dem Richtungsvektor **b** der Länge 1, verbleiben mit den Nebenbedingungen

$$\begin{aligned} |\mathbf{b}| &= 1 \\ \langle \mathbf{a}, \mathbf{b} \rangle &= 0 \end{aligned} \tag{4.91}$$

vier unabhängige Parameter zur Definition der Raumgeraden.

Bei bekannter innerer und äußerer Orientierung kann jeder Bildpunkt $\mathbf{x'}=(x',y',-c)$ als Punkt im übergeordneten System XYZ dargestellt werden:

$$\mathbf{X}_B = \mathbf{X}_0 + \mathbf{R}^{-1}\mathbf{x'} \tag{4.92}$$

Damit ergibt sich der Raumstrahl des Bildpunktes durch das Projektionszentrum als Gerade der Form

$$\mathbf{x}_S = \mathbf{X}_0 + \lambda \cdot (\mathbf{X}_B - \mathbf{X}_0) = \mathbf{X}_0 + \lambda \cdot \mathbf{c} \tag{4.93}$$

Der nach (2.2) berechnete kürzeste Abstand $d_{i,k}$ zwischen dem Bildstrahl $\mathbf{x}_S$ und der gesuchten Raumgeraden $\mathbf{x}_G$ wird für alle Bildpunkte i im Bild k minimiert:

$$\sum_k \sum_i d_{i,k}^2 = \min . \tag{4.94}$$

---

[1] Im folgenden wird davon ausgegangen, daß die Bildkoordinaten bereits um Verzeichnungseinflüsse korrigiert worden sind.

Die linearisierten Verbesserungsgleichungen

$$\frac{\partial d_{i,k}}{\partial a_x}\Delta a_x + \frac{\partial d_{i,k}}{\partial a_y}\Delta a_y + \frac{\partial d_{i,k}}{\partial a_z}\Delta a_z + \frac{\partial d_{i,k}}{\partial b_x}\Delta b_x + \frac{\partial d_{i,k}}{\partial b_y}\Delta b_y + \frac{\partial d_{i,k}}{\partial b_z}\Delta b_z = -d_{i,k} \qquad (4.95)$$

bilden zusammen mit den Nebenbedingungen (4.91) ein erweitertes Normalgleichungssystem nach (2.84). Die Lösung erfolgt iterativ, d.h. nach jedem Durchlauf werden die Näherungswerte der Geradenparameter um die ausgeglichenen Inkremente Δ verbessert, bis keine nennenswerte Änderung mehr eintritt.

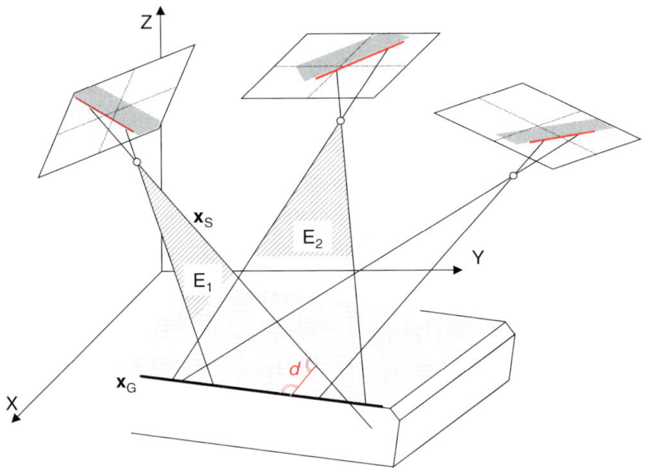

Abb. 4.65: Konturverfahren zur Bestimmung einer Raumgeraden

Die Bestimmung der Näherungswerte erfolgt durch Schnitt der beiden Ebenen E_1 und E_2, die jeweils aus Kantenpunkten der Bilder bestimmt werden (Abb. 4.65). Man erkennt, daß sowohl die Näherungswertbestimmung als auch die Lösung des Normalgleichungssystems in einer Zweibildanordnung scheitert, wenn die gesuchte Raumgerade und die Basis in einer gemeinsamen Ebene liegen. Durch Hinzunahme mindestens eines weiteren Bildes, dessen Projektionszentrum außerhalb dieser Ebene liegt, besteht jedoch eine eindeutige Lösung.

Abb. 4.66 zeigt das Anwendungsbeispiel der Bestimmung von Kanten an der Innenverkleidung einer Autotür. Der unregelmäßige Konturverlauf wird durch das faserige Material des Objektes verursacht. Aus den ermittelten Raumgeraden können weitere Elemente (z.B. Schnittpunkte) oder Größen (z.B. Abstände) abgeleitet werden.

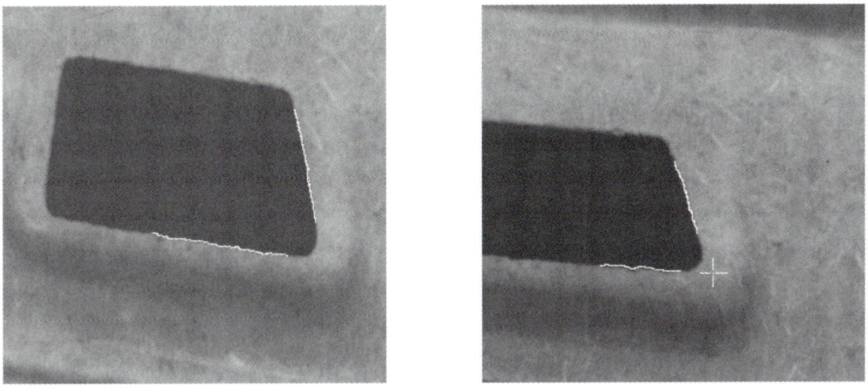

Abb. 4.66: Konturmessung von Raumgeraden an der Innenverkleidung einer Autotür

4.3.3.2.2 Kreis im Raum

Kreise gibt es an industriellen Werkstücken vor allem in Form von Bohrungen, Endstücken von zylindrischen Objekten oder Scheiben. Kreise werden im Bild als Ellipsen abgebildet.

Nach Kap. 2.4.2.3.2 wird ein 3D-Kreis durch seinen Mittelpunkt $\mathbf{X}_M=(X_M,Y_M,Z_M)$, den Normalenvektor der Kreisebene $\mathbf{n}=(a,b,c)$ und den Radius r definiert. Unter Berücksichtigung von $|\mathbf{n}|=1$ verbleiben 6 unabhängige Kreisparameter.

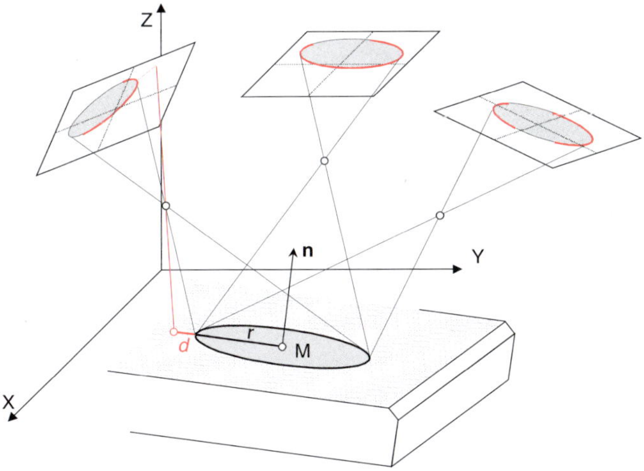

Abb. 4.67: Konturverfahren zur Bestimmung eines 3D-Kreises

Das zu minimierende Abstandsmaß ist der radiale Abstand d des Durchstoßpunktes eines Bildstrahls mit der Kreisebene vom Rand des Kreises (Abb. 4.67). Es entspricht dem Abstand e in Abb. 2.34. Die Lösung erfolgt analog zum oben dargestellten Ausgleichungsprozeß für die Gerade im Raum.

Zur Näherungswertbestimmung für die Kreisparameter beschreibt ANDRESEN (1991) folgenden Ablauf:

1. Für zwei Bilder werden neue virtuelle Orientierungsparameter so berechnet, daß die abgebildeten Ellipsen mit ihrem Mittelpunkt im Kamerahauptpunkt liegen und annähernd einen Kreis bilden. Der Mittelpunkt des Raumkreises ergibt sich durch räumlichen Vorwärtsschnitt der Ellipsenmittelpunkte.
2. Aus dem Kreuzprodukt der in den Raum transformierten Ellipsenhalbachsen folgt näherungsweise der Normalenvektor der Kreisebene.
3. Der Radius kann näherungsweise durch Multiplikation der großen Halbachse mit dem Bildmaßstab bestimmt werden.

Zur ausreichenden Parameterschätzung sollte in mindestens einem Bild mehr als die Hälfte des Kreisbogens abgebildet sein. Das Verfahren versagt, wenn sich die Projektionszentren in oder nahe der Kreisebene befinden (die abgebildete Ellipse wird zur Geraden).

Abb. 4.68 zeigt das Beispiel der Bestimmung von Position und Radius einer Überwurfmutter aus Teilkonturen in zwei Bildern.

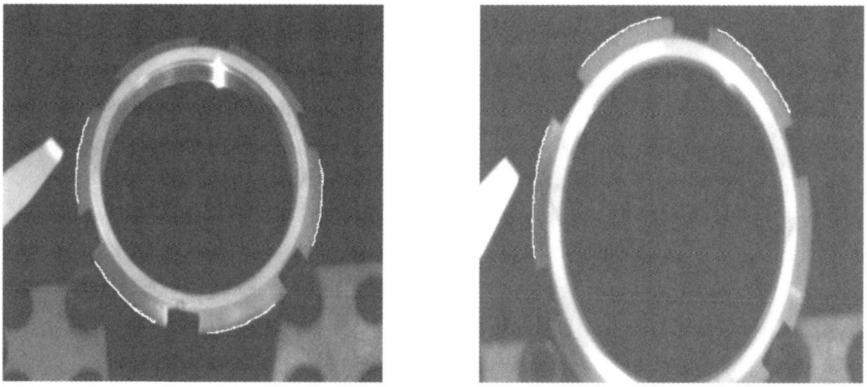

Abb. 4.68: Konturmessung eines 3D-Kreises an einer Überwurfmutter

4.3.3.2.3 Kreiszylinder im Raum

Zylindrische Objekte treten häufig in Form von Rohren, Schläuchen oder Säulen auf. Zylinder werden im Bild durch die geradenförmige Kontur des Zylindermantels abgebildet, die sich als Schnittgerade der Bildebene mit der Tangentialebene des Zylinders ergibt, die durch das Projektionszentrum geht (Abb. 4.69).

Ein Kreiszylinder wird durch seine Längsachse g sowie den Radius r und somit durch 5 unabhängige Parameter bestimmt. Das in Kap. 2.4.2.3.1 definierte Abstandsmaß zwischen einem beliebigen Raumpunkt und dem Zylindermantel ist hier nicht geeignet, da auf dem Bildstrahl kein eindeutiger Punkt festgelegt werden kann. ANDRESEN (1991) verwendet stattdessen den Abstand *d* zwischen Zylindermantel und dem Schnittpunkt von Bildstrahl und Radiusvektor (Vektor senkrecht zur Achse).

Alternativ kann das Abstandsmaß auch durch den kürzesten Abstand der Zylinderachse vom Bildstrahl, reduziert um den Radius *r*, gebildet werden.

Die Näherungswerte der Zylinderachse erhält man mit der Mittellinie zweier gegenüberliegender Zylinderkonturen analog zur Geraden im Raum. Der Radius kann näherungsweise wie beim Raumkreis bestimmt werden. Der Ausgleichungsprozeß verläuft analog zu den oben genannten Konturverfahren.

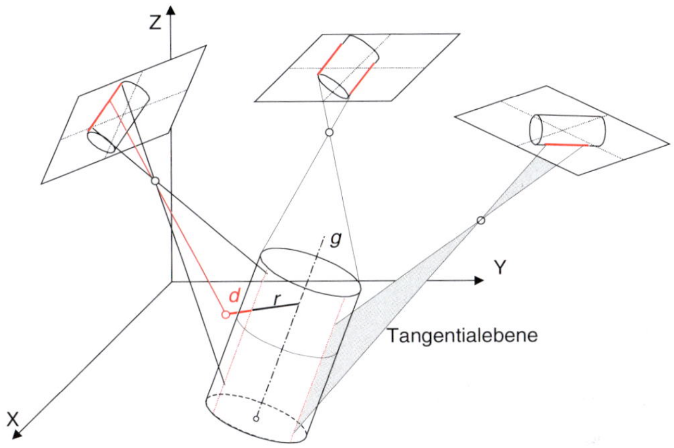

Abb. 4.69: Konturverfahren zur Bestimmung eines Kreiszylinders

Eine vereinfachte Lösung zur Zylinderbestimmung ergibt sich als Erweiterung des Verfahrens zur Raumgeraden, indem jeweils aus den beiden Konturgeraden im Bild eine Mittellinie berechnet wird, die in erster Näherung der Zylinderachse entspricht[2]. Aus den dann vorliegenden Bildgeraden wird nach Kap. 2.4.2.3.1 die Zylinderachse bestimmt. Der Radius folgt aus dem kürzesten Abstand der Zylinderachse und einer Konturgeraden.

Die Zylinderbestimmung versagt, wenn die Zylinderachse parallel zur Basis liegt (Abb. 4.70). Auch hier kann durch Hinzunahme eines weiteren Bildes, dessen Projektionszentrum nicht auf der Basis der ersten beiden Bilder liegt, eine eindeutige Lösung gefunden werden.

---

[2] Streng genommen gelten hier dieselben Einschränkungen wie bei der Bestimmung des Kreismittelpunktes aus Ellipsenmitelpunkten (siehe Kap. 3.4.1.1.3).

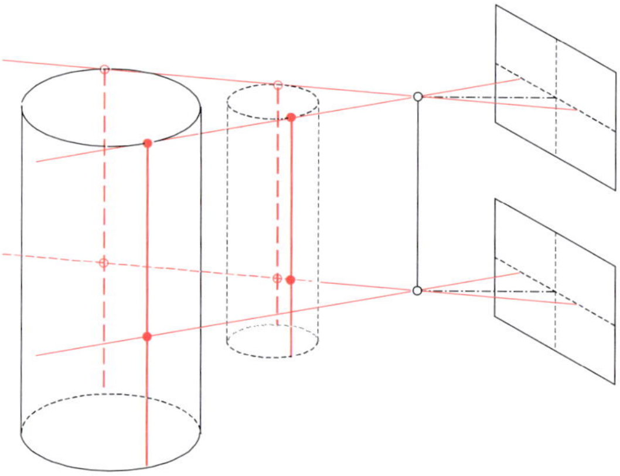

Abb. 4.70: Mehrdeutigkeit der Zylinderbestimmung

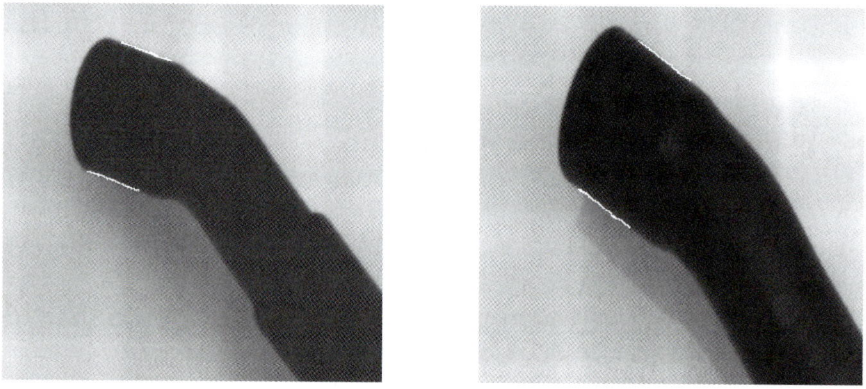

Abb. 4.71: Konturmessung eines Kreiszylinders an einem Kühlschlauch

4.3.3.2.4 Genauigkeit des Konturverfahrens

Die Genauigkeit des Konturverfahrens wird durch folgende Faktoren bestimmt:

- Übereinstimmung von optischer und physischer Objektkante:

  Wesentliches Problem des Konturverfahrens ist die korrekte Beleuchtung, die in Abhängigkeit von Aufnahmerichtungen, Orientierung der Oberfläche und Materialeigenschaften so beschaffen sein muß, daß physische und optische Kante einander entsprechen. Diese Voraussetzung gilt für jedes beteiligte Bild.

  Einfach gestaltete Objekte wie zum Beispiel ebene Werkstücke, die durch einen Mehrbildverband aufgenommen werden sollen, können in der Regel durch eine einheitlich diffuse Beleuchtung sichtbar gemacht werden. Komplexe Objekte, deren Oberflächen beliebige räumliche Orientierungen (und möglicherweise verschiedene Materialeigenschaften) besitzen, müssen für die Konturmessung im Prinzip für jede

Kameraposition und für jedes Objektteil individuell beleuchtet werden (siehe Kap. 3.4.2.4).

- Rauhigkeit und Schärfe der Objektkante:

  Die Beschaffenheit der physischen Objektkante hat wesentlichen Einfluß auf die Güte der Konturmessung.

  Zum einen wirkt sich ein rauher Kantenverlauf in entsprechend hohen Standardabweichungen der Bildpunkte aus. Das Ausgleichungskonzept berechnet dabei ein mittleres geometrisches Element. Prinzipiell könnte das Ausgleichungsmodell die Rauhigkeit der Kante in Form von Hüll- oder Pferchelementen berücksichtigen, wie es bei der Bestimmung von funktionsgerechten Formabweichungen in der Fertigungsmeßtechnik üblich ist (vgl. Kap. 2.4.4). Abb. 4.66 zeigt die automatische Messung eines rauhen Kantenverlaufes, während das Objekt in Abb. 4.68 über scharfe Kanten verfügt.

  Zum anderen spielt die Kantenschärfe, d.h. die Form des Überganges von einer Objektfläche zu einer anderen Objektfläche, eine wesentliche Rolle. Dabei kann das Konturverfahren nur den optisch wirksamen Kantenpunkt bestimmen, während sich das zu bestimmende Element oder abgeleitete Größen häufig auf konstruktiv definierte Merkmale beziehen. Während scharfe Objektkanten in der Regel eindeutig gemessen werden können, sind abgerundete oder abgeschrägte Kanten sehr viel problematischer und können auch bei geschickter Beleuchtung nicht ohne weiteres eindeutig definiert werden.

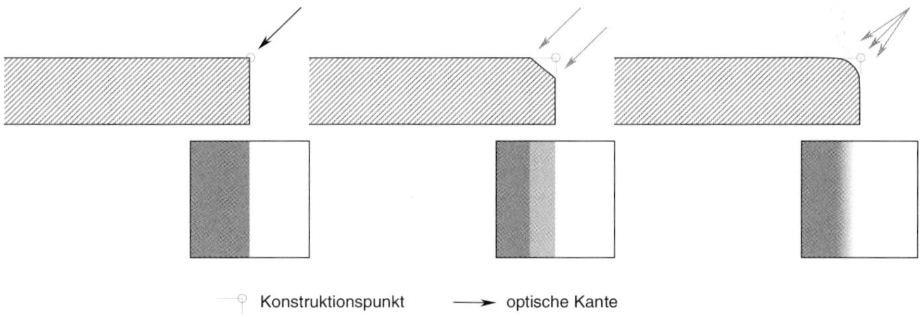

Abb. 4.72: Konturpunkte bei verschiedenen Kantentypen

- Elimination grober Fehler:

  Fehlmessungen entlang der Kontur können auch hier durch Verfahren zur Erkennung grober Fehler eliminiert werden (vgl. Kap. 2.3.4).

- Anzahl der gemessenen Konturpunkte:

  Jeder Konturpunkt liefert eine Beobachtung in der Ausgleichung, wobei in der Regel hohe Überbestimmungen erreicht werden. So liegen in einem Beispiel für eine Geradenbestimmung mit 3 Bildern und einer durchschnittlichen Kantenlänge von 30 Pixel insgesamt 90 Beobachtungen bei nur 4 Unbekannten vor.

- Genauigkeit der Konturmessung im Bild:

  Die Genauigkeit der Bildkoordinaten hängt neben den Eigenschaften der Kamera vor allem von der Güte des Meßsystems ab. Bei einer automatischen Konturmessung durch digitale Bildverarbeitungsverfahren kann je nach Operator und Kantenschärfe mit einer Genauigkeit von ca. 1/10 bis 1/20 Pixel gerechnet werden.

- Verteilung der Konturpunkte:

  Da keine homologen Punkte definiert werden müssen, können beliebige Abschnitte der Kontur zur Berechnung herangezogen werden. Die Zuverlässigkeit der Elementberechnung steigt, wenn Konturpunkte über das gesamte Element verteilt vorliegen. Bei geradenförmigen Konturen (Raumgerade, Zylinder) sollten über alle Bilder gesehen wenigstens Anfangs- und Endbereiche des Elementes gemessen werden. Bei kreisförmigen Objekten sollte in mindestens einem Bild mehr als die Hälfte der Kreiskontur bestimmt werden.

- Aufnahmekonfiguration:

  Wie bei allen photogrammetrischen Punktbestimmungen hängt auch beim Konturverfahren die Qualität des Ergebnisses entscheidend von der Aufnahmeposition und -richtung der Kameras ab. In der Regel sollten mindestens drei Aufnahmen ohne schleifenden Schnitt der Bildstrahlen im Auswerteprozeß beteiligt sein.

4.3.3.3 Bestimmung räumlicher Kurven (Snakes)

Beliebige Raumkurven auf Oberflächen können durch geeignete Polynomansätze approximiert werden, insbesondere durch räumliche Bezier- oder B-Spline-Funktionen (vgl. Kap. 2.4.3.2). Diese besitzen Glättungseigenschaften, die sich von außen durch Wahl geeigneter Parameter (Polynomgrad, Krümmung) steuern lassen. Der interpolierte Kurvenverlauf wird schließlich durch eine Anzahl von Koeffizienten beschrieben, die in einem Gleichungssystem bestimmt werden.

Die in Kap. 2.4.3.2 erläuterten Kurvenapproximationen basieren auf gegebenen 3D-Punkten der Oberfläche. Wenn jedoch, analog zum im Kap. 4.3.3.2 beschriebenen Konturverfahren zur direkten Elementbestimmung, keine diskreten 3D-Punkte auf der Objektkontur vorliegen, müssen die Kurvenparameter durch eine Mehrbildauswertung von 2D-Bildpunkten gewonnen werden. Ausgehend von Näherungswerten des Kurvenverlaufes werden dabei die Koeffizienten iterativ im Rahmen einer Ausgleichung bestimmt. Wenn das Ausgleichungssystem konvergiert, nähert sich der berechnete Kurvenverlauf sukzessive der Raumkurve an. Unter Verwendung von B-Spline-Funktionen werden sog. *Snakes* bestimmt, die sich iterativ um die tatsächliche Oberflächenkurve „schlängeln“.

Die Erweiterung des ebenen Ansatzes von (2.159) auf dreidimensionale B-Splines lautet:

$$P(t)=\begin{cases} x(t)=\sum_{i=0}^{k} x_i B_{i,n}(t) \\ y(t)=\sum_{i=0}^{k} y_i B_{i,n}(t) \\ z(t)=\sum_{i=0}^{k} z_i B_{i,n}(t) \end{cases} \qquad 0 \le t \le k-n+1 \qquad (4.96)$$

Im Rahmen der Ausgleichung werden die unbekannten B-Spline-Funktionen B als Funktion der ebenfalls unbekannten Objektkoordinaten x,y,z berechnet, die sich wiederum als Funktion der Bildmessungen x',y' ausdrücken lassen.

Das Verfahren läßt sich durch ein photometrisches Modell erweitern, in dem die Grauwerte der abgebildeten Konturpunkte analog zur Kleinsten-Quadrate-Zuordnung (vgl. Kap. 5.5.4) als Beobachtungen eingehen. Bei bekannten Parametern der inneren und äußeren Orientierung können weiterhin geometrische Bedingungen (Epipolargeometrie) genutzt werden. Das Verfahren ist unter dem Namen LSB-Snakes publiziert worden (LI & GRUEN 1997). Abb. 4.73 zeigt die mit dieser Methode ermittelten räumlichen Konturen an einem Werkstück.

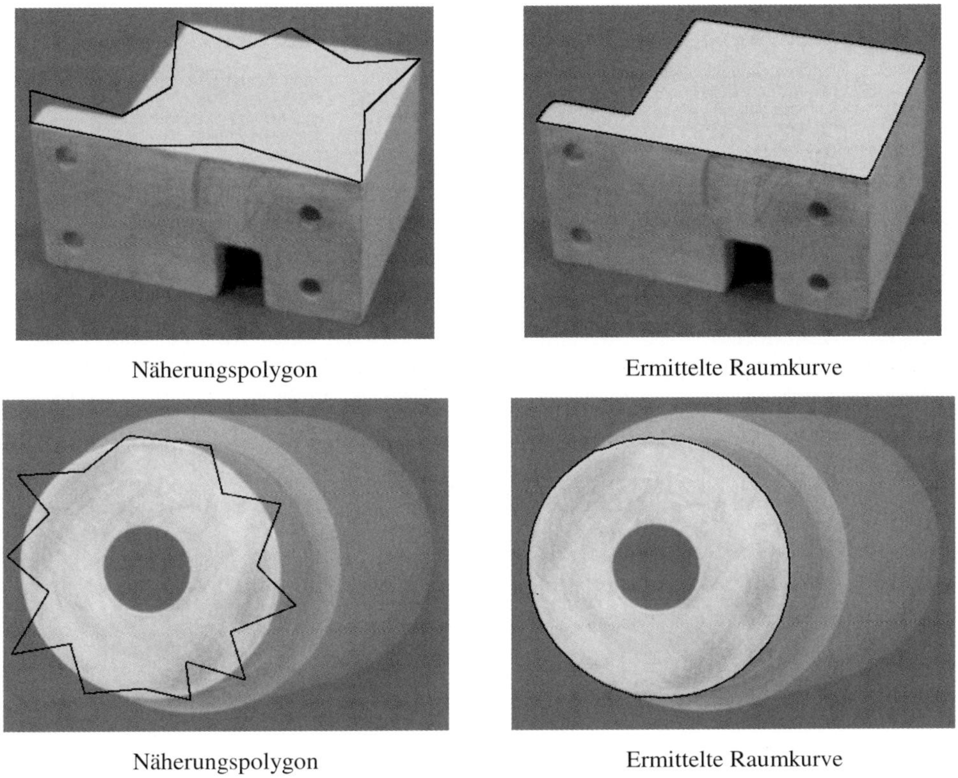

Abb. 4.73: Konturmessungen durch LSB-Snakes (LI & GRUEN 1997)

4.5 Linienphotogrammetrie

Die klassische punktorientierte Vorgehensweise in der Photogrammetrie ist für solche Anwendungsgebiete wenig geeignet, in denen keine diskreten Objektpunkte vorliegen, eine Signalisierung nicht möglich ist oder das Endergebnis der Auswertung eine Analyse höherer geometrischer Elemente darstellt. Da von Menschenhand geschaffene Objekte (Gebäude, industrielle Werkstücke) überwiegend durch geradlinige Merkmale gekennzeichnet sind, liegt es nahe, diese Eigenschaften für die Aufgaben der Bildorientierung und Objektrekonstruktion direkt zu nutzen. Hierzu befaßt sich die *Linienphotogrammetrie* (*line photogrammetry*) speziell mit der Verarbeitung von Objekt- und Bildgeraden.

Eine wichtige Eigenschaft der mathematischen Zentralprojektion besteht darin, daß Objektgeraden in Bildgeraden abgebildet werden und somit Geradenschnittpunkte erhalten bleiben. Winkel, Strecken- und Flächenproportionen werden jedoch verändert (vgl. Kap. 2.2.1.5). Aus der Abbildung von geeigneten Objektgeraden ist es möglich, einerseits die Orientierung eines oder mehrerer Bilder zu bestimmen und andererseits eine dreidimensionale Objektrekonstruktion durchzuführen.

Praktische Bedeutung gewinnt die Linienphotogrammetrie vor allem durch die Verwendung digitaler Bilder und der damit verbundenen Möglichkeit, geradlinige Merkmale (Kanten) halb- oder vollautomatisch zu extrahieren (vgl. Kap. 5.2.3). Der anschließende Schritt der Bildzuordnung wird für punktorientierte Verfahren durch eindeutige Identifizierung der Objekte wesentlich vereinfacht. Für geradenorientierte Zuordnungsverfahren ist der Vorgang der Bildzuordnung komplexer, da jede in eine beliebige Aufnahme abgebildete Objektgerade im Bild eine andere Länge und Orientierung aufweist.

4.5.1 Rückwärtsschnitt mit parallelen Objektgeraden

Das folgende Verfahren bestimmt die äußere Orientierung eines Einzelbildes mit Hilfe paralleler, in einer Ebene liegender Objektgeraden, wie sie an vielen Objekten, z.B. Gebäuden, vorkommen. Die Methode hat Ähnlichkeit mit der in Kap. 4.2.3.1.4 beschriebenen Minimallösung des Rückwärtsschnittes. Sie basiert auf der Berechnung von Distanzproportionen zwischen dem Projektionszentrum und den Objektpunkten eines Parallelogramms. Im folgenden Berechnungsablauf nach VAN DEN HEUVEL (1997) wird davon ausgegangen, daß die Eckpunkte des Parallelogramms entweder direkt gemessen oder als Geradenschnittpunkte der Seiten bestimmt werden können.

Der in Abb. 4.74 skizzierte Tetraeder wird aus dem Projektionszentrum O' und drei Punkten P_i, P_j, P_k des Parallelogramms definiert. Das Volumen dieses Körpers ist gegeben durch

$$V_{ijk} = \frac{d_i \cdot d_j \cdot d_k \cdot \left|\det[\mathbf{i}, \mathbf{j}, \mathbf{k}]\right|}{6 \cdot |\mathbf{i}| \cdot |\mathbf{j}| \cdot |\mathbf{k}|} \qquad (4.97)$$

mit

$\mathbf{i} = \mathbf{x'}_i = (x'_i, y'_i, -c)$: gemessene Bildkoordinaten (entsprechend für **j** und **k**) oder alternativ durch Grundfläche und Höhe:

$$V_{ijk} = A_{ijk} \frac{h}{3} \tag{4.98}$$

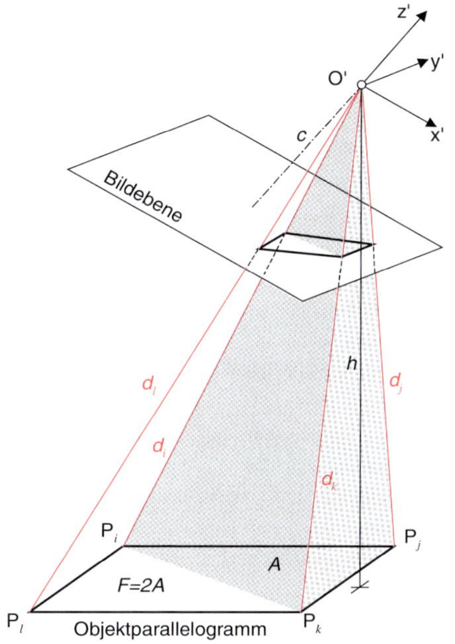

Abb. 4.74: Rückwärtsschnitt mit Objektparallelogramm

Da die Dreiecksflächen A für alle Punktkombinationen P_i,P_j,P_k,P_l identisch sind, folgt aus (4.97) und (4.98):

$$\begin{aligned} 2Ah &= \frac{d_i \cdot d_j \cdot d_k \cdot |\det[\mathbf{i},\mathbf{j},\mathbf{k}]|}{|\mathbf{i}| \cdot |\mathbf{j}| \cdot |\mathbf{k}|} = \frac{d_j \cdot d_k \cdot d_l \cdot |\det[\mathbf{j},\mathbf{k},\mathbf{l}]|}{|\mathbf{j}| \cdot |\mathbf{k}| \cdot |\mathbf{l}|} \\ &= \frac{d_k \cdot d_l \cdot d_i \cdot |\det[\mathbf{k},\mathbf{l},\mathbf{i}]|}{|\mathbf{k}| \cdot |\mathbf{l}| \cdot |\mathbf{i}|} = \frac{d_l \cdot d_i \cdot d_j \cdot |\det[\mathbf{l},\mathbf{i},\mathbf{j}]|}{|\mathbf{l}| \cdot |\mathbf{i}| \cdot |\mathbf{j}|} \end{aligned} \tag{4.99}$$

Hiermit sind drei Gleichungen für vier unbekannte Abstände d gegeben. Daraus lassen sich Distanzproportionen C_{ij} zwischen zwei beliebigen Punkten i und j ableiten:

$$C_{ij} = \frac{d_j \cdot |\mathbf{i}|}{d_i \cdot |\mathbf{j}|} = \frac{\det[\mathbf{k},\mathbf{l},\mathbf{i}]}{\det[\mathbf{j},\mathbf{k},\mathbf{l}]} \tag{4.100}$$

Diese Distanzproportionen C_{ij} lassen sich also aus den Bildvektoren **i**,**j**,**k**,**l** ohne Kenntnis der absoluten Strecken d bestimmen. Sie sind unabhängig von der Kamerakonstanten c, die bei der Berechnung der Determinanten herausfällt. Die Determinante von drei Vektoren wird (nahe) Null, wenn die zugehörigen Objektpunkte auf (oder in der Nähe) einer Objektgeraden liegen. Dann existiert wie erwartet keine (stabile) Lösung.

Definiert man ein im Bildkoordinatensystem x'y'z' liegendes Modellkoordinatensystem xyz, ergeben sich die Modellkoordinaten $\mathbf{x}_i$ durch Skalierung mit einem Maßstabsfaktor λ_i, der sich aus einer bekannten Strecke d_i ableiten läßt:

$$\begin{aligned} \mathbf{x}_i &= \frac{d_i}{|\mathbf{x'}_i|}\mathbf{x'}_i = \lambda_i \mathbf{x'}_i \\ \mathbf{x}_j &= \lambda_i C_{ij} \mathbf{x'}_j \end{aligned} \tag{4.101}$$

Die Berechnung der Parameter der äußeren Orientierung im übergeordneten Koordinatensystem XYZ basiert auf der räumlichen Ähnlichkeitstransformation (vgl. Kap. 2.2.2.2):

$$\lambda \mathbf{R} \mathbf{x'}_i = \mathbf{X}_i - \mathbf{X}_0 \quad \text{: Transformation eines Bildpunktes } i \tag{4.102}$$

$$\lambda \mathbf{R} C_{ij} \mathbf{x'}_j = \mathbf{X}_j - \mathbf{X}_0 \quad \text{: Transformation eines Bildpunktes } j$$

mit

R: Rotationsmatrix der äußeren Orientierung

$\mathbf{X}_i$: Objektkoordinaten von i

$\mathbf{X}_0$: Lage des Projektionszentrums im Objektkoordinatensystem

Der Maßstabsfaktor λ kann mit einer bekannten Strecke im Objektraum zwischen den Punkten i und j bestimmt werden:

$$\lambda = \lambda_i = \frac{|\mathbf{X}_i - \mathbf{X}_j|}{|\mathbf{x'}_i - C_{ij}\mathbf{x'}_j|} \tag{4.103}$$

Mit (4.101) kann (4.102) geschrieben werden als

$$(\mathbf{E}+\mathbf{S})\mathbf{x}_i = (\mathbf{E}-\mathbf{S})(\mathbf{X}_i - \mathbf{X}_0) \tag{4.104}$$

mit

$$\mathbf{R} = (\mathbf{E}-\mathbf{S})^{-1}(\mathbf{E}+\mathbf{S})$$

S ist eine schiefsymmetrische Matrix mit Elementen q, die den Euler'schen Drehwinkel entsprechen:

$$\mathbf{S} = \begin{bmatrix} 0 & -q_3 & q_2 \\ q_3 & 0 & -q_1 \\ -q_2 & q_1 & 0 \end{bmatrix} \tag{4.105}$$

Schließlich kann (4.104) dargestellt werden als

$$\mathbf{x}_i - \mathbf{X}_i = \mathbf{M}_i \mathbf{q} - \mathbf{w} \tag{4.106}$$

mit

$$\mathbf{M}_i = \begin{bmatrix} 0 & -z_i - Z_i & y_i + Y_i \\ z_i + Z_i & 0 & -x_i - X_i \\ -y_i - Y_i & x_i + X_i & 0 \end{bmatrix}$$

$$\mathbf{q} = \begin{bmatrix} q_1 \\ q_2 \\ q_3 \end{bmatrix}$$

$$\mathbf{w} = (\mathbf{E} - \mathbf{S})\mathbf{X}_0$$

Dieses System ist linear in **q** und **w** und kann direkt gelöst werden, d.h. man erhält die Parameter der äußeren Orientierung ohne Näherungswerte. Mit **q** kann die Rotationsmatrix **R** und mit **w** die Lage des Projektionszentrum $\mathbf{X_0}$ berechnet werden. Zur Lösung werden sechs geeignete Objektkoordinaten und eine Referenzstrecke benötigt. Liegen mehr Objektinformationen vor, kann die Lösung durch iterative Ausgleichung nach kleinsten Quadraten gefunden werden.

4.5.2 Kollinearitäsgleichungen für Geraden

Die Kollinearitätsgleichungen (4.8) bilden das mathematische Modell für den Rückwärtsschnitt und die Bündeltriangulation. Sie lassen sich auch für Bild- und Objektgeraden herleiten. Dazu werden die Bildgerade g' und die entsprechende Objektgerade G dargestellt in der Form:

$$g': \quad y' = a \cdot x' + b \tag{4.107}$$

$$G: \quad X = \alpha \cdot Z + \gamma \qquad Y = \beta \cdot Z + \delta \tag{4.108}$$

Die ebene Bildgerade g' wird durch zwei Parameter, die Raumgerade G durch vier Parameter beschrieben (vgl. Kap. 2.4.2.1). Die folgende Herleitung nach SCHWERMANN (1995) beschränkt sich zunächst auf solche Geraden, die in der obigen Darstellung keine ungünstigen Steigungen a bzw. α und β aufweisen. Beliebige Geraden müssen auf das geeignete Darstellungssystem ($X=f(Y)$, $Y=f(X)$, $Z=f(X)$ usw.) getestet werden, die formelmäßige Ableitung entspricht jedoch dem hier verfolgten Beispiel.

Einsetzen der Größen X und Y aus (4.108) in (4.8) ergibt[1]:

$$\begin{aligned} x' &= x'_0 - c \cdot \frac{(\alpha r_{11} + \beta r_{21} + r_{31}) \cdot Z + r_{11}(\gamma - X_0) + r_{21}(\delta - Y_0) - r_{31} Z_0}{(\alpha r_{13} + \beta r_{23} + r_{33}) \cdot Z + r_{13}(\gamma - X_0) + r_{23}(\delta - Y_0) - r_{33} Z_0} \\ &= x'_0 - c \cdot \frac{A_1 \cdot Z + A_2}{C_1 \cdot Z + C_2} \\ y' &= y'_0 - c \cdot \frac{(\alpha r_{12} + \beta r_{22} + r_{32}) \cdot Z + r_{12}(\gamma - X_0) + r_{22}(\delta - Y_0) - r_{32} Z_0}{(\alpha r_{13} + \beta r_{23} + r_{33}) \cdot Z + r_{13}(\gamma - X_0) + r_{23}(\delta - Y_0) - r_{33} Z_0} \\ &= y'_0 - c \cdot \frac{B_1 \cdot Z + B_2}{C_1 \cdot Z + C_2} \end{aligned} \tag{4.109}$$

Damit ist ein Gleichungssystem gegeben, das die Koordinaten x',y' einer Bildgeraden in Beziehung zu den Geradenparametern im Objektraum setzt. Werden die Gleichungen (4.109) in (4.107) eingesetzt, ergibt sich der Zusammenhang zwischen den Geradenparametern in Bild- und Objektraum:

$$\begin{aligned} &(y'_0\, C_1 - cB_1 - ax'_0\, C_1 + acA_1 - bC_1) \cdot Z \\ &+ (y'_0\, C_2 - cB_2 - ax'_0\, C_2 + acA_2 - bC_2) = 0 \end{aligned} \tag{4.110}$$

Diese Gleichung ist dann für alle Z erfüllt, wenn beide Klammerausdrücke zu Null werden. Somit ergeben sich zwei Gleichungen für die Parameter der Bildgeraden a,b:

$$\begin{aligned} y'_0\, C_1 - cB_1 - ax'_0\, C_1 + acA_1 - bC_1 &= 0 \\ y'_0\, C_2 - cB_2 - ax'_0\, C_2 + acA_2 - bC_2 &= 0 \end{aligned} \tag{4.111}$$

Nach Wiedereinsetzen der Substitutionen aus (4.109) und Umstellung folgt:

$$a = \frac{-(\beta Z_0 + \delta - Y_0) \cdot r_{11} + (\alpha Z_0 + \gamma - X_0) \cdot r_{21} + [\alpha(\delta - Y_0) - \beta(\gamma - X_0)] \cdot r_{31}}{(\beta Z_0 + \delta - Y_0) \cdot r_{12} - (\alpha Z_0 + \gamma - X_0) \cdot r_{22} - [\alpha(\delta - Y_0) - \beta(\gamma - X_0)] \cdot r_{32}} \tag{4.112a}$$

$$\begin{aligned} b &= x'_0 \cdot \frac{(\beta Z_0 + \delta - Y_0) \cdot r_{11} - (\alpha Z_0 + \gamma - X_0) \cdot r_{21} - [\alpha(\delta - Y_0) - \beta(\gamma - X_0)] \cdot r_{31}}{(\beta Z_0 + \delta - Y_0) \cdot r_{12} - (\alpha Z_0 + \gamma - X_0) \cdot r_{22} - [\alpha(\delta - Y_0) - \beta(\gamma - X_0)] \cdot r_{32}} \\ &+ y'_0 \\ &+ c \cdot \frac{(\beta Z_0 + \delta - Y_0) \cdot r_{13} - (\alpha Z_0 + \gamma - X_0) \cdot r_{23} - [\alpha(\delta - Y_0) - \beta(\gamma - X_0)] \cdot r_{33}}{(\beta Z_0 + \delta - Y_0) \cdot r_{12} - (\alpha Z_0 + \gamma - X_0) \cdot r_{22} - [\alpha(\delta - Y_0) - \beta(\gamma - X_0)] \cdot r_{32}} \end{aligned} \tag{4.112b}$$

Die Beziehungen (4.112) können direkt als Beobachtungsgleichungen für den räumlichen Rückwärtsschnitt verwendet werden. Zur Linearisierung werden Näherungswerte der sechs unbekannten Parameter der äußeren Orientierung benötigt. Zur Berechnung genügt die Beobachtung von drei nicht-parallelen Bildgeraden.

---

[1] Korrekturwerte für Abbildungsfehler werden hier vernachlässigt.

4.5.3 Relative Orientierung mit Geraden

Für die relative Orientierung mit Geraden muß die Bedingung erfüllt werden, daß sich die Projektionsebenen der Bilder, die jeweils aus einer Bildgeraden und dem Projektionszentrum gegeben sind, in einer gemeinsamen Raumgeraden schneiden. Da dies für zwei nicht-parallele Ebenen immer zutrifft, werden für die relative Orientierung mit Geraden drei Bilder benötigt, die einen gemeinsamen Objektbereich abdecken.

Die Lösung erfolgt in zwei Stufen (SCHWERMANN 1995). Zunächst werden die Rotationsparameter der Bilder untereinander bestimmt. In einem zweiten Schritt werden die verbleibenden Translationen berechnet. Wie im Folgebildanschluß von Bildpaaren (vgl. Kap. 4.2.4.3) wird ein Bild als Referenzsystem ausgewählt. Dann verbleiben für die beiden weiteren Bilder je drei Rotationen und je zwei Translationen, so daß insgesamt 11 unabhängige Parameter zu bestimmen sind.

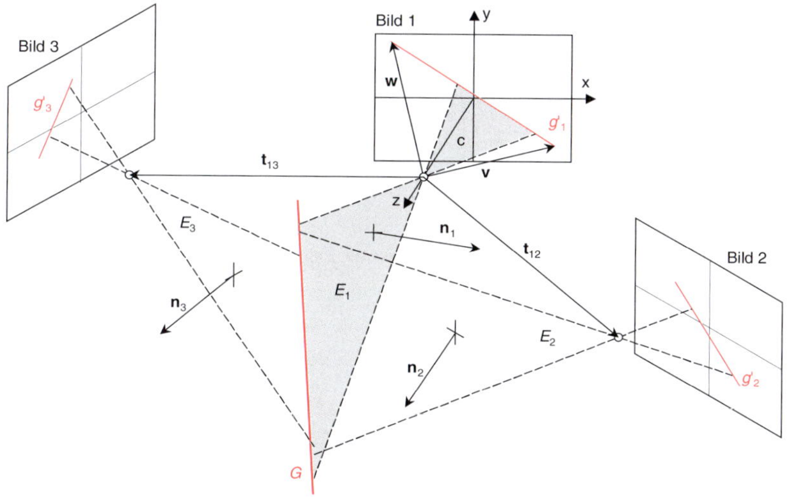

Abb. 4.75: Relative Orientierung mit Geraden

Die drei homologen Projektionsebenen E_1,E_2,E_3 schneiden sich genau dann in einer Geraden, wenn ihre jeweiligen Normalenvektoren $\mathbf{n}_1$,$\mathbf{n}_2$,$\mathbf{n}_3$ koplanar sind (Abb. 4.75). Die Projektionsebene eines Bildes wird durch zwei beliebige Punkte auf der Bildgeraden und das Projektionszentrum definiert. Ein zugehöriger Normalenvektor ergibt sich aus dem Kreuzprodukt von zwei Richtungsvektoren **v** und **w**:

$$\mathbf{v} = \begin{bmatrix} x_v \\ y_v \\ z_v \end{bmatrix} = \begin{bmatrix} c \\ c \cdot a + b \\ -c \end{bmatrix} \qquad \mathbf{w} = \begin{bmatrix} x_w \\ y_w \\ z_w \end{bmatrix} = \begin{bmatrix} -c \\ -c \cdot a + b \\ -c \end{bmatrix} \tag{4.113}$$

$$\mathbf{n} = \mathbf{v} \times \mathbf{w}$$

Die Werte x_v und x_w sind mit c bzw. $-c$ beliebig gewählte Geradenpunkte. Die Koplanarität der drei Normalenvektoren ist gegeben durch (vgl. (4.25)).

$$\mathbf{n}_1 \cdot (\overline{\mathbf{n}}_2 \times \overline{\mathbf{n}}_3) = 0 \tag{4.114}$$

wobei die für Bild 2 und 3 gegebenen Normalenvektoren durch die (unbekannten) Rotationsparameter auf das im Bild 1 definierte Modellkoordinatensystem xyz bezogen werden:

$$\mathbf{n}_1 \cdot (\mathbf{R}_2\mathbf{n}_2 \times \mathbf{R}_3\mathbf{n}_3) = 0 \tag{4.115}$$

Die Gleichungen (4.115) werden als Beobachtungsgleichungen für eine Kleinste-Quadrate-Schätzung verwendet. Zur Bestimmung der sechs unbekannten Drehparameter werden mindestens sechs unabhängige Geradenbeobachtungen benötigt.

Die Translationen zwischen den Bildern können durch Berechnung der räumlichen Schnittgeraden G bestimmt werden. Die Gleichungen der Projektionsebenen lauten:

$$\begin{aligned} E_1 &: \quad A_1x + B_1y + C_1Z = 0 \\ E_2 &: \quad A_2x + B_2y + C_2Z + D_2 = 0 \\ E_3 &: \quad A_3x + B_3y + C_3Z + D_3 = 0 \end{aligned} \tag{4.116}$$

oder in Hesse'scher Normalform:

$$\begin{bmatrix} A_i \\ B_i \\ C_i \end{bmatrix} = \mathbf{n}_{0i} \quad i = 1,2,3 \qquad D_i = -\mathbf{n}_{0i} \cdot \mathbf{t}_{1i} \qquad i = 2,3 \tag{4.117}$$

Die gesuchten Translationsvektoren $\mathbf{t}_{12}$ und $\mathbf{t}_{13}$ stecken in den Koeffizienten D_i, sie sind also rotationsunabhängig. Die Koeffizienten A_i,B_i,C_i lassen sich aus den Bildgeraden mit (4.113) und (4.117) unter Berücksichtigung der gegenseitigen Rotationen berechnen.

Für eine Schnittgerade der Projektionsebenen E_1 und E_2, die sich in der Form

$$\begin{aligned} y &= \alpha_{12}x + \gamma_{12} \\ z &= \beta_{12}x + \delta_{12} \end{aligned} \tag{4.118}$$

darstellen läßt[1], ergibt sich mit den Ebenengleichungen aus (4.116) folgende Geradengleichung (vergl. Gl. 2.15):

$$\begin{aligned} y &= -\frac{A_1C_2 - A_2C_1}{B_1C_2 - B_2C_1}x + \frac{C_1}{B_1C_2 - B_2C_1}D_2 \\ z &= -\frac{A_1B_2 - A_2B_1}{B_2C_1 - B_1C_2}x + \frac{B_1}{B_2C_1 - B_1C_2}D_2 \end{aligned} \tag{4.119}$$

[1] Auch hier müssen gegebenenfalls andere Darstellungssysteme gewählt werden (siehe Kap. 4.5.2).

Daraus lassen sich α_{12}, γ_{12}, β_{12}, δ_{12} durch Koeffizientenvergleich ermitteln. Die Beziehungen zwischen Bild 1 und Bild 3 lauten entsprechend. Da für homologe Bildgeraden nur eine gemeinsame Schnittgerade existiert, lassen sich mit den Bedingungen

$$\begin{aligned} \gamma_{12} - \gamma_{13} &= 0 \\ \delta_{12} - \delta_{13} &= 0 \end{aligned} \tag{4.120}$$

und (4.117) folgende lineare Bestimmungsgleichungen für die gesuchten Translationen angeben:

$$\begin{aligned} \frac{C_1}{B_1C_3 - B_3C_1}(\mathbf{n}_{03} \cdot \mathbf{t}_{13}) - \frac{C_1}{B_1C_2 - B_2C_1}(\mathbf{n}_{02} \cdot \mathbf{t}_{12}) &= 0 \\ \frac{B_1}{B_3C_1 - B_1C_3}(\mathbf{n}_{03} \cdot \mathbf{t}_{13}) - \frac{B_1}{B_2C_1 - B_1C_2}(\mathbf{n}_{02} \cdot \mathbf{t}_{12}) &= 0 \end{aligned} \tag{4.121}$$

Von den sechs Translationsparametern läßt sich ein Parameter beliebig festlegen, so daß fünf Unbekannte zu bestimmen sind.

Die oben dargestellte Lösung der relativen Orientierung dreier Bilder mit Bildgeraden setzt geeignet angeordnete Bilder voraus. Liegt eine Objektgerade (genähert) parallel zur Basis der beiden Bilder 2 und 3 (Bild 1 ist das Referenzbild), trägt es nicht zur Bestimmung der Rotationsparameter bei. Insbesondere versagen Rotations- und Translationsbestimmung, wenn die drei Bilder linear auf einer gemeinsamen Basis angeordnet sind. Eine optimale Konfiguration liegt mit einem Bildtripel vor, das ein gleichseitiges Dreieck bildet.

4.5.4 3D-Ähnlichkeitstransformation mit Geraden

Die räumliche Ähnlichkeitstransformation nach Kap. 2.2.2.2 kann auch auf die Transformation von Raumgeraden erweitert werden, z.B. zur absoluten Orientierung von Geraden, die im Zuge der relativen Orientierung bestimmt worden sind. Die hier komprimiert dargelegte Herleitung nach SCHWERMANN (1995) basiert wiederum auf der Geradendarstellung nach (4.108) (vgl. Fußnote 1 auf S. 336).

Gegeben sei eine Gerade g im Koordinatensystemen xyz, die durch räumliche Transformationsparameter nach G im System XYZ überführt werden soll:

$$\begin{aligned} g:\quad x &= \alpha \cdot z + \gamma & \qquad G:\quad X &= \overline{\alpha} \cdot Z + \overline{\gamma} \\ y &= \beta \cdot z + \delta & Y &= \overline{\beta} \cdot Z + \overline{\delta} \end{aligned} \tag{4.122}$$

Die Gleichungen (2.31) der räumlichen Ähnlichkeitstransformation lauten:

$$\begin{aligned} X &= X_0 + m(r_{11}x + r_{12}y + r_{13}z) \\ Y &= Y_0 + m(r_{21}x + r_{22}y + r_{23}z) \\ Z &= Z_0 + m(r_{31}x + r_{32}y + r_{33}z) \end{aligned} \tag{4.123}$$

Einsetzen von (4.122) in (4.123) und anschließende Elimination von Z führt zu folgendem System:

$$\begin{aligned} & m[\overline{\alpha}(\alpha r_{31} + \beta r_{32} + r_{33}) - (\alpha r_{11} + \beta r_{12} + r_{13})] \cdot z \\ & + [\overline{\alpha}(m\gamma r_{31} + m\delta r_{32} + Z_0) - (m\gamma r_{11} + m\delta r_{12} + X_0 - \overline{\gamma})] = 0 \\ & m[\overline{\beta}(\alpha r_{31} + \beta r_{32} + r_{33}) - (\alpha r_{21} + \beta r_{22} + r_{23})] \cdot z \\ & + [\overline{\beta}(m\gamma r_{31} + m\delta r_{32} + Z_0) - (m\gamma r_{21} + m\delta r_{22} + Y_0 - \overline{\delta})] = 0 \end{aligned} \tag{4.124}$$

Die Gleichungen werden für jeden Geradenpunkt erfüllt, wenn die Klammerausdrücke verschwinden. Nach einigen Umformungen lassen sich damit die Geradenparameter angeben:

$$\begin{aligned} \overline{\alpha} &= \frac{\alpha r_{11} + \beta r_{12} + r_{13}}{\alpha r_{31} + \beta r_{32} + r_{33}} \\ \overline{\beta} &= \frac{\alpha r_{21} + \beta r_{22} + r_{23}}{\alpha r_{31} + \beta r_{32} + r_{33}} \end{aligned} \tag{4.125}$$

$$\begin{aligned} \overline{\gamma} &= X_0 - \overline{\alpha} Z_0 + m \frac{-\delta r_{21} + \gamma r_{22} + (\alpha\delta - \beta\gamma) r_{23}}{\alpha r_{31} + \beta r_{32} + r_{33}} \\ \overline{\delta} &= Y_0 - \overline{\beta} Z_0 + m \frac{\delta r_{11} - \gamma r_{12} - (\alpha\delta - \beta\gamma) r_{13}}{\alpha r_{31} + \beta r_{32} + r_{33}} \end{aligned} \tag{4.126}$$

Dieses Gleichungssystem läßt sich nutzen, um bei bekannten Transformationsparametern die Gerade G aus g abzuleiten. Umgekehrt lassen sich daraus direkt Beobachtungsgleichungen für eine Kleinste-Quadrate-Schätzung der Transformationsparameter ableiten, wenn g und G gegeben sind. Die Steigungsparameter sind dabei analog zur relativen Orientierung unabhängig von den Translationen und lassen sich getrennt berechnen. Zur Bestimmung der sieben Unbekannten werden mindestens ebenso viele geeignete Geradenbeobachtungen benötigt.

4.5.5 Bündelausgleichung mit Geraden

Das in Kap. 4.3 erläuterte Verfahren der Bündelausgleichung kann um die Beobachtungsgleichungen (4.112) für Geraden erweitert werden. Somit können Punkte und Geraden simultan im Ausgleichungsprozeß behandelt werden.

Ebenso können geradenbezogene zusätzliche Bedingungen oder Beobachtungen mit geeignetem Gewicht eingeführt werden, um Datumsdefekte zu beheben oder die Stabilität des Ausgleichungssystems zu verbessern (SCHWERMANN 1995):

- Datumsfestlegung:

  Der allgemeine Datumsdefekt von 7 (3 Translationen, 3 Rotationen, 1 Maßstabsfaktor) kann zum einen durch geeignete Paßgeraden behoben werden. Dazu können horizontale oder vertikale Geraden definiert werden, indem die Neigungsparameter festgehalten werden. Für beliebig im Raum liegende Geraden müssen entsprechend alle vier Geradenparameter vorgegeben werden.

  Zum anderen kann auch die geradenbasierte Bündelausgleichung als freie Netzausgleichung formuliert werden. Die dazu erforderlichen 7 zusätzlichen Bedingungen werden analog zu Kap. 4.3.3.3 durch Einführung der Matrix **B** aufgenommen. Dazu werden die Auswirkungen differentieller Änderungen der Geradenparameter auf die 7 Datumsparameter formuliert. Sie lauten beispielhaft für Geraden in der Darstellung nach (4.108).

X_0	Y_0	Z_0	w_1	w_2	w_3	m
0	0	0	$-\alpha\beta$	$1+\alpha^2$	$-\beta$	0
0	0	0	$-1-\beta^2$	$\alpha\beta$	α	0
1	0	$-\alpha$	$-\alpha\delta$	$\alpha\gamma$	$-\delta$	γ
0	1	$-\beta$	$-\beta\delta$	$\beta\gamma$	γ	δ

(4.127)

  Dabei stehen die w_i für die drei Drehparameter derjenigen Koordinatenachsen, auf die sich die aktuelle Geradendarstellung bezieht.

- Geradenbedingungen:

  Geometrische Bedingungen zwischen Objektgeraden werden durch gewichtete zusätzliche Beobachtungsgleichungen analog zu Kap. 4.3.2.3 eingeführt und beziehen sich vor allem auf folgende Eigenschaften:

  - Parallelität von Geraden
  - Orthogonalität von Geraden
  - Winkel zwischen Geraden
  - Abstand zwischen Geraden

4.6 Mehrmedienphotogrammetrie

4.6.1 Lichtbrechung an Trennflächen

4.6.1.1 Trennflächen

Das normale photogrammetrische Abbildungsmodell (vgl. Kap. 3.2.2, Kap. 4.2.1) nimmt Kollinearität zwischen Objektpunkt, Projektionszentrum und Bildpunkt an. Objektiv- oder sensorbedingte Abweichungen werden durch Korrekturparameter im Bildraum erfaßt. Diese Vorgehensweise genügt für die meisten Aufnahmeanordnungen.

Durchdringen die Abbildungsstrahlen im Bild- oder Objektraum Medien unterschiedlicher Brechzahl, wird der geradlinige Strahlverlauf gestört. Mit erweiterten funktionalen Modellen der Mehrmedienphotogrammetrie ist es möglich, den Strahlengang durch zusätzliche optische Trennflächen zu beschreiben und bei der Objektrekonstruktion zu berücksichtigen. Optische Trennflächen sind vorhanden, wenn der Strahlengang zum Beispiel durch folgende Medien verläuft:

- Glaswände im Objektraum (Glasbehälter, Fenster)
- Objektaufnahme unter oder durch Wasser
- inhomogene Atmosphäre (Refraktion)
- objektseitig aufgesetzte Filter vor dem Objektiv
- Objektivlinsen
- Abdeckplatten auf CCD-Sensoren
- Réseauplatte

Zur strengen Modellierung des Strahlenganges muß die Trennfläche geometrisch beschrieben werden, zum Beispiel als

- Ebene im Raum
- Fläche zweiter Ordnung (Kugel, Ellipsoid)
- wellenförmige Oberfläche

Üblicherweise werden die durchdrungenen Medien als homogen und isotrop vorausgesetzt, d.h. die Strahlausbreitung verläuft gleichförmig in allen Richtungen.

4.6.1.2 Parallele ebene Trennflächen

Der einfachste Fall eines Mehrmedienfalles liegt vor, wenn nur eine ebene Trennfläche im Strahlengang parallel zur Bildebene angeordnet ist (Abb. 4.76). Dann wird ein Objektpunkt P_1 über den Zwischenpunkt P_0 auf der Trennfläche in den Punkt P'_0 abgebildet. Dabei entsteht ein radialer Lageversatz $\Delta r'$ in Bezug zum Bildpunkt P'_1, der einer kollinearen Abbildung ohne Trennfläche entspräche.

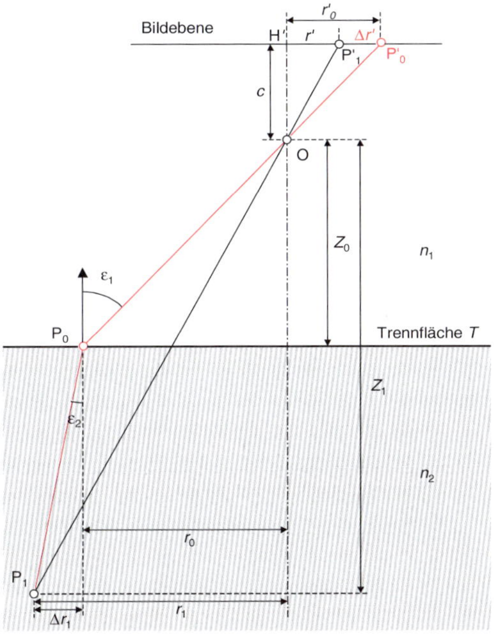

Abb. 4.76: Ebene Trennfläche parallel zur Bildebene

Der Lageversatz $\Delta r'$ ergibt sich aus Abb. 4.76 mit (3.15) zu[1]:

$$\Delta r' = r'_0 \cdot Z_{rel} \left(1 - \frac{1}{\sqrt{n^2 + (n^2 - 1)\tan^2 \varepsilon_1}} \right) \tag{4.128}$$

$$\text{mit } Z_{rel} = \frac{Z_i - Z_0}{Z_i} \quad \text{und } r'_0 = c \cdot \tan \varepsilon_1$$

Gleichung (4.128) zeigt, daß der Einfluß der Strahlbrechung entfernungsabhängig ist. Der Lageversatz verschwindet, wenn

1. $\varepsilon_1 = 0$: der Abbildungsstrahl verläuft senkrecht zur Trennebene und wird nicht gebrochen;
2. $n=1$: beide Medien besitzen denselben Brechungsindex;
3. $Z_i = Z_0$: der Objektpunkt liegt auf der Trennebene ($Z_{rel}=0$).

[1] Die folgenden Herleitungen und Abbildungen folgen KOTOWSKI (1987).

Der radiale Lageversatz $\Delta r'$ kann erhebliche Beträge annehmen:

Beispiel 4.4:

Für eine getauchte Unterwasserkamera mit Luft-Objektiv ergibt sich mit r'_0=21mm (Kleinbildformat), Z_{rel}=1 (Trennfläche im Projektionszentrum) sowie c=80mm (Normalwinkel) ein maximaler Lageversatz von $\Delta r'$=2.8mm.

Beispiel 4.5:

Für eine Gewässerbodenerfassung aus der Luft folgt mit r'_0=38mm (Mittelformat), Z_i=4m und Z_0=3m (Z_{rel}=0.25) (Trennfläche im Projektionszentrum) und c=28mm (Weitwinkel) ein maximaler Lageversatz von $\Delta r'$=6.9mm.

Es läßt sich zeigen, daß (4.128) durch folgende Potenzreihe dargestellt werden kann:

$$\Delta r' = Z_{rel} \cdot (A_0 \cdot r'_0 + A_1 \cdot r'^3_0 + A_2 \cdot r'^5_0 + \ldots \tag{4.129}$$

Die Reihenentwicklung ähnelt den üblichen Ansätzen zur Korrektur sowohl der einfachen radial-symmetrischen Verzeichnung in (3.28) und (3.29), als auch der entfernungsabhängigen Verzeichnung (3.41). Für Anwendungsfälle, in denen Z_{rel} bei 1 liegt, kann der Einfluß einer ebenen parallelen Trennfläche vollständig durch entfernungsunabhängige radial-symmetrische Verzeichnungskorrektur aufgefangen werden.

Der Ansatz von Gleichung (4.128) kann auf beliebig viele parallele ebene Trennflächen erweitert werden, zum Beispiel zur Modellierung planparalleler Platten im Aufnahmesystem (Filter, Réseau) oder von Glasscheiben im Objektraum (Abb. 4.77). Für p Trennebenen ergibt sich der resultierende Lageversatz zu:

$$\Delta r' = \frac{r'_0}{Z_i} \cdot \left[(Z_i - Z_{01}) - \sum_{l=1}^{p} \frac{d_l}{\sqrt{N_l^2 + (N_l^2 - 1)\tan^2 \varepsilon_1}} \right] \tag{4.130}$$

mit

$d_l = Z_{l+1} - Z_l$ Abstand zweier benachbarter Trennebenen

$N_K = \dfrac{n_{l+1}}{n_l}$ relativer Brechungsindex

Geht man in (4.130) zu differentiellen Abständen zwischen den Trennflächen über, lassen sich geschichtete Medien modellieren. So ließe sich beispielsweise ein Atmosphärenmodell zur Beschreibung der Refraktion aufstellen.

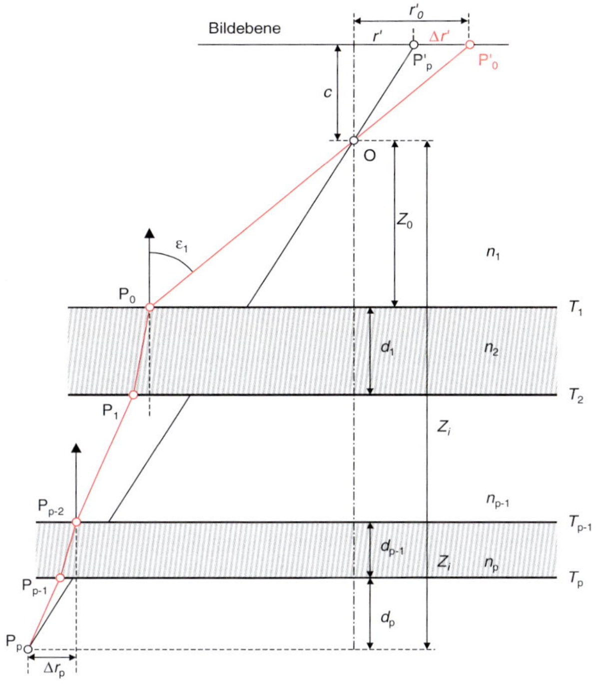

Abb. 4.77: Mehrere parallele ebene Trennflächen

4.6.1.3 Strahlverfolgung durch lichtbrechende Flächen

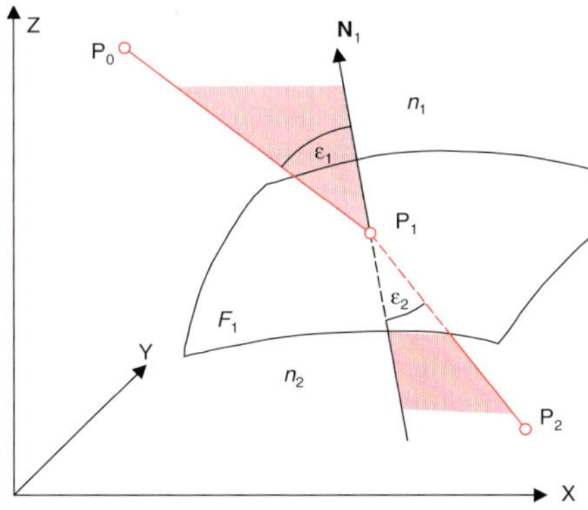

Abb. 4.78: Strahlverfolgung durch eine optische Trennfläche

Liegen beliebige Trennflächen bei der Abbildung vor, muß jeder Abbildungstrahl durch sukzessive Anwendung des Brechungsgesetzes durch sämtliche Medien verfolgt werden (Strahlverfolgung, *ray tracing,* siehe auch Kap. 5.3.3.1). Dazu wird an jedem Brechungspunkt einer Trennfläche ein System von drei Bedingungsgleichungen aufgestellt, das die 3D-Koordinaten dieses Punktes liefert und den Strahlverlauf von einem Punkt P_0 über den Durchgangspunkt P_1 zum Punkt P_2 beschreibt (Abb. 4.78):

1. P_1 liegt auf der Fläche F_1:

   Die Bedingung wird mit

   $$F_1(X_1, Y_1, Z_1) = 0$$

   erfüllt. Für eine allgemeine Fläche zweiter Ordnung gilt:

   $$\begin{aligned} F_1 &= \mathbf{X}^T \mathbf{A} \mathbf{X} + 2\mathbf{a}^T \mathbf{X} + a = 0 \\ &= f_S(\mathbf{X}, \mathbf{A}, \mathbf{a}, a) \end{aligned} \tag{4.131}$$

   $$\text{mit } \mathbf{X} = \begin{bmatrix} X \\ Y \\ Z \end{bmatrix}, \ \mathbf{a} = \begin{bmatrix} a_1 \\ a_2 \\ a_3 \end{bmatrix} \text{ und } \mathbf{A} = \begin{bmatrix} a_{11} & a_{12} & a_{13} \\ a_{21} & a_{22} & a_{23} \\ a_{31} & a_{32} & a_{33} \end{bmatrix}, \ a_{ij}=a_{ji} \text{ für } i \neq j$$

   Die Fläche kann in einem Hilfskoordinatensystem $\overline{X}, \overline{Y}, \overline{Z}$ nach Kap. 4.3.2.3.4 parametrisiert werden, zum Beispiel als rotationssymmetrischer Körper oder als wellenförmige Oberfläche.

2. Erfüllung des Brechungsgesetzes:

   $$F_2 = n_1 \cdot \sin \varepsilon_1 = n_2 \cdot \sin \varepsilon_2 = 0$$

   Die Ein- und Ausfallswinkel werden als Funktion der Objektkoordinaten und des Normalenvektors $\mathbf{N}_1$ eingeführt, z.B. für ε_1:

   $$\cos \varepsilon_1 = \frac{\mathbf{N}_1^T \cdot (\mathbf{X}_0 - \mathbf{X}_1)}{\left|\mathbf{N}_1^T\right| \cdot \left|\mathbf{X}_0 - \mathbf{X}_1\right|}$$

3. Flächennormale in P_1 und Abbildungsstrahlen liegen in einer Ebene:

   Zur Formulierung wird die Koplanaritätsbedingung der drei Vektoren genutzt:

   $$F_3 = \begin{vmatrix} X_0 - X_1 & Y_0 - Y_1 & Z_0 - Z_1 \\ X_1 - X_2 & Y_1 - Y_2 & Z_1 - Z_2 \\ N_X & N_Y & N_Z \end{vmatrix} = 0$$

Die drei Bedingungsgleichungen werden an Näherungswerten linearisiert. Die Lösung des Gleichungssystems liefert die Objektkoordinaten X_1, Y_1, Z_1 des Brechungspunktes.

Für ein Abbildungssystem aus p Trennflächen wird das Gleichungssystem für jeden Brechungspunkt P_l, $l=1 \ldots p$, aufgestellt. Das Prinzip wird in der Optik zur Berechnung von Linsensystemen eingesetzt (Optikrechnung). In der Photogrammetrie ließe sich damit eine konsequente Verzeichnungsbestimmung durchführen, die jedes optische Element berücksichtigen würde. Dieser Weg wurde jedoch bisher nicht beschritten.

4.6.2 Erweitertes Modell der Bündeltriangulation

Mit den oben besprochenen Grundlagen der optischen Trennflächen und Strahlverfolgung läßt sich das funktionale Modell der Bündeltriangulation erweitern. Dazu wird der Algorithmus zur Strahlverfolgung durch beliebig viele Trennflächen in das Abbildungsmodell der Kollinearitätsgleichungen (4.8) integriert.

Es bietet sich an, die zwei wesentlichen praktischen Aufnahmekonstellationen zu unterscheiden:

- konstante (objektinvariante) Lage der Trennflächen relativ zum Meßobjekt
- konstante (bündelinvariante) Lage der Trennflächen relativ zum Aufnahmesystem

4.6.2.1 Objektinvariante Trennflächen

Objektinvariante Trennflächen liegen beispielsweise vor, wenn ein Objekt durch Glasscheiben oder Wasser hindurch beobachtet wird (Abb. 4.79).

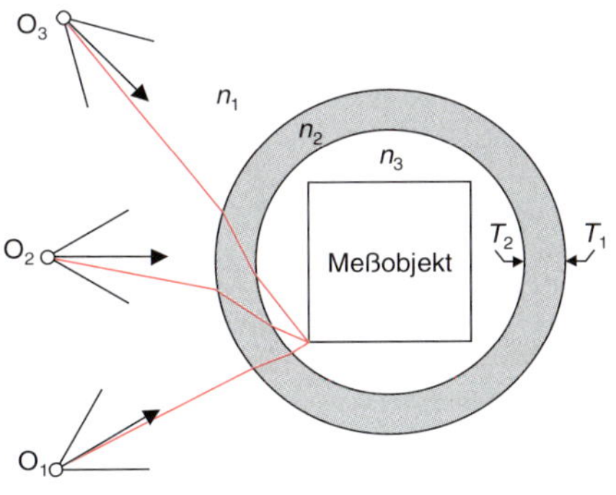

Abb. 4.79: Objektinvariante Trennflächen

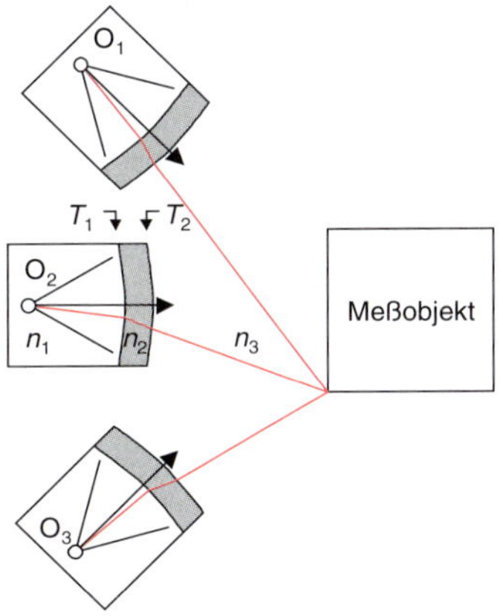

Abb. 4.80: Bündelinvariante Trennflächen

Die erweiterten Beobachtungsgleichungen ergeben sich in drei Schritten:

1. Strahlverfolgung nach Gleichung (4.131) über p Trennflächen:

$$\overline{\mathbf{X}}_i^l = f_S(\mathbf{X}_i, \mathbf{X}_{0j}, \mathbf{A}^l, \mathbf{a}^l, a^l, n^l) \tag{4.132}$$

mit

$\mathbf{A}^l$, $\mathbf{a}^l$,a^l:	Trennflächenparameter
n^l:	relative Brechungsindizes
l=1…p:	Flächenindex
i:	Punktindex
j:	Bildindex
k:	Kameraindex

2. Räumliche Drehverschiebung:

$$\mathbf{X}_{ij}^{*} = \mathbf{R}_j \cdot \overline{\mathbf{X}}_i^1 - \mathbf{X}_{0j}$$

$$\begin{bmatrix} X_{ij}^{*} \\ Y_{ij}^{*} \\ Z_{ij}^{*} \end{bmatrix} = \mathbf{R}_j \cdot \begin{bmatrix} \overline{X}_i^1 - X_{0j} \\ \overline{Y}_i^1 - Y_{0j} \\ \overline{Z}_i^1 - Z_{0j} \end{bmatrix} \tag{4.133}$$

3. Erweiterte Kollinearitätsgleichungen:

$$\begin{bmatrix} x'_{ij} \\ y'_{ij} \end{bmatrix} = -\frac{c}{Z_{ij}^{*}} \cdot \begin{bmatrix} X_{ij}^{*} \\ Y_{ij}^{*} \end{bmatrix} + \begin{bmatrix} x'_{0k} \\ y'_{0k} \end{bmatrix} + \begin{bmatrix} dx'_k \\ dy'_k \end{bmatrix} \tag{7.134}$$

4.6.2.2 Bündelinvariante Trennflächen

Bündelinvariante Trennflächen sind Grenzflächen optischer wirksamer Medien im Aufnahmesystem, z.B. Unterwassergehäuse, Aufsatzfilter, Linsen, planparallele Sensorabdeckungen oder Réseauplatten (Abb. 4.80).

Im Gegensatz zur objektinvarianten Formulierung wird hier die Reihenfolge der Berechnungen vertauscht:

1. Räumliche Drehverschiebung:

$$\mathbf{X}_{ij}^{*} = \mathbf{R}_j \cdot \mathbf{X}_i^1 - \mathbf{X}_{0j} \tag{4.135}$$

2. Strahlverfolgung:

$$\overline{\mathbf{X}}_{ij}^{l} = f_S(\mathbf{X}_{ij}^{*}, \mathbf{A}^l, \mathbf{a}^l, a^l, n^l) \tag{4.136}$$

3. Erweiterte Kollinearitätsgleichungen:

$$\begin{bmatrix} x'_{ij} \\ y'_{ij} \end{bmatrix} = -\frac{c}{\overline{Z}_{ij}^{1}} \cdot \begin{bmatrix} \overline{X}_{ij}^{1} \\ \overline{Y}_{ij}^{1} \end{bmatrix} + \begin{bmatrix} x'_{0k} \\ y'_{0k} \end{bmatrix} + \begin{bmatrix} dx'_k \\ dy'_k \end{bmatrix} \tag{7.137}$$

Die durch bündelinvariante Trennflächen verursachten Bildpunktverschiebungen sind in der Regel entfernungsunabhängig (siehe Beispiel 4.4, Seite 342). Sind die Trennflächen rotationssymmetrisch (Linsen) bzw. parallel zur Bildebene liegende planparallele Platten (Réseau, Filter), wirken die Verschiebungen radial-symmetrisch und können bei geeigneter Kamerakalibrierung mit den üblichen Verzeichnungsansätzen erfaßt werden.

Weitere Anwendungen und Algorithmen der Mehrmedienphotogrammetrie beschreiben u.a.: MAAS 1995 (Strömungstechnik, Bestimmung der Refraktion), FRYER & FRASER 1986 (Kalibrierung von Unterwasserkameras), HÖHLE 1971 (Unterwasser-Photogrammetrie).

5 Digitale Bildverarbeitung

5.1 Grundlagen

5.1.1 Bildverarbeitungsprozeß

Seit dem Aufkommen digitaler Bildverarbeitungstechniken haben sich die Möglichkeiten der photogrammetrischen Bildauswertung in großem Umfang verändert. Digitale Bilddaten erlauben wie in vielen anderen technischen Bereichen auch hier neue Vorgehensweisen in der Erfassung, Speicherung, Archivierung und Ausgabe der Bilder, vor allem aber in der (automatisierten) Verarbeitung der Bilder selbst.

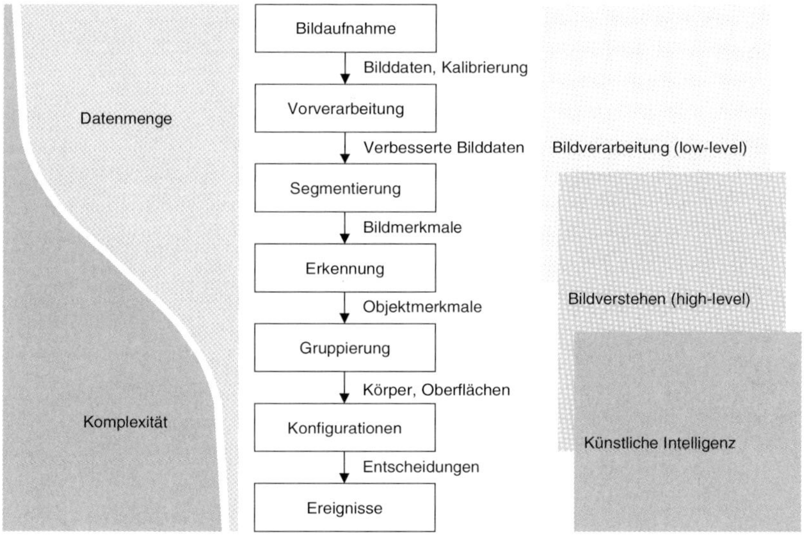

Abb. 5.1: Der Bildverarbeitungsprozeß

Abb. 5.1 zeigt den üblichen Prozeß der technischen Bildverarbeitung, der von der Bildaufnahme bis zur intelligenten Auslösung von Ereignissen führt. Von oben nach unten nimmt die zu bewältigende Datenmenge ab, während die Komplexität der Verarbeitung zunimmt.

Photogrammetrische Methoden der Bildverarbeitung werden überwiegend in den Bereichen der Bildaufnahme (Sensortechnik, Kalibrierung), Vorverarbeitung und Segmentierung (Bildmessung, Linienverfolgung, Bildzuordnung) entwickelt und eingesetzt. Bei diesen Methoden stehen die Automation relativ einfacher Meßaufgaben und die Sicherstellung einer ausreichenden Genauigkeit im Vordergrund. Praxisreife Verfahren findet man daher überwiegend in Standardaufgaben der digitalen Punktmessung (Rahmenmarken, Reseau, signalisierte Objektpunkte) sowie bei Anwendungen der Stereophotogrammetrie (automatische Orientierung, Oberflächenmessungen), während sich Methoden der höheren

Bildauswertung (Objekterkennung) und des Bildverstehens noch weitgehend im Entwicklungsstadium befinden.

In der Nahbereichsphotogrammetrie lassen sich zwei charakteristische Merkmale ausmachen, die Möglichkeiten und Grenzen der automatischen Bildauswertung besonders kennzeichnen:

- Konsequente Objektsignalisierung mit (teilweise) codierten, retro-reflektierenden Punktmarken führt bei geeigneter Belichtung zu quasi-binären Bildern, die sich praktisch vollautomatisch auswerten lassen (Abb. 5.2 links).
- Beliebige Aufnahmeanordnungen führen zu größeren Maßstabsunterschieden im Bildverband, Verdeckungen, unvollständiger Objektabbildung usw. (Abb. 5.2 rechts). Im Gegensatz zu einfachen Stereoanordnungen, wie sie z.B. in der Luftbildauswertung vorliegen, sind Nahbereichsanwendungen also häufig durch komplexe Objektoberflächen und Bildverbände gekennzeichnet, die einen hohen interaktiven Anteil an der Auswertung erfordern.

Abb. 5.2: Signalisierte und nicht-signalisierte Objektszenen

Der vorliegende Abschnitt befaßt sich vor allem mit solchen Bildverarbeitungsverfahren, die in der Praxis der digitalen Nahbereichsphotogrammetrie bereits erfolgreich eingesetzt werden. Der Schwerpunkt liegt auf Verfahren zur geometrischen Bildverarbeitung und Bildmessung. Weiterführende Grundlagen und spezielle Algorithmen können der zahlreich vorhandenen Literatur entnommen werden, z.B. zu digitaler Bildverarbeitung (JÄHNE et al. 1999, BÄHR & VÖGTLE 1991/98, BÄSSMANN & KREYSS 1997, JÄHNE 1997, KLETTE & ZAMPERONI 1995, HABERÄCKER 1991) und zu Computer Vision (KLETTE et al. 1996, HARALICK & SHAPIRO 1992).

5.1.2 Pixelkoordinatensystem

Zur Lösung von meßtechnischen Bildverarbeitungsaufgaben ist die Definition des verwendeten Pixelkoordinatensystems von grundlegender Bedeutung[1]. Für ein Bild

$$S = s(x, y) \tag{5.1}$$

wird in der Bildverarbeitung meistens ein bildschirmorientiertes linkshändiges xy-System von Zeilen und Spalten verwendet, in dem die x-Richtung in Zeilenrichtung und die y-Richtung in Spaltenrichtung definiert ist.

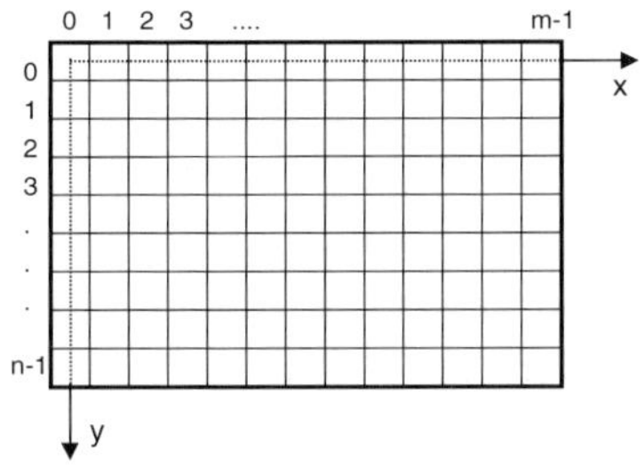

Abb. 5.3: Definition des Pixelkoordinatensystems

Der Ursprung dieses System liegt oben links, das erste Bildelement besitzt die Zeilen- und Spaltenkoordinaten (0,0). Die Anzahl der Spalten beträgt m, die Anzahl der Zeilen n. Das letzte Bildelement besitzt die Koordinaten (m–1,n–1). Breite und Höhe eines Pixels betragen jeweils 1 (Abb. 5.3).

In diesem diskreten Raster hat jedes Bildelement ganzzahlige Koordinaten. Bei der optischen Abbildung eines Gegenstandes auf einen Sensor mit diesem Rastersystem erhält jedes Bildelement einen Grauwert entsprechend der auf seine Fläche einwirkenden Helligkeit des Objektes. Die Grauwerte werden in der Regel mit 8 Bit quantisiert, so daß 256 Graustufen zwischen 0 (schwarz) und 255 (weiß) definiert werden können. Da der Mensch nur ca. 60 Grautöne unterscheiden kann, reicht diese Grauwerttiefe zur visuellen Darstellung von Bildern aus. In technischen Systemen kann der Informationsgehalt jedoch erheblich größer sein, so daß auch Quantisierungen mit 10 Bit (1024 Graustufen), 12 Bit oder 16 Bit pro Grauwert sinnvoll sein können. Echtfarbbilder werden im allgemeinen mit 24 Bit (je 8 Bit pro RGB-Farbkanal) abgespeichert.

Da ein abgebildetes Objekt (z.B. ein signalisierter Objektpunkt) durch den Abbildungsmaßstab und die optischen Übertragungseigenschaften (MTF, PSF) des Aufnahmesystems mehr als ein Pixel überdecken kann, können die Koordinaten dieses Objektes im Subpixelbereich verschoben sein. Die Angabe von Subpixelkoordinaten ist dann möglich, wenn die Lage eines Objektpunktes über mehrere Pixel interpoliert werden kann. Hierbei liegt die Annahme zugrunde, daß die Subpixelverschiebung einer Objektkante zu einer ent-

[1] Der Begriff Pixelkoordinatensystem wird hier zur Beschreibung des Koordinatensystems eines digitalen Bildes verwandt; im Gegensatz dazu beschreibt das Bildkoordinatensystem das physikalisch in der Kamera definierte Bezugssystem (kann bei Digitalkameras identisch sein).

sprechenden Veränderung der Grauwerte des abgebildeten Objektes führt. Bei der Angabe von Subpixelkoordinaten geht man in der Regel davon aus, daß die Mitte des Pixels der ganzzahligen xy-Koordinate (i,j) entspricht (Abb. 5.4).

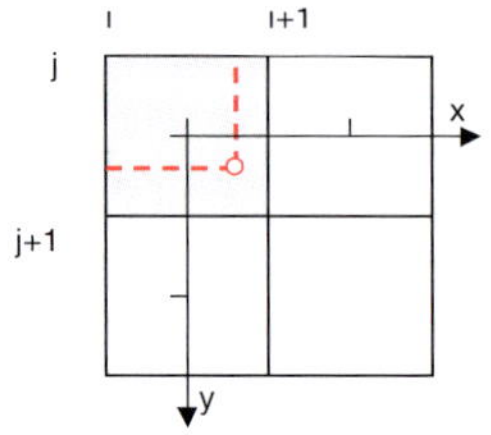

Abb. 5.4: Lage eines Pixels im xy-Koordinatensystem

Abgebildete Objekte müssen in der Regel mehrere Pixel überdecken, um im Bild erkannt oder verarbeitet werden zu können. Zu einem gemeinsamen Objekt gehörende, zusammenhängende Pixel zeichnen sich dadurch aus, daß ihre Grauwerte in einer begrenzten Nachbarschaft bestimmten einheitlichen Kriterien genügen müssen (Konnektivität). Im diskreten Bildraster besitzt jedes Pixel eine feste Zahl von Nachbarpixeln (Ausnahme: Bildrand). Zur Definition von Konnektivitäten werden benachbarte Pixel nach dem N4- oder dem N8-Schema gekennzeichnet (Abb. 5.5). In diesem Beispiel sind drei Objekte A, B und C abgebildet. Wird N4-Nachbarschaft zugrunde gelegt, zerfällt Objekt B in einzelne Pixel und die Objekte A und C sind getrennt. In der N8-Relation ist Objekt B ein zusammenhängender Bereich, über die Eckverbindung werden jedoch auch A und C zusammengelegt. Erweiterte Algorithmen zur Konnektivität müssen daher auch die Grauwertverteilung innerhalb von Teilregionen betrachten, z.B. durch geeignete Filter.

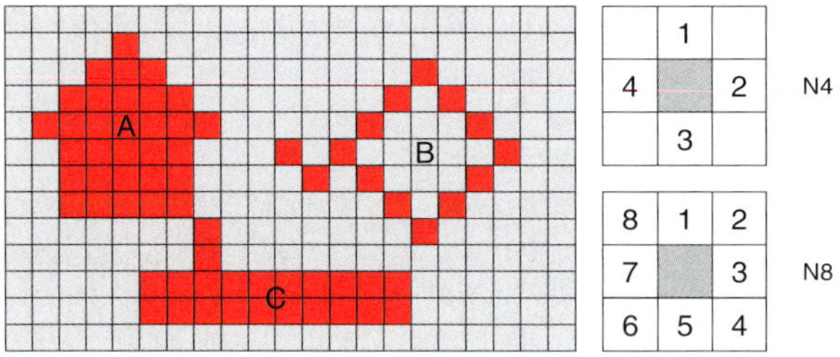

Abb. 5.5: Objekte und Nachbarschaften

5.1.3 Bilddatenverwaltung

5.1.3.1 Bildpyramiden

Unter einer Bild- oder Auflösungspyramide versteht man eine Bildserie, in der das jeweils folgende Bild gegenüber dem Vorgänger verkleinert ist, in der Regel um den Faktor 2 (Abb. 5.6). Vor der Verkleinerung kann das Bild geglättet werden, zum Beispiel mit Gauß-Filtern (vgl. Kap. 5.2.2). Kleine Bildstrukturen verschwinden dabei nach und nach mit abnehmender Bildauflösung, der Informationsgehalt sinkt mit zunehmender Verkleinerung

(Abb. 5.7). Die Gesamtdatenmenge wächst nur um ca. 30% gegenüber dem Originalbild. Bildpyramiden dienen vor allem zur hierarchischen Mustererkennung, bei der zunächst in der geringsten Auflösung nach groben Bildmerkmalen gesucht wird. Mit zunehmender Auflösung (Bildgröße) wird die Suche verfeinert, wobei nur noch die in der vorhergehenden Stufe ermittelten Bildbereiche näher untersucht werden.

Original

Gauß-Tiefpaßfilter

Faktor 2

4

8

16

Abb. 5.6: Bildpyramide mit 5 Stufen

Faktor 4

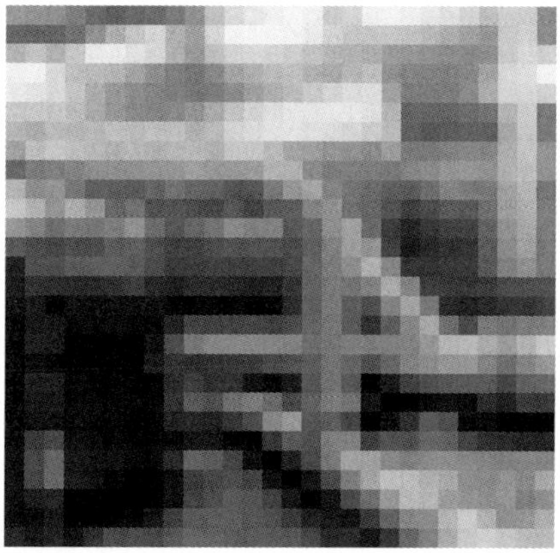
Faktor 16

Abb. 5.7: Informationsgehalt der Auflösungstufen Faktor 4 und 16

5.1.3.2 Datenformate

Die Speicherung digitaler Bilddaten kann auf vielfältige Weise organisiert werden. In den Bereichen der digitalen Bildverarbeitung und der Rastergrafik wurden dazu zahlreiche Datenformate entwickelt, die in der Lage sind, neben den eigentlichen Bilddaten weitere Informationen wie Bildbeschreibungen, Farbtabellen, Übersichtsbilder usw. abzuspeichern. Für photogrammetrische Belange ist dabei die eindeutige Reproduzierbarkeit des Originalbildes von wesentlicher Bedeutung. Datenverluste können durch den Einsatz von Datenkompressionsverfahren, aber auch durch Verwendung unzureichender Grauwerttiefen (Bits pro Pixel) oder Zuweisung falscher Farbtabellen entstehen.

Aus der großen Vielfalt von Bilddatenformaten seien an dieser Stelle nur einige Standardformate genannt:

- Speicherung von Rohdaten:

  Hierbei werden nur die Grauwerte des Bildes unkomprimiert in einer Binärdatei gespeichert. Bei einem Byte pro Pixel entspricht die entstehende Dateigröße exakt der Gesamtzahl von Pixeln im Bild. Informationen über die Größe des Originalbildes müssen separat gespeichert oder bereitgestellt werden, da Rohdaten sonst nicht ohne weiteres fehlerfrei wieder eingelesen werden können. Für Mehrkanalbilder kann die Reihenfolge der Spektralbereiche pixelweise (pixel-interleaved), zeilenweise (line-interleaved) oder kanalweise (band-interleaved) erfolgen.

- TIFF: Tagged Image File Format:

  Das TIFF-Datenformat hat sich durch seine universellen Einsatzmöglichkeiten weit verbreitet. Es basiert auf einem zeigerorientierten Verzeichnis (directory) von wichtigen Bildinformationen (Bildgröße, Farbtiefe, Paletten, Auflösung etc.), das von einem Leseprogramm korrekt auszuwerten ist. TIFF besitzt zahlreiche Varianten und kann dadurch zu Problemen bei der Bildübertragung führen. Es erlaubt verschiedene Methoden zur Bildkompression (LZW, Huffman).

- BMP: Windows Bitmaps:

  Das BMP-Format ist der Standard für Rasterbilder in der Microsoft-Windows-Umgebung. Es erlaubt die Abspeicherung beliebiger Grau- und Farbbilder (bis 24 Bit) mit unterschiedlicher Anzahl von Grau- oder Farbstufen.

- GIF: Graphic Interchange Format:

  Bilder im GIF-Format sind standardmäßig verlustfrei komprimiert. Grau- und Farbbilder können nur bis zu 8 Bit pro Pixel enthalten. Das PNG-Format (Portable Network Graphics) gilt als Nachfolger des GIF-Formates und bietet diesem gegenüber eine höhere Kompressionsrate.

- JPEG: Joint Photographic Expert Group:

  Das JPEG-Format bietet große Kompressionen bis zum Faktor 100, wobei bewußt ein Datenverlust in Kauf genommen wird (siehe unten).

Weitere Datenformate wie z.B. PCX (Paintbrush), PCD (Kodak Photo CD), EPS

(PostScript) oder RAS (Sun Raster Graphic) sind ebenfalls geeignet, werden aber in der digitalen Photogrammetrie nicht so häufig verwendet.

Tabelle 5.1 zeigt einen Vergleich verschiedener Datenformate für zwei Bilder mit sehr unterschiedlicher Struktur. Das erste Bild „Rohre" zeigt das in Abb. 5.6 dargestellte Rohrleitungsbild, das zweite Bild „Testfeld" ist eine Testfeldaufnahme aus Abb. 7.7. Hier wird deutlich, daß das Bild „Rohre" mit seinen inhomogenen Strukturen nur auf ca. 80% der Originalgröße verlustfrei komprimiert werden kann, während der Speicherbedarf für das homogenere Bild „Testfeld" bis unter 30% gesenkt werden kann. Die verlustbehaftete JPEG- bzw. Wavelet-Kompression erlauben dagegen noch deutlich höhere Reduktionen. Aufgrund der Grauwertumwandlung in ASCII-Zeichen benötigt das EPS-Format einen doppelt so hohen Speicherbedarf.

Datenformat	verlust -frei	Bild1 „Rohre"	Kompres-sionsrate	Bild2 „Testfeld"	Kompres-sionsrate
Bildgröße [Pixel]		440 x 440		1000 x 1000	
Rohdaten	x	193600	100%	1000000	100%
BMP	x	194678	101%	874698	87%
PCX	x	191025	98%	668874	67%
TIFF	x	194762	101%	1001722	100%
TIFF LZW-Kompression	x	141088	73%	305022	31%
GIF	x	174266	90%	284770	28%
PNG	x	111492	58%	268528	27%
JPG Komp.faktor 1	x	111002	57%	266667	27%
JPG Komp.faktor 10		49463	25%	54507	5%
JPG Komp.faktor 20		34164	18%	32066	3%
JPG Komp.faktor 99		1899	1%	5102	0.5%
Wavelet, Faktor 1	x	109604	57%	281432	28%
Wavelet, Faktor 10		19360	10%	100000	10%
Wavelet, Faktor 100		1936	1%	10000	1%
EPS	x	388065	200%	2001436	200%

Tabelle 5.1: Dateigrößen in Byte bei verschiedenen Bilddatenformaten (siehe auch Abb. 5.9 und Abb. 5.10)

5.1.3.3 Bildkompression

Die Kompression von Bilddaten hat bei den in der digitalen Photogrammetrie heute schon üblichen Datenmengen eine große praktische Bedeutung. So benötigt ein monochromatischer Bildverband von 50 Bildern à 3000 × 2000 Pixel eine Rohdatenmenge von ca. 300MB, dieselbe Zahl digitalisierter Luftbilder (15µm Pixelgröße) benötigt mehr als 11GB Speicherplatz.

Lauflängen-codierte Kompressionsverfahren zählen die Anzahl identischer Grauwerte in einer Zeile oder Fläche und codieren den entsprechenden Bildbereich durch Angabe des Grauwertes und des Wiederholungsfaktors. Sie eignen sich nur bei Bildszenen mit größeren homogenen Bereichen und führen bei natürlichen Bildszenen häufig sogar zu einer Vergrößerung der Datenmenge.

Frequenzbasierte Kompressionsverfahren unterziehen das Bild einer Spektralanalyse (Fourier-, Cosinus- oder Wavelet-Transformation, siehe Kap. 5.2.2.1) und speichern die Koeffizienten der zugehörigen Linearkombinationen. Durch Elimination nicht-signifikanter Koeffizienten kann eine verlustbehaftete Datenreduktion vorgenommen werden. Besondere Bedeutung erlangt die Wavelet-Kompression. Sie erlaubt gegenüber dem JPEG-Verfahren (siehe unten) deutlich höhere Kompressionsfaktoren bei gleichwertiger Bildqualität (siehe Abb. 5.9 und Abb. 5.10). In natürlichen Bildszenen ist bei starken Kompressionen ein zunehmender Glättungseffekt zu beobachten (Abb. 5.9c).

Das JPEG-Bildformat basiert ebenfalls auf einer verlustbehafteten Datenkomprimierung. Ziel ist die Erhaltung des wesentlichen Bildinhaltes, so daß auch bei großen Kompressionsraten nur ein geringer visueller Qualitätsverlust bemerkbar ist. JPEG hat sich aufgrund der hohen Kompressionsleitung in vielen grafisch und technisch orientierten Bereichen durchgesetzt. Das Verfahren ist standardisiert (PENNEBAKER & MITCHELL 1993).

Die Kompressionsmethode basiert auf dem dreistufigen *Baseline Sequential* Verfahren (Abb. 5.8). In disjunkten 8x8-Pixelblöcken wird eine Diskrete Kosinus-Transformation (DCT) berechnet, deren Koeffizienten durch eine (wählbare) Quantisierungstabelle gewichtet und lauflängen-codiert gespeichert werden. Die Dekomprimierung erfolgt durch den inversen Vorgang. Für Farbbilder erfolgt zusätzlich eine IHS-Farbtransformation.

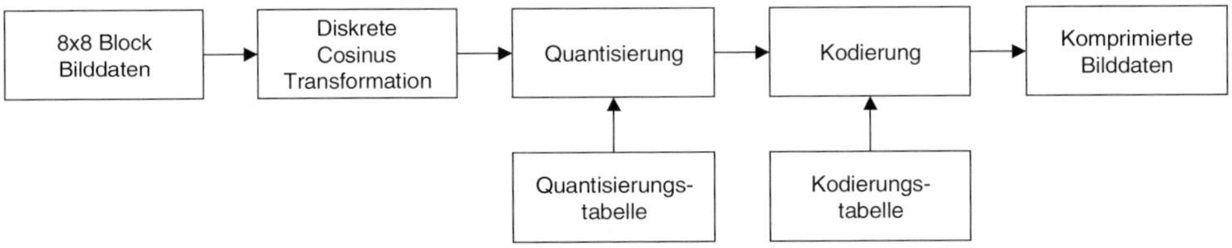

Abb. 5.8: JPEG-Bildkompression

Der eigentliche Datenverlust wird durch die Wahl der Intervalle in der Quantisierungstabelle gesteuert. Sie ist in der Regel so aufgebaut, daß bei visueller Bildbetrachtung kein wesentlicher Informationsverlust auffällt (Abb. 5.9 und Abb. 5.10).

Die Auswirkungen auf photogrammetrische Messungen hängen stark vom Bildinhalt ab. Generell verursacht die JPEG-Kompression Lageverschiebungen im Bild, die Beträge von 0.1 bis mehr als 1 Pixel annehmen können und damit das mögliche Genauigkeitspotential automatischer Punktmessungen von 0.02–0.05 Pixel deutlich überschreiten (siehe Kap. 5.4.2.6). Zusätzlich kann es durch die 8x8-Blockbildung zu unerwünschten Randeffekten kommen (DÜPPE & WEISENSEE 1996, WEISENSEE 1997).

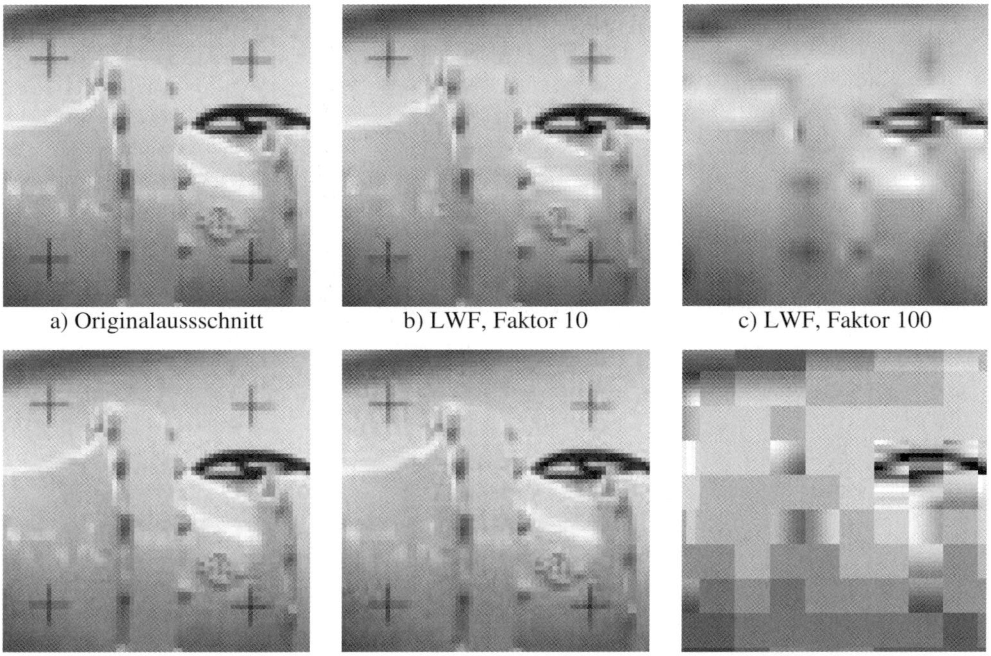

a) Originalaussschnitt | b) LWF, Faktor 10 | c) LWF, Faktor 100

d) JPEG, Faktor 10 | e) JPEG, Faktor 20 | f) JPEG, Faktor 100

Abb. 5.9: Auswirkungen verlustbehafteter Bildkompression im Bild „Rohre" (vgl. Tabelle 5.1)

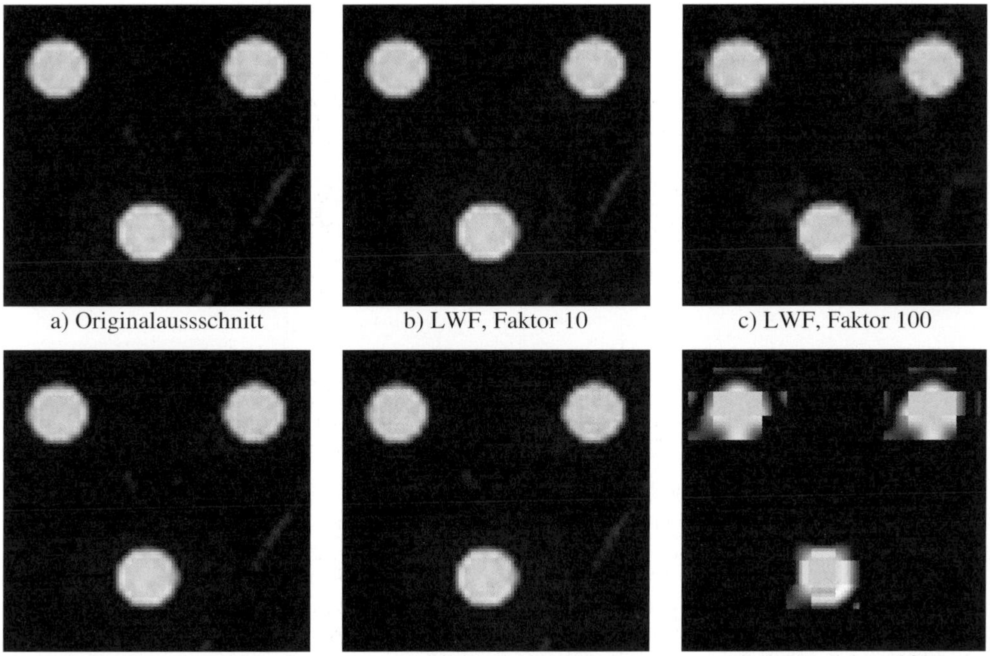

a) Originalaussschnitt | b) LWF, Faktor 10 | c) LWF, Faktor 100

d) JPEG, Faktor 10 | e) JPEG, Faktor 20 | f) JPEG, Faktor 100

Abb. 5.10: Auswirkungen verlustbehafteter Bildkompression im Bild „Testfeld" (vgl. Tabelle 5.1)

5.2 Bildvorverarbeitung

5.2.1 Punktoperationen

5.2.1.1 Histogramm

Die Häufigkeitsverteilung der Grauwerte in einem Bild läßt sich aus ihrem *Histogramm* ableiten. Es stellt die absolute oder relative Häufigkeit der einzelnen Grauwerte tabellarisch oder anschaulicher grafisch dar (Abb. 5.11).

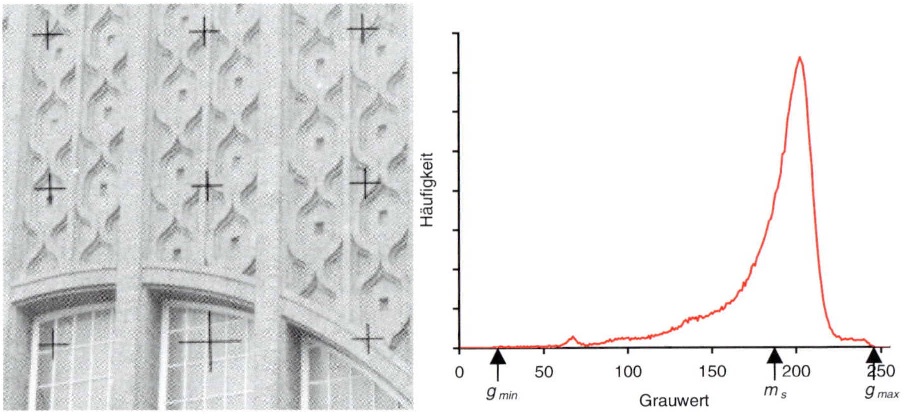

Abb. 5.11: Grauwertbild mit zugehörigem Histogramm und Kenngrößen

Zu den wichtigsten Kenngrößen des Histogramms gehören:

$$p_S(g) = \frac{a_S(g)}{M}$$

: relative Häufigkeit $p_S(g)$ und absolute Häufigkeit $a_S(g)$ mit $M{=}m{\cdot}n$ und $0 \leq p_S(g) \leq 1$ (5.2)

$g_{\min}, g_{\max}$

: minimaler und maximaler Grauwert im Bild

$$K = \frac{g_{\max} - g_{\min}}{g_{\max} + g_{\min}}$$

: Kontrast (5.3)

$$m_S = \frac{1}{M} \sum_{u=0}^{m-1} \sum_{v=0}^{n-1} s(u,v) = \sum_{g=0}^{255} g \cdot p_S(g)$$

: Mittelwert der Grauwerte (5.4)

$$q_S = \frac{1}{M}\sum_{u=0}^{m-1}\sum_{v=0}^{n-1}[s(u,v) - m_S]^2 = \sum_{g=0}^{255}(g - m_S)^2 \cdot p_S(g) \quad : \text{Varianz der Grauwerte} \quad (5.5)$$

$$H = \sum_{g=0}^{255}[p_S(g)\cdot\log_2 p_S(g)] \quad : \text{Entropie} \quad (5.6)$$

$$\alpha = \frac{-\sum_{g=0}^{k}[p_S(g)\cdot\log_2 p_S(g)]}{H} \quad : \text{Symmetrie (Anisotropiekoeffizient)} \quad (5.7)$$

k: minimaler Grauwert mit:

$$\sum_{g=0}^{k} p_S(g) \geq 0.5$$

Während minimaler und maximaler Grauwert Auskunft über den Kontrast im Bild geben, ist der Mittelwert ein Maß für die mittlere Helligkeit im Bild. In der statistischen Bildverarbeitung wird auch die Varianz bzw. Standardabweichung der Grauwerte berechnet, sie ist jedoch für meßtechnische Belange von geringerer Bedeutung.

Die Entropie ist ein Maß für den Informationsgehalt eines Bildes. Ihr Wert entspricht der mittleren Anzahl Bits, mit der die Grauwerte kodiert werden müssen. Mit der Entropie kann ein geeigneter Faktor zur Bildkompression bestimmt werden (vgl. Kap. 5.1.3.3)

Die Symmetrie eines Histogramms kann mit dem Anisotropiekoeffizienten berechnet werden. Für symmetrische Histogramme ist α=0.5. Für Bilder mit bimodalem Histogramm kann α zur Schwellwertberechnung herangezogen werden (vgl. Kap. 5.2.1.4).

5.2.1.2 Lookup-Tabellen

Lookup-Tabellen (LUT, Farbtabellen, Paletten) sind einfache Werkzeuge zur globalen Manipulation der Grauwerte eines Bildes. Dazu wird jedem Grauwert eines Eingabebildes ein eindeutiger neuer Grauwert für das Ausgabebild zugeordnet. Diese Art der Grauwertveränderung ist technisch einfach zu realisieren und findet sich in praktisch allen Grafik- und Bildverarbeitungsmodulen. Sie läßt sich anschaulich in einem Diagramm darstellen (Abb. 5.12). LUT-Operationen sind eindeutig, in der Regel aber nicht umkehrbar eindeutig.

Mit der Lookup-Tabelle

$$LUT(g) \qquad g = 0,1,2,\ldots,255 \quad (5.8)$$

werden die Grauwerte des Ergebnisbildes berechnet:

$$g' = LUT(g) \quad (5.9)$$

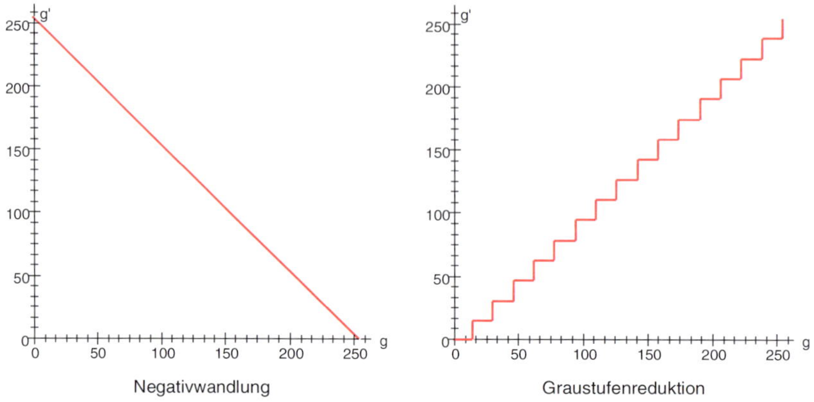

Abb. 5.12: Beispiele für Lookup-Tabellen

5.2.1.3 Kontrastverarbeitung

Die nachträgliche Veränderung von Helligkeit und Kontrast eines Originalbildes führt zu einer Änderung der Grauwertverteilung innerhalb eines bestimmtes Bereiches, z.B. entlang einer Objektkante. Da Grauwertunterschiede zum einen eine Funktion der Objekthelligkeit sind, zum anderen aber durch die relative geometrische Lage von Kamera und Objekt beeinflußt werden, kann sich eine nachträgliche nicht-lineare Grauwertänderung grundsätzlich in einer veränderten geometrischen Abbildung auswirken und sollte daher möglichst vermieden werden[1]. Andererseits dient eine Kontrastanpassung einer besseren visuellen Interpretation für die interaktive Auswertung.

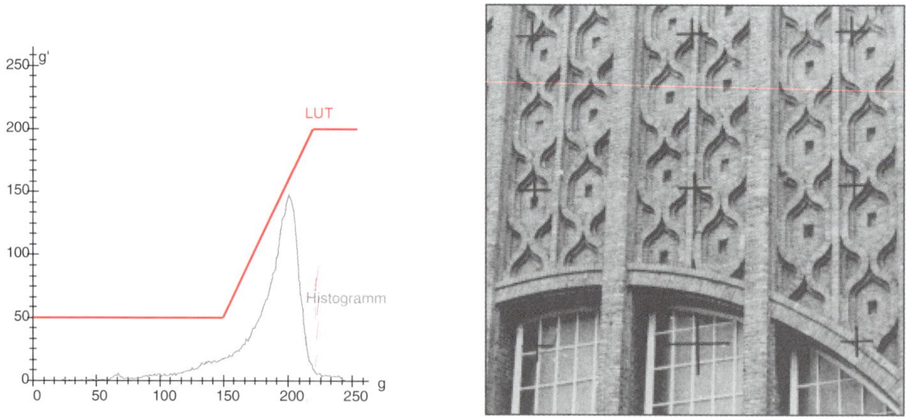

Abb. 5.13: Lineare Kontraststreckung (Original in Abb. 5.11)

Kontrastveränderungen erfolgen durch Anwendung einer Lookup-Tabelle auf das Originalbild. Die Tabellenwerte können interaktiv festgelegt werden, im voraus berechnet

[1] Verschiedene digitale Bildmeßverfahren sind kontrastunabhängig oder berechnen radiometrische Korrekturparameter (siehe Kap. 5.4.2.4).

sein oder aus dem Bildinhalt selbst abgeleitet sein. Gängige Methoden zur Helligkeits- und Kontrastanpassung sind:

- Lineare Kontraststreckung:

  Die LUT wird linear zwischen zwei Grenzwerten g_{min} und g_{max} interpoliert (Abb. 5.13). Minimaler und maximaler Grauwert können dem Histogramm entnommen oder interaktiv eingestellt werden.

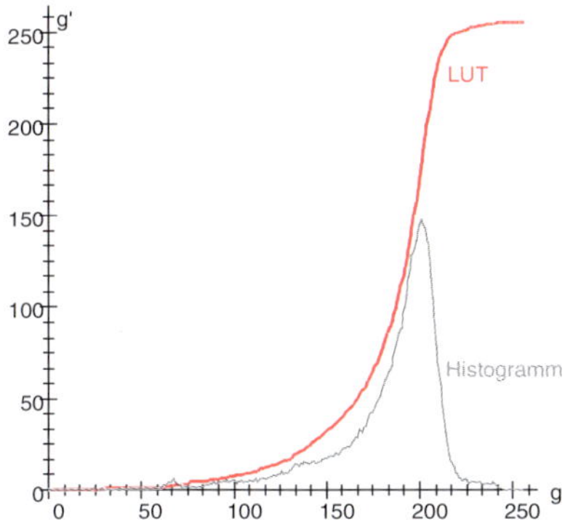

Abb. 5.14: Kontraststreckung durch Histogrammebnung (Original in Abb. 5.11)

- Histogrammebnung:

  Aus dem Histogramm des Originalbildes wird die Summenhäufigkeitsfunktion gebildet:

$$h_S(g) = \sum_{k=0}^{g} p_S(k) \qquad g = 0,1,2,...,255$$
$$\text{mit } 0 \leq h_S(g) \leq 1 \tag{5.10}$$

  Die Werte der LUT lauten

  $LUT(g)=255 \cdot h_s(g)$

  Ihr Verlauf ist somit histogrammabhängig, da die Steigung der LUT proportional zur Häufigkeit des entsprechenden Grauwertes ist (Abb. 5.14). Damit wird das Bild in jenen Grauwertbereichen stark im Kontrast gesteigert, in denen viele Grauwerte vorkommen. Das Ergebnisbild S' besitzt dann ein Histogramm $p_{S'}(g')$, dessen relative Summenhäufigkeiten für jeden Grauwert konstant sind nach $h_{S'}(g') = 1/255 \cdot g'$.

- Gamma-Kurven:

  Viele interaktive Bildverarbeitungsprogramme erlauben eine sog. Gamma-Veränderung. Analog zur fotografischen Gradation (vgl. Kap. 3.3.1.1) wird die Steigung der LUT logarithmisch verändert. Zusätzlich wird häufig eine Anhebung oder Abschwächung der mittleren Grauwerte vorgenommen.

5.2.1.4 Schwellwertoperationen

Schwellwertoperationen dienen im allgemeinen der Trennung von Grauwerten, die verschiedenen Objektklassen zuzuordnen sind, z.B. zur Differenzierung zwischen Objekt und Hintergrund. Sie bilden somit einen Vorverarbeitungsschritt bei der Segmentierung.

Im einfachsten Fall kann man annehmen, daß der Bildinhalt durch nur zwei Klassen repräsentiert wird, z.B.

- Klasse K_1: Hintergrund (z.B. dunkel)
- Klasse K_2: Objekte (z.B. hell)

Es ist zu erwarten, daß das zugehörige Histogramm über zwei ausgeprägte Maxima (Berge) verfügt, die durch ein Minimum (Tal) getrennt werden (bimodales Histogramm). Es liegt also nahe, die Trennung zwischen beiden Klassen durch einen Schwellwert t vorzunehmen (bimodale Schwellwertbildung), der im Bereich des Minimums zwischen der Klassenmaxima liegt, z.B. mit der Festlegung

$$T = \frac{m_2 - m_1}{2} \tag{5.11}$$

mit m_1, m_2: mittlere Grauwerte der Klassen K_1, K_2

Durch Anwendung einer Lookup-Tabelle mit den Werten

$$LUT(g) = \begin{cases} g_1 & \text{für } g \leq T \\ g_2 & \text{für } g > T \end{cases} \tag{5.12}$$

mit g_1, g_2: neue Grauwerte für die Klassen K_1, K_2

erhält man ein Binärbild (Zwei-Pegel-Bild), das nur noch die Grauwerte g_1 (z.B. 0) und g_2 (z.B. 1 oder 255) enthält. Abb. 5.15 zeigt das Histogramm des Bildes aus Abb. 5.16 mit zwei ausgeprägten Hauptmaxima ($m_1 \approx 18$, $m_2 \approx 163$), die Hintergrund und Objektoberfläche repräsentieren, und einem Nebenmaximum ($m_3 \approx 254$), das durch die abgebildeten retro-reflektierenden Zielmarken hervorgerufen wird. Die Binärisierung mit dem Schwellwert t=90, der zwischen den beiden Hauptmaxima liegt, führt zu dem in Abb. 5.17 dargestellten Ergebnisbild.

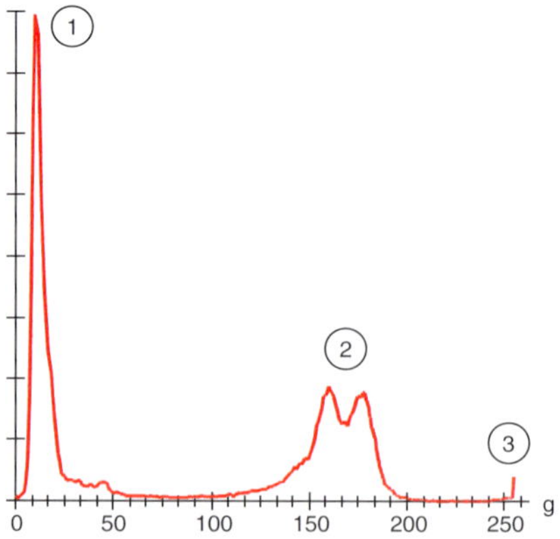

Abb. 5.15: Histogramm von Abb. 5.16 mit zwei Hauptmaxima (1, 2) und einem Nebenmaximum (3)

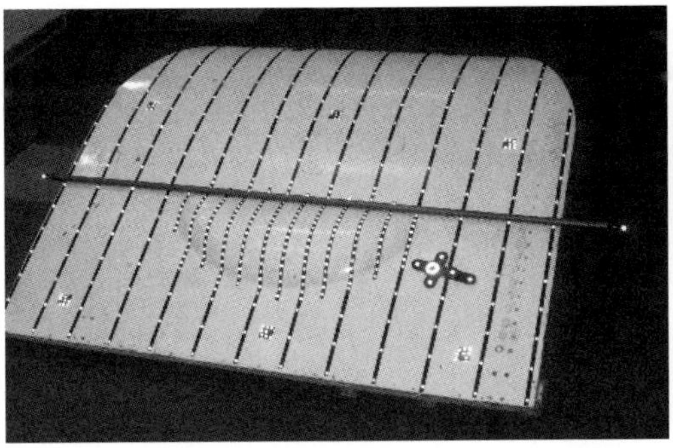

Abb. 5.16: Meßbild mit retroreflektierenden Zielmarken

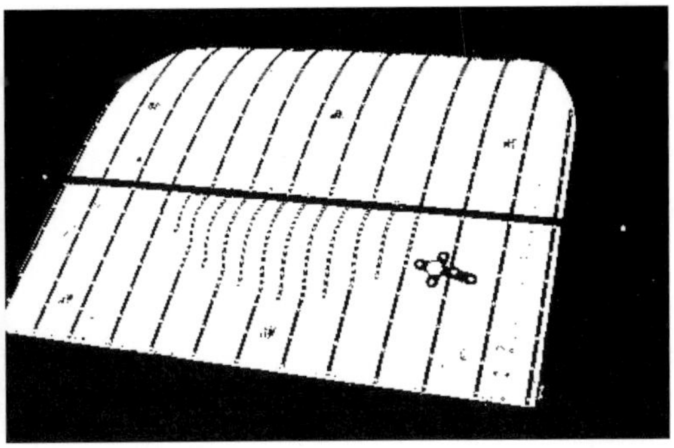

Abb. 5.17: Ergebnis nach Schwellwertbildung mit t=90

Abb. 5.18 zeigt das Ergebnis mit dem Schwellwert t=192, der noch im Bereich des Maximums 2 liegt und neben den Zielmarken noch weitere Bildinformation übrigläßt. In Abb. 5.19 (t=230) werden fast alle Zielmarken separiert (vgl. aber Abb. 5.27).

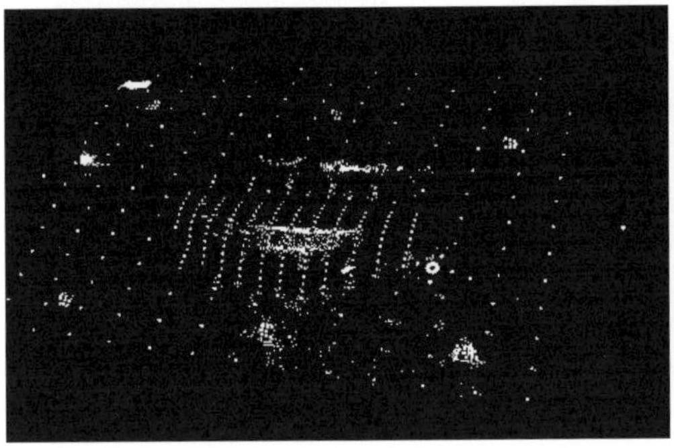

Abb. 5.18: Ergebnis nach Schwellwertbildung mit t=192

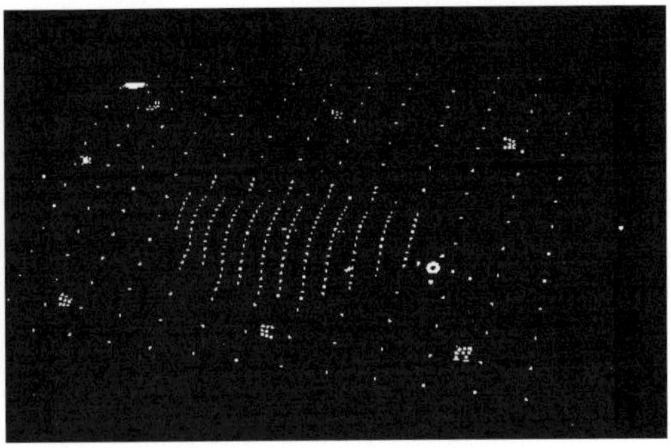

Abb. 5.19: Ergebnis nach Schwellwertbildung mit t=230

Die Problematik der Schwellwertbildung in komplexeren Bildern liegt zum einen in der Berechnung repräsentativer Klassenmittelwerte und zum anderen in der anschließenden Festlegung des Schwellwertes selbst. Natürliche Bildszenen besitzen normalerweise mehr als zwei Grauwertklassen, so daß die Schwellwertbildung erheblich komplexer ist (multimodale und dynamische Schwellwertbildung).

Verfahren zur Berechnung geeigneter Schwellwerte finden sich u.a. in EL-HAKIM 1996, HABERÄCKER 1991.

5.2.1.5 Verknüpfungen von Bildern

Zwei Bilder oder Bildausschnitte lassen sich rechnerisch miteinander verknüpfen:

- arithmetisch: Addition, Subtraktion, Division, Multiplikation

  Die Grauwerte beider Bilder werden arithmetisch verknüpft, z.B. für die Subtraktion:

$$s'(x,y) = s_2(x,y) - s_1(x,y) \tag{5.13}$$

  Das Ergebnisbild dieser Operation (Differenzenbild) zeigt die Unterschiede zwischen den beiden Eingabebildern. Gegebenenfalls muß der Wertebereich des Ergebnisbildes (negative Werte möglich) auf das Intervall [0...255] transformiert werden oder im Integerformat (16 Bit, mit Vorzeichen) abgespeichert werden.

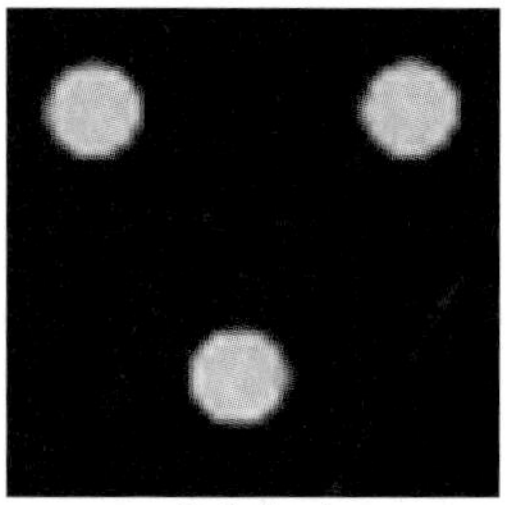
Original

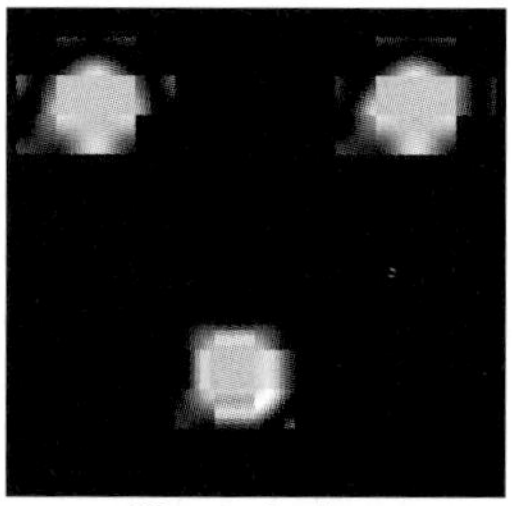
Komprimiert

Differenz

Abb. 5.20: Beispiel eines Differenzenbildes zur Darstellung des Informationsverlustes durch eine JPEG-Bildkompression

- logisch: $=, <, >, \leq, \geq, \neq$

  Die Grauwerte beider Eingabebilder werden miteinander verglichen, das Ergebnis ist entweder eine 1 (wahr) oder eine 0 (falsch).

- bitweise: AND, OR, NOT, XOR

  Die Grauwerte beider Eingabebilder werden bitweise miteinander verknüpft. Praktische Bedeutung hat die XOR-Verknüpfung, z.B. zur vorübergehenden Überlagerung des Bildes durch einen Cursor. Durch zweimalige XOR-Verknüpfung mit der Zahl 255 wird die ursprüngliche Zahl (Grauwert) wiederhergestellt, ohne daß eine Zwischenspeicherung erforderlich ist:

Dezimalwert	Binärwert	Aktion
38	0010 0110	Originalgrauwert
255	1111 1111	XOR
217	1101 1001	Grauwert des Cursors
255	1111 1111	XOR
38	0010 0110	Originalgrauwert

5.2.2 Filterverfahren

5.2.2.1 Orts- und Frequenzraum

Die Theorie der digitalen Filter basiert auf den Methoden der digitalen Signalverarbeitung (Teilgebiet der Nachrichtentechnik, Elektrotechnik). Grundlage der Filtertheorie ist in der Regel die *Fouriertransformation*, mit der beliebige Signale (Folgen von Einzelwerten, Schwingungen) als Linearkombination von trigonometrischen Funktionen darstellbar sind. Die diskrete, eindimensionale Fouriertransformation eines Eingangssignals $s(x)$ mit n Funktionswerten lautet:

$$\begin{aligned} F(u) &= \frac{1}{n}\sum_{x=0}^{n-1} s(x)\cdot \exp\left(-i\frac{2\pi}{n}ux\right) \\ &= \mathrm{Re}(F(u)) + i\cdot \mathrm{Im}(F(u)) \end{aligned} \tag{5.14}$$

Dabei ist u die Ortsfrequenz und $i=\sqrt{-1}$. Ebenso gilt die inverse Fouriertransformation

$$s(x) = \frac{1}{n}\sum_{u=0}^{n-1} F(u)\cdot \exp\left(+i\frac{2\pi}{n}ux\right) \tag{5.15}$$

d.h. das Originalsignal kann verlustfrei aus der Fouriertransformierten zurückgewonnen werden.

Die Euler'schen Formeln zeigen den Zusammenhang mit den trigonometrischen Basisfunktionen:

$$\begin{aligned} e^{-i2\pi ux} &= \cos(2\pi ux) - i(2\pi ux) \\ e^{i2\pi ux} &= \cos(2\pi ux) + i(2\pi ux) \end{aligned} \tag{5.16}$$

Das Leistungs- oder Powerspektrum von $s(x)$ lautet

$$P(u) = |F(u)|^2 = \mathrm{Re}^2(u) + \mathrm{Im}^2(u) \tag{5.17}$$

Die 1D-Fouriertransformation läßt sich leicht auf die diskrete 2D-Fouriertransformation erweitern.

Die Anwendung der diskreten Fouriertransformation überführt ein Bild vom Ortsraum (auch Ortsfrequenzraum, *spatial domain*) mit $S=s(x,y)$ in den Frequenzraum (*frequency domain*) mit $F(u,v)$. Die bildliche Darstellung des Leistungsspektrums ermöglicht die visuelle Beurteilung der im Bild vorkommenden Ortsfrequenzen (Wellenzahlen), z.B. durch Grauwertkanten verursachte hohe Frequenzen. Das visualisierte Leistungsspektrum von Abb. 5.21 (helle Punkte entsprechen großen Amplituden) zeigt hohe Amplitudenanteile, die senkrecht zur Richtung der wesentlichen Kanten im Originalbild

(Ortsraum) verlaufen. Die beiden horizontalen und vertikalen Linien im Spektrum werden durch den Bildrand verursacht.

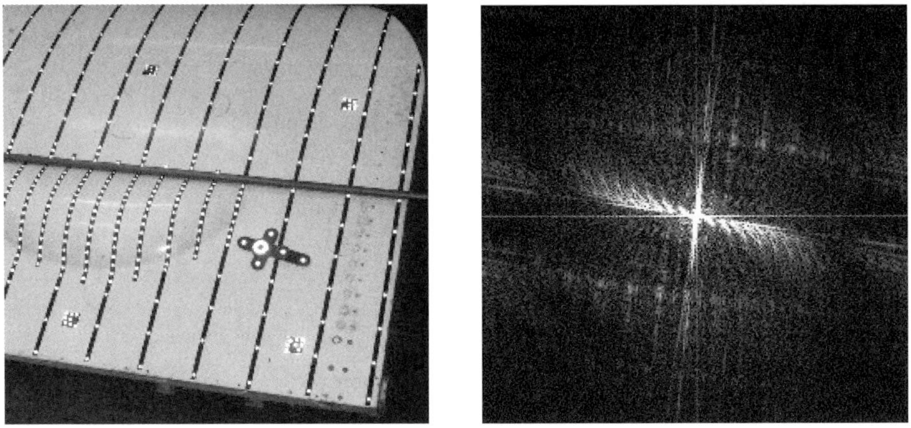

Abb. 5.21: Grauwertbild und zugehöriges Leistungsspektrum

Alternative Bildtransformationen erhält man durch andere Basisfunktionen. So verwendet die diskrete Kosinus-Transformation (DCT) ausschließlich Kosinus-Terme. Die *Wavelet-Transformation* verwendet verschiedene Basisfunktionen (z.B. Haar-Funktion) und transformiert das Originalsignal nicht nur in einen Frequenzraum, sondern auch in einen Skalenraum unterschiedlicher Auflösung. Wavelets sind daher besonders für Bildoperationen geeignet, in denen gleichzeitig grobe (geglättete) Strukturen auf niedriger Auflösungsstufe als auch Detailstrukturen hoher Informationsdichte benötigt werden (Übersicht in GRAPS 1995). Eine Anwendung der Wavelet-Transformation ist die verlustbehaftete Bildkompression (vgl. Kap. 5.1.3.3).

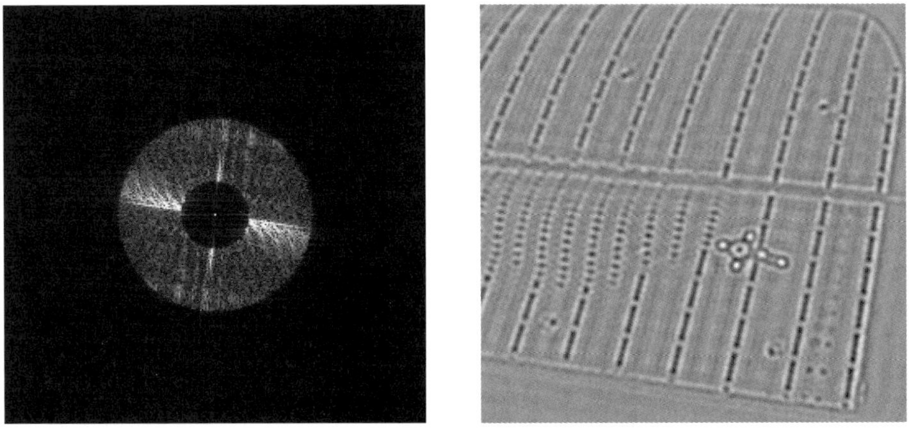

Abb. 5.22: Bandpaßfilter im Leistungsspektrum und Ergebnisbild

Filter werden angewandt, um im Originalsignal bestimmte Ortsfrequenzen hervorzuheben oder zu unterdrücken (Hochpaßfilter, Bandpaßfilter, Tiefpaßfilter). Im Frequenzraum werden dazu die entsprechenden Frequenzen mit einer Filterfunktion multipliziert, wobei der Funktionsverlauf die Filtereigenschaften bestimmt. Abb. 5.22 zeigt einen ringförmigen Filterbereich im Spektrum. In diesem Beispiel wird das Spektrum innerhalb des inneren Kreises und außerhalb des äußeren Kreises jeweils mit 0 multipliziert, im Bereich des Ringes selbst wird mit 1 multipliziert. Nach Rücktransformation in den Ortsraum zeigt das Ergebnis dieses Bandpaßfilters eine Kantenverstärkung.

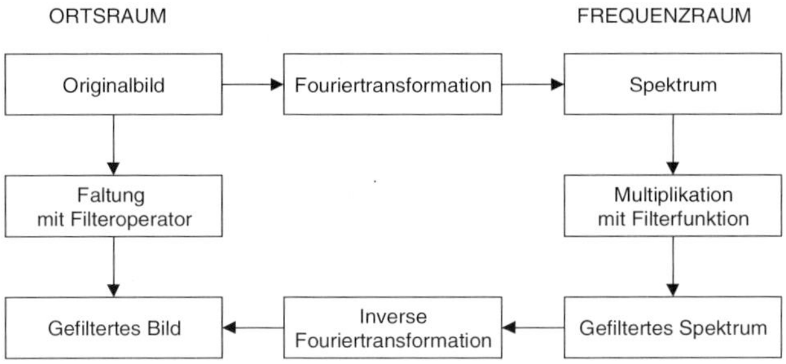

Abb. 5.23: Filterung im Orts- und Frequenzraum

Im Ortsraum wird die Filterung durch Faltung mit einem Filteroperator ausgeführt. Es läßt sich zeigen, daß das Ergebnis beider Vorgehen identisch ist.

Filterverfahren auf der Basis einer ein- oder zweidimensionalen Faltung (*convolution*) führen eine gewichtete Summation der Grauwerte einer Umgebung des Eingabebildes S durch. Das Ergebnis der Berechnung wird dem Ausgabebild S' an der Stelle des zentralen Pixels der Filterumgebung zugeordnet.

$$\begin{aligned} s'(x,y) &= \frac{1}{f}\sum_{u=-k}^{+k}\sum_{v=-l}^{+l} s(x-u,y-v)\cdot h(u,v) \\ S' &= S \otimes H \end{aligned} \qquad (5.18)$$

Dabei bezeichnet $H=h(u,v)$ die Filtermatrix (Filteroperator) mit $p\times q$ Elementen, wobei $k=(p-1)/2$ und $l=(q-1)/2$. p und q sind in der Regel ungerade Zahlen, häufig ist $p=q$. Der Faktor f dient zur Normierung auf den Wertebereich [0...255]. Der Rechenoperator $\otimes$ dient der symbolischen Darstellung der Faltungsoperation.

Zur Durchführung der Filterung wird die Filtermatrix zeilen- und spaltenweise entsprechend Abb. 5.24 über das Bild geschoben, wobei an jeder Position x,y die Faltung ausgeführt und der berechnete Grauwert in das Ergebnisbild geschrieben wird. Die Anzahl der Rechenoperationen beträgt für eine einzige Position $(2k+1)^2$ Multiplikationen und $(2k+1)-1$ Additionen (Beispiel: Bild 1024×1024 Pixel, $p=5$, $k=2$: ca. $26 \cdot 10^6$ Multiplikationen und ca. $25 \cdot 10^6$ Additionen). Bestimmte Filtermasken lassen sich in eindimensionale Faltungen separieren, die getrennt in x- und y-Richtung ausgeführt werden. Dann sind nur noch $(4k+2)$ Multiplikationen und $4k$ Additionen erforderlich (im Beispiel: ca. 10 Mio. Multiplikationen und ca. 8 Mio. Additionen).

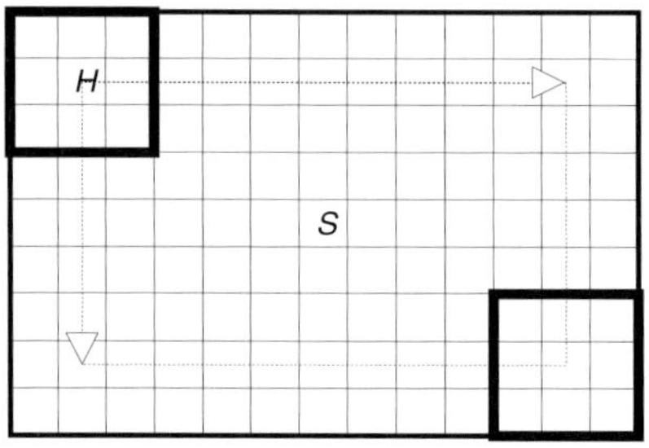

Abb. 5.24: Schema zur Bildfilterung mit $p=q=3$

5.2.2.2 Glättungsfilter

Glättungsfilter (Tiefpaßfilter) dienen vor allem der Verminderung des Grauwertrauschens, das zum Beispiel durch Quantisierungsrauschen bei der Digitalisierung entstanden sein kann. Man unterscheidet im wesentlichen lineare Glättungsfilter auf Basis einer Faltungsoperation, und nicht-lineare Glättungsfilter auf der Basis einer Rangordnungsoperation (Medianfilter). Tabelle 5.2 zeigt exemplarisch typische Filteroperatoren in ein- und zweidimensionaler Darstellung.

Filterverfahren	1D	2D
Glättungsfilter (Gleitender Mittelwert)	$H_{3,1} = \frac{1}{3}\cdot[1\ \ 1\ \ 1] = [1/3\ \ 1/3\ \ 1/3]$	$H_{3,3} = \frac{1}{9}\cdot\begin{bmatrix}1&1&1\\1&1&1\\1&1&1\end{bmatrix} = \begin{bmatrix}1/9&1/9&1/9\\1/9&1/9&1/9\\1/9&1/9&1/9\end{bmatrix}$
Glättungsfilter (Binomialfilter)	$H_{3,1} = \frac{1}{4}\cdot[1\ \ 2\ \ 1] = [1/4\ \ 1/2\ \ 1/4]$ $H_{5,1} = \frac{1}{16}\cdot[1\ \ 4\ \ 6\ \ 4\ \ 1]$	$H_{3,3} = \frac{1}{4}(1\ \ 2\ \ 1)\cdot\frac{1}{4}\begin{pmatrix}1\\2\\1\end{pmatrix} = \frac{1}{16}\begin{pmatrix}1&2&1\\2&4&2\\1&2&1\end{pmatrix}$ $H_{5,5} = \frac{1}{256}\begin{pmatrix}1&4&6&4&1\\4&16&24&16&4\\6&24&36&24&6\\4&16&24&16&4\\1&4&6&4&1\end{pmatrix}$

Tabelle 5.2: Filtermasken zur Bildglättung (Auswahl)

Die angegebenen linearen Glättungs- oder Tiefpaßfilter glätten den Bildinhalt, führen aber je nach Wahl der Filterkoeffizienten auch zur Verschmierung von Kanten. Der Glättungseffekt steigt mit zunehmender Filtergröße.

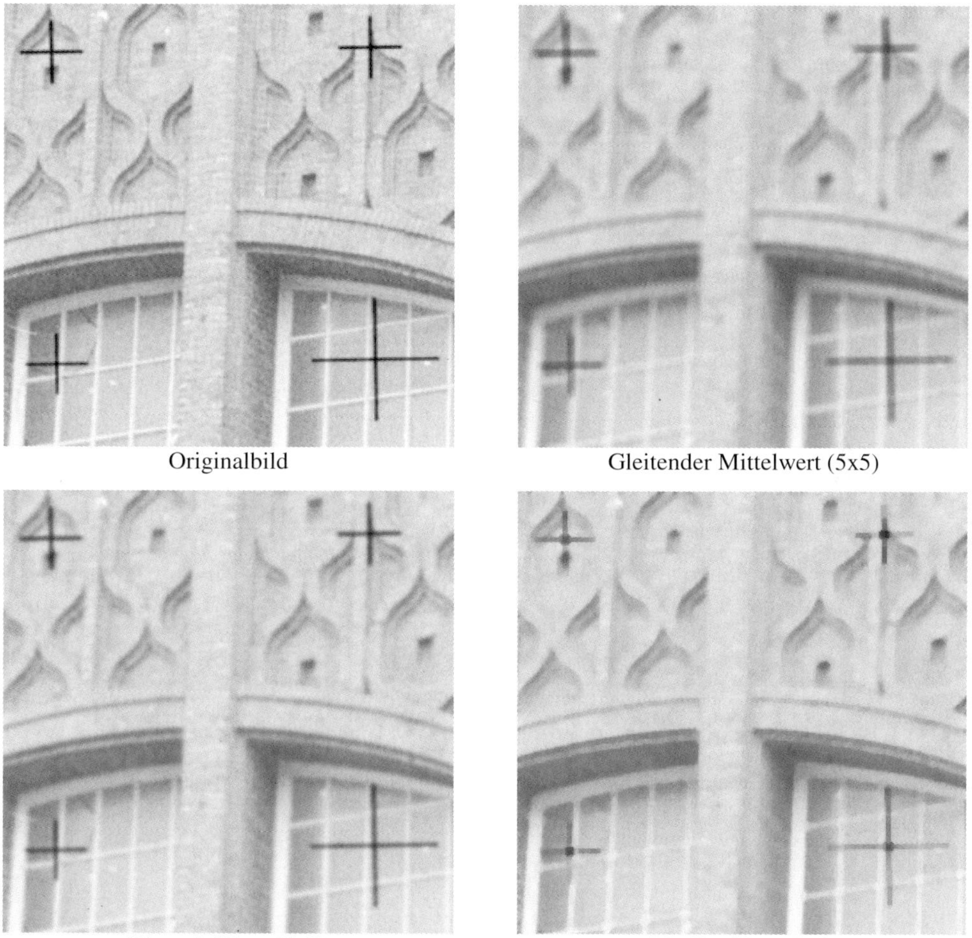

Originalbild — Gleitender Mittelwert (5x5)

Binomialfilter (5x5) — Medianfilter (5x5)

Abb. 5.25: Wirkung verschiedener Glättungsfilter

Gauß-Filter besitzen im mathematischen Sinne optimale Glättungseigenschaften. Die Koeffizienten der entsprechenden Filtermaske werden aus der zweidimensionalen Gauß-Funktion gebildet:

$$f(x,y) = \frac{1}{2\pi\sigma^2} \cdot \exp\left(-\frac{x^2+y^2}{2\sigma^2}\right) \tag{5.19}$$

Die Wahl einer geeigneten Filtergröße p erfolgt in der Regel empririsch. Für σ=1 ist z.B. p=7 eine geeignete Filtergröße. Die dem Pascal'schen Dreieck entnommenen Binomialkoeffizienten (siehe Tabelle 5.2) stellen eine gute Approximation der Gauß'schen Filterkoeffizienten dar.

Der nicht-lineare Medianfilter zeigt ein gutes Glättungsverhalten bei weitgehender Kantenschärfe. Der Medianfilter führt keine Faltung aus, sondern berechnet den Medianwert (nicht Mittelwert) aus den sortierten Grauwerten der Filterumgebung und setzt diesen als Ausgabegrauwert ein. Es entstehen im Ausgabebild also keine neuen Grauwerte, sondern nur solche Werte, die auch im Eingabebild vorhanden sind. Diese Eigenschaft ist besonders für solche Anwendungen wichtig, in denen das Bild nicht Intensitäten, sondern Attribute oder Sachverhalte in den Bildelementen gespeichert hat. Der Medianfilter gehört zur Gruppe der Rangordnungsfilter.

5.2.2.3 Morphologische Operationen

Morphologische Operationen bilden eine eigene Klasse von Bildverarbeitungsverfahren. Grundidee ist die Anwendung von nicht-linearen Filtern (siehe Median) zur Unterdrückung oder Hervorhebung von Bildbereichen mit (bekannten) Formmerkmalen, z.B. zur Segmentierung punkt- oder fleckenförmiger Merkmale. Die Filterung erfolgt mit sog. Strukturelementen, die auf das zu segmentierende Merkmal abgestimmt sind und sukzessive über das ganze Bild geschoben werden (Übersicht in SOILLE 1998).

Basis der morphologischen Bildverarbeitung sind zwei Grundfunktionen, die zunächst als Bool'sche Operationen für binäre Bilder definiert werden:

- Erosion:

  Die Erosion (*erosion*) führt zu einem Schrumpfen von Regionen: im Ergebnisbild wird eine 1 gesetzt, wenn sämtliche Pixel der aktuellen Umgebung (z.B. 3x3 Elemente) mit dem Strukturelement übereinstimmen, also vollständig überdeckt werden. Im anderen Fall wird im Ergebnisbild eine 0 gesetzt.

- Dilatation:

  Die Dilatation (*dilation*) führt zu einer Ausweitung zusammenhängender Regionen im Bild: überdeckt das Strukturelement mindestens ein Pixel der aktuellen Umgebung, wird im Ergebnisbild eine 1 gesetzt.

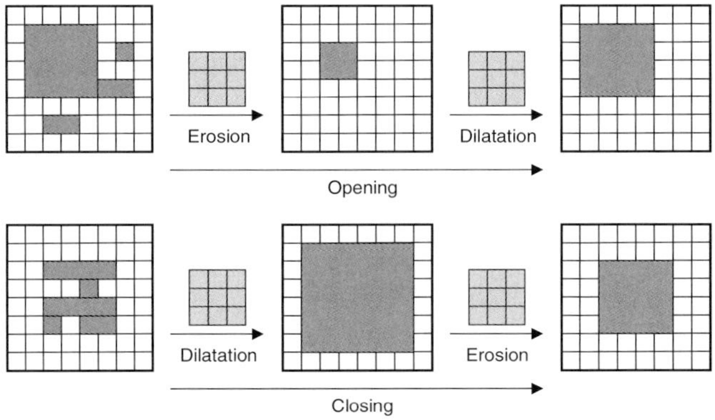

Abb. 5.26: Morphologische Operationen mit 3x3-Strukturelement (nach BÄSSMANN & BESSLICH 1991)

Mit der aufeinanderfolgenden Anwendung von Dilatation und Erosion können Lücken im Bild aufgefüllt oder zusammenhängende Regionen getrennt werden. Man unterscheidet folgende Kombinationsoperationen:

- Opening:

  Opening besteht aus einer Erosion, der eine Dilatation folgt (Abb. 5.26 oben). Kleine Objekte werden dabei eliminiert.

- Closing:

  Closing führt umgekehrt erst eine Dilatation und anschließend eine Erosion durch (Abb. 5.26 unten). Closing schließt Lücken zwischen Objekten.

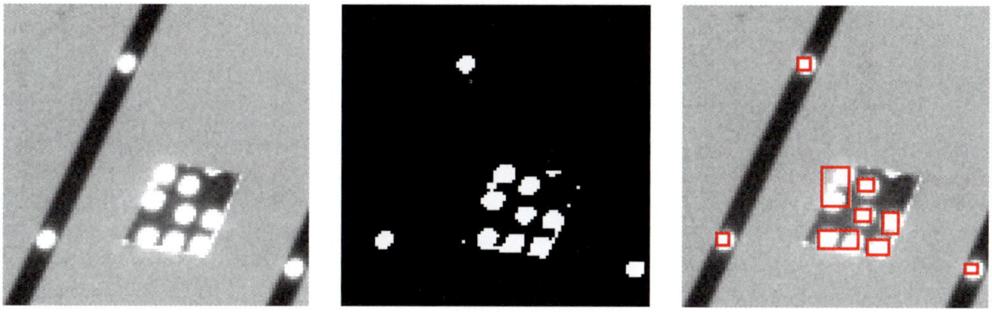

Originalbild | Binärisierung | Segmentierungsergebnis (9 Objekte)

Abb. 5.27: Einfache Segmentierung nach Binärisierung

Ein Beispiel für Opening ist die Segmentierung heller signalisierter Punkte in einem photogrammetrischen Meßbild. Abb. 5.27 zeigt zunächst die problematische Objekterkennung für einen Bildausschnitt, in dem mehrere Punktmarken sehr dicht aneinander liegen. Nach einfacher Schwellwertbildung zeigt das Zwischenergebnis mehrere kleine Flecken, die keinen Zielmarken entsprechen, sowie zusammenhängende Bereiche, die eigentlich zu getrennten Zielmarken gehören. Nach der Segmentierung (Verfahren aus Kap. 5.2.1.4, Mindestpunktgröße 15 Pixel) werden nur neun Objekte erkannt, von denen zwei Objekte benachbarte Punktmuster zusammengefaßt haben.

Abb. 5.28 stellt den gleichen Bildausschnitt dar, verarbeitet mit Opening. Ausgehend von demselben Binärbild eliminiert die Erosion zum einen die Objekte, die kleiner als das hier verwendete 3x3-Strukturelement sind. Zum anderen schrumpfen die Punktmarken zusammen. Die nachfolgende Dilatation bringt die verbleibenden Objekte wieder auf die Ausgangsgröße. Die Segmentierung extrahiert korrekt alle 11 Punktobjekte.

Für Grauwertbilder müssen die morphologischen Operatoren erweitert werden. Statt der Bool'schen Entscheidung für jedes Pixel des Strukturelementes wird die minimale Grauwertdifferenz (Grauwert-Erosion) bzw. die maximale Grauwertsumme (Grauwert-Dilatation) zwischen Strukturelement und Originalbild als Ergebnisgröße verwendet.

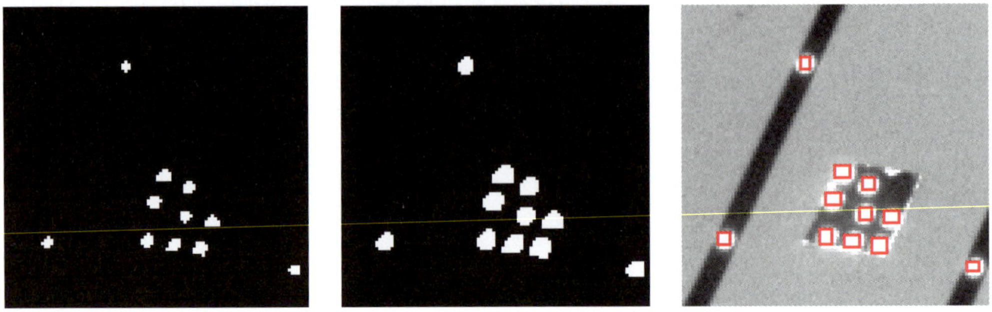

Erosion (3x3) Dilatation (3x3) Segmentierungsergebnis (11 Objekte)

Abb. 5.28: Segmentierung nach Binärisierung und Opening

5.2.3 Kantenextraktion

Grauwertkanten bilden die primären Bildstrukturen, anhand derer der Mensch Objekte erkennen kann. Sie haben daher auch für die digitale Bildmessung und Mustererkennung fundamentale Bedeutung. Jedes Objekt hebt sich vom Hintergrund durch einen charakteristischen Wechsel der jeweiligen Flächenstruktur ab (Abb. 5.29).

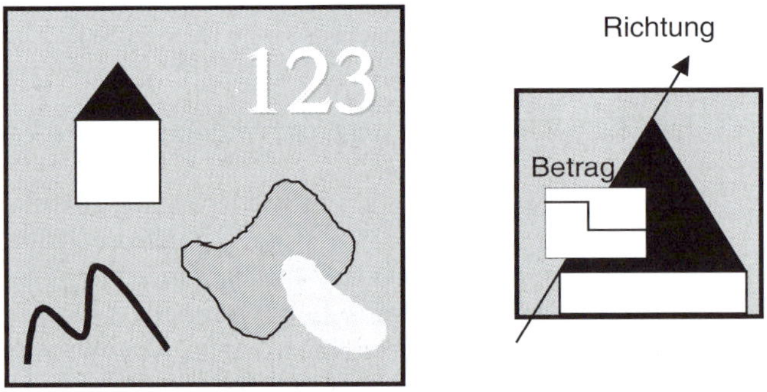

Abb. 5.29: Objekte und Kanten

Dieser Strukturwechsel kann erfolgen durch:

- starke Änderung der Grauwerte (Grauwertkante) an einer physischen Objektkante
  $\rightarrow$ Kantenextraktion
- Änderung der Farbwerte (Farbwertkante)
  $\rightarrow$ mehrkanalige Kantenextraktion
- Änderung der Oberflächentextur (Schraffur gegen Punktmuster)
  $\rightarrow$ Texturanalyse

Hier wird im weiteren nur die Extraktion von Grauwertkanten besprochen, die durch folgende Eigenschaften charakterisiert werden können:

- benachbarte Grauwerte ändern sich signifikant quer zur Kantenrichtung
- Kanten haben eine Richtung und einen Betrag
- Kanten werden im Bild durch kleine Strukturen gebildet, d.h. der Bereich des Grauwertsprungs darf nicht beliebig groß sein
- kleine Strukturen werden im Frequenzraum durch hohe Frequenzen (Wellenzahlen) gebildet

Wenn Kanten im Bild durch Filter extrahiert werden sollen, dann sind also im Gegensatz zu Glättungsfilter hohe Frequenzen hervorzuheben und tiefe Frequenzen zu unterdrücken (=Hochpaßfilter oder Bandpaßfilter).

Eine *Kante* (*edge*) oder *Rampe* im näheren Sinne ist ein signifikanter Strukturwechsel zwischen zwei Grauwertflächen, deren Ausdehnung eine gewisse Größe besitzt. Im Gegensatz dazu ist eine *Linie* (*line*) ein Bildbereich, der durch eine dünne Grauwertlinie gekennzeichnet ist, die sich nicht mehr durch zwei gegenüberliegende Kanten auflösen läßt. Ausführliche Zusammenfassungen zu Verfahren der Kantenextraktion finden sich z.B. in BÄSSMANN & KREYSS (1997).

5.2.3.1 Ableitungsfilter 1. Ordnung

Für eine stetige Funktion $s(x)$ ist die 1. Ableitung definiert als

$$s'(x) = \frac{ds}{dx} = \lim_{\Delta x \to 0} \frac{s(x+\Delta x) - s(x)}{\Delta x} \tag{5.20}$$

und für eine diskrete Funktion entsprechend:

$$s'(x) = \frac{s(x+1) - s(x)}{1} = s(x+1) - s(x) \tag{5.21}$$

Daraus läßt sich die Filtermaske $H_2 = [-1 \quad +1]$ ableiten, die auch als Roberts-Gradient bezeichnet wird. Häufig werden größere Filtermasken verwendet, die neben der Differenzenbildung eine Tiefpaßwirkung besitzen, z.B.

$$H_3 = [-1 \; 0 \; +1]$$

$$H_5 = [-1 \quad 0 \quad 0 \quad 0 \quad +1] \quad \text{oder} \quad [-2 \quad -1 \quad 0 \quad +1 \quad +2]$$

Diese Filter approximieren die diskrete erste Ableitung der Grauwertfunktion durch (gewichtete) Differenzenbildung. Dabei werden lokale Extrema der Grauwertverteilung betrachtet, die durch den getrennt in x- und y-Richtung berechneten Gradienten beschrieben werden. Die Lage einer Grauwertlinie wird dabei durch die Nullstelle (*zero crossing*), die

Lage einer Grauwertkante durch das Maximum der ersten Ableitung angenommen (Abb. 5.30).

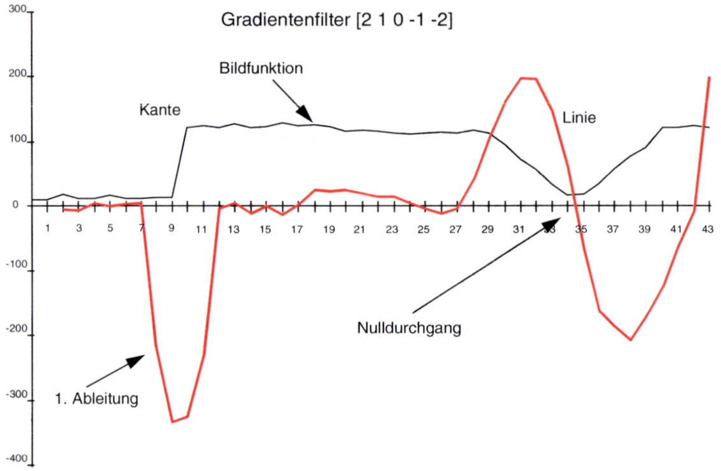

Abb. 5.30: Faltung einer Bildzeile mit Gradientenfilter $H = [2\ 1\ 0\ {-1}\ {-2}]$

Aus dem Gradienten

$$grad(s) = \left(\frac{ds(x,y)}{dx}, \frac{ds(x,y)}{dy} \right)^T \tag{5.22}$$

lassen sich Betrag und Richtung der Kante ableiten:

$$\sqrt{\left(\frac{ds(x,y)}{dx}\right)^2 + \left(\frac{ds(x,y)}{dy}\right)^2} \quad : \text{Betrag des Gradienten} \tag{5.23}$$

$$\left(\frac{ds(x,y)}{dy}\right) \Big/ \left(\frac{ds(x,y)}{dx}\right) \quad : \text{Richtung des Gradienten} \tag{5.24}$$

Ein bekannter zweidimensionaler Gradientenfilter ist der Sobel-Operator. Er approximiert die 1. Ableitungen in x und y durch getrennte Faltung mit den Filtermasken

$$H_X = \begin{bmatrix} 1 & 2 & 1 \\ 0 & 0 & 0 \\ -1 & -2 & -1 \end{bmatrix} \qquad H_y = \begin{bmatrix} 1 & 0 & -1 \\ 2 & 0 & -2 \\ 1 & 0 & -1 \end{bmatrix}$$

Der Operator kann auf größere Filtermasken erweitert werden. Aus den Zwischenergebnissen wird der Betrag des Gradienten bestimmt und als Grauwert abgespeichert. Daneben kann die Richtung des Gradienten ebenfalls grauwertcodiert abgelegt werden. Betrags- und Richtungsbild können zur weiteren Linien- und Kantenextraktion, z.B. zur Ausdünnung und Linienverkettung, genutzt werden. Abb. 5.31 zeigt ein Beispiel für die Anwendung eines 5x5-Gradientenoperators mit anschließender Linienverdünnung.

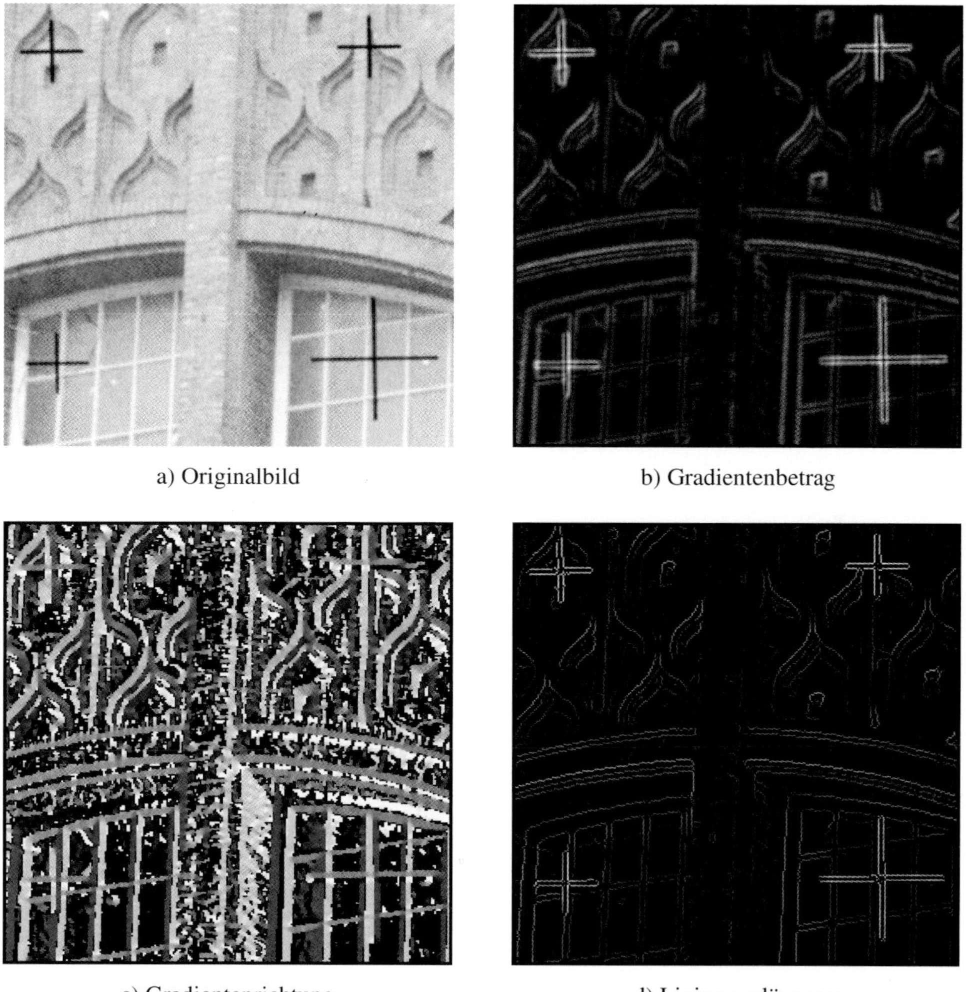

a) Originalbild b) Gradientenbetrag

c) Gradientenrichtung d) Linienausdünnung

Abb. 5.31: Anwendung eines 5x5-Gradientenoperators

5.2.3.2 Ableitungsfilter 2. Ordnung

Für eine stetige Funktion $s(x)$ ist die 2. Ableitung definiert durch

$$s''(x) = \frac{d^2 s}{dx^2} = \lim_{\Delta x \to 0} \frac{s(x+\Delta x) - s(x) - [s(x) - s(x-\Delta x)]}{(\Delta x)^2} \tag{5.25}$$

und für eine diskrete Funktion entsprechend:

$$s''(x) = \frac{s(x+1) - s(x) - [s(x) - s(x-1)]}{(1)^2} = s(x+1) - 2s(x) + s(x-1) \tag{5.26}$$

Daraus läßt sich die Filtermaske $H_3 = [+1 \ \ -2 \ \ +1]$ ableiten. Die 2. Ableitung läßt sich auch aus der zweimaligen Anwendung der 1. Ableitung erzeugen.

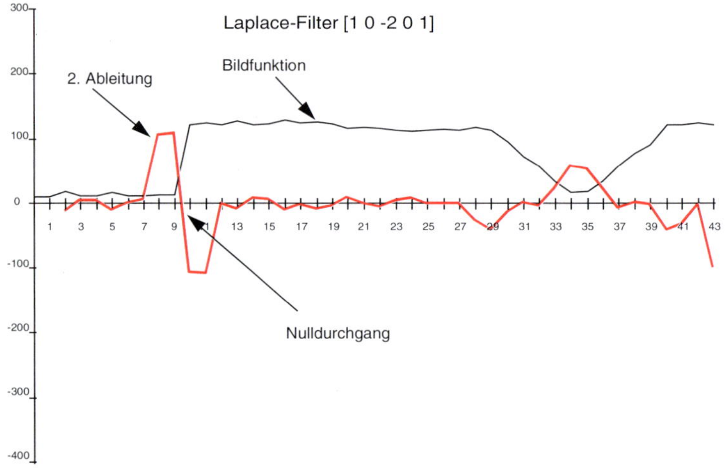

Abb. 5.32: Faltung einer Bildzeile mit Laplacefilter $H = [1 \ 0 \ -2 \ 0 \ 1]$

Eine Grauwertkante beschreibt einen rampenförmigen Grauwertsprung. Die Lage der Kante kann durch die Nullstelle der 2. Ableitung (Wendepunkt) definiert werden. (Abb. 5.32).

Die zweite Ableitung einer zweidimensionalen Funktion ist gegeben durch das totale Differential 2. Ordnung:

$$s''(x,y) = \nabla^2 s = \frac{d^2 s}{dx^2} + \frac{d^2 s}{dy^2} \tag{5.27}$$

Für die diskrete Funktion $s''(x,y)$ kann damit die 2. Ableitung durch Addition der partiellen zweiten Ableitungen in x- und y-Richtung gebildet werden.

$$\begin{bmatrix} 0 & 1 & 0 \\ 0 & -2 & 0 \\ 0 & 1 & 0 \end{bmatrix} + \begin{bmatrix} 0 & 0 & 0 \\ 1 & -2 & 1 \\ 0 & 0 & 0 \end{bmatrix} = \begin{bmatrix} 0 & 1 & 0 \\ 1 & -4 & 1 \\ 0 & 1 & 0 \end{bmatrix}$$

Die resultierende Faltungsmaske wird mit *Laplace-Operator* bezeichnet. Seine wichtigsten Eigenschaften sind:

- Der Laplace-Operator detektiert Kanten in allen Richtungen, ist also rotationsinvariant
- Hell-Dunkel-Übergänge erzeugen im Ausgabebild ein entgegengesetztes Vorzeichen zu Dunkel-Hell-Übergängen

Laplace-Operator

Laplace-of-Gaussian-Operator (σ=3.0)

Abb. 5.33: Kantenextraktion mit Differentialoperatoren

5.2.3.3 Laplace-of-Gaussian Filter

Abb. 5.33 zeigt, daß der Laplace-Filter sehr rauschempfindlich ist, also schon kleine Grauwertänderungen als Kanten interpretiert. Ein besseres Ergebnis ist zu erwarten, wenn das Bild vorher geglättet worden wäre. So wie der Gauß-Filter einen optimalen Glättungsfilter darstellt (vgl. Kap. 5.2.2.2), gilt die 2. Ableitung der Gauß-Funktion als optimaler Kantenfilter, der Glättungseigenschaften mit der Kantenextraktion verbindet.

Die 2. Ableitung der Gauß-Funktion (5.19) lautet:

$$f''(r,\sigma) = \nabla^2 GAUSS = -\left(1 - \frac{r}{\sigma^2}\right) \cdot \exp\left(-\frac{r^2}{2\sigma^2}\right) \qquad (5.28)$$

mit $r^2=x^2+y^2$

Der mit dieser Funktion gebildete Filter heißt *Laplacian-of-Gaussian* oder LoG-Filter. Wegen seines Funktionsverlaufes wird er auch mit „mexikanischer Hut" (*mexican hat*) bezeichnet (Abb. 5.34). Für einen Filter, der den Bereich bis $\pm 3\sigma$ einschließt, ist empirisch eine geeignete Filtergröße von 11–13 ermittelt worden. Abb. 5.33 zeigt das Ergebnis einer LoG-Filterung mit σ=3.0.

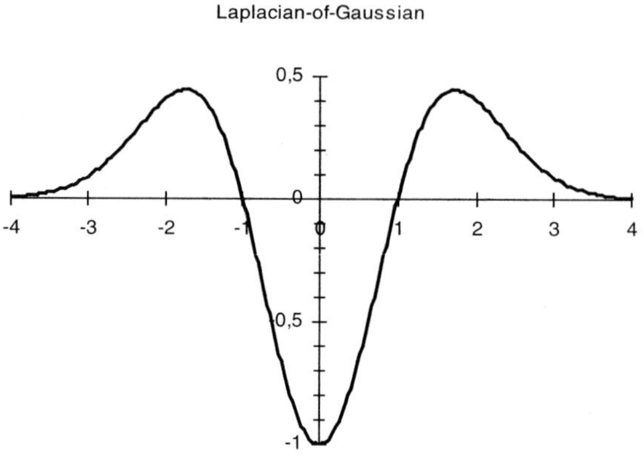

Abb. 5.34: Laplacian-of-Gaussian (LoG) mit σ=1

5.2.3.4 Hough-Transformation

Die Hough-Transformation basiert auf der Forderung, daß alle Punkte einer analytischen Kurve durch denselben Parametersatz beschrieben werden müssen. Für den Fall einer Geradenbestimmung bedeutet dies, daß alle Punkte der Geradengleichung in Hesse'scher Normalform

$$r = x\cos\varphi + y\sin\varphi \tag{5.29}$$

genügen müssen. Zur Bestimmung der beiden Parameter r und φ wird ein diskreter zweidimensionaler Parameterraum (Hough-Raum) aufgespannt, dessen Elemente zu Anfang mit Null initialisiert werden. Für jeden Kantenpunkt des Bildes an der Stelle x,y ist die Richtung des Gradienten φ+90° bekannt, so daß r bestimmt werden kann. An der Position r,φ wird der Wert im Hough-Raum um 1 erhöht, d.h. jeder Punkt auf der Geraden akkumuliert den Hough-Raum an derselben Stelle (aufgrund von Rundungsfehlern und Rauschen handelt es sich um einen lokal begrenzten Bereich). Geraden können nun dadurch detektiert werden, daß lokale Maxima im Hough-Akkumulator bestimmt werden.

Abb. 5.35 stellt die Anwendung der Hough-Transformation auf ein Bild mit mehreren ausgeprägten Kanten dar (a). Die Kantenextraktion erfolgt mit einem 5x5-Gradientenfilter (analog zu Abb. 5.31), der Betrags- und Richtungsbild liefert (b). Im Hough-Raum (c) sind mehrere Maxima (Cluster) zu erkennen. Dabei gehören Cluster, die in einer Spalte des Hough-Akkumulators angeordnet sind, zu parallen Kanten im Originalbild. Die Wertepaare des Hough-Raums können in den Ortsraum x,y zurück transformiert werden. Man erhält analytische Geradenbeschreibungen, Anfangs- und Endpunkt sind allerdings nicht rekonstruierbar (d).

Die Bedeutung der Hough-Transformation liegt vor allem bei der Erkennung von Objekten, die überwiegend durch gerade Kanten beschrieben werden. Das Verfahren läßt sich auf Kurven höherer Ordnung (z.B. Kreise) erweitern, die Dimension des Hough-Akkumulators ist dann jedoch nicht mehr zweidimensional.

a) Originalbild

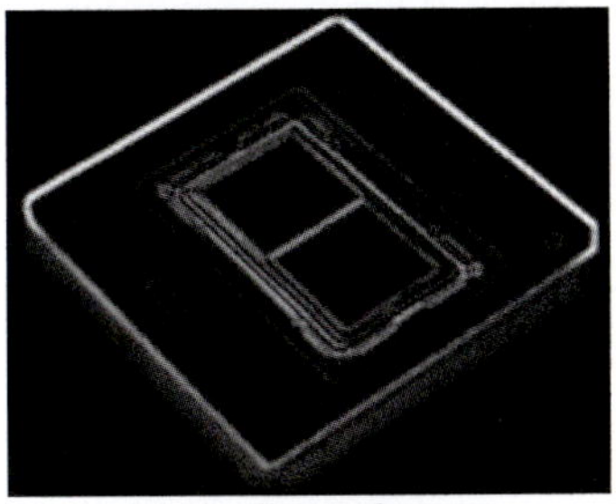

b) Gradientenbetrag

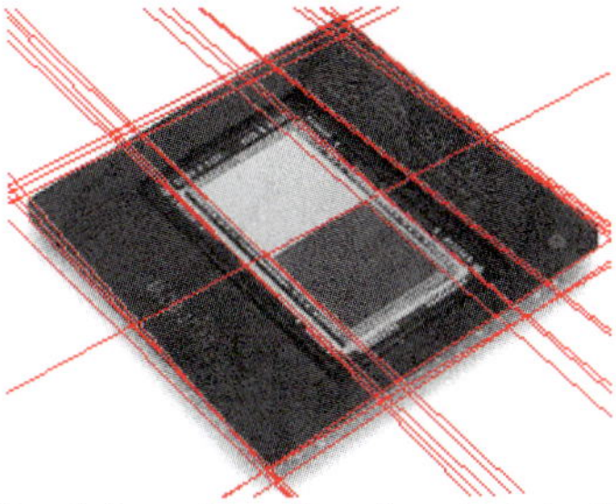

d) Detektierte Geraden, dem Originalbild überlagert

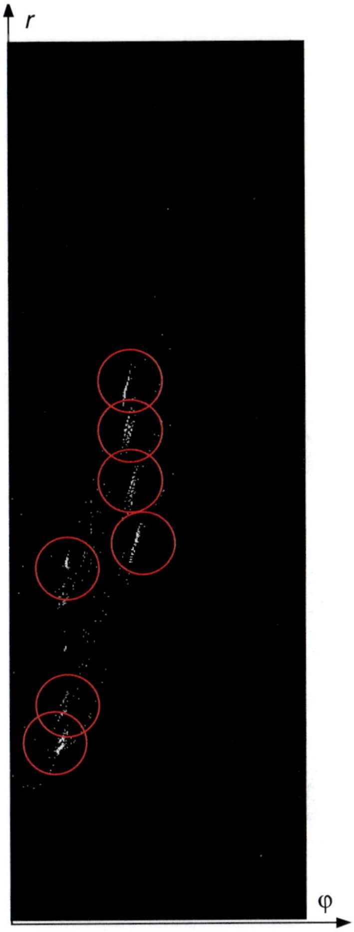

c) Hough-Akkumulator mit Clustern

Abb. 5.35: Hough-Transformation

5.2.3.5 Erweiterte Kanten-Operatoren

Die in den vorhergehenden Abschnitten vorgestellten einfachen Verfahren zur Kantenextraktion erzeugen nicht immer ein zufriedenstellendes Ergebnis. Ein für meßtechnische Aufgaben geeigneter Kantenfilter sollte folgende Eigenschaften besitzen:

- vollstängige Extraktion aller für die Anwendung relevanten Kanten (Robustheit)
- einfache Parametrisierung (möglichst ohne interaktive Eingabe)
- hohe Genauigkeit im Subpixelbereich
- geringer Rechenbedarf

In der Literatur finden sich unzählige Verfahren zur Kantenextraktion. Bewährt haben sich u.a. folgende Methoden, die gegenüber einfachen Faltungsoperatoren um Vor- und Nachverarbeitung sowie um adaptive Parameteranpassung erweitert sind und auch in komplexen Bildszenen zu guten Ergebnissen führen:

- Canny-Operator und Deriche-Operator:

  Der Canny-Operator (CANNY 1986) gehört in die Klasse der LoG-basierten Kantenoperatoren und optimiert folgende Gütekriterien einer Kantenbestimmung:

  - Empfindlichkeit gegenüber wahren Kanten (Eindeutigkeit der Kante)
  - Störfestigkeit gegenüber Rauschen (maximales Signal-Rausch-Verhältnis)
  - Genauigkeit der Kantenposition

  Für jedes Kriterium wird eine Zielfunktion definiert, deren Parameter zur Bestimmung eines nicht-rekursiven linearen Filters verwendet werden. Der Canny-Operator liefert eine Liste zusammenhängender Konturpunkte mit Subpixel-Auflösung und kann auch in die Verfahren der Konturverfolgung eingeordnet werden (vgl. Kap. 5.4.3).

  Eine Weiterentwicklung ist der Deriche-Operator. Er realisiert die oben genannten Gütekriterien durch einen rekursiven Filter. Abb. 5.36 und Abb. 5.37 zeigen die Anwendung der beiden Filter, deren Ergebnisse bei geeigneter Parameterwahl nahezu identisch sind (Übersicht in LANSER & ECKSTEIN 1991).

Abb. 5.36: Canny-Operator mit σ=1.5

Abb. 5.37: Deriche-Operator mit α=1.5

- Kantenextraktion in Skalenräumen (Bildpyramiden):

  Skalenräume oder Bildpyramiden (vgl. Kap. 5.1.3.1) stellen den Bildinhalt in verschiedenen Auflösungsstufen dar. Da die in natürlichen Bildern vorkommenden Grauwertkanten in verschiedenen Auflösungstufen (Skalen) unterschiedlich gut erkennbar sind, wird ein Ansatz gesucht, der für jedes Pixel die jeweils optimale Skala für das Vorhandensein einer Kante sucht. Als Kantenoperatoren können LoG-Filter oder morphologische Operatoren verwendet werden (Übersicht in KÖTHE 1997).

- Least-Squares Kantenoperatoren:

  Mit Hilfe einer Parameterschätzung nach kleinsten Quadraten wird ein Modell der Kante ermittelt, das die geometrischen und radiometrischen Eigenschaften des Kantenverlaufes beschreibt. Hierbei können a priori Kantenmodelle (templates) eingeführt werden, die, von Näherungswerten ausgehend, im Rahmen der Ausgleichung optimal auf den aktuellen Kantenabschnitt angepaßt werden (*least squares template matching*, siehe Kap. 5.4.2.4).

  Ein globaler Ansatz zur Kantenextraktion liegt vor, wenn die Energiefunktion

$$E = E_{\text{int}} + E_{grey} + E_{ext} \tag{5.30}$$

mit E_{int}: Kurven-Energiefunktion
E_{grey}: Grauwertbedingungen
E_{ext}: geometrische Bedingungen

  im Rahmen einer Kleinsten-Quadrate-Lösung minimiert wird. Die Kurven-Energiefunktion E_{int} beschreibt das Krümmungsverhalten der Kante bzw. die Empfindlichkeit gegenüber möglichen Richtungsänderungen. Grauwertbedingungen E_{grey} entlang einer Kante können z.B. durch die Forderung maximaler Grauwertgradienten formuliert werden. Zusätzliche geometrische Bedingungen wie Geradenbedingungen oder Epipolargeometrien werden durch E_{ext} beschrieben (Übersicht in EL-HAKIM 1996).

5.2.3.6 Subpixel-Interpolation

5.2.3.6.1 Subpixel-Auflösung

Linien- und Kantenfilter werden in der digitalen Photogrammetrie zur Messung geometrischer Elemente (Punkte, Linien) eingesetzt, die durch ihre Kantenstruktur beschrieben werden (siehe Kap. 5.4.2.5). Ziel dieser Messung ist die möglichst genaue Lokalisierung dieser Muster. Wie in Kap. 5.1.2 bereits erläutert, können Objektstrukturen, die sich über mehrere Pixel erstrecken, durch Interpolation im Subpixel-Bereich bestimmt werden.

Die theoretische Auflösung der Position einer digitalisierten Grauwertkante ist zunächst eine Funktion von Kantensteilheit und Quantisierungstiefe (Anzahl Bit pro Grauwert). Sie ist durch den Schlupf *d* definiert, in dem die Position der abgebildeten Kante variiert werden kann, ohne daß sich die zugehörigen Grauwerte ändern (Abb. 5.38). Bei einer Sprungkante (β=0) ist der Schlupf maximal und beträgt 1.

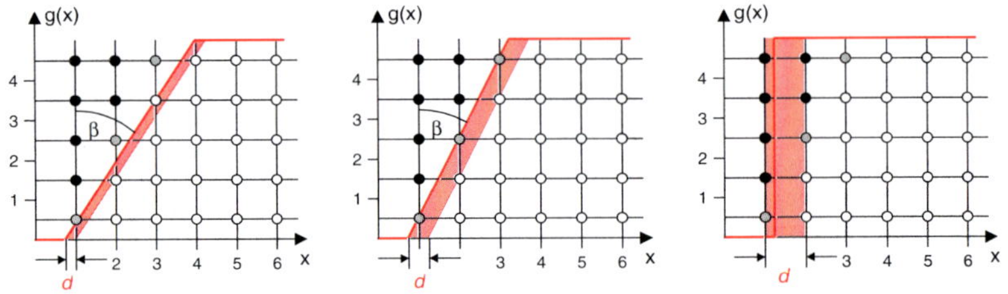

Abb. 5.38: Schlupf einer digitalisierten Kante (nach FÖRSTNER 1985)

FÖRSTNER (1985) zeigt, daß die Unsicherheit der Kantenpositionierung bei N Quantisierungsstufen mindestens $1/(N-1)$ beträgt, das entspricht 0.004 Pixel bei N=256 Graustufen. Die mittlere Streuung eines *einzelnen* Kantenpunktes kann, unabhängig von der Neigung der Kante, für diesen Fall mit

$$\overline{\sigma}_d = 0.015 \text{ Pixel} \tag{5.31}$$

abgeschätzt werden. Dieser theoretische Wert wird in der Praxis aufgrund optischer Grenzen und Rauscheinflüsse höher ausfallen, gibt jedoch einen unteren Grenzwert an, mit dem die Lokalisierungsgenauigkeit von Punktmessungen abgeschätzt werden kann. So läßt sich die Genauigkeit einer n Pixel langen Kante mit

$$\overline{\sigma}_K = \frac{\overline{\sigma}_d}{\sqrt{n}} \text{ Pixel} \tag{5.32}$$

abschätzen. Dies gilt zum Beispiel auch näherungsweise für das Zentrum eines Kreises, der durch n Randpunkte bestimmt worden ist. Für einen kreisförmigen Punkt mit dem Durchmesser 6 Pixel liegen etwa n=19 Kantenpunkte vor. Das Zentrum kann demnach im Idealfall auf ca. 0.004 Pixel (4/1000 Pixel) genau bestimmt werden. Weitere Untersuchungen dazu werden in Kap. 5.4.2.6 vorgestellt.

Einige Verfahren zur Kantenextraktion, die eine Subpixel-Interpolation zulassen, werden in Tabelle 5.3 mit wesentlichen Kenngrößen genannt:

Verfahren	Modell	Zwischenergebnis	Subpixel-Interpolation
Ableitungsfilter	Wendepunkt	Gradientenbild	lineare Interpolation
Moment-Preservation	Grauwertplateaus	Momente 1.–3. Ordnung	Auflösung von 3 Gleichungen
Musterkorrelation (*template matching*)	Kanten-Template, Kreuzkorrelation	Korrelations-koeffizienten	Interpolation 2. Grades
Kleinste-Quadrate-Anpassung (*least-squares matching*)	Kanten-Template, geom. und radiom. Transformation	bis zu 8 Transformations-parameter	Verschiebungs-parameter

Tabelle 5.3: Methoden zur Subpixel-Interpolation von Kantenpunkten (Auswahl)

5.2.3.6.2 Nullstellen-Interpolation

Wie Abb. 5.30 bzw. Abb. 5.32 zeigen, gehen die Ableitungsfunktionen nicht an einer ganzzahligen Pixelkoordinate durch Null. Eine Interpolation 1. oder 2. Grades in der Nachbarschaft des Nulldurchganges ergibt die Subpixel-Koordinate der Kante (Abb. 5.39a). Dieses Verfahren wird zum Beispiel bei der kantenorientierten Bestimmung punktförmiger Muster eingesetzt (vgl. Kap. 5.4.2.5). Die Interpolation von Nullstellen liefert die gesuchte Kantenposition mit einer Genauigkeit von bis zu 1/100 Pixel.

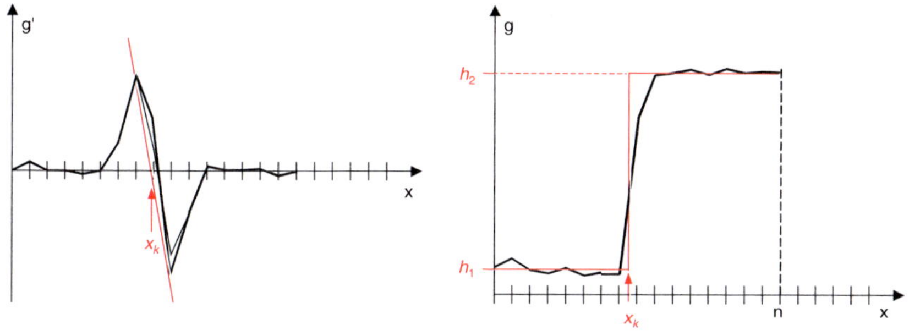

a) Nullstellen-Interpolation b) Moment Preservation

Abb. 5.39: Kanten-Interpolationsverfahren

5.2.3.6.3 Moment Preservation

Grundlegende Idee des Moment-Preservation-Verfahrens ist die Annahme, daß der Kantenverlauf in einer eindimensionalen Bildfunktion (z.B. Bildzeile) der Fenstergröße n durch drei Parameter beschrieben werden kann, die das linke Grauwertplateau h_1, das rechte Grauwertplateau h_2 sowie die Koordinate des Grauwertsprunges x_k definieren (Abb. 5.39b). Die dazu erforderlichen drei Gleichungen werden aus den Momenten 1. bis 3. Ordnung gebildet (TABATABAI & MITCHELL 1984):

$$m_i = \frac{1}{n}\sum_{j=1}^{n} g_j^i \quad i = 1,2,3 \tag{5.33}$$

Damit werden die folgenden Parameter bestimmt (ohne Herleitung):

$$\begin{aligned} h_1 &= m_1 - \overline{\sigma}\sqrt{\frac{p_2}{p_1}} \\ h_2 &= m_1 + \overline{\sigma}\sqrt{\frac{p_1}{p_2}} \\ p_1 &= \frac{1}{2}\left[1 + \bar{s}\sqrt{\frac{1}{4+\bar{s}^2}}\right] \end{aligned} \tag{5.34}$$

mit

$$\bar{s} = \frac{m_3 + 2m_1^3 - 3m_1 m_2}{\bar{\sigma}^3}$$
$$\bar{\sigma}^2 = m_2 - m_1^2 \qquad (5.35)$$

Die gesuchte Kantenposition lautet:

$$x_K = n \cdot p_1 \qquad (5.36)$$

Das Moment-Preservation-Verfahren ist einfach zu implementieren und kommt ohne zusätzliche Interpolation direkt zu einer Subpixelposition der Kante. Es wird zum Beispiel vom Zhou-Operator zur Bestimmung der Kanten ellipsenförmiger Punkte verwendet (vgl. Kap. 5.4.2.5).

5.2.3.6.4 Korrelationsverfahren

Korrelationsverfahren bestimmen die Position der größten Ähnlichkeit eines Referenzmusters (*template*) in einem Suchbild. Das Referenzmuster kann ein Ausschnitt eines natürlichen Bildes oder synthetisch erzeugtes Bild sein. Für die Suche nach einer (vertikalen) Kante, die vom Dunklen ins Helle übergeht, kann z.B. ein Referenzmuster nach Abb. 5.40 geeignet sein.

Ein Maß für die Ähnlichkeit zweier Muster ist der normierte Kreuzkorrelationskoeffizient r (vgl. Kap. 5.4.2.3). Trägt man r als Funktion von x auf, ist die Stelle der maximalen Korrelation mit hoher Wahrscheinlichkeit die Position des Referenzmusters im Bild. Approximiert man den Kurvenverlauf um das Maximum mit einer quadratischen Funktion (Parabel), kann die gesuchte Position im Subpixelbereich bestimmt werden (Abb. 5.40).

Mit der Kleinsten-Quadrate-Anpassung (*least-squares matching*, vgl. Kap. 5.4.2.4) wird eine Transformation bestimmt, die sowohl den Kontrast als auch die geometrische Abbildung zwischen Referenzmuster und Suchbild im Zuge einer Ausgleichung nach kleinsten Quadraten bestimmt. Das Verfahren benötigt hinreichend gute Näherungswerte der unbekannten Parameter, insbesondere der gesuchten Verschiebungsparameter. Im Rahmen der Ausgleichung liefert es direkt die nicht-ganzzahligen Parameter der Kantenposition.

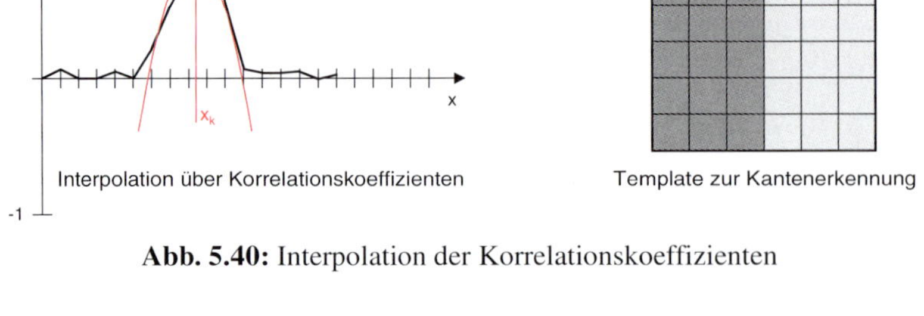

Abb. 5.40: Interpolation der Korrelationskoeffizienten

5.3 Geometrische Umbildung

Die Erzeugung digitaler Bilder mit veränderter geometrischer Projektion wird hier als geometrische Umbildung bezeichnet. Verfahren dazu werden in der Photogrammetrie zum Beispiel bei der Entzerrung und Orthobilderstellung, bei der Kombination von Bildern mit CAD-Daten sowie beim Template-Matching-Verfahren benötigt. Auch Rendering- und Morphing-Verfahren gehören in diese Kategorie. Abb. 5.41 zeigt das Beispiel einer projektiven Entzerrung einer Fassadenaufnahme (siehe auch Abb. 4.51).

Abb. 5.41: Geometrische Entzerrung einer Fassadenaufnahme

Der Begriff *Entzerrung* bezeichnet eine allgemeine Modifikation der Ortskoordinaten eines Bildpunktes, z.B. für die

- Verschiebung und Drehung
- Änderung des Maßstabes (Vergrößerung, Verkleinerung)
- Korrektur von Verzeichnungseffekten
- Projektive Entzerrung (Zentralperspektive → Parallelprojektion)
- Erstellung von Orthobildern (differentielle Entzerrung)
- Entzerrung von Bild 1 auf Bild 2
- Überlagerung eines CAD-Modells mit natürlichen Strukturen (*texture mapping*)

Die geometrische Umbildung erfolgt immer in zwei Schritten:

- Transformation der Pixelkoordinaten (Bildkoordinaten) in ein Zielsystem (Entzerrung)
- Berechnung (Interpolation) der Grauwerte des Ausgabebildes

5.3.1 Grundlagen der Entzerrung

Der Entzerrung liegt zunächst eine geometrische Transformation der Pixelkoordinaten des Ausgangsbildes zugrunde:

$$
\begin{aligned}
& s'(x', y') = G\big(s(x, y)\big) = g' \\
& \text{mit} \\
& x' = f_1(x,y) \\
& y' = f_2(x,y)
\end{aligned}
\qquad (5.37)
$$

d.h. der Grauwert g an der Stelle (x,y) im Originalbild erscheint im Ergebnisbild nach einer Grauwertinterpolation G als Grauwert g' an der Stelle (x',y').

Die geometrischen Transformationen f_1 und f_2 sind praktisch beliebige Koordinatentransformationen. Häufig wird die Affintransformation (2.6) für die üblichen Abbildungen wie Verschiebungen, Maßstabsänderungen, Drehungen und Scherungen angewendet. Für die projektive Entzerrung von Bildern ebener Objekte läßt sich die Perspektivtransformation (8 Parameter) einsetzen (2.12). Bei bekanntem digitalen Oberflächenmodell können beliebige Freiformflächen in ein Orthobild mit Hilfe der Kollinearitätsgleichungen (4.8) entzerrt werden (siehe Kap. 4.4.1.2.3).

In allen Fällen wird eine Transformation zwischen den Pixelkoordinaten (x,y) des Eingabebildes und den Pixelkoordinaten (x',y') des Ausgabebildes vorgenommen. An der Stelle (x',y') müssen dann im Ausgabebild die Grauwerte (aus der Umgebung) des Eingabebildes an der Stelle (x,y) eingesetzt werden. Für dieses Vorgehen wird im allgemeinen die indirekte Entzerrungsmethode verwendet, bei der durch Umkehrung der Transformationsvorschrift jedes Pixel des Ausgabebildes durchlaufen wird, wobei jeweils der Grauwert aus der zugehörigen Position (x,y) des Eingabebildes interpoliert und gespeichert wird. Dieses Verfahren ist einfach zu implementieren und vermeidet Lücken oder Überschneidungen im Ergebnisbild (Abb. 5.42).

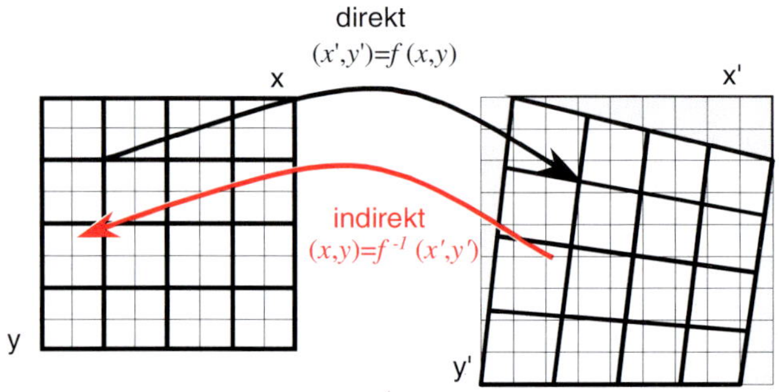

Abb. 5.42: Entzerrungsmethoden

5.3.2 Grauwertinterpolation

Im zweiten Schritt der Grauwertzuweisung besteht die Aufgabe darin, aus der Umgebung von beliebigen, nicht-ganzzahligen Pixelpositionen einen geeigneten Grauwert zu interpolieren und im Ausgabebild zu speichern (*resampling*). Für die Interpolationsaufgabe werden folgende Methoden eingesetzt (BÄHR & VÖGTLE 1991):

- Interpolation 0. Ordnung (Nächster Nachbar)
- Interpolation 1. Ordnung (Bilineare Interpolation)
- Interpolation 2. Ordnung (Bikubische Faltung, Lagrange-Polynome)

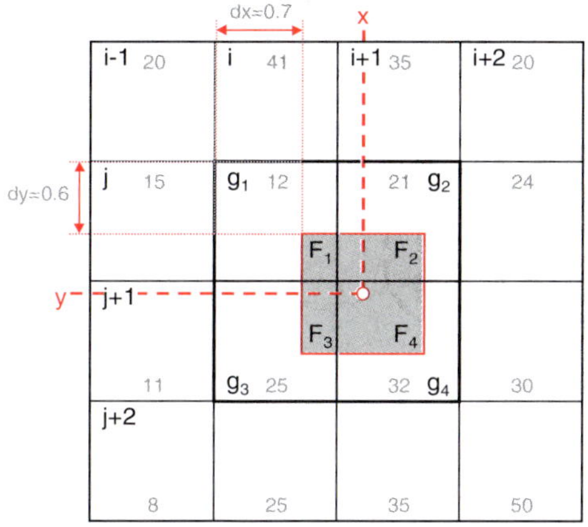

Abb. 5.43: Grauwertinterpolation in 2x2- und 4x4-Nachbarschaft

Beim Verfahren der nächsten Nachbarschaft wird die berechnete reelle Pixelkoordinate gerundet oder abgeschnitten und der Grauwert an der verbleibenden ganzzahligen Pixelposition verwendet. Die Interpolationsvorschrift lautet:

$$g' = s(\text{round}(x), \text{round}(y)) \tag{5.38}$$

Grauwert für das Beispiel aus Abb. 5.43: $g'=32=g_4$

Dieses Verfahren erzeugt das optisch schlechteste Entzerrungsergebnis, benötigt aber nur kurze Rechenzeiten und verwendet im Ergebnisbild ausschließlich Grauwerte, die auch im Eingabebild vorhanden sind.

Die bilineare oder biquadratische Interpolation bezieht die 2×2 benachbarten Grauwerte einer berechneten Pixelposition in die Interpolation ein. Der interpolierte Grauwert entsteht aus dem gewichteten Mittel der benachbarten Grauwerte, wobei das Gewicht durch den jeweils überdeckten Flächenanteil bestimmt wird. Die Interpolationsvorschrift lautet:

$$g' = F_1 \cdot s(i,j) + F_2 \cdot s(i+1,j) + F_3 \cdot s(i,j+1) + F_4 \cdot s(i+1,j+1) \tag{5.39}$$

mit $F_1+F_2+F_3+F_4=1$

oder analog zu Gleichung (2.10):

$$\begin{aligned} g' = {} & s(i,j) + dx \cdot [s(i+1,j) - s(i,j)] + dy \cdot [s(i,j+1) - s(i,j)] \\ & + dx \cdot dy \cdot [s(i+1,j+1) - s(i+1,j) - s(i,j+1) + s(i,j)] \end{aligned} \tag{5.40}$$

Grauwert für das Beispiel aus Abb. 5.43: $g'=19.7\approx 20$

Die bilineare Interpolation erzeugt leicht geglättete, qualitativ gute Entzerrungen bei angemessenem Rechenaufwand.

Bikubische Faltung und Lagrange-Interpolation werden in der Regel nur dann verwendet, wenn Entzerrungen höchster Grauwertqualität benötigt werden. Sie beziehen eine 4×4-Umgebung in die Grauwertinterpolation ein und benötigen bis Faktor 10 längere Rechenzeiten. Der Algorithmus zur bikubischen Faltung lautet:

$$\begin{aligned} df(x) &= |x|^3 - 2 \cdot |x|^2 + 1 \\ df(x) &= -|x|^3 + 5 \cdot |x|^2 - 8 \cdot |x| + 4 \\ df(x) &= 0 \end{aligned} \quad \begin{cases} \text{für } |x| < 1 \\ \text{für } 1 \le |x| < 2 \\ \text{sonst} \end{cases}$$

$$\begin{aligned} a(n) = {} & s(i-1, j+n-2) \cdot df(dx+1) \\ & + s(i, j+n-2) \cdot df(dx) \\ & + s(i+1, j+n-2) \cdot df(dx-1) \\ & + s(i+2, j+n-2) \cdot df(dx-2) \\ \text{für } & n = 1,2,3,4 \\ g' = {} & a(1) \cdot df(dy+1) \\ & + a(2) \cdot df(dy) \\ & + a(3) \cdot df(dy-1) \\ & + a(4) \cdot df(dy-2) \end{aligned} \tag{5.41}$$

Grauwert für das Beispiel aus Abb. 5.43: $g'=23.7=\approx 24$

Anhand des beliebig gewählten Zahlenbeispiels aus Abb. 5.43 wird deutlich, daß die drei Interpolationsverfahren durchaus unterschiedliche Zahlenwerte für den interpolierten Grauwert erzeugen. Abb. 5.44 zeigt Ausschnittsvergrößerungen einer Bilddrehung, hergestellt mit den drei oben beschriebenen Methoden. Das Verfahren des Nächsten Nachbarn erzeugt deutlich sichtbare Treppeneffekte an schrägen Kanten. Die beiden anderen Interpolationen generieren visuell kaum zu differenzierende Ergebnisse.

Das Problem der Grauwertinterpolation an nicht-ganzzahligen Positionen tritt auch bei den Verfahren der Kleinsten-Quadrate-Anpassung (vgl. Kap. 5.4.2.4) auf. Im allgemeinen wird dort die bilineare Interpolation als günstiger Kompromiß zwischen Rechenaufwand und Interpolationsgüte verwendet.

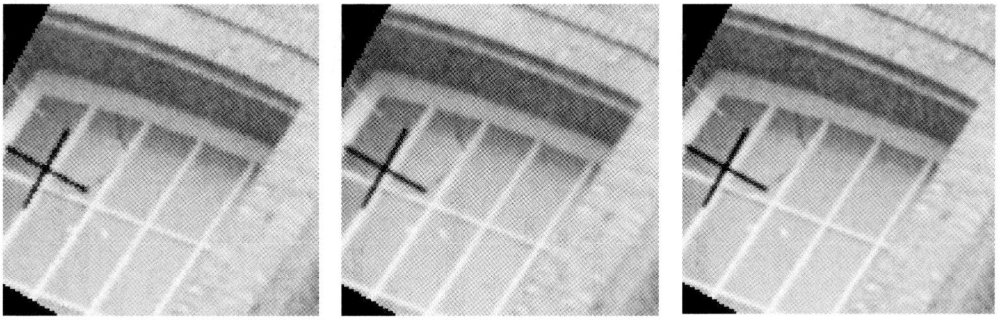

Nächster Nachbar   Bilineare Interpolation   Bikubische Interpolation

Abb. 5.44: Entzerrung mit verschiedenen Grauwertinterpolation

5.3.3 3D-Visualisierung

5.3.3.1 Übersicht

In der Rastergrafik (3D-Computergrafik) existieren einige Verfahren zur Visualisierung von dreidimensionalen Objekten mit dem Ziel, ein möglichst foto-realistisches Bild des digital vorliegenden Objektmodells zu erzeugen. Die Visualisierung von 3D-Objekten gewinnt zunehmend an Bedeutung, zum Beispiel für folgende Anwendungen:

- Beurteilung von konstruierten CAD-Modellen
- Design-Studien
- Qualitätsanalyse von Werkstücken
- Darstellung von Volumenmodellen, z.B. Computertomogrammen
- Animation in Film-, TV- und Werbeszenen
- Gestaltung von Virtual-Reality-Szenen
- Darstellung von dynamischen Vorgängen, z.B. simulierten Bewegungsabläufen
- Kombination natürlicher und künstlicher Objekte, z.B. bei der Planung von Neubauten in existierenden Bebauungen

In der Nahbereichsphotogrammetrie liegt das Hauptaugenmerk der 3D-Visualisierung in der Darstellung photogrammetrisch rekonstruierter, realer Objekte. Im allgemeinen nutzt man hier 3D-Grafik- oder CAD-Programme, die (ergänzende) Konstruktionen und grafische Aufbereitungen der 3D-Daten erlauben.

Die den verschiedenen Visualisierungsverfahren zugrunde liegenden mathematischen und vor allem physikalischen Modelle der Bildentstehung sind jedoch auch von Nutzen für das Verständnis objektraumbasierter Bildauswerteverfahren (siehe Kap. 5.5.5). Diese Verfahren modellieren die Objektoberfläche durch geometrische und radiometrische Parameter, die durch Ausgleichung der beobachteten Bildkoordinaten und Grauwerte bestimmt werden.

Abb. 5.45: Visualisierungskette

Abb. 5.45 zeigt die typischen Arbeitsschritte bei der grafischen Darstellung einer 3D-Szene (Visualisierungskette):

- 3D-Modell:

  Das abzubildende Objekt liegt als 3D-Oberflächenmodell in Form eines Oberflächenrasters (z.B. als Dreieckszerlegung) und/oder in Form geometrischer Elemente (Geraden, Ebenen, Zylinder etc.) vor. Ein 3D-Drahtmodell allein reicht nicht aus, sondern die einzelnen Oberflächenpunkte müssen topologisch verknüpft und zu (z.B. undurchsichtigen) Teilflächen verbunden werden.

- Geometrische Transformationen:

  Nach Wahl der räumlichen Betrachtungsposition können Objektpunkte in eine (virtuelle) Betrachtungs- oder Projektionsebene mit Hilfe der grafischen Transformationen aus Kap. 2.2.2.3 abgebildet werden. Außerhalb des Sichtvolumens liegende Objektbereiche können von der weiteren Berechnung ausgeschlossen werden.

- Elimination verdeckter Elemente:

  Rückwärtige Objektbereiche, die auf jeden Fall unsichtbar sind, können durch einen einfachen Vergleich der Betrachtungsrichtung mit der Oberflächennormalen eliminiert werden (*backface removal*). Die verbleibenden Objektelemente müssen anschließend daraufhin untersucht werden, ob sie teilweise oder ganz von anderen Objekten verdeckt werden (*hidden surface removal*) (Abb. 5.46).

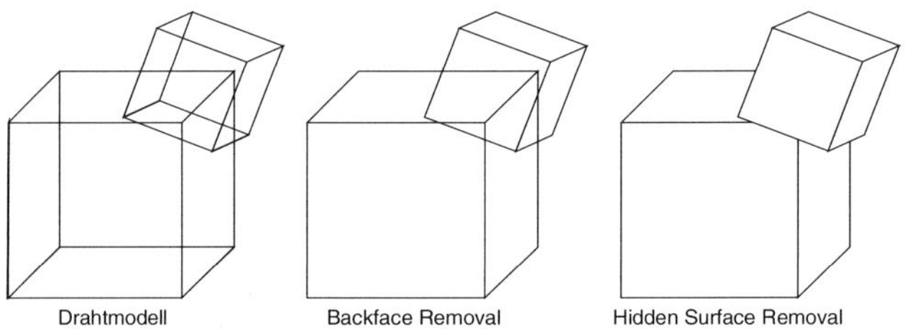

Abb. 5.46: Elimination verdeckter Elemente

- Beleuchtungs- und Reflexionsmodell:

  Im 3D-Raum können Lichtquellen unterschiedlicher Charakteristik (Leuchtstärke, Richtung, Farbe) positioniert werden. Weiterhin können jedem partiellem

Oberflächenelement individuelle, materialabhängige Reflexionseigenschaften zugeordnet werden.

- Ray Tracing:

  Es wird eine virtuelle Kameraposition (Position des Betrachters) angenommen und eine geometrische Projektion gewählt. Der Strahlverlauf eines Pixels, das neu erzeugt werden soll, wird in den Objektraum verfolgt (*ray tracing*). Trifft der Raumstrahl auf ein Oberflächenelement, wird der Strahl entsprechend der lokalen Reflexionseigenschaften verändert. Der im Ergebnisbild abzulegende Intensitäts- oder Farbwert ergibt sich gegebenenfalls nach mehrfacher Reflexion und Berücksichtigung von Schattenbildung.

- Texturprojektion:

  Durch Texturprojektion (*texture mapping*) wird dem visualisierten Oberflächenelement eine künstliche oder natürliche Struktur zugeordnet. Die Struktur oder Textur kann auf verschiedene Weise erzeugt werden:

  - durch Zuordnung einer Farbe (wenn kein spektrales Reflexionsmodell vorliegt),
  - durch Überlagerung einer künstlichen Textur,
  - durch Überlagerung der natürlichen Textur aus vorliegenden Fotos des Objektes.

5.3.3.2 Reflexion und Beleuchtung

Mit Beleuchtungs- und Reflexionsmodellen wird der Weg des Lichts beschrieben, das, ausgehend von einer oder mehreren Lichtquellen, auf eine oder mehrere Objektoberflächen trifft und schließlich in die (virtuelle) Kamera gelangt. Im Kamerabild wird an der entsprechenden Position ein Helligkeits- oder Farbwert registriert. Der visualisierte Intensitätswert ist also eine Funktion von:

- spektraler Zusammensetzung der Lichtquellen
- räumlicher Position der Lichtquellen
- Eigenschaften der Atmosphäre (Medien)
- spektralen Eigenschaften des Oberflächenmaterials (Reflexion, Absorption, Transmission)
- Oberflächenbeschaffenheit (Rauhigkeit)
- Lage und Orientierung der Oberfläche
- optischen und radiometrischen Eigenschaften der Kamera (Sensor)
- Lage und Orientierung der Kamera (Betrachter)

Je nach Komplexität des Modells werden diese Einflüsse mehr oder weniger streng berücksichtigt. In den meisten Fällen beschränkt man sich auf einfache Modelle, die nur eine Lichtquelle verwenden, keine Mehrfachreflexionen von Oberflächen zulassen und nur eingeschränkte Materialeigenschaften beschreiben. In diesen Fällen steht weniger die Erzeugung einer foto-realistischen Szene im Vordergrund, sondern eher eine für den Betrachter ausreichende Vermittlung eines dreidimensionalen Sachverhaltes.

5.3.3.2.1 Reflexionsformen

Das *ambiente* Reflexionsmodell basiert auf dem Gedanken, daß ein bestimmter Anteil k_a des einfallenden Lichtes I_{ein} gleichmäßig in alle Richtungen reflektiert wird. Die reflektierte Strahlung ergibt sich zu:

$$I_{aus}(\lambda) = k_a \cdot I_{ein}(\lambda) \quad (5.42)$$
$$\text{mit } 0 \leq k_a \leq 1$$

Dieses Modell berücksichtigt nicht die räumliche Orientierung der Oberfläche. Der Faktor k_a führt zu einer gleichmäßigen Helligkeitsänderung der gesamten Szene.

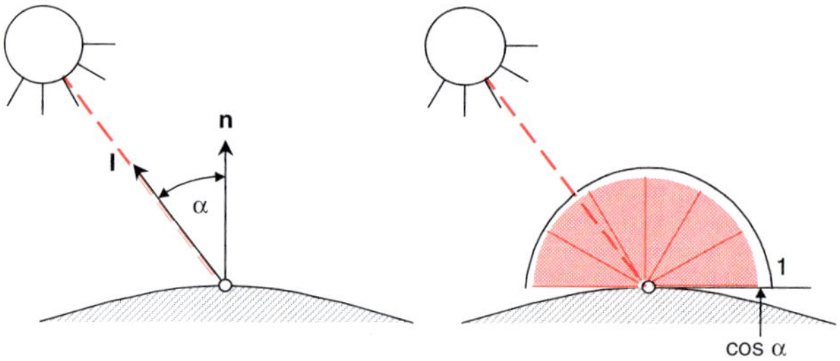

Abb. 5.47: Diffuse Reflexion

Der *diffusen* Reflexion (Abb. 5.47) liegt das Modell der Lambert'schen Strahlung zugrunde. Danach fällt das reflektierte Licht mit dem Kosinus des Winkels α zwischen Oberflächennormale **n** und Richtung zur Lichtquelle **l**, ausgedrückt durch das Spatprodukt beider Vektoren, ab:

$$I_{aus}(\lambda) = k_d(\lambda) \cdot \max(\langle \mathbf{n}, \mathbf{l} \rangle, 0) \cdot I_{ein}(\lambda) \quad (5.43)$$

Der materialabhängige Term $k_d(\lambda)$ wird längenwellenabhängig definiert und führt zur Wahrnehmung von Farbe. Der reflektierte Anteil ist unabhängig von der Position des Betrachters.

Grundlage der *spiegelnden* Reflexion (Abb. 5.48) ist zunächst das Prinzip Einfallswinkel=Ausfallswinkel. Bei einem idealen Spiegel fällt das reflektierte Licht in Richtung **r** und hat daher in Betrachtungrichtung **b** die Intensität:

$$I_{aus}(\lambda) = \begin{cases} I_{ein}(\lambda) & \text{falls } \langle \mathbf{b}, \mathbf{r} \rangle = 0 \\ 0 & \text{sonst} \end{cases} \quad (5.44)$$

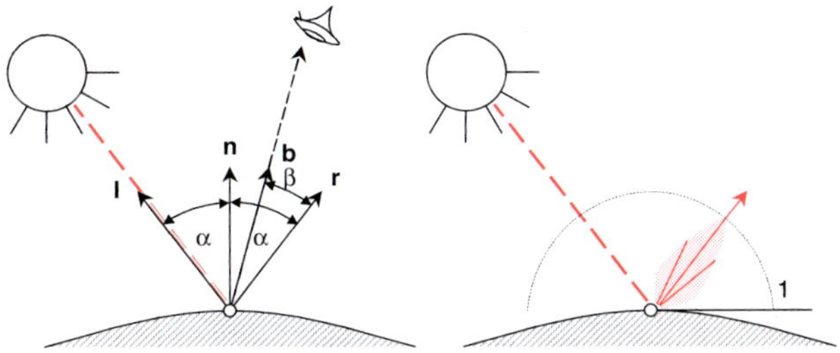

Abb. 5.48: Spiegelnde Reflexion

Da ideale Spiegel in der Realität kaum vorkommen und nur in genau einer Richtung **b=r** (β=0) ein Signal erzeugen würden, wird eine Streuung um die Vorzugsrichtung zugelassen:

$$I_{aus}(\lambda) = k_s(\lambda) \cdot \max(\langle \mathbf{b}, \mathbf{r} \rangle, 0)^m \cdot I_{ein}(\lambda) \tag{5.45}$$

Dabei legt der Exponent m die materialabhängige Charakteristik der Streuung und der Term $k_s(\lambda)$ die spektralen Spiegeleigenschaften fest. Große Werte für m beschreiben glänzende Oberflächen (Metalle, Spiegel), kleine Werte von m beschreiben matte, nicht-metallische Oberflächen.

5.3.3.2.2 Das Phong'sche Beleuchtungsmodell

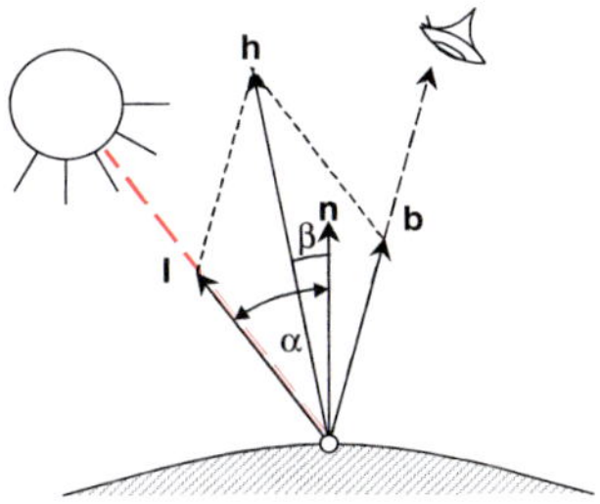

Abb. 5.49: Phong'sches Beleuchtungsmodell

Das Beleuchtungsmodell von PHONG (1975) nimmt parallele Lichtstrahlen zwischen Lichtquelle, Oberfläche und Betrachter für jeden Punkt der Oberfläche an. Mit dem sogenannten Highlight-Vektor **h**

$$\mathbf{h} = \frac{\mathbf{b} + \mathbf{l}}{|\mathbf{b} + \mathbf{l}|} \tag{5.46}$$

wird ein Gesamtmodell der oben definierten Reflexionsformen gebildet:

$$I_{aus}(\lambda) = I_{ein}(\lambda) \cdot \left(k_a + k_d(\lambda) \cdot \max(0, \langle \mathbf{n}, \mathbf{l} \rangle) + k_s(\alpha, \lambda) \cdot \max(0, \langle \mathbf{n}, \mathbf{h} \rangle)^m\right) \tag{5.47}$$

Für den Sonderfall gleicher Position von Lichtquelle und Betrachter wird **l=b=h**. Liegt diese Position in negativer z-Richtung[1], folgt

$$\langle \mathbf{n}, \mathbf{l} \rangle = \begin{bmatrix} n_x \\ n_y \\ n_z \end{bmatrix} \times \begin{bmatrix} 0 \\ 0 \\ -1 \end{bmatrix} = -n_z \tag{5.48}$$

[1] Der Standpunkt des Betrachters liegt in der Computergrafik häufig im Punkt (0,0,–z).

und somit

$$I_{aus}(\lambda) = I_{ein}(\lambda) \cdot \left(k_a + k_d(\lambda) \cdot \max(0, -n_z) + k_s(\alpha, \lambda) \cdot \max(0, -n_z)^m\right) \tag{5.49}$$

Das Phong'sche Beleuchtungsmodell führt zu akzeptablen Ergebnissen bei vertretbarem Rechenaufwand.

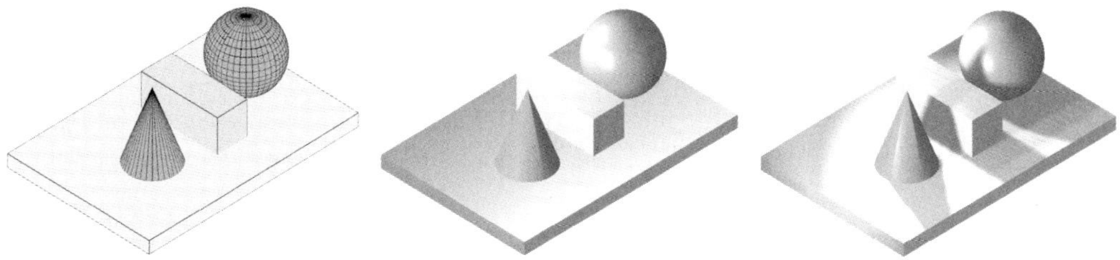

Abb. 5.50: Visualisierung einer beleuchteten 3D-Szene

5.3.3.2.3 Komplexe Beleuchtungsmodelle

Zur Erzeugung realistisch wirkender Szenen muß das Phong'sche Modell in vielerlei Hinsicht erweitert werden. Die zahlreichen Ansätze können hier nicht näher beschrieben werden, basieren jedoch im wesentlichen auf folgenden Merkmalen:

- Einführung der Oberflächenrauhigkeit durch Mikrofacetten
- Einführung von material- und winkelabhängiger Absorption als Funktion des Refraktionsindex n der Grenzfläche zwischen verschiedenen Medien (z.B. Luft/Metall)
- Einführung eines visuellen Farbwahrnehmungsmodells (CIE-Modell)
- Einführung einer bidirektionalen Reflexionsverteilungsfunktion (BRDF), die für jede Wellenlänge λ des Spektrums materialspezifisch aufgestellt wird
- Einführung von stochastischen Modellen, die die Wahrscheinlichkeit einer bestimmten Reflexion beschreiben.

Mit diesen Funktionen wird zunächst die physikalische Reflexion an Oberflächen modelliert. Für ein globales Beleuchtungsmodell muß darüberhinaus der komplette Weg sämtlicher (von Lichtquellen und Oberflächen ausgehender) Lichtstrahlen einschließlich Transmission, Mehrfachreflexion und Schattenbildung durch *ray tracing* beschrieben werden. Da dieses Verfahren zu einem kaum vertretbaren Rechenaufwand führt, geht man ähnlich der indirekten Entzerrung (vgl. Kap. 5.3.1) von dem im Ergebnisbild darzustellenden Bildpunkt aus und berechnet rückwärts die auf dieses Pixel einfallende Intensität.

Die Berechnung läuft im wesentlichen wie folgt ab: Der durch Bildkoordinaten und Projektionszentrum definierte Raumstrahl trifft auf eine erste Oberfläche. Dieser Sichtstrahl teilt sich dabei in einen transmittierten und einen reflektierten Strahl, die jeweils rekursiv solange weiterverfolgt werden, bis

- die zugehörige Intensität unter einen Grenzwert fällt,
- eine bestimmte Rekursionstiefe (z.B. 5) erreicht wird oder
- eine Lichtquelle (z.B. auch ein Fenster) getroffen wird.

Die dabei aufgestellte Baumstruktur wird anschließend von den Blättern bis zur Wurzel durchlaufen. An jeder Verzweigung werden die dort registrierten Intensitätswerte aufaddiert und im Bild abgespeichert.

Eine weitergehende Modellierung wird durch sog. *radiosity*-Verfahren erreicht. Jeder Oberflächenpunkt wirkt dabei als Emitter von Strahlung, entweder durch eine eigene Lichtquelle oder durch reflektierte Strahlung. Die unbekannte Emission wird in einem Gleichungssystem bestimmt, das für jeden Oberflächenpunkt und jede Wellenlänge gelöst werden muß. Dieser mit sehr hohem Rechenaufwand verbundene Ansatz führt zu sehr realistisch wirkenden Szenen. Weiterführende Informationen zu Beleuchtungsmodellen geben u.a. JANSER et al. (1996) sowie TÖNNIES & LEMKE (1994).

5.3.3.3 Texturprojektion

Mit Textur bezeichnet man das Muster oder die Struktur einer Oberfläche. Sie ergibt sich aus der Variation kleiner Oberflächenelemente innerhalb einer begrenzten Nachbarschaft. Texturen entstehen physikalisch durch unterschiedliche Reflexionseigenschaften und geometrische Eigenschaften von Oberflächenpartikeln, die im Grenzfall bis zur Molekülgröße aufgelöst werden könnten. Durch Texturen erhalten visualisierte Objekte ihr realistisches Aussehen.

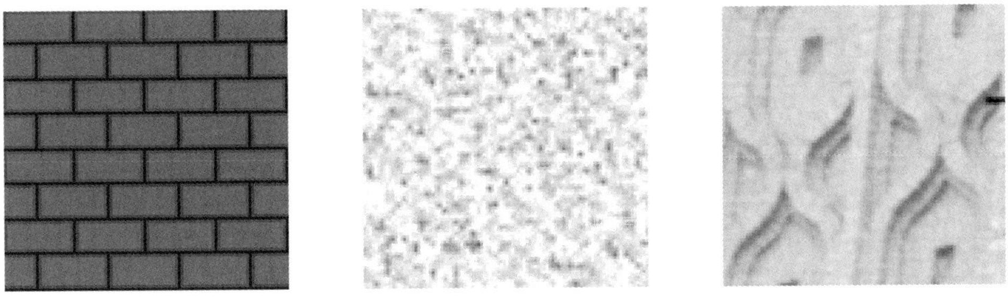

Ziegelsteine — Granit — Fassade Bahnhof Oldenburg

Abb. 5.51: Künstliche und natürliche Texturen

Die Abbildung von Textur in einer visualisierten Szene kann im einfachsten Fall durch Projektion eines Texturbildes auf die Oberfläche geschehen (*texture mapping*). Ein Texturbild ist ein digitales Bild, dessen Muster wie bei einer Diaprojektion dem Objekt überlagert wird. Es kann aus künstlich generierten Mustern bestehen oder ein reales Foto sein (Beispiele in Abb. 5.51).

Zur Texturprojektion können folgende wesentliche Vorgehensweisen unterschieden werden:

- 2D-Texturprojektion auf ebene Objektoberflächen
- 3D-Texturprojektion auf ebene Objektoberflächen
- 3D-Texturprojektion auf beliebige Objektoberflächen
- 3D-Texturprojektion auf beliebige Objektoberflächen mit Integration in ein Beleuchtungsmodell

Bei der 2D-Texturprojektion wird eine ebene Transformation zwischen einem Bildausschnitt der Visualisierung und dem Texturbild hergestellt. Nach dem Prinzip der ebenen Entzerrung (vgl. Kap. 4.4.1.1) werden in beiden Bildern einander entsprechende Bildausschnitte festgelegt, deren Eckpunkte durch eine affine, bilineare oder projektive Transformation abgebildet werden. Es besteht kein direkter Bezug zum 3D-Modell des Objektes, d.h. für jede neue Projektion der Visualisierung müssen die zu überlagernden Texturflächen erneut (manuell) definiert werden.

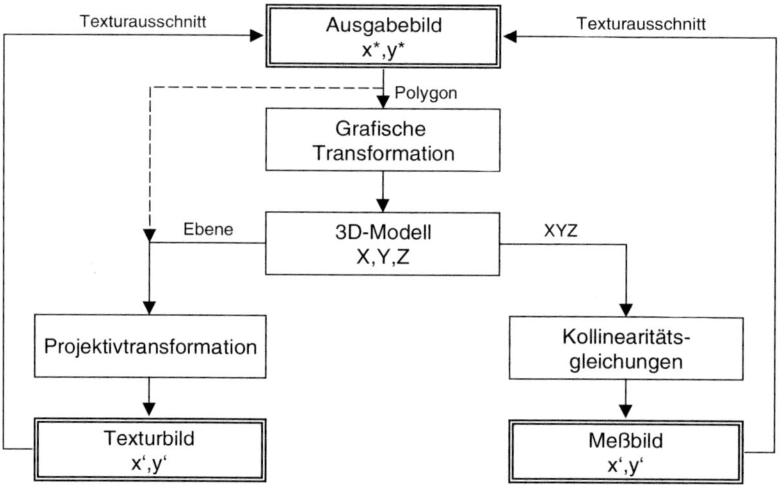

Abb. 5.52: Texturprojektion

Wesentlich flexibler wird die Texturprojektion, wenn der bekannte geometrische Zusammenhang zwischen Visualierung und 3D-Modell genutzt wird. Geht man zunächst von ebenen Teilflächen des Objektes aus, die durch Polygone begrenzt werden (z.B. Dreiecke oder Vierecke), kann die Objektebene durch eine Projektivtransformation (2.12) in einen entsprechenden Bildausschnitt des (künstlichen) Texturbildes abgebildet werden. Soll einem 3D-Modell die natürliche Oberflächentextur eines räumlich orientierten Meßbildes überlagert werden, wird der Bezug zum Ausgabebild über die photogrammetrischen Abbildungsgleichungen hergestellt (Abb. 5.52). Der durch das transformierte Polygon definierte Texturausschnitt wird dann durch Interpolation in das Ausgabebild übertragen.

In Abb. 5.53 wird das Beispiel einer Texturüberlagerung in einer Kombination von künstlich erzeugten Mustern (Mauersteine) und natürlichen Strukturen gezeigt, die den Meßbildern des Projektes entnommen worden sind.

Abb. 5.53: Texturüberlagerung mit künstlichen und natürlichen Mustern (Ausschnitt aus Abb. 1.6)

Sollen beliebig gekrümmte Oberflächen durch eine Textur überlagert werden, ist für jedes Pixel des Ausgabebildes der in Abb. 5.52 dargestellte Abbildungsvorgang konsequent zu durchlaufen. Durch Hinzunahme eines (globalen) Beleuchtungsmodells ist es schließlich möglich, eine foto-realistische visualisierte Szene zu erzeugen, in der sowohl Licht und Schatten als auch die natürliche Oberflächenstruktur dargestellt werden.

5.4 Digitale Einzelbildauswertung

Der folgende Abschnitt befaßt sich mit Verfahren zur Messung der Lage von Objekten in einzelnen digitalen Bildern. Hierbei wird zwischen Algorithmen zur Bestimmung des Zentrums eines Musters (punktförmige Merkmale) und zur Ermittlung von Linien- oder Kantenverläufen unterschieden. Gemeinsames Ziel dieser Verfahren ist jeweils die möglichst genaue und zuverlässige Messung von Bildkoordinaten mit Subpixelauflösung, die dem nachfolgenden Schritt der analytischen Objektrekonstruktion zur Verfügung gestellt werden. Dreidimensionale Bildverarbeitungsverfahren werden in Kap. 5.5 behandelt.

5.4.1 Näherungswerte

5.4.1.1 Möglichkeiten

Die hier besprochenen Bildverarbeitungsmethoden benötigen hinreichend gute Näherungswerte für die eigentlich gesuchte Bildposition. Diese Näherungswerte können auf verschiedene Weise beschafft werden:

- durch vorgegebene (berechnete) Bildkoordinaten, z.B. aus (näherungsweise) vorliegenden Objektkoordinaten und bekannten Orientierungsdaten der Bilder
- durch manuelles, grobes Einstellen mit einem Cursor am Bildschirm
- durch Mustererkennungsmethoden (Segmentierung) im Rahmen der Bildvorverarbeitung, z.B. durch Absuchen des Bildes nach bestimmten Grauwertmustern
- durch Interest-Operatoren, die Bildbereiche mit auffälliger Grauwertstruktur bestimmen (siehe Kap. 5.5.2.1)

In der Nahbereichsphotogrammetrie, speziell im industriellen Bereich, sorgt man häufig durch gezielte Signalisierung und Beleuchtung für eine einfache Struktur, so daß im auszuwertenden Bild z.B. nur noch (helle) Objektpunkte auf homogenem (dunklen) Hintergrund auftreten (Beispiele in Abb. 5.2, Abb. 7.7). Die Beschaffung von Näherungswerten beschränkt sich dann auf die Suche nach einfachen Bildmustern und kann in vielen Fällen vollständig automatisiert werden (vgl. Kap. 5.4.1.2).

Speziell für industrielle Anwendungen hat sich der Einsatz von codierten Zielmarken bewährt, die eine verschlüsselte, eindeutige Punktnummer tragen und automatisch gefunden und decodiert werden können (vgl. Kap. 3.4.1.3).

5.4.1.2 Segmentierung punktförmiger Muster

Die Bestimmung (Segmentierung) heller Zielmarken ist ein wichtiger Sonderfall in der praktischen photogrammetrischen Aufnahmetechnik. Liegen keine Informationen über die Lage der Punkte in der Aufnahme vor, muß das Bild nach möglichen Kandidaten von Zielpunkten abgesucht werden. Da in praktischen Anwendungen innerhalb einer Aufnahme mit unterschiedlichen Bildmaßstäben, perspektiven Verzerrungen, Störlichtern, Verdeckungen usw. gerechnet werden muß, hat sich eine hierarchische Vorgehensweise bei der Punktsegmentierung nach folgendem groben Ablauf bewährt:

- Adaptive Binärisierung durch Schwellwertanalyse (siehe Kap. 5.2.1.4)
- Detektion zusammenhängender Bildbereiche, die über dem Schwellwert liegen
- Analyse der detektierten Bereiche hinsichtlich Größe (Pixelanzahl) und Form
- Speicherung der Bildpositionen, an denen hinreichende Größen- und Formbedingungen erfüllt werden

Die Schwellwertbildung ist bei signalisierten Zielmarken relativ einfach. Werden retroreflektierende Marken und Blitzbeleuchtung oder LED-Zielmarken verwendet, bilden sich Retromarken im Histogramm im oberen Grauwertbereich ab (vgl. Abb. 5.15). Bei nichtreflektierenden Zielmarken (z.B. aus Papier) ist der Kontrast zum Hintergrund häufig schwächer und die Schwellwertbildung unter Umständen nicht global für das ganze Bild möglich, sondern muß adaptiv für jeden einzelnen Bildausschnitt vorgenommen werden.

Zusammenhängende Bereiche werden durch eine Nachbarschafts- oder Konnektivitätsanalyse detektiert. In der sequentiellen Vorgehensweise nach Abb. 5.54 werden der linke und die oberen drei Nachbarn untersucht. Liegt der Grauwert einer dieser Nachbarn über dem Schwellwert, gehört er bereits zu einer detektierten Region, ansonsten wird ein neuer Bereich definiert. Pixel, die zusammenhängenden Bereichen angehören, werden in Listen oder Label-Bildern gekennzeichnet. V-förmige Objekte, die zwischenzeitlich verschiedenen Regionen angehören, werden durch Analyse der Berührung wieder zusammengeführt.

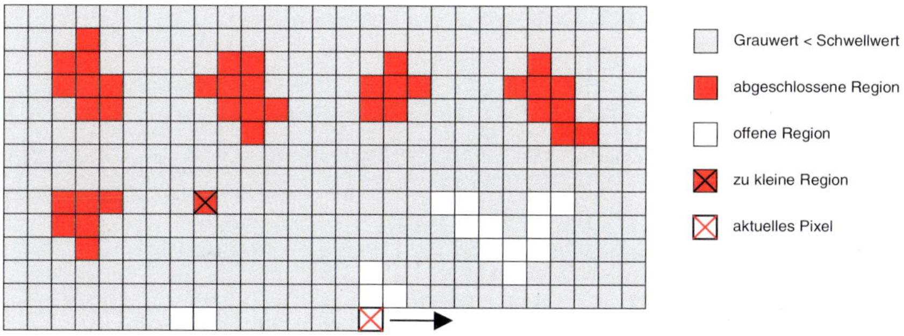

Abb. 5.54: Sequentielle Konnektivitätsanalyse (nach MAAS 1992)

In einer nicht-sequentiellen Konnektivitätsanalyse werden benachbarte Pixel rekursiv solange in allen Richtungen weiterverfolgt, bis eines oder mehrere der folgenden Abbruchkriterien erfüllt sind:

- der zugehörige Grauwert fällt unter den Schwellwert
- Überschreitung einer maximalen Pixelanzahl der Region
- Pixel gehört bereits zu einer anderen Region

Die jetzt vorliegenden zusammenhängenden Bereiche können hinsichtlich Form und Fläche untersucht werden. Die Anzahl zugehöriger Pixel ist dabei nur ein grobes Indiz für eine hinreichende Flächengröße, die aus a priori Wissen bekannt sein kann. Vielmehr sollten aus der Pixelverteilung einer Region Formparameter abgeleitet werden, welche die erwartete Ellipsenform des Musters beschreiben. Eine geeignete Testgröße ist der folgende Formfaktor f_E (AHN 1997):

$$f_E = \frac{U^2}{4\pi A} \tag{5.50}$$

mit

U: Umfang

A: Fläche

Der Formfaktor ist 1 für einen Kreis und größer als 1 für alle anderen Objekte. Für eine Ellipse kann ein geeigneter Schwellwert für f_E aus dem Halbachsenverhältnis b/a abgeschätzt werden, das sich in Abhängigkeit des Abbildungswinkels α zwischen Bildebene und Kreisebene im Objektraum ergibt (Abb. 5.55). Da Abbildungswinkel von mehr als 70° zu sehr langgestreckten Ellipsen führen, ist ein Schwellwert von 1.5 gut geeignet.

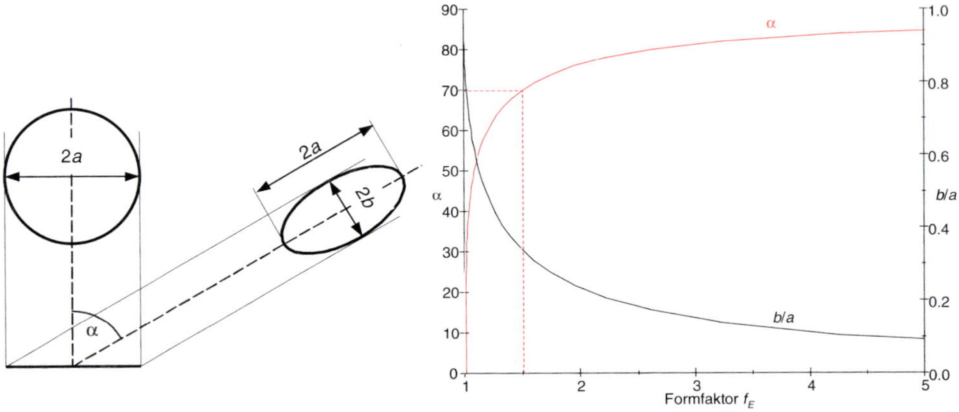

Abb. 5.55: Formfaktor der Ellipse (nach AHN 1997)

Die nach Binärisierung und Formanalyse verbleibenden Bereiche werden schließlich indiziert und sequentiell abgespeichert.

Die vollautomatische Segmentierung funktioniert vor allem dann, wenn folgende Kriterein erfüllt werden:

- ausreichende Trennung zwischen Zielpunkt und Hintergrund durch geeignete Zielmarken und Beleuchtung (Retromarken, Blitz)
- keine störenden Lichtreflexe auf der Objektoberfläche (Abschottung von Fremdlicht)
- keine Verdeckungen durch andere Objektteile
- ausreichender Abstand einzelner Zielmarken im Bild
- minimale Abbildungsgröße im Bild (min. 5 Pixel Durchmesser)
- keine übermäßigen Größenunterschiede der Punkte im Bild

Die Beispiele in Abb. 5.16ff, Abb. 5.27, Abb. 5.28 und Abb. 5.56a verdeutlichen die Problematik von Punktstörungen und Fehlerkennungen. Die oben genannten Grobschritte der Segmentierung müssen daher unter Umständen um zusätzliche Vorverarbeitungen (z.B. morphologische Operationen) und Analysen ergänzt werden.

5.4.2 Messung punktförmiger Merkmale

Unter punktförmigen Merkmalen sollen hier solche Bildmuster verstanden werden, in denen das Zentrum des Musters der zu bestimmende Bezugspunkt ist. Beispiele solcher Punktmuster werden in Abb. 5.56 dargestellt.

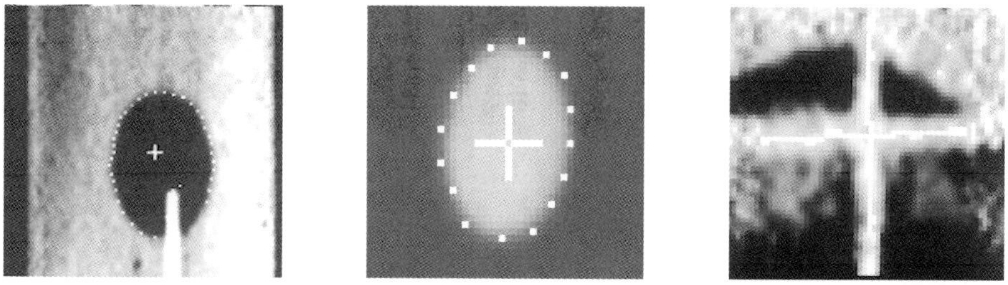

a) Kreisförmiger Objektpunkt b) Retro-reflektierende Zielmarke c) Réseaukreuz mit Hintergrund

Abb. 5.56: Beispiele für punktförmige Bildmuster mit gemessenen Konturpunkten

5.4.2.1 Bildschirmmessung

Beliebige Bildmuster können manuell durch Einstellen mit einer digitalen Meßmarke (Cursor) gemessen werden. Der Cursor sollte dafür kreuz- oder kreisförmig dargestellt werden. Die minimale Schrittweite der Meßmarke beträgt 1 Pixel. Die mittlere Einstellgenauigkeit nicht-signalisierter Punkte (z.B. „natürliche" Gebäudeecken) liegt bei 0.3-0.5 Pixel. Wird das Bild vergrößert, läßt sich die Einstellgenauigkeit auf ca. 0.2 Pixel steigern.

5.4.2.2 Schwerpunktverfahren

Wenn das zu bestimmende Bildmuster eine symmetrische Verteilung von Grauwerten aufweist, kann dessen lokaler Schwerpunkt zur Berechnung des Zentrums verwendet werden. Der Schwerpunkt wird als gewichtetes Mittel der Pixelkoordinaten einer Umgebung bestimmt:

$$x_M = \frac{\sum_{i=1}^{n}(x_i \cdot T \cdot g_i)}{\sum_{i=1}^{n}(T \cdot g_i)} \qquad y_M = \frac{\sum_{i=1}^{n}(y_i \cdot T \cdot g_i)}{\sum_{i=1}^{n}(T \cdot g_i)} \tag{5.51}$$

Hierbei bezeichnet n die Anzahl der beteiligten Pixel der Umgebung, g_i der Grauwert an der Pixelkoordinate x_i bzw. y_i und T eine Entscheidungsfunktion, die festlegt, ob ein Pixel mit in die Berechnung einbezogen wird. T kann z.B. mit Hilfe eines (adaptiven) Grauwertschwellwertes t definiert werden:

$$T = \begin{cases} 0 & \textit{für} \quad g < t \\ 1 & \textit{für} \quad g \geq t \end{cases}$$

Für die Bestimmung von Punktmustern, deren Struktur durch Grauwertkanten bestimmt wird (z.B. durch den Rand eines Kreises), liegt es nahe, die Kanteninformation in die Schwerpunktberechnung einzubeziehen. Dazu wird eine vom Gradienten abhängige Gewichtsfunktion eingeführt:

$$x_M = \frac{\sum_{i=1}^{n} x_i \cdot grad^2(g_{x,i})}{\sum_{i=1}^{n} grad^2(g_{x,i})} \quad \text{oder} \quad y_M = \frac{\sum_{i=1}^{n} y_i \cdot grad^2(g_{y,i})}{\sum_{i=1}^{n} grad^2(g_{y,i})} \tag{5.52}$$

Schwerpunktoperatoren sind einfach zu implementieren und liefern das Ergebnis mit geringem Rechenaufwand. Sie funktionieren grundsätzlich auch für sehr kleine Muster ($\varnothing < 5$ Pixel) sowie für leicht defokussierte Punkte, sind jedoch direkt von der Grauwertverteilung der Umgebung abhängig und daher nur für homogene, symmetrische Muster wie in Abb. 5.56b geeignet. Störpixel in der Punktumgebung führen unmittelbar zu einer Verfälschung der Zentrumskoordinaten.

Die theoretische Genauigkeit des Schwerpunktes läßt sich durch Anwendung des Fehlerfortpflanzungsgesetzes auf (5.51) abschätzen (MAAS 1992):

$$\begin{aligned} \sigma_{x_M} &= \frac{1}{\sum g_i}\sqrt{\sum (x_i - x_M)^2} \cdot \sigma_g \\ \sigma_{y_M} &= \frac{1}{\sum g_i}\sqrt{\sum (y_i - y_M)^2} \cdot \sigma_g \end{aligned} \tag{5.53}$$

Die Standardabweichung des Schwerpunktes hängt also linear vom Grauwertrauschen σ_g sowie vom Abstand eines Pixels zum Zentrum, d.h. von der Größe des Punktes ab.

Beispiel 5.1:

Für einen signalisierten Punkt mit den Parametern

Punktdurchmesser:	6 Pixel
Operatorfenster:	13 × 13 Pixel
Grauwert innen:	200
Grauwert außen:	20
Grauwertrauschen:	0.5 Grauwerte

ergibt sich eine theoretische Standardabweichung des Schwerpunktes von $\sigma x_M = \sigma y_M = 0.003$ Pixel.

In der Praxis lassen sich mit Schwerpunktoperatoren Genauigkeiten von 0.03–0.05 Pixel erreichen, wenn signalisierte, kreis-oder ellipsenförmige weiße Punkte auf dunklem Hintergrund vorliegen (siehe Kap. 5.4.2.6).

5.4.2.3 Korrelationsverfahren

Unter Korrelationsverfahren werden hier solche Methoden verstanden, die ein Ähnlichkeitsmaß zwischen einem Musterbild (Mustermatrix, Referenzmuster) $f(x,y)$ und einem Suchbild (Meßbild, Suchmatrix) $g(x,y)$ berechnen. Die Stelle der besten Übereinstimmung wird mit der Position des zu suchenden Musters gleichgesetzt.

Ein in der Bildverarbeitung bekanntes Ähnlichkeitsmaß ist der normierte Kreuzkorrelationskoeffizient. Er wird aus den Standardabweichungen und der Kovarianz wie folgt berechnet (vgl. Kap. 2.3.3.3):

$$\rho_{fg} = \frac{\sigma_{fg}}{\sigma_f \cdot \sigma_g} \quad \text{: Korrelationskoeffizient} \tag{5.54}$$

mit

$$\sigma_{fg} = \frac{\sum \left[(f_i - \bar{f})(g_i - \bar{g}) \right]}{n}$$

$$\sigma_f = \sqrt{\frac{\sum (f_i - \bar{f})^2}{n}} \qquad \sigma_g = \sqrt{\frac{\sum (g_i - \bar{g})^2}{n}}$$

mit

$\bar{f}, \bar{g}$: arithmetische Grauwertmittel

n: Anzahl der Pixel im Musterbild

Zur Mustererkennung wird das Musterbild sukzessiv über einen Ausschnitt des Suchbildes nach dem Schema in Abb. 5.24 verschoben, wobei an jeder Position der Korrelationskoeffizient berechnet wird.

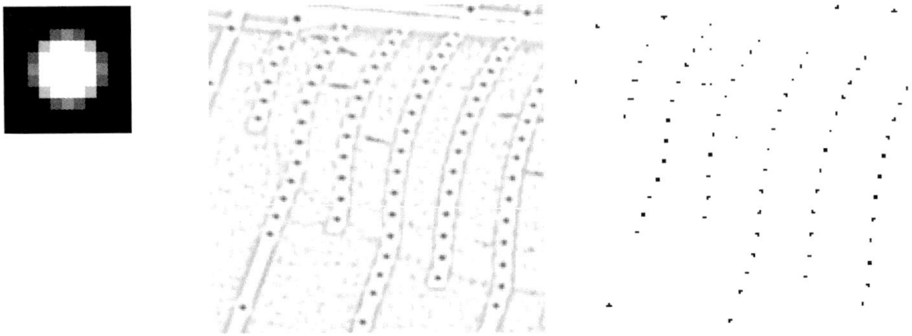

Mustermatrix (vergrößert) — Korrelationsergebnis (schwarz=hohe Korrelationen) — Regionen mit $\rho > 0.5$

Abb. 5.57: Kreuzkorrelation (Ausschnitt aus Suchbild Abb. 5.2)

Abb. 5.57 zeigt das Korrelationsergebnis für die Suche nach kreisförmigen Zielmarken aus Abb. 5.2 und das verwendete Referenzmuster. Im Ergebnisbild sind hohe Korrelationsergebnisse dunkel dargestellt. Korrelationsmaxima liegen wie erwartet an den hellen Zielmarken vor, mittlere Korrelationswerte entstehen jedoch auch durch Hintergrundrauschen und an Kanten.

Zur Lokalisierung des Musters im Suchbild werden alle Positionen x,y gespeichert, an denen der berechnete Korrelationskoeffizient ρ größer als ein Schwellwert t ist. Die Wahl eines geeigneten Wertes t ist wesentlich vom Bildinhalt abhängig. Für die Korrelation von sich ähnlich sehenden Stereobildern kann t aus der Autokorrelationsfunktion abgeleitet werden; ein geeigneter Schwellwert liegt bei t=0.5 bis 0.7. Im Fall der Bildkorrelation mit einem synthetischen Muster (*template*) können unter Umständen auch niedrigere Korrelationswerte auftreten, wenn das entsprechende Muster im Suchbild durch Hintergrund oder andere Störeinflüsse vom Musterbild abweicht.

Im Bereich des Korrelationsmaximums kann anschließend noch über die benachbarten Korrelationswerte flächenhaft interpoliert werden, so daß eine Koordinatenangabe im Subpixelbereich möglich ist (vgl. Kap. 5.2.3.6).

Optimierungsmöglichkeiten ergeben sich durch Vorabberechnung der für das Musterbild konstanten Größen sowie durch Reduzierung der effektiven Bildauflösung. Das Muster kann zum einen in größeren Schrittweiten über das Bild geschoben werden, wobei effektiv Bildinformation verloren geht. Zum anderen kann eine hierarchische Berechnung in Bildpyramiden (vgl. Kap. 5.1.3.1) vorgenommen werden, wobei das Suchergebnis einer Pyramidenstufe als Vorabinformation in die nächste höherauflösende Stufe eingeht.

Die Kreuzkorrelation ist ein robustes, kontrastunabhängiges Verfahren mit hohem Rechenaufwand. Die Struktur des zu suchenden Musters ist praktisch beliebig. Allerdings können Maßstabsunterschiede, Rotationen oder andere Verzerrungen zwischen Referenz- und Suchbild nicht ohne weiteres modelliert werden und führen direkt zu einem geringeren Ähnlichkeitsmaß (Göpfert 1991, Piechel 1991). Die erreichbare Bildmeßgenauigkeit liegt bei 0.1 Pixel.

5.4.2.4 Kleinste-Quadrate-Anpassung

5.4.2.4.1 Prinzip

Das Verfahren der Bildzuordnung nach kleinsten Quadraten (*least squares matching, LSM*) basiert auf einer iterativen geometrischen und radiometrischen Transformation zwischen Musterbild und Suchbild mit dem Ziel, die Quadratsumme der Grauwertdifferenzen zwischen Musterbild und transformiertem Suchbild zu minimieren. Das Musterbild kann ein Ausschnitt aus einem realen Bild sein, dem ein korrespondierender Bereich im zugehörigen Bild (z.B. Stereopartner) angepaßt wird. Bei bekannter Grauwertstruktur kann das Musterbild auch synthetisch erzeugt und als sog. Template für alle entsprechenden Punkte im Suchbild verwendet werden (*least squares template matching*).

Zur geometrischen Anpassung geht man von der Annahme aus, daß beide Bildausschnitte einem ebenen Objektbereich entsprechen. Dann kann die Abbildung zwischen zwei zentralperspektiven Bildern durch die Projektivtransformation (2.12) beschrieben werden. Für genügend kleine Bildfenster kann die Projektivtransformation durch eine Affintransformation (2.6) ersetzt werden. Die verbleibenden sechs Transformationsparameter werden im Rahmen der Kleinsten-Quadrate-Ausgleichung geschätzt, in der die Grauwerte der beiden Bildausschnitte als Beobachtungen eingehen. Die radiometrische Anpassung erfolgt durch eine lineare Grauwerttransformation mit zwei Parametern. Abb. 5.58 zeigt die iterative geometrische und radiometrische Anpassung eines Musters.

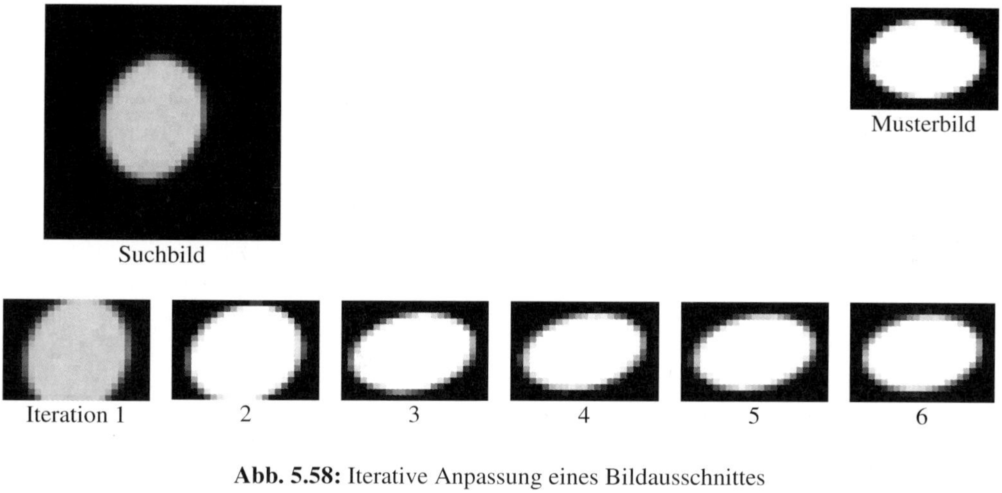

Abb. 5.58: Iterative Anpassung eines Bildausschnittes

Die Formulierung als Kleinste-Quadrate-Lösung hat dabei folgende Konsequenzen:

- Eine optimale Lösung wird ermittelt, wenn das mathematische Modell die optische Abbildung hinreichend beschreibt.
- Das mathematische Modell läßt sich erweitern, wenn besondere Zusatzinformationen oder Randbedingungen vorliegen, z.B. in Form von geometrischen Bedingungen zwischen Bildern oder am Objekt.
- Der Ansatz läßt sich als simultane Punktzuordnung in beliebig vielen Bildern formulieren.
- Die Beobachtungsgleichungen sind nicht-linear und müssen daher an gegebenen Näherungswerten linearisiert werden.
- Das Ausgleichungssystem ist in der Regel hochredundant, da für die acht zu bestimmenden Parameter *alle* Grauwerte eines Bildausschnittes als Beobachtungen vorliegen.
- Aus der Kovarianzmatrix lassen sich Genauigkeitsmaße für die ermittelten Unbekannten schätzen. Es liegen somit interne Qualitätskriterien vor, die für statistische Ausreißertests, Ergebnisanalyse und Weiterverarbeitung genutzt werden können.

Die Kleinste-Quadrate-Anpassung wurde Anfang bis Mitte der achtziger Jahre für die digitale Stereobildauswertung entwickelt und hat sich inzwischen als universelles Bildmeßverfahren etabliert (FÖRSTNER 1982, ACKERMANN 1983, GRUEN 1985). In der zweidimensionalen Bildauswertung kann sie neben der Punktbestimmung auch für die Kantenextraktion und Linienverfolgung genutzt werden. Für dreidimensionale Objektrekonstruktionen kann sie als räumlicher Vorwärtsschnitt oder Bündeltriangulation formuliert sowie in die Bestimmung von Oberflächenmodellen und geometrischen Elementen integriert werden.

5.4.2.4.2 Mathematisches Modell

Gegeben seien zwei Bildausschnitte $f(x,y)$ und $g(x,y)$, die bis auf einen durch Rauschen verursachten Anteil $e(x,y)$ identisch sind[1]:

$$f(x,y) - e(x,y) = g(x,y) \tag{5.55}$$

Zur Anpassung von radiometrischen und geometrischen Unterschieden wird jeder Grauwert des Musterbildes f_i an der Stelle (x,y) durch den entsprechenden radiometrisch und geometrisch transformierten Grauwert g_i an der Stelle (x',y') des Suchbildes ausgedrückt:

$$\begin{aligned} f_i(x,y) - e_i(x,y) &= r_0 + r_1 \cdot g_i(x',y') && i = 1,\ldots,n \\ x' &= a_0 + a_1 x + a_2 y && n = p \cdot q \quad \text{(Fenstergröße)} \\ y' &= b_0 + b_1 x + b_2 y && n \geq 8 \end{aligned} \tag{5.56}$$

[1] Die Notation folgt in Anlehnung an GRUEN (1996).

In erster Linie sind hier die beiden Translationsparameter a_0 und b_0 von Interesse, welche die relative Verschiebung zwischen Referenzmuster und Suchbild angeben. Die Koordinaten x',y' sind nicht-ganzzahlige Werte. Die zugehörigen Grauwerte müssen daher in geeigneter Weise interpoliert werden, z.B. durch bilineare Interpolation (vgl. Kap. 5.3.2).

Die Beobachtungsgleichung (5.56) muß linearisiert werden, da die Bildfunktion $g(x',y')$ nicht linear ist. Zusammengefaßt ergeben sich die an Näherungswerten linearisierten Verbesserungsgleichungen (ohne Index i):

$$\begin{aligned} f(x,y) - e(x,y) = g^{o}(x,y) + g_x da_0 + g_x x da_1 + g_x y da_2 + \\ + g_y db_0 + g_y x db_1 + g_y y db_2 + r_0 + r_1 g^{o}(x,y) \end{aligned} \tag{5.57}$$

Die partiellen Ableitungen werden durch die Grauwertgradienten gebildet (vgl. Kap. 5.2.3.1):

$$g_x = \frac{\partial g^{o}(x,y)}{\partial x} \qquad g_y = \frac{\partial g^{o}(x,y)}{\partial y} \tag{5.58}$$

Zur Wahl der Näherungswerte genügt in der Regel der Ansatz

$$\begin{aligned} a_0^{o} = a_2^{o} = b_0^{o} = b_1^{o} = r_0^{o} = 0 \\ a_1^{o} = b_2^{o} = r_1^{o} = 1 \end{aligned} \tag{5.59}$$

Faßt man die Transformationsparameter im Unbekanntenvektor $\hat{\mathbf{x}}$, die partiellen Ableitungen in der Designmatrix $\mathbf{A}$ und die Grauwertdifferenzen zwischen Muster- und Suchbild im Beobachtungsvektor $\mathbf{l}$ zusammen, ergeben sich die linearisierten Verbesserungsgleichungen:

$$\underset{n,1}{\mathbf{l}} + \underset{n,1}{\mathbf{v}} = \underset{n,u}{\mathbf{A}} \cdot \underset{u,1}{\hat{\mathbf{x}}} \tag{5.60}$$

mit

$$\underset{u,1}{\hat{\mathbf{x}}^T} = [da_0, da_1, da_2, db_0, db_1, db_2, r_0, r_1]$$

$$\hat{\mathbf{x}} = (\mathbf{A}^T\mathbf{P}\mathbf{A})^{-1} \cdot (\mathbf{A}^T\mathbf{P}\mathbf{l})$$

$$\hat{s}_0 = \sqrt{\frac{\mathbf{v}^T\mathbf{P}\mathbf{v}}{n-u}}$$

n: Anzahl der Beobachtungen = Anzahl der Pixel im Fenster
u: Anzahl der Unbekannten (8)

Üblicherweise werden mit **P=E** alle Beobachtungen gleich gewichtet. Das Ausgleichungssystem muß iterativ gelöst werden. In jeder Iteration werden Zuschläge zu den Unbekannten berechnet und die Grauwertdifferenzen zwischen Suchbild und transformiertem (entzerrtem) Musterbild neu bestimmt, bis die Summe der Unbekanntenzuschläge ein Minimum unterschreitet.

Während der Berechnung ist zu prüfen, ob die Parameter signifikant schätzbar sind. In Abhängigkeit des Bildinhaltes, d.h. der Ähnlichkeit von Muster- und Suchbild sowie der Güte der Näherungswerte, muß das in (5.56) gewählte Transformationsmodell gegebenenfalls reduziert werden bzw. innerhalb der Iterationen sukzessive erweitert werden. Als Beispiel dient die Kleinste-Quadrate-Anpassung eines ellipsenförmigen Musters an eine im Suchbild vorhandene Zielmarke. Die Affintransformation ist hierbei überparametrisiert, da die Drehung und Skalierung entweder durch einen Scherungswinkel β und unterschiedliche Skalierung in x- und y-Richtung oder ebenso durch eine Gesamtdrehung α und Maßstabsfaktoren formulierbar ist (Abb. 5.59). In diesem Fall sollte daher eine 5-Parameter-Transformation ohne Scherung gewählt werden. Es ist weiterhin zweckmäßig, im Rahmen der Ausgleichung zunächst die geometrischen Parameter zu bestimmen und die radiometrischen Parameter erst in den letzten Iterationen hinzuzunehmen.

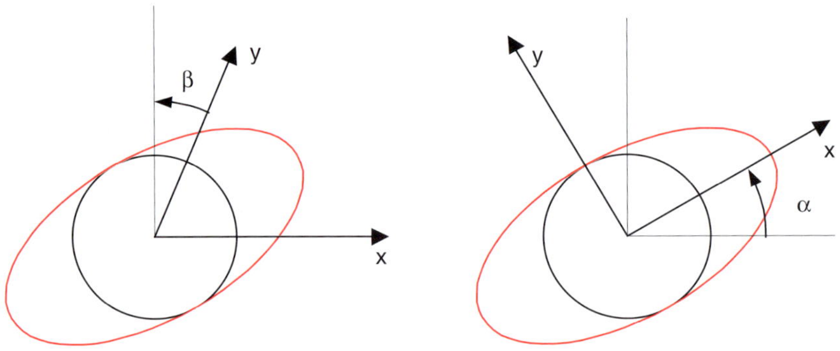

Abb. 5.59: Transformation eines Kreises in eine gedrehte Ellipse

5.4.2.4.3 Qualität der Kleinsten-Quadrate-Anpassung

Das Ausgleichungssystem der Kleinsten-Quadrate-Anpassung ist in der Regel hochredundant. So liegen zum Beispiel bei einer Fenstergröße von 21 × 21 Pixel insgesamt n=441 Beobachtungen bei nur u=8 Unbekannten vor.

In den linearisierten Verbesserungsgleichungen (5.57) werden Grauwertgradienten verwendet, so daß das Verfahren nur dann eine Lösung ergibt, wenn ausreichend viele kontrastreiche Strukturen (Kanten) in den anzugleichenden Bildausschnitten vorhanden sind. Für homogene Bildausschnitte wird das Normalgleichungssystem singulär.

Das Verfahren verlangt hinreichend gute Näherungswerte vor allem für die Verschiebungskoeffizienten a_0 und b_0, die als Faustformel nicht mehr als eine halbe Fenstergröße des Referenzmusters vom gesuchten Punkt liegen dürfen. Näherungswerte können im Zuge einer vorgeschalteten Segmentierung oder aus bekannten geometrischen Objektparametern und Orientierungsdaten abgeleitet werden.

Die nach Lösung des Ausgleichungssystems (5.60) berechenbaren Verbesserungen stellen die verbleibenden, nicht vom mathematischen Modell erfaßbaren Grauwertdifferenzen zwischen Musterbild und ausgeglichenem Suchbild dar:

$$v_i = f_i(x,y) - \hat{g}_i(x,y) \tag{5.61}$$

Sie sind ein Maß sowohl für den Rauschanteil im Bild als auch für die Güte des gewählten mathematischen Modells.

Mit der berechneten Kofaktormatrix $\mathbf{Q}_{ll}$ kann die Güte der Parameterschätzung beurteilt werden. Die a posteriori Standardabweichung eines geschätzten Parameters j ergibt sich analog zu (2.89):

$$\hat{s}_j = \hat{s}_0 \cdot \sqrt{q_{jj}} \tag{5.62}$$

mit

q_{jj}: Diagonalelement von $\mathbf{Q}_{ll}$

Für die Standardabweichungen der Parameter a_0 und b_0 können hohe Genauigkeiten im Bereich von 0.01–0.04 Pixel erzielt werden, wenn Referenz- und Suchbild hinreichend übereinstimmen. Die Standardabweichung allein ist allerdings nur ein Maß für die innere Genauigkeit der Ausgleichung. Das Beispiel in Abb. 5.60 zeigt das Ergebnis einer Kleinsten-Quadrate-Anpassung mit 5 geometrischen und 2 radiometrischen Parametern. Für das ungestörte Suchbild liegen die Standardabweichungen der Verschiebungsparameter unterhalb von 0.02 Pixel. Beim gestörten Suchbild liegen sie immer noch im Bereich von 0.08 Pixel, die Zentrumskoordinaten weichen jedoch um 0.29 Pixel bzw. –0.11 Pixel vom ungestörten Punkt ab.

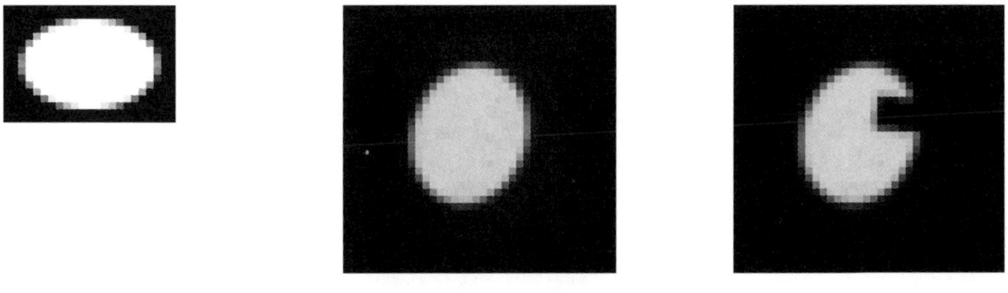

Musterbild (template)

Ungestörtes Suchbild
a_0=17.099 ± 0.020
b_0=17.829 ± 0.012

Gestörtes Suchbild
a_0=16.806 ± 0.088
b_0=17.940 ± 0.069

Abb. 5.60: Kleinste-Quadrate-Anpassung (5+2 Parameter): Verschiebungsparameter mit Standardabweichungen

Mit Hilfe der in Kap. 2.3.4 erläuterten Ausreißertests ist es möglich, eine begrenzte Zahl von groben Fehlern im Beobachtungsdatensatz zu eliminieren. Grobe Fehler in diesem Sinne sind alle Pixel, deren Grauwerte nicht durch das funktionale Modell erfaßt werden, verursacht z.B. durch Verdeckungen oder andere Bildstörungen. Verfügt das Ausgleichungssystem weiterhin über eine Signifikanzschätzung der Parameter und eine

Eliminierung nicht-signifikanter Größen, wird die Kleinste-Quadrate-Anpassung zu einem adaptiven, selbststeuernden Punktbestimmungsverfahren.

Wichtige Erweiterungsmöglichkeiten der beschriebenen Kleinste-Quadrate-Anpassung bestehen in der simultanen Einbeziehung mehrerer Bilder (*multi image matching*) und der Einführung geometrischer Bedingungen (Epipolargeometrie), die in Kap. 5.5.4.2 erläutert werden. Weitere Literaturhinweise: BALTSAVIAS 1991, MAAS 1992.

5.4.2.5 Strukturelle Meßverfahren

Strukturelle Meßverfahren ermitteln die einem Objekt zugehörigen relevanten Kanten im Bild und rekonstruieren die geometrische Form des Objektes mit Hilfe einer mathematischen Formbeschreibung.

5.4.2.5.1 Kreis-und ellipsenförmige Muster

Kreisförmige Objekte werden im Bild allgemein als Ellipsen dargestellt. In erster Näherung entspricht der Ellipsenmittelpunkt dem abgebildeten Kreismittelpunkt (vgl. Kap. 3.4.1.1.3). Für dieses Verfahren haben sich die Methoden des Stern-Operators (LUHMANN 1986a) und des Zhou-Operators (ZHOU 1986) bewährt. Die Ermittlung des Ellipsenzentrums erfolgt in mehreren Schritten:

1. Festlegung des Suchfensters aus gegebener Näherungsposition
2. Bestimmung der Kantenpunkte (Ellipsenrand)
3. Bestimmung der Ellipsenparameter

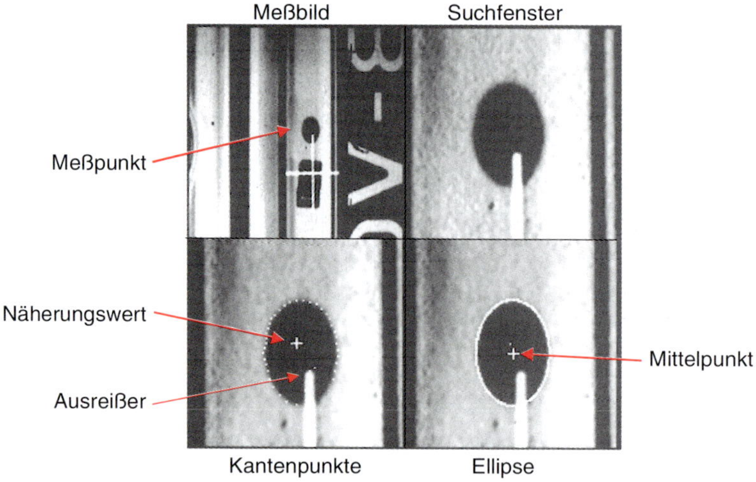

Abb. 5.61: Ablauf der Ellipsenbestimmung

Beim Stern-Operator werden die umliegenden Randpunkte entlang mehrerer, von einem Näherungswert innerhalb der Ellipse ausgehender Suchstrahlen mittels einer Kantenextraktion (z.B. nach Kap. 5.2.3) bestimmt (Abb. 5.61, Abb. 5.62). Die Suchstrahlen schneiden den Ellipsenrand dabei in einem günstigen Winkel, entlang der Suchgeraden müssen die Grauwerte geeignet interpoliert werden.

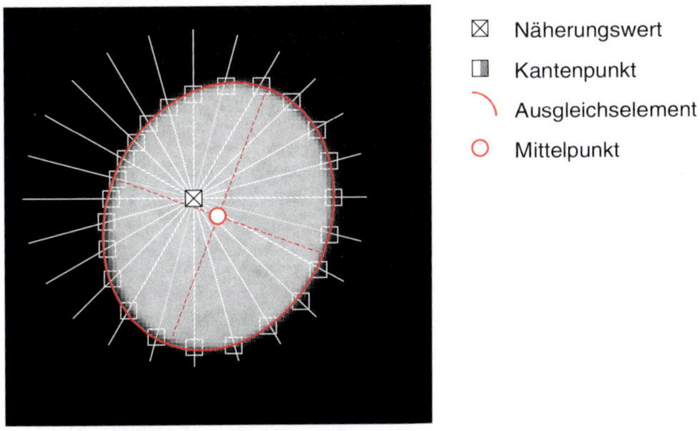

Abb. 5.62: Prinzip des Stern-Operators

Anschließend werden die gefundenen Koordinaten der Kantenpunkte als Beobachtungen für eine Ellipsenausgleichung eingesetzt (vgl. Kap. 2.4.1.3). Vereinzelte fehlerhafte Kantenpunkte können durch einen Ausreißertest eliminiert werden. Von den berechneten fünf Ellipsenparametern können die Mittelpunktskoordinaten direkt verwendet werden. Sie hängen allerdings von der Lage des Näherungspunktes ab und sollten daher als verbesserte Näherungskoordinaten für eine weitere Iteration des Verfahrens eingesetzt werden, bis die Änderungen des Mittelpunktes unter einen Schwellwert fallen.

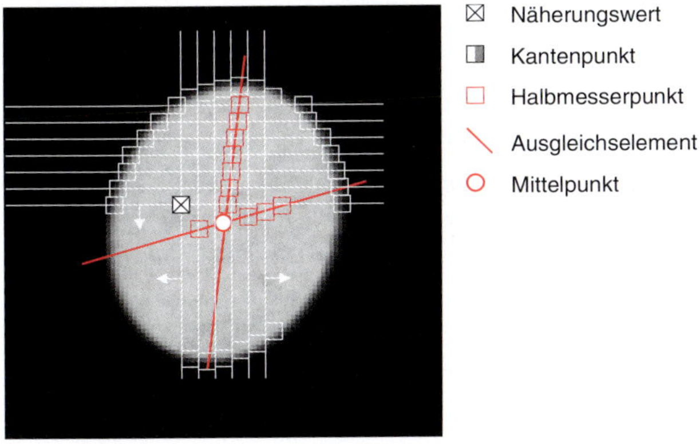

Abb. 5.63: Prinzip des Zhou-Ellipsenoperators

Der Zhou-Operator basiert auf dem Modell der konjugierten Ellipsendurchmesser (vgl. Kap. 2.4.1.3). Ellipsendurchmesser entstehen, wenn die Randpunkte paralleler Sehnen gemittelt und miteinander verbunden werden. Ihr Schnittpunkt entspricht ebenfalls dem

Ellipsenmittelpunkt. Die Ellipsenrandpunkte werden entlang der Zeilen und Spalten des Bildes bestimmt und jeweils gemittelt. Über alle zusammengehörenden Sehnenmittelpunkte wird je eine ausgleichende Gerade gerechnet, deren Schnittpunkt dem gesuchten Zentrum entspricht (Abb. 5.63).

Das Verfahren der Ellipsenmessung setzt weitgehend ungestörte Punktmuster voraus. Wenige grobe Fehler im Kantenverlauf können durch einen robusten Ausreißertest in der Ellipsenausgleichung (bzw. Geradenausgleichung) eliminiert werden. Beschädigte Marken (z.B. Abb. 3.119) oder durch andere Objekte teilweise verdeckte Punkte sind nur eingeschränkt meßbar, wenn der Anteil fehlerhafter Kantenpunkte ansteigt. Kreismarken, die sich nicht auf einer ebenen Oberfläche befinden, können mit dem Modell der Ellipsenmessung nicht korrekt bestimmt werden (Abb. 5.64).

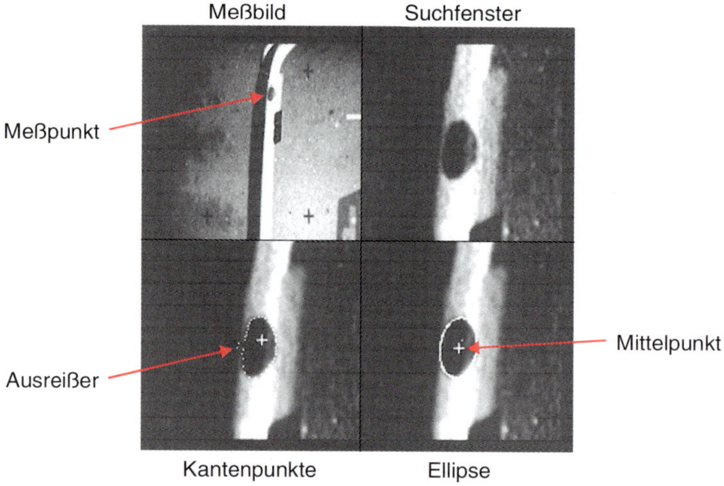

Abb. 5.64: Beispiel einer Ellipsenmessung auf gekrümmter Oberfläche

5.4.2.5.2 Kreuzförmige Muster

Die Messung von kreuzförmigen Mustern (z.B. Réseaukreuze, Objektecken) kann nach einem ähnlichen Ansatz wie die kantenorientierte Ellipsenmessung erfolgen. Ziel ist auch hier die Extraktion derjenigen Grauwertkanten, die das Linienkreuz beschreiben.

Für nicht-gedrehte Kreuze (Beispiel in Abb. 5.56c) wird entlang von Zeilen und Spalten jeweils der Mittelpunkt der Kreuzlinie bestimmt, wobei der zentrale Bereich ausgelassen wird. Jeweils einer Linie angehörende Mittelpunkte werden wie beim Zhou-Operator mit einer Regressionsgeraden approximiert. Der Schnittpunkt der beiden Geraden bildet den Mittelpunkt des Kreuzes.

Beliebig gedrehte kreuzförmige Muster können mit dem obigen Verfahren nur dann sicher bestimmt werden, wenn eine zusätzliche Analyse der ermittelten Kantenpunkte erfolgt, bei der die Zugehörigkeit zum horizontalen bzw. vertikalen Balken des Kreuzes gelöst wird.

Ein rotationsinvariantes Verfahren ist mit dem Ring-Operator (LUHMANN 1986b) gegeben, der die Kantenpunkte innerhalb konzentrischer Kreise um ein Näherungszentrum ermittelt (Abb. 5.65). Die innerhalb eines Kreises durch Radius und Bogenlänge gegebenen Polarkoordinaten der Kantenpunkte können leicht in kartesische Koordinaten umgewandelt und durch ausgleichende Geraden verbunden werden.

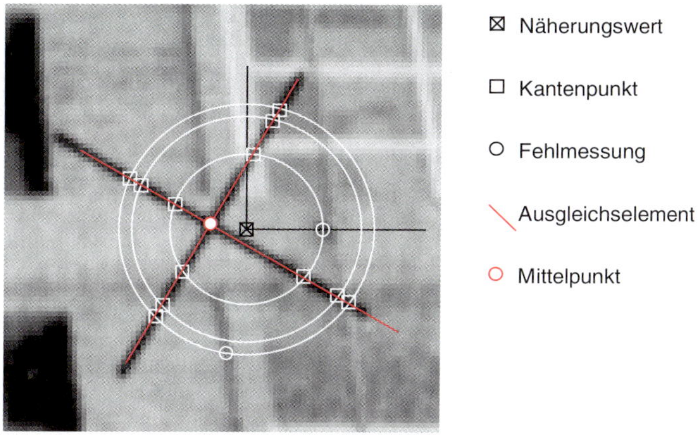

Abb. 5.65: Prinzip des Ring-Operators

Der Vorteil der kantenorientierten Messung liegt in der Möglichkeit, in relativ einfacher Weise Objekt und Hintergrund zu trennen und nur diejenigen Merkmale zur Punktbestimmung zu verwenden, die zur eigentlichen Form des Musters beitragen. Beispielsweise wird bei der automatischen Messung von Réseaupunkten das Objekt häufig durch beliebig strukturierten Hintergrund gestört. Fehlerhafte Kantenpunkte können dabei durch Klassifikation der Gradienten (Vorzeichen und Betrag der Kante) vorab erkannt und eliminiert werden. Verbleibende Fehlmessungen lassen sich anschließend als Ausreißer bei der ausgleichenden Geraden erkennen.

5.4.2.6 Genauigkeitsbetrachtungen

Die Genauigkeit der Lokalisierung von punktförmigen Mustern läßt sich auf folgende Weisen beurteilen:

- Vergleich mit Sollkoordinaten synthetischer Punktmuster:

  Punktmuster mit regelmäßiger geometrischer Struktur lassen sich rechnerisch erzeugen, wobei Zentrumskoordinaten, Formparameter und Kontrastwerte variiert werden können (Abb. 5.66). Durch Anwendung geometrischer Transformationen und geeigneter Grauwertinterpolationen können zum Beispiel beliebige Subpixel-Verschiebungen erzeugt werden. Die Genauigkeitsanalyse mit synthetischen Mustern eignet sich vor allem zur gezielten Prüfung einzelner Einflußgrößen und Parameter eines Meßverfahrens.

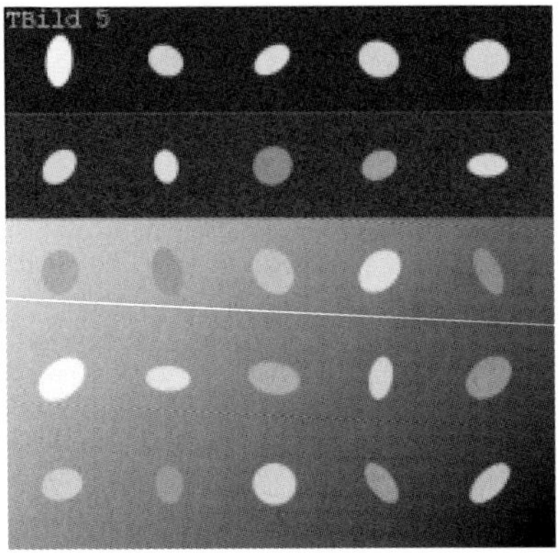

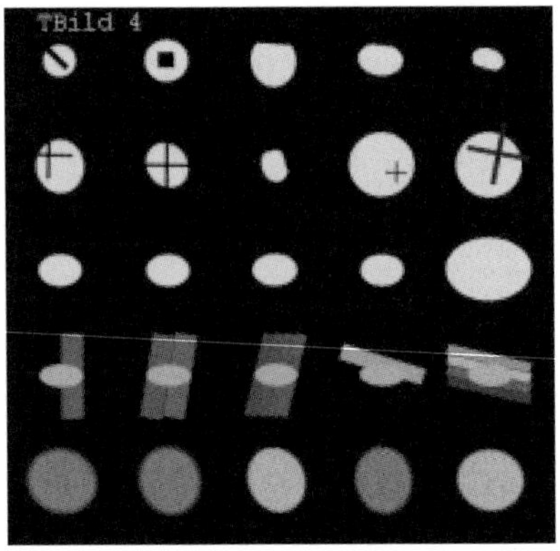

Abb. 5.66: Synthetische Testmuster zur Punktmessung

- Analyse der inneren Genauigkeit von Ausgleichungslösungen:

  Wird das Zentrum eines Musters im Rahmen einer Ausgleichung bestimmt (z.B. durch Kleinste-Quadrate-Anpassung oder Ellipsenausgleichung), lassen sich Standardabweichungen und Zuverlässigkeitsmaße der ermittelten Zentrumskoordinaten berechnen. Sie sind allerdings nur ein Maß für die innere Genauigkeit und spiegeln die Qualität wider, mit der die eingehenden Beobachtungen (Grauwerte, Kantenpunkte) durch den gewählten funktionalen Ansatz modelliert werden (siehe Kap. 5.4.2.4.3).

- Analyse im Rahmen einer Bündelausgleichung:

  Eine durchgreifende Genauigkeitsanalyse unter Berücksichtigung sämtlicher Einflüsse (Aufnahmesystem, Digitalisierung, Algorithmus zur Punktbestimmung, mathematisches Abbildungsmodell) gelingt im Rahmen einer Mehrbildauswertung durch Bündelausgleichung, z.B. in Form einer Testfeldkalibrierung mit übergeordnet genau gegebenen Referenzpunkten. Die nach der Ausgleichung verbleibenden Restfehler im Bild sind ein Qualitätskriterium für die erreichte Punktmeßgenauigkeit, allerdings beeinflußt durch etwaige Modellfehler des funktionalen Ansatzes. Die an unabhängigen Referenzpunkten oder Prüfstrecken ermittelten Abweichungen im Objektraum sind letztlich die einzigen durchgreifenden Qualitätskriterien einer Punktmessung (siehe Kap. 4.3.5, Kap. 6.5).

Vergleichende Untersuchungen verschiedener Meßalgorithmen an synthetischen und realen Testbildern zeigen das Potential der digitalen Punktmessung:

Die Grenze der Meßauflösung liegt bei ca. 1/1000–2/1000 Pixel, wenn man ungestörte, genügend große synthetische Punktmuster mit ausgleichungsbasierten Algorithmen (Kleinste-Quadrate-Anpassung, Ellipsenoperatoren) lokalisiert. Dieses Ergebnis entspricht der theoretischen Lokalisierungsgenauigkeit kantenorientierter Operatoren (vgl. Kap. 5.2.3.6.1).

Bei realen Bildern, die gut belichtete, helle signalisierte ellipsenförmige Punkte enthalten, liegt die erreichbare Genauigkeit nach Mehrbildanalyse bei 2/100–5/100 Pixel für ausgleichungsbasierte Operatoren und adaptive Schwerpunktverfahren. Tendentiell ist die kantenorientierte Ellipsenmessung etwas genauer als Kleinste-Quadrate-Anpassungen und

Schwerpunktverfahren, wenn das Grauwertrauschen zunimmt und einzelne Punktstörungen vorliegen.

Die Größe (Durchmesser) der abgebildeten Punkte spielt eine entscheidende Rolle für die Punktgenauigkeit. Die optimale Punktgröße liegt zwischen ca. 5 und ca. 15 Pixel Durchmesser. Kleinere Punkte tragen nur noch wenig Objektinformation und lassen sich mit Matching-Verfahren und kantenorientierten Operatoren nur noch eingeschränkt lokalisieren. Größere Punktdurchmesser führen zwar zu einer größeren Zahl von Beobachtungen, jedoch nimmt die Anzahl wirksamer Kantenpunkte nur linear zu, während die Anzahl unstrukturierter Pixel im Fenster quadratisch wächst. Weiterhin wächst die Wahrscheinlichkeit von Abbildungsstörungen, und das Zentrum der abgebildeten Ellipse verschiebt sich gegenüber dem eigentlichen Mittelpunkt des Objektkreises mit zunehmender Punktgröße (siehe Kap. 3.4.1.1.3).

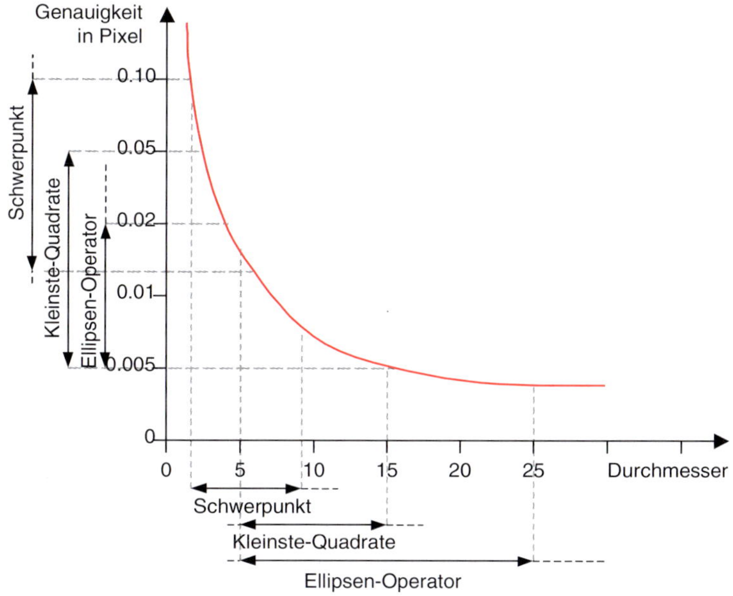

Abb. 5.67: Einsatz und Genauigkeitspotential verschiedener Punktmeßverfahren als Funktion der Punktgröße (nicht-skalierte Darstellung)

Abb. 5.67 zeigt den empirisch ermittelten Zusammenhang zwischen der Größe eines Punktmusters und der erreichbaren Punktgenauigkeit (nicht-skalierte Darstellung) sowie typische Einsatzbereiche der verschiedenen Operatoren. Die Funktion konvergiert mit zunehmender Punktgröße auf eine Genauigkeit von ca. 0.005 Pixel.

5.4.3 Konturverfolgung

Ziel der Konturverfolgung ist die Verkettung zusammenhängender Kanten- oder Linienmuster zu vektoriellen Datenstrukturen. Durch den Übergang vom Rasterformat ins Vektorformat wird zum einen die Datenmenge erheblich reduziert, zum anderen ist die Möglichkeit zur Beschreibung symbolischer und topologischer Informationen gegeben.

Das Ergebnis einer Konturverfolgung ist zunächst eine Folge von Punktkoordinaten. Diese können bei ganzzahligen Linienkoordinaten z.B. in Form eines N8-Kettencodes (Kap. 5.1.2) gespeichert werden, bei dem der Richtungscode des jeweils folgenden Pixels abgespeichert wird. Bei reellen Koordinatenwerten mit Subpixelauflösung kann die Punktfolge als Koordinatenliste abgelegt werden. Anfangs- und Endpunkte, Kreuzungen oder Verzweigungen können durch zusätzliche Attribute in der Punktliste beschrieben werden.

Für die Konturverfolgung existieren verschiedene Ansätze, die sich vor allem durch das notwendige Vorwissen über den Konturverlauf unterscheiden. Liegen Informationen über Start- und Endpunkt oder den genäherten Verlauf einer Kontur vor, kann die Extraktion der Konturpunkte durch gezielte Kantenerkennung wesentlich vereinfacht und beschleunigt werden. Eine Konturverfolgung ohne jegliches Vorwissen erfordert die Bearbeitung des gesamten Bildes, Analyse zusammenhängender Konturpixel und Elimination von unerwünschten Bildkonturen, die sich zum Beispiel durch Rauschen ergeben.

Von den zahlreich publizierten Algorithmen sollen hier exemplarisch zwei Ansätze vorgestellt werden.

5.4.3.1 Profilgesteuerte Konturverfolgung

Gegeben seien Startpunkt und –richtung einer einzelnen Kontur, z.B. aus einer interaktiven Vorgabe oder durch berechnete Bildkoordinaten. Die Extraktion der Konturpunkte erfolgt innerhalb von Grauwertprofilen, die quer zur aktuellen Konturrichtung angeordnet sind. In diesen Profilen wird nach den in Kap. 5.2.3 erläuterten Methoden die Linien- oder Kantenextraktion mit Subpixelauflösung vorgenommen (Abb. 5.68).

Aus mindestens zwei so bestimmten Konturpunkten wird die Lage des nächsten Querprofils p_i extrapoliert. Die Schrittweite s der Konturverfolgung kann über die seitliche Ablage d des jeweils nächsten Kantenpunktes angepaßt werden. Überschreitet die Ablage einen Grenzwert, wird die Schrittweite reduziert und ein neues Profil p' bestimmt. Bei stärker gekrümmten Linienverläufen werden so automatisch mehr enger beieinander liegende Punkte gemessen.

Durch Analyse der Grauwertverteilung innerhalb eines Profils und Vergleich mit zuvor gemessenen Profilen lassen sich geometrische und radiometrische Änderungen der Kontur erfassen, zum Beispiel Kontraständerungen durch wechselnden Hintergrund. Die profilgesteuerte Konturverfolgung kann somit adaptiv den aktuellen Kantenverlauf bestimmen. Abb. 5.68 beschreibt das Prinzip am Beispiel einer Karosserieformleitlinie.

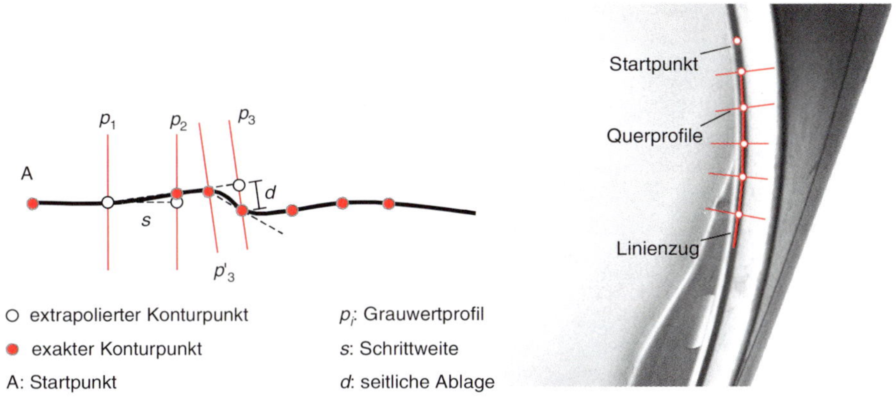

Abb. 5.68: Prinzip und Anwendung der profilgesteuerten Konturverfolgung

5.4.3.2 Konturverfolgung mit Gradientenanalyse

Ausgehend von einer beliebigen Startposition wird die Umgebung eines Gradientenbildes (z.B. Sobel-Operator, Kap. 5.2.3.1) analysiert. Liegt der Betrag des Gradienten über einem Schwellwert, wird die nächste Fensterposition des aktuellen Kantenverlaufs gesucht. Der Vorgang setzt sich solange fort, bis aufgrund eines Abbruchkriteriums kein geeignetes Folgefenster mehr gefunden wird. Von den zahlreichen denkbaren Strategien zur Konturverfolgung seien die folgenden zwei beispielhaft erläutert:

Analyse der Gradientenrichtung

Aus der Kantenextraktion liegen sowohl ein Bild des Gradientbetrages als auch ein Bild mit der grauwert-codierten Gradientenrichtung vor (Beispiel in Abb. 5.31). Für die Konturverfolgung wird zum Beispiel folgende Strategie verfolgt:

• Wenn $grad(x,y) > t$, dann	Gradientenbetrag > Schwellwert
• Markiere Konturpunkt $P(x,y)$	$P(x,y)$ darf nur einmal als Konturpunkt auftreten
• Gehe mit Schrittweite s in Gradientenrichtung φ+90° zu $x+\Delta x, y+\Delta y$	Kontur muß senkrecht zur Gradientenrichtung verlaufen
• Wenn $grad(x,y)$ ähnlich $grad(x+\Delta x,\ y+\Delta y)$, dann setze $x= x+\Delta x$ und $y=y+\Delta y$ und weiter mit Schritt 2); sonst: verringere Schrittweite s oder beende Kontur	Ähnlichkeitsmaß steuert Homogenität der Kontur

Dieser Algorithmus verfolgt die Kontur in Abhängigkeit der Gradientenrichtung. Die Empfindlichkeit läßt sich durch ein geeignetes Ähnlichkeitsmaß in Schritt 4) sowie durch geometrische Bedingungen steuern, z.B. Mindestlänge einer Kontur oder maximal zulässige Richtungsänderung. In Schritt 4) können auch topologische Abbruchbedingungen formuliert werden, etwa beim Auftreten von bereits erkannten Konturen oder bei geschlossenen Linienzügen.

Analyse der Gradientenumgebung

Liegt keine Information über die Gradientenrichtung vor, kann der Konturverlauf von einer Startposition aus durch den Schwerpunkt der Gradienten nach (5.52) verfolgt werden. Innerhalb des Bearbeitungsfensters werden alle Gradienten über einem Schwellwert in die Schwerpunktberechnung einbezogen. Wenn die Kontur durch hinreichend viele hohe Gradienten im Fenster charakterisiert wird, verschiebt sich der Schwerpunkt gegenüber der Fenstermitte in Richtung des Konturverlaufs.

Die Strategie lautet dann:

1.	Berechne Schwerpunkt x_s,y_s an aktueller Position x,y	nach (5.52) für alle Pixel über dem Schwellwert
2.	Setze Gradient an Konturpunkt $P(x,y)$ auf 0	$P(x,y)$ darf nur einmal als Konturpunkt auftreten und nimmt an keiner weiteren Schwerpunktberechnung teil
3.	wenn $grad(x_s,y_s) > t$, dann setze $x=x_s$ und $y=y_s$ und weiter mit Schritt 2); sonst: beende Kontur	Neuer Konturpunkt muß wieder über dem Schwellwert liegen

Der Algorithmus ist besonders einfach, erfordert wenig Rechenzeit und benötigt außer dem Gradienten-Schwellwert t keine weiteren Parameter (weitere Literaturhinweise: BÄSSMANN & KREYSS 1997).

5.5 Bildzuordnung und 3D-Objektrekonstruktion

5.5.1 Übersicht

Verfahren der Bildzuordnung (*image matching*) lösen die Aufgabe, identische Objektmerkmale (Punkte, Muster, Kanten) in zwei oder mehr Bildern des Objektes zu identifizieren und einander eindeutig zuzuordnen. Zuordnungsverfahren werden unter anderem benötigt für

- Identifikation diskreter (signalisierter) Bildpunkte zur 3D-Punktmessung
- Identifikation homologer Bildmuster zur 3D-Oberflächenrekonstruktion
- Identifikation und Verfolgung von Objekten in Bildsequenzen

Das Problem der automatischen Zuordnung korrespondierender Bildmerkmale ist eine der ältesten, aber dennoch eine der aktuellsten Fragestellungen des Computersehens. Die Korrespondenzanalyse ist eine der Grundvoraussetzungen für das Verstehen räumlicher Bildszenen und damit eng verbunden mit der Wirkungsweise des menschlichen visuellen Systems. Während digitale Bildzuordnungsverfahren für geeignet strukturierte Objektszenen (z.B. durch Verwendung signalisierter Marken oder projizierter Muster) die Leistungsfähigkeit des Menschen in speziellen Bereichen (Meßgenauigkeit, Verarbeitungsgeschwindigkeit) bereits übertreffen können, ist die Analyse beliebiger Objektszenen noch Gegenstand intensiver Forschungsarbeiten.

Die Korrespondenzanalyse gehört in die Klasse der schlecht gestellten Probleme (*ill-posed problems*), d.h. es ist nicht sicher, ob eine Lösung überhaupt existiert, eindeutig und robust gegenüber Variationen in den Eingangsdaten ist. Bei der Zuordnung beliebiger Szenen können prinzipiell folgende Probleme auftauchen:

- zu einem Bildpunkt P_{ij} (Punkt i im Bild j) existiert aufgrund von Verdeckungen kein homologer Bildpunkt P_{ik}
- zu einem Bildpunkt P_{ij} existieren aufgrund von mehrdeutigen Objektstrukturen oder durchsichtigen Oberflächen mehrere Kandidaten P_{ik}
- in texturarmen Bildregionen wird die Lösung instabil oder empfindlich gegenüber kleinen Bildstörungen (Rauschen)

Praktikable Lösungen gehen daher in der Regel davon aus, daß folgende Voraussetzungen an Objekt und Bildaufnahme weitestgehend erfüllt sind:

- die Intensitätswerte aller beteiligten Bilder liegen im gleichen spektralen Bereich
- konstante Beleuchtung, atmosphärische Einflüsse und Medienübergänge für den Zeitraum der Bildaufnahme
- formstabile Objektoberfläche für den Zeitraum der Bildaufnahme
- stückweise glatte Objektoberfläche
- undurchsichtige Objektoberfläche
- weitgehend diffuse Reflexion an der Oberfläche
- bekannte Näherungswerte für Orientierungsdaten (Bildüberlappung) und Objektdaten (geometrische und radiometrische Parameter)

Aus der Fülle von Zuordnungsverfahren wird im folgenden eine Auswahl von Methoden vorgestellt, die einen direkten Bezug zur geometrischen Oberflächenrekonstruktion besitzen und bereits erfolgreich eingesetzt werden.

Bildzuordnungsverfahren basieren auf einer hierarchischen Strategie (Abb. 5.69). Für die Eingabebilder werden die notwendigen Kalibrierungs- und Orientierungsdaten in der Regel vorab bestimmt. Die Vorverarbeitung beinhaltet Schritte zur Bildverbesserung (Glättung, Rauschunterdrückung, Kontrastanpassung) und Reduktion der Auflösung (Bildpyramiden).

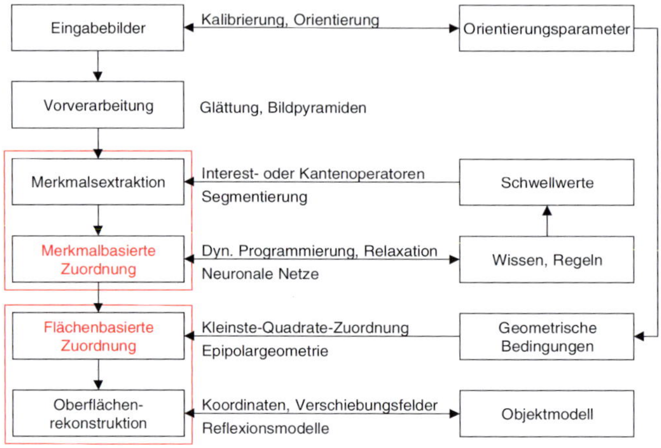

Abb. 5.69: Strategie zur Bildzuordnung

In der *Merkmalsextraktion* werden aus den Bildern unabhängig voneinander Bildmerkmale wie Punktmuster oder Kanten ermittelt, von denen angenommen wird, daß eine größere Schnittmenge in allen beteiligten Bildern enthalten ist. Dafür kommen Interest-Operatoren (Kap. 5.5.2.1) und Kantenoperatoren (Kap. 5.2.3) zum Einsatz, aber auch zum Beispiel Segmentierungsverfahren zur Groberkennung von Objektpunkten (z.B. codierte Zielmarken, Kap. 3.4.1.3). Die Merkmale werden neben ihren geometrischen Kenngrößen durch weitere Attribute (z.B. topologische Relationen, Punktnummer) gekennzeichnet.

In der folgenden *merkmalbasierten Zuordnung* wird versucht, möglichst viele korrespondierende Merkmale in allen Bildern zu identifizieren. Dabei können zusätzliche Informationen in Form von Wissen oder Regeln genutzt werden, um den Suchraum einzugrenzen und Fehlzuordnungen zu minimieren. Die merkmalbasierte Zuordnung ist im allgemeinen der schwierigste Schritt im Matching-Prozeß, da Umfang und Form des Zusatzwissens sehr unterschiedlich sein können und der Erfolg der Zuordnung wesentlich von der Gestalt der Objektszene abhängt. Bei erfolgreicher Zuordnung liegen mehr oder weniger grobe Näherungswerte homologer Bildstrukturen vor.

Die Feinzuordnung geschieht durch *flächenbasierte Zuordnung* der Originalgrauwerte mit dem Ziel, das zugehörige Oberflächenelement mit hoher Genauigkeit zu bestimmen. Zu den flächenbasierten Zuordnungsverfahren gehören Korrelations- und Kleinste-Quadrate-Lösungen. In diesem Schritt können geometrische Zusatzinformationen (z.B. Epipolargeometrie, Objektbedingungen) zur Steigerung von Genauigkeit und Zuverlässigkeit genutzt werden. Aus den ermittelten homologen Bildelementen lassen sich dann 3D-Objektdaten ableiten. Erweiterte objektbasierte Zuordnungsverfahren gehen von einem geometrischen und radiometrischen Objektmodell aus und bestimmen iterativ die zugehörigen Bildbereiche. Das Ergebnis ist schließlich eine strukturierte räumliche Objektbeschreibung in Form von Koordinaten, geometrischen Elementen oder Vektorfeldern.

Übersichten zu Verfahren der Bildzuordnung geben u.a. MAAS (1997), GRUEN (1996), KLETTE et al. (1996), HEIPKE (1995), FÖRSTNER & RUWIEDEL (1992), HARALICK & SHAPIRO (1992), BALTSAVIAS (1991), MARR (1982).

5.5.2 Merkmalgestützte Zuordnungsverfahren

5.5.2.1 Interest-Operatoren

Mit Interest-Operatoren bezeichnet man Algorithmen zur Extraktion markanter Bildstellen, die sich als Kandidaten für eine Bild-zu-Bild-Zuordnung eignen. Geeignete Kandidaten für homologe Punkte sind Grauwertmuster, die in einer begrenzten Umgebung möglichst einzigartig sind und mit hoher Wahrscheinlichkeit im korrespondierenden Bild in ähnlicher Weise abgebildet werden. Interest-Operatoren berechnen für jede Bildposition eine oder mehrere Kenngrößen (Interest-Wert), die zur späteren Merkmalszuordnung verwendet werden. Die Verfahren werden vor allem in der Zuordnung digitalisierter Luftbilder eingesetzt, sie eignen sich aber auch zur Bestimmung von Näherungspunkten in Bildszenen zur Oberflächenmessung im Nahbereich. Für die Suche nach signalisierten Punkten werden sie dagegen kaum eingesetzt.

Die Kriterien eines markanten Zuordnungskandidaten und die Anforderungen an einen optimalen Interest-Operator lauten:

- Deutlichkeit (lokale Einzigartigkeit, Unterscheidbarkeit vom Hintergrund)
- Invarianz gegenüber geometrischen und radiometrischen Verzerrungen
- Robustheit (Unempfindlichkeit gegen Rauschen)
- Seltenheit (globale Einzigartigkeit, Unterscheidbarkeit zu anderen Kandidaten)
- Interpretierbarkeit (Interest-Werte sind zur weiteren (höheren) Bildanalyse geeignet)

Innerhalb eines lokalen Fensters lassen sich verschiedene Kenngrößen für das Vorhandensein einer gut lokalisierbaren Struktur berechnen (Auswahl):

- Lokale Varianz:

  Mit (5.5) kann die Varianz der Grauwerte in einem Fenster berechnet werden. Stark strukturierte Bildmuster besitzen eine hohe Varianz, für homogene Bereiche ist die Varianz Null. Sie hat keine geometrische Bedeutung, kann auch an Kanten hohe Werte erreichen und ist daher nicht als Kenngröße eines Interest-Operators geeignet.

- Autokorrelationsfunktion:

  Durch Berechnung der normierten Kreuzkorrelation (Kap. 5.54) eines Bildfensters auf seine Umgebung erhält man die Autokorrelationsfunktion. Weist sie in der Fenstermitte ein signifikantes punktförmiges Maximum auf, ist dies ein Indiz für eine markante Bildstruktur, die sich in der näheren Umgebung nicht wiederholt.

- Krümmung der Grauwertoberfläche:

  Betrachtet man die Grauwerte einer lokalen Umgebung als Oberfläche (Grauwertgebirge), besitzen markante Punkte eine hohe lokale Krümmung in allen Richtungen, die in der Nachbarschaft schnell abfällt. Die Berechnung der Krümmung kann mit Hilfe von Differential-Operatoren (Kap. 5.2.3.2) erfolgen, welche die zweite Ableitung approximieren.

- Gradientensummen (Moravec-Operator):

  Der Operator (Kap. 5.5.2.1.1) berechnet die quadratischen Gradientensummen in den vier Hauptrichtungen eines Fensters. Liegt das Minimum der vier Summen über einem Schwellwert, ist dies ein Indiz für einen markanten Punkt. Damit werden einzelne Kanten, die in Kantenrichtung wenig Strukturänderung aufweisen, eliminiert. Übrig bleiben solche Bildstellen, die in allen Richtungen markante Grauwertänderungen besitzen.

- Förstner-Operator:

  Der Förstner-Operator (Kap. 5.5.2.1.2) berechnet die Kovarianzmatrix der Verschiebung eines Grauwertfensters. Die zugehörige Fehlerellipse ist klein und kreisförmig, wenn ein in allen Richtungen markantes Bildmuster vorliegt.

5.5.2.1.1 Moravec-Operator

Der Moravec-Operator berechnet die mittleren quadratischen Gradientensummen in den vier Hauptrichtungen eines Fensters der Größe $p \times q$. Überschreitet der Interest-Wert V einen Schwellwert, liegt ein markantes Bildmuster vor, das in allen Richtungen über signifikante Grauwertsprünge verfügt. Kanten mit einer linienhaften Ausdehnung sind somit keine markanten Strukturen.

$$
\begin{aligned}
V_1 &= \frac{1}{p(q-1)} \sum_{i=-k}^{+k} \sum_{j=-l}^{+l-1} [g(i,j) - g(i,j+1)]^2 \\
V_2 &= \frac{1}{(p-1)q} \sum_{i=-k}^{+k-1} \sum_{j=-l}^{+l} [g(i,j) - g(i+1,j]^2 \\
V_3 &= \frac{1}{(p-1)(q-1)} \sum_{i=-k}^{+k-1} \sum_{j=-l}^{+l-1} [g(i,j) - g(i+1,j+1)]^2 \\
V_4 &= \frac{1}{(p-1)(q-1)} \sum_{i=-k}^{+k-1} \sum_{j=-l}^{+l-1} [g(i,j+1) - g(i+1,j)]^2
\end{aligned}
\qquad (5.63)
$$

$$V = \min(V_1, V_2, V_3, V_4)$$

Der Moravec-Operator ist leicht zu implementieren und benötigt relativ wenig Rechenoperationen. Er ist allerdings nicht rotationsinvariant und in seiner Punktgenauigkeit auf 1 Pixel beschränkt.

Abb. 5.70a zeigt die mit dem Moravec-Operator gefundenen Punkte in einer Fassadenaufnahme. Die hier ebenfalls abgebildeten Réseaukreuze können zwar nicht für eine Bildzuordnung verwendet werden, zeigen aber die Wirkung des Operators sehr deutlich. Markante Ecken werden erkannt, die Punktkoordinaten sind ca. 1–2 Pixel gegenüber dem eigentlich auffälligen Bildpunkt verschoben. Im Mauerwerk werden etliche markante Punkte nicht erkannt, weil sie vermutlich gerade unter den gewählten globalen Schwellwert fallen. Eine über das ganze Bild gleichmäßigere Punktverteilung läßt sich erreichen, wenn eine lokale Schwellwertbildung eingeführt wird.

5.5.2.1.2 Förstner-Operator

Der Förstner-Operator (FÖRSTNER & GÜLCH 1987) basiert auf dem Modell, daß die Grauwertumgebung eines Punktes $f(x,y)$ eine verschobene, mit Rauschen versehene Abbildung des ursprünglichen Bildsignals $g(x,y)$ ist (vgl. 5.55):

$$f(x,y) = g(x+x_0, y+y_0) + e(x,y) \tag{5.64}$$

Nach Linearisierung an Näherungswerten x_0=0, y_0=0 erhält man

$$dg(x,y) - e(x,y) = \frac{\partial g}{\partial x} x_0 + \frac{\partial g}{\partial y} y_0 = g_x x_0 + g_y y_0$$

mit (5.65)

$$dg(x,y) = f(x,y) - g(x,y)$$

Mit den unbekannten Verschiebungen x_0,y_0 und den unkorrelierten, gleichgenauen Beobachtungen (Grauwertdifferenzen) $dg(x,y)$ erhält man folgendes Normalgleichungssystem einer Kleinsten-Quadrate-Schätzung:

$$\mathbf{N} \cdot \mathbf{x} = \mathbf{A}^T \cdot \mathbf{A} \cdot \mathbf{x} = \mathbf{A}^T \cdot \mathbf{dg}$$

oder (5.66)

$$\begin{bmatrix} \sum g_x^2 & \sum g_x g_y \\ \sum g_y g_x & \sum g_y^2 \end{bmatrix} \cdot \begin{bmatrix} x_0 \\ y_0 \end{bmatrix} = \begin{bmatrix} g_x dg \\ g_y dg \end{bmatrix}$$

Die Normalgleichungsmatrix **N** enthält das funktionale Modell einer Verschiebung des Bildfensters in x und y. Ihre Inverse kann als Varianz-Kovarianz-Matrix aufgefaßt werden, deren Eigenwerte λ_1,λ_2 die Halbachsen einer Fehlerellipse beschreiben. Markante punktförmige Merkmale zeichnen sich durch kleine, kreisförmige Fehlerellipsen aus; dagegen liegen an Kantenpunkten langgestreckte Ellipsen vor. Unstrukturierte oder verrauschte Bildmuster werden durch große Fehlerellipsen gekennzeichnet.

Mit den Kenngrößen

$$w = \frac{\det(\mathbf{N})}{\mathrm{spur}(\mathbf{N})} = \frac{1}{\lambda_1 + \lambda_2} \qquad \text{: Maß für Größe der Ellipse}$$
$$w > 0$$

$$q = \frac{4\det(\mathbf{N})}{\mathrm{spur}(\mathbf{N})^2} = 1 - \left(\frac{\lambda_1 - \lambda_2}{\lambda_1 + \lambda_2}\right)^2 \qquad \text{:Maß für Rundheit der Ellipse} \tag{5.67}$$
$$0 \leq q \leq 1$$

liegt dann ein markanter Punkt vor, wenn die Schwellwerte w_{min} und q_{min} überschritten werden. Günstige Fenstergrößen liegen zwischen 5 und 7 Pixel, geeignete Schwellwerte liegen in der Größenordnung

$$w_{min} = (0.5 \ldots 1.5) \cdot w_{mittel}, \quad w_{mittel} = \text{Mittelwert von } w \text{ über das ganze Bild}$$

$$q_{min} = 0.5 \ldots 0.75$$

Abb. 5.70b zeigt das Ergebnis des Förstner-Operators nach einem Ausdünnungsprozeß. Ähnlich wie beim Moravec-Operator werden markante Ecken erkannt, die Punktkoordinaten weisen aber auch hier eine leichte Verschiebung auf. Eine genauere Punktlokalisierung läßt sich erreichen, wenn die Unbekannten x_0,y_0 in (5.66) bestimmt werden. Einige Stellen im Mauerwerk werden wie erwartet detektiert, andere gleichartige Bereiche fallen dagegen unter die Schwellwerte.

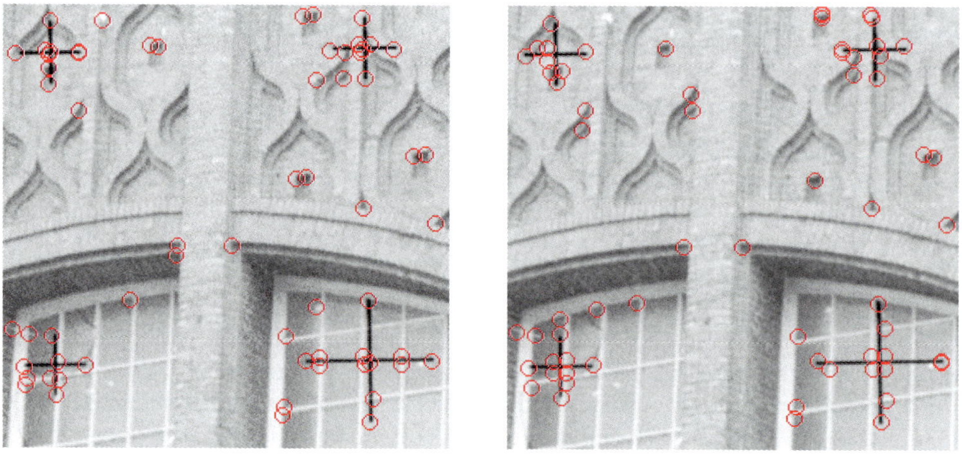

a) Moravec-Operator (Fenstergröße 5×5, v_{min}=100)

b) Förstner-Operator (Fenstergröße 7×7, w_{min}=1.0 · w_{mittel}, q_{min}=0.5)

Abb. 5.70: Punkterkennung mit Interest-Operatoren

5.5.2.2 Korrespondenzanalyse

Das Ergebnis eines Interest-Operators ist eine unstrukturierte Liste mit Bildpunkten (Koordinaten und Interest-Wert) von jedem beteiligten Bild. Aufgabe der Korrespondenzanalyse ist es, aus dieser Liste aufgrund des vorliegenden Interest-Wertes und der Position im jeweiligen Bild eine Schnittmenge korrespondierender Punkte zu ermitteln. Die Komplexität dieser Aufgabe ist wesentlich abhängig von:

- Aufnahmekonfiguration der Bilder (Stereoaufnahme, konvergente Mehrbildaufnahme)
- verfügbare geometrische Informationen (Näherungswerte, Orientierungsparameter)
- Oberflächenstruktur des Objektes (projizierte Muster, Kantenvielfalt, Verdeckungen)

Der einfachste Fall liegt vor, wenn eine einfach strukturierte Oberfläche ohne Verdeckungen durch eine Stereobildszene mit parallelen Aufnahmerichtungen abgebildet wird (Beispiel in Abb. 8.28). Da die Bilder große Ähnlichkeit haben, ist der Interest-Wert ein geeignetes Zuordnungskriterium. Darüberhinaus läßt sich der Suchraum im Nachbarbild bei bekannter gegenseitiger Überdeckung deutlich einschränken.

Wesentlich schwieriger sind beliebige konvergente Mehrbildaufnahmen nicht künstlich strukturierter, komplexer Objekte. Punktfömige Strukturen sind dann in der Regel kein geeignetes Mittel zur Zuordnung, da zahlreiche markante Bildstellen auch an nicht korrespondierenden Bildmerkmalen entstehen. In diesen Fällen ist die Extraktion von Kanten in der Regel besser geeignet.

Aus den punkt- oder linienförmigen Merkmalen wird eine Liste von Zuordnungskandidaten mit Eigenschaften aufgestellt. Als Eigenschaften können direkt die (primitiven) Bildmerkmale (Grauwerte, Interest-Werte, Kantenparameter) oder daraus abgeleitete höhere Charakteristika (z.B. Relationen) verwendet werden. Die Liste der Kandidaten und damit der mögliche Suchraum können durch a priori Wissen bereits wesentlich eingeschränkt werden, z.B. durch maximale zulässige Abstände im Bild (Parallaxen, Disparitäten). Aufgabe der folgenden Korrespondenzanalyse ist die Zuordnung zusammengehöriger Merkmale und die Elimination nicht korrespondierender Objekte, möglichst unter Angabe eines Qualitätswertes für jede Zuordnung.

Aus der Vielfalt möglicher merkmalsbasierter Zuordnungsverfahren seien einige Grundprinzipien genannt (Übersichten in KLETTE et al. 1996, HARALICK & SHAPIRO 1992, BALTSAVIAS 1991):

- Relaxation:

  Die zuzuordnenden Objekte (z.B. Ergebnispunkte eines Interest-Operators aus zwei Bildern) besitzen Eigenschaften (z.B. die Interest-Werte des Förstner-Operators), die nach geeigneter Normierung als Wahrscheinlichkeiten interpretiert werden. In der Initialisierungsphase wird zu jedem möglichen Kandidatenpaar die Wahrscheinlichkeit der Zuordnung berechnet. In einem (inneren) Iterationsprozeß werden diese Wahrscheinlichkeiten schrittweise verändert, wobei die Eigenschaften benachbarter Objekte durch eine Kompatibilitätsfunktion berücksichtigt werden. Die Nachbarschaftsbeziehung wird anwendungsbezogen ausgedrückt, z.B. durch ein Abstandsmaß. Nach jedem Durchlauf werden die besten (wahrscheinlichsten) Zuordnungen beibehalten, die restlichen Kandidatenpaare gehen in den nächsten Durchlauf ein (äußere Iteration) oder werden ausgeschlossen.

- Dynamische Programmierung:

  Für zwei Listen von Objektmerkmalen wird eine Kostenfunktion definiert, die den optimalen Pfad zwischen zwei Punkten (Kandidatenpaar) beschreibt. Jeder mögliche Pfad besteht aus einer Menge von Knoten. Die zu minimierenden Gesamtkosten setzen sich aus der Summe der Einzelkosten zwischen den Knoten zusammen.

  Die dynamische Programmierung läßt sich zum Beispiel für die eindimensionale Suche nach korrespondierenden Punkten in Epipolarbildern einsetzen, in denen die Merkmale direkt durch das Grauwertprofil gebildet werden.

- Relationale Bildzuordnung:

  Die Korrespondenzanalyse mit relationaler Bildzuordnung (*relational matching*) nutzt neben den Bildmerkmalen auch Relationen zwischen den Objekten wie zum Beispiel „links von", „oberhalb von" usw. Gesucht wird eine Zuordnungsfunktion, welche die Relationen des linken Bildes auf die Relationen des rechten Bildes unter Berücksichtigung der Merkmale abbildet. Dabei wird ein strukturelles Fehlermaß der Zuordnung definiert, das die Anzahl der vom linken ins rechte Bild zugeordneten Merkmale und die Anzahl der mit der inversen Abbildungsfunktion vom rechten ins linke Bild vorgenommenen Zuordnungen bewertet.

  Relationale Bildzuordnung dient vor allem der höheren Objekterkennung und Szenenbeschreibung.

- Zuordnung in Bildpyramiden:

  Die Merkmalsextraktion erfolgt in verschiedenen Auflösungsstufen einer Bildpyramide. In der gröbsten Stufe werden nur wenige markante Merkmale sichtbar sein, die zum Beispiel durch eines der oben genannten Verfahren zugeordnet werden. Das Zuordnungsergebnis einer groben Auflösungsstufe geht als Näherungsinformation in die nächst feinere Pyramidenebene ein, in der zusätzliche Merkmale extrahiert und zugeordnet werden. Das Verfahren kombiniert Robustheit (grobe Merkmalserkennung) mit Präzision (Feinzuordnung in der höchsten Auflösung).

5.5.3 Korrespondenzanalyse mit Epipolargeometrie

Eine entscheidende Vereinfachung des Zuordnungsproblems ergibt sich, wenn die relative Orientierung der beteiligten Bilder bekannt ist. Dies ist beispielsweise bei fest konfigurierten Stereoaufnahmesystemen der Fall, aber auch bei vielen praktischen Nahbereichsanwendungen, in denen die Bildorientierung in einem getrennten Prozeß, z.B. unter Verwendung codierter Zielmarken, durchgeführt wird. Für einen beliebigen Bildpunkt eines Referenzbildes kann dann der korrespondierende Suchbereich im Nachbarbild auf die Epipolar- oder Kernlinie eingeschränkt werden (siehe Kap. 4.2.4.2 und Abb. 5.71).

5.5.3.1 Zuordnung im Bildpaar

Zunächst wird die Zuordnung in einem Bildpaar B_1,B_2 betrachtet (Abb. 5.71). Der zu *P'* korrespondierende Punkt *P''* liegt in einem schmalen Band entlang der Kernlinie *k''*. Die Breite des Bandes ε hängt von der Unsicherheit der Orientierungsparameter und der Bildmessung von *P'* ab. Nur bei fehlerfreien Ausgangsdaten ist der Suchbereich streng auf die Gerade *k''* beschränkt. Die Länge des Suchbereiches l_{12} wird durch die maximale Tiefenausdehnung ΔZ im Objektraum bestimmt (MAAS 1992).

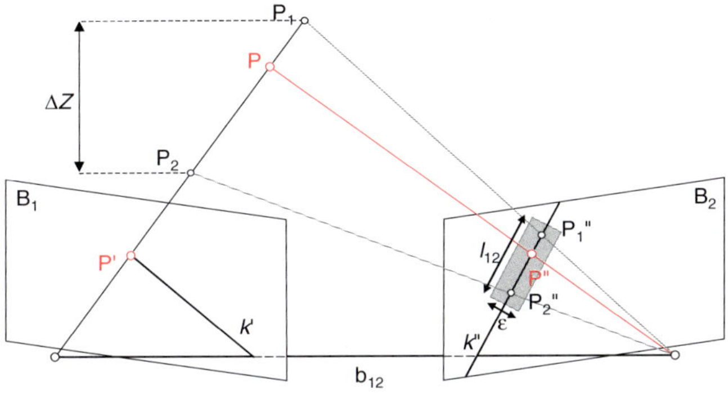

Abb. 5.71: Zuordnung mit Kernlinien im Bildpaar (nach MAAS 1992)

Mit zunehmender Anzahl der Bildpunkte *n* und der Fläche *f* des Suchbereiches steigt die Wahrscheinlichkeit P_a von Mehrdeutigkeiten bei der Punktzuordnung:

$$P_a = 1 - e^{-\frac{n \cdot f}{F}} \qquad (5.68)$$

mit
n: Anzahl Punkte im Bild
F: Bildfläche
f: Fläche des epipolaren Suchbereiches

Die Gesamtzahl von Mehrdeutigkeiten N_a in einem Bildpaar ergibt sich zu:

$$N_a = (n^2 - n)\frac{2 \cdot c \cdot \varepsilon \cdot b_{12} \cdot (Z_{\max} - Z_{\min})}{F \cdot Z_{\max} \cdot Z_{\min}} \qquad (5.69)$$

mit
c: Kamerakonstante
b_{12}: Basislänge zwischen Bild B_1 und Bild B_2
ε: Breite (Toleranz) des Suchbereiches
$Z_{min} < Z < Z_{max}$: Tiefenausdehnung des Objektes

Sie wächst somit

- quadratisch mit der Anzahl der Bildpunkte
- linear mit der Länge der Kernlinien, linear mit der Basislänge und etwa linear mit der Tiefenausdehnung
- linear mit der Breite des Suchbereichs

Beispiel 5.2:

Für ein Bildpaar (Kodak DCS 420) mit den Kenngrößen $c = 18\text{mm}$, $F = 18{\times}28\text{mm}^2$, $b_{12} = 1\text{m}$, $Z_{max} = 3\text{m}$, $Z_{min} = 1\text{m}$ und $\varepsilon = 0.02\text{mm}$ ergeben sich in Abhängigkeit der Punktzahl n folgende Mehrdeutigkeiten:

$n = 50$:	$N_a = 2$
$n = 100$:	$N_a = 10$
$n = 250$:	$N_a = 60$
$n = 1000$:	$N_a = 950$

Bildpunkte in einer Zweibildanordnung lassen sich also vor allem dann sicher durch Kernliniengeometrie zuordnen, wenn die Anzahl der Punkte relativ klein ist. Inwieweit Mehrdeutigkeiten durch Auswertung eines Interest-Wertes, Einschränkung der Tiefenausdehnung durch vorhandene Näherungswerte und Verringerung der Suchbreite reduziert werden können, ist stark von der einzelnen Anwendung abhängig.

5.5.3.2 Zuordnung im Bildtripel

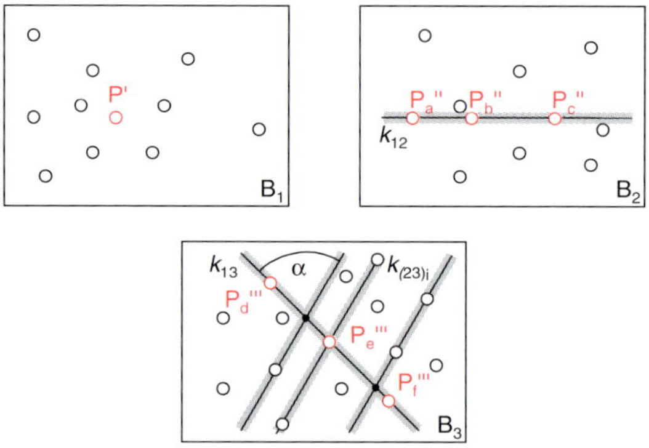

Abb. 5.72: Zuordnung mit Kernlinien im Bildtripel (nach MAAS 1992)

Eine deutliche Reduktion von Mehrdeutigkeiten ergibt sich, wenn die Anzahl beteiligter Bilder erhöht wird. Abb. 5.72 zeigt das Zuordnungsprinzip bei der Anordnung von drei Bildern. Geht man von einem Bildpunkt P' im Bild B_1 aus, lassen sich die zugehörigen Kernlinien k_{12} und k_{13} in den anderen Bildern berechnen. In beiden Nachbarbildern mag es zu Mehrdeutigkeiten kommen, indem die Kandidaten P_a'', P_b'', P_c'' in Bild B_2 sowie P_d'', P_e'', P_f'' in Bild B_3 ermittelt werden, so daß die homologen Punkte zu P' nicht eindeutig bestimmt werden können.

Berechnet man nun die Kernlinien $k_{(23)i}$ in Bild B_3 für alle Kandidaten P_i in Bild B_2, liegt mit hoher Wahrscheinlichkeit nur einer der Schnittpunkte mit k_{13} in der Nähe der Kandidaten von Bild B_3, in diesem Beispiel P_e'''. Der Suchraum wird also auf den Toleranzbereich der Schnittpunkte eingeschränkt. Die Anzahl der möglichen Mehrdeutigkeiten in drei Bildern beträgt:

$$N_a = \frac{4(n^2 - n) \cdot \varepsilon^2}{F \cdot \sin \alpha} \left(1 + \frac{b_{12}}{b_{23}} + \frac{b_{12}}{b_{13}} \right) \tag{5.70}$$

mit

n: Anzahl Punkte im Bild
F: Bildfläche
ε: Breite (Toleranz) des Suchbereiches
α: Winkel zwischen Kernlinien in Bild B_3
b_{jk}: Basislänge zwischen Bild B_j und Bild B_k

Die Mehrdeutigkeiten werden minimal, wenn die drei Kameras in einem gleichseitigen Dreieck mit $b_{12}=b_{13}=b_{23}$ und $\alpha=60°$ angeordnet sind. Für das obige Zahlenbeispiel (n=1000) reduziert sich in dieser Anordnung die Anzahl der Mehrdeutigkeiten auf N_a=10.

5.5.3.3 Zuordnung in beliebig vielen Bildern

Das Verfahren läßt sich auf praktisch beliebig viele Bilder erweitern. Für die Suche der zu P' homologen Punkte in allen anderen Bildern muß ein kombinatorischer Ansatz realisiert werden, in dem alle wahrscheinlichen Kombinationen von Kernlinienschnitten untersucht werden. Da der notwendige Rechenaufwand bei größerer Bildzahl stark anwächst, stellt folgende Zuordnungstrategie eine pragmatische Lösung dar (MAAS 1997):

1. Auswahl eines Bildpunktes im Bild B_i
2. Suche nach Kandidaten auf den Kernlinien in den Bildern B_{i+j}, bis mindestens 1 Kandidat gefunden wurde
3. Verifikation aller Kandidaten durch Objektpunktberechnung durch Vorwärtsschnitt und Rückprojektion in alle Bilder B_{i+j+1} ... B_n
4. Zählen der erfolgreichen Verifikationen, d.h. an der jeweiligen Bildposition muß ein Bildpunkt abgebildet sein
5. Akzeptanz des Kandidaten mit der signifikant größten Anzahl erfolgreicher Verifikationen

Diese Vorgehensweise bietet einige wesentliche praktische Vorteile:

- es kann eine beliebig große Anzahl von Bildern verarbeitet werden
- nicht jeder Objektpunkt muß in jedem Bild sichtbar sein (z.B. aufgrund von Verdeckungen oder begrenztem Bildformat)

- Interest-Merkmale können zur Reduktion der Kandidaten verwendet werden, sind aber nicht Voraussetzung
- Näherungswerte der Bildpunkte sind nicht erforderlich, d.h. es werden keine Anforderungen an die Kontinuität der Objektoberfläche oder die räumliche Verteilung der Objektpunkte gestellt

5.5.4 Flächenbasierte Mehrbildzuordnung

Das in Kap. 5.4.2.4 eingeführte Verfahren der Kleinsten-Quadrate-Anpassung für zwei Bildausschnitte (Muster- und Suchbild) kann um folgende funktionale Merkmale erweitert werden:

- simultane Zuordnung eines Punktes in beliebig vielen Bildern (*multi-image matching*)
- simultane Zuordnung beliebig vieler Punkte in beliebig vielen Bildern (*multi-point matching*)
- Einführung geometrischer Bedingungen in Bild- und Objektraum (*multi-image geometrically constrained matching*)
- Einführung von Objektmodellen (*object-space matching*)

5.5.4.1 Mehrbildzuordnung

Gegeben seien ein Referenzbild $f(x,y)$ und m Suchbilder $g_i(x,y)$, die dem Referenzbild angepaßt werden sollen. Gleichung (5.55) läßt sich auf beliebig viele Bilder erweitern:

$$f(x,y) - e_i(x,y) = g_i(x,y) \qquad i = 1,\ldots,m \qquad (5.71)$$

Dabei beschreibt $e_i(x,y)$, den Anteil zufälligen Rauschens im Bild. Analog zur Kleinsten-Quadrate-Anpassung erhält man folgendes Ausgleichungssystem:

$$\underset{n,1}{\mathbf{v}} = \underset{n,u}{\mathbf{A}} \cdot \underset{u,1}{\hat{\mathbf{x}}} - \underset{n,1}{\mathbf{l}} \qquad (5.72)$$

mit

$$\hat{\mathbf{x}}_i^T = [da_0, da_1, da_2, db_0, db_1, db_2, r_0, r_1]_i \qquad i = 1,\ldots,m$$

m: Anzahl der Suchbilder
n: Gesamtzahl der Beobachtungen
$n = n_1+n_2+\ldots+n_m$; n_i = Anzahl der Beobachtungen (Pixel) in Bild $g_i(x,y)$
u: Gesamtzahl der Unbekannten, $u = 8 \cdot m$

Im Gleichungssystem (5.72) können die m Parametervektoren $\hat{\mathbf{x}}_i^T$ unabhängig voneinander bestimmt werden, da sie in der Designmatrix **A** keine Verknüpfungen untereinander aufweisen.

5.5.4.2 Geometrische Bedingungen

5.5.4.2.1 Funktionales Modell

Der Mehrbildansatz nach (5.71) erlaubt zwar die simultane Bestimmung sämtlicher Bildzuordnungen eines Punktes, berücksichtigt aber nicht die Forderung, daß alle homologen Bildpunkte *einem* gemeinsamen Objektpunkt entsprechen müssen. Dieser Zwang kann dadurch formuliert werden, daß sich homologe Strahlen unter Berücksichtigung der Orientierungsparameter optimal im Objektpunkt schneiden (GRUEN & BALTSAVIAS 1988).

Diese Forderung wurde bereits im funktionalen Modell der Bündelausgleichung (Kap. 4.3.2) durch die Kollinearitätsgleichungen (4.8) zugrunde gelegt. Für einen Punkt p im Bild k lauten die dreidimensionalen Bildkoordinaten[1]:

$$\mathbf{x'}_{pk} = \frac{1}{m_{pk}} \cdot \mathbf{R}_k^{-1} \cdot (\mathbf{X}_p - \mathbf{X}_{0k})$$

$$\begin{bmatrix} x'_p \\ y'_p \\ -c \end{bmatrix}_k = \frac{1}{m_{pk}} \cdot \begin{bmatrix} r_{11} & r_{21} & r_{31} \\ r_{12} & r_{22} & r_{32} \\ r_{13} & r_{23} & r_{33} \end{bmatrix}_k \cdot \begin{bmatrix} X_p - X_{0k} \\ Y_p - Y_{0k} \\ Z_p - Z_{0k} \end{bmatrix} \tag{5.73}$$

In vereinfachter Schreibweise ergeben sich die Bildkoordinaten x'_p, y'_p zu

$$\begin{aligned} x'_{pk} &= -c_k \cdot \left(\frac{k_X}{N} \right)_{pk} = -F_{pk}^X \\ y'_{pk} &= -c_k \cdot \left(\frac{k_Y}{N} \right)_{pk} = -F_{pk}^Y \end{aligned} \tag{5.74}$$

Mit Näherungswerten $(x'_p, y'_p)^0$ erhält man folgende nicht-lineare Beobachtungsgleichungen für die gesuchten Verschiebungen $\Delta x'_p, \Delta y'_p$:

$$\begin{aligned} \Delta x'_{pk} + F_{pk}^X + x'^0_{pk} &= 0 \\ \Delta y'_{pk} + F_{pk}^Y + y'^0_{pk} &= 0 \end{aligned} \tag{5.75}$$

[1] Die Bildkoordinaten seien auf den Hauptpunkt bezogen und um Verzeichnung korrigiert.

Dabei entsprechen $\Delta x'_p, \Delta y'_p$ den Verschiebungskoeffizienten da_0, db_0 in (5.71). Die Gleichungen (5.75) stellen die Verknüpfung zwischen Bild- und Objektraum her. Während die Kollinearitätsgleichungen jedoch „nur" den funktionalen Zusammenhang zwischen beobachteten Bildkoordinaten und unbekannten Punkt- und Orientierungsdaten herstellen, werden hier in Verbindung mit der Kleinsten-Quadrate-Anpassung die Originalgrauwerte der Bilder als Beobachtungen genutzt. Mit den in den Termen F_{pk} enthaltenen Größen lassen sich zusätzliche Beobachtungsgleichungen formulieren, z.B. zur simultanen Berechnung der Objektkoordinaten XYZ eines Punktes oder zur Beschreibung geometrischer Bedingungen (z.B. Z=const.).

5.5.4.2.2 Objektrestriktionen

Zunächst wird vorausgesetzt, daß die Parameter der inneren und äußeren Orientierung aller Bilder bekannt seien, zum Beispiel aus einer vorab durchgeführten Bündeltriangulation. Das Gleichungssystem (5.75) muß an Näherungswerten der verbleibenden Unbekannten X,Y,Z linearisiert werden:

$$\begin{aligned}
\Delta x'_{pk} + \frac{\partial F^X_{pk}}{\partial X_p} dX_p + \frac{\partial F^X_{pk}}{\partial Y_p} dY_p + \frac{\partial F^X_{pk}}{\partial Z_p} dZ_p + F^{X\,0}_{pk} + x'^{\,0}_{pk} = 0 \\
\Delta y'_{pk} + \frac{\partial F^Y_{pk}}{\partial X_p} dX_p + \frac{\partial F^Y_{pk}}{\partial Y_p} dY_p + \frac{\partial F^Y_{pk}}{\partial Z_p} dZ_p + F^{Y\,0}_{pk} + y'^{\,0}_{pk} = 0
\end{aligned} \qquad (5.76)$$

Zusammengefaßt folgt das System der zusätzlichen Beobachtungsgleichungen

$$\underset{m',1}{\mathbf{w}} = \underset{m',3}{\mathbf{B}} \cdot \underset{3,1}{\hat{\mathbf{y}}} - \underset{m',1}{\mathbf{t}} \qquad (5.77)$$

mit

$\hat{\mathbf{y}}^T = [dX, dY, dZ]$

m': Anzahl der Bilder:
$m'=m$, wenn keine Anpassung des Referenzbildes zugelassen wird,
$m'=m+1$, wenn auch das Referenzbild angepaßt wird, z.B. gegenüber einem künstlichen Template

In dem erweiterten System aus (5.75) und (5.77) folgt der Gesamtlösungsvektor

$$\bar{\mathbf{x}} = (\mathbf{A}^T\mathbf{P}\mathbf{A} + \mathbf{B}^T\mathbf{P}_t\mathbf{B})^{-1} \cdot (\mathbf{A}^T\mathbf{P}\mathbf{l} + \mathbf{B}^T\mathbf{P}_t\mathbf{t}) \qquad (5.78)$$

Der Lösungsvektor $\bar{\mathbf{x}}$ enthält die simultan bestimmten Verschiebungen der Bildausschnitte in $g_i(x,y)$ sowie die ausgeglichenen Zuschläge zu den Objektpunktkoordinaten. Die Bildverschiebungen können durch die Verknüpfung mit den XYZ-Objektkoordinaten keine beliebigen Werte annehmen, sondern folgen dem geometrischen Zwang der Kernlinien (Abb. 5.73). Der Einfluß dieser geometrischen Bedingung läßt sich durch Wahl der Gewichtsmatrix $\mathbf{P}_t$ steuern.

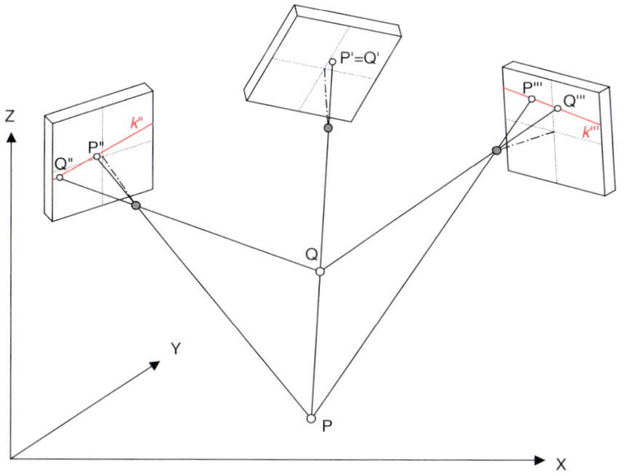

Abb. 5.73: Geometrische Bedingung des Strahlenschnitts

Der funktionale Ansatz in (5.76) eignet sich zur Bestimmung beliebiger 3D-Objektpunkte. Für die Erfassung von Oberflächenmodellen können unter Umständen einige Koordinatenkomponenten der Oberflächenpunkte festgehalten werden:

- *X,Y* konstant:

  Wenn die Oberflächenpunkte in einem bestimmten Raster über gegebenen *XY*-Koordinaten liegen sollen (z.B. mit $\Delta X = \Delta Y =$const.), werden die entsprechenden Terme aus (5.76) eliminiert und es wird nur noch eine Anpassung in *Z*-Richtung zugelassen:

$$\begin{aligned} \Delta x'_{pk} + \frac{\partial F^X_{pk}}{\partial Z_p} dZ_p + F^{X\,0}_{pk} + x'^{\,0}_{pk} = 0 \\ \Delta y'_{pk} + \frac{\partial F^Y_{pk}}{\partial Z_p} dZ_p + F^{Y\,0}_{pk} + y'^{\,0}_{pk} = 0 \end{aligned} \tag{5.79}$$

  Das Normalgleichungssystem vereinfacht sich entsprechend. Der Ansatz entspricht der manuellen Erfassung von Oberflächenmodellen in stereoskopischen Auswertesystemen. Die Bildverschiebungen liegen nicht mehr auf Epipolarlinien, sondern auf dem *Vertical Line Locus* (vgl. Kap. 4.4.2.3).

- *Z* konstant:

  Zur Bestimmung von Isolinien (Höhenlinien) in vorgegebener Objekthöhe *Z*=const. werden Koordinatenverschiebungen nur in *X*- und *Y*-Richtung zugelassen und aus (5.76) folgt:

$$\begin{aligned} \Delta x'_{pk} + \frac{\partial F^X_{pk}}{\partial X_p} dX_p + \frac{\partial F^X_{pk}}{\partial Y_p} dY_p + F^{X\,0}_{pk} + x'^{\,0}_{pk} = 0 \\ \Delta y'_{pk} + \frac{\partial F^Y_{pk}}{\partial X_p} dX_p + \frac{\partial F^Y_{pk}}{\partial Y_p} dY_p + F^{Y\,0}_{pk} + y'^{\,0}_{pk} = 0 \end{aligned} \tag{5.80}$$

Die genannten Möglichkeiten zur Vorgabe bestimmter Koordinatenkomponenten erlauben die gezielte Erfassung von Oberflächenmodellen bezüglicher bestimmter Referenzebenen oder entlang bestimmter Profilschnitte. Die (topologische) Strukturierung des Oberflächenmodells erfolgt also bereits direkt bei der Messung und nicht durch nachfolgende Analyse eines unstrukturierten Punkthaufens, wie sie zum Beispiel durch aktive Projektionsverfahren (Kap. 6.4.1) entstehen (siehe auch Kap. 5.5.5.1).

5.5.4.2.3 Weitere Ergänzungen

Das oben beschriebene Konzept der zusätzlichen Beobachtungsgleichungen erlaubt die Einführung weiterer Bedingungen im Ausgleichungssystem. Durch entsprechende Gewichtung (p_i=0: Bedingung ist unwirksam; p_i=∞: fester Zwang) läßt sich der Einfluß der zusätzlichen Beobachtungen steuern, allerdings auch in beliebiger Weise manipulieren.

Zusätzliche Bedingungen lassen sich beispielsweise für folgende Aufgaben formulieren:

- Kantenextraktion im Bild mit Kleinster-Quadrate-Anpassung:

  Einzelne Punkte an Grauwertkanten lassen sich durch ein geeignetes Kanten-Template (Beispiel in Abb. 5.40) erfassen. Da Kanten lineare Strukturen sind, wird durch Einführung einer zusätzlichen Bedingung nur eine Verschiebung des Templates in Gradientenrichtung, also senkrecht zum Kantenverlauf zugelassen.

- Bestimmung von räumlichen Objektkonturen:

  Räumliche Objektkonturen lassen sich durch geometrische Elemente (Gerade, Kreis etc.) oder auch durch Spline-Funktionen beschreiben. Die zugehörigen analytischen Parameter können als Unbekannte in die Kleinste-Quadrate-Anpassung integriert werden. Ein Beispiel für diesen Ansatz ist das Verfahren der LSB-Snakes (Kap. 4.4.3.3), bei dem Kantenextraktion und Bestimmung einer Raumkurve (*snake*) als B-Spline in einem Guß erfolgt.

- Bestimmung von Punktrastern:

  Das für einen einzelnen Objektpunkt formulierte Konzept der Kleinsten-Quadrate-Anpassung läßt sich ohne weiteres auf beliebig viele Punkte erweitern. Wenn keine geometrische Verknüpfung der Punkte untereinander besteht, ist das Ergebnis einer Einzelpunktausgleichung jedoch identisch. Geometrische Verknüpfungen können entweder durch Zugehörigkeit zu einem gemeinsamen geometrischen Element (z.B. alle Punkte liegen in einer Ebene oder auf einem Zylinder) oder durch Nachbarschaftsbeziehungen formuliert werden.

  Letzterer Ansatz ist vergleichbar mit der Interpolation in digitalen Objektmodellen, bei der Punkte eines Rasters durch zusätzliche Bedingungen wie minimale Oberflächenkrümmung miteinander verbunden sind (Kap. 3.2.3.4). Die Methode des *multi-patch matching* nutzt diesen Gedanken durch Formulierung von Bedingungen zwischen benachbarten Rasterelementen (*patches*).

- Bündelkonzept:

  Liegen die Daten der inneren und äußeren Orientierung der beteiligten Bilder nur näherungsweise vor, können sie als Unbekannte im Konzept der Kleinsten-Quadrate-Anpassung integriert werden. Gleichung (5.76) erweitert sich um entsprechende Differentialquotienten der zusätzlichen Orientierungsparameter.

5.5.5 Zuordnungsverfahren mit Objektmodellen

Die in den vorangegangenen Kapiteln beschriebenen Zuordnungsverfahren basieren vor allem auf geometrischen Beziehungen zwischen Bildern bzw. zwischen Bildern und Objekt. Unterschiedliche Bildkontraste werden im Rahmen der Kleinsten-Quadrate-Anpassung zwar durch zwei radiometrische Parameter erfaßt, sie sind jedoch völlig unabhängig von der Objektreflexion.

Ein vollständiges Objektmodell entsteht erst dann, wenn geometrische Objekteigenschaften (Lage und Form) und Reflexionseigenschaften der Oberflächen kombiniert werden. Dieser Ansatz liegt verschiedenen 3D-Visualisierungsverfahren zugrunde (siehe Kap. 5.3.3) und kann auch für die Objektrekonstruktion genutzt werden. Die Kennzeichen eines solchen kompletten Rekonstruktionsverfahrens sind:

- Einführung eines Reflexionsmodells der Oberfläche (Materialeigenschaften, Beleuchtung)
- Verfolgung des Strahlenganges durch verschiedene Medien (mindestens die Atmosphäre)
- Mehrbildausgleichung auf Basis der Kleinsten-Quadrate-Anpassung
- Strukturierung der Oberfläche durch ein Oberflächenraster und Formlinien

Ziel ist die 3D-Oberflächenrekonstruktion durch simultane Bestimmung sämtlicher Orientierungsparameter, der Objektpunktkoordinaten, der Parameter geometrischer Elemente sowie der Beleuchtungs- und Reflexionsparameter. Als Beobachtungen liegen dazu die Grauwerte in beliebig vielen Bildern sowie Näherungswerte aller Unbekannten vor. Die Zahl der Parameter ist hoch und die entstehenden Gleichungssysteme entsprechend komplex.

5.5.5.1 Objektgestützte Mehrbildzuordnung

Die objektgestützte Mehrbildzuordnung stellt eine Beziehung zwischen dem Helligkeitswert eines Oberflächenelementes G_i und den Grauwerten g_{ij} in den aufgenommenen Bildern her (Abb. 5.74). Die Bildgrauwerte sind zunächst eine Funktion der Orientierungsparameter $\mathbf{O}_j$ eines Bildes j und den Oberflächenparametern $\mathbf{Z}_i$ eines Elementes i:

$$G_i = g_{ij}(\mathbf{Z}_i, \mathbf{O}_j) \qquad \begin{matrix} i = 1,\ldots,m \\ j = 1,\ldots,n \end{matrix} \tag{5.81}$$

mit
m: Anzahl der beteiligten Oberflächenelemente
n: Anzahl der beteiligten Bilder

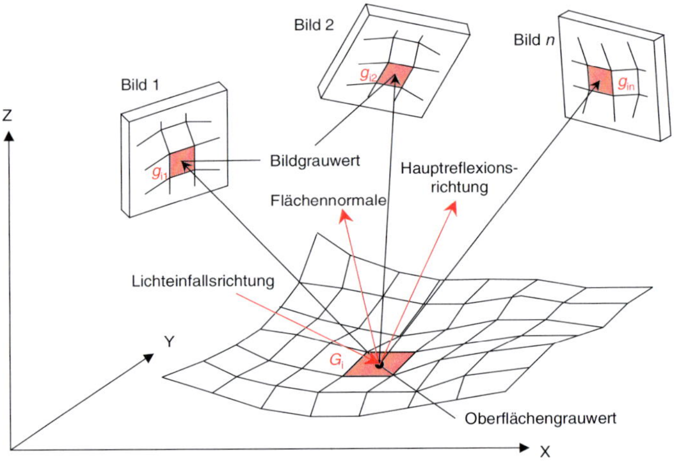

Abb. 5.74: Zusammenhang zwischen Oberflächen- und Bildgrauwert (nach SCHNEIDER 1991)

Zur Lösung dieses Systems werden Näherungswerte der unbekannten Oberfläche und der Orientierungsparameter benötigt. Die Differenz zwischen den mit Näherungswerten berechneten Grauwerten wird als stochastische Größe aufgefaßt und führt zu

$$\Delta g_{ij} = G_i^0 - g_{ij}(\mathbf{Z}_i^0, \mathbf{O}_j^0) \tag{5.82}$$

Die auf die Bilder einstrahlende Lichtmenge hängt neben den materialspezifischen Eigenschaften der Oberfläche von der geometrischen Orientierung von Oberflächenelement, Lichtquelle und Bildsensor ab (Abb. 5.74), wie es beispielsweise durch das Phong'sche Beleuchtungsmodell beschrieben wird (Kap. 5.3.3.2). Die Grauwerte in den einzelnen, räumlich unterschiedlich angeordneten Bildern werden daher analog zur Kleinsten-Quadrate-Anpassung durch zwei radiometrische Parameter mit materialabhängigem Geltungsbereich angepaßt:

$$\Delta g_{ij} = G_i^0 - \left(r_{1,j}^0 + r_{2,j}^0 \cdot g'_{ij}(\mathbf{Z}_i^0, \mathbf{O}_j^0)\right) \tag{5.83}$$

mit

$r_{1,j}^0, r_{2,j}^0$: genäherte radiometrische Korrekturparameter

g'_{ij}: beobachteter Bildgrauwert: $g_{ij} = r_{1,j}^0 + r_{2,j}^0 \cdot g'_{ij}$

Gleichung (5.83) kann als Beobachtungsgleichung für jeden Grauwert in allen beteiligten Bildern aufgestellt werden, die ein bestimmtes Oberflächenelement abbilden. Mit der Substitution

$$r_{2,j} = 1 + r'_{2,j}$$

folgen nach einigen Umformungen die linearisierten Verbessungsgleichungen

$$\begin{aligned} v_{ij} = {} & G_i^0 - dG_i - (r_{1,j}^0 + dr_{1,j}) - (r'^0_{2,j} + dr'_{2,j}) \cdot g'_{ij}(\mathbf{Z}_i^0, \mathbf{O}_j^0) \\ & - \frac{\partial g'}{\partial \mathbf{Z}} d\mathbf{Z} - \frac{\partial g'}{\partial \mathbf{O}} d\mathbf{O} - g'_{ij}(\mathbf{Z}_i^0, \mathbf{O}_j^0) \end{aligned} \tag{5.84}$$

Die Differentialquotienten

$$\begin{aligned} \frac{\partial g'}{\partial \mathbf{Z}} &= \frac{\partial g'}{\partial x'} \cdot \frac{\partial x'}{\partial \mathbf{Z}} + \frac{\partial g'}{\partial y'} \cdot \frac{\partial y'}{\partial \mathbf{Z}} \\ \frac{\partial g'}{\partial \mathbf{O}} &= \frac{\partial g'}{\partial x'} \cdot \frac{\partial x'}{\partial \mathbf{O}} + \frac{\partial g'}{\partial y'} \cdot \frac{\partial y'}{\partial \mathbf{O}} \end{aligned} \tag{5.85}$$

enthalten die Grauwertgradienten $\partial g'/\partial x'$ und $\partial g'/\partial y'$, so daß auch dieses Verfahren nur anwendbar ist, wenn ausreichende Gradienten (Kanten) in den Bildern enthalten sind. Die restlichen Differentialquotienten $\partial x'/\partial \mathbf{Z}$ usw. entsprechen den Ableitungen im Modell des räumlichen Rückwärtsschnittes bzw. der Bündeltriangulation (siehe (4.14)).

Damit sind sämtliche Größen für ein iteratives Ausgleichungssystem

$$\mathbf{v} = \mathbf{A} \cdot \hat{\mathbf{x}} - \mathbf{l}$$

mit den Beobachtungen

$$\mathbf{l} = \mathbf{g}'(\mathbf{Z}^0, \mathbf{O}^0)$$

gegeben, das schließlich den Lösungsvektor

$$\hat{\mathbf{x}}^T = (d\mathbf{Z}^T, d\mathbf{O}^T, d\mathbf{r}_1^T, d\mathbf{r'}_2^T, d\mathbf{G}^T) \tag{5.86}$$

liefert.

Die Bedeutung der objektgestützten Mehrbildzuordnung liegt zum einen in der simultanen Bestimmung sämtlicher an der Bildentstehung beteiligter Parameter einschließlich des Objektes selbst. Zum anderen erlaubt der Ansatz weitreichende Modifikationen durch anwendungsorientierte Anpassung der Objektparameter **Z**. So lassen sich über geeignete Funktionen folgende Aufgaben lösen:

- Messung signalisierter Punkte:

  Kreisförmige Zielmarken können im Objektraum als Raumkreis (siehe Kap. 2.4.2.3.2) definiert werden, dessen Mittelpunkt zu bestimmen ist. Dazu werden die Koordinaten der Kreisebene durch eine zusätzliche räumliche Transformation in das Objektkoordinatensystem abgebildet. Das radiometrische Modell der Objektgrauwerte wird als Funktion des Radius gebildet und besteht zum Beispiel aus einer weißen Innenfläche und einer schwarzen Umrandung (Abb. 5.75).

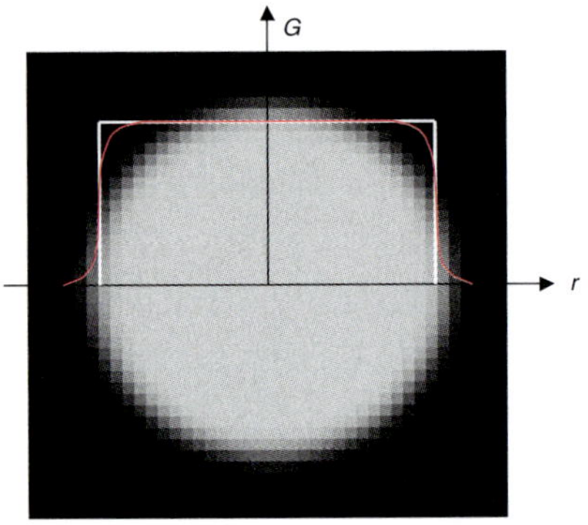

Abb. 5.75: Verteilung der geglätteten Objektgrauwerte einer kreisförmigen Zielmarke

Die Größe der partiellen Oberflächenelemente wird so gewählt, daß einem Element etwa ein Pixel im Bild entspricht. Der berechnete Kreismittelpunkt im Objektraum wird ohne Einfluß einer etwaigen Punktexzentrizität (Kap. 3.4.1.1.3) bestimmt.

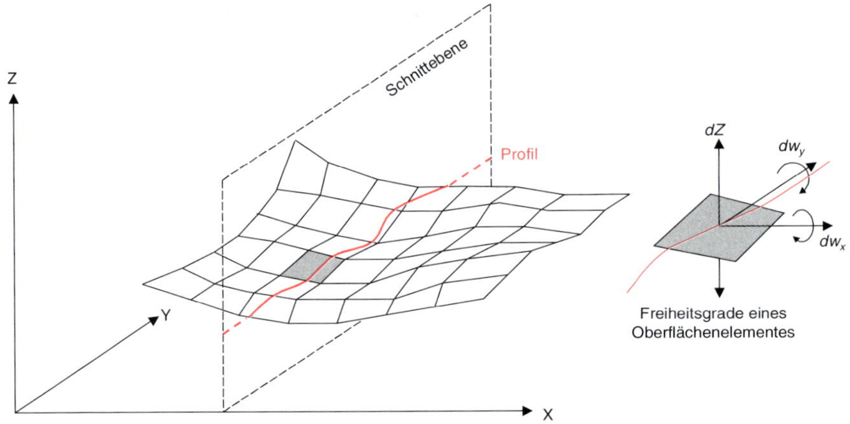

Abb. 5.76: Profil als Schnittkurve von Oberfläche und Schnittebene

- Erfassung von Oberflächen:

  Die Erfassung von Oberflächen geschieht in Form von Profilen, Oberflächenmodellen oder parametrisierten Freiformoberflächen. Erfolgt die Messung in Profilen, wird eine beliebig im Raum liegende Schnittebene definiert, in der das Profil eine zweidimensionale Kurve darstellt (Abb. 5.76). Ein Oberflächenelement wird in der Schnittebene durch eine Tangentialebene definiert, deren Freiheitsgrade auf zwei Neigungen und eine Verschiebung in Z-Richtung reduziert ist.

- Bündeltriangulation:

  Die konsequente Anwendung des Systems (5.83), erweitert um die Bestimmung von Raumkreisen (s.o.) und um zusätzliche Parameter der inneren Orientierung (Simultankalibrierung) führt zur objektgestützten Bündeltriangulation für Bildverbände mit kreisförmigen Zielmarken.

- Erzeugung von Orthobildern:

  Orthobilder (Kap. 4.4.1.2.3) lassen sich ebenfalls mit dem Ansatz der objektgestützten Mehrbildzuordnung herstellen, wobei in diesem Fall die berechneten Grauwerte des Objektes zur Bilderzeugung genutzt werden. Das notwendige 3D-Modell des Objektes läßt sich innerhalb der Mehrbildzuordnung schätzen oder aus anderen Quellen eingeben. Damit läßt sich das Orthobild grundsätzlich aus beliebig vielen Aufnahmen des Objektes herstellen, Verdeckungen und radiometrische Differenzen sind nicht mehr von Bedeutung.

Das hier nur in Ansätzen beschriebene Verfahren der objektgestützten Mehrbildzuordnung bietet ein großes Potential an Anwendungen und verwendet dazu ausschließlich die Originalgrauwerte der Bilder. Prinzipielle Machbarkeit und einige Versuchsanwendungen sind gezeigt worden, der praktische Einsatz ist bisher jedoch vor allem durch den hohen Rechenaufwand bei der Lösung der entstehenden Normalgleichungssysteme eingeschränkt worden. Daneben ist die Beschaffung ausreichender Näherungswerte der Unbekannten nicht trivial.

5.5.5.2 Mehrbildzuordnung mit Oberflächenrastern

Im Ansatz der objektgestützten Mehrbildzuordnung nach Kap. 5.5.5.1 sind die berechneten Oberflächenelemente sowohl geometrisch als auch radiometrisch unabhängig von ihren Nachbarelementen. Diese Annahme trifft jedoch nicht zu, wenn die Oberfläche stückweise glatt ist. Bis auf Unstetigkeitsstellen (Bruchkanten) können dann benachbarte Oberflächenelemente durch radiometrische und geometrische Interpolationsfunktionen miteinander verknüpft werden. Der obige Ansatz wird daher erweitert um Koeffizienten von stückweise linearen Funktionen sowohl für das radiometrisches Modell als auch für das geometrisches Oberflächenmodell (Höhenmodell). Dazu wird die Oberfläche in dreieckige oder viereckige Maschen (Facetten) unterteilt, in denen linear bzw. bilinear interpoliert wird.

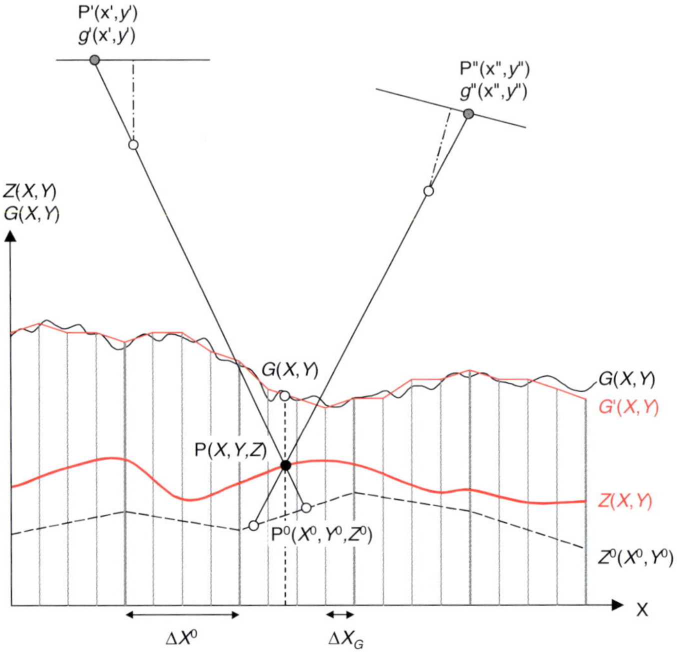

Abb. 5.77: Interpolation und Abbildung von Oberflächen- und Reflexionsmodell (nach WROBEL 1987)

Abb. 5.77 verdeutlicht das Prinzip: Die gesuchte Oberfläche $Z(X,Y)$ besitzt Oberflächengrauwerte $G(X,Y)$. Die Abbildung von Oberflächenpunkten $P(X,Y,Z)$ ergibt Bildpunkte $P'(x',y')$ mit Grauwerten $g'(x',y')$, entsprechend für alle beteiligten Bilder. Die Interpolation der Oberflächenpunkte erfolgt in dem durch Näherungswerte gegebenen Höhenmodell $Z^0(X^0,Y^0)$, z.B. mit einem festen Raster $\Delta X^0=\Delta Y^0$=const.. Das Grauwertmodell der Oberfläche $G'(X,Y)$ wird in einer engmaschigen Rasterweite $\Delta X_G,\Delta X_G$ bestimmt (Abb. 5.78).

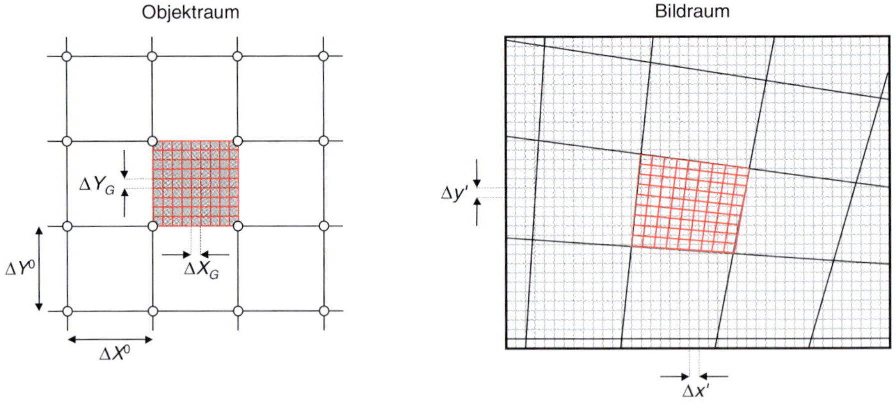

Abb. 5.78: Abbildung von Objektfacetten in den Bildraum

Die Wahl der Rasterweite des Grauwertmodells sollte an die maximalen Ortsfrequenzen im Objektraum angepaßt sein. Liegen darüber keine Informationen vor, sollte die Rasterweite in Abhängigkeit der mittleren Pixelgröße $\Delta x', \Delta y'$ der beteiligten Bilder gewählt werden (m_b: Bildmaßstabszahl):

$$\begin{aligned} \Delta X_G &\geq m_b \cdot \Delta x' \\ \Delta Y_G &\geq m_b \cdot \Delta y' \end{aligned} \tag{5.87}$$

Die Rasterweite des Höhenmodells sollte der lokalen Oberflächenform angepaßt sein und diese hinreichend beschreiben. Beispielsweise kann die Rasterweite an Objekt- oder Bruchkanten enger gewählt werden. In der Regel wird ein quadratisches Raster gewählt mit

$$\Delta X^0 = \Delta Y^0 > \Delta X_G = \Delta Y_G \tag{5.88}$$

Die Einführung radiometrischer Facetten mit Stützwerten $G(X_k,Y_l)$ führt zu

$$\begin{aligned} &G(X,Y) = \sum a_{kl}(X,Y) \cdot G(X_k,Y_l) \\ &\text{mit} \sum_{kl} a_{kl} = 1 \end{aligned} \tag{5.89}$$

Entsprechend werden Koeffizienten für die geometrischen Facetten des Höhenmodells an Stützstellen $Z(X_r,Y_s)$ eingeführt:

$$\begin{aligned} &Z(X,Y) = \sum b_{rs}(X,Y) \cdot Z(X_r,Y_s) \\ &\text{mit} \sum_{rs} b_{rs} = 1 \end{aligned} \tag{5.90}$$

Mit (5.89) und (5.90) wird das Gleichungssystem (5.83) erweitert. Die Koeffizienten a_{kl} und b_{rs} werden aus den Stützpunkten einer Objektfacette bestimmt.

Mit dem Ansatz der Objektfacetten ergeben sich für die objektgestützte Mehrbildzuordnung weitere Vorteile:

- Durch Wahl der Gewichte der Koeffizienten läßt sich die Glattheit der Oberfläche steuern, so daß die Bildzuordnung kritische Gebiete bis zu einer bestimmten Größe überbrücken kann, die durch texturlose Helligkeitsverteilungen entstehen.
- Verdeckungen und Unstetigkeiten können durch entsprechend detailliert beschriebene Objektoberflächen bzw. 3D-Modelle behandelt werden.

Weiterführende Information zur objektgestützten Mehrbildzuordnung und zu Oberflächenfacetten geben KEMPA (1995), WEISENSEE (1992), HEIPKE (1991), SCHNEIDER (1991), EBNER et al. (1987), WROBEL (1987).

6 Photogrammetrische Meßsysteme

In diesem Kapitel werden praxisorientierte Systeme zur Aufnahme und Auswertung von Meßbildern vorgestellt. Neben den vor allem für die Luftbildauswertung konzipierten Standardauswertesystemen liegt der Schwerpunkt in der Darstellung digitaler Industriemeßsysteme, die für den Einsatz in der Fertigungsmeßtechnik vorgesehen sind.

Digitale Auswertesysteme bestehen aus Hardware- und Softwarekomponenten, die, anders als bei herkömmlichen (mechanischen) Auswerteinstrumenten, sehr viel schnelleren Entwicklungsänderungen unterworfen sind. Die hier aufgeführten Lösungen und Produkte stellen daher nur eine Momentaufnahme dar, die Konzepte und Möglichkeiten auch zukünftiger Systeme verdeutlichen sollen.

6.1 Komparatoren

6.1.1 Prinzipieller Aufbau

Die Messung diskreter (z.B. signalisierter) Objektpunkte in Einzelbildern erfolgt für analoge Bilder in Präzisionskomparatoren, die auch die automatische Bildmessung erlauben, wenn sie mit einer digitalen Teilbilderfassung ausgestattet sind.

Bei einem Komparator sind zwei präzise Längenmeßvorrichtungen rechtwinklig zueinander angebracht. Der zu messende Bildpunkt wird mit Hilfe einer optischen oder digital realisierten Meßmarke eingestellt. Dabei werden zunächst Komparator- oder Maschinenkoordinaten gemessen, die anschließend durch eine Transformation in das eigentliche Bildkoordinatensystem überführt werden (vgl. Kap. 2.1.2, Kap.2.2.1).

Photogrammetrische Präzisionskomparatoren sind nach dem Abbe'schen Komparatorprinzip aufgebaut, bei dem Meßlineal (Maßstab) und zu messende Strecke in einer Linie angebracht sein sollen, um Sekundärfehler durch Verkanten der Verbindungselemente zu vermeiden. Bei dem in Abb. 6.1 dargestellten Aufbau ist das Abbe'sche Komparatorprinzip nicht streng realisiert.

Die Meßgenauigkeit eines Komparators wird zunächst in Einheiten des Komparatorsystems angegeben. Hier sind in mechanischen Systemen Genauigkeiten von unter einem 1µm erreichbar. Die auf das Meßbild bezogene Bildkoordinatengenauigkeit ist zusätzlich von der Verkörperung und Reproduzierbarkeit des Bildkoordinatensystems (Rahmenmarken, Réseau), der Stabilität der Kamera sowie immer von der Erkennbarkeit des zu messenden Bildpunktes abhängig. Die hohe Genauigkeit einiger Komparatoren kann also nur dann sinnvoll ausgenutzt werden, wenn eingesetzte Kamera und Objektsignalisierung entsprechend ausgelegt sind.

Abb. 6.1: Komparatorprinzip

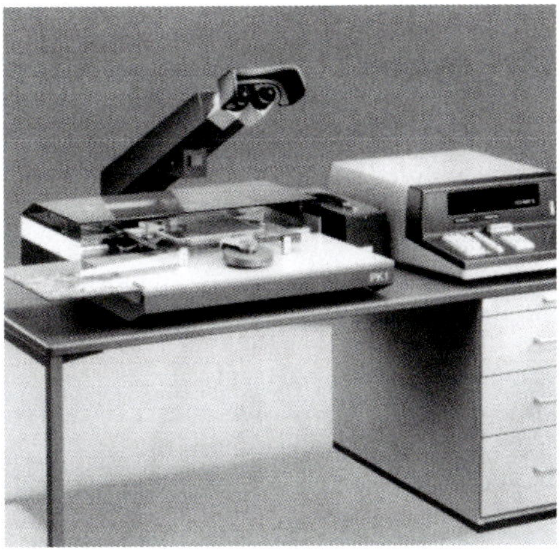

Abb. 6.2: Monokomparator Zeiss PK-1

6.1.2 Analoge Bildkomparatoren

Analoge Bildkomparatoren gehören zu den ältesten Konstruktionen photogrammetrischer Bildmeßsysteme (z.B. PULFRICH 1901: Stereokomparator, Abb. 1.25). Sie erlebten ihre Blütezeit zwischen ca. 1960 und 1980, als hochgenaue Bildkoordinaten für die neuen analytischen Auswerteverfahren benötigt wurden.

Die gängigen photogrammetrischen Monokomparatoren sind nach dem in Kap. 6.1.1 beschriebenen Prinzip aufgebaut. Die Meßmarke wird durch ein festes optisch-mechanisches Betrachtungssystem realisiert. Die Bilder werden auf manuell oder motorisch getriebenen Bildwagen gegenüber der Meßmarke verschoben. Der Bildpunkt wird manuell eingestellt, die Auslesung der Längenmessungen erfolgt durch elektro-optische Abtastung von Präzisionsglasmaßstäben. Die erreichbare Meßgenauigkeit liegt zwischen ca. 0.5µm und 2µm. Beispiele photogrammetrischer Monokomparatoren sind die Systeme Zeiss PK-1 (Abb. 6.2), Kern MK-1 oder Komess 3000.

Stereokomparatoren besitzen zwei Bildträger, die jeweils nach dem Prinzip des Monokomparators arbeiten. Durch stereoskopische Bildbetrachtung erfolgt eine zuverlässige Identifizierung nicht-signalisierter Objektpunkte. Stereokomparatoren sind heute nicht mehr im Einsatz.

6.1.3 Digitale Bildkomparatoren

Digitale Bildkomparatoren tasten einen Ausschnitt des analogen Meßbildes ab und führen die Punktmessung über digitale Bildverarbeitung durch. Die optoelektronische Bilderfassung geschieht mittels einer CCD-Videokamera, die einen Ausschnitt des Meßbildes mit starker Vergrößerung abbildet. Zur Ermittlung von Komparatorkoordinaten muß eine geometrische Beziehung zwischen dem Pixelsystem des digitalisierten

Bildausschnittes und dem gesamten Komparatorsystem hergestellt werden (Sensororientierung). Dazu haben sich zwei unterschiedliche Lösungen bewährt:

- mechanische Messung der Sensorposition
- optisch-numerische Bestimmung der Sensorposition

6.1.3.1 Komparator mit mechanischer Sensororientierung

Das Prinzip wird beispielhaft am Präzisionskomparator GSI AutoSet-1/2 erläutert. Der Komparator (Abb. 6.3) bildet den Meßausschnitt des Bildes mit ca. fünffacher Vergrößerung auf eine CCD-Kamera (Bildformat: 8.8mm × 6.6mm) ab. Ein Pixel des digitalisierten Bildes hat, bezogen auf das Originalbild, eine Pixelgröße von ca. 4µm × 2.5µm. Da der Bildausschnitt nur eine sehr kleine Fläche von ca. 1.6mm × 1.2mm besitzt, wird die grobe Punkteinstellung mit Hilfe einer weiteren Übersichtskamera vorgenommen. Das Meßbild wird in einem xy-Schlittensystem nach dem Abbe'schen Prinzip über die Meßkamera geführt, wobei die aktuelle Position an Glasmaßstäben abgegriffen wird. Mechanische Führungen und Meßeinrichtungen sind hochgenau gefertigt und kalibriert.

Das System ist in der Lage, signalisierte (retro-reflektierende) Zielmarken automatisch zu finden und mit einer mittleren Genauigkeit von ca. 0.5µm zu messen. Die durchschnittliche Meßdauer beträgt ca. 1s pro Punkt. Der Komparator wird vielfach in der Kombination mit Großformatkameras vom Typ GSI CRC-1 oder CRC-2 (Kap. 3.3.1.4) eingesetzt (FRASER & BROWN 1986).

Abb. 6.3: Präzisionskomparator GSI AutoSet-1

6.1.3.2 Komparator mit optisch-numerischer Sensororientierung

In einem Komparator mit optisch-numerischer Sensororientierung wird ebenfalls eine CCD-Videokamera zur Erfassung kleiner Bildausschnitte eingesetzt. Die Position der Kamera im Komparatorsystem wird mit Hilfe eines Réseaus ermittelt, das auf einer Abdeckplatte über dem Meßbild angebracht ist. Durch Messung von jeweils vier Réseaupunkten, die durch eine spezielle Beleuchtung sichtbar gemacht werden, kann eine

Transformation zwischen dem Pixelsystem des digitalen Bildes und dem Komparatorsystem bestimmt werden (Prinzip der Réseauabtastung, Abb. 6.4, vgl. Kap. 3.3.2.5).

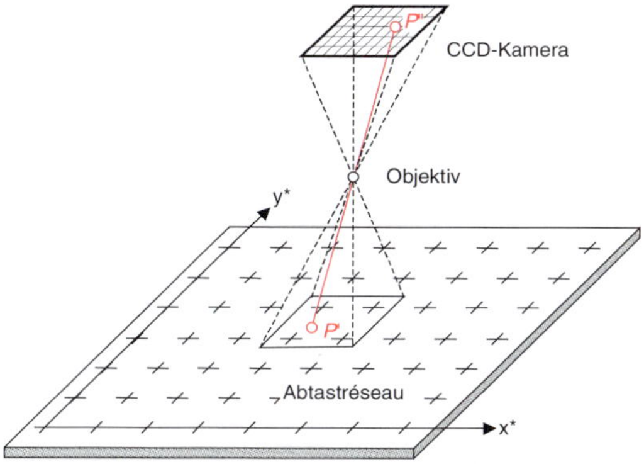

Abb. 6.4: Prinzip der Réseauabtasung

Abb. 6.5: Réseau-Scanner Rollei RS1-C

Der Réseau-Scanner Rollei RS1-C (Abb. 6.5) ist ein Beispiel für einen digitalen Bildkomparator mit Réseauabtastung. Die eingesetzte CCD-Kamera erzeugt Pixel mit einer Größe von ca. 7µm × 10µm. Die zugehörige Steuersoftware erlaubt die Messung kreuz- und ellipsenförmiger Meßpunkte. Bei einer mittleren Subpixel-Meßgenauigkeit von <0.1 Pixel wird eine Meßgenauigkeit von 1µm im Bild erreicht (LUHMANN 1988).

Wenn Bilder einer engmaschigen analogen Réseaukamera ausgemessen werden sollen, kann auf das Komparatorréseau verzichtet werden. Die Transformation vom digitalen Bildausschnitt in das Meßbild erfolgt dann direkt über die Messung der im Bild sichtbaren Kameraréseaupunkte. Der Réseauscanner wird daher typischerweise zusammen mit den Kameras Rollei LFC (Abb. 3.56) oder Rollei 6008 metric (Abb. 3.130) eingesetzt, die jeweils einen Réseaupunktabstand von 2mm besitzen (DOLD 1997).

6.2 Stereoskopische Auswertesysteme

6.2.1 Analytische Stereoauswertegeräte

6.2.1.1 Prinzip des Analytischen Plotters

Für die strenge visuelle Stereobildauswertung werden heute überwiegend Analytische Plotter oder Digitale Stereoplotter eingesetzt. Ihre Funktionsprinzipien sind zunächst gleich (Abb. 6.6):

Eine räumlich steuerbare Meßmarke wird durch Eingabe von Koordinateninkrementen $\Delta X, \Delta Y, \Delta Z$ mit geeigneten Eingabegeräten (Hand- und Fußräder, 3D-Cursor/Maus) im Modellraum bewegt. Ihre aufaddierte *XYZ*-Position wird, unter Kenntnis der Parameter der inneren und äußeren Orientierung, in Echtzeit mit Hilfe der Kollinearitätsgleichungen (4.8) in entsprechende Bildpositionen x',y' und x'',y'' umgerechnet, in die die Bilder mittels Servosteuerung oder rechnerischer Bildbewegung gestellt werden. Der Operateur kontrolliert fortlaufend stereoskopisch die Lage der Meßmarke im Modellraum und sorgt interaktiv dafür, daß sich die Meßmarke durch entsprechende Einstellung (Korrektur) der *X*-, *Y*- oder *Z*-Koordinaten auf der Objektoberfläche befindet („Meßmarke sitzt auf"). Nur wenn in beiden Bildern korrespondierende Bildpunkte eingestellt worden sind, erhält der Operateur einen plausiblen visuellen Eindruck. Bei „aufsitzender" Meßmarke können die eingestellten *XYZ*-Werte abgespeichert werden. Es erfolgt also keine direkte Bildkoordinatenmessung, sondern eine Koordinatenbestimmung im 3D-Raum.

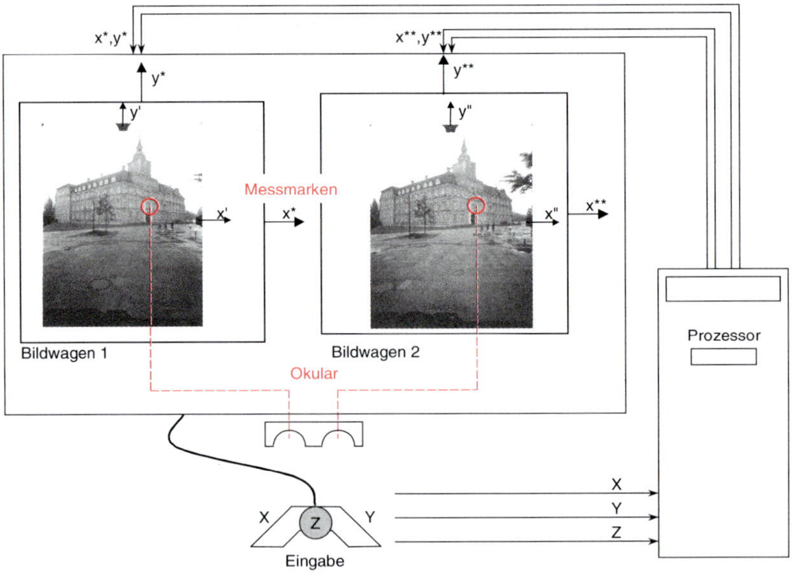

Abb. 6.6: Prinzip des Analytischen Plotters

Abb. 6.7 zeigt dazu ein marktübliches System. Die typische Meßgenauigkeit eines Analytischen Plotters beträgt zwischen ca. 2–5μm (Präzisionsgeräte) und ca. 5–10μm (Standardgeräte) im Bild.

Die visuelle stereoskopische Auswertung ist beschränkt auf Bildpaare, die näherungsweise dem Stereonormalfall entsprechen. Größere Maßstabsunterschiede oder Neigungen (Drehwinkel φ,ω) zwischen den Bildern können vom menschlichen Operateur nicht verarbeitet werden. Verkantungen um die optische Achse (Drehwinkel κ) können dagegen durch eine optische Bilddrehung (Dove-Prisma) kompensiert werden.

Die Gerätesteuerung (Bildwagensteuerung, Beleuchtung, Eingabekomponenten) und die Transformation der eingegebenen XYZ-Werte geschieht durch einen Prozessor, der somit kontinuierlich 3D-Objektkoordinaten liefert. Damit ist der analytische Plotter ein 3D-Digitizer. Über eine entsprechende Schnittstelle können die 3D-Koordinaten in ein beliebiges Auswertesystem übertragen werden, z.B. ein 3D-CAD-System oder ein geographisches Informationssystem, das sich auf einem anderen Rechnersystem befinden kann.

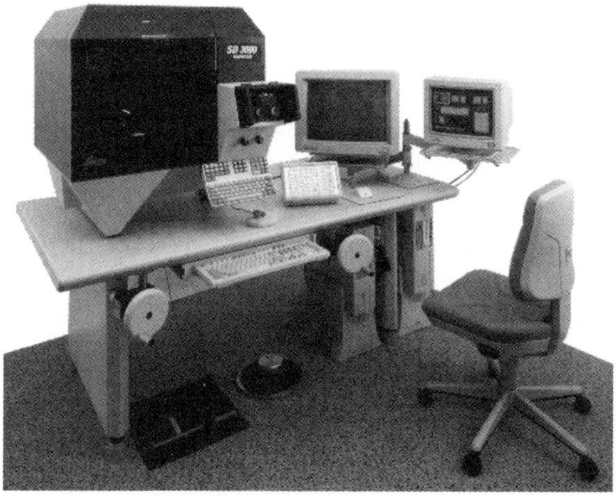

Abb. 6.7: Analytischer Plotter Leica SD 2000

Analytische Plotter können mit CCD-Videokameras ausgestattet werden, die in den Strahlengang des Okulars integriert werden. Der digitalisierte Bildausschnitt an der Meßmarkenposition kann einem Korrelations- oder Bildzuordnungsprozeß zugeführt werden, der eine automatische Parallaxenmessung (Aufsetzen der Meßmarke) erlaubt (Beispiel in Kap. 6.4.2.3). Weiterhin wird durch optische Einspiegelung eines Grafikmonitors eine Überlagerung von Bild und Grafik ermöglicht.

6.2.1.2 Orientierungsvorgänge

Die für die stereoskopische Auswertung notwendigen Orientierungsparameter werden nach den in Kap. 4.2 erläuterten Orientierungsverfahren ermittelt. Zunächst muß die Transformation zwischen Bildkoordinatensystem und Maschinensystem hergestellt werden

(Herstellung der inneren Orientierung). Sie erfolgt bildweise getrennt durch monoskopische Messung von Kamerabezugspunkten (Rahmenmarken, Réseau) und ebene Transformation auf deren Sollkoordinaten.

Mit der anschließenden Orientierung werden die Parameter der äußeren Orientierung ermittelt. Typischerweise wird dazu einer der folgenden Abläufe gewählt:

- Zweistufige Orientierung:

  In klassischer Weise erfolgt die Bestimmung getrennt in den Schritten der relativen Orientierung und der absoluten Orientierung. Nach der relativen Orientierung kann bereits im dreidimensionalen Modellkoordinatensystem ausgewertet werden.

- Übernahme bekannter Orientierungsdaten:

  Sind die Parameter der äußeren Orientierung aus vorhergehenden Berechnungen bereits bekannt, können sie bild- oder modellweise geladen werden. Nach der inneren Orientierung ist das System dann sofort einsatzbereit. Üblicherweise wird die äußere Orientierung durch Bündeltriangulation bestimmt. Bei Übernahme der Orientierungsparameter ist auf die korrekte Drehreihenfolge der Orientierungswinkel zu achten bzw. eine entsprechende Umformung vorzunehmen.

Für die speziellen Anforderungen von Nahbereichsanwendungen existieren Sonderprogramme, welche die Orientierung beliebig geneigter Aufnahmen, gleichzeitige Verwendung mehrerer kleinformatiger Bilder, Auswertung von Réseauaufnahmen und Transformationen in beliebig gelagerte Objektkoordinatensysteme gestatten (HINSKEN & MEID 1994).

6.2.1.3 Objektauswertung

Analytische Stereoauswertesysteme gestatten zunächst nur die 3D-Erfassung von Objektpunkten. Linien werden als Polygone, Flächen als dichtes Punktraster (Digitales Oberflächenmodell) erfaßt.

Für die Bestimmung von linienhaften Strukturen des Objektes kann ein analytischer Plotter in einen kontinuierlichen Meßmodus geschaltet werden. Hierbei werden zeit- oder wegabhängig fortlaufend die Raumkoordinaten der Meßmarke registriert, die vom Operateur über die Linienstruktur geführt wird.

Die Messung digitaler Oberflächenmodelle kann weitgehend automatisiert werden. Dabei berechnet das Steuerprogramm zunächst ein in der Bezugsebene definiertes Punktraster (z.B. ΔX=ΔY=const.). Diese Punkte werden automatisch angefahren, so daß der Operateur (bzw. ein Korrelationsalgorithmus) nur noch die Messung der x-Parallaxe zur Bestimmung von Z vornehmen muß.

6.2.2 Digitale Stereoauswertesysteme

Digitale Stereoarbeitsstationen besitzen kein mechanisches Bildwagensystem mehr. Stattdessen werden digitalisierte Bilder an einem geeigneten Stereomonitor dargestellt und digital verschoben. Die Bewegung der Bilder erfolgt relativ zu einer grafisch überlagerten Meßmarke. Dabei können die Meßmarke, das Bild oder beide gleichzeitig bewegt werden.

Die stereoskopische Betrachtung geschieht durch optische oder elektronische Bildtrennung. Im wesentlichen können folgende Techniken unterschieden werden:

- Split-Screen:

  Beide Bilder werden gleichzeitig nebeneinander auf dem Monitor angezeigt. Ein einfaches Linsensystem, das dem Prinzip des Spiegelstereoskops entspricht, gestattet die visuelle Betrachtung. Die Meßmarke muß dazu fixiert sein, d.h. die Bilder bewegen sich. Der Operateur besitzt keine Bewegungsfreiheit bei der Bildbetrachtung.

- Anaglyphen-Technik:

  Die Bilder werden rot und grün eingefärbt und mit einer Brille mit roten und grünen Farbfiltern betrachtet. Das Verfahren eignet sich nur für Grautonbilder. Der stereoskopische Eindruck gelingt auch in einem größeren Betrachtungsabstand und -winkel.

- Abwechselnde Bilddarstellung:

  Die Darstellung des linken und rechten Bildes erfolgt abwechselnd in schneller Folge (Wechselfrequenz > 100Hz). Der Operateur trägt eine synchronisierte Brille mit elektronisch gesteuerten Blenden (*shutter*), die jeweils das gerade dargestellte Bild nur dem zugehörigen Auge zuführen. Die Stereobetrachtung kann in einem größeren Arbeitsbereich vor dem Monitor erfolgen.

- Polarisierte Bilddarstellung:

  Das vom Monitor abgestrahlte Bild wird mit einem LCD-Filter in der Bildwechselfrequenz unterschiedlich polarisiert. Der Operateur trägt wiederum eine Brille, deren Gläser entsprechend so polarisiert sind, daß jedes Auge nur das ihm zugedachte Bild sieht. Eine elektronische Steuerung der Brille ist nicht nötig (Abb. 6.8a).

- Autostereoskopische Darstellung (Mikroprismen):

  Das Stereobild wird spaltenweise (gerade Spalten: linkes Bild; ungerade Spalten: rechtes Bild) dargestellt. Auf einer LCD-Monitoroberfläche befindet sich ein vertikales Mikroprismensystem, das die Spaltenbilder in die entsprechende Augenrichtung ablenkt. Der Stereoeindruck entsteht ohne zusätzliche Hilfsmittel, das Stereobild besitzt die halbe horizontale Monitorauflösung. Da Bewegungen des Operateurs über eine automatische Bild- und Prismennachführung (*eye finder*) kompensiert werden, steht ein größerer Arbeitsbereich vor dem Monitor zur Verfügung (Abb. 6.8b).

- LCD-Monitorbrillen:

  Der Operateur trägt eine Brille mit zwei getrennt angesteuerten LCD-Miniaturmonitoren. Stereobetrachter dieser Art werden vor allem für Virtual-Reality-Anwendungen genutzt.

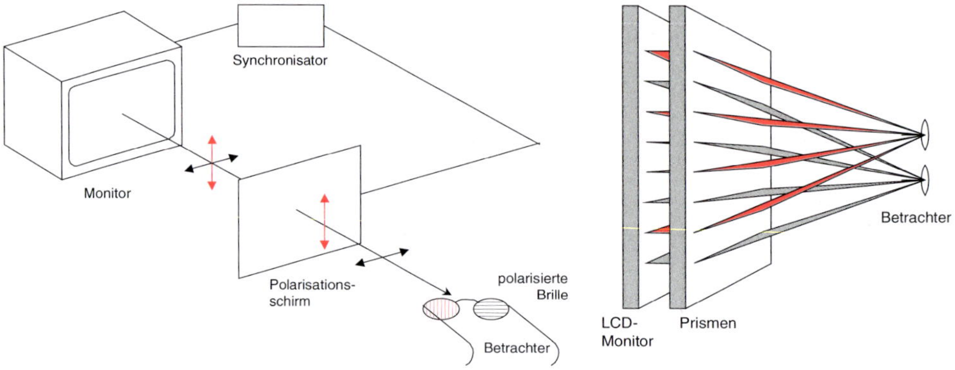

a) Polarisationsbildschirm (nach KRAUS 1996)

b) Autostereoskopisches Prinzip (TU Dresden)

Abb. 6.8: Funktionsmöglichkeiten von Stereomonitoren

Digitale Stereoarbeitsstationen (Beispiel in Abb. 6.9) besitzen gegenüber analogen Systemen zahlreiche Vorteile:

- Bild- und Grafikinformationen können problemlos gleichzeitig dargestellt werden
- mehrere Arbeitsstationen können vernetzt werden und parallel auf das gleiche Bildmaterial zugreifen
- Funktionen eines Komparators, eines Analytischen Plotters, eines Entzerrungsgerätes und eines grafischen Arbeitsplatzes sind in einem System integriert
- Orientierungsvorgänge sowie Messungen von Punkten, Linien und Flächen können automatisiert werden

Abb. 6.9: Digitales Stereoauswertesystem Leica/Helava DPW 770

Digitale Stereoplotter lassen sich für die Auswertung beliebiger Stereobilder einsetzen. Es gibt keine technische Einschränkung hinsichtlich der verwendeten Bildsensoren. Gleichwohl ist die zugehörige Standardsoftware häufig auf die Auswertung von Luftbildern ausgerichtet (HEIPKE 1995). Als Beispiel einer Nahbereichsanwendung wird in Abb. 6.10 ein digitales Stereobild und das Ergebnis einer automatischen Höhenmodellerfassung von

Kratern in Gasbetonsteinen gezeigt, die Strahleigenschaften von Hochdruckdüsen charakterisieren.

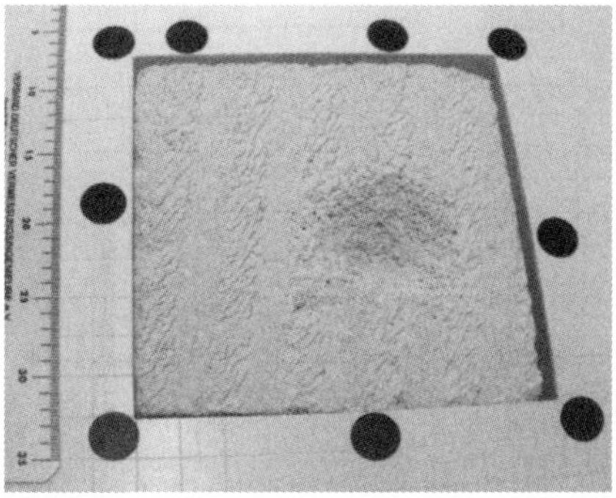

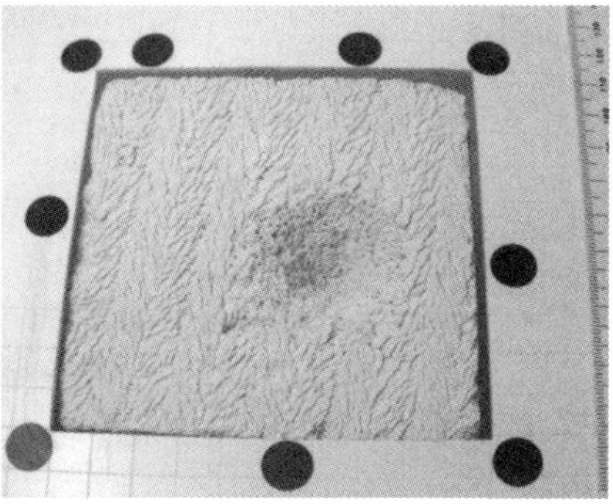

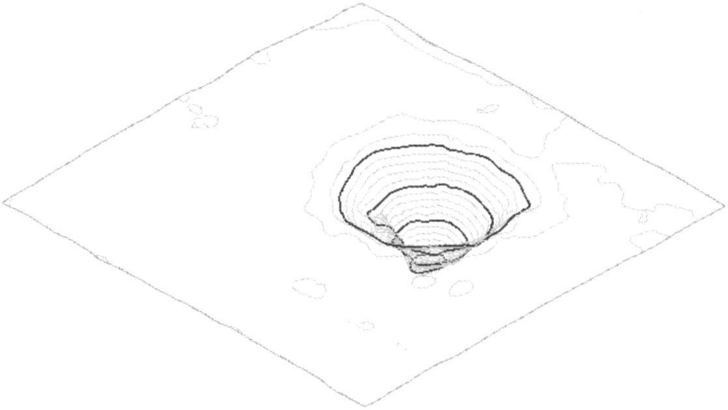

Abb. 6.10: Digitales Stereobildpaar und Höhenauswertung mit Leica/Helava DPW (Kamera: Kodak DCS420, f=15mm, m_b=15)

6.2.3 Stereovisionsysteme

Mit Stereovisionsystemen werden Zweikamerasysteme bezeichnet, die on-line die 3D-Erfassung einer Objektszene erlauben, z.B. für folgende Anwendungen:

- Navigation autonomer Fahrzeuge (Erkennung von Hindernissen)
- Steuerung von Handhabungsrobotern (Lokalisierung von Werkstücken)
- 3D-Erfassung der Innenbereiche von Rohrleitungen
- Untersuchungen durch Stereo-Endoskopie (Medizin, Materialprüfung)

Abb. 6.11: Autonom navigierender Roboter mit Stereovisionsystem (Katharina, IFF Magdeburg)

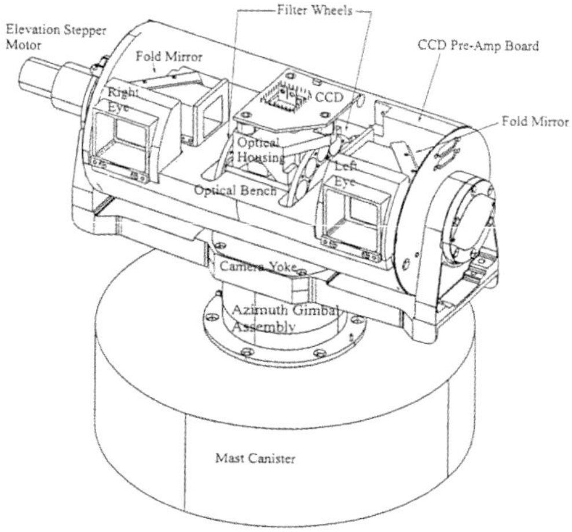

Abb. 6.12: Aufbau der IMP-Stereokamera im Mars Pathfinder (NASA)

Im allgemeinen bestehen diese Systeme aus zwei baugleichen, parallel angeordneten CCD-Videokameras, deren Bilder entweder on-line rechnerisch ausgewertet oder einer visuellen Betrachtung zugeführt werden. Abb. 6.11 zeigt einen Roboter mit Stereokameras, Abb. 6.12 stellt den Aufbau der Stereokamera des Mars Pathfinder dar (DORRER 1998).

6.3 Mehrbildmeßsysteme

6.3.1 Interaktive Auswertesysteme

Interaktive Mehrbildauswertesysteme ermöglichen die Messung von Bildpunkten in mehr als zwei Bildern. Die Kontrolle der Punktidentität und Zuordnung ist Aufgabe des Operateurs. Ziel der Auswertung ist neben der reinen Koordinatenbestimmung vor allem die Ableitung grafischer Objektinformationen, z.B. eine Linienauswertung. Die gewonnenen Daten werden üblicherweise an ein CAD-Programm zur weiteren Überarbeitung gegeben.

6.3.1.1 Auswertesysteme mit Digitizertablett

Seit Mitte der achtziger Jahre existieren Mehrbildauswertesysteme, bei denen die Bildmessung in Papierabzügen (Vergrößerungen) analoger Meßbilder auf einem grafischen Tablett (Digitizer) erfolgt. Ebenso wie bei analytischen Auswertegeräten muß dabei zunächst die Orientierung der Bilder (innere Orientierung) auf dem Tablett bestimmt werden. Werden Aufnahmen einer Réseaukamera verwendet, können über die Messung der Réseaupunkte etwaige Bilddeformationen des Papierabzugs oder Einflüsse des Digitizers kompensiert werden.

Die Orientierungsparameter werden in der Regel durch Bündeltriangulation, zusätzliche Objektpunkte für Punkt- oder Linienauswertungen durch räumlichen Vorwärtsschnitt bestimmt. Die Anzahl der auswertbaren Bilder ist nicht begrenzt.

Hauptanwendungsbereiche dieser Systeme sind Architektur und Denkmalpflege sowie forensische Auswertungen (Unfallaufnahme, Tatortvermessung). Beispielhafte Systeme sind Rollei MR2 (Abb. 6.13) oder Elcovision 10. Sie sind heute durch die Mehrbildauswertung digitalisierter Bilder erweitert worden (siehe unten, z.B. Abb. 6.16).

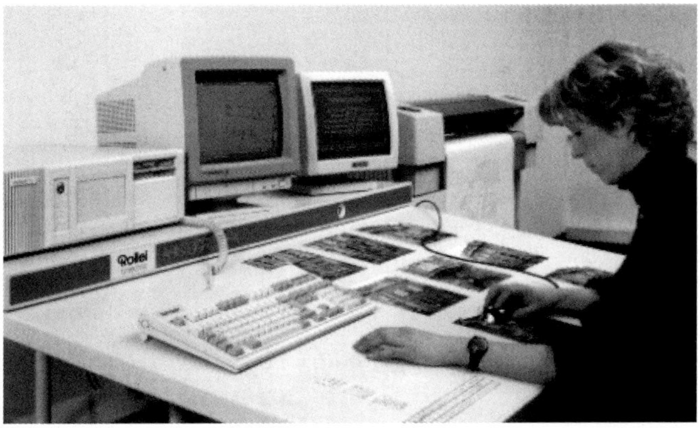

Abb. 6.13: Interaktives analytisches Mehrbildauswertesystem Rollei MR2

6.3.1.2 Digitale Auswertesysteme

Liegen die auszuwertenden Meßbilder in digitaler Form vor, können sie direkt in einer grafischen Benutzeroberfläche ausgewertet werden. Die Verwendung digitaler Bilder führt hier, ebenso wie bei digitalen Stereoplottern, zur deutlichen Effizienzsteigerung und Qualitätsverbesserung der interaktiven Auswertung:

- Einmalige innere Orientierung:

  Die Zuordnung zwischen dem Pixelsystem des digitalen Bildes und dem Bildkoordinatensystem des Originalmeßbildes muß, im Gegensatz zu analogen Meßsystemen, nur einmal hergestellt werden und kann mit den Bildern zusammen abgespeichert werden.

- Bildverarbeitung:

  Zur besseren visuellen Bildauswertung können die Bilder problemlos in Kontrast und Schärfe verändert werden[1]. Funktionen zur Bildentzerrung (Orthobilder) können im Auswertesystem integriert werden.

[1] Manipulierte Bilder können eine geänderte Geometrie aufweisen (siehe Kap. 5.2.1.3).

- Automation:

  Funktionen zur digitalen Punkterkennung und -messung erlauben nicht nur die automatische innere Orientierung, sondern erweitern interaktive Systeme unmittelbar zu Online- oder Offline-Systemen.

- Überlagerung von Grafik-Informationen:

  Digitale Bilder und grafische Informationen können problemlos überlagert werden und gestatten eine visuelle Kontrolle der Auswertung.

- Integration in eine CAD-Umgebung:

  Bilddarstellung, Bildmessung und 3D-CAD-Bearbeitung der ausgewerteten Objektinformationen können in einem geschlossenen System erfolgen.

Ein Beispiel für die Integration eines photogrammetrischen Meßsystems mit einer 3D-CAD-Umgebung zeigt das interaktive Auswertesystem PHIDIAS-MS (Abb. 6.14) (BENNING & SCHWERMANN 1997). Es ist in das CAD-System Microstation eingebunden, das sämtliche gängigen CAD-Funktionen auch bei der photogrammetrischen Objekterfassung zur Verfügung stellt. Das System ist daher für (komplexe) grafische Objektrekonstruktionen geeignet, wie sie in Architekturanwendungen und bei der Erfassung von Industrieanlagen (As-Built-Erfassung) vorliegen.

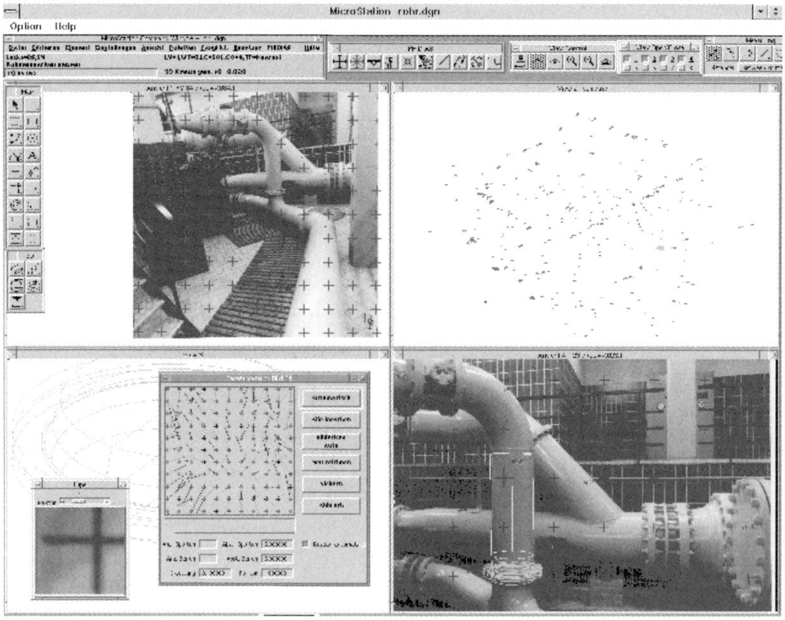

Abb. 6.14: Interaktives digitales Mehrbildauswertesystem PHIDIAS-MS

6.3.2 Mobile industrielle Punktmeßsysteme

Durch den Einsatz von Digitalkameras und digitalen Bildauswerteverfahren wird die klassische Trennung von Bildaufnahme am Objekt und Auswertung im Labor aufgehoben. Stattdessen kann die komplette Objektvermessung direkt vor Ort erfolgen.

Für die punktweise photogrammetrische Erfassung von Objekten unterscheidet man Online- und Offline-Meßsysteme. In beiden Fällen werden diskrete Objektpunkte erfaßt, deren Antastung entweder optisch (Bestimmung markanter Objektpunkte oder Zielmarken) oder mechanisch (taktile Antastung mit einem photogrammetrisch orientierten Meßadapter) erfolgt.

Flächenhaft antastende Meßsysteme sind dagegen in der Regel mit einem Projektor ausgestattet, der ein geeignetes Streifen-, Gitter- oder Zufallsmuster projiziert. Diese Systeme unterscheiden sich vor allem auch darin, ob der Projektor als aktive, orientierte Meßkomponente oder nur als passive Projektionshilfe eingesetzt wird.

6.3.2.2 Offline-Photogrammetriesysteme

Ein Offline-Photogrammetriesystem ist gekennzeichnet durch:

- Aufnahme eines Objektes mit mindestens zwei Bildern einer oder mehrerer Kameras
- Orientierung des Bildverbandes, Simultankalibrierung und 3D-Punktbestimmung durch Bündeltriangulation

Beide Vorgänge laufen zeitlich und eventuell örtlich voneinander getrennt ab (off-line). Damit bezeichnet die Offline-Photogrammetrie den üblichen Standardfall einer photogrammetrischen Aufnahme, d.h. es gibt keinerlei Einschränkungen hinsichtlich der Aufnahmesysteme, der Objektsignalisierung und der Aufnahmekonfiguration (Anzahl und Anordnung der Bilder).

Abb. 6.15: Objekterfassung mit einem Offline-Photogrammetriesystem (Imetric)

Der Begriff Offline-Photogrammetrie ist vor allem im industriellen Umfeld gebräuchlich. Hierbei wird implizit die Verwendung digitaler Kameras (Still-Video-Kameras) und signalisierter bzw. codierter Zielmarken (Retromarken) angenommen. Damit wird gleichzeitig eine automatisierte Orientierung und Bildauswertung möglich.

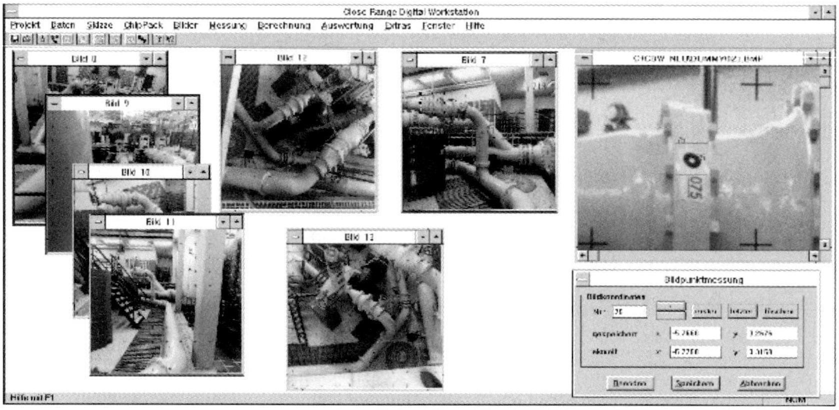

Abb. 6.16: Benutzeroberfläche des Systems Rollei CDW

Abb. 6.15 zeigt die Aufnahme eines Objektes, das mit einer Reihe von einfachen Zielmarken (Verknüpfungspunkte) und speziellen Adaptern zur Erfassung nicht direkt meßbarer Objektbereiche versehen ist. Abb. 6.16 stellt die Benutzeroberfläche eines typischen Mehrbildauswertesystems dar. Die Objekterfassung mit industriellen Offline-Systemen ist durch folgende Merkmale gekennzeichnet:

- sequentielle Bildaufnahme mit hochauflösender Still-Video-Kamera (Bildspeicherung/Bildverarbeitung in der Kamera) und Ringblitz
- Objektsignalisierung mit retro-reflektierenden Zielmarken
- codierte Orientierungspunkte zur automatischen Näherungswertbestimmung und Bildorientierung
- Verkörperung eines lokalen 3D-Objektkoordinatensystems durch einen kalibrierten Referenzkörper
- Bündeltriangulation mit Simultankalibrierung
- digitale Punktmessung mit Subpixelgenauigkeit (0.02–0.05 Pixel)
- typische Anzahl von Bildern zwischen 10 und 50 (keine prinzipielle Begrenzung)
- typische Anzahl von Bildern pro Objektpunkt zwischen 6 und 20 (keine prinzipielle Begrenzung)
- typische Objektgrößen zwischen 1m und 15m (keine prinzipielle Begrenzung)
- typische Dauer einer Objekterfassung und Auswertung zwischen ca. 10min und 60min.
- erreichbare relative Genauigkeit ca. 1:50000 bis 1:100000

Die erreichbaren Objektgenauigkeiten hängen stark von der gewählten Aufnahmekonfiguration und der Stabilität der Kamera während des Zeitraums der Bilderfassung ab. Die angegebenen Werte können erreicht werden, wenn hinreichende Strahlenschnittwinkel und gleichmäßige Nutzung des verfügbaren Bildformates gewährleistet sind.

6.3.2.3 Online-Photogrammetriesysteme

Online-Photogrammetriesysteme erlauben die unmittelbare Messung von 3D-Objektkoordinaten im Sinne eines Koordinatenmeßgerätes. Die Bilder werde durch mindestens zwei synchronisierte Digitalkameras aufgenommen, deren Orientierung und Kalibrierung im allgemeinen vorab bestimmt worden ist. Das Objekt wird taktil durch einen Taststift oder Adapter angetastet (siehe Kap. 3.4.1.4), dessen räumliche Orientierung im Meßvolumen photogrammetrisch ermittelt wird, wenn der Bediener die Bildaufnahme auslöst. Die Lage der Referenzpunkte des Antaststiftes wird im übergeordneten Koordinatensystem XYZ durch räumlichen Vorwärtsschnitt bestimmt. Die räumliche Lage des Antastpunktes *P* ist im lokalen System xyz bekannt und kann dann in den Objektraum transformiert werden.

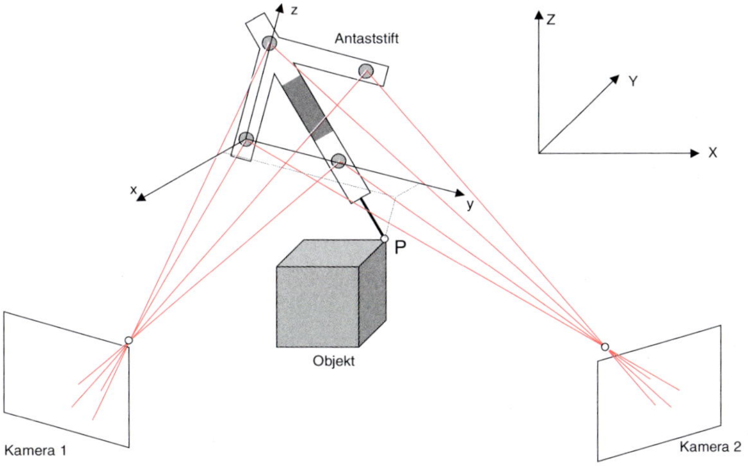

Abb. 6.17: Meßprinzip eines Online-Systems mit taktiler Antastung

Kamerasteuerung, Beleuchtung (Blitz) und Bildübertragung erfolgen durch einen angeschlossenen Rechner, in dem auch die Bildauswertung und Koordinatenberechnung vorgenommen wird. Der Rechner kann extern (Laptop, Rechnerwagen) oder intern in den Kameras untergebracht sein. Im letzteren Fall erfolgt die Bildauswertung (Punktmessung) direkt in der Kamera und es werden lediglich wenige Bildkoordinaten an einen Auswerterechner übertragen (Beispiel in Abb. 3.85, Abb. 3.87).

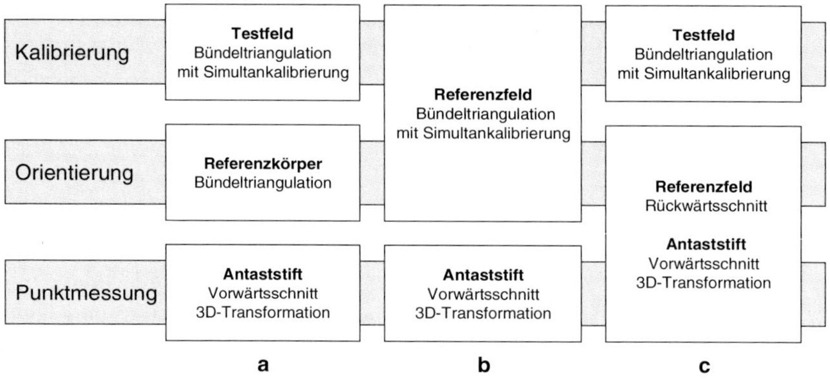

Abb. 6.18: Konzepte zur Kalibrierung, Orientierung und Punktmessung in Online-Meßsystemen

Bei der Kalibrierung und Orientierung von Online-Systemen können folgende Konzepte unterschieden werden (Abb. 6.18):

(a) Getrennte Vorabkalibrierung, Orientierung und Punktmessung:

Die innere Orientierung der beteiligten Kameras wird separat von der Objektvermessung durchgeführt, z.B. durch Testfeldkalibrierung. Sämtliche Kameras werden durch simultane Aufnahme eines Referenzkörpers orientiert, der ein örtliches 3D-Koordinatensystem definiert. Anschließend erfolgt die punktweise Objekterfassung durch räumlichen Vorwärtsschnitt sowie 3D-Transformation der Zielpunkte und der Spitze des Antaststiftes.

Dieses Vorgehen setzt eine ausreichende innere Stabilität der Kameras für den gesamten Zeitraum zwischen Kalibrierung und Abschluß der Objektmessung voraus. Ebenso muß die äußere Orientierung der Kameras gewährleistet sein, z.B. durch feste mechanische Aufhängung oder stabile Stative.

(b) Kalibrierung und Orientierung mit Referenzkörper am Meßobjekt:

Im Meßvolumen des Objektes befindet sich ein kalibriertes Referenzfeld mit lokalen 3D-Paßpunkten oder Paßstrecken. Nach dem Aufstellen der Kameras kann die Orientierung der Sensoren durch räumlichen Rückwärtsschnitt (getrennt für alle Kameras) oder durch Bündeltriangulation vorgenommen werden. Die innere Orientierung kann unter Umständen mitbestimmt werden, wenn der Referenzkörper über eine hinreichende Ausdehnung und Verteilung von Paßpunkten verfügt oder nacheinander an verschiedenen Raumpositionen angeordnet wird. Die anschließende Punktmessung erfolgt wie in Konzept (a).

(c) Integrierte Orientierung bei der Punktmessung:

Die Bestimmung der Kameraorientierungen kann in die eigentliche Punktmessung integriert werden. Bei jeder neuen Messung der Taststiftposition wird auch ein Referenzfeld erfaßt, mit dem die äußere Orientierung der Kameras ständig überprüft bzw. angepaßt werden kann. Das Verfahren ist von besonderer Bedeutung, da keine zwingende Stabilität der Kamerastandorte (z.B. auf Stativen) vorausgesetzt wird.

Für den Einsatz von Online-Systemen sind verschiedene Konfigurationen und Anwendungen denkbar, z.B:

- Zweikamerasystem mit manuell geführter taktiler Antastung (Ausführung wie oben beschrieben, siehe Abb. 6.19)
- Zweikamerasystem zur Verfolgung dynamischer Vorgänge, z.B. der räumlichen Bewegung eines Robotors
- Mehrkamerasystem zur Überwachung von Deformationen durch permanente Wiederholungsmessung von Kontrollpunkten

Abb. 6.19: Online-Meßsystem mit manuell geführter taktiler Antastung (Metronor)

Die Meßgenauigkeit von Online-Systemen ist gegenüber dem Offline-Prinzip bei gleicher Systemausstattung herabgesetzt. Dies hat vor allem folgende Ursachen:

- geringe Anzahl von Bildern pro Punktmessung (Standard: 2)
- mögliche ungleiche Meßgenauigkeiten in X,Y und Z (siehe Kap. 4.4.2.2.2)
- hohe Anforderungen an die Stabilität der inneren, besonders aber der äußeren Orientierung
- Berührung des Objektes und Bildauslösung müssen gleichzeitig geschehen; dies ist bei manueller Antastung mit nicht-messenden Taststiften abhängig von der Fertigkeit des Bedieners

Marktübliche Online-Systeme bieten unter den genannten Umständen eine Objektgenauigkeit von ca. 0.1–0.2mm bei einem Meßabstand bis zu 2m (Annahmen: Bildmaßstab m_b=100, Basisabstand b=2m). Dies entspricht einer relativen Genauigkeit von ca. 1:25000 oder einer Bildmeßgenauigkeit von 1μm.

Unterschiede in den Systemen bestehen vor allem im Bedienkonzept und den möglichen Strategien zur Orientierung und Fehlererkennung. Operationelle Online- und Offline-Systeme in verschiedenen Varianten existieren z.B. von AICON (DPA Win, PEIPE et al. 1994), GSI/Leica (VSTARS, BROWN & DOLD 1995), Imetric (TPxx, BEYER et al. 1995), Metronor (PETTERSEN 1992), Rollei (CDW, GODDING 1996) oder GOM (WINTER & REICH 1997). Eine Übersicht gibt DOLD (1999).

6.3.3 Stationäre industrielle Online-Meßsysteme

Für eingeschränkte und immer wiederkehrende gleichartige Meßaufgaben bietet es sich an, spezielle Systemlösungen mit hohem Automationsgrad zu entwickeln. Stationäre Meßsysteme können dabei gegenüber mobilen Systemen so konstruiert werden, daß die photogrammetrischen Meßkomponenten (Kameras, Projektoren, Dreheinrichtungen) für einen längeren Zeitraum kalibriert und über einem bekannten Punktfeld automatisch orientiert werden können. Dadurch befinden sich diese Systeme praktisch in ständiger Meßbereitschaft.

6.3.3.2 Mehrbildsysteme zur Produktionskontrolle

Zur Maßkontrolle einer laufenden Fertigung können Mehrkamerasysteme direkt in der Fertigung eingesetzt werden. In der Regel ist die Meßaufgabe auf ein bestimmtes Teilespektrum beschränkt, so daß eine feste Anordnung von Kameras, Beleuchtung und Referenzpunkten möglich ist. Aufgabe eines solchen Fertigungsmeßsystems ist die Echtzeitvermessung des Objektes mit anschließender Qualitätsbewertung und Übergabe der Daten an die Produktionssteuerung.

6.3.3.2.1 System zur Vermessung von Bremsleitungen

Das Meßsystem AICON OLM stellt eine Lösung zur automatischen 3D-Vermessung beliebig geformter Bremsleitungen in der Automobilproduktion dar. Mit der berührungslosen Messung wird die herkömmliche Maßkontrolle mit Lehren ersetzt.

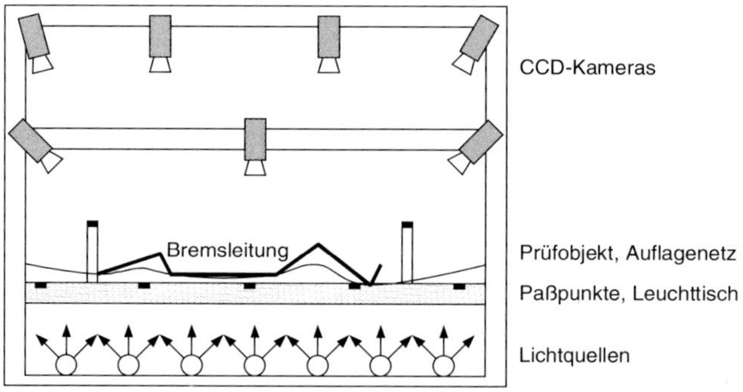

Abb. 6.20: Online-Meßsystem zur Maßkontrolle von Bremsleitungen (AICON OLM)

Das System ist vertikal in fünf Ebenen gestaffelt (Abb. 6.20). In den oberen zwei Ebenen befinden sich bis zu 12 CCD-Videokameras, in den unteren zwei Ebenen sind eine Leuchtfläche und ein räumliches Referenzpunktsystem angeordnet. Die Kameras werden am Referenzsystem orientiert. In der Zwischenebene befindet sich die zu prüfende Bremsleitung, die vom Bediener in beliebiger Lage auf ein elastisches Netz gelegt wird.

Die Bremsleitung erscheint in jedem Bild als schwarze Kontur über hellem Hintergrund und läßt sich leicht lokalisieren. Biegepunkte, Biegewinkel, Geraden- und Bogenstücke lassen sich vollautomatisch durch digitale Mehrbildauswertung bestimmen. Das System berechnet Korrekturdaten zu gegebenen Sollwerten und gibt diese sofort zur Nachsteuerung an eine Biegemaschine weiter. Das Meßvolumen beträgt ca. $2.5 \times 1.2 \times 0.7\text{m}^3$, die Meßgenauigkeit liegt bei 0.2–0.5mm (BÖSEMANN 1996).

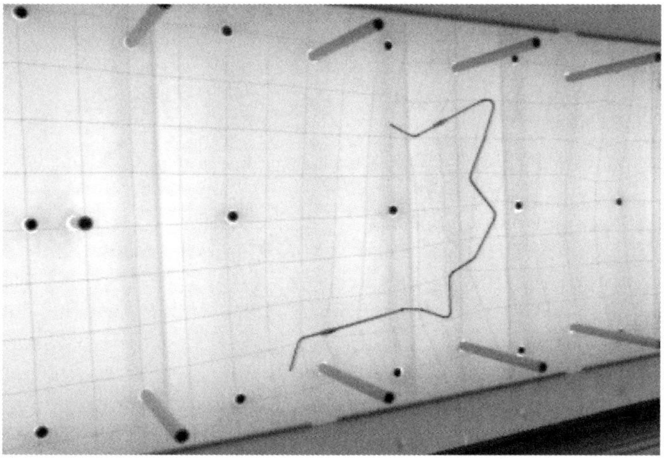

Abb. 6.21: Videomeßbild zur Bremsleitungsaufnahme (AICON OLM)

6.3.3.2.2 System zur zur Steuerung von Fertigungsmaschinen und Robotern

Das Imetric System TI²-PCS dient der hochpräzisen Steuerung von vor allem großen Fertigungsmaschinen. Dazu wird das Werkzeug (z.B. ein Bohrer) mit geeigneten Zielmarken versehen, deren Bezug zur Spitze (*tool center point*) und Orientierung des Werkzeugs kalibriert wird. Das zu bearbeitende Bauteil wird ebenfalls signalisiert, so daß die relative räumliche Lage zwischen Bauteil und Werkzeug vollautomatisch bestimmbar ist und in Korrekturdaten für die Werkzeugmaschine umgesetzt werden kann. Positionierungs-fehler, geometrische Maschinenfehler und Deformationen durch Temperatureinflüsse können somit on-line korrigiert werden.

Die Bildaufnahme erfolgt mit hochauflösenden Digitalkameras Imetric ICam 6 (siehe Abb 3.87), die speziell für den Einsatz in industriellen Produktionsumgebungen konstruiert sind. Vollautomatische Bildauswertung und Systemkontrolle erlauben die Bedienung auch durch ungeschultes Personal.

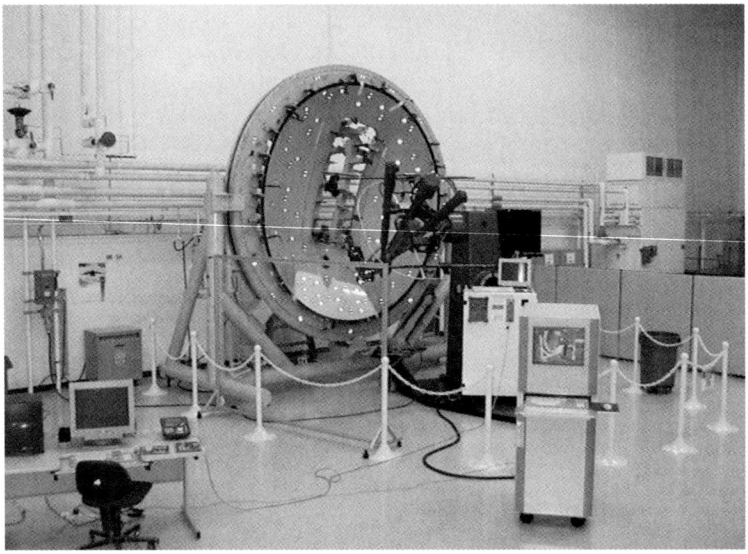

Abb. 6.22: System zur Steuerung von Werkzeugmaschinen bei Boeing (Imetric TI²)

Abb. 6.22 zeigt eine Anwendung des Systems bei Boeing. Das Bauteil (*Aft Pressure Bulkhead*) hat einen Durchmesser von ca. 5m und besteht aus 10 Lagen von Aluminiumblechen und Stahlblechen, welche mit etwa 4000 Nieten verbunden werden. Alle dafür notwendigen Löcher wurden bisher mit Hilfe von Vorrichtungen manuell gebohrt. In einem ersten Schritt werden die Zielmarken und Referenzadapter des Bauteils off-line im Objektkoordinatensystem bestimmt. Der Bohrroboter wird anschließend nach Bildschirmvorgabe manuell grob positioniert, die Feineinstellung erfolgt dann während der Bearbeitung durch Online-Messung des Werkzeuges und dem Vergleich mit den Solldaten der Maschinensteuerung. Die Meßgenauigkeit des Systems beträgt ca. 0.05mm.

6.3.3.2.3 Meßsystem für ebene Objektkonturen

Die optische Vermessung der Konturen ebener Objekte stellt einen Sonderfall der photogrammetrischen Auswertung dar. Mit Hilfe der projektiven Transformation (2.12) können Bildmessungen eindeutig in den Objektraum übertragen werden. Die Transformationsparameter werden in der Regel mit Hilfe von mindestens vier ebenen Paßpunkten bestimmt.

Abb. 6.23 zeigt den prinzipiellen Aufbau eines Systems zur Maßkontrolle von Betonfertigteilen (BROERS & LUHMANN 1998). Durch geeignete diffuse Beleuchtung werden die Kanten der Objekte so abgebildet, daß eine automatische Konturverfolgung (Kap. 5.4.3) zur Kantenmessung durchgeführt werden kann. Die Kameras werden mit Hilfe eines Testfeldes kalibriert, das von Zeit zu Zeit in das Meßvolumen gefahren wird. Gegebene Soll-CAD-Daten werden zur Grobsegmentierung der Objektkanten und für den abschließenden Soll-Ist-Vergleich genutzt. Berechnete und gemessene Bildkoordinaten müssen um die Einflüsse der inneren Orientierung (radiale und tangentiale Verzeichnung, Affinität und Scherung) korrigiert werden, damit die Projektivtransformation angesetzt werden kann (Abb. 6.24). Abweichungen von der Ebenheit führen direkt zu einem Lagefehler in der Kantenmessung nach Gleichung (2.71).

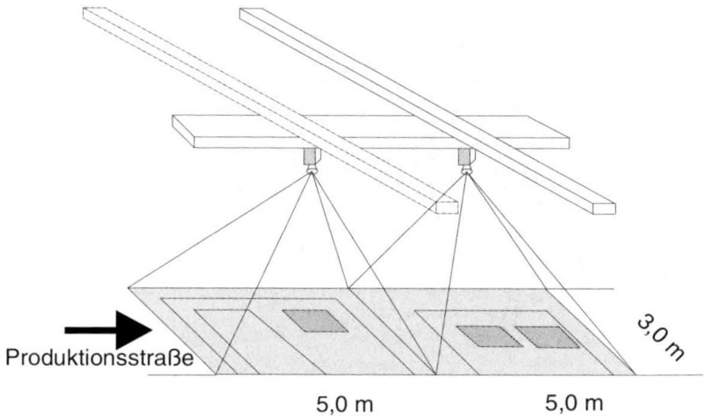

Abb. 6.23: Online-Meßsystem zur Maßkontrolle von ebenen Betonfertigteilen

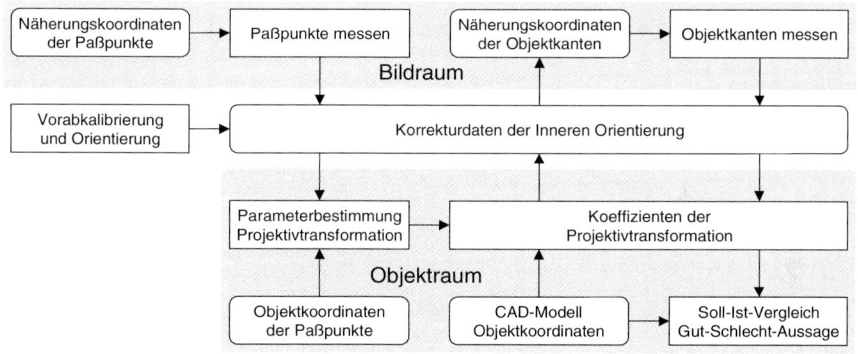

Abb. 6.24: Meßablauf bei der ebenen Konturmessung

Für die Kontrolle der Betonfertigteile arbeitet das System mit bis zu vier (unabhängigen) CCD-Videokameras in einer automatischen Produktionsumgebung. Die Genauigkeit beträgt ca. 1mm in einem Meßvolumen von ca. $10 \times 3\text{m}^2$. Dasselbe Meßprinzip läßt sich auch für beliebige andere ebene Objekte einsetzen.

6.3.3.3 Mehrbildsystem mit Rundtisch

Das System POM (Leica/Rollei) ist ein in den achtziger Jahren entwickelter Prototyp für ein flexibles Online-Meßsystem zur 3D-Vermessung von Automobilteilen. Es besteht aus drei Réseau-Scanning-Kameras Rollei RSC, die fest in einem Gestell angebracht sind. Ein integrierter Digitalrundtisch ermöglicht eine allseitige Beobachtung der Prüfteile.

Abb. 6.25: Online-Meßsystem mit Digitalrundtisch (POM)

Das System gestattet die Bestimmung signalisierter Punkte und die 3D-Berechnung geometrischer Elemente mit dem Konturverfahren (vgl. Kap. 4.4.3.2). Zur variablen Objektbeleuchtung können bis zu 64 Lichtquellen rechnergesteuert eingesetzt werden.

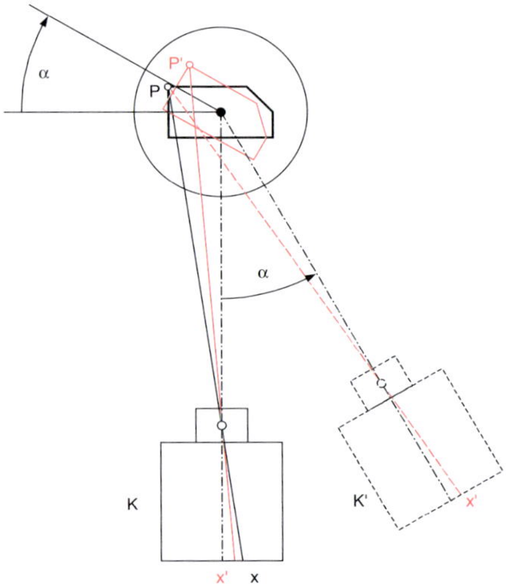

Abb. 6.26: Virtuelle Kameraorientierung über einem Rundtisch

Der Rundtisch besitzt eine Winkelmeßeinrichtung und wird im Rahmen einer mehrstufigen Bündelausgleichung zusammen mit den Kameras kalibriert und orientiert. Bei einer Drehung α des Tisches werden virtuelle Kamerapositionen *K'* berechnet, deren neue Orientierungswerte einer Drehung der Kameras um das nicht-gedrehte Objekt entsprechen (Abb. 6.26). Ein Objektpunkt *P* erscheint in nicht-gedrehter Stellung *K* an der Bildposition *x*, nach der Drehung an der Position *x'*. Dadurch ist es möglich, mit nur einer Kamera, aber verschiedenen Drehpositionen, eine räumliche Punktbestimmung vorzunehmen (GODDING & LUHMANN 1992).

Das Meßsystem besaß eine Objektgenauigkeit von 0.1mm in einem Meßvolumen von ca. 2.0m × 2.0m × 0.6m. Es wurde nicht weiterentwickelt.

6.3.4 Selbstorientierende Meßsysteme

Selbstorientierende Meßsysteme bestimmen ihre Orientierung gegenüber einem statischen oder bewegten Objektpunktfeld automatisch.

6.3.4.2 Selbstorientierender Meßtaster

Das System AICON ProCam ist ein taktiler Meßtaster, der sich selbst photogrammetrisch im Meßvolumen orientiert. Der Taster besteht aus drei konvergent angeordneten CCD-Kameras und einer oder mehrerer Tastspitzen, deren räumlicher Bezug untereinander im lokalen System xyz bekannt ist (Abb. 6.27). Am Rande des Meßraumes ist ein System von Referenzpunkten angebracht, deren Koordinaten im übergeordneten System XYZ gegeben sind. Wird der Meßtaster so gehalten, daß mindestens eine der Kameras mindestens drei Paßpunkte abbildet, kann die äußere Orientierung des Tasters durch räumlichen Rückwärtsschnitt bestimmt werden. Zur automatischen Identifizierung werden codierte Zielmarken für die Paßpunkte verwendet.

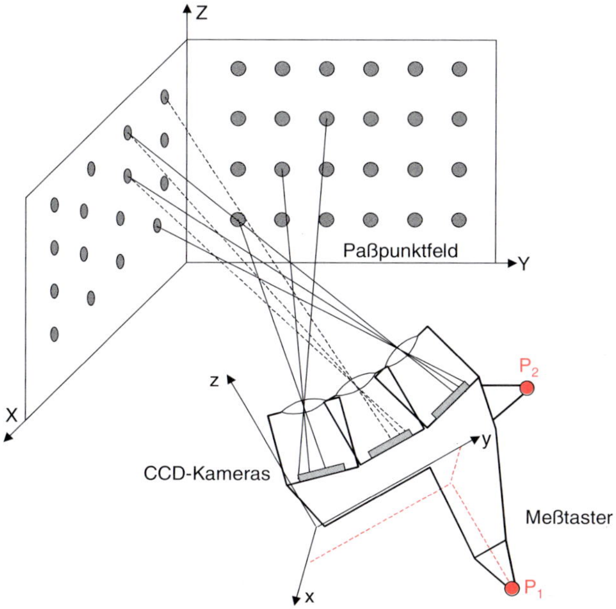

Abb. 6.27: Prinzip des selbstorientierenden Meßtasters

Der Meßtaster ist über ein Kabel mit dem Steuerrechner verbunden. Wenn der Bediener das Meßobjekt berührt, löst er die synchrone Bildaufnahme aus. Die Referenzpunkte werden automatisch lokalisiert und gemessen. Die erreichbare Meßgenauigkeit liegt bei 0.1mm in einem variablen Meßvolumen, das nur durch die Ausdehnung und Genauigkeit des Paßpunktfeldes begrenzt ist. Der Abstand vom Paßpunktfeld, das mobil oder fest in der Meßumgebung angebracht ist, kann durch Anpassung der Punktgröße frei konfiguriert werden (SINNREICH & BÖSEMANN 1999).

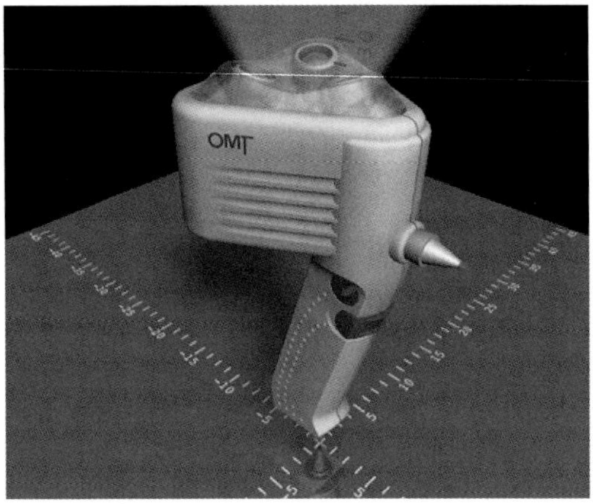

Abb. 6.28: Selbstorientierender Meßtaster AICON ProCam

Das Prinzip des selbstorientierenden Meßtasters hat gegenüber herkömmlichen Online-Meßsystemen den Vorteil, daß die Meßgenauigkeit unabhängiger von der Schnittkonfiguration der Bildstrahlen ist. Weiterhin können ohne Umbau eines Aufnahmesystems beliebige Objektpunkte angetastet werden, solange freie Sicht auf ausreichend viele Paßpunkte gewährleistet ist.

6.3.4.3 Kamerasystem zur Roboterkalibrierung

Ziel einer Roboterkalibrierung ist es im allgemeinen, die tatsächlich vom Roboterarm angefahrene Raumposition mit der eingegebenen Sollposition zu überprüfen und Korrekturdaten für Winkel- und Längenverstellungen zu bestimmen. Dies kann photogrammetrisch mit Hilfe eines Online- oder Offline-Systems erfolgen (MAAS 1996).

Eine Lösung besteht in der Bildaufnahme mit fest positionierten Digitalkameras, deren Bildfeld den Arbeitsbereich des Roboters abdeckt. Der Roboterarm wird mit einem kalibrierten räumlichen Punktfeld (Testfeld) versehen, das in verschiedene Raumpositionen gefahren und bezüglich der Kameras orientiert werden kann. Mit einem räumlichen Rückwärtsschnitt über das Testfeld werden Kamera und Roboterarm einander räumlich zugeordnet.

Mit dem System CAROS$^+$ liegt ein derartiges Meßsystem vor. Die Bilder werden mit einer (optional zwei) Rollei RSC Réseau-Scanning-Camera (Kap. 3.3.2.5.2) aufgezeichnet. In der Ein-Kamera-Version dient das System der Justage von Industrierobotern (Abb. 6.29). Die Ist-Posen (Roboterposition und Orientierung) werden durch Rückwärtsschnitt über der Testfeldplatte gewonnen, die automatisch im Meßvolumen verfolgt und gemessen wird. Die Zwei-Kamera-Version wird als normales Online-System zur Kalibrierung des Roboters eingesetzt. Der Arbeitsbereich (Meßvolumen) beträgt $3 \times 3 \times 2 m^3$ bei einer Objektpunktgenauigkeit von 0.1mm (GODDING et al. 1997).

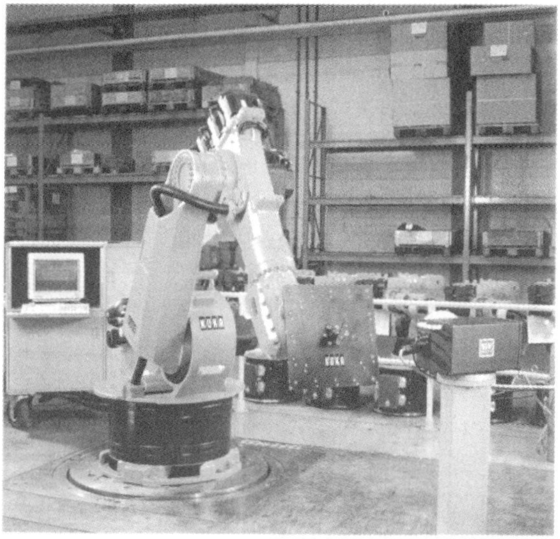

Abb. 6.29: Meßsystem CAROS$^+$ zur Roboterjustage

6.4 Systeme zur Oberflächenmessung

Zur optischen 3D-Erfassung beliebig geformter Oberflächen kommen vor allem flächenhaft antastende Systeme zum Einsatz, die ein künstliches Muster auf die Oberfläche projizieren und aus der Verformung des Musters das Oberflächenmodell ableiten. Zwei Vorgehensweisen können unterschieden werden:

- Aktive Musterprojektion:

  Die Geometrie des projizierten Musters wird in den Berechnungsprozeß einbezogen. Dazu gehören die Daten der inneren und äußeren Orientierung des Projektors sowie Informationen über das Muster, z.B. Abstand bzw. Wellenlänge projizierter Streifen. Der Projektor kann als inverse Kamera aufgefaßt werden.

  Das vom Objekt reflektierte Signal wird von mindestens einer orientierten Kamera aufgezeichnet. Durch Phasen- oder Parallaxenmessung gelingt die Rekonstruktion der Oberfläche.

- Passive Musterprojektion:

  Bei der passiven Projektion wird ebenfalls ein Muster projiziert, Kenntnisse über Kalibrierung und Orientierung des Projektors oder Annahmen über die Geometrie des Musters werden jedoch nicht benötigt. Das Muster dient lediglich der Strukturierung einer (homogenen) Oberfläche. Die Objektrekonstruktion erfolgt photogrammetrisch durch Verfahren der Bildzuordnung mit mindestens zwei Kameras, die das reflektierte Muster aufzeichnen.

Beide Prinzipien können auch in Kombination auftreten. So kann beispielsweise ein schnelles aktives Projektionsverfahren zur groben Oberflächenerfassung eingesetzt werden, die durch anschließende Mehrbildaufnahme mit passiver Beleuchtung verfeinert wird. Ebenso sind alle Verfahren mit klassischen, punktweise arbeitenden photogrammetrischen Methoden kombinierbar.

6.4.1 Aktive Musterprojektion

6.4.1.1 Statische Streifenprojektion

Verfahren der statischen Streifenprojektion arbeiten mit einem fest angebrachten Streifengitter, das von einem Projektor erzeugt und von einer Kamera beobachtet wird (Übersicht in BREUCKMANN 1993). Das Streifengitter besitzt eine periodische Struktur, in der Regel eine rechteck- oder sinusförmige Helligkeitsverteilung mit konstanter Wellenlänge λ.

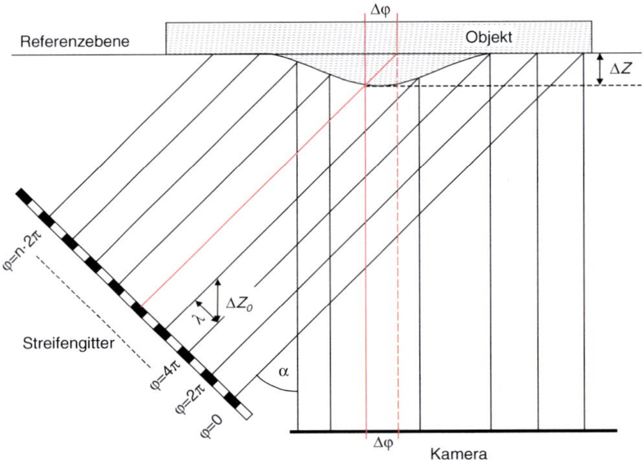

Abb. 6.30: Streifenprojektion mit Phasenmessung in telezentrischer Anordnung

Abb. 6.30 zeigt die Funktionsweise der Phasenmessung bei paralleler Streifenprojektion und paralleler (telezentrischer) Abbildung unter dem Winkel α. Die Wellenlänge λ entspricht einer Höhendifferenz ΔZ_0:

$$\Delta Z_0 = \frac{\lambda}{\sin\alpha} \tag{6.1}$$

Der Höhenunterschied ΔZ gegenüber einer Referenzebene ergibt sich aus der Phasendifferenz $\Delta\varphi$:

$$\Delta Z = \frac{\Delta\varphi}{\tan\alpha} \tag{6.2}$$

Die Messung der Phasendifferenz $\Delta\varphi$ kann durch Auszählen der Streifennummer und Lokalisieren der Gitterlinie im Bild erfolgen. Sie ist nur im Bereich $-\pi\ldots+\pi$ eindeutig. Die Meßmethode ist daher nur für stetige Oberflächen geeignet, die eine eindeutige Streifenzuordnung erlauben. Die Höhenauflösung beträgt etwa $\lambda/20$.

Erweiterungsmöglichkeiten dieses Verfahrens bestehen in der Verwendung von Kreuzgittern, deren Linienschnittpunkte im Bild gemessenen werden. Da die telezentrische Anordnung nach Abb. 6.30 nur die Messung von Objekten bis zur Größe des Objektivdurchmessers erlaubt, ist der Ansatz für größere Meßobjekte auf perspektive Abbildungen zu erweitern. Statische Streifenprojektionsverfahren lassen sich auch für dynamische Meßaufgaben, zum Beispiel bei bewegten Objekten, einsetzen.

6.4.1.2 Dynamische Streifenprojektion (Phasen-Schiebe-Verfahren)

Die Phasenmessung kann direkt mit den abgebildeten Intensitätswerten erfolgen. Dazu wird das projizierte Streifenmuster als Interferogramm aufgefaßt. Für die Intensitäten des Interferogramms einer Streifenposition n gilt:

$$I_n(x,y) = I_0\big(1+\gamma(x,y)\cos(\delta(x,y)+\varphi_m)\big) \tag{6.3}$$

mit

I_0: Gleichlicht- oder Hintergrundintensität

$\gamma(x,y)$: Streifenmodulation

$\delta(x,y)$: Phase

φ_m: Phasendifferenz

Die Beziehung enthält die drei Unbekannten I_0, $\gamma(x,y)$ und $\delta(x,y)$. Zur Lösung sind also mindestens drei Gleichungen dieses Typs aufzustellen. Man erhält sie durch m-maliges sequentielles Verschieben des Streifengitters um die Differenz φ_m.

$$\varphi_m = (n-1)\varphi_0 \tag{6.4}$$

mit

m: Anzahl der Verschiebungen

$n = 1 \ldots m,$ wobei $m \geq 3$

$\varphi_m = 2\pi / m$

Das Meßprinzip wird mit Phasen-Schiebe-Verfahren (*phase-shift*) bezeichnet. Die interessierende Phase $\delta(x,y)$ ergibt sich zum Beispiel für m=4 zu:

$$\delta = \arctan\frac{I_2 - I_4}{I_3 - I_1} \qquad \delta=\delta(x,y); \qquad I_n=I_n(x,y) \tag{6.5}$$

Ebenso wie bei der statischen Streifenprojektion ist das Ergebnis nur im Bereich $-\pi\ldots+\pi$ eindeutig, d.h. es müssen noch ganze Vielfache von 2π hinzuaddiert werden. Dieser Vorgang wird mit Demodulation oder *unwrapping* bezeichnet. Unstetigkeiten in der Objektoberfläche führen zu Problemen bei der eindeutigen Zuordnung der Streifennummer.

Das Höhenprofil folgt schließlich mit

$$Z(x,y) = \frac{\lambda}{2 \cdot 2\pi} \delta(x,y) \tag{6.6}$$

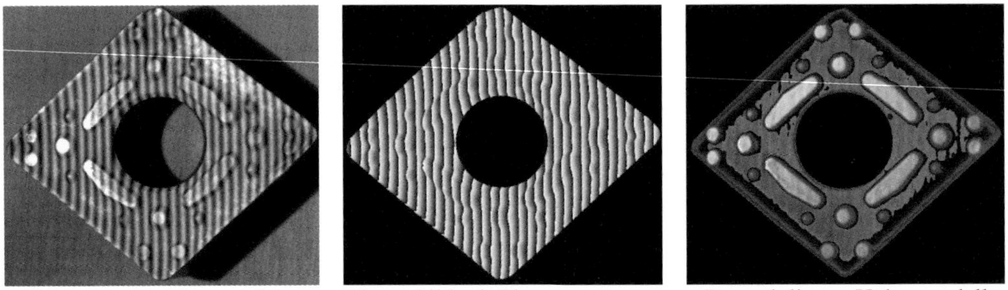

Objekt mit Streifenprojektion — Phasenbild mit Phasensprüngen — Demoduliertes Höhenmodell

Abb. 6.31: Phasen-Schiebe-Verfahren

Die Höhenmeßgenauigkeit des Verfahren beträgt ca. $\lambda/100$. Die inneren und äußeren Orientierungen von Projektor und Kamera müssen kalibriert sein. Die Auswertung von Gleichung (6.5) erfolgt für jedes Pixel (x,y). Die Rechenoperationen können durch schnelle Lookup-Tabellen-Verfahren durchgeführt werden. Die Höhenbestimmung läßt sich so für sämtliche Pixel einer Kamera (z.B. 780 × 570 Pixel) unterhalb einer Sekunde durchführen.

Die Leistungsfähigkeit des Verfahrens wird wesentlich von den Reflexionseigenschaften der Oberflächen bestimmt. In der Regel werden homogene, diffus reflektierende Oberflächen vorausgesetzt. Spiegelungen und Glanzlichter müssen durch Präparation der Oberfläche (z.B. Bestäuben mit weißem Pulver) und geeignete Umgebungsbeleuchtungen vermieden werden.

Dynamische Streifenprojektionsverfahren lassen sich nur bei ruhenden Objekten einsetzen. Verdeckte Oberflächenbereiche werden in der Grundversion (eine aufnehmende Kamera) nicht erfaßt. Der wichtigste Vorteil des Phasen-Schiebe-Verfahrens ist die schnelle Erfassung von einigen hunderttausend Oberflächenpunkten. Hier liegt jedoch gleichzeitig das Problem der Ausdünnung und Strukturierung der Punktwolke, die für eine Weiterverarbeitung der 3D-Daten erforderlich ist, beispielsweise zur Steuerung von Werkzeugmaschinen.

Das typische Meßvolumen von Streifenprojektionssystemen liegt zwischen $0.1 \times 0.1 \times 0.1 m^3$ und $1 \times 1 \times 1 m^3$. Zur Erfassung größerer Objekte werden mobile Streifenprojektionssysteme mit photogrammetrischen Methoden im Objektraum kombiniert, mit denen relative Genauigkeiten von 1:8000 erreichbar sind (siehe Kap. 6.4.1.4).

6.4.1.3 Codiertes Lichtschnittverfahren

Die Auflösung der Mehrdeutigkeiten bei der Streifenprojektion ist insbesondere bei unstetigen Objektoberflächen problematisch. Mit der Methode des codierten Lichtansatzes (*coded light approach*) liegt dagegen ein absolut messendes Streifenprojektionsverfahren vor (WAHL 1986, STAHS & WAHL 1990).

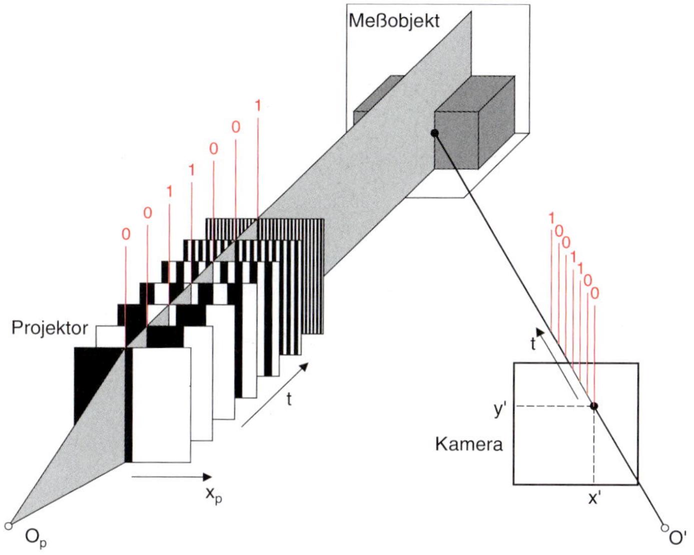

Abb. 6.32: Codiertes Lichtschnittverfahren (nach STAHS & WAHL 1990)

Der Projektor erzeugt nacheinander m grau-codierte Streifenmuster, so daß quer zur Streifenrichtung x_p insgesamt 2^m verschiedene Projektionsrichtungen durch ein m-stelliges Code-Wort unterschieden werden können (im Beispiel von Abb. 6.32 die Bitfolge 0011001 für m=7). Das vom Meßobjekt reflektierte und deformierte Streifenmuster wird von einer synchron geschalteten CCD-Kamera erfaßt. Die m aufgenommenen Bilder werden binärisiert und als Bitwerte 0 oder 1 in einem m-Bit-tiefen Bitplanespeicher abgelegt. Jeder Grauwert an der Stelle (x',y') enthält also anschließend die Projektionsrichtung x_p.

Das Verfahren setzt bekannte Orientierungsparameter von Kamera und Projektor voraus, benötigt aber sonst keine Näherungswerte über das Objekt. Es ist relativ unempfindlich gegenüber wechselnden Beleuchtungsverhältnissen und Reflexionseigenschaften der Oberfläche und erfordert keine stetigen Oberflächen. Die Genauigkeit der Methode ist auf ca. 1:500 begrenzt. Sie eignet sich daher vor allem für schnelle Oberflächenmessungen geringerer Genauigkeit, zum Beispiel als Vorstufe für eine anschließende Messung mit der Phasen-Schiebe-Methode.

6.4.1.4 Mehrkamerasysteme mit Streifenprojektion

Die oben genannten Verfahren der Streifenprojektion verwenden in ihrer Grundversion je einen Projektor und eine CCD-Kamera. Da der Projektor als messende Komponente im System dient, wirken sich insbesondere Unsicherheiten in der Projektorgeometrie negativ auf die Oberflächenmessung aus. Weiterhin treten bei Objekten mit größeren Oberflächenvariationen leicht Verdeckungen und Abschattungen auf, die von einem Einkamerasystem nicht beobachtet werden können. An glatten Oberflächen kommt es zudem häufig zu Überstrahlungen oder Glanzlichtern, die in Richtung der (einzigen) Aufnahmekamera wirken können.

Mehrkamerasysteme mit aktiver Streifenprojektion besitzen daher eine Reihe von Vorzügen:

- geringere Meßunsicherheit durch höhere Redundanz (Anzahl Kameras)
- höhere Robustheit gegenüber Überstrahlungseffekten und Verdeckungen
- keine zwingende Einbeziehung der geometrischen Parameter der Beleuchtung (Projektor) in die Oberflächenberechnung
- Möglichkeit zur Erfassung bewegter Objekte durch synchrone Mehrbildaufnahme
- höhere Flexibilität bezüglich verschiedener Meßaufgaben durch Variation der projizierten Muster und der gegenseitigen Anordnung von Projektor und Kameras

Kalibrierung und Orientierung von Mehrkamerasystemen mit aktiver Beleuchtung erfolgen nach den Prinzipien der Testfeldkalibrierung (Kap. 7.2.1.2). Dabei können auch die Orientierungsdaten des Projektors simultan bestimmt werden, der als inverse Kamera betrachtet wird.

Zweikamerasystem GOM ATOS mit Strukturprojektor

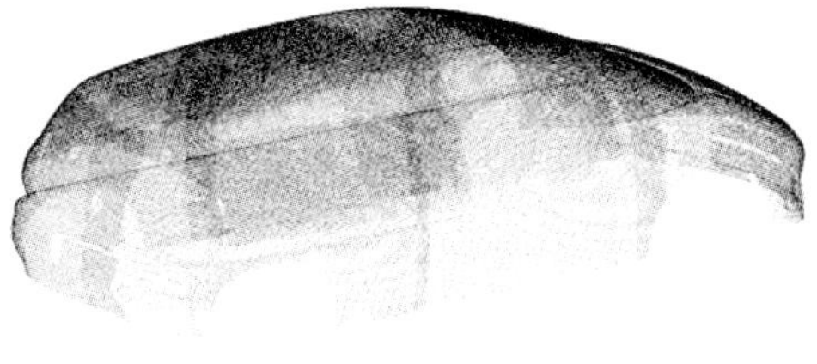

3D-Punktwolke

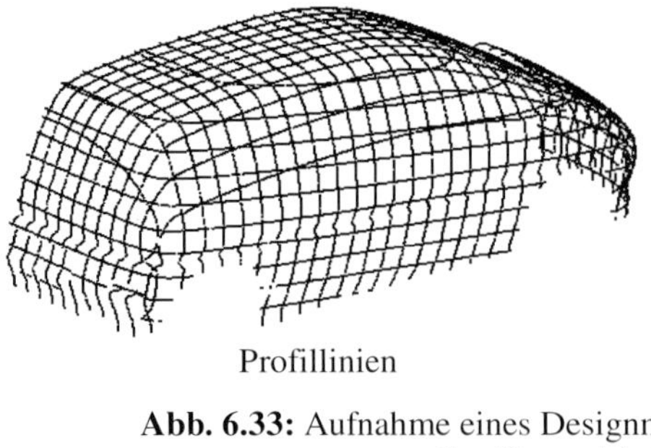

Profillinien

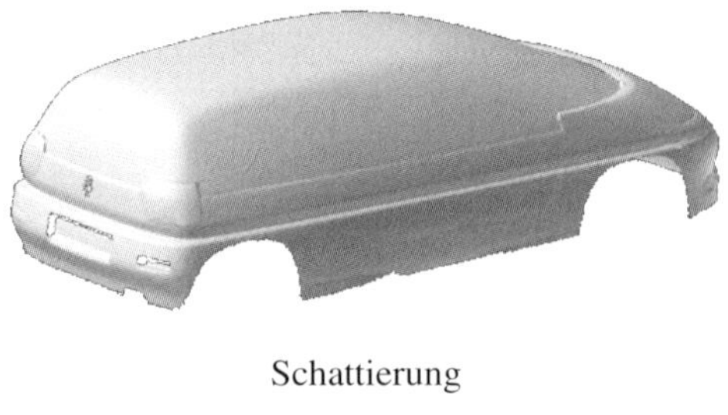

Schattierung

Abb. 6.33: Aufnahme eines Designmodells mit einem photogrammetrischen Streifenprojektionssystem (GOM)

Abb. 6.33 zeigt ein mobiles Zweikamerameßsystem mit Strukturprojektor. Zwei CCD-Videokameras sind leicht konvergent auf einer festen Basis angebracht, dazwischen befindet sich ein LCD-Strukturprojektor. Das Meßvolumen einer Einzelaufnahme beträgt je nach Systemkonfiguration zwischen $12 \times 7 \times 8 mm^3$ und $750 \times 500 \times 500 mm^3$. Die relative Meßgenauigkeit beträgt zwischen 1:2000 und 1:8000.

Durch mehrere räumlich unterschiedlich angeordnete Aufnahmestandpunkte können auch komplexere und größere Objekte erfaßt werden. Dazu wird das Objekt mit geeigneten Zielmarken versehen, die photogrammetrisch erfaßt werden und als Paß- oder Verknüpfungspunkte dienen. Die von jedem Einzelstandpunkt erfaßten 3D-Punktwolken können dann in ein Gesamtmodell transformiert werden (SCHARSICH & PFEIFER 1998, MICHAELIS 1997, RIECHMANN & THIELBEER 1997, WINTER & REICH 1997). Abb. 6.33 zeigt ein mit diesem Verfahren aufgenommenes Designmodell.

6.4.2 Passive Musterprojektion

6.4.2.1 Mehrkamerasystem mit Punktprojektion

Eine nicht-signalisierte Freiformoberfläche kann mit Hilfe eines Laser-Scanners (Kap. 3.4.2.3) punktweise erfaßt werden. Ein punktförmiges Signal wird auf die Oberfläche projiziert, der reflektierte Punkt wird von mehreren CCD-Videokameras aufgezeichnet, die entsprechend zum Laserprojektor synchronisiert sind. Die Orientierung des Laserprojektors muß nicht bekannt sein. Die 3D-Punktbestimmung erfolgt über räumlichen Vorwärtsschnitt.

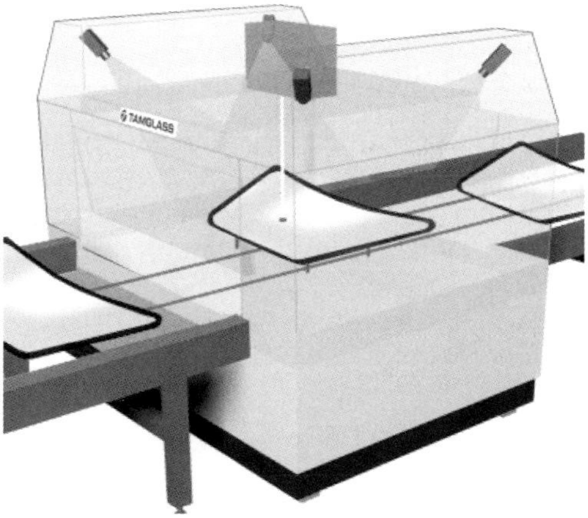

Abb. 6.34: Mehrbildmeßsystem mit Laserpunktprojektion zur 3D-Vermessung von Glasoberflächen (Mapvision)

Abb. 6.34 zeigt den Aufbau eines Mehrbildmeßsystems mit Punktprojektion zur Oberflächenerfassung von gekrümmten Glasscheiben im Automobilbau (Mapvision). Die Lichtquelle des Scanners arbeitet im UV-Bereich und führt zu Fluoreszenz, wenn der

Lichtstrahl das Glas durchdringt. Der an der Glasoberfläche entstehende Lichtfleck kann durch geeignet sensibilisierte CCD-Kameras aufgezeichnet werden. Die Meßgenauigkeit des Systems liegt bei 0.2mm.

6.4.2.2 Mehrkamerasysteme mit Rasterprojektion

Rasterprojektionsmethoden werden vor allem in der Materialprüfung zur Ermittlung von Verschiebungs- und Dehnungsfeldern eingesetzt (RITTER 1995). Aus der Verformung des Rasters gegenüber einer Referenzlage kann wiederum auf die Oberflächenform geschlossen werden. Das Referenzraster kann auf verschiedene Weise erzeugt werden:

- durch ein auf der Objektoberfläche verkörpertes Raster
- durch seitliche Projektion eines Rasters (Projektionsrastermethode, Abb. 6.35 links)
- durch Reflexion eines Rasters (Reflexionsrastermethode, Abb. 6.35 rechts)

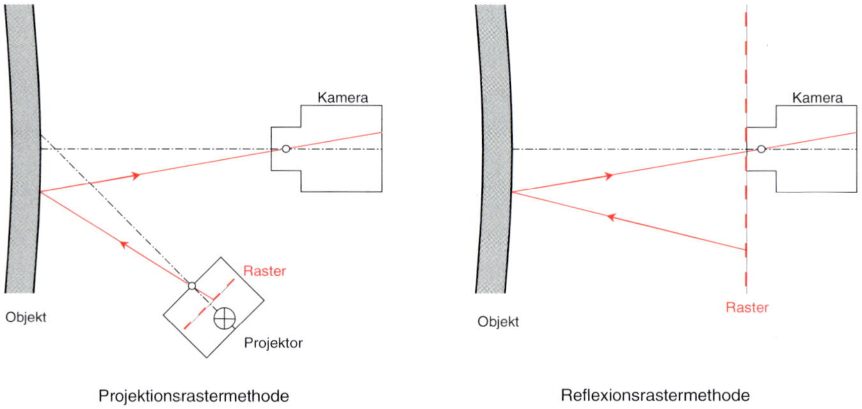

Abb. 6.35: Rastermeßmethoden (nach RITTER 1995)

Die Anordnung der Projektionsrastermethode entspricht im Prinzip der statischen Streifenprojektion (Kap. 6.4.1.1) und kann wiederum auf mehrere Kameras erweitert werden. Die Reflexionsrastermethode setzt nahezu spiegelnde Oberflächen voraus und läßt nur die Neigungsbestimmung einer Oberfläche zu.

6.4.2.3 Mehrkamerasysteme mit Zufallsmusterprojektion

Das System Zeiss Indusurf wurde bereits in den achtziger Jahren zur Offline-Erfassung von Karosserieoberflächen entwickelt (SCHEWE 1988). Es besteht aus einem analogen Stereokamerasystem Zeiss SMK 120 (Abb. 1.27) und einem Diaprojektor für die Projektion eines Zufallsmusters (Abb. 6.36). Die Auswertung erfolgt in einem Analytischen Plotter, der mit CCD-Kameras zur digitalen Bilderfassung ausgestattet ist. Die Parallaxenmessung wird durch Kleinste-Quadrate-Anpassung vorgenommen. Die Meßgenauigkeit beträgt 0.1mm.

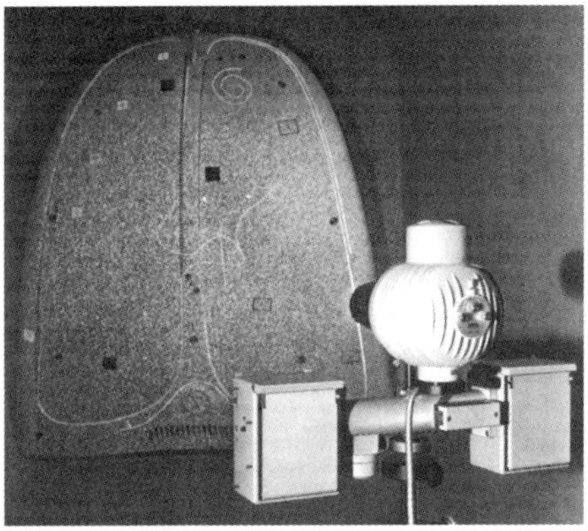
Stereomeßkammer und Strukturprojektor

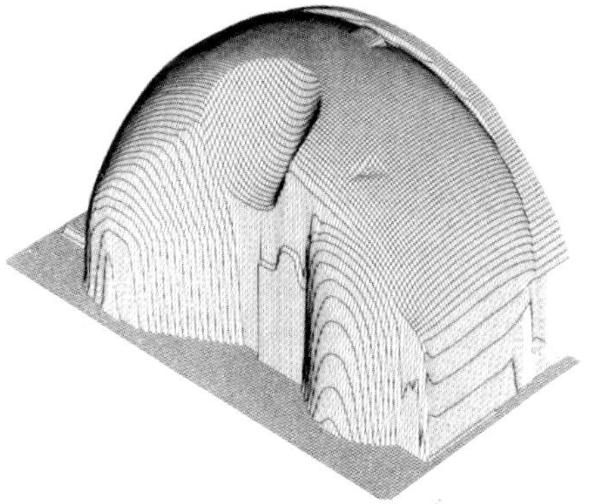
3D-Modell eines Radkastens

Abb. 6.36: Zeiss Indusurf zur Erfassung von Karosserieoberflächen (SCHEWE 1988)

Das Nachfolgesystem gestattet die Online-Bilderfassung mit Hilfe von zwei Digitalkameras (zum Beispiel zwei Zeiss UMK HighScan mit Texturprojektor, Abb. 6.37). Auch hier erfolgt die Bildauswertung durch Kleinste-Quadrate-Anpassung (Abb. 6.38). Das System wird zum Beispiel für die Online-Formerfassung von Behältern zur Aufnahme von flüssigem Stahl eingesetzt (KLUDAS 1995).

Abb. 6.37: Zeiss Indusurf Digital

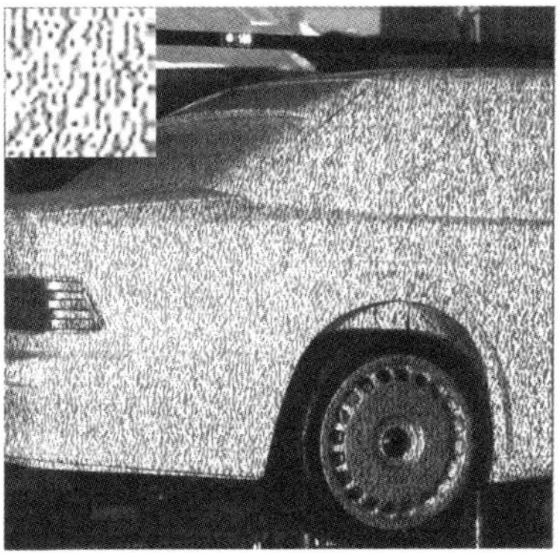
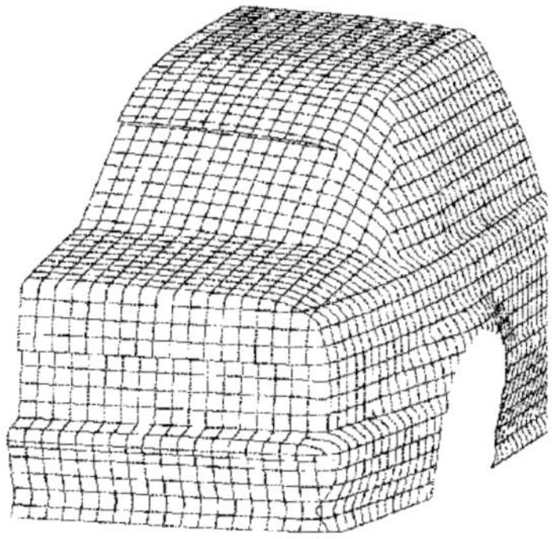

Abb. 6.38: Meßbild mit Zufallstextur und ermitteltes CAD-Modell (Zeiss)

6.5 Abnahme und Überwachung von Meßsystemen

In der industriellen Koordinatenmeßtechnik ist die Überprüfung der erreichten Meßgenauigkeit von grundlegender Bedeutung. Die im Bereich von mechanischen Koordinatenmeßgeräten (KMG) seit langem standardisierten Abnahme- und Überwachungsrichtlinien (VDI/VDE 2617, ISO 10360-2, GUM 1993) beschreiben Kenngrößen und Verfahren zur Abnahme und Überwachung der Meßgenauigkeit, die allgemein anerkannt sind und in der Praxis umgesetzt werden. Sie berücksichtigen neben mechanisch antastenden KMGs auch solche mit zusätzlichen optischen Sensoren.

6.5.1 Begriffsdefinitionen

- Abnahme:

  Mit Abnahme wird die Überprüfung eines Meßsystems nach der Installation beim Anwender bezeichnet. Das gewählte Abnahmeverfahren ist in der Regel Teil eines Liefervertrages. Ziel ist der einmalige Nachweis der spezifizierten Meßgenauigkeit unter definierten Umgebungsbedingungen. Die Abnahme wird üblicherweise gemeinsam vom Systemhersteller und Anwender durchgeführt.

- Überwachung:

  Überwachung bezeichnet die regelmäßige Überprüfung eines Meßsystems nach der Inbetriebnahme. Das Verfahren zur Überwachung kann gegenüber der Abnahme vereinfacht sein und wird in der Regel vom Anwender selbst durchgeführt, der auch den Überwachungsturnus festlegt.

- Rückführung:

  Unter Rückführung versteht man die Herstellung eines Bezugs der gemessenen Größen zu einem standardisierten Normal, zum Beispiel der genormten Länge eines Meters. Die dafür verwendete Referenzlänge muß von einem anerkannten Kalibrierdienst kalibriert und zertifiziert sein.

- Kenngröße:

  Unter Kenngröße versteht man einen gemessenen oder berechneten Wert (Grenzwert, Maximalwert), der eine Aussage über die Leistungsfähigkeit eines Systems oder einzelner Komponenten erlaubt (z.B. Antastunsicherheit, siehe unten).

- Antastunsicherheit:

  Mit Antastunsicherheit wird die Kenngröße für das Antasten eines einzelnen Meßpunktes bezeichnet. Diese Kenngröße betrifft vor allem KMGs, deren Meßkopf neben den Längenmeßeinrichtungen wesentlich zur Gesamtgenauigkeit beiträgt. Die Antastunsicherheit kann zum Beispiel bestimmt werden, indem ein geometrisch bekannter Referenzkörper (Kugel) mehrmals angetastet wird. Die Abweichungen (Residuen) der Einzelmessungen von der Oberfläche des Referenzkörpers geben Auskunft über die Antastunsicherheit.

- Längenmeßabweichung:

  Differenz einer gemessenen (angezeigten) Länge l_a gegenüber einer Referenzlänge l_r:

  $$\Delta l = l_a - l_r \tag{6.7}$$

- Längenmeßunsicherheit:

  Die Kenngröße Längenmeßunsicherheit dient zur Beurteilung der Genauigkeit einer Längenmessung. Kalibrierte Referenzlängen können relativ einfach verkörpert werden (Ausnahmen siehe unten) und sind auf ein Normal rückführbar. In der Längenmeßunsicherheit ist die Antastunsicherheit implizit enthalten. Der zulässige positive und negative Grenzwert der Längenmeßunsicherheit E wird zunächst als längenabhängige Größe definiert, die bei der Überprüfung von keiner Längenmeßabweichung überschritten werden darf (vgl. Abb. 6.42):

  $$E = A + K \cdot L \leq B \tag{6.8}$$

  E: Grenzwert der Längenmeßunsicherheit
  A, K: gerätespezifische Konstanten
  L: gemessene Länge
  B: Maximalwert der Längenmeßabweichung

  Da eine photogrammetrisch bestimmte Länge nicht notwendigerweise längenabhängig ist, kann die Konstante K den Wert Null annehmen.

- Prüfkörper:

  Ein Prüfkörper ist ein mechanisch verkörpertes Objekt mit bekannten geometrischen Parametern. Er sollte kostengünstig herstellbar und einfach zu handhaben sein. Beispiele für Prüfkörper sind Stufenendmaße, Kugelplatten oder Referenzmaßstäbe. Die Genauigkeit eines Prüfkörpers sollte etwa fünfmal höher sein als die des damit zu prüfenden Meßsystems. Für Abnahme und Überwachung muß in der Regel ein Kalibrierschein des Prüfkörpers vorliegen.

- Einmessen:

  Unter Einmessen versteht man die Kalibrierung sämtlicher Parameter eines Meßsystems mit absolutem Maßstabsbezug (Rückführung auf Normal).

6.5.2 Abgrenzung zu Koordinatenmeßgeräten

Für photogrammetrische Industriemeßsysteme existierten lange keine verbindlichen Richtlinien zu Abnahme und Überwachung. Mit der Richtlinie VDI/VDE 2634 liegt seit 1999 erstmals ein Vorschlag dazu vor. Eine direkte Anwendung der weit verbreiteten Richtlinien VDI/VDE 2617 ist nicht immer geeignet, da sich optische 3D-Meßsysteme von KMGs vor allem in folgenden Punkten unterscheiden:

- Bildhafte Meßwertaufnahme vieler Punkte:

  Optische 3D-Meßsysteme mit bildhafter Meßwertaufnahme gestatten die simultane Erfassung sehr vieler Objektpunkte (im Extremfall jedes Pixel). Dagegen erfassen KMGs im allgemeinen nur einen Meßpunkt pro Antastung.

- Triangulationsprinzip:

  Das Triangulationsprinzip von Photogrammetrie- und Streifenprojektionssystemen führt zur maßstabs- und konfigurationsabhängigen Genauigkeit der Objektpunkte. In einem spezifizierten Meßvolumen ist daher keine gleichförmige Genauigkeit zu erwarten.

- Mobilität:

  Mobile optische 3D-Meßsysteme werden zum Meßobjekt transportiert. Sie können daher von Fall zu Fall ihre Kalibrierungsdaten ändern, unter anderen Umgebungsbedingungen arbeiten oder in ihrer Aufnahmekonfiguration geändert werden.

- Flexible Konfigurationen:

  Nicht-stationäre photogrammetrische Systeme erlauben die freie Wahl von Aufnahmestandorten. Der Benutzer bestimmt also selbst über Anzahl und Verteilung von Bildern, über Wahl von Kameras und Objektiven und über die Art der Objektpunktsignalisierung oder -antastung.

- Unbegrenztes Meßvolumen:

  Das Meßvolumen von photogrammetrischen Systemen ist grundsätzlich nicht begrenzt, soweit es Schärfentiefe und Formatwinkel erlauben. Unter Berücksichtigung der maßstabsabhängigen Detailauflösung lassen sich also beliebig große Objekte erfassen. Dagegen ist das Meßvolumen mechanischer KMGs stets eingegrenzt.

- Prüfkörper:

  Die Bereitstellung von Prüfkörpern zur Abnahme oder Überwachung eines Photogrammetriesystems ist nicht unproblematisch. Große Meßvolumina (über 3m Seitenlänge) können kaum durch geeignete mechanische Referenzstrecken repräsentiert werden. In kleineren Meßvolumina (< $1m^3$) erreichen optische 3D-Meßsysteme bereits Meßgenauigkeiten im Bereich von 10µm (1:100.000), so daß hochgenaue Prüfkörper mit geeignet signalisierten Meßpunkten geschaffen werden müssen. In der Koordinatenmeßtechnik bewährte Standardprüfkörper wie Stufenendmaße oder Kugelplatten sind aufgrund ihrer optischen Eigenschaften nur für photogrammetrische Online-Systeme mit taktiler Antastung geeignet (Abb. 6.39).

  Für große Meßvolumina, wie sie beispielsweise für die Vermessung von Parabolantennen oder Schiffsteilen vorliegen, geschieht die Überprüfung der Meßgenauigkeit häufig mit Theodolitmeßsystemen. Der Genauigkeitsvergleich kann dann über Koordinatendifferenzen oder Längenmeßabweichungen berechneter Strecken erfolgen. Es ist jedoch zu beachten, daß einerseits hochauflösende Aufnahmesysteme eine Objektgenauigkeit erlauben, die der von Theodolitmeßsystemen nahekommt. Andererseits sind Theodolitmessungen zeit- und personalintensiv und setzen voraus, daß das beobachtete Objekt geometrisch über den Zeitraum der Messung stabil bleibt.

Stufenendmaß

Kugelplatte

Abb. 6.39: Standardprüfkörper für 3D-Koordinatenmeßgeräte

6.5.3 Längenmeßunsicherheit

Die Überprüfung ausgewählter Strecken im Objektraum ist eine im industriellen Umfeld bewährte Methode zur Beurteilung der Systemgenauigkeit. Im Gegensatz zu Kontrollpunktkoordinaten können Referenzlängen leichter bereitgestellt werden, vor allem aber ist die Längenmeßgenauigkeit einfach zu interpretieren (DOLD 1997, SCHWENKE et al. 1997).

a) Prüfmaßstäbe mit Retromarken

b) Kugelmaßstab

Abb. 6.40: Verkörperungen von Prüfmaßstäben

Zur Realisierung von Referenzlängen bieten sich Prüfmaßstäbe an, die in verschiedenen Längen je nach Meßvolumen gebaut werden können. Sie sollten an beiden Enden solche Zielmarken besitzen, wie sie auch für die sonstige Objektbestimmung verwendet werden. Die kalibrierte Sollänge kann z.B. mit Hilfe optischer KMGs (bei kleineren Längen), photogrammetrisch (mit Großformatkameras), geodätisch (mit Theodolitmeßsystemen) oder interferometrisch (durch Laserinterferometer) bestimmt werden.

Die räumliche Anordnung der Referenzmaßstäbe im Objektraum muß der Meßaufgabe angepaßt sein und eine durchgreifende Systemüberprüfung gestatten. Wenn in allen Koordinatenrichtungen gleiche Meßgenauigkeiten gefordert werden, müssen auch die

Maßstäbe so im Raum angeordnet sein, daß richtungsabhängige Längenabweichungen zu ermitteln sind. Eine mögliche Anordnung dazu zeigt Abb. 6.41. In einem quaderförmigen Meßvolumen sind insgesamt sieben Meßlinien in jeder Hauptkoordinatenrichtung sowie in vier Hauptdiagonalen angebracht. Um die Anzahl verschieden langer Prüfstrecken zu erhöhen, können die einzelnen Meßlinien in mehrere Abschnitte unterteilt werden. So erlaubt die in Abb. 6.41 vorne abgebildete Meßlinie mit sechs Teilstrecken die Messung von 21 unterschiedlichen Längen.

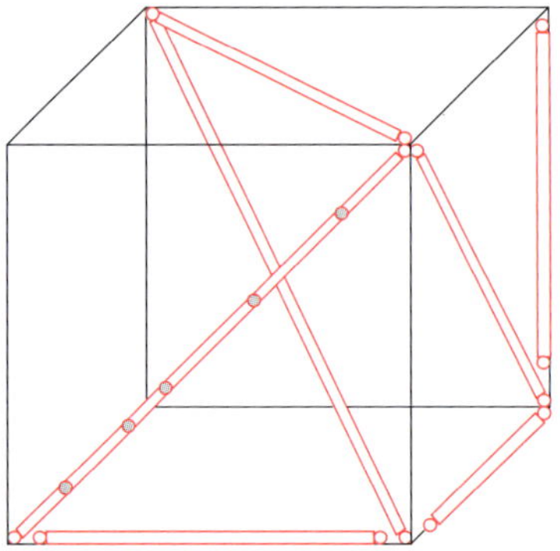

Abb. 6.41: Anordnung von Prüfstrecken im Meßvolumen

Zur praktischen Auswertung und Darstellung von Längenmeßabweichungen bietet sich ein Diagramm an, das gemessene Differenzen zur Sollstrecke angibt (Abb. 6.42). Die zulässigen Grenzwerte werden nach Gleichung (6.8) ermittelt. Ein Meßsystem gilt dann als abgenommen, wenn sämtliche gemessene Strecken innerhalb der zulässigen Grenzwerte liegen.

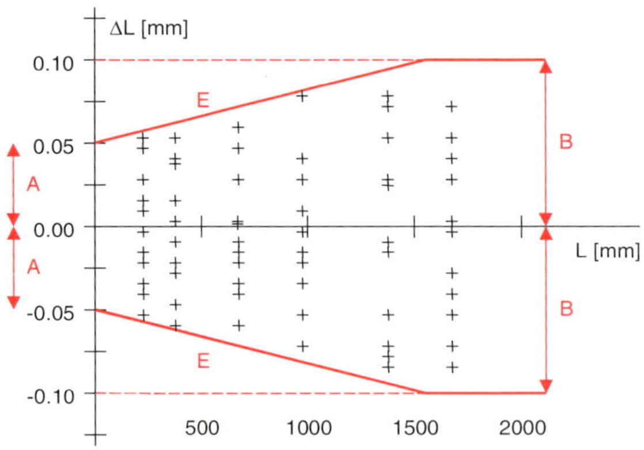

Abb. 6.42: Diagramm der Längenmeßabweichung

7 Meßanordnungen und Lösungskonzepte

In diesem Kapitel werden einige grundlegende Aufnahmeanordnungen und Lösungskonzepte erläutert, die weitgehend unabhängig von einem konkreten Anwendungsgebiet sind. Zunächst werden Kriterien und Methoden für die Planung eines photogrammetrischen Projektes beschrieben. Anordnungen zur Simultankalibrierung von Aufnahmekameras werden anschließend diskutiert. Besondere Anforderungen liegen in der Erfassung dynamischer Phänomene. Schließlich folgt ein Abschnitt über das Spezialgebiet der Luftaufnahmen im Nahbereich.

7.1 Projektplanung

7.1.1 Planungskriterien

Die Aufnahmeplanung umfaßt die Beschreibung der eigentlichen Meßaufgabe, des Lösungsansatzes und der Ergebnisdarstellung. Sie sollte in enger Zusammenarbeit mit dem Auftraggeber erfolgen, da Planungsfehler häufig erst spät erkannt werden und nur schwer zu korrigieren sind. Die Aufnahmeplanung ist Teil der Projektplanung, die neben meßtechnischen Fragen vor allem die Aspekte der Gesamtwirtschaftlichkeit berücksichtigen muß (Personal- und Zeitmanagement, Einsatz von Geräten, Kostenplanung usw.).

Zur Beschreibung der Meßaufgabe sollten bereits in der Grobplanung folgende Merkmale spezifiziert werden:

- Art und Menge der zu erfassenden Objektbereiche (Objekt- und Aufgabenbeschreibung)
- zu erreichende Objektgenauigkeit
- kleinstes zu erfassendes Objektmerkmal (Detailauflösung)
- Umgebungsbedingungen (Aufnahmeorte, Zugänglichkeit, Beleuchtung, Störungen etc.)
- Möglichkeiten zur Objektsignalisierung
- Definition und Realisierung eines Objektkoordinatensystems
- Maßstabs- oder Paßpunktbestimmung (geodätische Messungen)
- alternative oder ergänzende Meßmethoden
- Online- oder Offline-Messung
- Abnahmeverfahren oder Genauigkeitsnachweis
- verfügbare Zeiten für die Aufnahme vor Ort
- zulässige Zeitspannen für die Auswertung
- Ergebnisausgabe (numerische und grafische Ergebnisse, Schnittstellen)

Anschließend kann in der Feinplanung ein konkretes Lösungskonzept entwickelt werden. Insbesondere müssen das Aufnahmesystem, die Aufnahmekonfiguration sowie Art und Weise der Auswertung festgelegt werden. Neben rein technischen Gesichtspunkten (z.B. Genauigkeit) hängt die Wahl der einzusetzenden Komponenten auch von der Verfügbarkeit von Geräten und Personal ab.

Im einzelnen sollten folgende Kriterien für die Detailplanung definiert werden:

- Abschätzung des mittleren Bildmaßstabes
- Aufnahmestandorte (Anzahl der Bilder, Netz-Design, Strahlenschnittkonfiguration)
- Zu erreichende Bildmeßgenauigkeit
- Wahl des Aufnahmesystems (analog/digital, Bildformat, Brennweiten)
- Prüfung optischer Parameter (Schärfentiefe, Auflösungsvermögen)
- Wahl des Auswertesystems (analog/digital, monoskopisch, stereoskopisch, Mehrbild)
- Menge der zu speichernden Bilddaten (Archivierungsart und -kosten)

7.1.2 Genauigkeitsfragen

Neben Fragen der Wirtschaftlichkeit hat die Genauigkeit in praktischen Projektplanungen in der Regel höchste Priorität. Überschlägige Genauigkeitsabschätzungen können mit den in Kap. 3.2.1 angegebenen Beziehungen vorgenommen werden, die im wesentlichen von drei Größen abhängen:

- Genauigkeit der Bildmessung
- Abbildungsmaßstab
- Design-Faktor der Aufnahmekonfiguration

Die Genauigkeit der Bildmessung hängt ab von der Leistungsfähigkeit der Aufnahmekamera (Stabilität, Kalibrierung), der Meßgenauigkeit des Auswertesystems (Meßalgorithmus, Gerätegenauigkeit) und der Einstellbarkeit (Erkennbarkeit, Signalisierung) der Bildpunkte. Diese Kriterien müssen somit aufeinander abgestimmt sein und gleichzeitig in die Planung einbezogen werden. Besondere Bedeutung kommt in jedem Fall der Aufnahmekamera zu, da mit ihr nicht nur die Qualität der Bilderfassung und Bildauswertung, sondern durch Wahl des Objektivs auch Abbildungsmaßstab und Aufnahmeanordnung entscheidend bestimmt werden.

Abb. 7.1 zeigt schematisch das Genauigkeitspotential typischer Aufnahme- und Auswertesysteme sowie gebräuchliche und optimale Systemkombinationen. Bei analogen Aufnahmesystemen können je nach Realisierung des Bildkoordinatensystems (Réseau, Bildverebnung) und der Kamerakalibrierung Genauigkeiten zwischen 1µm und 20µm im Bildraum erreicht werden. Das Genauigkeitspotential analytischer Auswertegeräte liegt in vergleichbaren Größenordnungen.

Digitale Aufnahmesysteme besitzen je nach mechanischer Stabilität und Form der Signalübertragung (A/D-Wandlung) ein Genauigkeitspotential von 0.2–1µm (1/50–1/10 Pixel). Digitale Auswertesysteme mit Operatoren zur Subpixel-Messung signalisierter Punkte liefern Meßgenauigkeiten zwischen 1/100–5/100 Pixel.

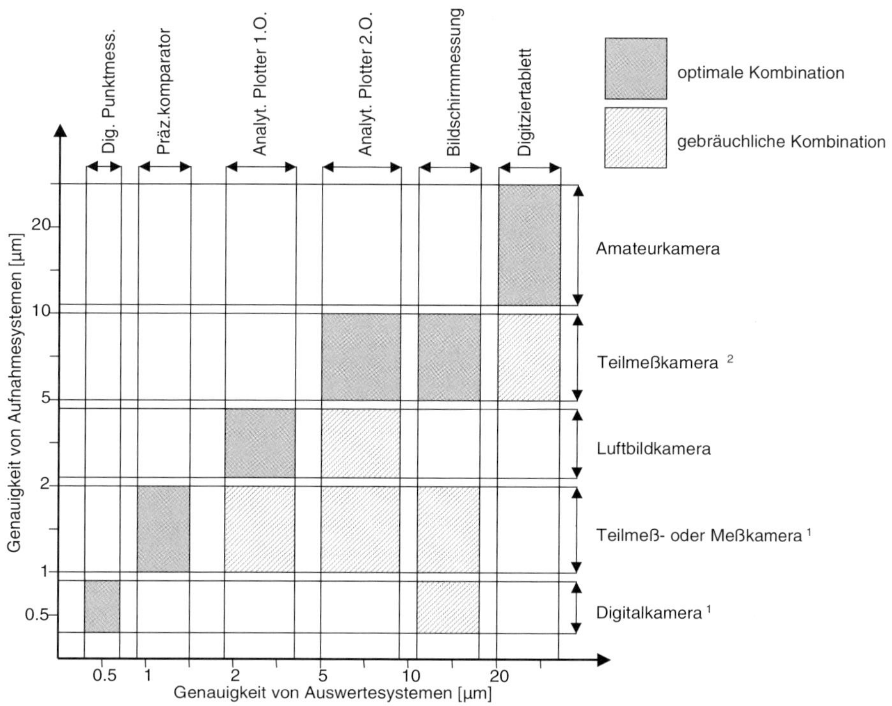

Abb. 7.1: Genauigkeitspotentiale von Aufnahme- und Auswertesystemen[1]
1) mit Simultankalibrierung, 2) ohne Simultankalibrierung

7.1.3 Restriktionen der Aufnahmekonfiguration

Die geometrische Konfiguration einer photogrammetrischen Aufnahmeanordnung kann nicht pauschal angegeben werden, da sie stets von objektspezifischen Gegebenheiten abhängt. Im allgemeinen muß ein Kompromiß unter verschiedenen, sich teilweise widersprechenden Restriktionen gefunden werden (FRASER 1996a):

- Abbildungsmaßstab:

  Aufnahmeabstand, Brennweite (Kamerakonstante) und nutzbares Bildformat beeinflussen den Abbildungsmaßstab (siehe Abb. 3.4). Ein größeres Bildformat ermöglicht einen geringeren Aufnahmeabstand bei gleicher abgebildeter Objektfläche und führt nicht nur zu einem größeren Bildmaßstab (und höherer Objektgenauigkeit), sondern auch zu einer geringeren Anzahl notwendiger Bilder (höhere Wirtschaftlichkeit).

---

[1] Die eingetragenen Genauigkeitsgrenzen sind typische Werte und besitzen variable Übergänge.

Insbesondere bei komplexen Objektstrukturen und extremen Schrägaufnahmen ist zu beachten, daß der Abbildungsmaßstab innerhalb eines Bildes oder von Bild zu Bild stark variieren kann.

- Auflösung:

  Die Erkennbarkeit und Meßbarkeit von Objektdetails ist ebenfalls eine Funktion des Bildmaßstabes. Die Größe zu messender Objektstrukturen sollte im Bild innerhalb bestimmter Bereiche liegen (typische Werte):

  - visuelle analoge Auswertung: ein- bis dreifache Größe der optischen Meßmarke
  - visuelle digitale Auswertung: 2–10 Pixel
  - automatische digitale Punktmessung: 6–10 Pixel Punktdurchmesser
  - automatische digitale Oberflächenmessung: 11–25 Pixel Fenstergröße

- Objektumgebung:

  Die Wahl geeigneter Aufnahmestandorte ist häufig durch unzugängliche Objektbereiche und Verdeckungen eingeschränkt. Es ist daher oft unumgänglich, zusätzliche Objektive einzusetzen, die Anzahl der notwendigen Bilder stark zu erhöhen oder auf optimale Strahlenschnitte zu verzichten.

- Schärfentiefe:

  Die erreichbare Schärfentiefe (Kap. 3.2.2.5) ist vor allem eine Funktion des Bildmaßstabes und der Blende. Sie schränkt die Wahl der Kamerastandorte ein, insbesondere bei großen Abbildungsmaßstäben und ungünstigen Beleuchtungsbedingungen. Bei der automatischen Messung signalisierter Punkte kann unter Umständen eine leichte Unschärfe ohne Genauigkeitsverlust in Kauf genommen werden, wenn Kontrast und Punktdurchmesser ausreichend groß sind.

- Aufnahmewinkel:

  Der Aufnahmewinkel β, unter dem ein Objekt abgebildet wird, sollte für markante Objektstrukturen nicht unter 20° und für retro-reflektierende Zielmarken nicht unter 30° liegen, damit ausreichende Abbildungsgrößen und Kontraste erreicht werden (Abb. 7.2). Weiterhin führen extreme Schrägaufnahmen zur Exzentrizität des Mittelpunktes kreisförmiger Zielmarken nach Kap. 3.4.1.1.3. Kugelförmige Zielmarken können dagegen mit beliebigen Aufnahmewinkeln beobachtet werden.

- Anzahl und Verteilung von Bildpunkten:

  Die Gesamtzahl der Objektpunkte beeinflußt die Gesamtredundanz der Bündelausgleichung nur geringfügig. Vielmehr hängt die Qualität der Bündeltriangulation von der Anzahl und Verteilung der Aufnahmestandorte ab, die neben ausreichender Schnittgeometrie (siehe unten) vor allem eine möglichst gute Ausnutzung des Bildformates ermöglichen sollte (vgl. Abb. 7.13).

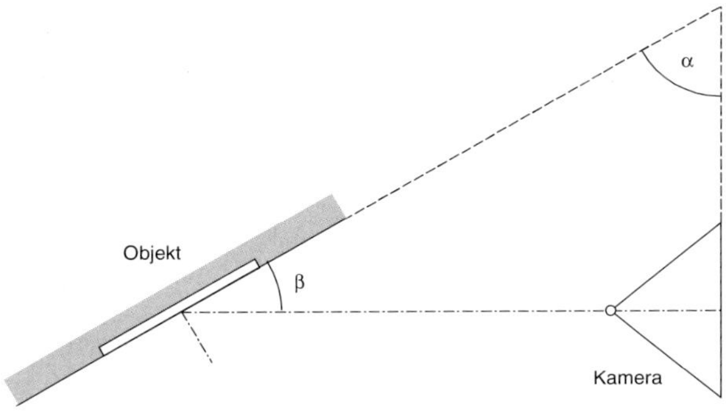

Abb. 7.2: Aufnahmewinkel

- Schnittwinkel:

  Ein ausreichender Schnittwinkel der Bildstrahlen ist entscheidend für die Genauigkeit der Punktbestimmung (siehe Abb. 4.64). Für die (grafische) Auswertung weitgehend ebener Objektoberflächen (Fassaden) kann häufig eine in Aufnahmerichtung reduzierte Objektgenauigkeit toleriert werden, so daß in diesen Fällen auch mit schleifenden Schnittwinkeln (bzw. ungünstigeren Basis-Höhen-Verhältnissen) gearbeitet werden kann.

  Ingenieuraufgaben verlangen dagegen in der Regel eine in allen Richtungen gleichhohe Genauigkeit. Optimale Schnittkonfigurationen liegen vor, wenn sich alle Bildstrahlen unter einem Winkel von ca. 90°–100° schneiden. Für praktische Anwendungen genügen in der Regel Schnittwinkel zwischen 45° und 120°, wenn mindestens 4 bis 6 Bilder beteiligt sind.

- Formatwinkel und Sichtbarkeit:

  Das Gesichtsfeld eines Aufnahmesystems wird durch den Formatwinkel bestimmt (Kap. 3.3.1.2.3). Können sämtliche Objektpunkte in allen beteiligten Bildern abgebildet werden, vereinfacht sich die Aufnahmegeometrie und die Anzahl notwendiger Bilder verringert sich. Gleichzeitig steigt die Gesamtredundanz der Bündeltriangulation. Da diese Möglichkeit nur für einfach strukturierte Objekte (z.B. Testfelder für Kalibrierungen, siehe Abb. 7.7) zutrifft, müssen verdeckte Objektbereiche durch zusätzliche Aufnahmen erfaßt werden, die nur einen (geringen) Teil sämtlicher Objektpunkte abbilden. Diese zusätzlichen Aufnahmen sollten jedoch über eine ausreichende Zahl gut verteilter Verknüpfungspunkte zu Nachbarbildern ausweisen, um eine hinreichende Netzstabilität zu gewährleisten.

7.1.4 Rechnergestützte Aufnahmeplanung

Insgesamt führen die oben genannten Restriktionen zu erheblichen Einschränkungen bei der Wahl der Aufnahmestandorte und -richtungen. In vielen praktischen Anwendungen ist ein gut konfigurierter Rundum-Verband nach Abb. 3.3 aufgrund objektbedingter Hindernisse oder wirtschaftlicher Einschränkungen (z.B. minimale Bildzahl) nicht möglich. Innerhalb eines Verbandes können daher Bildmaßstäbe und Schnittkonfigurationen stark variieren, so daß Gleichung (3.5) nur für mittlere Genauigkeitsabschätzungen geeignet ist. Schwachstellen im Bildverband können damit nicht aufgedeckt werden.

7.1.4.1 Optimierung

Die Aufnahmekonfiguration kann im Rahmen einer Bündelausgleichung simuliert werden, wenn es möglich ist, das Meßobjekt a priori durch eine Anzahl von Objektkoordinaten hinreichend in seiner Geometrie zu beschreiben (Kap. 4.3.6.1). Dazu werden die Daten der beteiligten Aufnahmekamera(s) mit den Parametern der inneren und äußeren Orientierung unter Beachtung der äußeren Randbedingungen iterativ verändert, bis folgende Kriterien optimiert worden sind:

- Maximale Genauigkeit (minimale Standardabweichungen der Objektkoordinaten):

  Im allgemeinen ist die Genauigkeit der Objektpunkte und der aus ihnen abgeleiteten Größen (Strecken, Abstände usw.) von größtem praktischen Interesse. Zur Beurteilung der zu erwartenden Objektpunktgenauigkeit ist es sinnvoll, den Lösungsvektor der Bündelausgleichung aufzuspalten. Gleichung (4.47) lautet dann

$$\begin{bmatrix} \hat{\mathbf{x}}_1 \\ \hat{\mathbf{x}}_2 \end{bmatrix} = \begin{bmatrix} \mathbf{A}_1^T\mathbf{P}\mathbf{A}_1 & \mathbf{A}_1^T\mathbf{P}\mathbf{A}_2 \\ \mathbf{A}_2^T\mathbf{P}\mathbf{A}_1 & \mathbf{A}_2^T\mathbf{P}\mathbf{A}_2 \end{bmatrix}^{-1} \cdot \begin{bmatrix} \mathbf{A}_1^T\mathbf{P}\mathbf{l} \\ \mathbf{A}_2^T\mathbf{P}\mathbf{l} \end{bmatrix} \tag{7.1}$$

  und

$$\mathbf{Q} = \begin{bmatrix} \mathbf{Q}_1 & \mathbf{Q}_{12} \\ \mathbf{Q}_{21} & \mathbf{Q}_2 \end{bmatrix}$$

  mit

  $\hat{\mathbf{x}}_1$: äußere Orientierung und zusätzliche Parameter

  $\hat{\mathbf{x}}_2$: Objektpunktkoordinaten

  Zur Optimierung der Objektpunktgenauigkeit muß im weiteren nur $\mathbf{Q}_2$ betrachtet werden:

- Maximale Zuverlässigkeit (Kontrollierbarkeit, Aufdeckbarkeit von Ausreißern):

  Statistische Maße für die Zuverlässigkeit und Kontrollierbarkeit einer Ausgleichung können der Kofaktormatrix der Verbesserungen $\mathbf{Q}_{vv}$ entnommen werden (Kap. 2.3.3.4, (2.97)).

- Maximale Wirtschaftlichkeit:

  Ziel ist das Erreichen der geforderten Genauigkeits- und Zuverlässigkeitsmaße bei minimalem gerätetechnischen und personellem Aufwand.

Die Optimierung einer photogrammetrischen Aufnahmekonfiguration (Netzoptimierung, Netzdesign) kann in vier Stufen aufgeteilt werden (FRASER 1996a, MASON 1994):

1. Design 0. Ordnung: Definition des Datums (Objektkoordinatensystem):

   Die Festlegung des Objektkoordinatensystems hat unmittelbaren Einfluß auf die Standardabweichungen der Objektkoordinaten (Kap. 4.3.3). Etwaige Spannungen im Paßpunktnetz werden durch zwangsfreie Datumsfestlegung vermieden. Optimale Standardabweichungen ergeben sich bei freier Netzausgleichung, bei der die Spur der Kovarianzmatrix minimiert wird. Die Kovarianzen der Objektkoordinaten eines Punktes i können für die meisten Fälle näherungsweise abgeschätzt werden mit

$$\mathbf{Q}_{2i} \approx s_0^2 (\mathbf{A}_2^T \mathbf{P} \mathbf{A}_2)_i^{-1} \tag{7.2}$$

2. Design 1. Ordnung: Optimierung des Beobachtungsnetzes (Konfiguration):

   Ziel der Konfigurationsoptimierung ist die Definition eines Beobachtungsnetzes, dessen Designmatrix $\mathbf{A}$ bei gegebener Gewichtsmatrix $\mathbf{P}$ zu einer Kovarianzmatrix $\mathbf{Q}_2$ führt, die den Genauigkeitsanforderungen entspricht. Dies ist in erster Linie eine Frage hinreichender Schnittwinkel der Aufnahmestrahlen am Objektpunkt. Ausgehend von einer in dieser Hinsicht geeigneten minimalen Basiskonfiguration kann $\mathbf{Q}_2$ abgeschätzt werden durch:

$$\mathbf{Q}_2 = \frac{s_{x'y'}^2}{k} (\mathbf{A}_{2B}^T \mathbf{P} \mathbf{A}_{2B})^{-1} \tag{7.3}$$

   mit
   $\mathbf{A}_{2B}$: Designmatrix der Basiskonfiguration
   $s_{2x'y'}$: Standardabweichung der Bildkoordinaten
   k: Anzahl zusätzlicher, symmetrisch angeordneter Kamerastationen

   Dabei spiegelt das Matrixprodukt den Design-Faktor q und den Bildmaßstab in Gleichung (3.5) wieder.

   Abb. 7.3 zeigt die Aufnahmeanordnung einer Antennenvermessung. Die Basiskonfiguration besteht aus vier Aufnahmestationen. Zusätzliche Bilder werden symmetrisch im gleichen Aufnahmeabstand eingefügt. Der Schnittwinkel Θ ist zwischen den Aufnahmerichtungen diametral liegender Stationen definiert. Das Diagramm stellt die resultierenden relativen Objektgenauigkeiten S/s_{XYZ} in Abhängigkeit von Schnittwinkel und Zahl der Aufnahmestandorte dar. Mit zunehmder Bildanzahl steigt die relative Genauigkeit, gleiche Werte in allen Koordinatenrichtungen ergeben sich bei $\Theta \approx 100°$.

3. Design 2. Ordnung: Definition der Beobachtungsgewichte (Bildmeßgenauigkeit):

   Durch Wahl verschiedener Beobachtungsgewichte kann das Normalgleichungssystem beliebig manipuliert werden. Im allgemeinen richten sich die a priori Standardabweichungen der Bildmessungen nach der Meßgenauigkeit des Bildmeßsystems. Üblicherweise werden alle Bildmessungen gleichgenau angesetzt. Ungleiche Gewichte sind in der Regel nur dann gerechtfertigt, wenn verschiedene Meßgeräte oder -verfahren eingesetzt werden. Eine Analyse der Varianzkomponenten ermöglicht in diesen Fällen die Festlegung gleichwertiger Beobachtungsgruppen (vgl. Kap. 2.3.4.3).

4. Design 3. Ordnung: Optimierung der Punktdichte (Objektpunkte):

   Wenn keine Simultankalibrierung der Kamera erforderlich ist, genügen bei einer nach den obigen Gesichtspunkten optimierten Aufnahmeanordnung ca. 20–50 Objektpunkte, um eine stabile Netzgeometrie zu erhalten. Die Qualität der Punktbestimmung wird nicht mehr entscheidend verbessert, wenn die Anzahl der Objektpunkte erhöht wird. Wird die Kamera dagegen simultan kalibriert, ist auf ausreichende Bildpunktverteilung und –dichte zu achten, damit die Verzeichnungparameter signifikant für das gesamte Bildformat bestimmt werden können (Abb. 7.13).

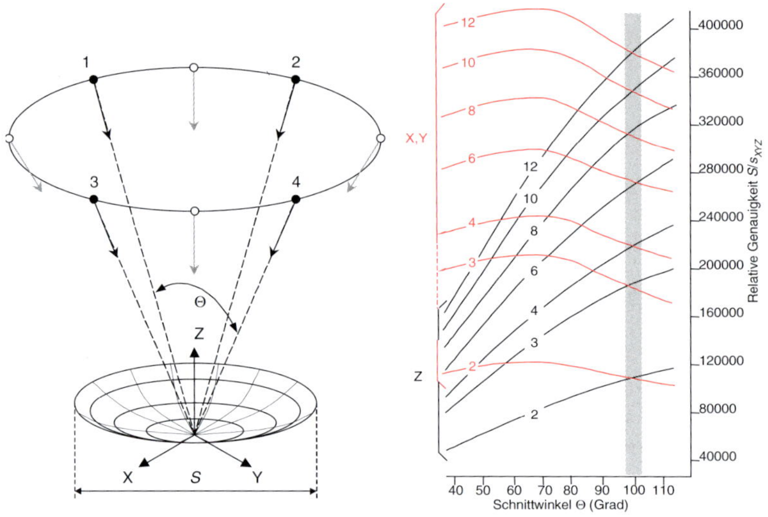

Abb. 7.3: Aufnahmeanordnung einer Antennenmessung und resultierende Objektgenauigkeiten bei Variation von Schnittwinkeln und Anzahl der Kamerastationen (nach FRASER 1996a)

Der Aufwand für realistische Simulationsrechnungen ist relativ hoch, da in vielen Fällen keine Objektkoordinaten des Meßobjektes vorliegen und erst manuell erzeugt werden müssen. Weiterhin erfolgt die Wahl von Aufnahmestandorten und Aufnahmerichtungen in der Regel interaktiv. Photogrammetrische Mehrbildauswertesysteme, die mit 3D-CAD-Systemen gekoppelt sind, bieten daher die günstigsten Voraussetzungen für die Simulation von Bildverbänden, wenn das Meßobjekt als CAD-Datensatz vorliegt und die Kamerapositionen grafisch editiert werden können.

Eine Möglichkeit zur Simulation von Standardbildverbänden ist die Beschreibung des Meßobjektes durch einfache geometrische Körper (Quader, Halbkugel, Ebene usw.). Für diese Fälle lassen sich Objekt- und Paßpunktkoordinaten rechnerisch bestimmen (SCHLÖGELHOFER 1989). Die automatische Vorgabe von Aufnahmepositionen ist dagegen erheblich komplexer und benötigt formuliertes Expertenwissen und Entscheidungsregeln. Abb. 7.4 zeigt die von einem Expertensystem (CONSENS) ermittelte Aufnahmekonfiguration zur Messung von drei Seiten eines quaderförmigen Objektes (MASON 1994). Jede Seite wird durch vier Aufnahmen erfaßt.

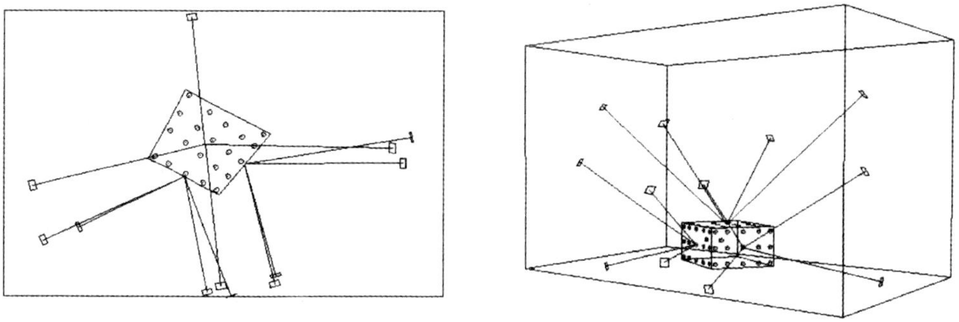

a) Aufnahmepositionen und -richtungen

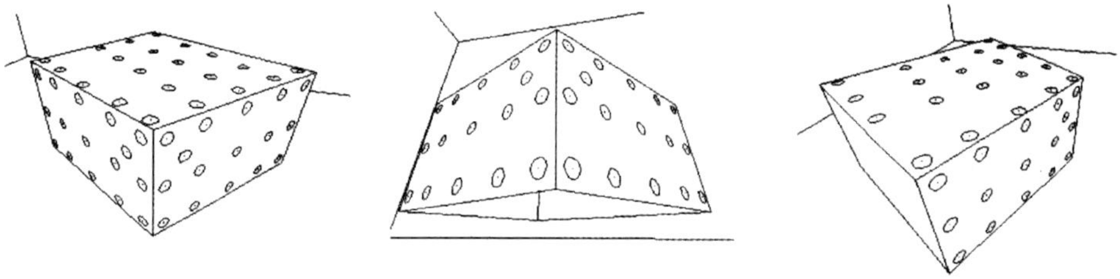

b) Simulierte Objektansichten für drei Kamerastandorte

Abb. 7.4: Beispiel für die automatische Simulation einer Aufnahmeordnung (MASON 1994)

7.1.4.2 Berechnung von Aufnahmeparametern

Planungsprogramme für die eigentliche analoge oder digitale Bildaufnahme gestatten die Berechnung geometrischer und radiometrischer Parameter für verschiedene Aufnahmesysteme. Dazu gehören Berechnungen zu Auflösungsvermögen, Scharfabbildung, Belichtung oder Genauigkeiten, die sich häufig nur durch einen Kompromiß zwischen sich widersprechenden Anforderungen ergeben (z.B. Schärfentiefe und Bildmaßstab). Ein Beispiel für ein Planungsprogramm zur Berechnung von Aufnahmeparametern digitaler Bildsensoren findet sich in LUHMANN (1994).

7.1.5 Beispiel für ein Kostenmodell

Für die wirtschaftliche Beurteilung verschiedener Aufnahmekonzepte kann es sinnvoll sein, die Aufnahmekosten pro Bild abzuschätzen. Publizierte Vergleichsrechnungen anhand praktischer, unter kommerziellen Gesichtspunkten durchgeführter Projekte sind in der Regel kaum zu erhalten. Anhand der nachfolgenden beispielhaften Kalkulation sollen daher Tendenzen aufgezeigt werden, die insbesondere den Vergleich von hybriden und digitalen Aufnahmekonzepten ermöglichen sollen. Ziel jeder Bilderfassung ist in diesem Beispiel ein digitalisiertes Bild, das für eine ingenieurphotogrammetrische Aufgabe genutzt werden soll. Die Kalkulation gilt nicht für industrielle Offline- oder Onlinesysteme, die unter anderen Umständen eingesetzt werden.

Tabelle 7.1 stellt eine vereinfachte Kalkulation der Bildkosten folgender Aufnahmesysteme zusammen:

1. Analogkamera Rollei 6008, Abtastung von Papierabzügen mit einem Büroscanner
2. Analogkamera Rollei 6008, Abtastung der Originalnegative mit einem Filmscanner
3. Digitalkamera Kodak DCS420, 1500 × 1000 Pixel
4. Digitalkamera Kodak DCS460, 3000 × 2000 Pixel
5. Digitalkamera Rollei Q16, 4000 × 4000 Pixel

Das Modell basiert auf folgenden Annahmen (ohne Anspruch auf Vollständigkeit):

- keine Berücksichtigung von Personalkosten
- genäherte Investitionskosten, Stand 1999
- gleiche Anzahl der Nutzungsstunden pro Jahr für alle Systeme: 400
- gleiche Anzahl Bilder, die pro Stunde vor Ort aufgenommen werden: 12
- gleiche Anzahl der Scanner/Rechnerstunden pro Jahr für alle Systeme: 400

Für die einzelnen Systeme sind gleiche Abschreibungszeiten, jedoch unterschiedliche Durchsatzzeiten am Rechner (Anzahl Bilder pro Stunde) eingesetzt worden.

Aus der Tabelle ergeben sich zunächst folgende Erkenntnisse:

- Bei analogen Aufnahmesystemen werden die Kamerakosten pro Bild (Zeile 10) vor allem durch fotografische Laborarbeiten (Zeile 8) bestimmt.
- Bei digitalen Aufnahmesystemen steigen dagegen die Kamerakosten pro Bild überproportional mit der Pixelauflösung (Zeilen 23, 24).
- Archivierungskosten (Zeile 27) schlagen bei keiner Variante signifikant zu Buche.
- Die höchsten Scan-Kosten (Zeile 29) entstehen mit dem Filmscanner (oder aufwendigeren Scannern) (Spalte 2).

In der Zeile Materialkosten pro Bild (Zeile 31) stehen die absoluten Kosten, die pro digitalisierter Aufnahme entstehen. Es wird daraus deutlich, daß die Abtastung analoger Papiervergrößerungen (Spalte 1) und die höchstauflösende Digitalaufnahme (Spalte 5) die höchsten Bildkosten verursachen. Das günstigste System ist demnach die Kodak DCS 420. Einfache Digitalkameras (Snapshot-Kameras) hätten entsprechend noch niedrigere Bildkosten.

Allerdings ist dabei zu beachten, daß die eingesetzten Varianten zu völlig unterschiedlichen Bildauflösungen führen. Für eine vergleichbare Analyse wird daher ein Flächenfaktor (Zeile 35) eingeführt, der die Anzahl notwendiger Aufnahmen in Bezug auf eine Referenzauflösung von 6000 × 6000 Pixel (Informationsgehalt einer analogen Mittelformataufnahme) darstellt. Mit einer kleinformatigen Kamera sind also erheblich mehr Aufnahmen für ein praktisches Projekt vorzusehen als mit einer hochauflösenden Kamera.

	Kalkulation der Bildkosten		Rollei 6008 / Büro-Scanner	Rollei 6008 / Film-Scanner	Kodak DCS420	Kodak DCS460	Rollei Q16
			[1]	[2]	[3]	[4]	[5]
1	Investition Kamera	DM	15000	15000	20000	60000	140000
2	Abschreibungszeit	Jahre	10	10	5	5	5
3	Kosten pro Jahr	DM	1500	1500	4000	12000	28000
4	Einsatz Stunden/Jahr	Stunden	400	400	400	400	400
5	Kamerakosten pro Stunde	DM	3,75	3,75	10,00	30,00	70,00
6	Anzahl Bilder pro Stunde		12	12	12	12	12
7	Filmkosten pro Bild	DM	1,00	1,00	0,00	0,00	0,00
8	Entwicklung und Vergrößerung	DM	5,00	1,00	0,00	0,00	0,00
9							
10	*(1) Kamerakosten pro Bild*	*DM*	*6,31*	*2,31*	*0,83*	*2,50*	*5,83*
11							
12	Investition Scanner/Rechner	DM	10000	12000	8000	8000	8000
13	Abschreibungszeit	Jahre	5	5	5	5	5
14	Kosten pro Jahr	DM	2000	2400	1600	1600	1600
15	Einsatz Stunden/Jahr	Stunden	400	400	400	400	400
16	Scanner/Rechnerkosten pro Stunde	DM	5,00	6,00	4,00	4,00	4,00
17	Abtastung	dpi	600	2000	2822	2822	1693
18	Pixelgröße in Vorlage	mm	0,0423	0,0127	0,0090	0,0090	0,0150
19	Vergrößerungsfaktor		3	1	1	1	1
20	Pixelgröße im Original	mm	0,0141	0,0127	0,0090	0,0090	0,0150
21	Bildformat horizontal	mm	60	60	14	27	60
22	Bildformat vertikal	mm	60	60	9	18	60
23	Pixel horizontal		4252	4724	1555	3000	4000
24	Pixel vertikal		4252	4724	1000	2000	4000
25	Datenmenge	MB	17,242	21,282	1,483	5,722	15,259
26	Anzahl Bilder pro Stunde		10	6	20	20	20
27	Archivierungkosten pro MB	DM	0,015	0,015	0,015	0,015	0,015
28							
29	*(2) Scan-Kosten pro Bild*	*DM*	*0,52*	*1,02*	*0,22*	*0,22*	*0,22*
30							
31	**Materialkosten pro Bild (1)+(2)**	**DM**	**6,83**	**3,33**	**1,05**	**2,72**	**6,05**
32							
33	Referenzauflösung hor.	6000	6000	6000	6000	6000	6000
34	Referenzauflösung ver.	6000	6000	6000	6000	6000	6000
35	Flächenfaktor		1,99	1,61	23,15	6,00	2,25
36	**Relative Bildkosten**	**DM**	**13,60**	**5,37**	**24,28**	**16,29**	**13,61**

Tabelle 7.1: Kalkulation der Bildkosten verschiedener Aufnahmesysteme

Die mit dem Flächenfaktor multiplizierten Materialkosten ergeben somit einen Wert für die relativen (normierten) Bildkosten (Zeile 36). Dabei läßt sich erkennen, daß die hybride Variante (Analogkamera/Filmscanner) die bei weitem niedrigsten Bildkosten verursachen. Mit der Kombination Analogkamera/Büroscanner sowie der höchstauflösenden Digitalkamera entstehen etwa gleichhohe Kosten pro Bild. Dagegen verursachen Digitalkameras geringerer Auflösung entsprechend höhere relative Bildkosten.

Die Beispielrechnung zeigt die Tendenz auf, daß digitale hochauflösende Aufnahmesysteme in Zukunft auch in wirtschaftlicher Hinsicht gerechtfertigt sind. Dabei ist im Gegensatz zur analogen Aufnahmetechnik mit zusätzlichen Kostensenkungen im Zuge der weiteren technischen Entwicklung zu rechnen.

7.2 Anordnungen zur Kalibrierung

7.2.1 Kalibrierungsmethoden

Die Kalibrierung von Aufnahmesystemen dient der Bestimmung des geometrischen Kameramodells, beschrieben durch die Parameter der inneren Orientierung (Kap. 3.2.3.1):

- Kamerakonstante
- Lage des Bildhauptpunktes
- radial-symmetrische Verzeichnung
- tangentiale und asymmetrische Verzeichnung
- Affinität und Scherung des Bildkoordinatensystems
- sonstige zusätzliche Parameter

Da die innere Orientierung bei Meßkameras allgemein als bekannt und konstant vorausgesetzt wird, trifft das Problem der Kamerakalibrierung vor allem auf Aufnahmesysteme zu, deren geometrischer Aufbau zeitlichen Änderungen unterworfen ist (z.B. Teilmeßkameras, CCD-Kameras). In Abhängigkeit von den aktuellen Genauigkeitsanforderungen müssen jedoch auch Meßkameras für den Zeitpunkt der Bildaufnahme kalibriert werden.

Man unterscheidet im wesentlichen drei Kalibrierungsverfahren, die sich durch das Referenzobjekt sowie durch Ort und Zeitpunkt der Kalibrierung charakterisieren lassen:

- Laborkalibrierung (Kap. 7.2.1.1)
- Testfeldkalibrierung (Kap. 7.2.1.2)
- Simultankalibrierung (Kap. 7.2.1.5)

Kalibrierung von Aufnahmesystemen bedeutet heute, daß die Parameter der Kamera (Kameramodell) im Rahmen einer rechnerischen Auswertung bestimmt werden, die häufig von der eigentlichen Objektrekonstruktion nicht mehr getrennt werden kann. Zum Verständnis der einzelnen Verfahren sind daher Kenntnisse über die grundlegenden Verfahren zur photogrammetrischen Orientierung und Objektrekonstruktion, insbesondere der Bündelausgleichung, unerläßlich (siehe Kap. 4). Übersichten zu Kalibrierungsverfahren geben u.a. FRYER (1996), KLETTE et al. (1996), GODDING (1993), KUPFER & WESTER-EBBINGHAUS (1985), WESTER-EBBINGHAUS (1983b), BROWN (1971).

7.2.1.1 Laborkalibrierung

Die *Laborkalibrierung* ist nur für Meßkameras sinnvoll. Die innere Orientierung wird mit Hilfe eines Goniometers oder eines Kollimators bestimmt, indem Richtungen oder Winkel der Bildstrahlen durch das Objektiv der Kamera hindurch gemessen werden. Laborkalibrierungen können normalerweise vom Anwender nicht selbst durchgeführt werden und haben daher für Systeme der Nahbereichsphotogrammetrie praktisch keine Bedeutung.

7.2.1.2 Testfeldkalibrierung

Bei der *Testfeldkalibrierung* wird ein geeignet signalisiertes Objektpunktfeld mit bekannten Koordinaten oder Strecken von mehreren Standpunkten aus formatfüllend und mit ausreichender Strahlenschnittgeometrie aufgenommen. Testfelder können transportabel (Abb. 7.5a) oder fest an einem Objekt (z.B. Hauswand, Abb. 7.5b) angebracht sein.

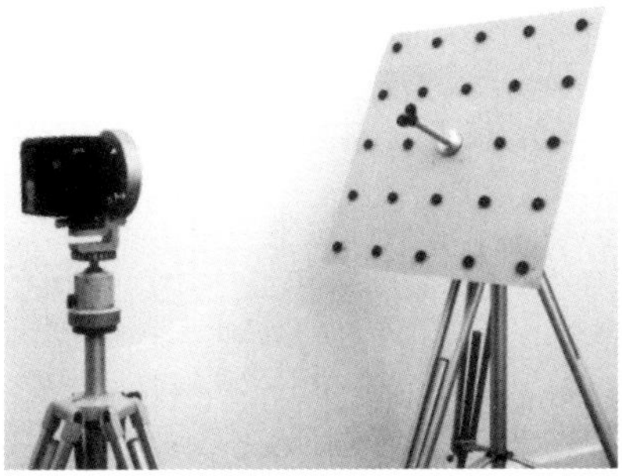

a) Transportables Testfeld

b) Testfeld an einer Hauswand

Abb. 7.5: Beispiele photogrammetrischer Testfelder

Eine geeignete Aufnahmeanordnung zur Testfeldkalibrierung zeigt Abb. 7.6. Zur Kalibrierung der Kamera genügen 8 Aufnahmen, die frontal und schräg auf das räumliche Testfeld gerichtet werden, wobei sie jeweils um 90° um die Aufnahmeachse gewälzt (gekantet) werden (siehe auch Abb. 7.11). Eine Bildserie einer solchen Testfeldkalibrierung zeigt Abb. 7.7.

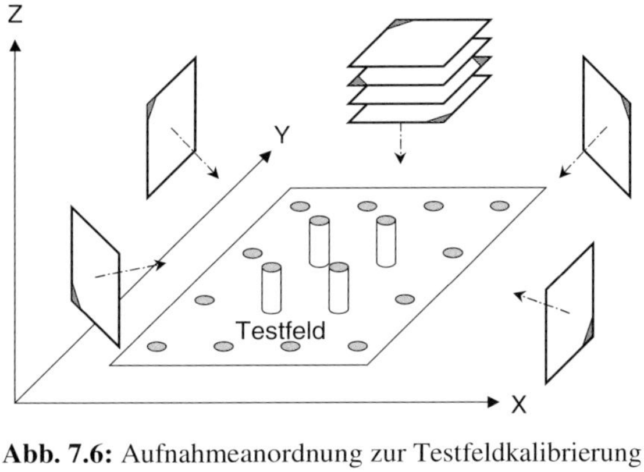

Abb. 7.6: Aufnahmeanordnung zur Testfeldkalibrierung

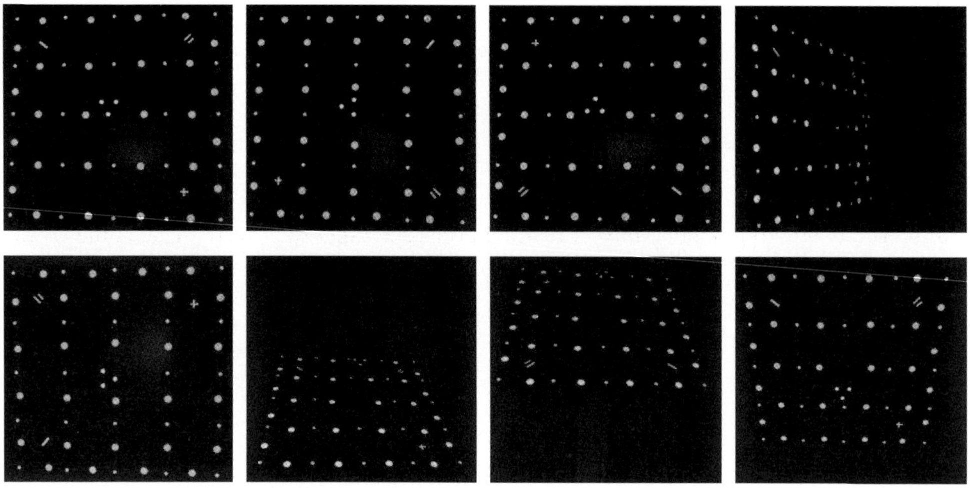

Abb. 7.7: Aufnahmen zur Testfeldkalibrierung

Aus den gemessenen Bildkoordinaten und den (näherungsweise) gegebenen Objektdaten werden durch Bündelausgleichung sowohl die ausgeglichenen Testfeldkoordinaten, die Daten der äußeren Orientierung als auch die Parameter der inneren Orientierung gewonnen. Die Datumsfestlegung erfolgt bei der Testfeldkalibrierung im Rahmen einer freien Netzausgleichung (siehe Kap. 4.3.3.3).

Bei der numerischen Bestimmung kann es zu unerwünschten Korrelationen zwischen den berechneten Parametern kommen, die durch geeignete Aufnahmeanordnungen aber weitgehend vermieden werden können. Insbesondere ist es notwendig, mindestens eine in Aufnahmerichtung wirkende Maßstabsinformation aus dem Objektraum bereitzustellen, um die Kamerakonstante bestimmen zu können. Dies kann zum Beispiel durch eine bekannte Strecke, ein räumlich angeordnetes Testfeld oder Schrägaufnahmen eines ebenen Testfeldes geschehen. Gekantete (um die Aufnahmeachse gewälzte) Aufnahmen dienen vor allem der Bestimmbarkeit der Hauptpunktlage und der Affinität (Kantung um 90°).

Allgemein sollte die Anordnung des Testfeldes das später zu erfassende Objekt ausreichend repräsentieren. Insbesondere sind Anzahl und Verteilung der Bildpunkte entscheidend für eine hinreichend genaue Bestimmung der Verzeichnungsparameter.

7.2.1.3 Plumbline-Kalibrierung

Bei der sogenannten *Plumbline-Methode* besteht das Testfeld aus mehreren Objektgeraden, die z.B. durch lotrecht (*plumb*) hängende Drähte gebildet werden können. Da in der Zentralperspektive theoretisch Geraden in Geraden abgebildet werden, müssen alle Abweichungen davon auf Verzeichnungseffekte zurückzuführen sein. Aus der tatsächlichen, nicht-geradlinigen Abbildung der Testfeldgeraden können allerdings nur die Verzeichnungsparameter abgeleitet werden, Kamerakonstante und Bildhauptpunkt lassen sich daraus allein nicht mitbestimmen. Die berechneten Verzeichnungsparameter sind frei von Korrelationen zu den weiteren Parametern der inneren und der äußeren Orientierung.

In der praktischen Realisierung eines Plumbline-Testfeldes können die Objektgeraden mit signalisierten Punkten ausgestattet sein, die einzeln im Bild gemessen werden. Liegen die Objektgeraden in kontinuierlicher Form vor, ist es möglich, den gesamten Geradenverlauf durch automatische Linienverfolgung mit hoher Punktdichte im Bild zu bestimmen. Weiterhin lassen sich auch geradlinige natürliche Kantenverläufe wie z.B. Gebäudekanten zur Kalibrierung verwenden.

Die Plumbline-Methode kann sinnvoll in solchen Fällen eingesetzt werden, wo eine Vorabkalibrierung der Verzeichnung gewünscht wird, z.B. wenn Objektive mit starker Verzeichnung (bis zum Fisheye-Objektiv) verwendet werden und die gewonnenen Bildkoordinaten bereits vor einer Systemkalibrierung um die Verzeichnung korrigiert werden sollen.

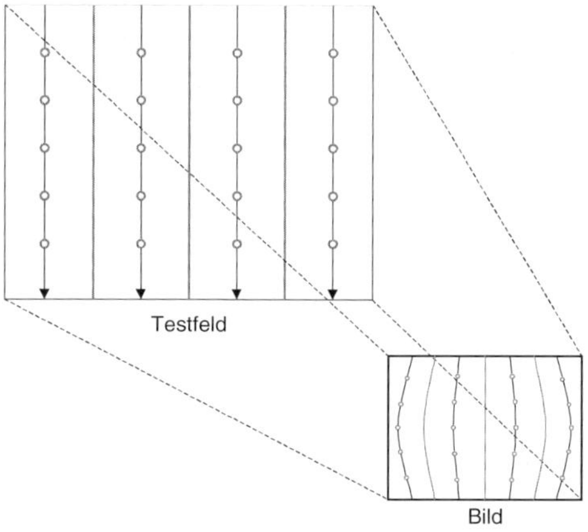

Abb. 7.8: Testfeldkalibrierung nach der Plumbline-Methode

7.2.1.4 On-the-job-Kalibrierung

Mit dem Begriff *On-the-job-Kalibrierung* verbindet man die Kombination einer Testfeldkalibrierung (Aufnahme eines bekannten Punktfeldes) mit der eigentlichen Objektaufnahme. Dies kann zum Beispiel dann sinnvoll sein, wenn das Meßobjekt selbst keine geeigneten Strukturen oder keine geometrisch bekannten Informationen aufweist, die eine Selbstkalibrierung zulassen.

Im einfachsten Fall kann ein aus mehreren räumlich angeordneten Maßstäben bestehender Rahmen, der transportabel sein kann, neben das Meßobjekt gestellt und mit ihm zusammen aufgenommen werden. Das lokale Koordinatensystem des Testfeldes kann dabei auch gleichzeitig zur Datumsfestlegung des Objektkoordinatensystems verwendet werden, womit weitere Paßpunkte nicht erforderlich sind. Abb. 7.9 zeigt die Verwendung eines derartigen Testkörpers bei der Anwendung eines digitalen Offline-Systems zur Vermessung eines Eisenbahnwaggons.

7.2.1.5 Simultankalibrierung

Abb. 7.9: On-the-job-Kalibrierung mit einem transportablen Testkörper (Imetric)

Eine Erweiterung der Testfeldkalibrierung bzw. On-the-job-Kalibrierung ist die *Simultankalibrierung* mit Hilfe der Aufnahmen, die ohnehin für die normale Objektauswertung hergestellt werden. Das Testfeld wird durch das eigentliche Meßobjekt ersetzt, das unter vergleichbaren Bedingungen aufgenommen werden muß (räumliche Tiefe, gekantete Aufnahmen, ausreichende Schnittgeometrie). Der wesentliche Vorteil der Simultankalibrierung liegt darin, daß die innere Orientierung exakt für den Zeitpunkt der Objektaufnahme bestimmt wird und somit höchste Genauigkeiten bei der Objektauswertung erlaubt.

Für die Simultankalibrierung ist es nicht erforderlich, daß die Koordinaten des Punktfeldes in Form von Paßpunkten bekannt sind. Die innere Orientierung kann allein durch photogrammetrische Erfassung der Objektform bestimmt werden, also allein aufgrund der Bildinformation und der Strahlenschnittbedingung an (unbekannten) Verknüpfungspunkten. Paßpunkte dienen lediglich zur Festlegung des absoluten Datums (Lage des übergeordneten Koordinatensystems), in dem die Parameter der äußeren Orientierung bestimmt werden. Für die Maßstabsinformation reicht es aus, eine bekannte Strecke im Objektraum zu erfassen. Wird die Simultankalibrierung nur mit photogrammetrischen Beobachtungen ausgeführt, spricht man auch von *Selbstkalibrierung*.

Wenn das Meßobjekt keine zur Simultankalibrierung geeignete Aufnahmeanordnung zuläßt oder wenn ein Mehrkamera-Online-System verwendet wird, muß normalerweise auf die Testfeld- oder On-the-job-Kalibrierung zurückgegriffen werden.

7.2.1.6 Systemkalibrierung

Unter dem Begriff *Systemkalibrierung* versteht man allgemein die Bestimmung sämtlicher geometrischer Parameter eines ganzen Meßsystems, also die Parameter der inneren und äußeren Orientierung sämtlicher Systemkomponenten. Bei analogen Meßsystemen kann Systemkalibrierung zum Beispiel nicht nur die eigentliche Kamerakalibrierung bedeuten, sondern auch die Einbeziehung des verwendeten Bildmeßsystems (Komparator). Größere Bedeutung hat die Systemkalibrierung für digitale Mehrkamerasysteme, die entweder mobil und frei konfigurierbar sind (z.B. Zweikamera-Online-Meßsysteme) oder fest in einem Meßaufbau angebracht sind (z.B. 12-Kamera-System zur Bremsleitungsprüfung, siehe Kap. 6.3.3.1).

Für Zwei-Kamera-Online-Meßsysteme besteht grundsätzlich die Möglichkeit, jede Kamera für sich vorweg zu kalibrieren. Es kann jedoch auch ein mit beiden Kameras aufgenommener Bildverband über einem Objektpunktfeld durch Simultankalibrierung bestimmt werden.

Fest montierte Mehrkamerasysteme erfordern während des laufenden Betriebs besondere Vorkehrungen zur Systemüberwachung und Kalibrierung. Die besondere Problematik liegt in der festen Montage der Kameras, die zum Beispiel nicht ohne weiteres geneigte oder gekantete Aufnahmen zulassen. Im allgemeinen können die äußeren Orientierungsparameter durch regelmäßige Beobachtung bekannter Referenzpunkte überwacht und gegebenenfalls durch räumlichen Rückwärtsschnitt oder Bündelausgleichung neu bestimmt werden. Die Parameter der inneren Orientierung lassen sich jedoch nur bei einem Objektfeld mit hinreichend verteilten Punkten berechnen. Abb. 6.25 zeigt dazu ein Beispiel eines Mehrkamerasystems, das über einem motorisch drehbaren räumlichen Testfeld kalibriert und orientiert werden kann, wobei in diesem Beispiel der Drehtisch ebenfalls simultan im System orientiert wird (GODDING & LUHMANN 1992).

7.2.2 Aufnahmekonfigurationen

Die im folgenden erläuterten Aufnahmekonfigurationen sind vor allem für die Simultankalibrierung durch Bündelausgleichung ausgelegt. Die dargestellten Konfigurationen von Punktfeld und Kamerastandorten sind ausgewählte Möglichkeiten (WESTER-EBBINGHAUS 1985). Erweiterungen und Mischformen sind möglich und oft unumgänglich. In der photogrammetrischen Praxis sind Mehrbildkonfigurationen und Simultankalibrierung der Standard, während in vielen Bereichen der Robotik und der Computer Vision Kamerakalibrierungen mit nur einer Aufnahme zu finden sind.

7.2.2.1 Kalibrierung mit ebenem Punktfeld

Liegt nur ein ebenes Punktfeld (ebenes Testfeld, ebenes Meßobjekt) vor, werden mehrere Schrägaufnahmen des Punktfeldes erforderlich. Die Mindestzahl der Aufnahmen richtet sich nach der Verfügbarkeit und Anordnung von Objektpunkten mit bekannten Koordinaten (Paßpunkte). Liegen keine Paßpunkte vor, können auch bekannte Strecken im Objektraum (Maßstäbe) zur Kalibrierung genutzt werden.

Abb. 7.10a und b zeigen minimale Bildanordnungen bei ebenem Punktfeld mit Paßpunkten und kamera-invarianter innerer Orientierung. Dabei stellt Abb. 7.10a eine konvergente Anordnung mit zwei Aufnahmestandorten dar, während Abb. 7.10b mit zwei gekanteten Aufnahmen dieselben perspektiven Verhältnisse von nur einem Standort erzeugt. Diese Anordnungen sind jedoch geometrisch schwache Konfigurationen und sollten in der Praxis vermieden werden.

Wenn keine Paßpunktinformation vorliegt, steigt die Anzahl der notwendigen Aufnahmen. In Abb. 7.10c liegt mit vier konvergenten Schrägaufnahmen die Minimalkonfiguration vor, während in Abb. 7.10d eine verbesserte Aufnahmekonfiguration mit acht Bildern dargestellt ist, die vor allem zu günstigeren Strahlenschnitten, höherer Redundanz und besserer Ausnutzung des Bildformates führt (zuverlässigere Bestimmung der Verzeichnung).

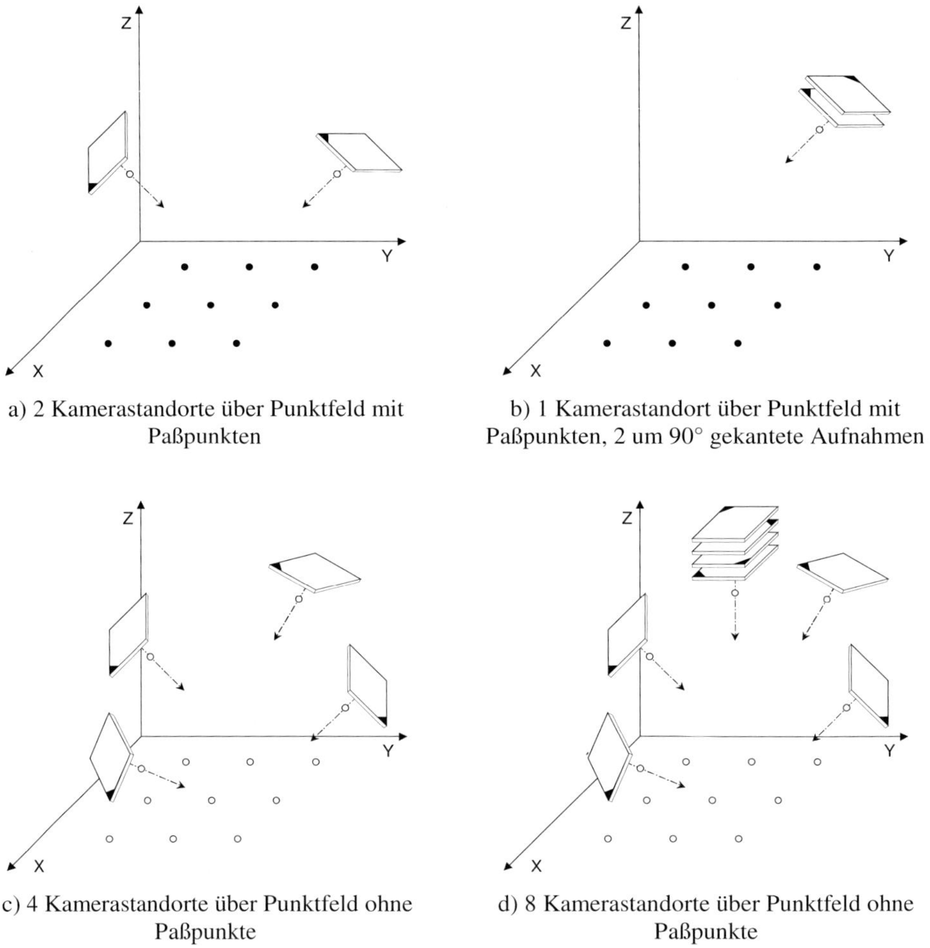

Abb. 7.10: Kalibrieranordnungen bei ebenem Punktfeld (WESTER-EBBINGHAUS 1983, 1985)

● Paßpunkt ○ Zielpunkt

7.2.2.2 Kalibrierung mit räumlichem Punktfeld

Die Simultankalibrierung einer Aufnahmekamera wird zuverlässiger, wenn das Objekt räumlich ausgedehnt ist. Räumliche Punktfelder sind ebenen Anordnungen vorzuziehen, wenn die praktische Aufgabenstellung es erlaubt.

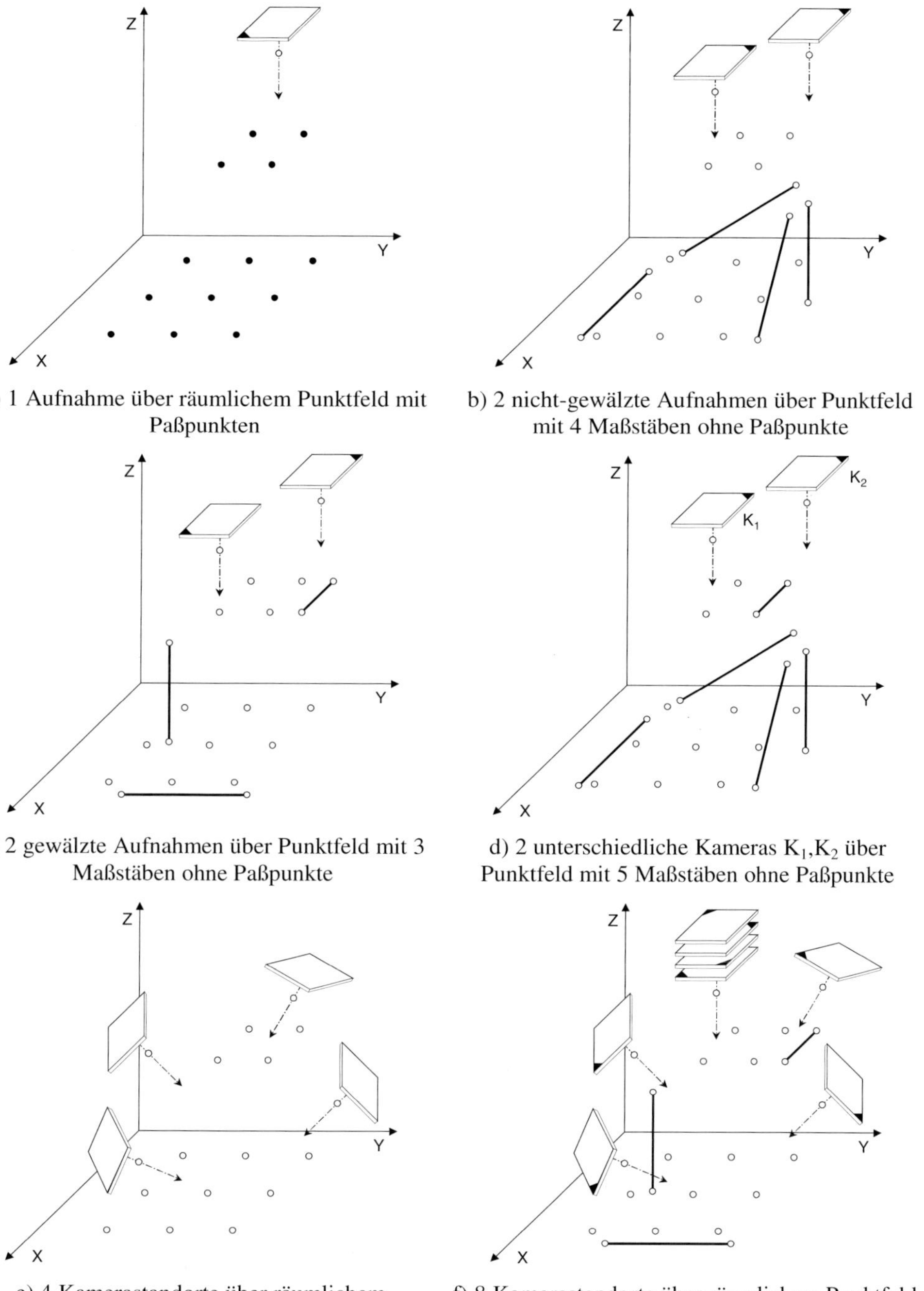

a) 1 Aufnahme über räumlichem Punktfeld mit Paßpunkten

b) 2 nicht-gewälzte Aufnahmen über Punktfeld mit 4 Maßstäben ohne Paßpunkte

c) 2 gewälzte Aufnahmen über Punktfeld mit 3 Maßstäben ohne Paßpunkte

d) 2 unterschiedliche Kameras K_1,K_2 über Punktfeld mit 5 Maßstäben ohne Paßpunkte

e) 4 Kamerastandorte über räumlichem Punktfeld ohne Paßpunkte, beliebige Kantungen

f) 8 Kamerastandorte über räumlichem Punktfeld mit 3 Maßstäben ohne Paßpunkte

Abb. 7.11: Kalibrieranordnungen bei räumlichem Punktfeld (WESTER-EBBINGHAUS 1983b, 1985)

● Paßpunkt ○ Zielpunkt ○——○ bekannte Strecke

Abb. 7.11a stellt den Fall einer Einzelbildkalibrierung über einem bekannten räumlichen Testfeld dar (siehe Kap. 4.2.3.1). Nach Abb. 7.11b kann auf Paßpunkte verzichtet werden, wenn im Objektraum zusätzliche Maßstabsinformationen in Form bekannter Strecken bereitgestellt werden. Die Anzahl der Strecken kann reduziert werden, wenn zwei gekantete Aufnahmen vorliegen (Abb. 7.11c). Abb. 7.11d zeigt die Minimalkonfiguration für ein System aus zwei verschiedenen Kameras (bildvariante innere Orientierung), wie sie zum Beispiel für Zweikamera-Online-Systeme auftreten kann. Auf vorgegebene Bildkantungen kann verzichtet werden, wenn mindestens vier Schrägaufnahmen eines räumlichen Punktfeldes vorliegen (Abb. 7.11e). Schließlich zeigt Abb. 7.11f die aufwendigste, aber zuverlässigste Aufnahmekonfiguration mit in diesem Fall acht Aufnahmen, die jeweils gegenseitig gekantet sind sowie einem räumlichen Punktfeld mit bekannten Strecken.

Alle gezeigten Aufnahmekonfigurationen können grundsätzlich auch so modifiziert werden, daß ein (transportables) Testfeld gegenüber der zu kalibrierenden Kamera so mehrfach positioniert wird, daß dieselben perspektiven Verhältnisse zwischen Objektpunktfeld und Kamera entstehen. Weiterhin kann die Anzahl von Objektpunkten, Paßpunkten, Strecken und Bildern beliebig erhöht werden, zum Beispiel für spezielle Untersuchungen zur Kamerageometrie (z.B. BEYER 1992)

7.2.2.3 Einzelstandpunkt-Selbstkalibrierung

Einen Sonderfall der Kamerakalibrierung stellt die *Einzelstandpunkt-Selbstkalibrierung* dar (WESTER-EBBINGHAUS 1983). Die oben erläuterten Aufnahmekonfigurationen werden soweit eingeschränkt, daß nur eine Aufnahmeposition der Kamera zugelassen wird und die Kalibrierung ausschließlich aus der Bildinformation gewonnen wird (Selbstkalibrierung). Dabei werden von einem Standort mehrere Bilder aufgenommen, die gegenseitig geneigt sind. Das Punktfeld muß nicht räumlich verteilt sein (Abb. 7.12). Die Ausnutzung des Bildformates ist bei dieser Konfiguration nicht optimal, die Bestimmung der Verzeichnung entsprechend unsicherer. Die gezeigten Anordnungen sind eher von theoretischer als von praktischer Bedeutung.

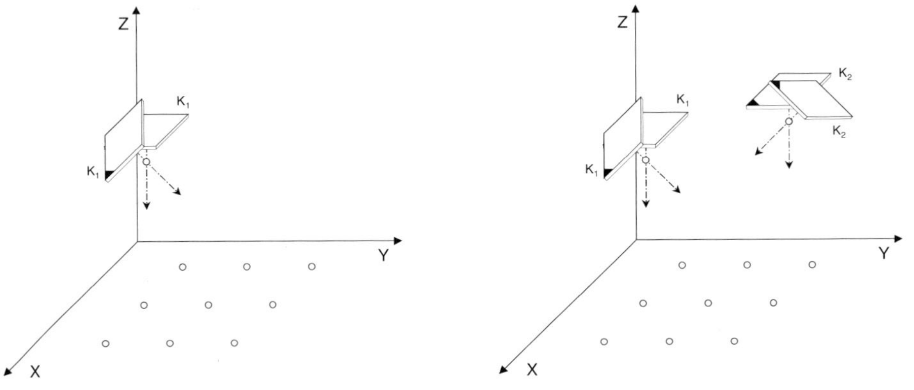

a) 1 Kamerastandort mit 2 geneigten Aufnahmen über ebenem Punktfeld ohne Paßpunkte

b) wie a), jedoch für 2 unterschiedliche Kameras K_1 und K_2

Abb. 7.12: Einzelstandpunkt-Selbstkalibrierung

7.2.2.4 Kalibrierung mit erweiterter Einzelbildorientierung

Liegt ein ausreichend dichtes und mit genügender Anzahl von Paßpunkten versehenes räumliches Punktfeld vor, kann die Bestimmung der inneren Orientierung mit nur einer Aufnahme durchgeführt werden. Im allgemeinen erfolgt die Kalibrierung mit einem Kameramodell, das auf Kamerakonstante, Hauptpunkt und radial-symmetrische Verzeichnung eingeschränkt ist.

Aus der Literatur sind im wesentlichen drei Ansätze zur gleichzeitigen Bestimmung der äußeren und der inneren Orientierung bekannt:

- Räumlicher Rückwärtsschnitt mit erweitertem funktionalen Modell:

  Die äußere Orientierung eines Einzelbildes wird durch Lösung eines nicht-linearen (überbestimmten) Gleichungssystems bestimmt. Das funktionale Modell basiert auf den photogrammetrischen Abbildungsgleichungen (Kollinearitätsgleichungen), die um Terme zur Korrektur von Verzeichnungseffekten erweitert werden. Es werden 6 unbekannte Parameter der äußeren Orientierung sowie bis zu 5 Parameter der inneren Orientierung berechnet. Das Verfahren benötigt ein räumliches Punktfeld aus mindestens 6 Paßpunkten mit XYZ-Koordinaten (KRAUS 1996, siehe Kap. 4.2.3.1.2).

- Direkte Lineare Transformation (DLT) mit Verzeichnungsparametern (ABDEL-AZIZ & KARARA 1971, siehe Kap. 4.2.3.2):

  Mit dem Verfahren der DLT werden zunächst 11 Transformationsparameter in einem linearen Gleichungssystem bestimmt. Der Ansatz kann durch Parameter der radial-symmetrischen Verzeichnung erweitert werden. Es werden ebenfalls mindestens 6 räumliche Paßpunkte benötigt.

- Kamerakalibrierung nach TSAI (1986):

  Für die Kalibrierung von CCD-Videokameras ist das Verfahren nach TSAI verbreitet. Es löst die Bestimmung der inneren (5 Parameter) und äußeren Orientierung (6 Parameter) eines Einzelbildes iterativ, wobei einzelne Parametergruppen getrennt berechnet werden (KLETTE et al. 1996). Das Verfahren benötigt 7 räumliche Paßpunkte, also einen Paßpunkt mehr als die obigen Verfahren bei gleicher Parameterzahl.

Die genannten Einzelbildverfahren sind dort von Interesse, wo aufgrund der Aufnahmebedingungen keine redundanten Mehrbildverbände aufgenommen werden können oder eine ständige Überprüfung einer einzelnen Kamera mit jeder Objektaufnahme gefordert ist. Dies trifft z.B. für Anwendungen der Robotik zu, bei denen sich eine (eventuell fokussierbare) Kamera an einem Roboterarm in einem Objektraum bewegt und ständigen Veränderungen unterworfen ist.

Aufgrund der einfachen Aufnahmeanordnung kann die Kamerakalibrierung quasi in Echtzeit durchgeführt werden. Es ist allerdings davon auszugehen, daß die Genauigkeit der Parameterbestimmung deutlich geringer als beim Verfahren der Simultankalibrierung in Mehrbildverbänden ist.

7.2.2.5 Probleme bei der Simultankalibrierung

Praktische Probleme bei der Kalibrierung der inneren Orientierung treten vor allem in folgenden Fällen auf:

- Korrelationen zwischen den Parametern:

  Werden die Parameter der inneren Orientierung im Rahmen einer Bündelausgleichung mit Simultankalibrierung ermittelt, kommt es in der Regel zu Korrelationen zwischen den ausgeglichenen Parametern, die der Kovarianzmatrix entnommen werden können. Hohe Korrelationskoeffizienten deuten auf lineare Abhängigkeiten zwischen einzelnen Parametern hin und sollten vermieden werden.

  Korrelationen treten häufig zwischen folgenden Parametern auf:

  - Kamerakonstante, Bildhauptpunkt und äußere Orientierung
  - A_1 und A_2 bzw. A_3
  - Bildhauptpunkt x'_0 und Affinitätsparameter C_1 bzw. y'_0 und C_2

  Korrelationen zwischen den Parametern spielen dann eine untergeordnete Rolle, wenn Objektrekonstruktion und Kamerakalibrierung in einem simultanen Berechnungsvorgang erfolgen, wie es bei der Bündelausgleichung mit Simultankalibrierung der Fall ist. Statistisch nicht-signifikante Parameter können gleichwohl durch einen entsprechenden Test erkannt und aus dem Modell entfernt werden. Werden einzelne korrelierte Parameter der inneren Orientierung für nachfolgende Berechnungen herausgezogen, repräsentieren sie nicht mehr vollständig das gewählte mathematische Kameramodell. Werden beispielsweise die Kameras eines fest installierten Online-Meßsystems extern in einer abweichenden Aufnahmekonfiguration kalibriert, kann die Nutzung dieser Daten im Zielsystem zu Modellfehlern führen. Grundsätzlich führt die Kalibrierung über einem räumlichen Punktfeld zu geringen Korrelationen und zuverlässiger bestimmten Kameraparametern.

- Keine gekanteten Aufnahmen:

  Gekantete (um die Aufnahmeachse gedrehte) Aufnahmen sind notwendig, um die Hauptpunktlage und eventuelle Affinitätsparameter festzulegen, wenn das Testfeld keine ausreichende Verteilung von Paßpunkten besitzt oder nicht genügend Schrägaufnahmen gemacht werden können. Liegen gekantete Aufnahmen nicht vor, ist die Hauptpunktlage stark korreliert mit den Lageparametern der äußeren Orientierung.

- Keine formatfüllende Bildabdeckung:

  Die Aufnahmeserie für eine Kamerakalibrierung sollte so angeordnet sein, daß über alle Aufnahmen gesehen eine vollständige Ausnutzung des Bildformates gegeben ist. Nur dann lassen sich insbesondere Verzeichnungswerte ermitteln, die für das gesamte Format repräsentativ sind (Abb. 7.13).

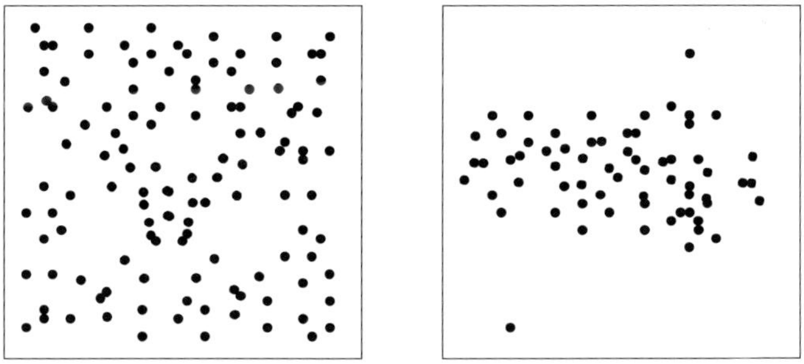

Abb. 7.13: Gute (links) und schlechte (rechts) Bildpunktverteilung

- Verwendung verzeichnungsstarker Objektive:

  Treten in den Bildecken besonders große Verzeichnungen auf, wie es bei vielen Weit- und Überweitwinkelobjektiven der Fall ist, ist das übliche Verzeichnungsmodell häufig nicht mehr ausreichend, so daß in den Bildecken abgebildete Objektpunkte schlechter bestimmt werden. Das Problem verschärft sich, wenn eine ungünstige Bildformatabdeckung vorliegt.

- Mangelnde Kamerastabilität:

  Die Bestimmung der inneren Orientierung wird unsicher, wenn sich die Kamera von Bild zu Bild einer Aufnahmeserie verändert, z.B. durch mangelnde Stabilität des Bildsensors im Kameragehäuse. In diesem Fall muß jede Veränderung durch Definition einer eigenen Kamera in der Ausgleichung behandelt werden. Häufig läßt die Aufnahmekonfiguration allerdings nur die Kalibrierung weniger gleichzeitig verwendeter Kameras zu. Ein Ansatz zur Berücksichtigung bildvarianter Parameter wird in Kap. 4.3.2.4.2 diskutiert.

- Keine Maßstabsinformation in Aufnahmerichtung:

  Liegt keine Maßstabsinformation in Aufnahmerichtung vor, wie es bei ebenen Testfeldern der Fall ist, können Kamerakonstante und Aufnahmeentfernung nicht eindeutig bestimmt werden. Bereits eine in Aufnahmerichtung liegende bekannte Strecke (z.B. durch gegebene Paßpunkte) oder Koordinatenkomponente (z.B. bei einer Schrägaufnahme eines ebenen Testfeldes) reicht aus, um die Kamerakonstante zu berechnen.

7.3 Dynamische Photogrammetrie

7.3.1 Relativbewegungen zwischen Objekt und Aufnahmesystem

7.3.1.1 Ruhendes Objekt

Relativbewegungen zwischen ruhendem Meßobjekt und Aufnahmesystem treten in vielen Anwendungen auf:

- frei gehaltene Bildaufnahme („aus der Hand")
- Bildaufnahme aus einem Flugkörper
- Bildaufnahme aus einem bewegten Fahrzeug
- Bildaufnahme auf bewegtem Untergrund (Schwingungen, Vibrationen)

Stationäre Objekte können im Offline-Verfahren durch sequentielle Bildaufnahme mit nur einer Kamera erfaßt werden. Räumliche Bewegungen der Kamera bewirken im Bild eine Bewegungsunschärfe (Bildwanderung) $\Delta s'$, die von Geschwindigkeit, Belichtungszeit und Bildmaßstab abhängt:

$$\Delta s' = \frac{\Delta t \cdot v}{m_b} \tag{7.4}$$

mit

Δt: Belichtungszeit
v: Geschwindigkeit der Kamerabewegung
m_b: Bildmaßstabszahl

Die durch Bildwanderung verursachte Unschärfe wirkt sich in einer verminderten Modulationsübertragung in Richtung der Kamerabewegung aus. Die im Bild zulässige maximale Bewegungsunschärfe kann daher als Funktion des Auflösungsvermögens ausgedrückt werden. Aus Untersuchungen an Luftbildkameras wird die gerade noch tolerierbare Bewegungsunschärfe angegeben zu:

$$\Delta s'_{\max} = 1.5 \cdot AV^{-1} \tag{7.5}$$

mit

AV: Auflösungsvermögen des Sensors [L/mm]

Die maximal zulässige Belichtungszeit folgt dann aus (7.4):

$$\Delta t_{\max} = \frac{\Delta s'_{\max} \cdot m_b}{v} \tag{7.6}$$

Beispiel 7.1:

Aus einem fahrenden Wagen (v=30km/h=8.33m/s) wird eine Häuserzeile aufgenommen (m_b=2000). Das Auflösungsvermögen der CCD-Kamera beträgt nach Kap. 3.3.2.2.3 ca. AV=100L/mm. Gesucht ist die maximale Belichtungszeit Δt sowie die resultierende Unschärfe im Objektraum:

Lösung:

1. zulässige Bewegungsunschärfe: $\Delta s'_{max} = 1.5/100 = 0.015mm = 15\mu m$

2. maximale Belichtungszeit: $\Delta t_{max} = \dfrac{0.015 \cdot 10^{-3} \cdot 2000}{8.33} = 0.0036s \approx 1/280s$

3. Bewegungsunschärfe am Objekt: $\Delta S = 2000 \cdot 0.015 = 30mm$

In der praktischen Bildaufnahme muß die Belichtungszeit außerdem in Abhängigkeit der Beleuchtungsverhältnisse, der notwendigen Schärfentiefe und der Film- bzw. Sensorempfindlichkeit gewählt werden.

7.3.1.2 Bewegtes Objekt

Bei einem bewegten Objekt gelten die oben genannten Beziehungen zur Bewegungsunschärfe entsprechend. Zur räumlichen Erfassung muß das Objekt jedoch durch synchrone Bilderfassung mindestens zweier Kameras aufgenommen werden.

Abweichungen von der synchronen Bilderfassung wirken sich in Abhängigkeit der Objektgeschwindigkeit als Lagefehler $\Delta s'$ im Bild proportional zur zurückgelegten Wegstrecke ΔS aus.

$$\Delta s' = \frac{\Delta t \cdot v}{m_b} = \frac{\Delta S}{m_b} \qquad (7.7)$$

mit

Δt: Synchronisationsfehler
v: Objektgeschwindigkeit
ΔS: Wegstrecke
m_b: Bildmaßstabszahl

Erfolgt die Objektbewegung parallel zur Basis zwischen zwei Kameras, wirkt sich der Lagefehler direkt als Fehler $\Delta px'$ in der x'-Parallaxe aus. Aus Abb. 7.14 wird für den Stereonormalfall ersichtlich, daß die zwischen den Zeitpunkten t_0 und t_1 erfolgte Bewegung des Objektpunktes um die Wegstrecke ΔS dazu führt, daß der scheinbare Punkt P^* bestimmt wird. Die resultierende Abweichung ΔZ in Aufnahmerichtung lautet (vgl. (4.74)):

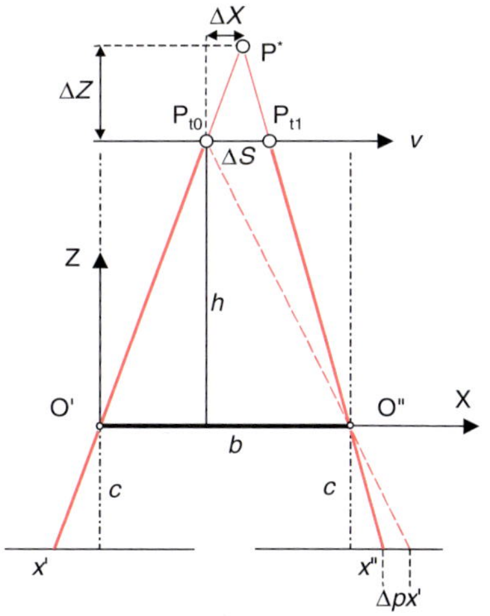

Abb. 7.14: Lage- und Höhenfehler durch Synchronisationsfehler

$$\Delta Z = \frac{h}{b}\Delta X = \frac{h}{b} \cdot m_b \cdot \Delta px' \tag{7.8}$$

mit
h: Aufnahmeabstand
b: Stereobasis
$\Delta px'$: Fehler der x-Parallaxe
m_b: Bildmaßstabszahl

In Bewegungsrichtung ergibt sich der Lagefehler ΔX:

$$\Delta X = \frac{x'}{c}\Delta Z \tag{7.9}$$

mit
x': Bildkoordinate im linken Bild
c: Kamerakonstante

Beispiel 7.2:

Für die Anwendung im obigen Beispiel (v=30km/h=8.33m/s; m_b=2000) sollen auch Stereobilder mit zwei CCD-Videokameras aufgenommen werden (b=1.5m, c=8mm, h=16m, x'=4mm). Aufgrund der technischen Realisierung muß mit einem Synchronisationsfehler von Δt=1/50s (Dauer eines Halbbildes) gerechnet werden (tatsächlich erlauben geeignete Frame Grabber den gleichzeitigen Bildeinzug, siehe unten):

Lösung:

1. Wegstrecke: $\Delta S = 1/50 \cdot 8.33 = 0.166\text{m}$

2. Lagefehler im Bild: $\Delta px' = \Delta s' = \frac{0.166}{2000} = 83 \cdot 10^{-3}\,\text{m} = 83\mu\text{m}$

3. Fehler in Aufnahmerichtung: $\Delta Z = \frac{16}{1.5} \cdot 2000 \cdot 83 \cdot 10^{-3} = 1.78\text{m}$

4. Fehler in Bewegungsrichtung: $\Delta X = \frac{4}{8} \cdot 1.78 = 0.89\text{m}$

Das Beispiel zeigt die gravierende Auswirkung eines Synchronisationsfehlers auf die Güte der Objektkoordinaten. Der Lagefehler im Bild von 83µm übersteigt die mögliche Meßgenauigkeit von <10µm um ein Vielfaches.

Herkömmliche Aufnahmekameras lassen sich durch elektrischen Impuls der Auslöser synchronisieren. Progressive-Scan-Kameras (Kap. 3.3.2.3) arbeiten ohne Halbildverfahren und eignen sich daher besonders für dynamische Aufnahmesituationen. Für den gleichzeitigen Bildeinzug mehrerer Videokameras existieren Frame Grabber mit mehreren parallelen A/D-Wandlern (z.B. RGB-Eingänge), deren Synchronisationssignal zur Ansteuerung der Kameras verwendet wird.

7.3.2 Aufnahme von kinematischen Vorgängen

Zur Erfassung zeitabhängiger räumlicher Objektbewegungen (Deformationen, Verschiebungsvektoren, Geschwindigkeits- und Beschleunigungsverläufe) werden Bild- oder Zeitfolgen der Bewegung aufgezeichnet. Neben der Erfassung der Zeit müssen geeignete Maßnahmen getroffen werden, um diskrete Objektpunkte in den Bildern erfassen und identifizieren zu können. Beispiele für kinematische Anwendungen sind:

- Aufnahme von Crash-Versuchen im Automobilbau
- Bestimmung des Strömungsverhaltens von Flüssigkeiten oder Gasen
- Vermessung von Deformationen an Bauwerken
- Materialprüfungen unter mechanischen oder thermischen Belastungen
- Schwingungsuntersuchungen
- Untersuchung und Kalibrierung von Roboterbewegungen
- Analyse menschlicher Bewegungsabläufe

7.3.2.2 Bildfolgen

Unter Bildfolgen werden in der Regel sequentielle Mehrbildaufnahmen verstanden, die das Objekt in einer der Objektbewegung angepaßten Frequenz erfassen. Im Objektraum muß dazu ein stationäres Referenzpunktfeld vorhanden sein, auf das die zu ermittelnde Bewegungsfunktion bezogen werden kann. Es dient außerdem zur Bildorientierung, z.B. bei bewegten Kamerapositionen.

Langsame Bewegungen (z.B. die durch wechselnden Sonnenstand verursachte Bewegung eines Kühlturmes) können unter Umständen mit nur einer (herkömmlichen) Aufnahmekamera beobachtet werden, die nacheinander zur Aufnahme eines Mehrbildverbandes eingesetzt wird. Es erfolgt dann eine standardmäßige photogrammetrische Objektaufnahme.

Die Aufzeichnung schneller Bildfolgen wird mit *Kinematographie* bezeichnet. Zum Einsatz kommen analoge Film- und Hochfrequenzkameras (Kap. 3.3.1.5.2) sowie Videokameras (Camcorder) und digitale Hochfrequenzkameras (Kap. 3.3.2.8). Abb. 7.15 zeigt Ausschnitte einer Hochgeschwindigkeitsbildfolge zur Untersuchung von Gurtsystemen beim Aufprall eines Fahrzeuges. In dieser Sequenz ist keine dreidimensionale Analyse der Bewegung möglich, da nur eine Kamera verwendet wurde. Da die Bewegung des Körpers jedoch überwiegend parallel zur Bildebene verläuft, können ausreichende Aussagen über das kinematische Verhalten getroffen werden.

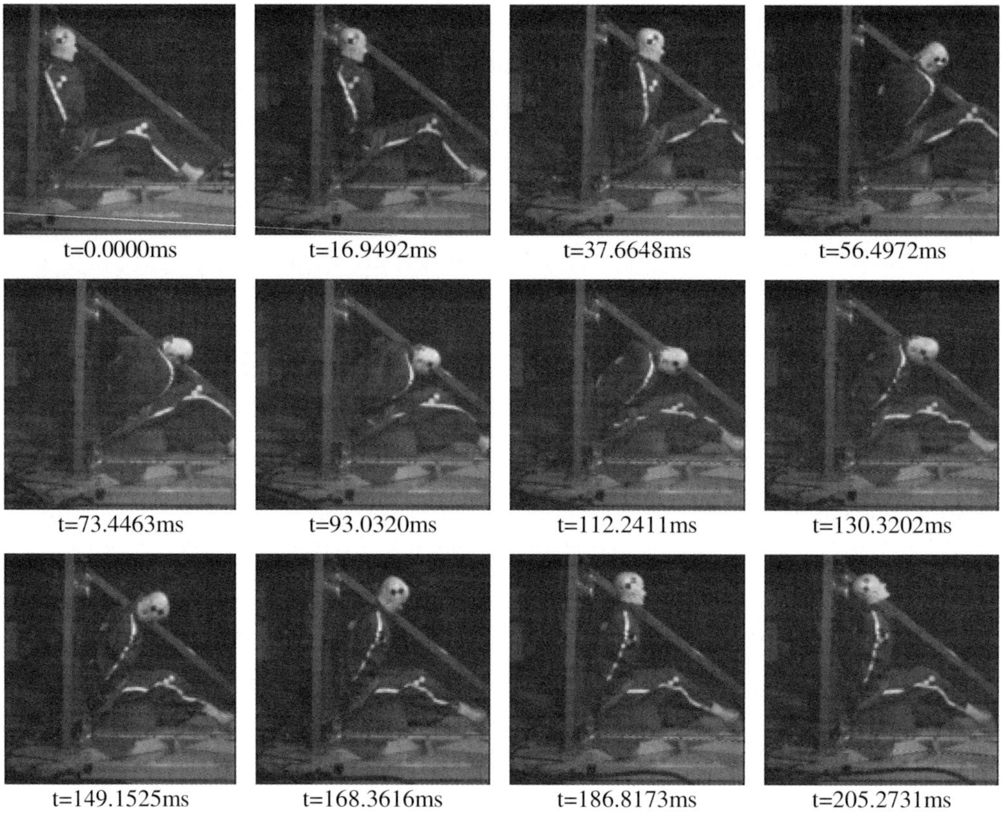

Abb. 7.15: Bildfolge einer Hochgeschwindigkeitskamera (Weinberger)

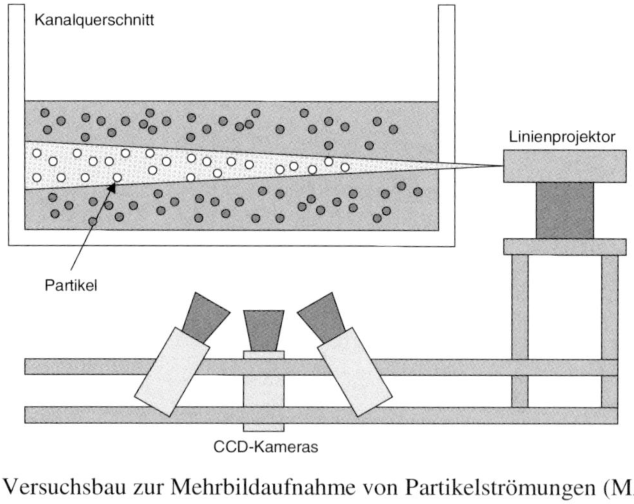

Abb. 7.16: Versuchsbau zur Mehrbildaufnahme von Partikelströmungen (MAAS 1992)

Abb. 7.16 zeigt einen Versuchsaufbau zur Erfassung räumlicher Verschiebungsvektorfelder mit einer Mehrkamera-Bildfolge. Drei CCD-Videokameras beobachten dabei die Bewegungen von Partikeln, die den Strömungen in einem Wasserbecken unterliegen. Ein Lichtschnittprojektor erzeugt eine genäherte Lichtebene, in der die Partikel sichtbar werden. Die Bildfolge wird im Videotakt auf einem leistungsfähigen Videorecorder abgespeichert. Die photogrammetrische Bildauswertung berücksichtigt den Mehrmediendurchgang an der Kanalwand (Kap. 4.6). Das wesentliche Problem dieser Anwendung besteht in der Zuordnung der großen Zahl von Partikeln, die sich als helle Punkte im Bild abbilden (Abb. 7.17). Zur Lösung des Korrespondenzproblems wird das kernliniengestützte Bildzuordnungsverfahren nach Kap. 5.5.3 eingesetzt (MAAS 1992).

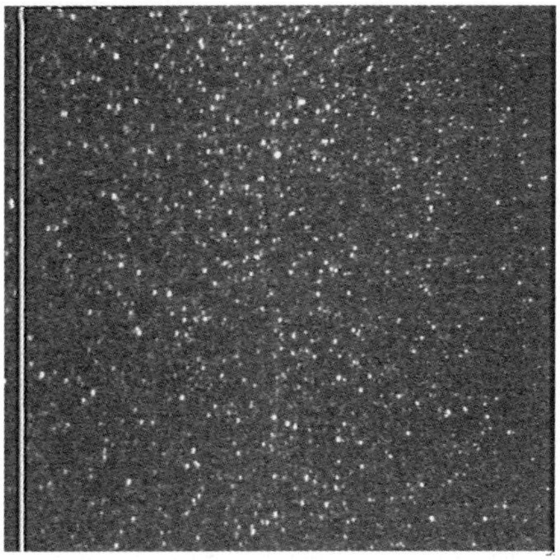

Abb. 7.17: Bildaufnahme von Partikelströmungen (MAAS 1992)

Ergebnis der photogrammetrischen Auswertung sind die 3D-Koordinaten sämtlicher Partikel über die gesamte Bildfolge. Daraus lassen sich anschließend Verschiebungsvektorfelder (Trajektorien) ableiten, wobei die Korrespondenz zwischen aufeinanderfolgenden Bildern der Sequenz gelöst werden muß.

7.3.2.3 Zeitfolgen, Motografie

Mit *Motografie* wird die Methode bezeichnet, Bewegungsvorgänge durch Langzeit- oder Mehrfachbelichtung in einem oder mehreren Meßbildern aufzuzeichnen. Im Gegensatz zur Bildaufnahme mit Hochfrequenzkameras erlaubt die Motografie die Verwendung normaler photogrammetrischer Aufnahmesysteme mit entsprechenden Belichtungsmöglichkeiten, so daß höher auflösende Bildaufzeichnungen möglich sind.

Bei Langzeitbelichtungen zeichnen sich bewegte Objekte durch eine Bildspur ab (Abb. 7.18). Für Stereo- oder Mehrbildaufnahmen ist es hilfreich, das Objekt durch selbstleuchtende Zielmarken zu signalisieren, die in einer der Bewegungsgeschwindigkeit angepaßten Frequenz blinken (*Impulslichtverfahren*, Abb. 7.19). Dadurch werden im Bild diskrete Punkte auf der Bildspur sichtbar, die identifiziert und zugeordnet werden können. Da es bei Langzeitbelichtungen unter Tageslichtbedingungen leicht zu Überbelichtungen kommen kann, wird statt einer Abdunkelung des Objektraumes die sogenannte Bandabsorptionstechnik eingesetzt. Zur Umfelderhellung wird eine Lichtquelle mit schmalem Frequenzband verwendet. Das Aufnahmesystem wird mit einem entsprechenden Bandsperrfilter ausgestattet, welcher das Umgebungslicht absorbiert und nur die aufzuzeichnenden Leuchtspuren passieren läßt.

Abb. 7.18: Kontinuierliche Aufnahme der Schwingung eines Versuchskörpers

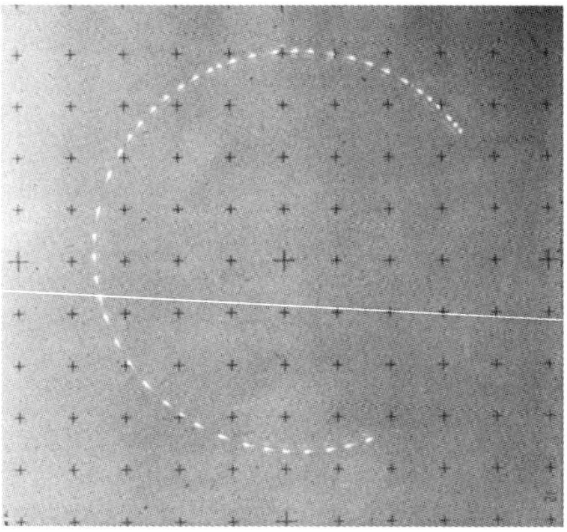

Abb. 7.19: Motografie-Aufnahme einer Bewegung mit pulsierenden Zielmarken

Mehrfachbelichtungen erlauben die Diskretisierung auch von nicht-signalisierten Objektpunkten durch periodische Beleuchtung oder Verschlußöffnung (*Stroboskopie*). Im Gegensatz zu zeitlich getrennten Einzelbildaufnahmen wird der gesamte Bewegungsvorgang in einem Bild sichtbar.

Motografie wird zum Beispiel für folgende Anwendungen eingesetzt:

- Bewegungsstudien für ergonomische Untersuchungen
- Bewegungsstudien in der Sportmedizin
- Bewegungsanalysen in der Biologie und Bionik
- Roboterkalibrierung
- Schwingungsanalyse
- Deformationsanalyse

Übersichten zur Motografie geben u.a. DORRER & PEIPE (1987) und BAUM (1987).

7.4 Luftbildaufnahmen im Nahbereich

Luftbildaufnahmen von niedrig fliegenden Flugkörpern werden beispielsweise für folgende Aufgaben verwendet:

- Aufnahme archäologischer Grabungsfelder
- Volumenbestimmung von Halden und Deponien
- Erfassung von Dachlandschaften
- großmaßstäbige Kartierung unzugänglicher Geländebereiche

- Testflächenkartierung im Rahmen geographischer Untersuchungen
- Biotopmonitoring
- Gewässerschutz
- Reconnaissance (Aufklärung)

Die Herstellung von Luftbildaufnahmen im Nahbereich ist in erster Linie ein luftfahrttechnisches Problem (Wahl der Aufnahmeplattform, Navigation, Fluggenehmigungen). Die photogrammetrische Auswertung erfolgt nach Standardmethoden.

Bemannte Flugzeuge sind für großmaßstäbige Luftaufnahmen dann geeignet, wenn die aufgrund ihrer Mindestgeschwindigkeit entstehende Bewegungsunschärfe (Bildwanderung) tolerierbar ist. Bei einer Belichtungszeit von Δt=1/1000s, Fluggeschwindigkeit v=180km/h und Bildmaßstabszahl m_b=1000 beträgt sie analog zu (7.4) ca. 50µm. Die Bildwanderung wird bei speziellen Luftbildkameras weitgehend durch *Forward Motion Compensation* (FMC) kompensiert (KRAUS 1994). Langsam fliegende Ultraleichtflugzeuge (v_{min}=40km/h) besitzen günstige Flugeigenschaften, besitzen aber geringere Nutzlasten (<100kg). Bemannte Hubschrauber erzeugen große Schwingungen, die sich nachteilig auf die Bildqualität auswirken und durch spezielle Kameraaufhängungen oder Freihandaufnahmen kompensiert werden müssen.

Für die großmaßstäbige Erfassung kleinerer Gebiete eignen sich unbemannte (ferngelenkte) Kleinflugzeuge (*Remoted Piloted Vehicle* RPV), Hubschrauber, Ballone, Luftschiffe und Drachen (Tabelle 7.2).

	typische (max.) Flughöhen [1] [m]	Nutzlast [kg]	Reichweite [2] [m]	Anzahl Bediener	max. Flugdauer [min]
Modellflugzeug, RPV	50–100 (150)	3–6	1000	2	30–60
Modellhubschrauber	10–100 (150)	3–7	500	2	10–15
Heißluftballon, -luftschiff	10–100 (200)	10–50	1000	3–5	60
Gasballon, -luftschiff	10–100 (200)	10	stationär	2–3	beliebig [3]
Drachen	50–100 (300)	10–50	stationär	2	beliebig [3]

Tabelle 7.2: Unbemannte Flugkörper für Luftaufnahmen aus geringer Höhe
1) in Deutschland auf 100m begrenzt; 2) in der Regel Sichtkontakt; 3) wetterabhängig

Neben der photogrammetrischen Aufnahmekamera sind vom Fluggerät zusätzliche Komponenten wie Fernsteuerung, Navigationshilfen, Videokamera oder Kameraschutz aufzunehmen. Neben der Notwendigkeit eines erfahrenen Bedieners stellt sich in der Praxis das Problem der Navigation. Für die Aufnahme regelmäßiger Luftbildverbände ist es zweckmäßig, die vorgesehenen Bildmitten am Erdboden zu markieren und mit Hilfe einer Videoübertragung aus dem Fluggerät einzustellen. Alternativ kann der Flugkörper durch eine nach oben gerichtete Kamera beobachtet werden. Zur Einhaltung einer konstanten Flughöhe eignen sich Höhenmesser oder optische Hilfsvorrichtungen, die nach dem Prinzip der geodätischen Entfernungsmessung mit Basislatten funktionieren. DGPS-gestützte

Navigations- und Inertialsysteme lassen sich auch bei Ultraleichtflugzeugen einsetzen (BÄUMKER et al. 1998).

Abb. 7.20: Modellhubschrauber mit photogrammetrischer Aufnahmekamera

Abb. 7.21: Luftaufnahme zur Kartierung eines Meerwasserwellenbades

Abb. 7.20 zeigt einen fernlenkbaren Modellhubschrauber, der eine photogrammetrische Kleinbildkamera trägt. Das System wurde zur Kartierung eines Meerwasserwellenbades eingesetzt (Abb. 7.21). Für anschließende Stereoauswertungen wurde ein regelmäßiger Bildverband aufgenommen (144 Bilder, Flughöhe ca. 70m, Bildmaßstab m_b=2500). Der Einsatz eines Ballons zur archäologischen Aufnahme einer Oase ist in Abb. 7.22 dargestellt. Zu weiteren Anwendungsmöglichkeiten siehe HECKES & MAUELSHAGEN (1987) und WARNER et al. (1996).

Abb. 7.22: Einsatz eines Luftbildballons zur Aufnahme der Oase Siwa, Ägypten (Deutsches Bergbau-Museum)

8 Anwendungsbeispiele

Mit der Nahbereichsphotogrammetrie stehen universelle Methoden und Verfahren zur geometrischen Erfassung fast beliebiger Objekte zur Verfügung. Dementsprechend vielfältig sind Anwendungsmöglichkeiten und Einsatzgebiete. Die im folgenden dargestellten Anwendungsbeispiele zeigen nur einen kleinen Ausschnitt des Einsatzspektrums. Sie beschränken sich auf exemplarische Meßbilder, Auswertungen und wesentliche technische Projektdaten. Weiterführende Informationen sind jeweils den ausgewählten Literaturangaben zu entnehmen.

8.1 Architektur und Denkmalpflege

8.1.1 Photogrammetrische Bauaufnahme

Mit der photogrammetrischen Bauaufnahme werden Maße und Pläne (Grund- und Aufrisse) bestehender Gebäude vor allem für die Zwecke der

- Bauwerkserhaltung und Restauration,
- kunstgeschichtlichen Analyse und
- Dokumentation

gewonnen. Für dieses Anwendungsfeld der Architekturphotogrammetrie wurden bereits im 19. Jahrhundert wesentliche technische Grundlagen entwickelt (siehe Kap. 1.4). Die photogrammetrische Bauwerkserfassung hat gegenüber der klassischen Bauaufnahme mit dem sogenannten Handaufmaß einige Vorzüge:

- berührungslose Messung ohne Einrüstung der Fassaden
- geringe Unfallgefahr
- kurze Aufnahmezeiten am Objekt
- hohe Genauigkeit
- dreidimensionale Koordinatenbestimmung
- Bestimmung von Freiformlinien (Konturen) und Freiformflächen (Ornamente)
- Kombination von Strichdarstellung und entzerrten Originalbildern (Bildpläne)
- nachträgliche Objekterfassung aus archivierten Meßbildern oder historischen Aufnahmen

Zur Bilderfassung kommen überwiegend analoge Meß- und Teilmeßkameras im Mittel- und Großformat zum Einsatz. Zunehmend werden auch digitale Kameras verwendet, die jedoch bei vergleichbarer Auflösung noch hohe Gerätekosten verursachen (siehe Kap. 7.1.5).

Signalisierte Objektpunkte dienen mehrheitlich der Paßpunktmarkierung und Bildorientierung. Die eigentliche Rekonstruktion geschieht über natürliche Formmerkmale des Objektes.

Neben analytischen Instrumenten zur Stereobildauswertung werden vielfach interaktive digitale Mehrbildauswertesysteme eingesetzt, die neben der höheren Redundanz den Vorteil der direkten Überlagerung mit grafischen Informationen bieten. Digitale Auswertesysteme gestatten darüberhinaus die einfache Erzeugung von Bildentzerrungen, z.B. zur Herstellung von Fassadenmosaiken (Abb. 8.1) oder Bildplänen (z.B. WIEDEMANN 1997).

Abb. 8.1: Strichauswertung und entzerrter Bildplan von Häuserzeilen (KARARA 1989)

Übersichten zur Architekturphotogrammetrie geben u.a.: STREILEIN (1998), ALBERTZ & WIEDEMANN (1997), DALLAS (1996), GRUEN (1994), REGENSBURGER (1990), CARBONELL (1989), WEIMANN (1988).

8.1.1.1 Dom von Siena

Die Aufnahme des Domes von Siena ist ein Beispiel für die photogrammetrische Erfassung von Großbauwerken in eingeschränkt zugänglicher Umgebung. Ziel der Aufnahme ist die Bereitstellung genauer Pläne und Detailauswertungen sowohl von der Außenfassade als auch im Innenraum für den Zweck der Bauwerkserhaltung.

Die Komplexität des Objektes erfordert eine freie Mehrbildaufnahme mit verschiedenen Kamera-Objektiv-Kombinationen, die im Rahmen einer Bündeltriangulation simultan kalibriert und orientiert werden. Tabelle 8.1 faßt die wesentlichen technischen Projektangaben zusammen. Abb. 8.2 zeigt die Aufnahmekonfiguration im Grundriß, Abb. 8.3 stellt Meßbilder und Auswertebeispiele dar (KOTOWSKI et al. 1989, FELLBAUM & HAU 1996).

Örtliche Objektaufnahme		Bemerkungen
Objektdimensionen (L x B x H)	ca. 100m x 30m x 30m	
Aufnahmeperiode	1989 – 1995	
Aufnahmekamera; Brennweiten	Rollei 6006; f= 40 – 1000mm Zeiss UMK; f=64mm	Außenfassade Innenraum
Anzahl aufgenommener Bilder Anzahl ausgewerteter Bilder	ca. 4000 ca. 2250	
Bildmaßstäbe	1:100	
Anzahl Paßpunkte	ca. 400	
Paßpunktgenauigkeit	<13mm	
Bildmessung und Bündeltriangulation		
Bildmeßgeräte	Zeiss Planicomp C100, Rollei Réseau-Scanner	monoskopisch
Mittlere Bildmeßgenauigkeit	12–16 μm	
Anzahl Objektpunkte	ca. 15 in Modellbildern < 200 in Trianglulationsaufnahmen insgesamt 7100 Verknüpfungspunkte	
Mittlere Objektgenauigkeit	< 13 mm	
Objektauswertung		
Auswertesystem	Zeiss Planicomp C100 Zeiss Planicomp P3, Rollei MR2	Stereoauswertung Mehrbildauswertung
Anzahl Objektpunkte	nicht bekannt	
Mittlere Objektgenauigkeit	1–2cm	
Ergebnisausgabe	Querschnitte, Grundrisse, Aufrisse	

Tabelle 8.1: Technische Daten zum Projekt „Dom von Siena“

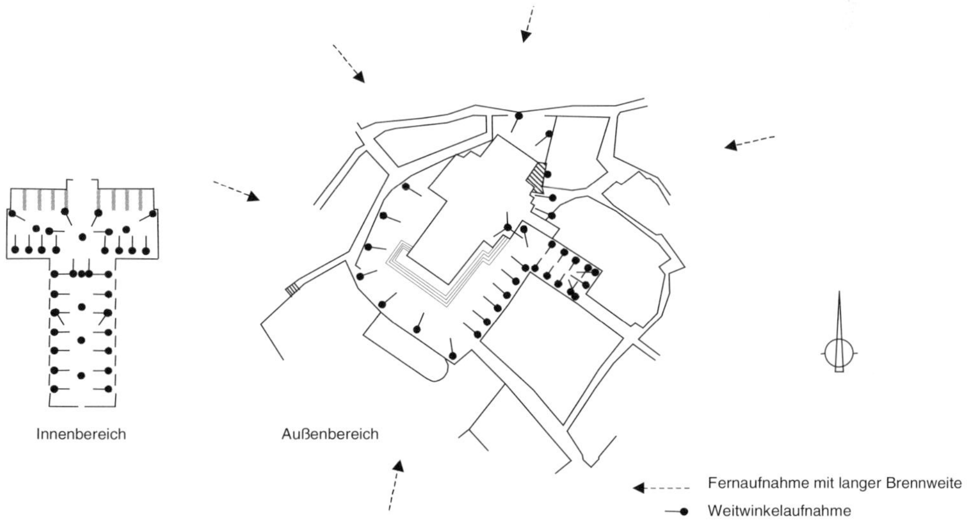

Abb. 8.2: Aufnahmekonfiguration „Dom von Siena“

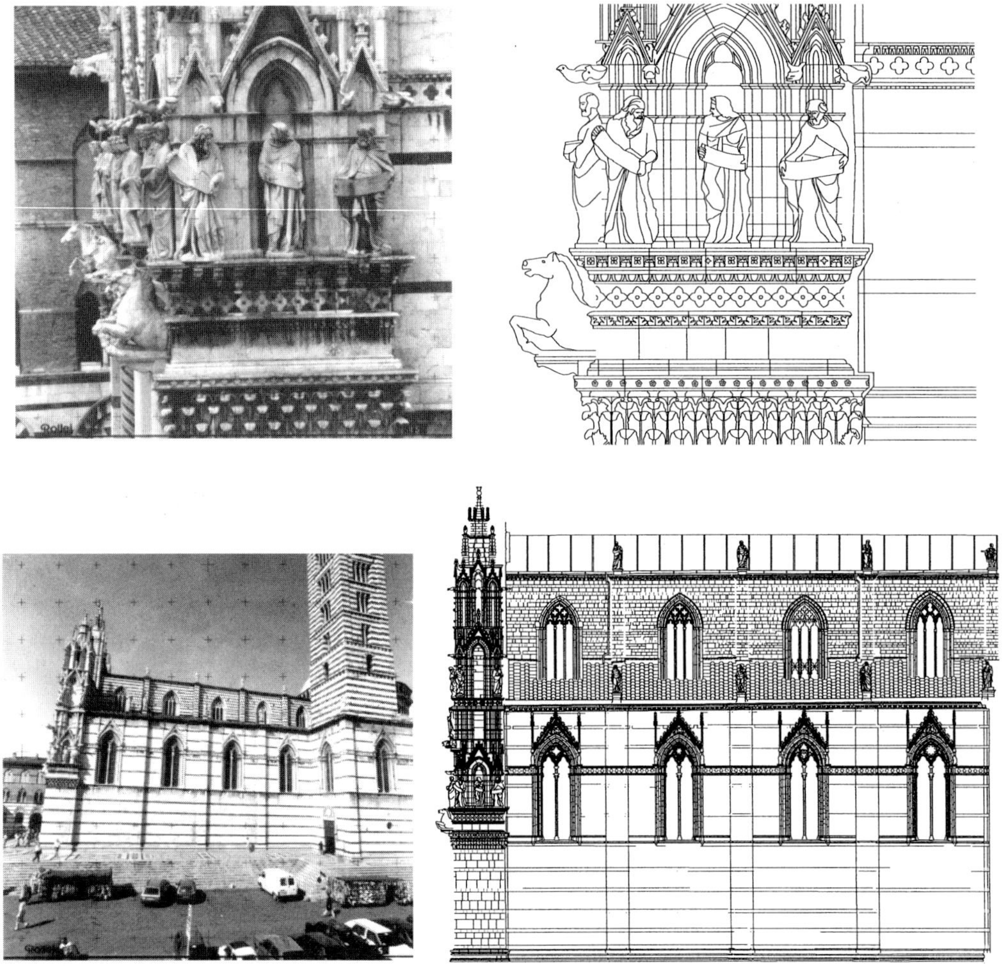

Abb. 8.3: Meßbilder und Auswertungen „Dom von Siena“ (FELLBAUM & HAU 1996)

8.1.1.2 Pulverturm Oldenburg

Die photogrammetrische Rekonstruktion des Pulverturmes Oldenburg ist ein Beispiel für einen Rundum-Verband im Außen- und Innenbereich. Ziel ist das steingerechte Aufmaß zur Vorbereitung von Restaurationsarbeiten. Zur Ergebnisausgabe sollten u.a. Abwicklungen des zylindrischen Objektes bereitgestellt werden. Einzelheiten zum Projekt können Tabelle 8.2 entnommen werden. Die schematische Aufnahmekonfiguration kann im wesentlichen Abb. 4.29 entnommen werden, wobei der Innenraum (Kuppelgewölbe) durch zusätzliche parallele Stereoaufnahmen erfaßt wird. Abb. 8.4 zeigt den zylindrischen Teil des rekonstruierten 3D-CAD-Modells. Die Überlagerung der CAD-Daten mit einem Meßbild wird in Abb. 1.12 dargestellt, die zylindrische Abwicklung zeigt Abb. 1.13 (LUHMANN & TECKLENBURG 1997).

Örtliche Objektaufnahme		Bemerkungen
Objektdimensionen (L x B x H)	ca. 12m x 12m x 10m	
Aufnahmeperiode	1994	
Aufnahmekamera; Brennweiten	Rollei 6006; f=40mm	
Anzahl aufgenommener Bilder Anzahl ausgewerteter Bilder	96 48	
Bildmaßstäbe	1:100 – 1:300	
Anzahl Paßpunkte	40	
Paßpunktgenauigkeit	1 – 3mm	
Bildmessung und Bündeltriangulation		
Digitalisierung	HP ScanJet IIc	
Pixelgröße	19µm	
Bildgröße	2800 x 2800	
Gesamtdatenmenge	368 MB	
Bildmeßgeräte	Phidias	Bildschirmmessung
Mittlere Bildmeßgenauigkeit	12µm	
Anzahl Objektpunkte	ca. 60	
Mittlere Objektgenauigkeit	<1.5mm	
Objektauswertung		
Auswertesystem	Zeiss Planicomp P3 Phidias	Stereoauswertung Zweibildauswertung
Anzahl Objektpunkte	ca. 32000	
Mittlere Objektgenauigkeit	3 – 5mm	
Ergebnisausgabe	CAD-Modell, Abwicklungen	

Tabelle 8.2: Technische Daten zum Projekt „Pulverturm Oldenburg“

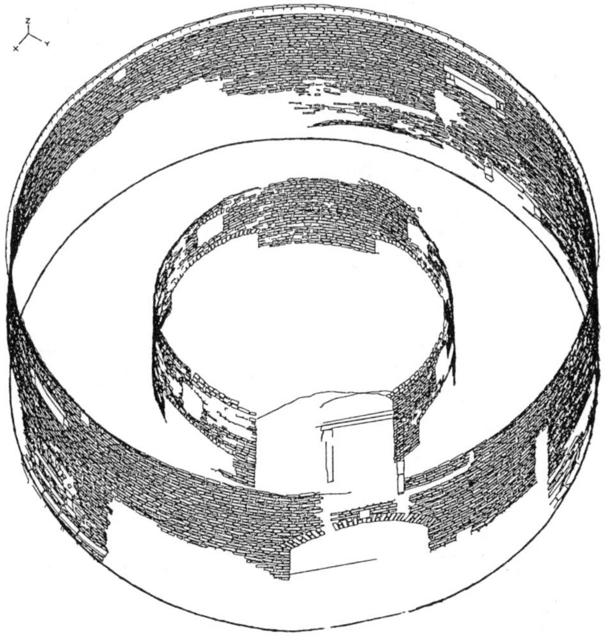

8.1.2 3D-Modelle

8.1.2.1 Visualierung von Gebäuden

Liegen topologisch strukturierte 3D-CAD-Daten eines Gebäudes vor (z.B. aus einer photogrammetrischen Auswertung), können sie mit den Methoden der 3D-Visualisierung (Beleuchtungsmodelle, Texturüberlagerung) foto-realistisch dargestellt werden (vgl. Kap. 5.3.3). Neben der zunächst rein ästhetischen Wirkung können diese Modelle auch für technische Anwendungen verwendet werden, z.B. für die Gebäudeplanung und das sog. Facility Management.

Im Gegensatz zur einfachen photogrammetrischen Strichauswertung erfordert die 3D-Visualisierung topologische Oberflächen, d.h. zu einer geschlossenen Fläche gehörende Punkte und Linien (Polygone) müssen, in der Regel interaktiv, zu logischen Flächeneinheiten verknüpft werden. Dies kann in CAD-gestützten Mehrbildauswertesystemen (vgl. Kap. 6.3.1) bereits während der photogrammetrischen Auswertung erfolgen. Hierfür hat sich der Begriff CAAD (*computer aided architectural design*) eingebürgert.

Zur Datenspeicherung eignen sich 3D-CAD-Formate (z.B. DXF, DGN). Größere Bedeutung erlangen standardisierte 3D-Grafiksprachen wie VRML, die systemunabhängig sowohl Visualisierungen als auch Interaktionen mit dem 3D-Modell erlauben. Abb. 8.5 und Abb. 8.6 stellen Ergebnisse des CIPA-Testobjektes „Otto-Wagner-Pavillion Wien" dar, an dem moderne Erfassungs- und Auswertemethoden der Architekturphotogrammetrie untersucht worden sind (ALMAGRO et al. 1996, PATIAS & STREILEIN 1996). Weitere Visualisierungsbeispiele zeigen Abb. 1.6 und 4.57.

Abb. 8.5: Bildverband „Otto-Wagner-Pavillion Wien" (STREILEIN 1998)

Abb. 8.6: 3D-Modell „Otto-Wagner-Pavillion Wien" (STREILEIN 1998)

Abb. 8.7: 3D-Modell „Kloster Hude"

8.1.2.2 Stadtmodelle

Die Erstellung dreidimensionaler Stadtmodelle gewinnt zunehmend an Bedeutung, z.B. für

- Stadt- und Bauleitplanung
- Untersuchungen von Emissionen (Schall, Abgase)
- Planung von Mobilfunknetzen
- Aufbau von Informationssystemen (Einsatzplanung für Rettungsdienste, Speditionen)
- Visualisierung für touristische Zwecke (Internetdarstellung)
- dreidimensionale Stadtpläne

Für diese Aufgaben steht weniger die geometrische Genauigkeit und Detailtreue im Vordergrund als vielmehr Vollständigkeit und Aktualität des 3D-Modells. Möglichkeiten zur schnellen Erfassung von Stadtmodellen bieten sich durch:

- Luftbildauswertung (automatische Extraktion von Gebäudeformen)
- Laserscanning aus der Luft (aus Unstetigkeiten des digitalen Höhenmodells)
- Videoaufnahmen aus fahrendem Fahrzeug (Abb. 8.8)

a) mit Panoramakamera (Frank Data) b) mit mehreren Videokameras (Transmap)

Abb. 8.8: Fahrzeuge zur Bilderfassung von Straßenzügen

Abb. 8.9 zeigt Ausschnitte eines virtuellen Fluges durch ein 3D-Stadtmodell, dessen Objekte durch Laserscanning und Luftbildauswertung erzeugt worden sind. Nahbereichsaufnahmen der Hausfassaden werden durch Texturüberlagerung aufprojiziert und vermitteln einen realistischen Eindruck der Straßenszenerie (BRENNER & HAALA 1998).

Abb. 8.9: Ausschnitt eines 3D-Stadtmodells (IfP Stuttgart)

8.1.3 Freiformflächen

Für kunstgeschichtliche Aufgabenstellungen und Restaurationsarbeiten an Skulpturen und Bauornamenten müssen Freiformflächen erfaßt werden. Klassische visuelle Stereoauswertungen zur Linienauswertung eignen sich, sofern die Objektoberfläche über ausgeprägte Konturlinien verfügt (Abb. 8.10). Für kleinere Objekte kommen die in Kap.

6.4 erläuterten Verfahren zur Oberflächenmessung mit Musterprojektionen in Frage. Abb. 8.11 zeigt das Beispiel einer digitalen Rundum-Oberflächenerfassung einer Skulptur. Aus den ermittelten 3D-Daten lassen sich beispielsweise Steuerdaten einer NC-Fräsmaschine oder für Stereolithografieverfahren zur Herstellung von Objektkopien ableiten (z.B. KLUDAS 1995).

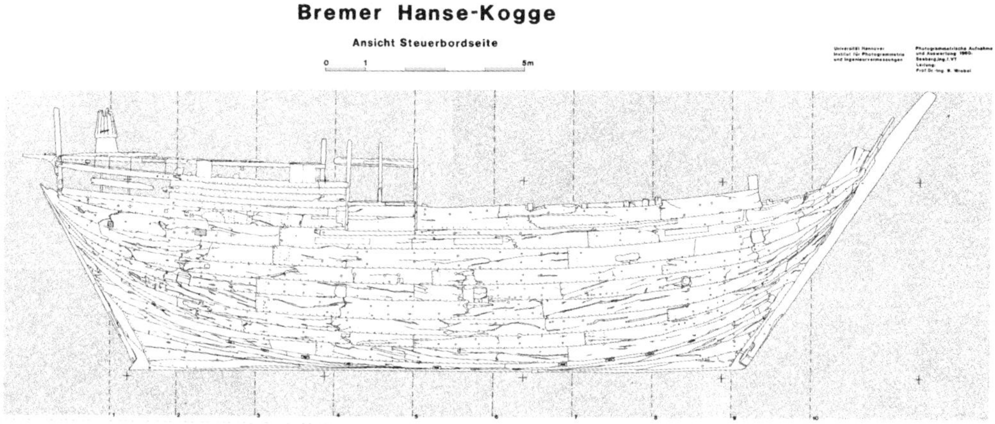

Abb. 8.10: Stereoskopische Linienauswertung (Bremer Hanse-Kogge, IPI Hannover)

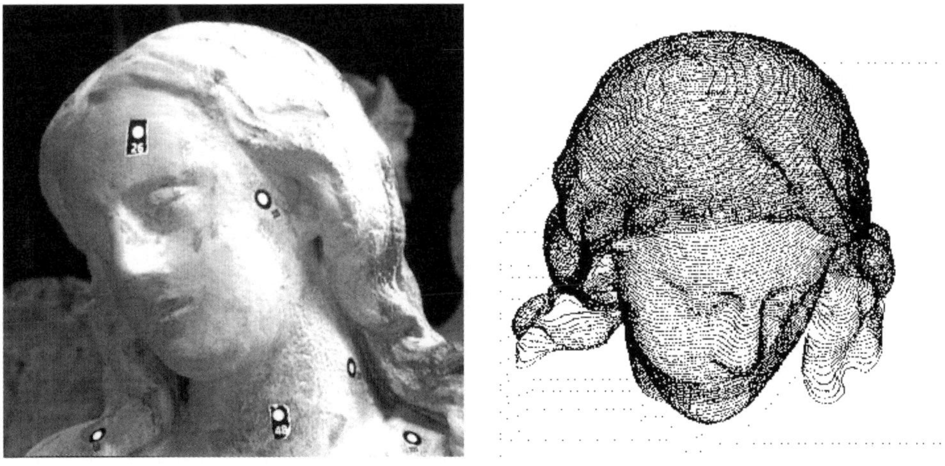

Abb. 8.11: Digitale photogrammetrische Oberflächenmessung einer Skulptur (Zeiss)

8.2 Ingenieurvermessung, Bauwesen

8.2.1 Deformationsmessungen

Eine wesentliche Aufgabe der geodätischen Ingenieurvermessung ist die Beobachtung von Deformationen an Bauwerken, die bestimmten mechanischen oder thermischen Belastungen ausgesetzt sind. Die Genauigkeitsanforderungen liegen für diese Aufgabenstellungen im Millimeterbereich bei Objektgrößen bis weit über 100m (z.B. Kühltürme, Schornsteine, Talsperren, Schleusen, Baukräne, historische Bauwerke usw.).

Die photogrammetrische Deformationsmessung kommt in der Regel dann zum Einsatz, wenn aufgrund der Objekt- und Umgebungsbedingungen kein längerer Aufenthalt vor Ort möglich ist, etwa zur Durchführung aufwendiger geodätischer Messungen. Weiterhin erlaubt die bildhafte Aufnahme auch die objektive Dokumentation des Objektzustandes zum Zeitpunkt der Belichtung.

Hochgenaue photogrammetrische Objekterfassungen erfordern hochauflösende, großformatige Kameras. Zum Einsatz kommen hierfür beispielsweise analoge Großformatkameras nach dem Meßkameraprinzip (z.B. Zeiss UMK 1318, Abb. 3.47) oder großformatige Réseaukameras (z.B. Rollei LFC, Abb. 3.56). Das Objekt wird nach Möglichkeit an kritischen Punkten signalisiert. Zur gesicherten Aussage über mögliche Objektdeformationen oder -bewegungen sollte ein stabiles Referenzpunktfeld vorhanden sein (vgl. Kap. 7.3).

Die Auswertung der Bilder geschieht mit einer der Kamera entsprechenden Bildmeßgenauigkeit, in der Regel an Präzisionskomparatoren oder Analytischen Plottern höchster Genauigkeit. Die 3D-Objektkoordinaten werden durch Bündelausgleichung mit Simultankalibrierung unter Einbeziehung geodätischer Messungen bestimmt. Die Deformationsanalyse kann innerhalb der Bündelausgleichung formuliert werden oder durch separate 3D-Transformationen der Objektpunkte in verschiedenen Aufnahmeepochen vorgenommen werden.

8.2.1.1 Formerfassung großer Stahlkonverter

Stahlkonverter werden in der Metallindustrie dazu verwendet, Roheisen zu Stahl zu veredeln. Es handelt sich um birnenförmige Gefäße mit Höhen bis ca. 10m und Durchmessern bis ca. 7m (Abb. 8.12). Die thermische und mechanische Beanspruchung bei einer Betriebsdauer von mehreren Jahren führt zu Deformationen, welche die äußere Zufuhr von Kühlluft beeinträchtigen. Die Vermessung der Gefäßwand ermittelt die kritischen Bereiche und ermöglicht die Überwachung der Verformungen.

Die Aufnahme wird mit einer Rollei 6006 metric durchgeführt, die wegen der stark begrenzten Aufnahmezeit mit einem 70mm-Langfilmmagazin ausgerüstet ist. Die Kamerastandpunkte befinden sich auf neun Ebenen in der Längsachse des Konverters. Die Aufnahmerichtungen sind sternförmig angeordnet (Abb. 8.13). Für die erforderliche Basis wird die Überdeckung in Richtung der Achse verwendet. Um die Bildmessung zu unterstützen, erfolgt eine Signalisierung von Verknüpfungspunkten mit weißen Farbtupfern.

Die Paßpunkte sind innerhalb des Konverters in zwei Ringen in der Nähe der Gefäßkippachse angeordnet. Sie werden tachymetrisch bestimmt und sind durch ein Festpunktfeld in der näheren Umgebung definiert.

Bei der Auswertung werden sowohl Verknüpfungs- als auch Formstützpunkte nach monoskopischer Bildmessung (wegen der Reséau-Kreuze der Rollei) einer gemeinsamen Bündelausgleichung zugeführt.

Örtliche Objektaufnahme	Stahlkonverter	Bemerkungen
Objektdimensionen (L x B x H)	ca. 7 m Durchm., 10 m Höhe	
Aufnahmeperiode	ca. 3 Monate	
Aufnahmekamera; Brennweiten	Rollei 6006 metric, f=40mm	
Anzahl aufgenommener Bilder Anzahl ausgewerteter Bilder	72 alle	
Bildmaßstäbe	1:50 – 1:85	
Anzahl Paßpunkte	19	
Paßpunktgenauigkeit	ca. 1.0 mm	
Bildmessung und Bündeltriangulation		
Bildmeßgeräte	Zeiss Planicomp P1	
Mittlere Bildmeßgenauigkeit	11 µm	(σ_0)
Anzahl Objektpunkte	ca. 4000	
Mittlere Objektgenauigkeit	ca. 5.0 mm	
Ergebnisausgabe	Objektkoordinaten, CAD-Modell	

Tabelle 8.3: Technische Daten zum Projekt „Stahlkonverter“

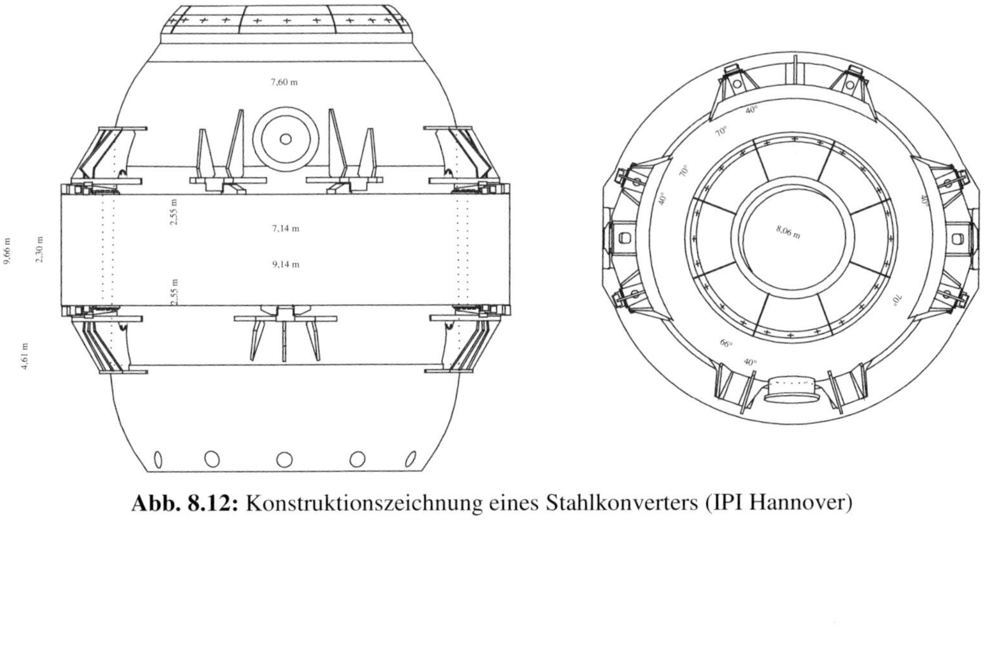

Abb. 8.12: Konstruktionszeichnung eines Stahlkonverters (IPI Hannover)

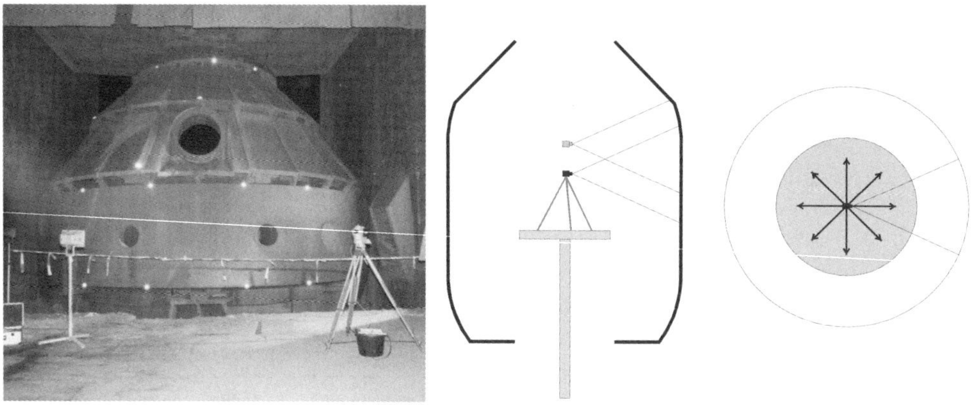

Abb. 8.13: Stahlkonverter und Aufnahmekonfiguration im Innenbereich (IPI Hannover)

8.2.1.2 St. Michaeliskirche Lüneburg

Die photogrammetrische Erfassung der St. Michaeliskirche in Lüneburg ist ein Beispiel für die Langzeitüberwachung eines sich ständig verändernden Gebäudes. Die komplexe Objektstruktur und die hohe Genauigkeitsanforderung erfordern wiederum großformatige Aufnahmesysteme, die in einem Mehrbildverband angeordnet werden (Abb. 8.14). Zusätzlich sind zur Stabilisierung der Blockgeometrie geodätische Beobachtungen notwendig, von denen hauptsächlich die horizontalen Richtungen einen Genauigkeitsgewinn ergeben. Dabei werden unter Zwangszentrierung dieselben Standpunkte wie für die Kamera verwendet und außerdem mit beiden Verfahren gegenseitig aufgenommen.

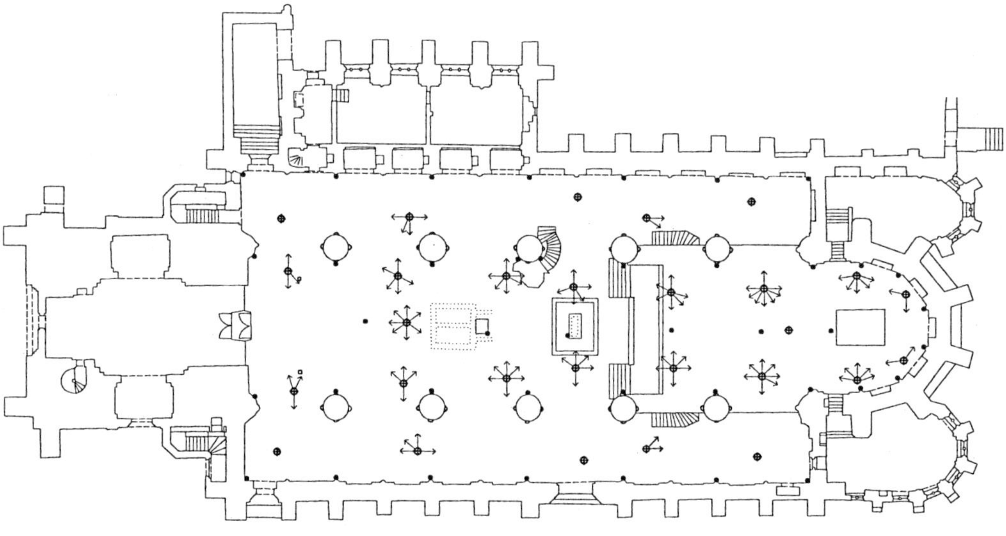

Abb. 8.14: Aufnahmekonfiguration „St. Michaeliskirche", Innenraum (IPI Hannover)

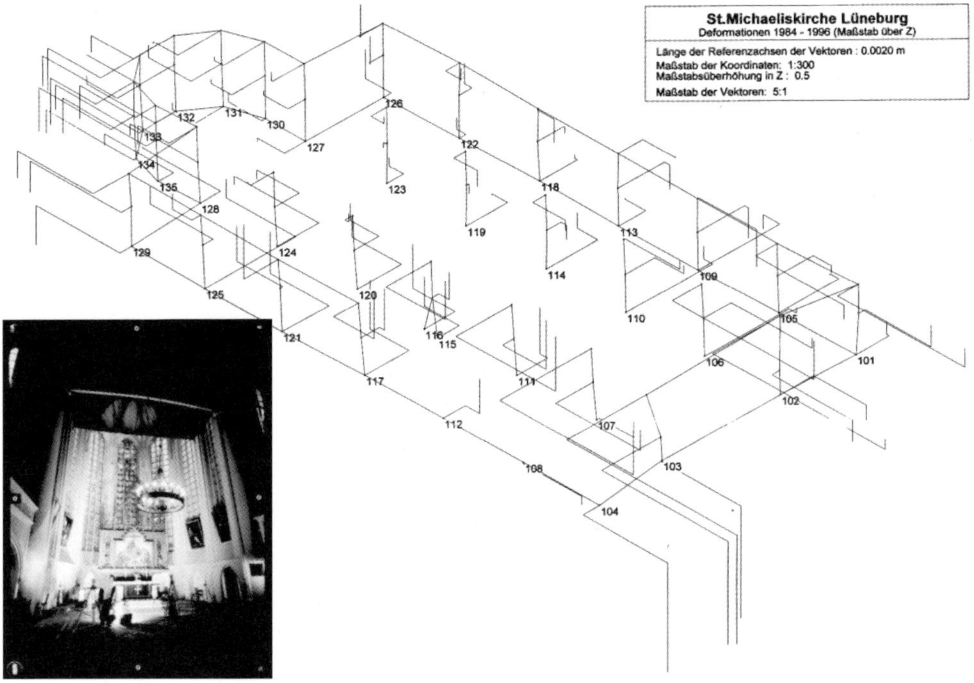

Abb. 8.15: Meßbild und Verschiebungsbeträge „St. Michaeliskirche", 1984–96, nach Koordinatenkomponenten getrennt (IPI Hannover)

Örtliche Objektaufnahme	St.Michaeliskirche Lüneburg	Bemerkungen
Objektdimensionen (L x B x H)	ca. 55 m x 25 m x 13 m	
Aufnahmeperiode	bis 1990 jährlich., bis 1996 alle 2 Jahre, zukünftig alle 3 Jahre	
Aufnahmekamera; Brennweiten	Zeiss UMK 1318; f=100mm	
Anzahl aufgenommener Bilder Anzahl ausgewerteter Bilder	um 100 alle	
Bildmaßstäbe	1:50 – 1:400	
Anzahl Paßpunkte	3 Teilpaßpunkte, 14 niv. Höhen	quasi-freie Ausgleichung
Paßpunktgenauigkeit	0.1 – 0.3 mm (in der Höhe)	
Zusätzl geodätische Beobachtungen	H/V-Richtungen, früher auch Strecken, Nivellement, Zwangszentrierung und gegenseitige Aufnahme aller Standpunkte	
Bildmessung und Bündeltriangulation		
Bildmeßgeräte	Zeiss Planicomp C100 und P1	
Mittlere Bildmeßgenauigkeit	2.8 – 3.9 µm	(σ_0)
Anzahl Objektpunkte	ca. 180	
Mittlere Objektgenauigkeit	ca. 0.5 mm	
Ergebnisausgabe	Objektkoordinaten	

Tabelle 8.4: Technische Daten zum Projekt „St. Michaeliskirche Lüneburg"

Für den Epochenvergleich stehen keine Referenzpunkte zur Verfügung, die mit ausreichender Genauigkeit und über einen mehrjährigen Zeitraum als stabil angenommen werden könnten. Deshalb ergeben sich nur relative Koordinatenänderungen, die jedoch deutliche Tendenzen zeigen und deshalb aussagekräftig für die Beurteilung der inneren Gebäudebewegungen sind (Abb. 8.15).

8.2.2 Tunnelaufnahmen

Eine spezielle ingenieurtechnische Meßaufgabe ist die Innenvermessung von Tunneln zur Formbestimmung und Deformationsanalyse. In der Regel sind dazu Röhrenquerschnitte zu bestimmen. Die in Frage kommenden Aufnahmestandorte sind stark eingegrenzt und befinden sich in der Regel auf der Tunnellängsachse.

Zur Signalisierung der Tunnelwand unterscheidet man im wesentlichen zwei Techniken:

- punktweise Signalisierung mit diskreten Zielmarken
- linienweise Signalisierung mit Rotationslaser oder Lichtschnittebene

Die punktweise Signalisierung entspricht der üblichen photogrammetrischen Objektaufnahme. Liegen die Zielmarken nicht in einer gemeinsamen Vertikalebene, ist eine dreidimensionale Punktbestimmung durch Mehrbildauswertung erforderlich. Wird dagegen eine Lichtebene erzeugt, bildet sich an der Tunnelwand ein Lichtschnittprofil ab, das einer Referenzebene zugeordnet werden kann. Damit kann der in dieser Ebene definierte Tunnelquerschnitt auch durch projektive Einzelbildauswertung (Kap. 4.4.1) gewonnen werden.

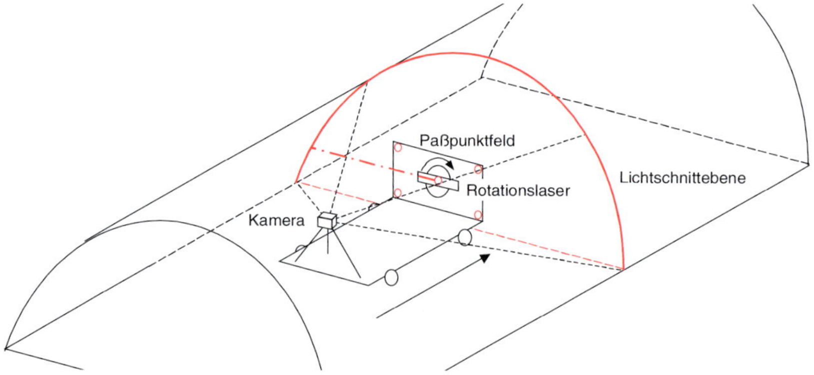

Abb. 8.16: Aufnahmekonfiguration „Tunnel"

Abb. 8.16 zeigt den prinzipiellen Meßaufbau für eine Lichtschnittmessung. Auf einem fahrbaren Gestell befindet sich der Rotationslaser, in dessen Projektionsebene ein ebenes Paßpunktfeld angeordnet ist. Auf dem Fahrgestell ist ebenfalls die Aufnahmekamera befestigt. Mittels geodätischer Messungen wird die Position des Meßsystems in Längsrichtung des Tunnels ermittelt. Abb. 8.17 stellt ein Meßbild mit sichtbarer Laserspur und eine beispielhafte Auswertung des Profilschnittes dar. Bei Aufnahme mit einer

Mittelformatkamera läßt sich der Querschnitt bei einem Durchmesser von 4–6m mit einer Genauigkeit von 2–10mm ermitteln (WOYTOWICZ 1998).

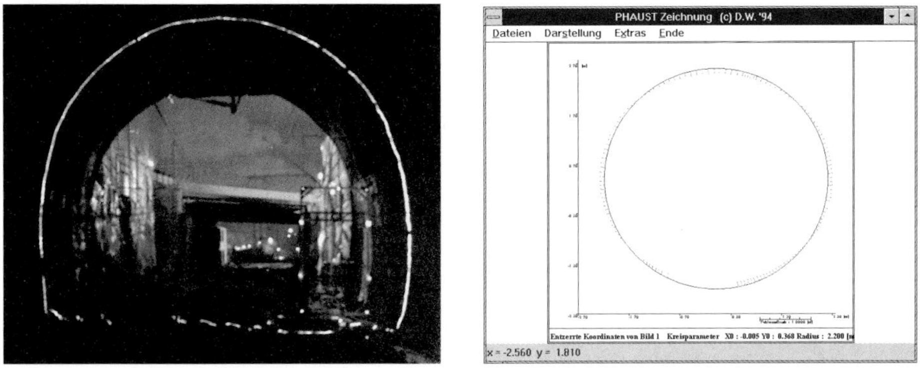

Abb. 8.17: Meßbild mit Laserspur und Auswertebeispiel (INVERS)

Die flächenhafte Erfassung der Tunnelinnenwand kann durch digitale Stereobildaufnahme und automatische Oberflächenbestimmung erfolgen. Das System DIBIT besteht aus zwei hochauflösenden Videokameras, die in einem Orientierungsrahmen angeordnet sind, der wiederum geodätisch durch zielverfolgende Videotheodolite absolut orientiert wird. Unter der Voraussetzung, daß die Tunnelwand über eine hinreichende Oberflächenstruktur verfügt, kann für jede Position des Systems ein Oberflächenmodell sowie ein abgewickeltes Orthobild erzeugt werden (WEITHE 1999).

8.3 Industrielle Anwendungen

8.3.1 Kraftwerks- und Anlagenbau

Im Kraftwerks- und Anlagenbau bezeichnet man mit *As-Built-Dokumentation* allgemein die Bestandserfassung einer Produktionsanlage. Die meßtechnische Aufgabe besteht darin, komplexe Rohrleitungs- und Maschinenanlagen dreidimensional für folgende Aufgabenstellungen zu erfassen:

- Herstellung aktueller Baupläne und CAD-Modelle für Betriebsplanung, Überwachung und Werksinformationssysteme mit Objektgenauigkeiten im cm-Bereich (Facility Management)
- Bereitstellung präziser (mm-Genauigkeit und besser) Geometriedaten für den Austausch von Großkomponenten, die im Vorfeld paßgenau gefertigt werden müssen

Anwendungen im Kraftwerksbau, insbesondere in nuklearen Anlagen, erfordern eine möglichst kurze Verweildauer vor Ort, damit zum einen eine Gefährdung des Personals ausgeschlossen ist und zum anderen laufende Prozesse nicht unterbrochen werden. Der Austausch von Komponenten (Leitungen, Wärmetauscher, Kessel usw.) erfolgt in der Regel während der routinemäßigen Shutdown-Zeiten, so daß die dafür erforderlichen Geometriedaten bereits im Vorfeld bereitgestellt werden müssen. Die zu erreichenden Genauigkeiten liegen im Bereich von 0.5mm bei Objektgrößen bis zu 10–20m Ausdehnung, wobei die Objekte durch signalisierte Punkte repräsentiert werden (HEINRICH 1995).

Große Bedeutung hat die Dokumentation von komplexen Rohrleitungsanlagen erhalten. Die entsprechenden Objekte (Chemieanlagen, Raffinerien, Wasserwerke usw.) zeichnen sich durch schwierige Umgebungsbedingungen, schlechte Sichtbarkeit und komplexe Geometrien aus (Abb. 8.18). Ziel der Auswertung ist die Herstellung korrekter Bestandspläne, die aufgrund der dreidimensionalen Struktur der Anlagen praktisch nur in 3D-CAD-Systemen bearbeitet werden können. Die so gewonnenen Daten können für 2D- und 3D-Ansichten (Abb. 8.19) und die Bestandsanalyse (z.B. Leitungsverlauf, Stücklisten) ebenso verwendet werden wie für die Simulation von Prozeßabläufen (PRZYBILLA 1999).

Abb. 8.18: Meßbilder einer Rohrleitungsanlage (INVERS)

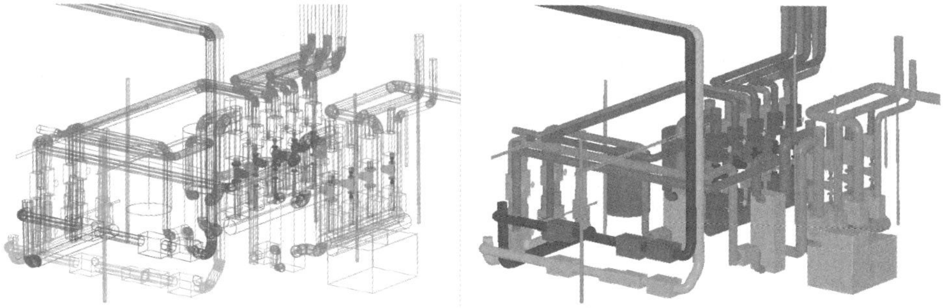

Abb. 8.19: CAD-Drahtmodell und gerenderte Ansicht einer Rohrleitungsanlage (INVERS)

8.3.2 Luft- und Raumfahrtindustrie

Wesentliches Charakteristikum von photogrammetrischen Anwendungen in der Luft- und Raumfahrtindustrie sind extrem hohe Genauigkeitsforderungen an gleichzeitig sehr großen Objekten. Typische relative Genauigkeiten liegen im Bereich zwischen 1:100000 und 1:250000, teilweise existieren noch höhere Anforderungen. Hierfür haben sich schon in den achtziger Jahren analoge Großformatkameras mit Réseautechnik und digitale Präzisionskomparatoren durchgesetzt. Mit der Verfügbarkeit hochauflösender Digitalkameras haben sich auch Anwendungsmöglichkeiten für die digitale (automatische) Industriephotogrammetrie ergeben. Einsatzgebiete findet man zum Beispiel in folgenden Bereichen:

- Vermessung von Parabolantennen
- Vermessung von Großbauvorrichtungen und Lehren
- Fertigungskontrolle von Großteilen und Montageschnittstellen
- Weltraumsimulationen

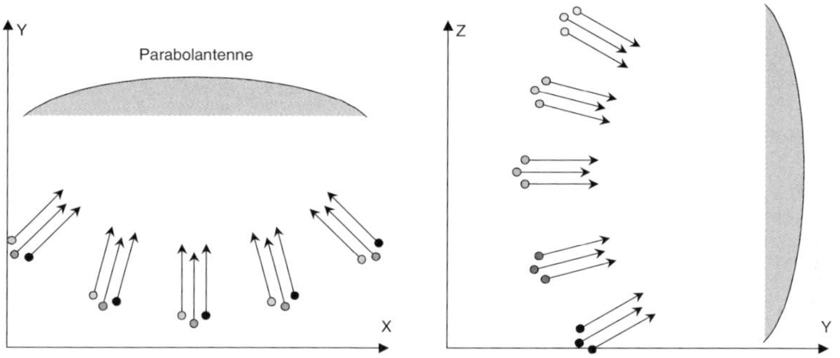

Abb. 8.20: Aufnahmestandpunkte und -richtungen zur Antennenvermessung (halbseitiger Rundum-Verband)

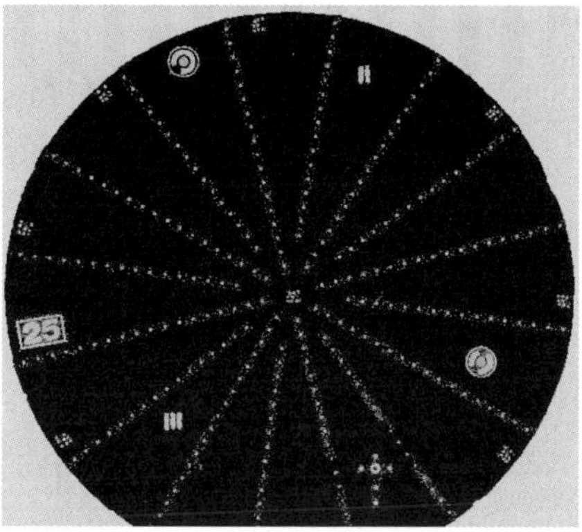

Abb. 8.21: Signalisierung einer Parabolantenne

Abb. 8.22: Digitalkamera im Schutzgehäuse (ESTEC, Rollei)

Bei der Vermessung von Parabolantennen kann das Objekt nur von einer Seite aus aufgenommen werden. Die Aufnahmekonfiguration (Abb. 8.20) wird so angelegt, daß jeder Objektpunkt aus einer möglichst großen Zahl von konvergenten Bildern bestimmt wird (siehe Abb. 7.3). Sie erlaubt eine in allen drei Koordinatenrichtungen homogene Genauigkeit. Die Oberfläche wird mit kreisförmigen Zielmarken (Retromarken) signalisiert (Abb. 8.21). Über die Aufnahme von Parabolantennen berichtet z.B. FRASER (1996b).

Die Überprüfung von Großbauvorrichtungen im Flugzeugbau (Abb. 8.23) erfordert ebenfalls Genauigkeiten im Bereich von 0.1mm bei Objektgrößen bis zu 50m Länge (Flugzeuglänge), das bedeutet eine Relativgenauigkeit von bis zu 1:500000. Diese Aufgabe kann bis heute nur mit Großformatkameras (siehe Kap.3.3.1.4) gelöst werden.

Abb. 8.23: Photogrammetrische Vermessung von Flugzeugbauvorrichtungen

Bei Meßaufgaben dieser Größenordnung wird die Kontrolle der erreichten Genauigkeit problematisch. Zum einen lassen sich Referenzmaßstäbe von mehr als 3m Länge kaum noch praktisch handhaben, zum anderen sind Paßpunktkoordinaten nur mit großem Aufwand zu erhalten (siehe Kap. 6.5). Die Referenzmessung mit Hilfe von hochgenauen Theodolitmeßsystemen ist nicht nur zeitaufwendig, sondern erfordert auch die Verwendung von Zielmarken an Referenzpunkten, die für beide Meßsysteme geeignet sind und einen Bezug untereinander erlauben. Weitere Informationen finden sich in (FRASER 1996b, DOLD 1997).

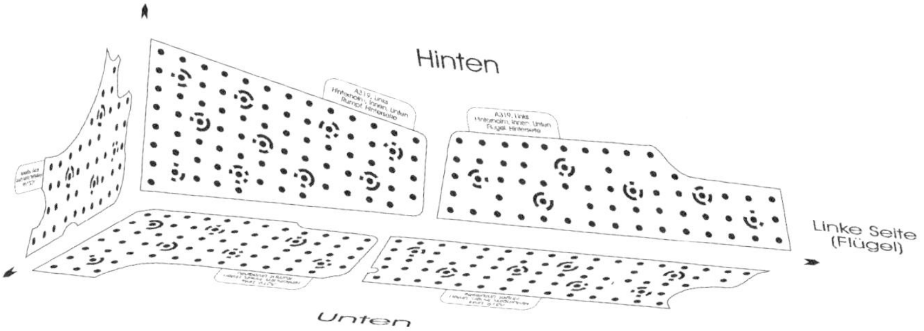

Abb. 8.24: Signalisierung von Eckverbindern (AICON)

Abb. 8.24 zeigt ein Beispiel für den Einsatz eines digitalen photogrammetrischen Systems zur Online-Vermessung von Flügel-Eckverbindern. Die hier zu vermessende Schnittstelle des Flügels mit dem Rumpf wird mit einer formgerechten Folie versehen, die eine Anzahl codierter Zielmarken aufweist. Für die komplette Vermessung eines Eckverbinders stehen einschließlich Systemaufbau nur 17 Minuten zur Verfügung. Die Bildaufnahme erfolgt mit einer on-line angeschlossenen hochauflösenden Videokamera (siehe Abb. 3.78c), die zusammen mit einer Lichtquelle in einem kompakten Gehäuse untergebracht ist.

Die aufgenommenen Meßpunkte werden vollautomatisch gemessen. Die Objektkoordinaten ergeben sich aus einer ersten Bündelausgleichung. Liegen in bestimmten Bereichen über einem Grenzwert liegende Standardabweichungen vor, werden diese Stellen im Monitorbild farblich gekennzeichnet. Der Anwender kann weitere Bilder hinzustellen, bis die erforderliche Genauigkeit von 0.02–0.1mm erreicht wird (BOPP 1999).

Der Einsatz der Nahbereichsphotogrammetrie unter Weltraumbedingungen stellt besondere Anforderungen an die Aufnahmetechnik. Abb. 8.22 zeigt das klimatisierte Schutzgehäuse einer Digitalkamera (Rollei ChipPack, Abb. 3.84), das für extreme Temperaturunterschiede im Vakuum (bis ±100° C) ausgelegt ist. Die Kamera wird in einer Weltraumsimulationskammer (ESTEC) zur Vermessung von thermisch und mechanisch belasteten Objekten eingesetzt (BOUMAN et al. 1995).

8.3.3 Automobilindustrie

Die dreidimensionale Meßtechnik gehört im Automobilbau seit langem zu den wichtigen Bereichen der Qualitätssicherung. Während die mechanische, antastende Koordinatenmeßtechnik besonders für die hochgenaue (1–10µm) Messung kleiner Teile eingesetzt wird, kommen optische 3D-Meßverfahren mit typischen Meßgenauigkeiten von 0.05 bis 0.2mm vor allem dann zum Einsatz, wenn das Objekt nicht zu einem stationären Meßsystem transportiert werden kann, nicht mechanisch angetastet werden kann oder wenn sehr viele Meßpunkte innerhalb kurzer Zeit bestimmt werden müssen. Einsatzmöglichkeiten liegen überwiegend in folgenden Gebieten (Auswahl, siehe auch RIECHMANN 1993):

- Einrichtung von Fertigungszellen und Montageplätzen
- Oberflächenerfassung von Design-Modellen (Reverse Engineering) (Abb. 6.36, 6.38)
- Karosserievermessung im Windkanal
- Deformationsmessungen bei Torsions- und Crashversuchen
- Überprüfung von Zulieferteilen (siehe Glasmeßanlage, Abb. 6.34)
- Steuerung von Produktionsanlagen (z.B. für Bremsleitungen, Abb. 6.20)

Produktionsnahe Meßsysteme bestehen heute fast ausschließlich aus digitalen Kameras in Form von Online- und Offlinesystemen, die den notwendigen schnellen Datenfluß gewährleisten. Neben der eigentlichen optischen 3D-Vermessung müssen diese Systeme in der Regel auch über Datenschnittstellen zu CAD- oder CAM-Systemen verfügen.

Im Vorfeld der Serienproduktion werden Prototypen entworfen und gefertigt. Handelt es sich dabei um Objekte mit Freiformlinien und -flächen, ist die Ableitung von Produktionsdaten, z.B. für Fräsmaschinen, ein aufwendiger Prozeß, der in der Regel iterativ verläuft. Verfahren des *Rapid Prototyping* dienen einer schnellen Prototypenfertigung, wobei ein Produktionszyklus nach Abb. 8.25 mehrfach durchlaufen wird. Wesentliche meßtechnische Aufgabe ist die vollständige 3D-Erfassung des Modells, aus der anschließend Maschinensteuerdaten abgeleitet werden (*Reverse Engineering*).

Zum Einsatz kommen zum einen punktförmig antastende Meßsysteme vor allem in mobiler Form, die zum Meßobjekt transportiert werden können und flexibel je nach Bedarf eingesetzt werden. Da häufig eine aufwendige Signalisierung mit Zielmarken nicht möglich ist, werden hier überwiegend Online-Systeme mit mechanischer Antastung (Taststifte, Meßadapter) eingesetzt (Kap. 6.3.2.2). Zum anderen werden flächenhaft antastende

Systeme zur Messung von Oberflächen benötigt, die zur Erfassung von größeren Objekten über Paßpunkte am Objekt photogrammetrisch orientiert werden (siehe Abb. 6.33).

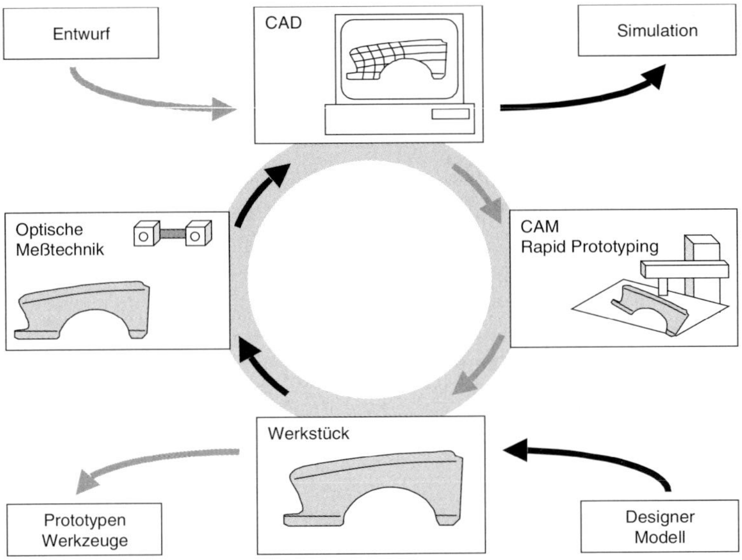

Abb. 8.25: Reverse Engineering (nach BIEDER 1997)

Abb. 8.26: Photogrammetrische Aufnahme von Meßpunkten eines Torsionsversuches (Volkswagen)

Abb. 8.26 zeigt die Aufnahme eines Torsionsversuches an einer Fahrzeugkarosserie. Entlang ausgewählter Profilschnitte sind in diesem Fall Punktstreifen mit einer dichten Folge retro-reflektierender Zielmarken aufgebracht worden, die in einem Rundum-Verband mit einem digitalen photogrammetrischen System erfaßt werden. Nach interaktiver Vorgabe eines Startpunktes werden sämtliche Punkte eines Streifens automatisch gemessen. Die hier erreichte Genauigkeit beträgt 0.1mm am Objekt (RIECHMANN & RINGEL 1995).

8.3.4 Schiffbau

Meßtechnische Anwendungen im Schiffbau besitzen folgende typische Merkmale:

- Vermessung großer Objekte (> 30m)
- beengte räumliche Verhältnisse
- Erschütterungen und ungünstige Umgebungsbedingungen

Ein Beispiel für eine photogrammetrische Vermessung im Schiffbau ist die Qualitätssicherung im Sektionsbau (Abb. 8.27) mit dem Ziel, die erforderlichen Nachbesserungsarbeiten im Trockendock so gering wie möglich zu halten. Die Dimension der zu kontrollierenden Teile beträgt bis zu 30m × 40m. Die Segmentebenen sowie die Montagenahtstellen werden durch geeignete Zielmarken und Adapter signalisiert. Die Genauigkeitsforderungen liegen im Bereich von 0.3–0.5mm entsprechend einer Relativgenauigkeit zwischen ca. 1:30000 für eine Sektion und bis zu 1:250000 für das gesamte Schiff. Die Aufnahme erfolgt mit analogen Groß- und Mittelformatkameras oder hochauflösenden Digitalkameras. Abb. 8.28 zeigt das Ergebnis einer photogrammetrischen Sektionsvermessung.

Weitere typische Anwendungen sind photogrammetrische Formerfassungen an Stahlblechen und Rumpfteilen. Neben photogrammetrischen Methoden werden im Schiffbau auch geodätische Meßverfahren eingesetzt (SCHNEIDER 1994, MIEBACH 1997).

Abb. 8.27: Zusammenbau von Schiffssektionen (HDW Kiel)

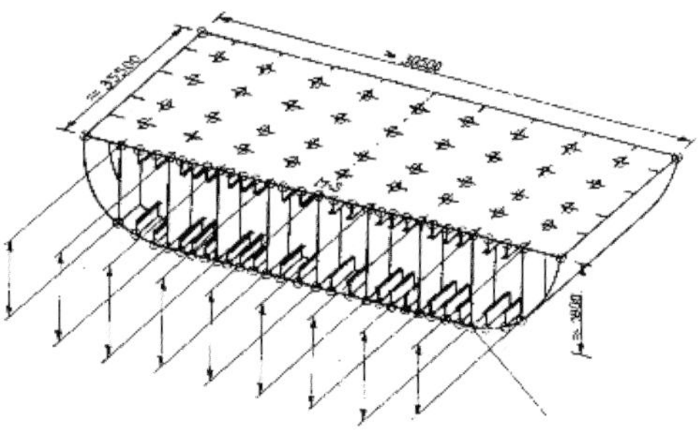

Abb. 8.28: Ergebnis einer Sektionsvermessung (SCHNEIDER 1994)

8.4 Forensische Anwendungen

Photogrammetrische Meßverfahren werden in unfall- und kriminaltechnischen Anwendungen eingesetzt, zum Beispiel zur

- Aufnahme von Unfällen im Straßenverkehr
- Aufnahme und Rekonstruktion von Flugzeugabstürzen
- Tatortvermessung
- Größenbestimmung von Tätern
- Schußbahnrekonstruktionen
- Objektrekonstruktion aus Amateuraufnahmen
- Aufdeckung von Umweltverschmutzungen aus Luftbildern

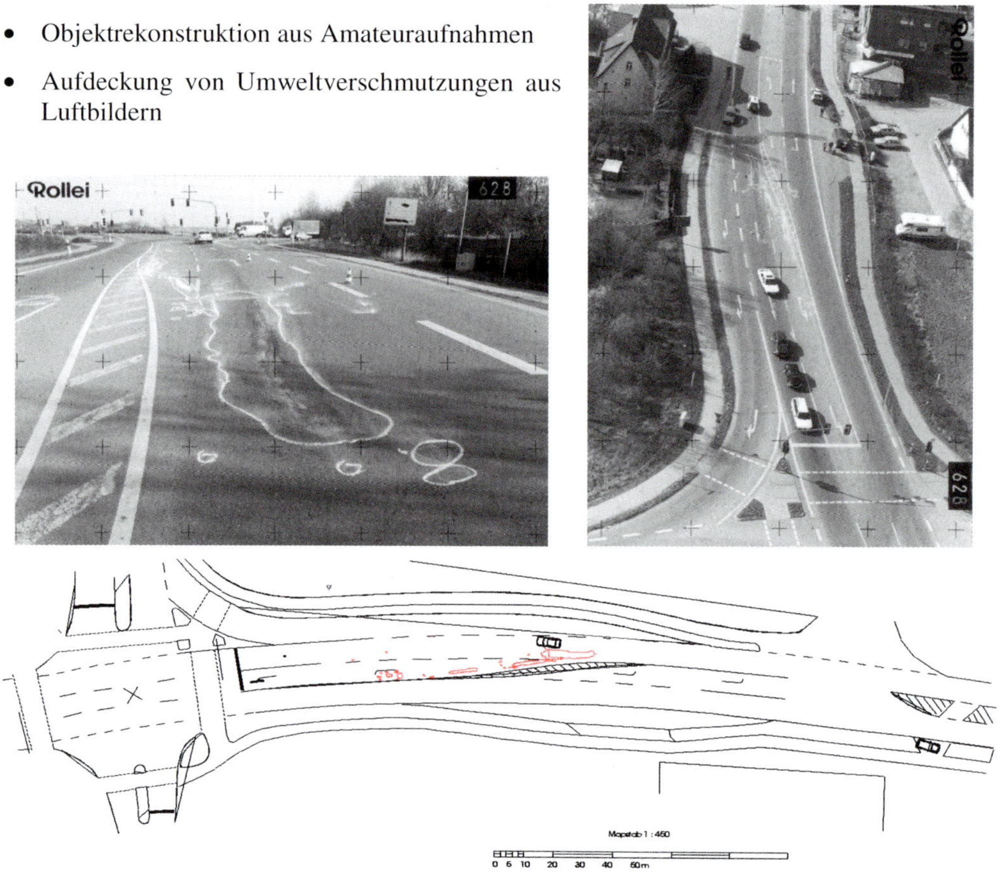

Abb. 8.29: Photogrammetrische Unfallaufnahme durch Kombination von Luftbildern und terrestrischen Aufnahmen

Abb. 8.29 zeigt Meßbilder einer photogrammetrischen Unfallaufnahme. Im Objektraum werden einige Referenzstrecken bestimmt, Paßpunkte können aufgrund der eingeschränkten Aufnahmezeit nicht bereitgestellt werden. Die Bilderfassung erfolgt in einem konvergenten Mehrbildverband, in den auch Luftaufnahmen eingebunden werden können. Ergebnis der photogrammetrischen Auswertung sind maßstäbliche Zeichnungen, CAD-Darstellungen oder Koordinaten der Unfallsituation. Photogrammetrische Auswertungen werden als Beweismittel vor Gericht anerkannt (Forensische Photogrammetrie).

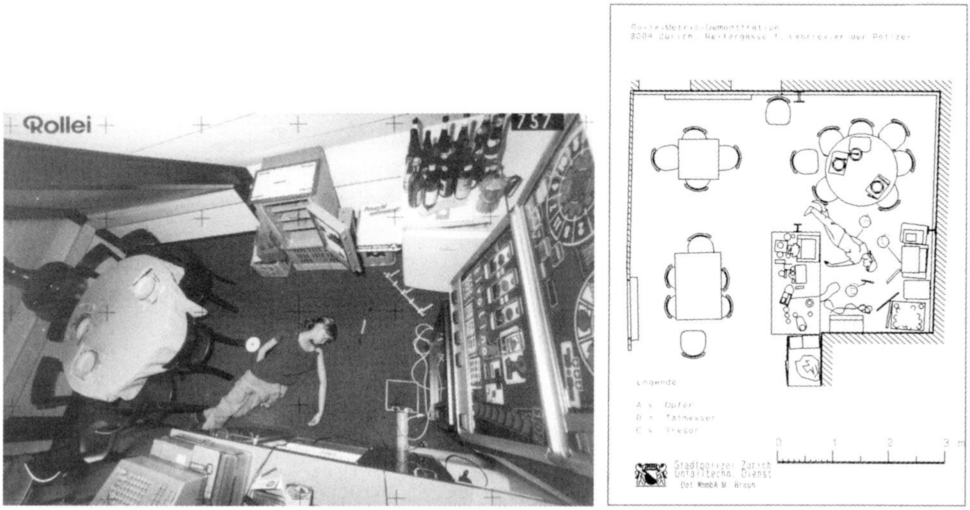

Abb. 8.30: Photogrammetrische Tatortvermessung

Die photogrammetrische Vermessung von Tatorten erlaubt die meßtechnische Erfassung und Dokumentation ohne Veränderung der Umgebungssituation oder Störung weiterer Tätigkeiten (z.B. Spurensicherung). Abb. 8.30 zeigt ein Meßbild eines Mehrbildverbandes und die daraus erfolgte Rekonstruktion eines Tatortes.

8.5 Medizin

Photogrammetrische Anwendungen in der Medizin betreffen überwiegend die Vermessung von Körperteilen und Bewegungen, zum Beispiel:

- Vorbereitung und Durchführung von Operationen
- Anfertigung von Prothesen
- Bewegungsstudien
- Behandlung von Knochen- und Wirbeldeformationen
- Wachstumsbeobachtungen

8.5.1 Flächenhafte Objekterfassung

In den meisten Fällen der medizinischen Oberflächenerfassung handelt es sich um Meßaufgaben mit folgenden Merkmalen:

- Bestimmung von unstrukturierten, weichen Freiformoberflächen
- Aufnahme bei bewegtem bzw. nicht-statischem Objekt
- keine permanenten Referenzpunkte auf der Objektoberfläche

Schwach strukturierte Freiformoberflächen müssen künstlich markiert werden, z.B. durch Streifen- oder Rasterprojektion (vgl. Kap. 6.4.2). Für die Oberflächenerfassung werden vor allem stereoskopische Aufnahmeanordnungen gewählt. Hierfür hat sich der Begriff *Biostereometrics* verbreitet. Es ist aber auch hier möglich, synchrone Mehrbildaufnahmen zu verwenden.

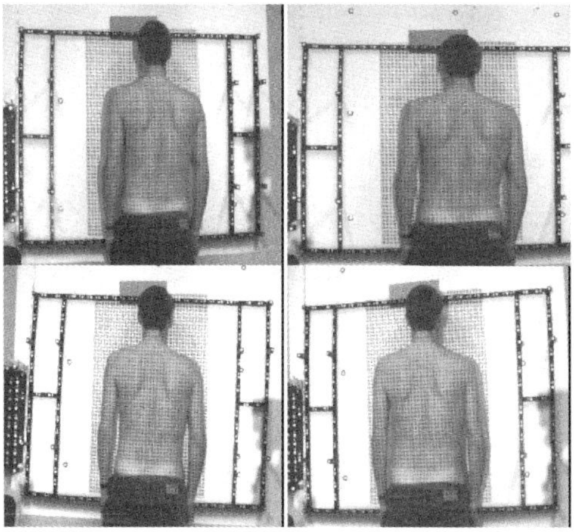

Abb. 8.31: Mehrbildanordnung für eine Rückenvermessung (GÄBEL 1993)

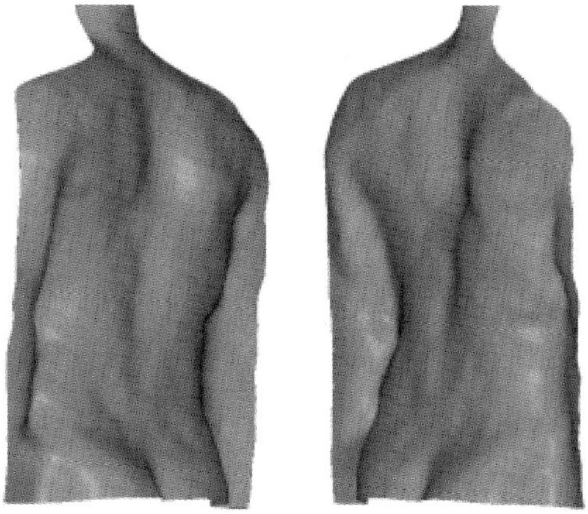

Abb. 8.32: Visualisiertes 3D-Modell einer Rückenaufnahme (GÄBEL 1993)

Abb. 8.31 zeigt einen Verband von vier Bildern einer Rückenaufnahme. Der Patient befindet sich vor einem räumlichen Paßpunktfeld, das von vier synchron aufzeichnenden Kameras abgebildet wird. Mit einem Diaprojektor wird ein rasterförmiges Muster auf die Oberfläche projiziert. Die Oberflächenrekonstruktion erfolgt durch Kleinste-Quadrate-Mehrbildzuordnung. Ergebnis ist ein dreidimensionales Modell, das zur Analyse von Asymmetrien visualisiert werden kann (Abb. 8.32). Das photogrammetrische Aufnahmeverfahren zeichnet sich u.a. aus durch:

- berührungslose Messung ohne Belastung für den Patienten
- kurze Meßzeit (Zehntelsekunden)
- keine Strahlenbelastung
- Eignung auch für Säuglinge und Kinder
- Nachmessungen und Befundvergleiche auch zu späteren Zeitpunkten

Übersichten zu photogrammetrischen Anwendungen in der Medizin geben u.a. GÄBEL (1993), NEWTON & MITCHELL (1996).

8.5.2 Online-Meßsysteme

Zunehmend werden auch in der Medizin digitale photogrammetrische Online-Meßsysteme mit taktiler Körperantastung eingesetzt. Sie basieren in der Regel auf Zwei-Kamera-Anordnungen, die fest in einem mobilen Gehäuse angeordnet sind. Abb. 8.33 zeigt Beispiele von Zwei-Kamera-Onlinesystemen mit punktförmiger taktiler Antastung. Dabei werden nicht nur Adapter mit Tastspitze (vgl. Kap. 3.4.1.4) eingesetzt, sondern auch mit geeigneten Referenzpunkten versehene Operationswerkzeuge. Sie ermöglichen die bildgestützte Planung und Durchführung von Operationen (*image guided surgery*), bei denen ein räumlicher Bezug zwischen Patient und Operationswerkzeug hergestellt werden muß.

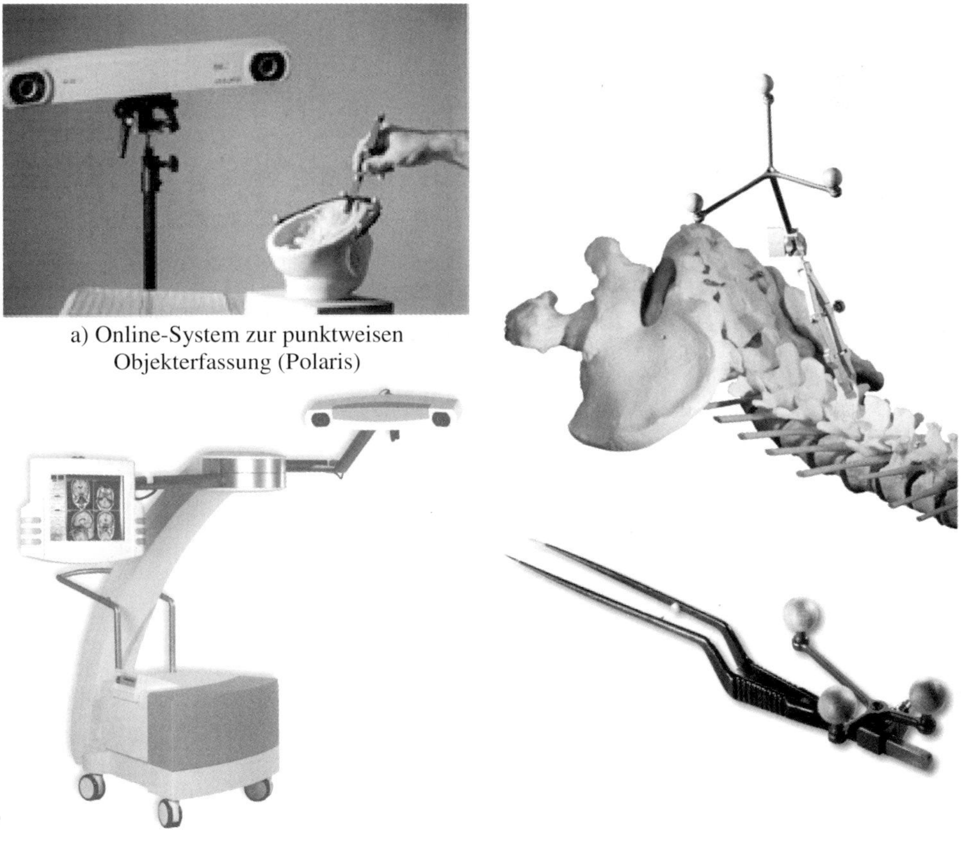

a) Online-System zur punktweisen Objekterfassung (Polaris)

b) Online-System für den Einsatz im Operationsraum (BrainLAB VectorVision)

c) Operationswerkzeuge mit Referenzpunkten (BrainLAB)

Abb. 8.33: Medizinische Zwei-Kamera-Onlinesysteme

9 Literatur

9.1 Lehrbücher und Monographien

Photogrammetrie

Albertz, J. (1991): *Grundlagen der Interpretation von Luft- und Satellitenbildern.* Wissenschaftliche Buchgesellschaft, Darmstadt.

Albertz, J., Kreiling, W. (1989): *Photogrammetrisches Taschenbuch.* 4. Aufl., Wichmann Verlag, Karlsruhe.

Atkinson, K.B. (ed.) (1996): *Close-Range Photogrammetry and Machine Vision.* Whittles Publishing, Caithness, UK.

von Gruber, Otto (ed.) (1930): *Ferienkurs in Photogrammetrie.* Verlag Konrad Wittwer, Stuttgart.

Karara, H.M. (ed.) (1989): *Non-Topographic Photogrammetry.* 2nd ed., American Society for Photogrammetry and Remote Sensing.

Keune, W. (1989): *Optimierte Anwendung der Nahbereichsphotogrammetrie.* Verlag TÜV Rheinland, Köln.

Konecny, G., Lehmann, G. (1984): *Photogrammetrie.* Verlag Walter de Gruyter, Berlin.

Kraus, K. (1994): *Photogrammetrie, Band 1, Grundlagen und Standardverfahren.* 5. Auflage, Dümmler Verlag, Bonn.

Kraus, K. (1996): *Photogrammetrie, Band 2, Verfeinerte Methoden und Anwendungen.* 3. Auflage, Dümmler Verlag, Bonn.

Lacmann, O. (1950): *Die Photogrammetrie in ihrer Anwendung auf nicht-topographischen Gebieten.* S. Hirzel Verlag, Leipzig.

Regensburger, K. (1990): *Photogrammetrie – Anwendungen in Wissenschaft und Technik.* VEB Verlag für Bauwesen, Berlin.

Rüger, W., Pietschner, J., Regensburger, K. (1987): *Photogrammetrie – Verfahren und Geräte zur Kartenherstellung.* 5. Aufl., VEB Verlag für Bauwesen, Berlin.

Thompson, M.M. (ed.) (1980): *Manual of Photogrammetry.* 4th edition, American Society for Photogrammetry and Remote Sensing.

Weimann, G. (1988): *Architekturphotogrammetrie.* Wichmann Verlag, Karlsruhe.

Optik, Kamera- und Aufnahmetechnik

Haferkorn, H. (1981): *Optik.* Verlag Harri Deutsch, Thun, Frankfurt.

Holst, G.C. (1996): *CCD Arrays, Cameras and Displays.* SPIE Press, JCD Publishing, USA.

Inglis, A.F., Luther, A.C. (1996): *Video Engineering.* 2nd ed., McGraw-Hill, New York.

Marchesi, J.J. (1985): *Photokollegium 1-5*. Verlag Photographie, Schaffhausen.

Schröder, G. (1981): *Technische Fotografie*. Kamprath Reihe, Vogel Verlag, Würzburg.

Schröder, G. (1990): *Technische Optik*. Kamprath Reihe, Vogel Verlag, Würzburg.

Digitale Bildverarbeitung, Computer Vision und Mustererkennung

Bähr, H.-P., Vögtle, T. (1991/98): *Digitale Bildverarbeitung – Anwendung in Photogrammetrie, Kartographie und Fernerkundung*. 2./3. Aufl., Wichmann Verlag, Heidelberg.

Bässmann, H., Besslich, Ph.W. (1991): *Bildverarbeitung Ad Oculos*. Springer Verlag, Berlin.

Bässmann, H., Kreyss, J. (1998): *Bildverarbeitung Ad Oculos*. 3. Aufl., Springer Verlag, Berlin.

Göpfert, W. (1991): *Raumbezogene Informationssysteme*. Wichmann Verlag, Karlsruhe.

Haberäcker, P. (1991): *Digitale Bildverarbeitung*. Hanser Verlag, München.

Haralick, R.M., Shapiro, L.G. (1992): *Computer and Robot Vision*. Vol. I+II, Addison-Wesley, Reading, Ma., USA.

Jähne, B. (1997): *Digitale Bildverarbeitung*. 4. Aufl., Springer Verlag, Berlin.

Jähne, B., Haußecker, H., Geißler, P. (1999): *Handbook of Computer Vision and Applications; Vol. 1 Sensors and Imaging; Vol. 2 Signal Processing and Pattern Recognition; Vol. 3 Systems and Applications*. Academic Press.

Klette, R., Koschan, A., Schlüns, K. (1996): *Computer Vision – Räumliche Information aus digitalen Bildern*. Verlag Vieweg Technik, Braunschweig/Wiesbaden.

Klette, R., Zamperoni, P. (1995): *Handbuch der Operatoren für die Bildverarbeitung*. Verlag Vieweg Technik, Braunschweig/Wiesbaden

Marr, D. (1982): *Vision*. Freeman, San Francisco.

Mathematik und 3D-Computergrafik

Grieger, I. (1992): *Graphische Datenverarbeitung*. Springer Verlag, Berlin.

Janser, A., Luther, W., Otten, W. (1996): *Computergrafik und Bildverarbeitung*. Vieweg Verlag, Braunschweig.

Papula, L. (1998): *Mathematik für Ingenieure und Naturwissenschaftler*, Band 1-3, Vieweg Verlag, Braunschweig.

Pavlidis, T. (1990): *Algorithmen zur Grafik und Bildverarbeitung*. Verlag Heinz Heise, Hannover.

Plastock, R.A., Kalley, G. (1989): *Computergrafik*. Schaum Überblicke/Aufgaben, McGraw-Hill, Hamburg.

Tönnies, K.D., Lemke, H.U. (1994): *3D-Computer-grafische Darstellungen.* R. Oldenbourg Verlag, München.

Ausgleichungsrechnung und Statistik

Höpcke, W. (1980): *Fehlerlehre und Ausgleichungsrechnung.* Walter de Gruyter Verlag, Berlin.

Koch, K.R. (1980): *Parameterschätzung und Hypothesentests in linearen Modellen.* Dümmler Verlag, Bonn.

Pelzer, H. (ed.) (1985): *Geodätische Netze in Landes- und Ingenieurvermessung II.* Verlag Konrad Wittwer, Stuttgart.

Wolf, H. (1968): *Ausgleichungsrechnung nach der Methode der kleinsten Quadrate.* Ferd. Dümmlers Verlag, Bonn.

Wolf, H. (1975): *Ausgleichungsrechnung – Formeln zur praktischen Anwendung.* Ferd. Dümmler Verlag, Bonn.

Industriemeßtechnik, Optische 3D-Meßtechnik, Qualitätssicherung

Breuckmann, B. (1993): *Bildverarbeitung und optische Meßtechnik in der industriellen Praxis.* Franzis Verlag, München.

Demant, C., Streicher-Abel, B., Waszkewitz, P. (1998): *Industrielle Bildverarbeitung. Wie optische Qualitätskontrolle wirklich funktioniert.* Springer Verlag, Berlin.

Gruen, A., Kahmen, H. (ed.) (1989-97): *Optical 3-D Measurement Techniques.* Wichmann Verlag, Heidelberg.

Neumann, H.J. (1990): *Koordinatenmeßtechnik – Technologie und Anwendung.* Verlag moderne Industrie, Landsberg/Lech.

Neumann, H.J. (ed.) (1993): *Koordinatenmeßtechnik – Neue Aspekte und Anwendungen.* expert Verlag, Ehningen.

Pfeifer, T. (1998): *Fertigungsmeßtechnik.* R. Oldenbourg Verlag, München.

Schlemmer, H. (1996): *Grundlagen der Sensorik.* Wichmann Verlag, Heidelberg.

Schwarz, W. (ed.). (1994): *Vermessungsverfahren im Maschinen- und Anlagenbau.* Wittwer Verlag, Stuttgart.

Warnecke, H.J., Dutschke, W. (ed.) (1984): *Fertigungsmeßtechnik – Handbuch für Industrie und Wissenschaft.* Springer Verlag, Berlin.

Welsch, W., Schlemmer, H., Lang, M. (1992): *Geodätische Meßverfahren im Maschinenbau.* Schriftenreihe des DVW, Band 1, Verlag Konrad Wittwer, Stuttgart.

9.2 Normen und Richtlinien

DIN 1319: *Grundlagen der Meßtechnik.* Beuth Verlag, Berlin.

DIN 18716: *Photogrammetrie und Fernerkundung*. Beuth Verlag, Berlin.

DIN 18 709: *Begriffe, Kurzzeichen und Formelzeichen im Vermessungswesen*. Teil 4, Ausgleichungsrechnung und Statistik. Beuth Verlag, Berlin.

GUM (1993): *ISO Guide to the Expression of Uncertainty in Measurement (GUM)*.

ISO 10360-2: *Koordinatenmeßtechnik - Beurteilung der Leistungsfähigkeit von Koordinatenmeßgeräten*. Beuth Verlag, Berlin.

VDI/VDE 2617: *Genauigkeit von Koordinatenmeßgeräten – Kenngrößen und deren Prüfung*. VDI/VDE-Richtlinie, Blatt 1-6, Beuth Verlag, Berlin.

VDI/VDE 2634: *Optische 3D-Messtechnik*. VDI/VDE-Richtlinie, Blatt 1-2, Beuth Verlag, Berlin.

9.3 Mathematische Grundlagen

Ackermann, F., Förstner, W., Klein, H., Schrot, R., van Mierlo, J. (1980): *Grobe Datenfehler und die Zuverlässigkeit der photogrammetrischen Punktbestimmung*. Seminar, Universität Stuttgart.

Baarda, W. (1968): *A testing procedure for use in geodetic networks*. Niederländische Geodätische Kommission, New Series 2, Nr. 5, Delft.

Carosio, A. (1996): *Fehlerlehre und Ausgleichungsrechnung I+II*. Institut für Geodäsie und Photogrammetrie, ETH Zürich.

Godding, R. (1996): *Neue Lösungen in der Nahbereichsphotogrammetrie durch die Kombination digitaler Systeme und moderner Auswerteverfahren*. Publikation der DGPF, Band 4, Hannover 1995, pp. 261-269.

Fellbaum, M. (1996): *Robuste Bildorientierung in der Nahbereichsphotogrammetrie*. Dissertation, Technische Universität Clausthal, Geodätische Schriftenreihe der Technischen Universität Braunschweig, Nr. 13.

Forbes, A.B. (1989): *Least-squares best-fit geometric elements*. National Physical Laboratory, Report DITC 140/89, Teddington, United Kingdom.

Heinrichowski, M. (1989): *Normgerechte und funktionsorientierte Auswerteverfahren für punktweise erfaßte Standardormelemente*. Dissertation, Universität der Bundeswehr Hamburg.

Hinsken, L. (1987): *Algorithmen zur Beschaffung von Näherungswerten für die Orientierung von beliebig im Raum angeordneten Strahlenbündeln*. Deutsche Geodätische Kommission, Reihe C, Nr. 333.

Kampmann, G. (1986): *Robuster Ausreißertest mit Hilfe der L1-Norm-Methode*. Allgemeine Vermessungs-Nachrichten, 93, pp. 139-147.

Klein, H. (1984): *Automatische Elimination grober Datenfehler im erweiterten Blockausgleichungsprogramm PAT-M*. Bildmessung und Luftbildwesen, Heft 6/1984, pp. 273-280.

Kruck, E. (1983): *Lösung großer Gleichungssysteme für photogrammetrische Blockausgleichungen mit erweitertem funktionalem Modell.* Dissertation, Wiss. Arbeiten der Fachrichtung Vermessungswesen der Universität Hannover, Nr. 128.

Kruck, E. (1995): *Balanced least squares adjustment for relative orientation.* In Gruen/Kahmen (ed.): „Optical 3-D Measurement Techniques III". Wichmann Verlag, Heidelberg, pp. 486-495.

Weckenmann, A. (1993): *Auswerteverfahren und Antaststrategien in der Koordinatenmeßtechnik.* In Neumann (ed.): „Koordinatenmeßtechnik – Neue Aspekte und Anwendungen". Expert Verlag, Ehningen, pp. 133-169.

9.4 Aufnahmetechnik

Ahn, S.J. (1997): *Kreisförmige Zielmarke.* 4. ABW Workshop, Technische Akademie Esslingen.

Ahn, S.J., Schultes, M. (1997): *A new circular coded target for the automation of photogrammetric 3-D surface measurements.* In Gruen/Kahmen (ed.): „Optical 3-D Measurement Techniques IV". Wichmann Verlag, Heidelberg, pp. 225-234.

Atkinson, K. B. (1989): *Instrumentation for non-topographic photogrammetry.* In Karara (ed.): .): „Non-Topographic Photogrammetry". 2nd Edition, American Society for Photogrammetry and Remote Sensing, pp. 15-35.

Bähr, H.-P. (1992): *Appropriate pixel size for orthophotography.* International Archives of Photogrammetry and Remote Sensing, Vol. 29/1, Washington.

Baltsavias, E.P. (1998): *Photogrammetric scanners – survey, technological development and requirements.* International Archives of Photogrammetry and Remote Sensing, Vol. 32/1, pp. 44-52.

Beers, B.J. (1997): *3-D landsurveying using the FRANK method: CycloMedia Mapper.* In Gruen/Kahmen (ed.): „Optical 3-D Measurement Techniques IV". Wichmann Verlag, Heidelberg, pp. 283-290.

Beyer, H. (1992): *Geometric and radiometric analysis of a CCD-camera based photogrammetric close-range system.* Mitteilungen Nr. 51, Institut für Geodäsie und Photogrammetrie, ETH Zürich.

Beyer, H. (1998): *Next generation metrology cameras and machine control.* ISPRS Commission V Symposium, Hakodate, Japan.

Boyle, W.S., Smith, G.E. (1970): *Charge coupled semiconductor devices.* Bell Systems Technical Journal, Vol. 49, pp. 587-593.

Brown, D.C. (1971): *Close-range camera calibration.* Photogrammetric Engineering, 37(8), pp. 855-866.

Brown, J., Dold, J. (1995): *V-STARS – A system for digital industrial photogrammetry.* In Gruen/Kahmen (ed.): „Optical 3-D Measurement Techniques III". Wichmann Verlag, Heidelberg, pp. 12-21.

Caesar, T., Michaelis, M. (1997): *Ein neues Verfahren zur robusten Erkennung textcodierter Marken.* Zeitschrift für Photogrammetrie und Fernerkundung, Heft 5-6/1997, pp. 150-157.

Dähler, J. (1987): *Probleme beim elektronischen Bildeinzug mit dem analogen Videosignal.* Zeitschrift für Photogrammetrie und Fernerkundung, Heft 6/1987, pp. 205-217.

Dold, J. (1997): *Ein hybrides photogrammetrisches Industriemeßsystem höchster Genauigkeit und seine Überprüfung.* Dissertation, Heft 54, Schriftenreihe Studiengang Vermessungswesen, Universität der Bundeswehr, München.

Faust, H.-W. (1990): *Digitalisierung photogrammetrischer Bilder.* Zeitschrift für Photogrammetrie und Fernerkundung, Heft 1/1990, pp. 6-11.

Frankowski, G. (1997): *Digitale Streifenprojektionseinheit ODS 800 für die optische 3D-Meßtechnik.* GMA-Bericht 30, „Optische Formerfassung", Langen, pp. 111-114.

Fraser, C.S. (1996): *Network design.* In Atkinson (ed.): „Close Range Photogrammetry and Machine Vision". Whittles Publishing, Caithness, UK, pp. 256-281.

Fraser, C.S., Brown, D.C. (1986): *Industrial Photogrammetry – New Developments and Recent Applications.* The Photogrammetric Record 12 (68).

Fraser, C.S., Shortis, M. (1992): *Variation of distortion within the photographic field.* Photogrammetric Engineering and Remote Sensing, Vol. 58, No. 6, pp. 851-855.

Fryer, J.G. (1996): *Camera calibration.* In Atkinson (ed.): „Close Range Photogrammetry and Machine Vision". Whittles Publishing, Caithness, UK, pp. 156-179.

Fryer, J.G., Brown, D.C. (1986): *Lens distortion for close-range photogrammetry.* Photogrammetric Engineering & Remote Sensing, 52(1), pp. 51-58.

Godding, R., Woytowicz, D. (1995): *A new digital high-resolution recording system.* ISPRS Intercommission Workshop „From Pixels to Sequences", Zürich, pp. 31-35.

Hemmleb, M., Albertz, J. (1997): *Photogrammetrische Auswertung elektronenmikroskopischer Bilder – Grundlagen und praktische Anwendungen.* Photogrammetrie-Fernerkundung-Geoinformation, Heft 6, pp. 1-12.

Kludas, T. (1995): *Three-dimensional surface reconstruction with the Zeiss photogrammetric industrial measurement system InduSURF Digital* (in deutsch). Publikationen der DGPF, Band 3, Dresden 1994., pp. 127-133.

Kotowski, R. (1984): *Zur Réseaukorrektur von systematischen Bildfehlern.* Bildmessung und Luftbildwesen, Heft 2/1984, pp. 96-101.

Lenz, R. (1990): *Grundlagen der Videometrie, angewandt auf eine ultra-hochauflösende CCD-Farbkamera.* Technisches Messen 57, pp. 366-380.

Lenz, R. (1992): *Gewinnung von Bilddaten mit CCD-Flächensensoren.* In Welsch et al. (ed.). „Geodätische Meßverfahren im Maschinenbau". Schriftenreihe DVW, 1/1992, Wittwer Verlag, Stuttgart, pp. 149-163.

Lenz, R., Beutlhauser, R., Lenz, U. (1994): *A microscan/macroscan 3x12 bit digital color CCD camera with programmable resolution up to 20992 x 20480 picture elements.*

International Archives of Photogrammetry and Remote Sensing, Vol. 30/5, Melbourne, pp. 225-230.

Lisowski, W., Wiedemann, A. (1999): *Auswertung von Bilddaten eines Rotationszeilen-scanners.* Publikationen der DGPF, Band 7, München 1998.

Luhmann, T. (1996): *Analoge und Digitale Aufnahmesysteme.* In „Photogrammetrische Meßtechnik in der Ingenieurvermessung“, VDV-Schriftenreihe, Nr. 12, Verlag Chmielorz, Wiesbaden, pp. 9-21.

Michaelis, M. (1997): *3D-Objekterfassung mit Photogrammetrie und Streifenprojektion.* Publikation der DGPF, Band 5, Oldenburg 1996, pp. 167-173.

Niederöst, M., Maas, H.-G. (1997): *Entwurf und Erkennung von codierten Zielmarken.* Publikation der DGPF, Band 5, Oldenburg 1996, pp. 55-62.

Peipe, J. (1995a): *Welche Möglichkeiten bietet High Definition Television (HDTV) für die digitale Bildaufnahme in der Nahbereichsphotogrammetrie?* Zeitschrift für Photogrammetrie und Fernerkundung, Heft 6/1995, pp. 235-238.

Peipe, J. (1995b): *Photogrammetric investigation of a 3000 x 2000 pixel high-resolution still-video camera.* ISPRS Intercommission Workshop „From Pixels to Sequences“, Zürich.

Petterson, A. (1992): *Metrology Norway System – an on-line industrial photogrammetry system.* International Archives of Photogrammetry and Remote Sensing, Vol. 29/5, Washington, pp. 43-49.

Riechmann, W. (1990) : *The reseau-scanning camera – conception and first measurement results.* ISPRS Symposium Commission V, Zürich.

Schafmeister, R. (1998): *Erste Erfahrungen mit der neuen Rollei Q16 MetricCamera.* Publikationen der DGPF, Band 6, Frankfurt 1997, pp. 271-277.

Schlögelhofer, F. (1989): *Qualitäts- und Wirtschaftlichkeitsmodelle für die Ingenieur-photogrammetrie.* Dissertation, Geowissenschaftliche Mitteilungen, Nr. 32, Technische Universität Wien.

Schmidt, F. (1993): *2D-Industriemeßtechnik mit CCD-Sensoren.* Zeitschrift für Photogrammetrie und Fernerkundung, Heft 2/1993, pp. 62-70.

Schneider, C.-T. (1996): *DPA Win - A PC Based Digital Photogrammetric Station for Fast and Flexible On-Site Measurement.* International Archives of Photogrammetry and Remote Sensing, Vol. 31, B5, pp. 530-533.

Schwarte, R. (1997): *Überblick und Vergleich aktueller Verfahren der optischen Formerfassung.* GMA-Bericht 30, „Optische Formerfassung“, Langen, pp. 1-12.

Shortis, M.R., Beyer, H.A. (1996): *Sensor technology for digital photogrammetry and machine vision.* In Atkinson (ed.): „Close Range Photogrammetry and Machine Vision“, Whittles Publishing, Caithness, UK, pp. 106-155.

Staiger, R. (1992): *Automatische und dynamische Koordinatenmessung mit mobilen Sensorsystemen.* In Welsch et al. (ed.): „Geodätische Meßverfahren im Maschinenbau“. Schriftenreihe DVW, 1/1992, Wittwer Verlag, Stuttgart, pp. 81-96.

Stasicki, B., Meier, G.E.A. (1994): *A computer controlled ultra high-speed video camera system*. 21st International Congress on High-Speed Photography and Photonics, Taejon, Korea, SPIE Vol. 2513, pp. 197-208.

Strutz, T. (1993): *Ein genaues aktives Bildtriangulationsverfahren zur Oberflächenvermessung*. Dissertation, Fakultät für Maschinenbau, Universität Magdeburg.

Uffenkamp, V. (1994): *Video-Theodolit und opto-elektronische Schwenk-Neige-Kamera im Vergleich*. Publikationen der DGPF, Band 2, Augsburg 1993, pp. 61-70.

Wehr, A. (1998): *Scannertechniken zur dimensionellen Oberflächenbestimmung*. 44. DVW-Seminar „Hybride Vermessungsysteme", Schriftenreihe des DVW, Band 29, pp. 125-148.

Wester-Ebbinghaus, W. (1981): *Zur Verfahrensentwicklung in der Nahbereichsphotogrammetrie*. Dissertation, Universität Bonn.

Wester-Ebbinghaus, W. (1983a): *Ein photogrammetrisches System für Sonderanwendungen*. Bildmessung und Luftbildwesen Heft 3/1983, pp. 118-128.

Wester-Ebbinghaus, W. (1989): Das *Réseau im photogrammetrischen Bildraum*. Zeitschrift für Photogrammetrie und Fernerkundung, Heft 3/1989, pp. 3-10.

Wiedemann, A., Wehr, A. (1998): *Vermessung von Dinosaurierskeletten mit Stereophotogrammetrie und Laserscanner*. Publikationen der DGPF, Band 6, Frankfurt 1997, pp. 301-308.

Wolf, H. (1999): *Systematische Zusammenstellung der Projektionstechniken zur strukturierten Beleuchtung*. 6. ABW-Workshop zur 3D-Bildverarbeitung, Technische Akademie Esslingen.

9.5 Analytische Auswerteverfahren

Abdel-Aziz, Y., Karara, H.M. (1971): *Direct linear transformation from comparator coordinates into object space coordinates in close range photogrammetry*. ASP Symposium on Close-Range Photogrammetry.

Ackermann, F., Ebner, H., Klein, H. (1970): *Ein Rechenprogramm für die Streifentriangulation mit unabhängigen Modellen*. Bildmessung und Luftbildwesen, Heft 4/1970, pp. 206-217.

Andresen, K. (1991): *Ermittlung von Raumelementen aus Kanten im Bild*. Zeitschrift für Photogrammetrie und Fernerkundung, Nr. 6/1991, pp. 212-220.

Benning, W., Schwermann, R. (1997): *PHIDIAS-MS – Eine digitale Photogrammetrieapplikation unter MicroStation für Nahbereichsanwendungen*. Allgemeine Vermessungsnachrichten, 1/1997, pp. 16-25.

Brown, D.C. (1976): *The bundle adjustment – progress and prospectives*. International Archives of Photogrammetry, 21 (3), ISP Congress, Helsinki, pp. 1-33.

Dold, J. (1999): *Stand der Technik in der Industriephotogrammetrie*. Photogrammetrie-Fernerkundung-Geoinformation, Heft 2, pp. 113-126.

Fellbaum, M. (1996): *Robuste Bildorientierung in der Nahbereichsphotogrammetrie.* Dissertation, Technische Universität Clausthal, Geodätische Schriftenreihe der Technischen Universität Braunschweig, Nr. 13.

Fraser, C.S., Brown, D.C. (1986): *Industrial photogrammetry – new developments and recent applications.* The Photogrammetric Record 12 (68).

Fryer, J.G., Fraser, C.S. (1986): *On the calibration of underwater cameras.* The Photogrammetric Record, 12 (67), pp. 73-85.

Hinsken, L. (1987): *Algorithmen zur Beschaffung von Näherungswerten für die Orientierung von beliebig im Raum angeordneten Strahlenbündeln.* Deutsche Geodätische Kommission, Reihe C, Nr. 333.

Hinsken, L. (1989): *CAP: Ein Programm zur kombinierten Bündelausgleichung auf Personalcomputern.* Zeitschrift für Photogrammetrie und Fernerkundung, Heft 3/1989, pp. 92-95.

Höhle, J. (1971): *Zur Theorie und Praxis der Unterwasser-Photogrammetrie.* Dissertation, Deutsche Geodätische Kommission, Reihe C, Heft 163.

Höhle, J. (1997): *Photorealisitische und dynamische 3D-Bauwerksmodelle.* The Photogrammetric Journal of Finland, Vol. 15, No. 2, pp. 48-61.

Jacobsen, K. (1980): *Vorschläge zur Konzeption und zur Bearbeitung von Bündelblockausgleichungen.* Dissertation, Universität Hannover.

Kager, H. (1989): *Orient: a universal photogrammetric adjustment system.* In Grün/Kahmen: „Optical 3-D Measurement Techniques", Wichmann Verlag, Karlsruhe, pp. 447-455.

Kotowski, R. (1987): *Zur Berücksichtigung lichtbrechender Flächen im Strahlenbündel.* Dissertation, Deutsche Geodätische Kommission, Reihe C, Nr. 330.

Kruck, E. (1983): *Lösung großer Gleichungssysteme für photogrammetrische Blockausgleichungen mit erweitertem funktionalen Modell.* Dissertation, Universität Hannover.

Kyle, S.A. (1990): *A modification to the space resection.* Allgemeine Vermessungsnachrichten, International Edition, 7/1990, pp. 17-25.

Li, H., Gruen, A. (1997): *LSB-snakes for industrial measurement applications.* In Gruen/Kahmen (ed.): „Optical 3-D Measurement Techniques IV", Wichmann Verlag, Heidelberg, pp. 169-178.

Loser, R., Luhmann, T. (1992): *The programmable optical 3-D measuring system POM – applications and performance.* International Archives of Photogrammetry and Remote Sensing, Vol. 29, B5, Comm. V, Washington, pp. 533-540.

Maas, H.-G. (1995): *New developments in multimedia photogrammetry.* In Gruen/Kahmen: „Optical 3-D Measurement Techniques III", Wichmann Verlag, Heidelberg, pp. 91-97.

Maas, H.-G. (1999): *Ein Ansatz zur Selbstkalibrierung von Kameras mit instabiler innerer Orientierung.* Publikationen der DGPF, Band 7, München 1998.

McGlone, J.C., Mikhail, E.M., Paderes, F.C. (1989): *Analytic data-reduction schemes in non-topographic photogrammetry.* In Karara, H.M. (ed.): „Non-Topographic Photogrammetry“, pp. 37-57.

Pelzer, H. (1995): *Geodätische Auswertemethodik.* In Schwarz (ed.): „Vermessungsverfahren im Maschinen- und Anlagenbau“, Wittwer Verlag, Stuttgart, pp. 255-280.

Schmid, H. (1958): *Eine allgemeine analytische Lösung für die Aufgabe der Photogrammetrie.* Bildmessung und Luftbildwesen, pp. 103-113.

Schwermann, R. (1995): *Geradengestützte Bildorientierung in der Nahbereichsphotogrammetrie.* Dissertation, Veröffentlichung des Geodätischen Instituts der Rheinisch-Westfälischen Technischen Hochschule Aachen, Nr. 52.

van den Heuvel, F.A. (1997): *Exterior orientation using coplanar parallel lines.* Proceedings, 10th Scandinavian Conference on Image Analysis, Lappeenranta, pp. 71-78.

Wester-Ebbinghaus, W. (1985): *Bündeltriangulation mit gemeinsamer Ausgleichung photogrammetrischer und geodätischer Beobachtungen.* Zeitschrift für Vermessungswesen, 110 (3), pp. 101-111.

Wiedemann, A. (1997): *Orthophototechnik in der Architekturphotogrammetrie – Möglichkeiten und Grenzen.* In Albertz/Wiedemann (ed.): „Architekturphotogrammetrie gestern-heute-morgen“. Technische Universität Berlin, pp. 79-94.

Wrobel, B. (1999): *Minimum solutions for orientation.* In Huang/Gruen (eds.): „Calibration and Orientation of Cameras in Computer Vision“, Washingtion D.C., Springer Verlag, Heidelberg.

Zinndorf, S. (1985): *Freies Netz – Anwendungen in der Nahbereichsphotogrammetrie.* Bildmessung und Luftbildwesen, Heft 4/1985, pp. 109-114.

9.6 Digitale Bildverarbeitung

Ackermann, F. (1983): *High precision digital image correlation.* 39. Photogrammetrische Woche, Stuttgart.

Ahn, S.J. (1997): *Kreisförmige Zielmarke.* 4. ABW Workshop, Technische Akademie Esslingen.

Baltsavias, E. (1991): *Multiphoto geometrically constrained matching.* Dissertation, ETH Zürich, Institut für Geodäsie und Photogrammetrie, Nr. 49.

Canny, J. (1986): *A computational approach to edge detection.* IEEE Transactions on Pattern Analysis and Machine Intelligence; PAMI-8, Vol. 6; pp. 679-698.

Düppe, R.D., Weisensee, M. (1996): *Auswirkungen der verlustbehafteten Bildkompression auf die Qualität photogrammetrischer Produkte.* Allgemeine Vermessungsnachrichten, Heft 1, pp. 18-30.

Ebner, H., Fritsch, D., Gillesen, W., Heipke, C. (1987): *Integration von Bildzuordnung und Objektrekonstruktion innerhalb der Digitalen Photogrammetrie.* Bildmessung und Luftbildwesen, Heft 5/1987, pp. 194-203.

El-Hakim, S.F. (1996): *Vision-based automated measurement techniques.* In Atkinson (ed.): „Close Range Photogrammetry and Machine Vision". Whittles Publishing, Caithness, UK, pp. 180-216.

Förstner, W. (1982): *On the geometric precision of digital correlation.* International Archives of Photogrammetry and Remote Sensing, Vol. 26/3, pp. 150-166.

Förstner, W. (1985): *Prinzip und Leistungsfähigkeit der Korrelation und Zuordnung digitaler Bilder.* 40. Photogrammetrische Woche, Stuttgart.

Förstner, W., Gülch, E. (1987): *A fast operator for detection and precise location of distinct points, corners and centres of circular features.* Proceedings, ISPRS Intercommission Workshop on „Fast Processing of Photogrammetric Data", Interlaken, pp. 281-305.

Förstner, W., Ruwiedel, S. (ed.) (1992): *Robust Computer Vision – quality of vision algorithms.* 2nd International Workshop on Robust Computer Vision, Wichmann Verlag, Karlsruhe.

Graps, A. (1995): *An introduction to wavelets.* IEEE Computational Science and Engineering, Vol. 2, No. 2, Los Alamitos, USA.

Gruen, A. (1985): *Adaptive least squares correlation – a powerful image matching technique.* South African Journal of Photogrammetry, Remote Sensing and Cartography, 14 (3), pp. 175-187.

Gruen, A., Baltsavias, E. (1988): *Geometrically constrained multiphoto matching.* Photogrammetric Engineering and Remote Sensing, 54, Nr. 5, pp. 633-641.

Gruen, A. (1996): *Least squares matching: a fundamental measurement algorithm.* In Atkinson (ed.): „Close Range Photogrammetry and Machine Vision". Whittles Publishing, Caithness, UK, pp. 217-255.

Heipke, C. (1991): *Integration von Bildzuordnung, Punktbestimmung, Oberflächenrekonstruktion und Orthoprojektion innerhalb der digitalen Photogrammetrie.* Dissertation, Deutsche Geodätische Kommission, Reihe C, Nr. 366.

Heipke, C. (1995): *Digitale photogrammetrische Arbeitsstationen.* Habilitation, Deutsche Geodätische Kommission, Reihe C, Nr. 450.

Kempa, M. (1995): *Hochaufgelöste Oberflächenbestimmung von Natursteinen und Orientierung von Bildern mit Facetten-Stereosehen.* Dissertation, Technische Universität Darmstadt.

Köthe, U. (1997): *Parameterfreie Merkmalsextraktion durch automatische Skalenselektion.* Publikation der DGPF, Band 5, Oldenburg, 1996, pp. 29-36.

Lanser, S., Eckstein, W. (1991): *Eine Modifikation des Deriche-Verfahrens zur Kantendetektion.* 13. DAGM-Symposium, München; Informatik Fachberichte 290, Springer Verlag, pp. 151-158.

Luhmann, T. (1986a): *Automatic point determination in a réseau scanning system.* Symposium ISPRS Commission V, Ottawa.

Luhmann, T. (1986b): *Ein Verfahren zur rotationsinvarianten Punktbestimmung.* Bildmessung und Luftbildwesen, Heft 4/1986, pp. 147-154.

Maas, H.-G. (1992): *Digitale Photogrammetrie in der dreidimensionalen Strömungsmeßtechnik.* Dissertation, ETH Zürich, Institut für Geodäsie und Photogrammetrie, Nr. 50.

Maas, H.-G. (1997): *Mehrbildtechniken in der digitalen Photogrammetrie.* Habilitation, ETH Zürich, Institut für Geodäsie und Photogrammetrie, Nr. 62.

Pennebaker, W.B., Mitchell, J.L. (1993): *JPEG Still Image Data Compression Standard.* Van Nostrad Reinhold, New York.

Phong, B.T. (1975): *Illumination for computer generated pictures.* Comm. ACM 18 (8), pp. 311-317.

Piechel, J. (1991): *Stereobild-Korrelation.* In Bähr/Vögtle (ed.): „Digitale Bildverarbeitung – Anwendung in Photogrammetrie, Kartographie und Fernerkundung“. Wichmann Verlag, Heidelberg, pp. 96-132.

Schneider, C.-T. (1991): *Objektgestützte Mehrbildzuordnung.* Dissertation, Deutsche Geodätische Kommission, Reihe C, Nr. 375.

Soille, P. (1998): *Morphologische Bildverarbeitung. Grundlagen, Methoden, Anwendung.* Springer Verlag, Berlin.

Tabatabai, A.J., Mitchell, O.R. (1984): *Edge location to subpixel values in digital imagery.* IEEE Transactions on Pattern Analysis and Machine Intelligence, PAMI-6, No. 2.

Weisensee, M. (1992): *Modelle und Algorithmen für das Facetten-Stereosehen.* Dissertation, Deutsche Geodätische Kommission, Reihe C, Nr. 374.

Weisensee, M. (1997): *Wechselwirkungen zwischen Bildanalyse und Bildkompression.* Publikation der DGPF, Band 5, Oldenburg 1996, pp. 37-45.

Wrobel, B. (1987): *Digitale Bildzuordnung durch Facetten mit Hilfe von Objektraummodellen.* Bildmessung und Luftbildwesen, Heft 3/1987, pp. 93-101.

Zhou, G. (1986): *Accurate determination of ellipse centers in digital imagery.* ASPRS Annual Convention, Vol. 4, March 1986, pp. 256-264.

9.7 Meßsysteme und Konzepte

Abdel-Aziz, Y., Karara, H.M. (1971): *Direct linear transformation from comparator coordinates into object space coordinates in close-range photogrammetry.* ASP Symposium on Close-Range Photogrammetry.

Baum, E. (1987): *Motografie – Eine Methode zur Betrachtung und Messung von Bewegungen.* In Dorrer/Peipe (ed.): „Motografie“, Schriftenreihe Studiengang Vermessungswesen, Heft 23, Universität der Bundeswehr, München, pp. 43-52.

Bäumker, M., Brechtken, R., Heimes, F.-J., Richter, T. (1998): *Hochgenaue Stabilisierung einer Sensorplattform mit den Daten eines (D)GPS-gestützten Inertialsystems.* Zeitschrift für Photogrammetrie und Fernerkundung, Heft 1/1998, pp. 15-22.

Benning, W., Schwermann, R. (1997): *PHIDIAS-MS – Eine digitale Photogrammetrie-applikation unter MicroStation für Nahbereichsanwendungen.* Allgemeine Vermessungsnachrichten, 1/1997, pp. 16-25.

Beyer, H. (1992): *Geometric and radiometric analysis of a CCD-camera based photogrammetric close-range system.* Mitteilungen Nr. 51, Institut für Geodäsie und Photogrammetrie, ETH Zürich.

Beyer, H.A., Uffenkamp, V., van der Vlugt, G. (1995): *Quality control in industry with digital photogrammetry.* In Gruen/Kahmen (ed.): „Optical 3-D Measurement Techniques III". Wichmann Verlag, Heidelberg, pp. 29-38.

Bösemann, W. (1996): *The optical tube measurement system OLM – photogrammetric methods used for industrial automation and process control.* International Archives of Photogrammetry and Remote Sensing, Vol. 31, B5, pp. 55-58.

Broers, H., Luhmann, T. (1999): *Automatische Maßkontrolle ebener Werkstücke.* Publikation der DGPF, Band 7, München 1998.

Brown, D.C. (1971): *Close-range camera calibration.* Photogrammetric Engineering, 37(8), pp. 855-866.

Brown, J., Dold, J. (1995): *V-STARS – a system for digital industrial photogrammetry.* In Gruen/Kahmen (ed.): „Optical 3-D Measurement Techniques III". Wichmann Verlag, Heidelberg, pp. 12-21.

Dold, J. (1997): *Ein hybrides photogrammetrisches Industriemeßsystem höchster Genauigkeit und seine Überprüfung.* Dissertation, Heft 54, Schriftenreihe Studiengang Vermessungswesen, Universität der Bundeswehr, München.

Dold, J. (1999): *Stand der Technik in der Industriephotogrammetrie.* Photogrammetrie-Fernerkundung-Geoinformation, Heft 2, pp. 113-126.

Dorrer, E. (1998): *Einsatz der IMP-Stereokamera beim Mars Pathfinder.* Publikation der DGPF, Band 6, Frankfurt 1997, pp. 259-270.

Dorrer, E., Peipe, J. (ed.) (1987): *Motografie.* Schriftenreihe Studiengang Vermessungswesen, Heft 23, Universität der Bundeswehr, München.

Fraser, C.S. (1996a): *Network design.* In Atkinson (ed.): „Close Range Photogrammetry and Machine Vision". Whittles Publishing, Caithness, UK, pp. 256-281.

Fraser, C.S., Brown, D.C. (1986): *Industrial photogrammetry – new developments and recent applications.* The Photogrammetric Record 12 (68).

Fryer, J.G. (1996): *Camera calibration.* In Atkinson (ed.): „Close Range Photogrammetry and Machine Vision". Whittles Publishing, Caithness, UK, pp. 156-179.

Godding, R. (1993): *Ein photogrammetrisches Verfahren zur Überprüfung und Kalibrierung digitaler Bildaufnahmesysteme.* Zeitschrift für Photogrammetrie und Fernerkundung, Heft 2/1993, pp. 82-90.

Godding, R. (1996): *Neue Lösungen in der Nahbereichsphotogrammetrie durch die Kombination digitaler Systeme und moderner Auswerteverfahren.* Publikation der DGPF, Band 4, Hannover 1995, pp. 261-269.

Godding, R., Lehmann, M, Rawiel, G. (1997): *Robot adjustment and 3-D calibration – photogrammetric quality control in daily use.* In Gruen/Kahmen: „Optical 3-D Measurement Techniques IV", Wichmann Verlag, Heidelberg, pp. 158-165.

Godding, R., Luhmann, T. (1992): *Calibration and accuracy assessment of a multi-sensor online-photogrammetric system.* International Archives of Photogrammetry and Remote Sensing, Vol. 29/5, Washington, pp. 24-29.

Heckes, J., Mauelshagen, L. (ed.) (1987): *Luftaufnahmen aus geringer Flughöhe.* Veröffentlichungen aus dem Deutschen Bergbaumuseum, Nr. 41.

Heipke, C. (1995): *Digitale photogrammetrische Arbeitsstationen.* Habilitation, Deutsche Geodätische Kommission, Reihe C, Nr. 450.

Hinsken, L., Meid, A. (1994): *Eine hochgenaue, analytische, photogrammetrische Arbeitsstation als 3D-Eingabeinstrument eines CAD-Paketes für Nahbereichsanwendungen.* Publikation der DGPF, Band 2, Augsburg 1993, pp. 121-128.

Kludas, T. (1995): *Three-Dimensional Surface Reconstruction with the Zeiss Photogrammetric Industrial Measurement System InduSURF Digital.* ISPRS Intercommission Workshop „From Pixels to Sequences", Zürich, pp. 285-291.

Kupfer, G., Wester-Ebbinghaus, W. (ed.) (1985): *Kammerkalibrierung in der photogrammetrischen Praxis.* Deutsche Geodätische Kommission, Reihe B, Heft 275.

Luhmann, T. (1988): *Ein hochauflösendes automatisches Bildmeßsystem.* Dissertation, Wiss. Arbeiten der Fachrichtung Vermessungswesen, Nr. 154, Universität Hannover.

Luhmann, T. (1994): *Rechnergestützte Planung und Berechnung von Aufnahmekonfigurationen für CCD-Bildsensoren.* Zeitschrift für Photogrammetrie und Fernerkundung, Heft 3/1994, pp. 103-110.

Maas, H.-G. (1992): *Digitale Photogrammetrie in der dreidimensionalen Strömungsmeßtechnik.* Dissertation, ETH Zürich, Institut für Geodäsie und Photogrammetrie, Nr. 50.

Maas, H.-G. (1996): *Photogrammetrische Kalibrierung von Industrierobotern.* XII. Internationaler Kurs für Ingenieurvermessung, Graz.

Mason, S.O. (1994): *Expert system-based design of photogrammetric networks.* Dissertation, Mitteilungen Nr. 53, Institut für Geodäsie und Photogrammetrie, ETH Zürich.

Michaelis, M. (1997): *3D-Objekterfassung mit Photogrammetrie und Streifenprojektion.* Publikation der DGPF, Band 5, Oldenburg 1996, pp. 167-173.

Peipe, J., Schneider, C.T., Sinnreich, K. (1994): *Performance of a PC based digital photogrammetric station.* International Archives of Photogrammetry and Remote Sensing, Vol. 30, Part 5, pp. 304-309.

Pettersen, H. (1992): *Metrology Norway System – An on-line industrial photogrammetry system.* International Archives of Photogrammetry and Remote Sensing, Vol. 24, B5, pp. 43-49.

Riechmann, W., Thielbeer, B. (1997): *Hochaufgelöste Oberflächenerfassung durch Photogrammetrie und Streifenprojektion.* Photogrammetrie–Fernerkundung–Geoinformation, Heft 3, pp. 155-164.

Ritter, R. (1995): *Optische Feldmeßmethoden.* In Schwarz (ed.): „Vermessungsverfahren im Maschinen- und Anlagenbau", Verlag Konrad Wittwer, Stuttgart, pp. 217-234.

Scharsich, P., Pfeifer, T. (1998): *Aktive Mehrbildphotogrammetrie für die flächenhafte dreidimensionale Formerfassung.* Publikation der DGPF, Band 6, Frankfurt 1997, pp. 279-286.

Schewe, H. (1988): *Automatische photogrammetrische Karosserievermessung.* Bildmessung und Luftbildwesen, Heft 1/1988, pp. 16-24.

Schlögelhofer, F. (1989): *Qualitäts- und Wirtschaftlichkeitsmodelle für die Ingenieurphotogrammetrie.* Dissertation, Geowissenschaftliche Mitteilungen, Nr. 32, Technische Universität Wien.

Schwenke, H., Wäldele, F., Wendt, K. (1997): *Überwachung und Meßunsicherheit von optischen 3D-Meßsystemen.* GMA-Bericht 30, „Optische Formerfassung", Langen, pp. 271-280.

Sinnreich, K., Bösemann, W. (1999): *Der mobile 3D-Meßtaster von AICON – ein neues System für die digitale Industrie-Photogrammetrie.* Publikation der DGPF, Band 7, München 1998.

Stahs, T., Wahl, F.M. (1990): *Oberflächenmessung mit einem 3D-Robotersensor.* Zeitschrift für Photogrammetrie und Fernerkundung, Heft 6/1990, pp. 190-202.

Tsai, R.Y. (1986): *An efficient and accurate camera calibration technique for 3-D machine vision.* Proc. International Conference on Computer Vision and Pattern Recognition, Miami Beach, USA, pp. 364-374.

Wahl, F.M. (1986): *A coded light approach for depth map acquisition.* In Hartmann (ed.): „Mustererkennung 1986", Springer Verlag, Berlin, pp. 12-17.

Warner, W.S., Graham, R., Read, R.E. (1996): *Small Format Aerial Photography.* Whittles Publishing, Caithness.

Wester-Ebbinghaus, W. (1983b): *Einzelstandpunkt-Selbstkalibrierung – ein Beitrag zur Feldkalibrierung von Aufnahmekammern.* Deutsche Geodätische Kommission, Reihe C, Nr. 289.

Wester-Ebbinghaus, W. (1985): *Verfahren zur Feldkalibrierung von photogrammetrischen Aufnahmekammern im Nahbereich.* In Kupfer/Wester-Ebbinghaus (ed.): „Kammerkalibrierung in der photogrammetrischen Praxis", Deutsche Geodätische Kommission, Reihe B, Heft Nr. 275, pp. 106-114.

Winter, D., Reich, C. (1997): *Video-3D-Digitalisierung komplexer Objekte mit frei beweglichen, topometrischen Sensoren.* DGZfP – VDI/VDA-GMA Fachtagung „Optische Formerfassung", Langen, GMA-Bericht 30, pp. 119-127.

9.8 Anwendungen

Albertz, J., Wiedemann, A. (ed.) (1997): *Architekturphotogrammetrie gestern-heute-morgen*. Technische Universität Berlin.

Almagro, A., Patias, P., Waldhäusl, P. (1996): *The CIPA "O. Wagner Pavillion" test*. International Archives of Photogrammetry and Remote Sensing, Vol. 31, Part B5, pp. 463-470.

Bieder, H. (1997): *Optische Formerfassung und Reverse Engineering – Anforderungen an die Software*. GMA-Bericht 30, „Optische Formerfassung", Langen, pp. 139-146.

Bopp, R. (1999): *Anwendungsbeispiel eines photogrammetrischen Systems für die Flügelmontage beim Airbus A319 und A321*. Publikation der DGPF, Band 7, München 1998.

Bouman, J., van Oel, J., Müller-Stute, F., Sarti, B. & Dold, J. (1995): *A photogrammetric system for use in thermal vacuum testing*. ESA Bulletin 81, 2/1995, pp. 69-76.

Brenner, C., Haala, N. (1998): *Fast Production of Virtual Reality City Models*. International Archives of Photogrammetry and Remote Sensing, Vol. 32, Part B4, pp. 77-84.

Brunner, K. (1988): *Die Meßtischphotogrammetrie als Methode der topographischen Geländeaufnahme des ausgehenden 19. Jahrhunderts*. Zeitschrift für Photogrammetrie und Fernerkundung, Heft 3/88, pp. 98-108.

Carbonell, M. (1989): *Architectural Photogrammetry*. In Karara (ed.): „Non-Topographic Photogrammetry". 2nd Edition, American Society for Photogrammetry and Remote Sensing, pp. 321-347.

Dallas, R.W.A. (1996): *Architectural and archaeological photogrammetry*. In Atkinson (ed.): „Close Range Photogrammetry and Machine Vision". Whittles Publishing, Caithness, UK, pp. 283-302.

Dold, J. (1997): *Ein hybrides photogrammetrisches Industriemeßsystem höchster Genauigkeit und seine Überprüfung*. Dissertation, Heft 54, Schriftenreihe Studiengang Vermessungswesen, Universität der Bundeswehr, München.

Fellbaum, M., Hau, T. (1996): *Photogrammetrische Aufnahme und Darstellung des Doms von Siena*. Zeitschrift für Photogrammetrie und Fernerkundung, Heft 2/1996, pp. 61-67.

Fraser, C.S. (1996b): *Industrial measurement applications*. In Atkinson (ed.): „Close Range Photogrammetry and Machine Vision". Whittles Publishing, Caithness, UK, pp. 329-361.

Gäbel, H. (1993): *Photogrammetrische Verfahren zur Erfassung von menschlichen Körperoberflächen*. Dissertation, Deutsche Geodätische Kommission, Reihe C, Nr. 405.

Grün, A. (1994): *Von Meydenbauer zur Megaplus – Die Architekturphotogrammetrie im Spiegel der technischen Entwicklung*. Zeitschrift für Photogrammetrie und Fernerkundung, Heft 2/1994, pp. 41-56.

Heinrich, G. (1995): *Optische Messungen beim Austausch von Großkomponenten im Anlagen- und Rohrleitungsbau.* In Lenz (ed.): „Ortung", IRO-Band 9, Vulkan Verlag, Essen, pp. 455-466.

Kotowski, R., Meid, A., Peipe, J., Wester-Ebbinghaus, W. (1989): *Photogrammetrische Bauaufnahme der „Kirchen von Siena" – Entwicklung eines Konzepts zur Vermessung von Großbauwerken.* Allgemeine Vermessungsnachrichten, 4/1989, pp. 144-154.

Luhmann, T., Tecklenburg, W. (1997): *Hybride photogrammetrische Aufnahme großer Ingenieurobjekte.* Photogrammetrie-Fernerkundung-Geoinformation, Heft 4, pp. 243-252.

Miebach, R. (1997): *Anwendungen im Schiffbau.* In Löffler (ed.): „Handbuch für Ingenieurvermessung", Band 7, Maschinen- und Anlagenbau, Wichmann Verlag (in Vorbereitung).

Newton, I., Mitchell, H.L. (1996): *Medical photogrammetry.* In Atkinson (ed.): „Close Range Photogrammetry and Machine Vision". Whittles Publishing, Caithness, UK, pp. 303-327.

Patias, P., Streilein, A. (1996): *Contribution of videogrammetry to the architectural restitution – Results of the CIPA "O. Wagner Pavillion" test.* International Archives of Photogrammetry and Remote Sensing, Vol. 31, Part B5, pp. 457-462.

Przybilla, H.-J. (1999): Sensorvermessung im Industrie- und Anlagenbau. VDI-Berichte Nr. 1454, „Moderne Sensorik für die Bauvermessung", VDI Verlag, Düsseldorf, pp. 173-183.

Riechmann, W. (1993): *Photogrammetrie in der Automobilindustrie.* Zeitschrift für Photogrammetrie und Fernerkundung, Heft 2/1993, pp. 90-97.

Riechmann, W., Ringel, H. (1995): *Photogrammetrische Verformungsanalysen in der Karosserie-Entwicklung.* Tagung „Optische Meßmethoden in der modernen Automobilentwicklung", Haus der Technik, Essen.

Schneider, C.-T. (1994): *Einsatz der Industriephotogrammetrie im Schiffbau.* Publikationen der DGPF, Band 2, Augsburg 1993, pp. 117-119.

Streilein, A. (1998): *Digitale Photogrammetrie und CAAD.* Dissertation Nr. 12798. ETH Zürich. 160 S.

Weithe, G. (1999): *Tunnelprofilmessung mit dem Digitalmeßsystem DIBIT am Beispiel von Projekten der Deutschen Bahn AG.* VDI-Berichte 1454, „Moderne Sensorik für die Bauvermessung", VDI Verlag, Düsseldorf, pp. 155-171.

Wiedemann, A. (1997): *Orthophototechnik in der Architekturphotogrammetrie – Möglichkeiten und Grenzen.* In Albertz/Wiedemann (ed.): „Architekturphotogrammetrie gestern-heute-morgen". Technische Universität Berlin, pp. 79-94.

Woytowicz, D. (1998): *Profilmessungen auf der Basis eines Lichtschnittverfahrens.* Publikationen der DGPF, Band 6, Frankfurt 1997, pp. 295-300.

Abkürzungen

ADC	analog-to-digital converter (Analog-Digital-Wandler)
AGC	automatic gain control (automatische Signalverstärkung)
AP	Austrittspupille
ASCII	American Standard Code for Information Interchange
AV	Auflösungsvermögen
BRDF	bidirektionale Reflexionsverteilungsfunktion
CAAD	computer aided architectural design
CAD	computer aided design
CAM	computer aided manufacturing
CCD	charge coupled device
CCIR	International Radio Consultative Committee
CD-ROM	compact disk – read-only memory
CID	charge injection device
CIE	Commission Internationale de l'Éclairage (International Commission on Illumination)
CIPA	Comité International de Photogrammétrie Architecturale
CT	Computertomogramm, -tomographie
CTF	Kontrastübertragungsfunktion
DAGM	Deutsche Arbeitsgemeinschaft für Mustererkennung
DCT	discrete cosine transform (Diskrete Kosinus-Transformation)
DGPF	Deutsche Gesellschaft für Photogrammetrie und Fernerkundung
DGZfP	Deutsche Gesellschaft für zerstörungsfreie Prüfung
DLT	Direkte lineare Transformation
DMD	digital mirror device
DOM	Digitales Oberflächenmodell
DRAM	dynamic random access memory
DTP	desktop publishing
DVD	digital versatile (video) disk
DXF	Autocad Data Exchange Format
EP	Eintrittspupille
EPS	encapsulated postscript

FFT	full frame transfer oder fast Fourier transform
FMC	forward motion compensation
FOV	field of view
FT	frame transfer
GIF	graphic interchange format
GIS	Geo(graphisches) Informationssystem
GMA	Gesellschaft für Meß- und Automatisierungstechnik
GPS	global positioning system
HDTV	high definition television
IEEE	Institute of Electrical and Electronical Engineers
IFOV	instantaneous field of view
IHS	intensity, hue, saturation
IL	interline transfer
ISPRS	International Society for Photogrammetry and Remote Sensing
JPEG	Joint Photographic Expert Group
KMG	Koordinatenmeßgerät
LCD	liquid crystal display
LED	light emitting diode
LoG	Laplacian of Gaussian
LSM	least squares matching (Kleinnste-Quadrate-Zuordnung)
LUT	lookup table
LZW	Lempel-Ziv-Welch (compression)
MOS	metal oxide semiconductor
MPEG	Motion Picture Expert Group
MR	Magnetresonanz
MTF	Modulationstransferfunktion
MÜF	Modulationsübertragungsfunktion (wie MTF)
PCMCIA	Personal Computer Memory Card International Association
PLL	phase-locked loop
PNG	portable network graphics
PSF	point spread function (Punktverwaschungsfunktion)
RGB	Rot, Grün, Blau

RMS	root mean square error
RPV	remoted piloted vehicle
SCSI	small computer systems interface
SNR	signal-to-noise ratio (Signal-Rausch-Verhältnis)
SPIE	The International Society for Optical Engineering
TIFF	tagged image file format
TTL	through the lens
VDE	Verband der Elektrotechnik, Elektronik, Informationstechnik
VDI	Verband deutscher Ingenieure
VLL	vertical line locus
VR	virtual reality
VRML	virtual reality modeling language

Bildnachweis

ABW Automatisierung + Bildverarbeitung Dr. Wolf GmbH, Frickenhausen
3.131cd

Agfa-Gevaert N.V., Mortsel, Belgien
3.104

AICON Industriephotogrammetrie und Bildverarbeitung GmbH, Braunschweig
3.78c, 3.126, 6.20, 6.28, 8.24

BrainLAB AG, Heimstetten
8.33bc

Breuckmann GmbH, Meersburg
6.31

Carl Zeiss, Oberkochen, Jena
1.25, 1.26, 1.27, 1.28, 3.12, 3.47, 3.94, 3.106, 3.131ab, 6.2, 6.36, 6.37, 6.38

CORDIN, Salt Lake City, Utah, USA
3.58

Crossfield, Großbritannien
3.103

DaimlerChrysler, Forschungszentrum Ulm
5.68

Dalsa Inc., Waterloo, Ontario, Kanada
3.69a, 5.35a

DMT Deutsche MontanTechnologie, Deutsches Bergbaumuseum, Bochum
7.22

ESTEC, Noordwijk, Niederlande
8.22

Fachhochschule Bielefeld, Abt. Minden, Fachbereich Architektur und Bauingenieurwesen
4.57

Fachhochschule Osnabrück, Internet-Seiten „Einführung in Multimedia“
3.66, 3.68

Frank Data International N.V., Niederlande
3.63, 8.8a

Fraunhofer-Institut für Fabrikbetrieb und –automatisierung (IFF), Magdeburg
6.11

GOM Gesellschaft für optische Meßtechnik mbH, Braunschweig
6.33

GSI Geodetic Services Inc., Melbourne, Florida, USA
1.15, 1.32, 3.54, 3.55, 3.85, 3.126, 6.3, 8.23

Hasselblad Svenska AB, Göteborg, Schweden
3.52

HDW Howaldtswerke Deutsche Werft, Kiel
8.27

Heidelberger Druckmaschinen AG, Heidelberg
3.103

Imetric S.A., Porrentruy, Schweiz
1.14, 1.19, 3.87, 6.15, 7.9

Institut für Angewandte Photogrammetrie und Geoinformatik (IAPG), FH Oldenburg
1.1, 1.12, 1.13, 1.17, 3.75, 3.80, 4.9, 4.51, 4.55, 4.59, 5.2, 5.11, 5.41, 5.53, 5.66, 6.10, 7.5b, 7.20, 7.21, 8.7

Institut für Geodäsie und Photogrammetrie (IGP), ETH Zürich, Schweiz
1.21, 3.109, 3.110, 3.111, 4.73, 7.17, 8.5, 8.6

Institut für Photogrammetrie (IfP), Universität Stuttgart
8.9

Institut für Photogrammetrie und Bildverarbeitung, TU Braunschweig,
1.15, 7.5a

Institut für Geodäsie und Geoinformationstechnik, Fachgebiet Photogrammetrie und Kartographie, TU Berlin
1.23, 3.113

Institut für Photogrammetrie und Ingenieurvermessung (IPI), Universität Hannover
8.10, 8.12, 8.13, 8.14, 8.15

Institut für Photogrammetrie, Universität der Bundeswehr, Neubiberg
7.18, 7.19

INVERS, Essen
8.17, 8.18, 8.19

Jenoptik Laser-Optik-Systeme GmbH, Jena
3.88, 3.89

Kamera Werk Dresden
3.96, 3.97

Kodak AG, Stuttgart
1.31, 3.105

Konica Corporation, Tokyo, Japan
3.117

Laboratoriet for fotogrammetri og landmaling, Aalborg University, Dänemark
4.57

Landeskriminalamt Nordrhein-Westfalen, Düsseldorf
8.29

Leica Geosystems (Wild, Kern, LH Systems), Heerbrugg, Schweiz
3.48, 3.49, 4.66, 4.68, 4.71, 6.7, 6.9, 6.25, 6.40a

Mapvision Ltd, Espoo, Finnland
1.30, 6.34

Metronor GmbH, Saarbrücken
6.19

NASA, Jet Propulsion Laboratory, Pasadena, Ca., USA
6.12

Northern Digital Inc., Waterloo, Ontario, Canada
8.33a

Phocad Ingenieurgesellschaft mbH, Aachen
1.33, 6.14

Physikalisch-Technische Bundesanstalt, Braunschweig
6.40b

Rollei Fototechnic GmbH, Braunschweig
1.16, 1.18, 1.29, 3.13, 3.53, 3.56, 3.69b, 3.83, 3.84, 3.86, 3.91, 3.93, 3.130, 4.43, 6.5, 6.13, 6.16, 6.29, 7.7, 8.31, 8.32

Seitz Phototechnik AG, Lustorf, Schweiz
3.61, 3.62

Sony Deutschland GmbH, Köln
3.78b

Stadtpolizei Zürich, Schweiz
8.30

Technische Universität Dresden, Forschungsgruppe 3D Display
6.8b

The Boeing Company, Seattle, Washington, USA
6.22

Transmap Corporation, Columbus, Ohio, USA
8.8b

University of Melbourne, Dept. of Geomatics, Parkville, Australia
4.41, 5.2, 8.21

Volkwagen AG, Wolfsburg
2.4, 6.39, 8.26

Weinberger AG, Dietikon, Schweiz
3.59, 3.100, 7.15

Sachwortregister